水政监察干部常用知识实用读本

任顺平　赵希林　王保刚　杜　骥

付国斌　朱禹帆　李鸿雁　马卫东　编著

李玉姣　赵　婷　刘晓华　车俊明

黄河水利出版社

·郑州·

内 容 提 要

本书主要通过对水政监察工作涉及的法学基础知识、行政法知识、行政救济制度等内容的介绍,对水政监察工作中常用的水法规知识与水管理活动进行解读,探讨了水政监察工作中常用的水行政执法文书的制作、规范性文件的制定等工作实践内容,将行政执法的理论要求与水政监察工作实践有机结合,同时对当前水利工作中的水污染事故处置及应急监测的有关规定进行解读。

本书内容全面、丰富、系统,实用性强,可供从事水政监察工作的各级领导干部和从事水利行业政策研究的工作者阅读参考。

图书在版编目(CIP)数据

水政监察干部常用知识实用读本/任顺平等编著. —郑州:黄河水利出版社,2011. 12
ISBN 978 - 7 - 5509 - 0177 - 3

Ⅰ.①水… Ⅱ.①任… Ⅲ.①水资源管理:行政管理 – 中国 – 干部教育 – 学习参考资料 Ⅳ.①TV213. 4

中国版本图书馆 CIP 数据核字(2011)第 268434 号

组稿编辑:王路平 电话:0371 – 66022212 E-mail:hhslwlp@ 126. com

出 版 社:黄河水利出版社
   地址:河南省郑州市顺河路黄委会综合楼 14 层 邮政编码:450003
发行单位:黄河水利出版社
   发行部电话:0371 – 66026940、66020550、66028024、66022620(传真)
   E-mail:hhslcbs@ 126. com
承印单位:黄河水利委员会印刷厂
开本:787 mm ×1 092 mm 1/16
印张:28.75
字数:660 千字   印数:1—1 000
版次:2011 年 12 月第 1 版   印次:2011 年 12 月第 1 次印刷

定价:65.00 元

前　言

党的十一届三中全会以来,我国的社会主义法制建设取得了显著成效。党的"十五大"在总结历史经验的基础上,确立了依法治国、建设社会主义法制国家的基本方略,要求一切行政机关必须依法行政。2004 年国务院颁布《全面推进依法行政实施纲要》,明确指出:"全面推进依法行政,经过十年左右坚持不懈的努力,基本实现建设法治政府的目标。"党的"十七大"报告指出:"要规范行政行为,加强各级执法部门建设。"行政机关作为国家权力机关的执行机关,是依法行政的主体,它的执法行为、执法水平和执法质量的高低,直接关系到政府的形象,关系到法律的正确实施,关系到公民权利的保护。因此,加强和规范行政执法工作,严格执法、公正执法、文明执法,不仅是水政监察队伍自身建设的需求,也是推进经济和社会又好又快发展的重要保障。

为了规范行政执法行为,不断提高各级行政机关及水政监察人员的依法行政水平,切实贯彻落实国务院《全面推进依法行政实施纲要》等相关规定,促进每个水政监察人员更好地学法、懂法、用法,我们组织任顺平(黄委水文局),赵希林、李玉姣(黄委宁蒙水文水资源局),车俊明(黄委中游水文水资源局),杜骥、付国斌(黄委三门峡库区水文水资源局),王保刚、李鸿雁、朱禹帆、马卫东、刘晓华(黄委河南水文水资源局)和赵婷(西安交通大学法学院研究生,原黄委宁蒙水文水资源局职工),编写了《水政监察干部常用知识实用读本》。全书由任顺平、赵希林、王保刚统稿。

《水政监察干部常用知识实用读本》内容涵盖了执法人员工作中必须掌握的法学基本知识,对水行政执法所涉及的法律法规等内容进行了详细解读。该书注重理论性和实用性,知识面宽,内容精练,是水政监察人员必备的常用法律知识读本。我们希望各级水政监察人员,特别是领导干部要加强法律知识学习,坚持党的事业至上,人民利益至上,宪法法律至上,真正做到"权为民所用、利为民所谋、情为民所系",坚持以人为本,全面落实科学发展观,为推进依法行政,建设法治政府,构建社会主义和谐社会做出应有的贡献。

在《水政监察干部常用知识实用读本》一书的编写过程中,得到了黄委水文局张松、薛建民、姜玉钧、高戊戌、苏治华、刘中利等同志的大力支持、指导,在此表示衷心感谢。

由于时间仓促,加之水平有限,书中错漏之处在所难免,恳请读者批评指正。

编　者

2011 年 8 月

目　录

第三篇　行政救济制度

第四篇 水法规知识

第一篇　法学基础知识

第一章　法的基本知识

第一节　法的概念、特征与本质

一、法的词义

法的古体为"灋"（音废），见之于金文和秦简。据《说文解字》解释："灋，刑也。"通过对灋字的解释，我们发现：第一，法与刑在中国古代是通用的，说明法具有处罚的含义；第二，中国古代法具有神明裁判的特点；第三，法具有公平的含义。

中国古代，开始是"刑"字的使用频率最高。战国初期，魏相李悝著《法经》六篇，第一次使用"法"字，后来商鞅以《法经》为蓝本"改法为律"，"律"字的使用频率才开始高起来。汉字"律"，据《说文解字》解释："律，均布也。""均布"是古代调音律的工具，把律解释为均布，说明律有规范人们行为的作用，是普遍的、人人遵守的规范。据《尔雅·释诂》解释，"律，法也"，说明了"法"与"律"二字在秦汉时期同义，《唐律疏议·名例》更明确指出："法亦律也，故谓之为律。"直到清末，受日本法律的影响，"律"才被"法律"取而代之。

在现代汉语中，"法律"一词通常有广义和狭义两种用法。广义的法律是指法的整体，包括宪法、法律、行政法规、地方性法规、自治条例、单行条例、规章，以及习惯法、判例法和有法律效力的法律解释等一切规范性法律文件。狭义的法律，专指全国人民代表大会及其常务委员会制定的法律，包括全国人民代表大会（简称人大）制定的《中华人民共和国刑法》（简称《刑法》）、《中华人民共和国刑事诉讼法》（简称《刑事诉讼法》）、《中华人民共和国民法通则》（简称《民法通则》）、《中华人民共和国婚姻法》（简称《婚姻法》）、《中华人民共和国澳门特别行政区基本法》（简称《澳门特别行政区基本法》）等基本法律，以及全国人大常务委员会（简称常委会）制定的《中华人民共和国治安管理处罚法》（简称《治安管理处罚法》）、《中华人民共和国商标法》（简称《商标法》）、《中华人民共和国文物保护法》（简称《文物保护法》）、《中华人民共和国环境保护法》（简称《环境保护法》）、《中华人民共和国食品卫生法》（简称《食品卫生法》）等基本法律以外的其他法律。人们日常生活中所使用的"法律"一词，多数是从广义上来说的；当讲到全国人大常委会有权撤销同宪法、法律和行政法规相抵触的地方性法规时，这里的"法律"是在狭义上使用的。为了避免上述广、狭两义的混同,一些法学著述把广义的"法律"称为"法",而将狭义的"法律"仍称为"法律"。

二、法的概念

在《共产党宣言》中,针对资产阶级法,马克思、恩格斯有这样一段精辟的论述:"你们的观念本身是资产阶级的生产关系和所有制关系的产物,正像你们的法不过是被奉为法律的你们这个阶级的意志一样,而这种意志的内容是由你们这个阶级的物质生活条件来决定的。"列宁亦指出:"法律是什么? 法律就是取得胜利、掌握国家政权的阶级的意志的表现。"我国法学教材编辑部编写的教科书中,对法的定义表述为:"法是由一定物质生活条件所决定的统治阶级意志的体现,它是由国家制定或认可并由国家强制力保证实施的规范体系,它通过对人们的权利与义务的规定,确认、保护和发展有利于统治阶级的社会关系和社会秩序。"这个定义,得到了大多数人的共识和使用。

对于法,还有一系列值得深入探讨的问题:法是不是阶级社会特有的现象? 原始社会和共产主义社会是否有法? 法的本质属性是什么? 法的阶级性和社会性关系如何? 如何理解国际法的阶级性? 如何解释我国"一国两制四法"? 因此,研究法的概念是法理学的中心课题之一,也是整个法学的一个重大课题。这一课题主要是回答"法是什么"的问题,对这一问题要给出一个科学的答案,相当困难。美国现代法学家柯亨和弗兰克就认为,给法下一个科学的定义是不可能的事。法是在发展的,法的概念也应当是发展的,我们的确不可能得出一个永恒的法的定义。尽管如此,我们在总结前人得失的基础上,完全可以就法的概念问题得出比前人更为科学的答案。国内外法学界关于法的定义有多种观点,概括起来,大体上可分为马克思主义与非马克思主义两大类。在我国这一划分标准具有重要意义。

马克思主义者认为:法是由国家制定、认可并依靠国家强制力保证实施的,以权利和义务为调整机制,以人的行为及行为关系为调整对象,以此反映由特定物质生活条件所决定的统治阶级或人民的意志,以确认、保护和发展统治阶级或人民所期望的社会关系和价值目标为目的的行为规范体系。

非马克思主义者关于法的定义的理论,大致从法的本体、法的本源以及法的作用三个角度展开:从法的本体上,具有代表性的定义有规则说、命令说和判决说;从法的本源上,具有代表性的定义有神意论、理性论、公意论和权力说;从法的作用上,具有代表性的定义有正义论、社会控制说、事业说。

在我国,法和法律的含义不尽相同。法律有广义和狭义之分,上述关于法的定义与广义的法律大体相同。

三、法的特征

(一)法是由国家制定或认可的行为规范

法律形成于公共权力机构,这是法律与其他人为形成的社会规范的主要区别之一。法律的形成有两种基本方式:一种是制定法律;另一种是通过国家认可的方式形成法律,这种形成法律的方式是对社会中已有的社会规范(如习惯、道德、宗教教义、政策)赋予法的效力。

（二）法是以国家强制力保证实施的行为规范

国家强制，是以军队、警察、法庭、监狱等国家暴力机构为后盾的强制。因此，法律就一般情况而言是一种最具有外在强制性的社会规范。同时，国家暴力还是一种"合法"的暴力。所谓合法的，一般意味着是"有根据的"，而且，也意味着国家权力必须合法行使，包括符合实体法和程序法两个方面的要求。

（三）法是调整人们行为的、具有普遍性的社会规范

法律是一种以行为关系为调整对象的社会规范。法的普遍性具有三层含义：一是法具有普遍约束力，即在国家权力所及的范围内，法具有普遍效力或约束力。二是普遍平等对待性，即要求法律面前人人平等。三是普遍一致性，即法律虽然与一定的国家紧密联系，具有民族性、地域性，但是，法律的内容始终具有与人类的普遍要求相一致的趋向。

（四）法是以权利义务为内容的社会规范

法是通过设定以权利义务为内容的行为模式的方式，指引人的行为，将人的行为纳入统一的秩序之中，以调节社会关系。法所规定的权利义务，不仅是对公民而言的，而且也是针对一切社会组织、国家机构的。法不仅规定义务，而且赋予权利。

四、法的要素

法的要素是法的基本组成成分或者因素。它包括法律规范、法律概念、法律原则和法律技术性规定四个部分。

（一）法律规范

法律规范是法的最基本的单位，是构成法的"细胞"。一个国家的法律体系就是这个国家全部法律规范的总和。法的目的正是通过具体的法律规范实现的，因此创制法最重要的任务在于选择已有的或者设计新的、适合于实现法律调整目的的规范。在一部法律中，除法律规范外，虽然还有其他组成部分，如关于序言、目的、任务、原则等方面的规定，但法律规范是法存在的形式以及发生作用的依据，其他组成部分都是为更好地理解法律规范服务的；没有一定的法律规范，其他组成部分就失去了存在的意义。法作为规范人们和国家机关及其他社会组织的行为规则，必然以规范为其主要内容，离开了规范，法就不成其为法了。因此，法律规范是法的最重要的组成因素。

（二）法律概念

概念是对某事物本质的抽象，它是思维的基本单位。没有概念，人们就无法思维，学科也就无法建立。同样，概念也是构成法的基本单位，每一法律条文都是由一些概念组合起来的。在法的要素中，法律概念虽然不是最重要的，但它对正确理解和适用法律规范是必不可少的。法律概念是指法律上规定的以及人们在法律推理中通用的概念，它是人们从无数的法律实践中概括出来的。法学家们的一项重要任务就是不断地从司法实践中提炼出法律概念。当然，法律概念的内涵和外延并不是固定不变的，随着客观条件以及法学家们的认识水平的提高，法律概念也在不断变化。

（三）法律原则

原则是指适用一般事物的法则。法律原则是法律上规定的用以进行法律推理的准则。法律原则虽然没有规定确定的事实状态和具体的法律后果,但在创制、理解和适用法的过程中,是必不可少的。它不仅可以指引人们正确地适用法律规范,而且在没有相应法律规范时,可以代替法律规范,直接成为裁判的依据。法律原则比法律条文和法律规范更抽象、更概括;它们来源于法律条文和法律规范,又高于法律条文和法律规范。作为法律体系的有机组成部分,法律条文与法律条文之间、法律规范与法律规范之间并不是绝对独立的,它们之间具有某种有机的联系,而法律原则正是维持这种联系的纽带。没有这种纽带,整部法律以至整个法律体系就成了一盘散沙。

(四)法律技术性规定

技术是某种专门知识。法的创制本身需要一定的知识和技能,以便于人们正确地理解和适用法律规范。如何理解"以上"、"以下","年以上"、"年以下"是否包括该年在内本身并不清楚,如果不加以说明,法律适用过程中就可能出现一些困难。为此,《刑法》在第九十九条作了解释性的技术性规定,明确:"本法所称以上、以下、以内,包括本数。"

五、法的本质

任何事物都有本质和现象,本质是指事物本身所固有的,决定事物性质、面貌和发展的根本属性,是事物的内在联系。现象是指事物的外部联系和表面特征,是事物本质的外在表现。现象通过感官就可以感觉到,而本质只有通过抽象思维才能把握。法是一种非常复杂的社会现象。法的本质属性是什么?这是法理学的核心问题。从历史上看,剥削阶级的思想家、法学家有时也能对法的现象作比较客观的说明,对某些方面的认识也有一定的科学性,但由于阶级和历史的局限,对法的本质问题,没有作出科学的回答。马克思主义以唯物史观为基础,把法的现象放到整个社会大系统中加以考察,科学地确定了法在社会大系统中的地位,从而真正揭示了法的本质。根据马克思主义法的基本原理,我们认为,应该从以下三个层次来分析法的本质。

法是国家意志的规范化表现,具有国家意志性。法是建立在一定社会经济基础之上的上层建筑,反映一定阶级的根本利益、愿望和要求。无论是奴隶社会、封建社会、资本主义社会的法,还是社会主义社会的法,都是由国家制定或者认可的,是国家意志的体现。统治阶级掌握了国家政权,在国家生活和社会生活中占据了主导地位。因此,国家意志主要是统治阶级的意志。这里讲的统治阶级意志,是指整个统治阶级的共同意志,而不是统治阶级中某一部分人或个人的意志。对统治阶级中个别人的任性妄动或恣意妄为,法也会对他加以制裁,说明法是体现整个统治阶级的意志,维护整个统治阶级的根本利益的。

法的基本内容归根结底是由社会物质生活条件决定的,法具有物质制约性。法是以统治阶级意志为主导的国家意志,但这决不是说统治阶级想怎么样就可以怎么样,更不意味着这种意志创造了社会经济关系。相反,社会存在决定社会意识,经济基础决定上层建筑。有什么样的经济基础,就有什么样的上层建筑。作为体现统治阶级意志的法,是社会上层建筑的重要组成部分,它主要是由社会的经济基础决定的。统治阶级要制定法律,只能从社会现有的和赖以存在的物质生活条件出发。物质生活条件变化,统治阶级意志的内容随之变化,法律也必然发生变化。这就意味着统治者在创制法时必须注意现实的经济条件,不能违背客观的经济规律。

经济以外的因素对法的影响。经济基础是决定法的根本因素,但经济以外的许多因素,如政治、道德、文化、历史传统、民族、宗教、习惯等,对法的本质和发展也具有不同程度的影响。一个简单的事实是:经济制度和经济发展水平相同或者相近的几个国家,甚至是同一个国家的不同地区,它们的法也可能存在千差万别的情况。实际上,经济基础是决定法的根本因素,经济以外的因素对法有影响,这只是从整体意义上说的。对某些具体的法律条文、法律规范、法律制度以至法律传统的形成来说,经济以外的因素甚至具有决定性的作用。

第二节　法的效力

一、法的效力概念

法的效力是指法律的生效范围或适用范围,即法对什么人什么事在什么地方或什么时间适用,通常包括法的效力等级和区分原则。

法的效力等级,又称法的效力层次或法的效力位阶。法的效力等级是指在一个国家的法律体系中,由于其制定主体、程序、时间、适用范围等不同,各种法的效力也不同,由此而形成的一个法的效力等级体系。影响法的效力等级的因素主要有法的制定主体、制定时间和法的适用范围。正是由于这些因素的影响,形成了不同效力的法,并进而形成法的效力等级。

区分法的效力等级应遵循一定的原则,主要包括:

第一,等差顺序原则。即在遵从宪法至上原则的前提下,宪法高于法律,法律高于法规,行政法规高于地方性法规,地方性法规高于地方性政府规章。另外,在同一法律文本内,宣言性、概括性规范高于陈述性、具体性规范;原则高于规则;总则高于分则。

第二,特别法优先原则。特别法是相对于一般法而言的,适用于特别的法律关系主体、特别时间、特别地区的法律为特别法。特别法优先是指在效力地位上特别法高于一般法,并优先于一般法而适用。

第三,国际法优先原则。即在涉及履行依据国际法所应承担的国际义务时,主权国家不得以国内法律、法规为由而予以拒绝。在一国国内立法涉及国际法律法规时,凡为主权国家所参加或所认可的国际条约或国际惯例,对国内法律规范也具有拘束力,国内法律规范不得与该国际条约或国际惯例相抵触。

第四,新法优于旧法原则。新法优先原则,是指在认定出自同等或同一效力层次的不同法律规范相互之间的效力地位关系时,如果依据上述诸项原则仍难以认定的话,则可以依据规范制定的时间先后来确定其优先顺序,后来制定的法律规范在效力地位上要高于先前制定的法律规范,即新法优先适用。

二、法的效力范围

法的效力范围通常包括法的时间效力、空间效力、对人的效力和对事的效力。

（一）法的时间效力

法的时间效力是指法生效的时间范围,包括法开始生效和终止生效的时间,以及对法律颁布以前的事件和行为该法律是否有效,即法的溯及力问题。法的溯及力是指法溯及既往的效力。法的溯及力问题是指新法颁布以后对其生效以前所发生的事件和行为是否适用。如果适用,该法就有溯及力;如果不适用,该法就不具有溯及力。就现代法治原则而言,法律一般只能适用于其生效后发生的事件和行为,不适用于其生效前的事件和行为,即采取法不溯及既往的原则。世界各国在这个问题上的做法有如下几种:一是从旧原则,即新法没有溯及力。二是从新原则,即新法有溯及力。三是从轻原则,即比较新法和旧法,看哪个处罚轻就适用哪个法律。四是从新兼从轻原则,即在原则上新法有溯及力,但如果旧法的处罚较新法轻,就按旧法处理。五是从旧兼从轻原则,即原则上新法没有溯及力,但如果新法不认为是犯罪或对行为人的处罚较轻就适用新法。我国目前主要采取从旧兼从轻原则,在特殊情况下也采用从新原则。

（二）法的空间效力

法的空间效力是指法生效的地域范围,即法在哪些地方具有拘束力。根据国家主权原则,一国的法律在其主权管辖的全部地域有效,包括领陆、领水及其底土和领空。此外,还包括延伸意义上的领土,即本国的驻外使领馆、在本国领域外的本国船舶和飞行器。

（三）法的对人的效力

法的对人的效力是指法对哪些人有效或适用,包括对哪些自然人和法人、其他组织适用。世界各国法对人的效力的一般原则主要有以下几种:一是属人主义,又称国民主义。即法对具有本国国籍的公民和在本国登记注册的组织适用,而不论他们在本国领域内或在本国领域外。外国人即使在本国境内犯法,也不适用本国法。二是属地主义,又称领土主义。即凡在本国领域内的所有人都适用本国法,而不论是本国人还是外国人,本国人如不在本国领域内也不受本国法的约束。三是保护主义,即以保护本国利益为基础,任何人只要损害了本国利益,不论损害者的国籍和所在地域在哪里,均受本国法的追究。四是以属地主义为主、以属人主义和保护主义为补充。我国和世界上大多数国家都采用这一原则。

（四）法的对事的效力

法的对事的效力是指法在实施的过程中对哪些事项有拘束力。通常的原则是对法所规定的事项发生效力,而对不属于法所规定的事项无效力。法对事的效力应以明文规定的事项为限。《刑法》第三条规定:"法律明文规定为犯罪行为的,依照法律定罪处刑;法律没有明文规定为犯罪行为的,不得定罪处刑。"它体现了罪刑法定的精神。

法律规范对事的效力还要遵循以下两个原则:

（1）一事不再理原则。指同一机关若基于同一法律关系已作出了决定,同一机关不得再受理同一当事人所作的同一请求。

（2）一事不二罚原则。指对同一行为不得处以两次或两次以上性质相同或同一罪名的处罚。

第三节 法律规范与法律体系

一、法律规范

法律规范是一种特殊的社会规范，是国家制定或认可，反映统治阶级或人民的意志，并由国家强制力保证实施的行为规范。法律规范是组成法的基本单位，属于法的微观结构，可以称之为法的细胞。法律规范具有国家意志性、规范性、同一性和逻辑性的特点。

法律规范的逻辑结构，是指法律规范在逻辑联系上是由哪些因素或部分构成的。一般认为,法律规范的逻辑结构包括三个因素：

（1）条件（或称假定），就是法律规范中关于该规范适用的条件部分。它指明该法律规范在什么条件下才可以适用。

（2）模式（或称为处理、指示、行为模式），就是行为规则本身，即法律规范中指明人们可以做什么,必须做什么,不能做什么的部分。

（3）后果（或称为制裁和奖励），就是实践中出现该规范时所产生的法律后果的部分。它说明在一定的时间、地点和条件下,人们如果不遵守或模范遵守某一法律规范,将会引起的制裁性或奖励性的法律后果。

条件、模式和后果是法律规范的三个有机组成部分,它们密切联系,缺一不可。

二、法律规范的种类

法律规范的种类，是指按照一定的标准或从某一角度对法律规范进行的分类。

（一）授权性规范、义务性规范和禁止性规范

按照调整方式的不同,法律规范可以分为授权性规范、义务性规范和禁止性规范。授权性规范,是规定人们可以作出一定的行为,或者要求他人作出或不作出某种行为的规范。按其规定的不同内容,授权性规范又可以分为两类：一是授予公民或法人某种权利；二是授予国家机关、公职人员某种权力（职权）。这类规范在法律条文中常以"可以"、"有权"等词语表述。义务性规范,是规定人们必须依法作出一定行为的法律规范。这类规范在法律条文中常以"必须"、"须"、"应该"、"应当"、"有……义务"、"有义务"等词语表述。禁止性规范,是禁止人们作出某种行为或必须抑制一定行为的法律规范。这类法律规范在法律条文中多以"禁止"、"不得"、"不应"、"不许"、"不准"等词语来表述。

（二）强制性规范和任意性规范

按照强制性程度的不同,法律规范可以分为强制性规范和任意性规范。强制性规范对义务性要求十分明确,而且必须履行,不允许人们以任何方式加以变更或违反。这种规范一般表现为义务性规范和禁止性规范两种调整方式。任意性规范,是允许法律关系参加者自行确定其权利和义务的法律规范。

（三）确定性规范、委托性规范和准用性规范

按照内容确定性程度的不同,法律规范可以分为确定性规范、委托性规范和准用性规

范。确定性规范,是指明确规定行为规则内容的法律规范,绝大多数法律规范都属于确定性规范。委托性规范,是指规范中没有明确规定行为规则的内容,而委托某一机关加以确定规范。这类规范的特点是不直接规定所要求或禁止的行为规范的内容,而仅指定由某一机关加以具体规定。准用性规范,是指没有直接转述行为规则的内容,而仅规定在某种情况下须参照、引用其他条文或其他法律、法规的法律规范。

（四）保护性规范、奖励性规范和制裁性规范

按照后果性质的不同,法律规范可分为保护性规范、奖励性规范和制裁性规范。保护性规范是指确认人们的权利、行为合法有效并加以保护的法律规范。奖励性规范是指给予各种对社会作出贡献的行为,以表彰或物质奖励的法律规范。制裁性规范是指对违法行为不予承认,并加以撤销以至制裁的法律规范。

三、法律体系

法律体系是指一国的全部现行法律规范,按照一定的标准和原则,划分为不同的法律部门而形成的内部和谐一致的有机联系的整体。法律体系是一国现行国内法构成的体系,反映一国法律的现实状况,它不包括历史上废止的已经不再有效的法律,一般也不包括尚待制定、还没有生效的法律。当代中国的法律体系通常包括下列法律部门:宪法、刑法、民法、商法、行政法、经济法、劳动与社会保障法、自然资源与环境保护法、诉讼法。

第四节　法律关系

法律关系是指在法律规范调整社会关系的过程中所形成的人与人之间的权利和义务关系。法律关系由主体、内容和客体三大要素构成。

一、法律关系的主体

法律关系的主体是指法律关系的参加者,即在法律关系中一定权利的享有者和一定义务的承担者。在我国,根据各种法律的规定,能够参与法律关系的主体包括自然人、法人及其他组织和国家。

法律关系主体构成的资格需要从如下两方面进行考查:一是权利能力。权利能力又称权义能力（权利义务能力）,是指能够参与一定的法律关系,依法享有一定权利和承担一定义务的法律资格。它是法律关系主体取得权利、承担义务的前提条件。二是行为能力。行为能力是指法律关系主体能够通过自己的行为实际取得权利和履行义务的能力。世界各国的法律,一般都把本国公民划分为完全行为能力人、限制行为能力人和无行为能力人。法人及其他组织也具有行为能力,但与公民的行为能力不同。

二、法律关系的内容

任何法律关系都是在法律关系主体间形成的一种权利和义务关系。因此,权利和义务就构成了法律关系的内容,离开了特定的权利和义务,任何法律关系都不可能存在。

　　权利和义务的实现最重要的是通过国家来保障。国家除了要不断创造和改善物质条件、政治条件和文化条件，还必须建立和健全法制，通过法律手段的完善来保证两者在社会生活和社会关系中的落实。就权利本身来讲，它在现实法律生活中总是表现为外在的行为，它有一个适度的范围和限度，超出了这个限度，就不为法律所保护，甚至可能构成"越权"或"滥用权利"而违法。义务也是有限度的，要求义务人作出超出"义务"范围的行为，同样是法律所禁止的。

三、法律关系的客体

　　法律关系的客体是指法律关系主体之间权利和义务所指向的对象。法律关系的客体包括物、行为、智力成果和人身利益。

　　任何外在的客体，一旦它承载某种利益价值，就可能会成为法律关系客体。我们必须看到，法律关系是具有多样性的，而多种多样的法律关系就有多种多样的客体，即使在同一法律关系中也有可能存在两个或两个以上的客体。因此，在分析多向（复合）法律关系客体时，我们应当把这一法律关系分解成若干个单向法律关系，然后再逐一寻找它们的客体。

四、法律关系的产生、变更和消灭

　　法律关系处在不断地产生、变更和消灭的运动过程中。它的产生、变更和消灭，需要具备一定的条件。其中最主要的条件有两个：一是法律规范；二是法律事实。法律规范是法律关系产生、变更与消灭的法律依据，没有一定的法律规范就不会有相应的法律关系。而法律事实则是法律关系产生、变更和消灭的直接的前提条件。

　　所谓法律事实，是指法律规范所规定的，能够引起法律关系产生、变更和消灭的客观情况或现象。法律事实通常分为两种：

　　（1）法律事件。法律事件是法律规范规定的，与当事人的意志无关的，能够引起法律关系产生、变更和消灭的客观事实。法律事件又分成社会事件和自然事件两种。

　　（2）法律行为。法律行为可以作为法律事实而存在，是与当事人意志有关的，能够引起法律关系产生、变更和消灭的作为或不作为。

第五节　法律责任与法律制裁

　　法律责任是指因违反了法定义务或契约义务，或不当行使法律权利、权力所产生的，由行为人承担的不利后果。

一、法律责任的分类

　　法律责任一般分为民事责任、刑事责任、行政责任和违宪责任。

（一）民事责任

　　民事责任是指由于违反民事法律规定、违约或者因民事法律规定所应承担的一种法律责任。民事责任主要是财产责任，也包括以人身、行为、人格尊严等为责任承担内容的非财产责任。在法律允许的条件下,民事责任可由当事人协商解决。

(二)刑事责任

刑事责任是指行为人因违反刑事法律而应当承担的法律责任。

(三)行政责任

行政责任是指因违反行政法或因行政法规定的事由而应承担的法律责任。它又包括行政机关及其工作人员的行政责任和行政相对人的行政责任。

(四)违宪责任

违宪责任是指有关国家机关制定的某种法律和法规、规章与宪法相抵触,或有关国家机关、社会组织或公民从事与宪法规定相抵触的活动而产生的法律责任。

二、法律制裁

法律制裁,是指由特定国家机关对违法者依其法律责任而实施的强制性惩罚措施。法律制裁可依不同标准进行分类。与上述法律责任的种类相对应,可以将法律制裁分为民事制裁、刑事制裁、行政制裁和违宪制裁。

(一)民事制裁

民事制裁是由人民法院所确定并实施的,依照民事法律规定,对责任人所实施的惩罚性措施。民事制裁的形式多种多样,主要包括赔偿损失、支付违约金等。此外还可以予以训诫、责令具结悔过、收缴进行违法活动的财物和非法所得等。

(二)刑事制裁

刑事制裁即刑罚,是指司法机关依照刑事法律规定,对犯罪的人所实施的惩罚性措施。在我国,刑事制裁包括管制、拘役、有期徒刑、无期徒刑、死刑及附加刑(罚金、剥夺政治权利、没收财产)。承担刑事制裁的主体既可以是个人,也可以是法人(单位),但对法人的刑事制裁只能是处以没收财产、罚金等财产刑。

(三)行政制裁

行政制裁是指依照行政法律规定,对责任人实施的强制性惩罚措施。它包括行政处罚、行政处分、劳动教养。行政处罚是指行政机关对违反行政法的责任主体给予的警告、罚款、行政拘留、没收非法所得等惩罚性措施;行政处分是对违法失职的公务员及其他从属人员所实施的惩罚性措施,包括警告、记过、记大过、降级、撤职、开除等惩罚性措施;劳动教养是由公安机关对违反行政法规、危害社会秩序和他人人身安全,尚不构成犯罪的违法行为所实施的强制劳动改造的惩罚性措施。

(四)违宪制裁

违宪制裁是根据宪法的特殊规定对违宪行为所实施的一种强制措施。承担违宪责任、承受违宪制裁的主体主要是国家机关及其负责人。在我国,监督宪法实施的全国人民代表大会及其常务委员会是行使违宪制裁权的主体。其制裁形式主要有:撤销或改变同宪法相抵触的法律与决定、行政法规、地方性法规,罢免违宪的国家机关负责人或人大代表等。

第六节 法的实施

一、法的实施的概念和意义

法的实施是指法律在现实生活中的贯彻和实现。具体地说，就是把法律上的权利义务关系转化成为现实生活中的权利义务关系，即把法律规范变成现实的法律关系和法律秩序。法的实施，就是使法律从书本上的法律变成行动中的法律，使它从抽象的行为模式变成人们的具体行为，从应然状态进到实然状态。法的实施和法的实现大体上指的是同一个事情，但从人们对这两个词语的使用上来看，前者侧重于过程，后者侧重于结果。法的实施是与法的制定相对的，但法的实施比法的制定意义更为重大。法律本身反映了统治者或立法者通过法律调整社会关系的愿望与方法，反映了立法者的价值追求。法的实施是实现立法者的立法目的、实现法的作用的前提，是实现法的价值的必由之路。而且，法的实施是建立法治国家的必要条件。法治国家的要义在于法律的权威高于个人的权威，是依法而治，以实施法律的主体和法的内容为标准。法的实施方式可以分为三种：法的执行、法的适用、法的遵守。

二、法的执行

(一)法的执行的含义

法的执行又称执法，它有广义和狭义之分。广义的执法，是指所有国家行政机关、司法机关及其公职人员依照法定职权和程序实施法律的活动。如人们在讲到社会主义法制的基本要求"有法可依、有法必依、执法必严、违法必究"时，讲的就是广义的执法。狭义的执法，则专指国家行政机关及其公职人员依法行使管理职权、履行职责、实施法律的活动。人们把行政机关称为执法机关，就是在狭义上使用执法一词。本书所说的执法，是狭义上的执法。

(二)法的执行的特点

法的执行的特点主要有：

(1)法的执行是以国家的名义对社会进行全面管理，具有国家权威性。现代社会中，为了避免混乱，大量的社会生活需要组织和管理，国家在这方面承担着管理和组织的义务。但是，为了避免行政专横，专司行政管理的行政机关的活动又必须在法律的限制下进行。因此，行政机关执行法律的过程就是代表国家进行社会管理的过程，社会大众应当服从。

(2)法的执行的主体是国家行政机关及其公职人员。在我国，执法主体可以分为两类：第一类是中央和地方各级政府，包括国务院和地方各级人民政府；第二类是各级人民政府中的行政职能部门，如公安行政部门、工商行政部门、教育行政部门，等等。国务院和地方各级人民政府依法在全国或本地区进行行政管理，就是在全国或本地区执行法律的过程；行政职能部门依法在某一方面进行管理，就是在本部门执行、实施相应法律的过程。

(3)法的执行具有国家强制性，行政机关执行法律的过程是行使执法权的过程。行政机关根据法律的授权对社会进行管理,一定的行政权是进行有效管理的前提。行政权是一种国家权力,它既能够改变社会的资源分配、控制城市的人口规模,也能够在很大程度上影响公民的个人生活,如升学、就业、结婚、迁徙等。必须赋予行政权一定的强制力,才能确保行政管理的有效进行。

(4)法的执行具有主动性和单方性。执法既是国家行政机关进行社会管理的权力,也是它对社会、对民众承担的义务,既是职权,也是职责。因此,行政机关在进行社会管理时,应当以积极的态度主动执行法律、履行职责,而不一定需要行政相对人的请求和同意,如卫生部门进行食品卫生检查。如果行政机关不主动执法,并因此给国家或社会造成损失,就构成失职,必须承担法律责任。

(三)法的执行的主要原则

法的执行的原则主要有:

(1)依法行政原则。这是指行政机关必须根据法定权限、法定程序和法治精神进行管理,越权无效。这是现代法治国家行政活动的一条基本原则。依法行政原则要求:首先,执法的主体必须合法。执法的机关必须是法律授权的机关。比如,工商行政部门虽然是国家的行政机关,但其不能进行治安检查,因为法律并没有授予工商行政部门治安管理的权限,所以其不是合法的治安管理主体。其次,执法的内容必须合法。行政机关必须履行自己的法定职责,对相对人科以义务亦要有法律上的规定,不能随意。对程序的关注是现代法治国家法治建设的要求。遵守程序不仅可以防止滥用行政权,而且是实现公民权利的有效途径,它可以使行政管理更有效。

(2)合理行政原则。行政管理涉及的社会生活是丰富多彩的,法律不可能对千姿百态的社会生活作出详尽的规定。因此,法律总是给行政机关留下一定的自由裁量的区域,让行政机关根据具体的情况裁定法律的执行。这是法律赋予行政机关的自由裁量权。自由裁量权为行政管理所必需,但它又可能造成行政权的滥用。因此,行政机关在执法时必须遵循合理行政原则,必须合理行使自由裁量权。该原则要求行政机关行使自由裁量权时必须调查研究,掌握实际情况,根据法律的精神来作出决定,不能徇私枉法,钻法律的空子,只有这样才能正确地执行法律。

三、法的适用

(一)法的适用的含义

法的适用,通常是指国家司法机关根据法定职权和法定程序,具体应用法律处理案件的专门活动。由于这种活动是以国家名义来行使司法权,因此也称"司法"。法的适用是实施法律的一种方式,对实现立法目的、发挥法律的功能具有重要的意义。

(二)法的适用的特点

法的适用有以下特点:

(1)法的适用是特定的国家机关及其公职人员,按照法定职权实施法律的专门活动,具有国家权威性。人民法院和人民检察院是代表国家行使司法权的专门机关,其他任何国家机关、社会组织和个人都不得从事这项工作。在我国,司法权包括审判权和检察权。审判权即适用法律处理案件,作出判决和裁决的权力;检察权包括代表国家批准逮捕、提起公诉、不起诉、抗诉的权力等。

（2）法的适用是司法机关以国家强制力为后盾实施法律的活动，具有国家强制性。由于法的适用总是与法律争端、违法的出现相联系，总是伴随着国家的干预、争端的解决和对违法者的法律制裁，没有国家强制性，就无法进行上述活动。司法机关依法作出的决定，当事人必须履行，不得违抗。

（3）法的适用是司法机关依照法定程序、运用法律处理案件的活动，具有严格的程序性及合法性。司法机关处理案件必须依据相应的程序法规定。法定程序是保证司法机关正确、合法、及时地适用法律的前提，是实现司法公正的重要保证；同时，司法机关对案件的处理，应当有相应的法律依据，否则无效。枉法裁判，应当承担相应的法律责任。

（4）法的适用必须有表明法的适用结果的法律文书，如判决书、裁定书和决定书等，这些法律文书具有法律约束力。它们也可以作为一种法律事实，引起具体法律关系的产生、变更和消灭。如果对它们的内容不服，也可以依据法定程序上诉或申诉，但是任何人都不得抗拒执行已经发生法律效力的判决、裁定或决定。

（三）法的适用的基本要求

法的适用的基本要求是正确、合法、及时。要做到正确，首先要求事实清楚，证据确凿；其次要求对案件的定性要准确；再次要求对案件的处理要适当；最后要求有错必究。所谓合法，就是要求执法机关必须依法办事，审理的每个案件，不仅定性、处理要符合法律的规定，在程序上也要合乎法律的要求。所谓及时，就是要求执法机关在正确、合法的前提下，不断提高办案效率。司法实践中很多案件久拖不决，就是和法官只注重法律适用正确、合法，而不注重及时结案有关。这增加了当事人的诉讼成本，在实践中应注意。

（四）法的适用的基本原则

法的适用的基本原则是司法机关在适用法律时的指导思想，是法的适用活动必须遵循的原则，是我国司法实践的经验积累。我国宪法和法律规定了司法机关适用法律必须遵循的原则，学者们对此也有总结。在法的适用领域，法律面前人人平等，既是我国公民的一项基本权利，也是我国法的适用的一条最基本原则。

四、法治与法制

"法制"一词我国古已有之。直到现代，人们对于法制概念的理解、使用还各有不同。广义的法制，认为法制即法律制度，是指掌握政权的社会集团按照自己的意志，通过国家政权建立起来的法律和制度的总和；狭义的法制，是指一切社会关系的参加者严格地、平等地执行和遵守法律，依法办事的原则和制度。实际上，法制是一个多层次的概念，它不仅包括法律制度，而且包括法律实施和法律监督等一系列活动和过程。"法治"一词很早就出现在古书中，包括形式意义上的法治和实质意义上的法治。形式意义上的法治，强调"以法治国"、"依法办事"的治国方式、制度及其运行机制；实质意义上的法治，强调"法律至上"、"法律主治"、"制约权力"、"保障权利"的价值、原则和精神。法治概念内含着人民与法的关系。也就是说，法治必然地和民主政治相关。

法治与法制对国家权力的结构形式的要求不同。一般来说，各种权力结构形式、各种政体形式下都可以使用法制这一概念。所以，法制概念本身并不蕴含要求有体现着特定原则的国家权力结构形式的意思。现代意义上的法治，则必然蕴含着一个国家存在着以权力分工、相互监督和制约为原则的权力结构或权力配置形式。也就是说，各个国家机关相互牵制和制约，不存在一个绝对的凌驾于各个国家机关和法律之上的权力机关。

总之，法制（法律和制度的简称）与国家政权相伴而生，有国家就有法制，人类历史上有奴隶制法制、封建制法制、资本主义法制和社会主义法制。现代意义上的法治与民主政治相伴而生，有国家、有法制不一定有法治。有国家、有法制，如果没有民主政治，或者法律本身是反民主、反人类的（如法西斯统治时期的法律），或者法律只是用来管普通老百姓的，当权者特别是国王、皇帝、元首等政要可以不遵守，即事实上不存在普通守法原则，也就没有法治。法制是体现掌权者阶级意志的法律和制度，是调整社会关系的规范性实体工具；法治则要求政治民主和普遍守法，是治国的重大方针。可见，有了法制，并不等于就有了法治。

第七节　法与社会

一、法与经济

（一）法与经济基础

法是建立在一定社会经济基础之上的上层建筑的重要组成部分，归根结底由经济基础所决定。一般来说，有什么样的经济基础就有什么样的法，法对经济基础也有积极的反作用。

经济基础对法的决定作用，主要表现在：①经济基础的性质决定法的性质，有什么性质的经济基础就有什么性质的法。奴隶制法、封建制法、资本主义法都是建立在私有制经济基础之上的，因而都是私有制性质的法，维护生产资料私有制，是剥削阶级意志的体现。社会主义法建立在以生产资料公有制为主的经济基础之上，因而是社会主义性质的法，体现了工人阶级领导下的全体人民的共同意志。②经济基础的发展变化决定法的发展变化。经济基础的质变，会引起法的历史类型的变化。如资本主义生产关系取代封建主义生产关系后，资产阶级的法律制度就相应取代了封建主义法律制度。经济基础的量变，也会引起法的立、改、废。如当自由资本主义发展到垄断资本主义时，其法律制度也相应发生了变化，但只是量变，而非质变。

法一经产生，就积极地反作用于经济基础。法对经济基础的反作用主要表现在：统治阶级通过法废除和改变旧的、落后的生产关系，确认自己借以建立的新的经济关系（生产关系）的主导地位，确认与经济关系相适应的各种社会关系，打击敌对势力、敌对分子破坏经济基础的活动，清除旧上层建筑的残余，等等。

法总是为自己赖以存在的经济基础服务的，但法是否对经济发展产生积极作用，取决于经济基础是否适应法的要求。如不适应，则会对经济发展起消极的阻碍作用。在认识和处理法与经济基础的关系问题上，必须防止两种偏向。一种偏向是"经济因素唯一决定论"，看不到上层建筑中其他因素及物质生活条件中其他因素对法的影响，也看不到法对经济基础的反作用；另一种偏向是"法律万能论"，片面夸大法对经济基础的反作用，甚至认为法可以超越经济条件,可以代替或者改变经济规律。

(二)法与市场经济建设

市场经济实质是法治经济,法治经济要求有符合市场经济规律、调整市场行为的比较完备的法律体系,要求树立法律在市场经济中的统治地位和极大权威,严格依法治理经济活动。市场经济是法治经济,主要理由有:

(1)市场经济是主体多元化的经济,需要用法律来确认市场主体资格。法律应当确立市场经济主体的自主独立性和平等性,即自主经营、自负盈亏、自行发展、自我调整的市场主体地位,享有充分的责、权、利,成为完全独立的商品生产者和经营者。

(2)市场经济是主体拥有自己财产的经济,需要靠法律来确认和保护他们的产权。产权是商品交换的基础,"定分"才能"止争"。在市场经济活动中,存在着复杂的责、权、利关系,只有把产权关系用法律规范明确规定下来,市场经济才能正常运行。

(3)市场经济是契约化的经济,需要运用法律来维护市场主体间的合同意志自由。市场主体法律地位平等、相互独立,享有意志自由。在市场活动中,市场经济不是自由放任的经济,国家对市场经济必须依法适度干预和实行宏观调控。市场经济中,不可避免会出现干扰和破坏市场秩序的行为和现象,如不正当竞争行为、假冒伪劣产品、损人利己的现象等。因而,必须有统一的法律、法规加以规范、指引、制约和保障,对市场活动适度干预。

(4)市场经济是公平竞争、优胜劣汰的经济,需要完善社会保障法律制度,维护社会安定。应当建立相应的法律制度,对竞争中的被淘汰者,没有竞争能力的老人、儿童和残疾人,提供一定的物质帮助,以维护社会的安定。

我国经济体制改革的目标模式,是要建立起完善的社会主义市场经济体制。我国要建立的市场经济体制实质上也是法治经济。

(三)法与社会生产力

1. 生产力对法的决定作用

生产力是所有社会现象中最根本的因素,是衡量一个社会的物质文明、精神文明以及其他一切社会现象的基本标准。生产力的发展水平、性质、要求和整体功能状况,一方面通过经济基础的中介,在深层次或根本意义上,决定法的产生、性质和发展变化等;另一方面又在相当大的程度上,直接影响、制约法的形式、内容、体系、观念、调整范围和发展变化等。

2. 法对生产力的反作用

法对生产力的反作用一般要以经济基础为中介。当法所服务的经济基础适应生产力发展的要求时,法对生产力的发展便起促进作用;当法服务的经济基础已成为生产力发展的桎梏时,法就对生产力的发展起阻碍作用。法对生产力也有直接的促进或阻碍作用。生产力的发展会在法的领域反映出来,提出许多新的问题,直接导致法的调整范围的扩大和调整方法的改变;而法的调整范围和调整方法的变化,直接影响生产力的发展。

二、法与政治

(一)法与政治的一般关系

政治是在有阶级的社会中一定经济基础之上的上层建筑,是集中反映经济利益和要求的,以政权为核心的社会关系。法与政治都属于社会的上层建筑,都由经济基础决定,并为经济基础服务。由于政治是经济的集中表现,对经济基础有着更直接和有力的反作用,所以政治在上层建筑中占主导地位。法与政治的一般关系,主要表现在:

(1)政治是法律产生和发挥作用的前提。政治在与法发生关系的过程中经常居于主导地位,政治的性质决定法的性质,政治的发展变化直接导致法的发展变化。政治对法的立、改、废起着直接的决定作用。

(2)法是政治的重要表现形式,对政治有确认、调整和影响的作用。法确认各阶级、阶层、集团在国家生活中的地位,反映和实现一定阶级、集团的政治目的和政治要求,为一定阶级和国家的中心任务服务。法还对危害掌握政权的阶级的行为采取制裁措施,起着捍卫其政治统治的作用。

(二)法与政策

政策是一定阶级、政党、国家以及其他社会团体,为达到一定目的,依据自己的长远目标,结合当前情况和历史条件所制定的行动准则。其中,执政党的政策尤其重要。在我国,法与党的政策,在经济基础、体现的意志、根本任务和指导思想等方面都具有一致性。法与党的政策相互作用,主要表现在:

(1)党的政策是法的核心内容和基本精神。党对国家的领导主要通过政策来实现。党的政策对整个国家都起着重要的指导作用。党的政策是制定法的依据,是实施法的指针。

(2)法是贯彻党的政策的特殊形式和执行政策的基本保证。法以国家规范的形式贯彻政策,以人民意志和根本利益制约政策,确保在宪法和法律的范围内执行政策。

法与政策关系密切,但也存在区别。他们在制定的机关、程序上不同,在表现形式上不同,调整的范围不同,稳定性程度不同。长久以来"政策至上"、"政策本身就是法"、"政策大于法"的观念根深蒂固,讲政策多,讲法律少,不重视依法办事。这给我们的法制建设带来了许多负面的影响,以致形成法律虚无主义的倾向。宪法和党章确定"依法治国,建设社会主义法治国家"的方针,意味着走一条将法律作为主要社会调整手段的法治之路。因而,必须反对"政策至上",用政策取代法律的做法,但又不能完全否定政策的作用。这就要求我们既要正确执行政策,又要严格依法办事,把执行政策纳入宪法、法律制约的范围。

(三)法与国家

法与国家都是历史的范畴。国家是经济上占统治地位的阶级维护自身统治的工具,是设有系统的国家机构体系的政治实体。法与国家是阶级社会上层建筑中关系最为密切的两种社会关系,有着共同的产生和发展的规律。可以说,世界上没有无国家的法,也没有无法的国家。它们之间的关系,主要表现在:

(1)国家是法存在的政治基础。这是因为:①法的制定、变动和实施依赖于国家。要把一定的意志上升为法,首先必须掌握国家政权。②法的性质、作用和特点都与国家直接相联。国家政权掌握在什么人手里,决定了该国的法主要反映什么人的意志和利益。③法的形式和法律制度直接受国家形式的影响。

(2)不同的政体往往有不同的法的表现形式。这是因为:①统治者通过法确认自己政权的合法地位和本阶级在国家中的统治地位。②统治者通过法的形式确定国家机构体系、组织形式、各组织的活动原则,通过规定国家任务和国家活动等实现国家的职能。③法通过制约国家机构的权限来防止国家政权背离现代民主法治的要求,帮助建立稳定的社会秩序,巩固和完善国家制度。

总之,无论是产生、发展还是运行,法与国家都是分不开的。但两者毕竟是两种不同的社会现象,具有不可替代性。

(四)法与民主

民主首先是一种国家制度、政治制度。民主的发展经历了两大历史阶段:从专制制度到资产阶级民主,从资产阶级民主到社会主义民主。社会主义民主作为一种国家制度,是人类历史上最后一种民主制度,其本质和核心是一切权力属于人民。社会主义民主与社会主义法制的关系,主要表现在:

(1)社会主义民主是社会主义法制的前提和基础,这是因为:①社会主义法制是社会主义民主的产物,社会主义民主是社会主义法制的一个原则和力量源泉;②社会主义法制将会伴随着社会主义民主的发展而逐步完善。

(2)社会主义法制是社会主义民主的体现和保障,这是因为:①社会主义法制确认了社会主义民主;②社会主义法制规定社会主义民主的范围和实现社会主义民主的程序和方法;③社会主义法制规定了对行使民主权利的制约,并用法律来制裁危害民主的违法犯罪行为,使民主得到切实的保障。

民主与法制紧密结合,相辅相成、相互作用、相互渗透和融合。在正确处理两者的关系上,最有效的途径就是坚持法制的民主化和民主的法制化。法制的民主化,是指在法制的各个环节上都实行民主,使之法律化、制度化。也就是说,用法律制度把国家的民主制度、民主程序等固定下来,并用法律制裁危害民主的违法犯罪行为。

三、法与道德

(一)道德的概念

道德是人们关于善与恶、美与丑、正义与非正义、公正与偏私、光荣与耻辱的观点、原则和规范的总称。它是由物质生活条件决定,并依靠社会舆论、人们的内心信念、习惯和教育等力量来保证遵守和实现的行为规范体系。道德作为上层建筑的组成部分,属于历史的范畴,每一种社会经济形态,都有其相应的道德。在阶级社会里,道德具有阶级性。不同的阶级、不同的时代有不同的道德标准,但其也有一些共同点,具有继承性。

(二)法与统治阶级道德的异同

(1)法与统治阶级道德的一致性。它主要表现在:两者在本质上是一致的,有着相同的经济基础和阶级本质,共同承担着调整和维护有利于统治阶级的社会关系和社会秩序的任务。两者的基本内容和基本精神相同,相互影响、相互渗透,统治阶级道德的许多原则、规范、内容和要求,往往通过法律的形式规定下来,既是道德上的义务,又是法律上的义务。两者相辅相成,都有调整和规范人们行为的功能,是指引、评价人们行为的尺度。但法与统治阶级道德的侧重点不同。法侧重于调整人们的外部行为,道德侧重于调整人们的内心活动。

(2)法与统治阶级道德的区别。它主要表现在:①范畴不同。道德属于意识形态范畴,法属于制度范畴。②产生和存在的条件不同。法与国家同时产生,互为条件;而道德是人们在共同生产和生活中逐步形成的。③表现形式不同。法主要表现为国家机关制定的各种规范性文件,而道德通常存在于人们的观念和社会舆论中。④调整的范围不同。法所调整的是那些关系着统治阶级根本利益的重要社会关系,它只调整人们的行为。道德调整的范围要广泛得多,它几乎涉及人们社会生活的各个方面,并深入到人们的内心世界。⑤规范的内容不同。法的规范既规定了人们的权利,又规定了相应的义务;而道德规范的内容主要侧重于个人对社会、他人履行义务。⑥实施的方式和手段不同。法的实施依靠国家强制力,道德则是通过社会舆论、宣传教育、人们内心的信念、模范人物的影响等多方面的手段来保证实现的。

(三)法与道德的关系

法与道德相互促进、相互渗透、相互作用、相辅相成。具体表现在:

(1)道德是加强法制建设的重要精神力量,这是因为:道德对立法有指导的意义,道德的许多原则和要求,反映和贯穿在法律意识中,从而指导社会主义法的制定。道德对法的适用和遵守起着促进作用。一方面,国家司法人员具有良好的职业道德,就能秉公执法,更准确地理解和适用社会主义法,维护法的尊严;另一方面,公民具有较好的道德意识,也有利于法律意识的培养和法制观念的加强,做到自我约束,守法护法,促进良好的社会环境和社会风尚的形成。道德可以弥补法的不足。由于法律的滞后性和不够完善,一旦出现需要法律调整的问题,并不能立即就有明文的法律规定。这时,道德的原则、精神可以弥补法律的不足。对法律没有调整的社会关系,则只能由道德来调整。

(2)法是培养和传播道德的有力工具,这是因为:从立法内容看,法把道德的基本原则和要求确认下来,使之具有法的属性,道德义务变为法律义务,从而使其中的道德原则得到实现和传播。从法的实施看,由于法通过法律形式把道德的基本原则、精神确认下来,因此在法律实施过程中,对于先进典型的表扬、奖励和对于违法、犯罪行为的制裁,既是具体生动的法制教育,又是有力的道德教育,它使人们明确社会主义道德提倡什么、禁止什么,从而有利于提高人们的道德觉悟。社会主义法的有效实施,能够促进和保证道德的调整作用。

第二章 法的起源、发展和消亡

第一节 法的起源

国家和法是人类社会发展到一定历史阶段的产物。在此之前,人类曾经历了数百万年之久的没有国家和法的原始社会时期。

一、原始社会的社会调整

在原始社会,生产力发展水平极其低下,人们共同占有生产资料,共同劳动,平均分配劳动产品,没有私有制,没有阶级和阶级压迫,因而也就不存在作为阶级压迫工具的国家和法。但原始社会存在着特定的组织形式,那就是以血缘关系为纽带而结成的氏族。氏族内部的一切重大问题均由氏族全体成员讨论决定。

氏族首领(酋长)由全体氏族成员选举产生,不享有特权,依赖氏族成员的信任和尊敬,依赖社会舆论和原始习惯来执行职务。原始社会的社会规范主要是氏族习惯,它是人们在共同生产和生活过程中自然形成并世代相传的。氏族习惯的内容很广泛,几乎涵盖了生产和生活的各个方面。除了习惯规范,还有道德规范和宗教规范。他们与习惯规范相互作用,融合在一起,共同组成原始社会的社会规范,调整着社会关系,维护着社会秩序。

二、法的产生过程

(一)法产生的经济根源

社会分工、商品交换和私有制的出现和发展是法产生的经济根源。原始社会后期,生产力有了极大的提高,出现了剩余产品和交换,出现了商人阶层。第三次社会大分工使商业成为独立的部门。贸易的扩大,货币、高利贷、土地所有权和抵押的产生,使财富迅速积聚到极少数富人手中,穷人和奴隶的数量日益增加,对奴隶的强制性劳动逐步成为整个社会的上层建筑所赖以建立的基础。生产力水平的不断提高,导致了私有制的出现,私有制发展到一定程度,就需要一种新的行为规范来为它服务,确认私有财产权不可侵犯。也即恩格斯所说:"在社会发展某个很早的阶段,产生了这样的一种需要:把每天重复着的生产分配和交换产品的行为用一个共同规则概括起来,设法使个人服从生产和交换的一般条件。这个规则首先表现为习惯,后来便成了法律。"(恩格斯《政治与经济》)

(二)法产生的阶级根源

法产生的阶级根源在于阶级的出现。原始社会后期,私有制和阶级的产生,使以血缘关系为纽带的氏族组织完全解体了。氏族内部分裂出富人和穷人、奴隶主和奴隶,他们之间的阶级利益是根本对立的,矛盾是不可调和的。在激烈的阶级斗争面前,原始社会习惯显得无能为力。新兴的奴隶主阶级为了巩固自己的统治，需要建立一种新的反映本阶级意志、保护本阶级利益的行为规范。同时，奴隶主阶级内部的各个阶层、集团和个别成员之间在根本利益上是一致的，需要调整的是新兴奴隶主阶级同商人、手工业者和其他自由民众之间的关系。这种为适应调整阶级关系的需要而产生的新的行为规范就是法。

（三）法产生的标志

法的产生，经过了一个漫长的过程。法产生的标志主要有：①国家的产生。法是伴随着国家的产生而产生的，国家产生的过程也正是法产生的过程。②权利与义务的分离。在原始社会，人们没有权利与义务的观念。随着私有财产和商品交换的出现，产生了权利与义务的观念。国家"几乎把一切权利赋予一个阶级，另一方面却几乎把一切义务推给另一个阶级"（恩格斯《家庭、私有制和国家的起源》），这时完整意义上的法产生了。③解决纠纷的专门机关的出现。在氏族内部，大多数纠纷由全体当事人自己解决。随着生产力水平的提高和社会关系的复杂化，解决纠纷的专门机关出现了。对违法行为的制裁转由国家专门机关掌握。

三、法与原始习惯的联系和区别

法与原始习惯都是用来规范人们的行为，调整一定的社会关系，维护社会秩序的行为规范。法由原始习惯演变而来，与原始习惯在内容上存在着历史的连续性。然而，法与原始习惯又是性质根本不同的两种社会规范。它们之间的区别主要表现在：①两者产生的方式不同。法由国家制定或认可，并由国家强制力保证实施；而原始习惯则是自发形成并世代相传的。②两者赖以产生和存在的经济基础不同。法建立在生产资料私有制的经济基础之上；而原始习惯则建立在生产资料的原始公有制的经济基础之上。③两者体现的意志不同。法是掌握国家政权的统治阶级意志的体现，具有阶级性；而原始习惯则是氏族全体成员共同意志的体现，没有阶级性。④两者适用的范围不同。法适用于国家权力管辖下的一定领域内的所有居民；而原始习惯则适用于按血缘关系组成的氏族的成员。⑤两者实施的方式不同。法以国家强制力为后盾，并由国家专门机关来保证实施；而原始习惯则是凭借人们内心的信念、习惯以及氏族酋长的威信来保障遵守的。

第二节　法的历史发展

一、法的历史类型

法的历史类型是将人类历史上存在过的以及现实生活中仍然存在着的各个国家和地区的法律，按照法的阶级本质和它赖以建立的经济基础所作的基本分类。凡是建立在同一经济基础上、体现同一阶级意志的法律就属于法的同一历史类型。按照此划分标准，人类历史上的法可分为奴隶制法、封建制法、资本主义法和社会主义法。前三种类型的法统称为剥削阶级类型的法，而社会主义类型的法，是最高类型的法，是法的最后形态。

二、奴隶制法

奴隶制法是人类历史上最早出现的剥削阶级类型的法。它是奴隶主阶级意志的体现,旨在确立、巩固和发展有利于奴隶主统治的社会关系和社会秩序。

(一)奴隶制法的本质

奴隶制法是奴隶社会上层建筑的重要组成部分,其本质源于奴隶社会的经济基础。奴隶社会的经济基础是奴隶主阶级不仅占有生产资料,而且完全占有奴隶的人身。奴隶主阶级和奴隶阶级是奴隶社会两个根本对立的阶级,此外,还存在着一个平民阶层。平民所处的地位虽比奴隶高,但也受到奴隶主阶级的压迫和剥削,平民成为奴隶反抗奴隶主斗争的同盟军。

(二)奴隶制法的基本特征

各奴隶制国家的法在表现形式以及具体规定上虽然有所不同,但是,由奴隶制法的本质所决定,各国的奴隶制法又都具有以下共同的基本特征:①严格保护奴隶主所有制,确认奴隶主在经济、政治、思想方面统治的合法性,确保奴隶主的私有财产不可侵犯,维护奴隶主对奴隶的完全占有。②极端的野蛮性和残酷性。奴隶主所有制是一种公开的、直接掠夺奴隶的剥削制度,奴隶制法带有残暴、恐怖的特点,尤其是在刑罚的种类和实施方法上,广泛使用死刑和肉刑,死刑方法也名目繁多,手段残忍。③公开反映和维护等级特权。④保留某些原始社会行为规范的残余。如奴隶制法中的以眼还眼、以牙还牙的同态复仇。

三、封建制法

封建制法是封建主阶级意志的体现,旨在维护有利于封建主阶级的社会关系和社会秩序。封建制法是继奴隶制法之后又一种剥削阶级类型的法。

(一)封建制法的本质

封建制法的经济基础是封建主阶级占有生产资料和不完全占有农民和农奴,封建主依靠封建土地所有制和经济剥削迫使农民依附于封建主阶级。封建主阶级和农民阶级是封建社会两个根本对立的阶级。此外,还存在着个体手工业者、个体农民和商人。他们同封建统治阶级之间也存在着尖锐的矛盾。封建社会后期出现的资产阶级,同封建主阶级之间也存在着尖锐的矛盾。

(二)封建制法的基本特征

封建制国家的法由于产生的具体历史条件、国内阶级力量对比以及统治阶级内部关系等情况的不同,各具特点。但相同的经济基础、相同的国家本质,又使各封建制法具有以下共同特征:①严格保护封建土地所有制和农民对封建主的人身依附关系。②公开维护封建等级特权制度。等级特权制度是封建社会政治制度的重要组成部分。③极端的残酷性。封建制法在统治手段、惩罚犯罪的方法和解决纠纷的方式等方面较奴隶制法有一定程度的进步。但是,比起资本主义法,其仍然显得野蛮和残酷。

四、资本主义法

(一)资本主义法的产生

西方资本主义法萌芽于西欧封建社会的中后期。资本主义经济基础最初是在封建社会内部自发产生并逐渐发展的,随着资产阶级经济力量的增长和艰苦的斗争,资产阶级的意志和要求在法律上得到一定程度的体现。由于资产阶级取得政权的历史条件不同,资本主义法产生的形式也各有特点,但有共同的规律性:①资产阶级国家取得政权是资本主义法产生的根本前提。②资本主义法在承袭旧法的基础上产生。资本主义法建立在私有制基础上,与以往剥削阶级法之间存在着继承关系。这种继承关系主要有以下形式:一种以英国法为代表,资产阶级建立政权后仍然承认封建制法的效力,但赋予它新的阶级内容,并根据自己的利益不断加以修改补充。一种以法国法为代表,资产阶级建立政权后,不承认旧政权法的效力,但却在以前社会的法律(主要是罗马法)的基础上重新制定新的法律。

(二)资本主义法的发展

资本主义法的发展主要表现为从自由竞争时期到垄断时期的变化。在自由资本主义阶段,法制原则作为反封建的一个重要手段,以成文的方式肯定下来。这些原则包括:法律是公共意志的体现;法律面前人人平等;法律和自由不可分;罪刑法定和法律不溯及既往;无罪推定;等等。进入垄断资本主义阶段,出现了许多变化,最大的在于法律的"社会化"。在法律原则方面,将过去的"私有财产和绝对权利"改为"所有权行使的限制",将"契约自由"改为"契约自由的限制",将"无过失不负损害赔偿责任"改为"无过失损害赔偿责任"等;同时,法律在调整资本主义社会的经济、文化教育方面的作用也日益扩大,各种"社会立法"纷纷出现,特别是加强经济管理和社会福利方面的法律增多。

第二次世界大战后,资本主义国家更多地采取了改良、让步、福利主义的政策,使普通公民的政治地位有所提高,经济待遇有所改善,资本主义民主与法制有了不同程度的发展。

(三)资本主义法的本质

资本主义法是资产阶级意志的体现,旨在确立、巩固和发展有利于资产阶级统治的社会关系和社会秩序。资本主义法取代封建制法是历史的进步,但就本质而言,它仍然是一种剥削阶级类型的法。资本主义社会的经济基础,以资产阶级占有生产资料并剥削雇佣劳动为特征。资产阶级不私人占有生产者,无产阶级有人身自由,但不占有生产资料,不得不出卖自己的劳动力;资本家则采取较为隐蔽的剥削方式,无偿地占有工人创造的剩余价值。资产阶级和无产阶级是资本主义社会两个基本的阶级,此外,还有个体农民和手工业者。

(四)资本主义法的基本特征

资本主义法属于剥削阶级类型的法,但又不同于以往的剥削阶级法,具有自己的特征。

资本主义法的基本特征,主要表现在以下几个方面:

(1)维护资本主义私有制。维护剥削阶级的私有财产权,是剥削阶级法律制度的核心。资本主义私有制是资本主义社会的基础,因此资本主义法也必然要确认和维护资本主义的私有制。但资本主义法是采取较为隐蔽、虚伪的形式来维护对雇佣劳动的剥削的。在自由竞争时期,私有权是绝对的、不受限制的,不受国家的干预。进入垄断阶段,国家对经济生活的干预加强,私有财产不再被认为是一种天赋的自然权利,"私有财产神圣不可侵犯"原则改为"所有权行使的限制"原则。

(2)以资产阶级民主政治的形式和法治维护资产阶级专政。在资产阶级革命时期,民主作为反对封建专制的旗帜;革命胜利后,一方面法律确认了资产阶级的统治地位,另一方面又普遍将民主的要求法律化、制度化,使之成为资本主义国家的基本政治制度。民主原则具体体现在代议制上。代议制以公开、民主的选举制度为核心,有其历史进步性。同时,这种制度也为无产阶级提供了斗争的条件,促使无产阶级在组织上和意识形态上日趋成熟。但是资本主义的代议制本质上仍然是资产阶级统治的工具,广大被统治者由于经济方面的原因,一开始就被拒之于参选的门外。这样,政权始终掌握在资产阶级手中。

(3)确认、维护资产阶级的自由、平等和人权。资产阶级人权理论的提出有其经济、政治和思想的根源。从经济上看,在西欧封建社会末期,资本主义经济形成并迅速发展,它要求交换、竞争的平等和自由。人权理论的提出是资本主义商品经济关系在法律上的反映和确认。从政治上看,资产阶级处在第三等级,要为争取自己的政治地位而斗争,必须联合广大的农民阶级一起来反对封建统治,这就有必要提出平等、自由的口号,号召农民加入反封建的行列。从思想上看,文艺复兴时期就提出了"以人为中心,一切为了人"的思想,要求尊重人性和人的尊严。17、18世纪,资产阶级启蒙思想家伏尔泰、狄德罗、卢梭等系统地提出"天赋人权"学说,认为生命、健康、自由、平等、财产、追求幸福以及反抗暴政是与生俱来的自然权利。这些思想在革命胜利后,成为资本主义法的一项重要原则。资产阶级的自由、平等和人权,在反封建斗争中起了历史性的进步作用。但也有其阶级局限性。资产阶级和广大劳动人民经济上的不平等,决定了不可能存在实质上的政治和法律上的平等、自由,而形式上的平等与自由,资产阶级也不能贯彻到底,它们往往制定其他法律、法规,对无产阶级和广大人民的行使权利和人身自由进行限制。

(五)资本主义法的两大法系

法系,是近、现代资产阶级法学家普遍采用的对各国法律制度进行分类的一种方法。一般来讲,法系是指具有某种共性和共同历史传统的国家法律的总称。大陆法系和英美法系是资本主义法的两大法系。

大陆法系,又称法典法系、罗马法系、民法法系,它是以古代罗马法,特别是以法国《拿破仑法典》为基础而形成和发展起来的各国家、地区法律的总称。这一法系主要以法国、德国等欧洲大陆资本主义国家为代表。新中国成立前,我国传统上也属于大陆法系。

英美法系,又称为普通法法系、英国法系、海洋法系,它是以英国普通法为基础而形成和发展起来的各国家、地区法律的总称。这一法系主要以英国为代表。

大陆法系和英美法系都属于资本主义法,它们在阶级本质、指导思想、基本原则等方面是一致的,但也存在着明显的区别,主要表现如下。

1. **法律渊源不同**

在大陆法系,制定法是主要的法律渊源,判例法不是法律的渊源;在英美法系,判例法是重要的法律渊源。

2. 法典编纂不同

大陆法系国家的基本法律多采取法典的形式;英美法系国家较少采用法典的形式,其制定法多是单行法律、法规。

3. 适用法的原则和方式不同

大陆法系奉行"罪刑法定"、"法不明文不为罪"原则,在审理案件时,一般运用从一般到特殊的推理方法;英美法系奉行"自由心证"、"遵循先例"原则,在审理案件时,一般采取从特殊到一般的推理方法。

4. 法律分类不同

大陆法系国家法律的基本分类是公法和私法;英美法系国家法律的基本分类是普通法和衡平法。

5. 诉讼程序不同

大陆法系一般采取合议制,审理过程用审问式程序,法官居于中心地位;英美法系一般采取法官独任制,审理过程用对抗式程序,法官充当中立的角色。

数十年来,随着国与国之间交往的日益频繁以及世界经济一体化的进程,两大法系已在逐渐靠近,差距正在缩小,但基本区别依然存在。

五、社会主义法

(一)社会主义法的产生

社会主义法是随着无产阶级取得政权而产生的。社会主义法建立在社会主义经济基础之上,反映无产阶级领导下的广大人民的意志,旨在维护社会秩序、推动社会进步。新中国法是在摧毁国民党政府法律体系的基础上创立的,是革命根据地法的继承和发展。中国经过了由新民主主义向社会主义转变的过程,法的发展也经历了曲折的过程。随着改革开放的深入推进,法在社会生活中的地位和作用不断提高,依法治国,建设社会主义法治国家已经成为全社会的共识。

(二)社会主义法的本质

首先,社会主义法是工人阶级领导下的广大人民共同意志的体现。我国是工人阶级领导的、以工农联盟为基础的人民民主专政国家。工人阶级是领导阶级,是先进生产力的代表。所以,社会主义法必须首先反映工人阶级的意志。其次,社会主义法要反映广大农民的意志。农民是工人阶级可靠的同盟军,是营造国民经济基础的主力军,是人民民主专政的基础。再次,社会主义法也反映知识分子的意志。知识分子在现代化建设中发挥着无可替代的重要作用,他们在整体上已成为工人阶级的一部分。最后,社会主义法还反映拥护社会主义和拥护祖国统一的爱国者的意志。

以工人阶级为领导的广大人民的共同意志不是自发形成的。社会主义法反映的各阶级、阶层的共同意志,是在各阶级、阶层自发、客观形成的利益基础上,通过共产党的领导,从尊重客观规律出发而形成的。中国共产党由于其自身的先进性,能及时、正确地认识自己的阶级利益,并领导人民群众将各阶级、阶层分散的、正确的意见集中起来,充分发扬民主,形成科学、统一的认识,再把这种认识制定为党的政策,贯彻于党的民主生活中。进而再通过民主的制度,将实践证明为成熟的、符合全国人民利益要求的那些政策,制定为国家的法律、法规。

社会主义法反映的广大人民的共同意志,归根到底是由社会主义的经济基础决定的。在我国社会主义初级阶段,实行以社会主义公有制为主体的多种所有制经济。全民所有制是主导力量,集体经济是其重要组成部分,而个体经济、私营企业、中外合资企业、中外合作企业和外商独资企业,是现阶段社会主义经济必要的、有益的补充。在分配制度上,我们仍以按劳分配为主体,同时肯定其他分配方式的合法性。可见,社会主义法所反映的共同意志,离不开其社会发展特定阶段的经济的制约。

(三)社会主义法的基本特征

由于各个国家走上社会主义道路的起点和途径不同,社会生产力的发展阶段和水平不同,他们的经济和社会结构以至法律也存在差异,甚至是重大的差异。但社会主义的本质和根本任务是共同的,这就决定了社会主义各国法具有以下共同特征:

(1)社会主义法是鲜明的阶级性和广泛的人民性的统一。社会主义法确认无产阶级及其政党在国家生活中的领导地位,法律的核心是无产阶级政党的政策精神。因而,社会主义法必须首先反映无产阶级的意志,具有鲜明的阶级性。但无产阶级的利益、意志同广大人民的利益、意志不是对立的,它们有着共同的社会主义公有制的经济基础。建设社会主义的物质文明和精神文明,实现共产主义,是无产阶级和广大人民共同的根本利益所在。因此,社会主义法所体现的阶级意志是无产阶级领导的广大人民发扬民主、集思广益并经社会实践的检验而最后形成的。

(2)社会主义法应该并可能具有完全的科学性。法律的科学性是指法律规范的内容真实地反映客观规律的要求。由于广大人民的根本利益同社会发展的方向完全一致,决定了社会主义法能够尊重和反映客观规律,真实反映人民的利益。社会主义法具有反映客观规律的客观可能性,但这种可能性的实现还有赖于人们的主观努力,还要通过反复的社会实践。因此,我们要坚持以科学的世界观和方法论作指导,尊重实践、尊重知识、尊重科学,并及时地将客观规律的要求反映到社会主义法中。

(3)社会主义法具有绝大多数人公认的公正性。从法律的词源看,公正是人们对法律最早的期望之一。在阶级社会,任何超历史、超阶级、绝对的公正是不存在的。资本主义法用形式的公正掩盖实质的不公正。社会主义法也不会有绝对的公正,但社会主义社会消灭了剥削制度,占人口绝大多数的广大人民掌握了国家政权,享有当家做主的权力,社会主义法反映广大人民的利益、要求和公正观,并在法律上规定人民享有广泛的权利和自由,从而保障法律适用上的真正公正,成为公正地维护广大人民利益的法。

(四)社会主义法的基本原则

这里说的基本原则包括总的原则和专门的原则。总的原则是指四项基本原则,它是社会主义法的最基本的指导思想和原则。历史和现实证明,坚持四项基本原则,能保证改革开放和经济建设沿着通向社会主义根本目的的道路顺利前进。社会主义法的专门的原则是专门用于指导社会主义法、贯彻在整个社会主义法的体系中的指导思想和方针。它包括:

(1)民主的原则。社会主义法所体现的民主是社会主义民主。民主原则成为社会主义法的基本原则,是由社会主义法的本质属性和历史使命决定的。首先,社会主义法反映了占人口绝大多数的人民的意志,确认和巩固了人民在国家中的当家做主的地位,确保人民行使当家做主的权力。其次,社会主义法的最终目的是发展生产力,走共同富裕之路,这就要充分保护和扩大广大人民的权利和自由。这些都离不开坚持民主、法制的原则。

(2)法制的原则。社会主义法奉行法制的原则,是由社会主义法的本质所决定的。首先,社会主义经济制度要求实行法制。建设社会主义市场经济是我国经济体制改革的目标模式。市场经济就是法制经济,要求贯彻法制的原则。因为市场机制要求市场主体的独立自主,需要法制宏观的调控来加以引导。其次,人民民主的国家制度也决定必须奉行法制的原则。民主的原则是社会主义法的一个基本原则,它使人民当家做主,拥有广泛的权利和自由,但是民主总是相对的,民主的内容要得到落实,少不了法制的规范。

第三节　法的消亡

从法的起源可以看出,法的产生与私有制、阶级和国家的出现是不可分割的。将来,随着私有制、阶级和国家的消亡,法是否也同时消亡? 法作为国家意志的体现,与国家有着不可分割的联系。法和国家是特定历史阶段的产物,经过漫长的发展过程,完成其历史使命后,最终也将走向消亡。就目前而言,社会主义的发展只是处在初级阶段,共产主义的实现更属遥远,准确判定法消亡的条件的时机尚不成熟。从彻底消除法存在的根源这一角度看,法的消亡,至少要具备以下几个方面的条件:

(1)经济条件。社会生产力极大发展,物质极大丰富,劳动不单纯是谋生的手段,而且成为生活的第一需要,这样,原来由国家强制力保障实施,用以监督劳动和分配产品的法就成为不需要的东西了。

(2)政治条件。国内彻底消灭了阶级和阶级差别,国际上消灭了剥削制度,所有社会成员共同参与对社会公共事务的管理,国家消亡,体现国家各种职能的法就失去了存在的前提。

(3)文化条件。社会全体成员具有高度的共产主义思想觉悟和道德水平,掌握了先进的科学知识,能够自觉地运用马克思主义世界观来改造客观世界和主观世界,习惯于自觉遵守共同的社会生活准则。

当然,法的消亡并不意味着未来人类社会就不需要一定的行为规范了。到了共产主义社会,仍将存在具有某种约束力的行为规范,但这种行为规范丧失了阶级属性,其实施也没有了国家强制力的保障,与阶级社会的法有了本质的不同,不宜再称之为法。

第三章　法的功能和作用

第一节　法的功能

法的功能是指法作为一种特殊的社会规范本身所固有的性能或功用。法主要有以下几种功能：指引功能、预测功能、评价功能、教育功能和强制功能。

一、指引功能

法的指引功能主要是通过法律规范对人们权利和义务的规定来实现的。它提供了三种模式：一是授权性指引，即允许人们可以这样行为，而人们是否这样行为，则允许自由选择，从而保护和鼓励人们从事法律所提倡的，至少是允许的行为。二是义务性指引，即人们必须这样行为或者禁止这样行为。对法确定的这种义务，人们必须服从，不容许自由选择，其目的在于防止人们作出或者不作出某种行为。三是职权性指引，这是规定国家机关及其公务人员职务上的职权和职责的指引。这种指引功能指向职位，其主体不仅具有做某事的资格，而且承担着做某事的责任。

二、预测功能

法的预测功能，是指根据法律的规定，人们可以预先估计到他们相互间将会怎样行为以及行为的后果，从而对自己的行为作出合理的安排。预测功能作用的对象是人们相互的行为，包括国家机关的行为。法的这种预测功能对维持社会的正常运作是必不可少的，通过相互预测对方的行为以及国家机关对这种行为的反应，人们可以建立一种基本的信任，加强对自己的行为和合法权益的安全感。正是人与人之间这种基本的信任，降低了社会运作的成本，提高了社会运作的效率。必须指出，法的预测功能是建立在法的确定性和稳定性、连续性的基础上的。正是法的这种确定性、稳定性和连续性为人们进行行为的预测提供了可能，这也就决定了法除必须明确人们的权利和义务外，还不能朝令夕改，任意变更和废除。新法未公布生效前，旧法不能中止效力；否则，人们就无法进行相互行为的预测。

三、评价功能

法作为一种特殊的社会规范，是人们行为的准则，因而具有作为判断、衡量人们行为是否合法的标准与尺度的功能。评价功能作用的对象是他人的行为，在评价他人的行为时，总要有一定的、客观的评价准则。在现实生活中，除法这一准则外，评价人们行为的标准还有很多，如道德标准、宗教标准、风俗习惯以及社团纪律等。不同的评价标准从不同的范围和角度对他人的行为进行评价，用不同的标准评价他人的同一行为，其结果可能一致,也可能不一致。在阶级社会,法因具有较大的客观性、较强的可操作性、普遍的约束力以及国家强制力的保障而成为最权威、具有最高地位和效力的评价标准。当各种评价标准作出的评价不一致时,最终起决定作用的必然是法这一标准。当然,法只能评价人们的行为是否合法或有无法律效力,有很多行为虽然由法来评价,但仅靠单一的法的标准来评价是不全面的,也是不深入的。例如,对一个离婚案件,依法这一标准只能作出是否准予离婚的判断,而对离婚原因,则还需要结合道德标准加以评价。

四、教育功能

法的教育功能是指法的实施对人们的认识和行为产生的影响。其作用的对象是一般人的行为。与在法实现之前或实现的过程中发挥作用的指引功能不同,教育功能是在法实现之后起作用的。法的教育功能主要在两个方面起作用:一方面,对违法行为的制裁,既可以教育违法者本人,同时又对那些企图违法的人起到威慑和警示作用,使其引以为戒;另一方面,对合法行为及其法律后果的确认和保护,也对人们的行为起着示范与鼓励的作用。

五、强制功能

法具有国家意志性和国家强制性的特征,因而自然地具有强制功能。法的强制功能作用的对象是违法者的行为。任何社会的法都由国家强制力保障实施,对违法者以国家的名义加以制裁,但是不同类型的法,其强制功能的对象、范围和方式是不一样的。在奴隶社会和封建社会,统治阶级运用法的强制功能,锋芒直指奴隶阶级和农民阶级,并且是以残酷的肉刑或以肉刑痛苦相威慑来外化和显示法的强制功能。进入近代以来,直接的肉体痛苦强制手段逐渐由限制自由或者剥夺正常社会活动的手段所代替。我国法律代表以工人阶级为领导的广大人民的意志和利益,符合社会发展规律,能够得到绝大多数人的自觉遵守;法的强制功能主要体现在对少数违法者的制裁上,强制的对象少、范围窄,方式也比较文明,贯彻惩办与教育相结合的方针,把他们改造成为自食其力的新人。

综上所述,法的功能是指法本身所固有的内在潜能,或者简言之,是指法的用途或"使用价值"。法的指引功能、预测功能、评价功能、教育功能和强制功能这五种潜能是相互联系的,一旦发挥或释放出来,就会产生社会效应,即我们常说的"法的作用"。

第二节　法的作用

法的作用是指法对人们的行为和社会生活的影响和实效。从一定意义上说,法的作用是法的功能的外化或现实化。法的作用是多方面的、复杂的,它可以从不同的角度来分析。例如,根据作用的范围不同,可以分为整体作用和部分作用;根据作用的途径不同,可以分为直接作用和间接作用;根据作用的效果不同,可以分为积极作用和消极作用。笔者认为,法的作用是法的多种功能整合起来影响社会生活的多个方面的表现,它主要包括维护阶级统治和执行社会公共事务两个方面。

一、法在维护阶级统治方面的作用

人类进入阶级社会之后,社会是由在特定的生产方式中占统治地位的阶级以国家的名义来治理的。法的作用首先表现为它可以用来确认和维护有利于统治阶级的社会关系和社会秩序。法在维护阶级统治方面的作用主要表现在调整政治关系和调整经济关系两个方面。

(一)法在调整政治关系方面的作用

法作为上层建筑的重要组成部分,在调整政治关系方面,发挥着重要的作用。

首先,法调整统治阶级与敌对的阶级、势力和分子之间的关系。掌握国家政权的统治阶级制定法律,是为了巩固政权,镇压被统治阶级的反抗,打击国内外敌对势力和敌对分子的破坏活动。不同国家的法本质不同,法掌握在谁手上,打击的锋芒指向谁是显然不同的。一切剥削阶级的法,总是把锋芒指向无产阶级和广大劳动群众。社会主义法则维护以工人阶级为领导的广大人民的利益,对占人口极少数的敌对势力和敌对分子实行专政。

其次,法调整统治阶级内部的关系。一般来说,统治阶级内部在根本利益和整体利益上是一致的。但统治阶级之间也存在着矛盾和纠纷,如果不加以调整和解决,势必影响其内部的团结,也影响统治阶级整体利益的实现。法调整统治阶级内部的关系,目的是防止内部个别成员或某些集团影响其整体利益的实现。法调整统治阶级内部关系的一个重要形式,就是确认和维护国家政权的性质和组织形式,规定国家机关的组织和活动的基本原则,使国家机关之间的关系和活动依法互相配合,互相制约,正常运行。

最后,法调整统治阶级与同盟者之间的关系。统治阶级在革命成功前要动员同盟者参加革命,取得政权以后,仍需要同盟者的支持。统治阶级与其同盟者之间既有共同的利益,也存在一些矛盾。统治阶级要运用法的形式,适当照顾和满足同盟者在政治上、经济上的某些权利,缓和自己与同盟者之间的矛盾,壮大力量,孤立敌人。在社会主义国家,法是巩固以工人阶级为领导的、以工农联盟为基础的爱国主义统一战线,最大限度地团结一切可以团结的力量的工具。

(二)法在调整经济关系方面的作用

法根源于经济又反作用于经济,成为服务与调整经济关系的重要手段之一。法在调整经济关系方面的作用主要表现在:

首先,法确认和维护有利于统治阶级的经济基础。一种社会形态代替另一种社会形态后,旧的经济关系受到极大削弱,不再占统治地位,但仍然存在。法为了维护新的经济关系,必然要对旧的经济关系加以改造或者摧毁。例如,我国建立人民民主政权后,即运用法律手段,废除封建土地所有制,并对农业、手工业和资本主义工商业进行社会主义改造。

其次,法反映经济规律。一般来说,剥削阶级的法,在统治阶级处于上升时期时,代表当时进步的生产关系,因而能在一定程度上反映经济规律的要求,有利于生产力的发展。而当剥削阶级处于没落时期时,其所代表的生产关系成了生产力发展的障碍,而法还在维护过时的生产关系,便对生产力发展起阻碍作用。

二、法在执行社会公共事务方面的作用

所谓社会公共事务,是指由一定的社会性质所决定的具有全社会意义的事务。管理好公共事务,是各个社会存在和发展的必要条件。统治阶级为了有效管理公共事务,就需要制定一系列法律,让全体社会成员共同遵守。例如,为了保障自然资源的合理开发和利用,制定各种资源保护法;为了保证交通畅通,制定交通管理法规;为了防止环境污染,以利于发展生产,保护生命安全和身体健康,制定环境保护法、医疗卫生法、食品卫生法等。当然,由于生产力发展水平和社会性质的差异,在社会发展的不同阶段,社会公共事务的内容和范围会有所不同,但可以肯定,随着社会生产的发展和社会制度的变革,这类执行社会公共事务方面的法律必然会日益增多,其在一国法律体系中所占的比重会越来越大,地位也会越来越重要。

三、法的维护阶级统治职能与执行社会公共事务职能的关系

在阶级对立的社会中,法的作用总的来说可以分为维护阶级统治和执行社会公共事务两个方面。这两个方面的作用是并行不悖、不可偏废的。在研究法的作用问题时,必须将法的维护阶级统治职能与执行社会公共事务职能结合起来,将法的这两种职能看做法的作用的矛盾统一体,它们表现着法的本质的两个不同方面。维护阶级统治职能和执行社会公共事务职能这两个方面的法之间也存在着明显的区别,主要表现在:

(1)两者保护的直接对象不同。维护阶级统治职能的法的对象集中在阶级统治;执行社会公共事务职能的法的对象则是阶级统治以外的事务,其中包括技术规范的内容,是技术规范的法律。

(2)体现的意志和保护的利益不同。维护阶级统治职能的法只体现统治阶级的意志,保护统治阶级的利益;执行社会公共事务职能的法既维护统治阶级的利益,又考虑了包括被统治阶级的要求在内的全社会的共同需要。

(3)实施的后果不同。实施维护阶级统治职能的法只有利于统治阶级,而不利于被统治阶级;而实施执行社会公共事务职能的法不仅有利于统治阶级,客观上也会给被统治阶级带来一定的好处,有利于整个社会。

(4)可借鉴的程度不同。维护阶级统治职能的法具有强烈的阶级性,难于为其他国家或者新的统治阶级学习和借鉴;执行社会公共事务职能的法的阶级性不强,易于为其他国家学习和借鉴,甚至移植,也易于被新的统治阶级继承。

四、法的作用的有限性

无论是维护阶级统治还是执行社会公共事务,法都可以发挥巨大的作用。但法的作用也是有限的。这种有限性主要表现在:

(1)法调整社会关系的范围有限。法是调整人们行为而不调整思想的一种社会规范。而且,法不调整人们的所有行为,它只调整立法者认为重要的、对社会生活和国家生活有一定影响的行为。

(2)法不是调整社会关系的唯一手段。调整社会关系的社会规范很多。即使是在法

的调整范围以内,法也不是唯一的调整手段。除法以外,还有许多其他社会规范,如道德规范、宗教规范、习惯规范等,它们与法一起,共同调整着各种不同的社会关系。

(3)法的作用受法自身局限性的制约。法具有抽象性、概括性和稳定性等特征,而现实生活中的问题却是千变万化、无限的,法制健全的国家也无法制定出包罗万象的法律来。而且法由人来制定,必然受到人们认识水平的限制,法往往因落后于形势的发展而带有"滞后性"。

(4)法的作用的实现需要客观条件的配合。即使是制定得很好的法律,也需要具备相应专业知识和道德水平的人去适用,并得到绝大多数社会成员的遵守,这样法才能有效地得以实施。法的作用的实现还受到相应的政治、经济、文化等条件的影响。

要全面、正确认识法的作用,就必须防止两种错误的倾向:一是轻视法的作用的"法律无用论";二是过分夸大法的作用的"法律万能论"。轻视法的作用,甚至否定在建立和维护一定的社会秩序时利用法的必要性,就会增加社会的无序状况,对一个国家、民族,必然会产生严重的社会危害;反之,过分夸大法的作用,也会带来不良的社会影响。在实际社会生活中存在许多不同的社会规范,法的作用的发挥离不开其他社会规范的配合,那种认为凡事均应一一立法,或者认为一旦立了法,就什么事都解决了的思想,其危害性是显而易见的。

第三节 法的功能和作用之间的关系

法的功能和法的作用是既有区别又紧密联系的两个概念。认识两者的区别和联系,有利于人们自觉地创制和运用法,最大限度地发挥法的社会效应。

一、法的功能和法的作用的区别

法的功能属于可能性的范畴,法的作用属于现实性的范畴。法的功能和法的作用是相辅相成的,但不是并列的,两者是手段和目的的关系。换言之,法的功能是法本身固有的,它不一定会转化为现实的作用,因为法的作用不仅取决于法的内部诸要素及其结构所决定的功用,而且取决于法作用于社会的条件,诸如政治、经济、文化,包括法律文化、道德以及相关的设施等。区分法的功能和法的作用的意义主要在于强调、重视法的地位,科学地创制法,并自觉地运用法;明确法的作用的意义则主要在于强调不能把法束之高阁,而要严格地执行和普遍地遵守,并积极创造各种条件,发挥其社会效应,从而建立起理想的法律秩序。

具体来说,法的功能和法的作用的区别主要有:

(1)考察的根据不同。法的功能是根据法是调整人们行为的规范这一基本事实来考察的;法的作用则是根据法的本质、目的、实效进行考察的。

(2)作用的对象不同。法的功能作用的对象是人们的意志行为,包括自然人和社会组织的行为;法的作用的对象则是具有特定社会属性的社会关系,是人与人的关系。

(3)存在的性质不同。法的功能是一切法都共同具有的,不同类型的法的功能是相同的;法的作用则依法的类型的不同而有所不同。

（4）作用的前提不同。法的功能发挥作用的前提是法的颁布,使人们学法、知法;法的作用发挥的前提则是法的运用,用法去调整各种社会关系。

二、法的功能与法的作用的联系

法的功能与法的作用不仅有区别,而且具有紧密的联系。法的功能是法具有生命力的内在依据。没有法的功能,法的作用就无从产生;法的作用是法的功能的社会效应。如果不产生实际作用,法的功能就只能是一种抽象的或"虚设"的东西,就只能是一种可能性,而不能变成现实。因此,只有将静态和动态相结合、认识和实践相结合,才能把握法的功能和作用,从而在现实中达到立法者的目的。从认识论的角度而言,法的功能和法的作用都统一于法律实践中。法作为国家意志的体现,在现实的一定社会实践中才能展示其功能,同时,法的功能也只有作用于社会,从不同领域或不同角度表现出多层次的社会作用,才能成为有效地控制社会生活的工具。法的功能与法的作用必须始终通过人们的实际活动,才能得以展现和变化。实际上,离开了对法的功能的研究,对法的作用的研究就成了无源之水、无本之木,是无法深入的。研究法的功能是研究法的作用的前提和基础,研究法的功能不仅有助于了解法是如何作用于人们行为的,而且有助于把法的作用同政策、行政命令、道德的作用相区别。

法的功能和法的作用既有明显区别,又有紧密联系,两者相辅相成,不可偏废。我们既要发挥法的功能对人们行为的影响作用,又要发挥法的作用对各种社会关系的影响作用,通过社会的法律实践,把两者相结合、相统一,以达到立法者的目的。

第四章　法的制定

第一节　法的制定概念与程序

一、法的制定概念

法的制定，又称立法，是指一定的国家机关依照法定的职权和程序制定、修改和废止法律规范的活动。在我国，与法分为广义和狭义相对应，立法也可分为广义和狭义两种。广义的立法既包括全国人民代表大会及其常务委员会制定、修改、废止法律的活动（狭义的立法），也包括国务院、地方国家权力机关和行政机关依照法定职权和程序制定、修改、废止法规和其他规范性文件的活动。法的制定是国家实现其政治统治和社会管理职能的重要手段之一。社会关系的规范性调整和社会的规范性管理，是社会生产、生活得以进行的重要条件之一。我们可以从以下几个方面来理解法的制定：

第一，法的制定是国家的活动，它与国家权力相联系，是国家权力的运用。法离不开国家，国家也离不开法。统治阶级的意志要上升为法律，必须通过国家意志的形式表现出来，并且依靠国家强制力来维持，这样才能获得普遍遵循的效力。

第二，法的制定是一定国家机关依照法定职权和程序进行的活动。立法只能由有权的国家机关进行，除此以外的任何组织或个人都不能创制法律。国家机关在创制法律时，也必须在法定的职权范围内按法定的程序进行。

第三，法的制定是一项具有专业性和技术性的活动，需要特殊的手段、方法和技巧。

第四，法的制定是产生或者变更法的活动，这是立法的内容和要达到的结果。制定法律规范，就是国家机关根据社会需要，运用立法技术，为人们的社会活动创造出行为规范。这种被创造出来的规范，一般都表现在国家制定的规范性法律文件之中。创造行为规范，一定要有社会的客观依据，即只能根据社会的客观需要和可能需要来进行。

二、法的制定过程

法的制定过程是指国家机关从准备制定法律到法律被公布的各个工作阶段的总和。依据对法的制定工作有无法律作出严格的程序规定为标准，法的制定过程基本上可分为两个独立的阶段：第一阶段是准备阶段，第二阶段是法的确立阶段。

对于第二阶段的工作，法律一般作出较严格的程序规定。准备阶段从提出制定新法的创议开始，主要工作包括专门国家机关接收和征集立法创议、拟定立法规划、委托和安排起草规范性文件草案、对草案征求意见和进行论证、修正草案，最后把草案提交创制法的机关，准备阶段即告结束。

在我国，准备阶段的工作主要包括：由全国人大常委会秘书处负责征询全国人大各专门委员会、国务院有关部门、最高人民法院、最高人民检察院、中央军委法制局和各人民团体对立法的意见和建议,研究、筛选、综合这些意见和建议,拟出系统的立法项目,形成初步的规划意见,组织专家讨论和论证规划意见,拟定立法规划(草稿)交全国人大常委会,全国人大常委会审议确定立法规划,确定和委托有关国家机关、社会团体起草规范性法律文件草案等。以后的工作还有起草法律文件草案,征求意见,修改草案,由全国人大常委会专门机构组织论证验收,再由有提案权的机构向全国人大或全国人大常委会提出;草案起草人为有提案权的国家机关的,草案成熟后,可直接向全国人大或全国人大常委会提出。至此,立法的准备阶段才告结束。不是每一项法律的创制,都一定要经历上述各项准备工作,但总的来说,准备阶段总是有的。

法的制定的第二阶段,是法的确立阶段或称法的讨论通过阶段。这一阶段的工作通常是很程式化的,一般都通过宪法或其他基本法律作出专门规定。这一阶段的工作一般要经过四道程序:一是法律案的提出;二是法律案的审议;三是法律草案的表决;四是法律的公布。法律的公布,结束了法的确立阶段,也结束了法的整个制定过程。

三、法的制定程序

法的制定程序,是指国家机关制定法律规范的工作顺序、步骤和方法。它一般是由法律明确规定或者是得到国家机关的确认的。制定法律规范必须按照一定的程序、方法进行,这是保证立法的严肃性和科学性的需要,因此现代国家一般都规定了较为固定的法的制定程序。我国全国人民代表大会及其常务委员会制定法律的程序在各国家机关创制法律规范的程序中是最为严格的,也是最有代表性的。根据《宪法》、《全国人民代表大会组织法》、《全国人民代表大会议事规则》和《全国人民代表大会常务委员会议事规则》及《中华人民共和国立法法》(简称《立法法》)的规定,全国人大及其常委会的立法工作,须经法律案的提出、法律案的审议、法律草案的表决和法律的公布等四道程序。我国的立法程序反映了以工人阶级为领导的广大人民的共同意志和利益要求。

(一)法律案的提出

法律案的提出,是指有提案权的组织或人员向全国人大或全国人大常委会提出立法议案。由于全国人大和全国人大常委会都在不同程度上拥有立法权,因此法律案的提出就有两种情况,这两种情况分别是:①全国人大主席团可以向全国人大提出法律案,由全国人大审议。全国人大常委会、全国人大各专门委员会、国务院、中央军事委员会、最高人民法院、最高人民检察院可以向全国人大提出法律案,由会议主席团决定列入会议议程。②一个代表团或者三十名以上的代表联名,可以向全国人大提出法律案,由主席团决定是否列入会议议程,或者先交有关的专门委员会审议,提出是否列入会议议程的意见,再决定是否列入会议议程。

(二)法律案的审议

法律案的审议,是指全国人大常委会决定提请全国人大审议的法律案,应当在会议举行的一个月前将法律案发给代表。列入常委会会议议程的法律案,除特殊情况外,应当在会议举行的七日前将法律案发给常委会组成人员。人大审议列入会议议程的法律案的大致过程包括:①首先由提案人向大会全体会议作关于该法律案的说明。②由各代表团和有关的专门委员会对法律案的有关内容进行讨论,发表赞成、反对和修改意见。在涉及专门问题时,专门委员会可以邀请有关方面的代表和专家列席会议,发表意见。③由法律委员会根据各代表团和有关专门委员会的审议意见,对法律案进行统一审议,并向主席团提出审议结果报告和草案修改稿。④主席团审议法律委员会提出的审议结果报告和草案修改稿,并决定是否通过。如果主席团认为草案仍需修改,则可直接作出修改,或者提出进一步修改的意见,由法律委员会再作修改。如果主席团审议通过,则将有关文件印发会议,并将修改后的草案提请大会全体会议表决。至此,法律案的审议阶段即告结束。对于审议中有重大问题需要进一步研究的,经主席团提出,由大会全体会议决定,可以授权常务委员会审议决定,并将决定情况向全国人大下次会议报告或者提请全国人大下次会议审议决定。

(三)法律草案的表决

法律草案的表决,就是全国人大全体会议或全国人大常委会会议以表决方式决定法律草案能否成为正式法律的活动。按我国法律规定,宪法修改草案须有全国人大全体代表的三分之二以上的多数赞成,才能通过。一般法律草案有全体代表或全体委员的半数以上赞成即为通过。会议表决的方式有投票、举手和其他方式。宪法修改草案,采用投票方式通过。一般法律草案的表决方式,由主席团或委员长会议决定,在实践中过去一般采用举手方式,现在采用按电子计票器按钮方式。

(四)法律的公布

法律草案得到通过就成为正式的法律,但只有向社会公布,法律才能在社会中产生实际的作用。所以,法律的公布是法律制定工作中的一道必经程序,也是最后的一道程序。法律案经全国人大或者由全国人大常委会通过后,由中华人民共和国主席签署主席令予以公布。全国人大及其常委会通过的法律,以《全国人民代表大会常务委员会公报》为公布的正式刊物,同时,《人民日报》和新华社也予以发表。

第二节 法的制定基本原则

法的制定基本原则,是指在法的制定整个活动过程中贯彻始终的行为准则或准绳,它是指导思想的规范化和具体化,是指导思想体现的形式和落实的保证。党在社会主义初级阶段的基本路线是立法工作的根本指导思想。因为这一基本路线的内容,是我国社会主义建设成功经验的总结,也是我国社会主义建设发展规律的反映,它的真理性已为我国社会主义建设所取得的成就,特别是改革开放以来所取得的巨大成就所证明,也为我们在背离它的要求时所遭受的挫折所反证。

我国各级立法机关在制定法律时,必须坚持下述基本原则。

一、实事求是,从实际出发

这一原则要求我们在制定法律时,从我国国情出发,从我国现实的经济、文化条件出发,根据广大人民的利益要求及社会主义建设和发展的规律要求来制定法律。任何法律都是现实经济关系和现实社会要求的表现。科学的立法,只能是立法者在表述现实社会经济结构的要求和社会发展的要求,而且法律本身凝结着人类调整社会关系和管理社会的科学技术因素。古今中外的法学不乏人类智慧结晶,在法的制定工作中应当根据实际需要,大胆吸收和借鉴古今中外法律和法学中的科学因素。要吸收和借鉴古今中外法律和法学中的科学因素,就必须正确理解法律、法学与法律和法学的构成因素的关系。阶级意志是法律和法学的本质因素,但它不是构成法律和法学的全部因素,虽然构成法律和法学的所有因素(特别是构成法律的所有因素)是经统治阶级意志的选择而进入法律和法学中的,一些因素本身并无阶级意志性,但有助于研究法律规范贯彻实施的情况,以便进一步完善法律制度和改进法的创制工作。

二、原则性和灵活性相结合

原则性,是指对于"一个中心,两个基本点"的基本路线,对于社会主义法的本质,对于社会主义法律制度的基本原则,一定要坚持不动摇。灵活性,是指工作中必须根据实际条件因时因地制宜。这两者的结合,就是要求在法的创制工作中,根据不同时期、不同区域的条件,选择不同的法律调整方法或法律制度。

将原则贯彻下去,以实现广大人民的利益要求。原则性和灵活性是不可分的。没有原则性,就会失去目标和方向;没有灵活性,原则性也就无法贯彻,目标和方向也会落空。在两者结合的问题上,还要特别注意法制统一和法的制定权的划分问题。一方面,必须坚持法制统一;另一方面,由于各地在经济、文化发展方面很不平衡,因此法的制定不能一刀切。应当在坚持法制统一的前提下,对不同层次的地方和民族区域的权力机关和政府,授予不同程度的法的制定权。

三、稳定性、连续性与适时废、改、立相结合

法的稳定性,是指法律制定之后,在其赖以存在的社会关系没有发生重大变化之前,不能朝令夕改,任意变更和废除,否则将会破坏法律的尊严和权威,引起混乱和灾难。法的连续性,是指在进行法的制定工作时,要考虑原来法律规范的效力,注意新旧法律规范在效力方面的衔接。一般来说,在新的法律规范出现以前,不要随意终止原有法律规范的效力。特别是不允许因领导人的更替或领导人的个人意见而随意改变法律规范的效力。适时废、改、立,是指立法机关根据社会发展变化情况,对法律规范进行的废除、修改、制定。在当前的改革进程中,部分法律已显示出滞后性,修改和废止这些法律已成为改革和进一步发展的要求。但不能因此忽视法律的严肃性,应当看到维护法律权威本身对社会长治久安和经济长期稳定发展所具有的价值。因此,不能因局部改革的一时之需,牺牲了国家法治的长远价值。

四、科学的创见性

这一原则是指,我们应当根据已认识的社会规律,将社会发展的规律性要求表述为法律,用法律规范构建新的社会关系模式,去推动社会的改革和社会的发展。简单来说,就是立法要有超前性和预见性。法律是现实社会关系的模式化,是社会实践经验的总结。但法律是经过人的自觉意识活动创制的,本身体现着人的主观能动性,因此它是能够具有

超前性和预见性的。不过,这种超前性和预见性是受到社会现实条件和发展规律的严格制约的,它不能超出社会的经济结构以及经济结构所制约的社会的文化发展。任何立法的超前性和预见性,只有建立在现实的经济结构和文化条件的规律性发展要求的基础上,才是现实的和有实践意义的。要保证法的制定具有科学的创见性,就必须加强对现实社会及其发展规律的研究,加强立法预测和做好立法规划工作。

五、专门机关工作与群众路线相结合

法律规范是通过国家意志的形式表现出来的,因此制定法律规范是国家的职能活动,只能由专门的国家机关进行,除此之外的任何个人或组织无权制定法律。但是,我们的国家是人民民主专政的国家,以工人阶级为领导的广大人民群众是国家的主人,国家机关进行法的制定活动,从本质和内容上说,都是为了将广大人民群众的利益要求表现为法律,通过专门机关形成法律草案;草案形成后,再征求群众的意见,并根据合理意见作出修改;法律通过、公布实施后,还应了解法律实施的效果,即了解群众的利益要求被实现的状况,以便将来进一步完善法律。

第五章　当代世界法律基本格局及发展趋势

第一节　当代世界法律基本格局

当代世界各国法律体系纷繁复杂,因历史文化传统、宗教信仰、社会制度和发展程度的不同而各不相同。为便于掌握当代世界法律发展的基本格局,我们将采用两种不同的标准对它进行分类:一是根据法律所赖以存在的经济基础和所体现的社会制度的性质的不同进行分类,即马克思主义法的分类,它将当代世界各个国家的法律划分为资本主义法律和社会主义法律两大历史类型;二是根据法律的历史渊源和传统以及由此形成的不同法律样式和运行方式,综合法律技术、思想意识、政治、经济等因素,将各国的法律划分为不同的法系。在当代世界人们的活动和交往中起主导和支配作用的主要是大陆法系和英美法系。

一、马克思主义关于当代世界法律的两大历史类型

(一)资本主义法律

在当代世界,资本主义法律主要是指美、英、法、德、意、日等资本主义国家的法律。它是在封建时代的后期发育,通过资产阶级革命而被确立的。在资本主义国家政权建立之后,才产生了完全意义上的资本主义法律。资本主义法律制度在西方各主要资本主义国家有不同的表现形式,但都是在资本主义的市场经济和民主政治条件下存在和运行的,体现了相同的基本原则。

1. 私有财产神圣不可侵犯原则

维护私有财产权即维护资本主义私有制,始终是资本主义法律制度的核心。这一原则是资本主义法律的首要原则,因为它准确地反映了资本主义生产方式最本质的要求,为交易安全提供了有力的保障,对资本主义市场经济的发展具有重大意义。但是,到了20世纪,随着社会的发展,这一原则也引发了一系列严重的社会矛盾。特别是在发达国家,所有权的滥用逐渐受到了限制。私有财产权在法律上不再被认为是一种天赋的自然权利,所有权的行使应同时具有为"公共福利"服务的社会职能。

2. 契约自由原则

资本主义法律将契约自由上升为调整社会经济关系的基本原则,意味着承认一切人都具有独立的法律上的主体地位,可以在法律界定的领域内自主地处分自己的利益和权力,建立或改变彼此之间的权利、义务关系。这一原则是市场经济关系本质要求在法律上的体现。自20世纪初以来,契约自由与私有财产权一样受到法律的限制,从绝对的契约自由阶段进入相对的契约自由阶段。

3. 法律面前人人平等原则

法律面前人人平等原则包含丰富的内容,最基本的精神有三点:第一,所有自然人的法律人格(权利能力)一律平等。第二,所有公民都具有平等的基本法律地位。第三,法律平等地对待同样的行为。法律面前人人平等原则的确立,是对等级特权的否定,因而具有划时代的意义。

除了上述三项原则,资本主义法律制度中还有人民主权、法律至上、分权制衡、有限政府、普选代议等重要原则,不过,相对而言,这些原则都是为以上三大原则服务的。

(二)社会主义法律

社会主义法律是随着社会主义国家的出现及社会主义制度的建立而产生的,是与资本主义法律制度有着本质区别的新型的法律制度。社会主义法律制度的出现和发展,使当代世界法律形成了资本主义法律制度与社会主义法律制度并存的基本格局。1917 年,俄国十月革命成功地推翻了资产阶级政权,建立了世界上第一个社会主义国家,开始了创立社会主义法律制度的进程。第二次世界大战以后,东欧国家和中国、越南、朝鲜、蒙古、古巴等国相继走上了社会主义道路,建立了社会主义法律制度。由于各国的具体国情不同,无产阶级革命面临的历史条件和任务不同,各国创建社会主义法律制度的具体过程也各具特色,但都是在摧毁旧政权法律体系的基础上建立起来的社会主义类型的法律制度。当代中国法律制度是社会主义性质的法律制度,在当代世界两大历史类型的法律基本格局中,属于社会主义类型,是当代世界社会主义法律类型的典型代表。

二、当代世界资本主义两大法系

(一)大陆法系

大陆法系又称罗马法系、罗马—日尔曼法系、民法法系、法典法系,是继承罗马法的传统,依照《法国民法典》和《德国民法典》的样式而建立起来的各国法律制度的总称。大陆法系有三大历史渊源:一是古代罗马法;二是《法国民法典》;三是《德国民法典》。属于这一法系的,除以法、德为代表的欧洲大陆国家外,还包括世界上其他许多国家和地区,主要是曾经作为法、意、荷、西、葡五国殖民地的国家和地区。新中国成立前,国民党政权的法律,在很大程度上参照日本和德国的法律,因而也被认为属于大陆法系。我国澳门特别行政区的法律也具有大陆法系的特点。

(二)英美法系

英美法系又称普通法法系、英国法系、判例法系,是承袭英国中世纪的法律传统而发展起来的各国法律的总称。英美法系有三个渊源:一是普通法。普通法是英美法系的主要法律渊源,是从 11 世纪诺曼人入侵英国后,逐步形成的一套全国适用的判例法。二是衡平法。衡平法是英美法系的又一重要渊源,是英国 14 世纪左右由大法官根据审判实践发展起来的,作为对普通法的修正和补充而出现的一种判例法。三是制定法。英美法系虽然以判例法为主要的法律渊源,但 19 世纪以后,英美法系各国为弥补判例法的不足,制定法的数量越来越多,并逐渐成为了英美法系的又一法律渊源。英美法系的范围,主要是英国、美国和曾经是英国殖民地或附属国的国家和地区,如印度、巴基斯坦、新加坡、澳大利亚、新西兰、加拿大(除魁北克省外)。我国香港特别行政区的法律也具有英美法系的特点。

(三)大陆法系与英美法系的区别

大陆法系和英美法系都是资本主义类型的法律,在经济基础、阶级本质、法律基本原则方面是一致的,但由于不同的历史传统的影响,在法律形式和法律运行方式上存在着很大的差别。从宏观方面来看,两大法系的主要区别表现为以下几个方面:

第一,法律渊源不同。在大陆法系国家,正式的法律渊源是立法机关制定的规范性法律文件和行政机关制定的各种行政法规。在英美法系国家和地区,判例法和制定法都是法律渊源,而且,判例法在整个法律体系中占有非常重要的地位。

第二,法律体系结构不同。在大陆法系国家,法律体系结构的一个共同特征是,公法和私法是法律体系的基本分类。构成私法关系的是彼此平等的法律主体,包括自然人和法人。民法和商法属于典型的私法。公法关系是国家机关之间或国家机关和个人之间的法律关系。宪法、行政法、刑法等属于公法,程序法一般也被认为是公法。英美法系国家在传统上并没有公法和私法之分,其法律体系的基本分类是普通法和衡平法。它们所包含的法律部门也比较分散,不如大陆法系那么明确。例如,在英美法系国家没有像大陆法系国家那样有一个被称为民法的独立的法律部门,属于私法性质的法律规范大量存在于普通法的民事诉讼判例当中。而在大陆法系国家,民法是整个法律体系中最为重要的法律部门。

第三,法官的权限不同。在大陆法系国家,法官审理案件,除了案件事实,首先必须考虑制定法的规定,根据制定法的规定来判决案件,法官只能适用法律而不能创造法律。而英美法系的法官既可以援用制定法也可以援用已有的判例来审理案件。在审理案件时,法官首先考虑以前类似案件的判例,将本案的事实与以前案件的事实加以比较,然后从以前判例中概括出可以适用于本案的法律规则。而且,法官可以在一定的条件下运用法律解释和法律推理的技术创造新的判例。从而,法官不仅在适用法律,同时也在一定的范围内创造法律。

第四,司法组织与诉讼程序不同。在大陆法系国家,与公法、私法划分相联系,普通法院系统与行政法院系统并存,它们的管辖权也被严格分开。普通法院审理一般民事案件和刑事案件,行政法院审理行政诉讼。当然,大陆法系国家之间也有区别,如法国的行政法院属于行政系统,而德国的行政法院则属于司法系统。英美法系国家没有独立的行政法院系统,行政诉讼由普通法院审理。

在诉讼方面,大陆法系与英美法系之间的重要区别在于,大陆法系更重视实体法,英美法系更加重视程序法。在诉讼程序上,英美法系的重要特征是陪审制和对抗制,法官在法庭上表现为一个消极的仲裁人。大陆法系在诉讼程序方面实行的是职权制,诉讼程序突出了法官的职能,法官以积极的审判者的姿态出现。

此外,大陆法系与英美法系在法律概念、法律教育、法律职业方面,也有许多不同之处。

香港、澳门回归祖国之后,香港和澳门原有的法律制度保持不变,大陆法系和英美法系在我国都有具体体现。了解两大法系的特点,对于我们正确理解和坚持一国两制的原则,具有重要的意义。

第二节 当代世界法律发展趋势

一、当代西方法律发展的新变化

第二次世界大战后,随着西方社会经济、政治条件的变化,西方法律的发展出现了一些新的变化,其主要表现如下。

(一)国家行政权力扩大,原有法治原则衰落

首先,当代西方立法权主体扩大,议会不再是唯一的立法机关。授权立法或委任立法的兴起使立法的重心从立法机关向行政机关偏移,从而背离了立法权与行政权分立的原则。其次,自由裁量权扩大,即在立法、行政、审判中,采用一些"不确定规则"、"任意的标准"和一般条款,从而扩大了执行者的自由裁量权,损害了原有法治原则,破坏了法律的稳定性和独立性。再次,民法典和刑法典等基本法的作用在下降,特别法的数量越来越多。这些特别法直接针对特定的主体,或是特别限定范围的案件,从而背离了法治原则中法律的普遍性和法律面前人人平等的要求。最后,针对法院审判量的加重,为了简化案件的处理,在刑法和侵权行为法中体现法治精神的"过错"原则让位"严格责任"原则,无论主观上是否有过错,都承担赔偿责任,从而背离原有法治原则中的"法律责任相当"原则。

(二)传统的公法与私法的界限逐渐被打破

首先,私法公法化。由于国家对社会、经济生活干预的加强,私法日益受公法的控制,许多典型的私法关系已经发生了变化。其次,公法私法化。国家通过私法手段实现加强国家干预的目的,国家成为私法立法活动的主体。再次,随着社会立法的发展,出现了既非公法又非私法的混合法。例如,劳动法、社会保障法就被认为属于公私法混合的领域,有的学者认为它们是自成一类的法律。最后,与国家加强干预的福利主义倾向相反,出现了私人组织的国家化、法律化倾向。私人组织正在形成一种与国家权力相抗衡的权力,并仿效国家的组织结构运作,跨国公司、教育组织、新闻传媒联合体等组织都有复杂的正式权力网络、命令和成文规则,这些规则对其内部成员的控制日益加强,正在形成一种同法治模式相反的并不受国家法律控制的力量。

(三)两大法系逐渐走向融合

在法律渊源方面,英美法系国家的一个发展趋势是制定法的作用日益加强,制定法的数量日益增多。而大陆法系国家在第二次世界大战后,一些重要的法律部门很少采用法典的形式,更多地采用较灵活的单行法;与此同时,判例法在审判中的作用日益受到重视。西方学者认为,在欧洲大陆,制定法占绝对统治地位的时代已经过去了;在英美法系,法官越来越倾向于利用立法使法律统一化、合理化和简化。

在诉讼程序方面,大陆法系国家的一个重大变化,就是更多地借鉴英美法系国家的对抗制。现在,很多大陆法系国家的诉讼程序中,职权制和对抗制往往被结合使用。在两大法系法律制度的发展过程中,美国由于其超级大国的政治、经济地位,对其他西方国家的法律有着重要的影响。

(四)欧盟法律异军突起

欧盟法律的产生和发展是当代西方法律制度发展过程中一个值得关注的现象。欧盟法律不是一国的国内法,但也不是一般的国际法。因为它的法律不仅适用于各成员国之间的关系,而且也可以直接适用于各成员国公民和法人。根据欧洲法院的判例法确立的原则,欧盟法律与各成员国的法律关系为:一是欧盟法律在成员国法律秩序中具有直接效力;二是欧盟法律高于成员国法律,在欧盟法律与成员国法律发生冲突时,成员国法院应当优先适用欧盟法律。这说明欧盟法律不同于一般国际法,但是,欧盟法律与一般国际法一样,缺乏自身应有的强制执行能力。

欧盟法律的发展渗透了西方两大法系之间的相互矛盾与协调,同时又兼有两大法系的优点。对于欧盟法律的发展前景,西方国家有不同的看法。欧盟法律的发展受到各成员国法律的影响和制约,其前景取决于很多因素,可以肯定的是,最重要的因素是欧盟的政治前景。

二、法律发展的全球化趋势

20 世纪 80 年代以来,科学技术的高速发展和经济的全球化成为世界发展的总趋势。经济全球化趋势和科技的发展使世界上不同国家、民族和地区之间的经济、政治和文化相互渗透、融合达到了前所未有的水平。经济全球化同时也推动了法律全球化。

(1)全球性的贸易活动需要一种共同法律规则作支撑。特别是跨国贸易的发展,需要一种共同遵循的交易规则,即共同的法律框架。通过不同的途径把各国法律制度连接在一起,经济全球化促进了跨国法律规则的发展。

(2)经济全球化带来了全球范围的法律改革。随着争夺市场和投资的国际竞争加剧,在世界范围内,尤其是第三世界国家和东欧各国出现了以市场为导向的法律改革潮流。有没有完备的法律保障体系已经成为衡量一个国家是否具有良好投资环境的重要标准之一。这些国家法律改革的基本原则和最终目标就是增加法律的普遍性、可预测性、可计算性和透明度,最终实现国家的法治化。

(3)在法律全球化过程中,不同的法律制度之间相互渗透、相互吸收,不断地从冲突走向融合。现代国家不同法律制度之间的差异正在减少,共同点相应增加。有的西方学者认为,法律全球化提出了法律发展的趋同问题。我国也有学者主张,在法律全球化过程中,不同法律之间相互沟通,逐渐成为一个协调发展,趋于接近的法律格局。

第六章　社会主义法制与依法治国

第一节　社会主义法制

一、社会主义法制的含义

　　法制是一国法律制度的总称,它包括立法、执法、司法、守法、法制监督以及法律原则、制度、程序,等等。社会主义法制有两层含义:首先它泛指社会主义的法律和制度,即社会主义国家建立起来的法律和制度。其次它是立法、执法、司法、守法、法制监督等的总称。执法、司法、守法和法制监督是社会主义民主的保障,是社会主义民主的制度化、法律化和严格依法进行国家管理的方式。它要求全体人民、一切国家机关、武装力量、政党、社会团体、企业事业单位都要遵守宪法和法律。

　　社会主义法治也包括形式意义的法治和实质意义的法治,是工人阶级及其政党领导全体人民以法治国、依法办事的原则、制度及其运行机制的总称。其中,"以法治国"是其外在形式;"依法办事"是其基本要素;"全国各族人民,一切国家机关和武装力量,各政党和各社会团体、组织都必须在宪法、法律的范围内活动",是其要体现的基本价值、精神和原则;而建立在高度民主基础上的"社会主义法治(法制)国家",则是其所要达到的目标。

　　党的"十五大"报告明确指出,我们实行"依法治国,建设社会主义法治国家"。所谓依法治国,就是"广大人民群众在党的领导下,依照宪法和法律规定,通过各种途径和形式管理国家事务,保证国家各项工作都依法进行,逐步实现社会主义民主的制度化、法律化,使这种制度和法律不因领导人的改变而改变,不因领导人看法和注意力的改变而改变"。在我国,实行依法治国,建设社会主义法治国家目标的实现,要做到以下几个方面:

　　(1)建立一个部门齐全、结构严谨、内部和谐、体例科学的完备的社会主义法律体系,使国家的经济、政治、文化和社会生活等各个方面都有法可依、有章可循;树立宪法、法律的至高无上的权威,严格地依法办事;全国各族人民,一切国家机关和武装力量,各政党和各社会团体、组织都必须在宪法、法律的范围内活动,不得超越宪法和法律,或者凌驾于法律之上。

　　(2)坚持社会主义法制的民主原则,实现民主的法制化与法制的民主化。民主是法制的基础,法制是民主的保障。社会主义法制应当建立在社会主义民主的基础之上,要有广大人民的参与,真正实行广泛的民主,体现民主的精神和原则。

　　(3)完善司法体制和程序,提高司法人员的素质和执法的公正性,做到"依法行政"和"依法司法"。要完善司法体制,就必须保证司法机关依法独立行使职权,不受行政机关、社会团体和个人的干涉。执法和司法都必须严格依法办事,不能讲人情。

　　(4)形成良好的权力监督机制和制约机制,并使其良性循环。任何权力,失去监督,就会导致腐败。法律应当明确各机关的权限及相互监督、相互制约的机制,以使权力不被滥用。

(5)高度重视社会主义法律文化建设,提高全民族的法律意识水平。社会主义法律文化是社会主义精神文明建设的重要组成部分,是社会主义国家全部法律活动的经验总结和智慧结晶,是实行依法治国、建设社会主义法治国家的客观需要和基础保证。在建设法律文化过程中,一方面要有马克思主义法理学的指导,另一方面要大胆借鉴、吸收和利用人类一切优秀法律文化成果。

要实现"社会主义法治国家"的宏大目标,还有一个相当长的时期和过程,并且需要具备其他条件,相互促进,协调发展。这些条件包括:社会主义市场经济的健康发展;政治体制改革的推进和社会主义民主政治的完善;社会主义精神文明建设的发展和全体公民的道德观念、法制观念的加强,权利意识和民主意识的提高;立法体制、司法体制的改革和社会主义法律监督体系的完善,等等。

二、社会主义法制的基本要求

为了有效地保障社会主义民主和加强社会主义法制,党的十一届三中全会提出了社会主义法制的基本要求:"有法可依,有法必依,执法必严,违法必究"。有法可依是确立和实现社会主义法制的前提,有法必依是社会主义法制的中心环节,执法必严和违法必究是社会主义法制的切实保证。因此,社会主义法制的基本内容是以法律作为人们的行动准则来严格依法办事。严格依法办事,人人守法,是对一切公民、国家机关、武装力量、政党、社会团体、企业事业单位的普遍要求。《宪法》规定:"中华人民共和国公民必须遵守宪法和法律"(第五十三条),"一切国家机关和武装力量、各政党和各社会团体、各企业事业组织都必须遵守宪法和法律。一切违反宪法和法律的行为,必须予以追究。任何组织或者个人都不得有超越宪法和法律的特权"(第五条)。这同《中国共产党章程》明确规定的"党必须在宪法和法律的范围内活动"是一致的。

三、社会主义法制与社会主义民主

社会主义法制和社会主义民主是密切联系、不可分割的。社会主义民主是社会主义法制的前提和基础。没有社会主义民主,就不可能有社会主义法制。法制必须以民主为基础。在社会主义国家,发扬社会主义民主,从根本上说,就是要有效地保障人民当家做主,使人民真正行使管理国家的权力。社会主义民主需要制度化、法律化。民主决定着社会主义法制建设的性质和发展方向。离开了民主,法制就可能演变成以法律的名义而实行的专制。

同时,社会主义法制是社会主义民主的体现和保障。社会主义法制的根本出发点和最终目的是确认、保障人民的民主权利。只有人民群众运用国家机关制定较完备的法律和制度,国家机关及其工作人员和每一个公民按照体现在法律和制度中的人民的共同意志办事,才能实现社会主义民主。从这个意义上说,没有社会主义法制,就不能实现社会主义民主。

四、社会主义法制建设的方式和步骤

社会主义法制建设必须从中国的国情出发,走自己的路。同时,又要大胆借鉴和吸收国外先进的经验。任何国家的法律制度都离不开自身的历史文化传统、经济发展水平和社会制度。中国是发展中的社会主义国家,我们必须从中国的实际出发,探索和创造有中国特色的社会主义法制发展形式和发展道路。在社会主义法制建设过程中,我们要分析研究国外的先进经验,吸收对我们有益的东西。借鉴和吸收各国法律制度中的进步因素,是社会主义法制具有生机和活力的体现。借鉴和学习其他国家成功的治国经验,学会用法律手段去处理社会矛盾和问题,有利于我们促进社会安定、保障经济健康发展和全面建设社会主义和谐社会。

我国目前还处于社会主义初级阶段,认识和把握社会主义法制建设的发展规律,寻求适合我国国情的法律发展方式、具体制度和措施,解决法制建设中出现的新情况、新问题,都需要一个长期的探索和实践过程。社会主义法制建设既要积极,又要稳妥,要在党的领导下有步骤、有秩序地进行。既要有长远目标,又要有阶段性目标和具体设计,要逐步推进和实施。只有以高度的自觉性和坚定性,高举马列主义、毛泽东思想、邓小平理论和"三个代表"重要思想的伟大旗帜,实行依法治国,才能保证我国社会主义法制建设沿着正确的方向发展,把我国建设成为社会主义现代化法治国家。

第二节　依法治国

一、依法治国的概念及意义

1996 年 2 月 8 日,江泽民同志在中共中央第三次法制讲座上发表了重要讲话,指出:加强社会主义法制建设,依法治国,是邓小平同志建设有中国特色社会主义理论的重要组成部分,是我们党和政府管理国家和社会事务的重要方针;实行和坚持依法治国,对于推动经济持续快速健康发展和社会全面进步,保障国家的长治久安具有十分重要的意义。这是党和国家领导人第一次肯定"依法治国"的方针。同年 3 月,第八届全国人大四次会议将"依法治国"作为一项根本方针和奋斗目标确定下来。1997 年 9 月,中国共产党第十五次代表大会(简称党的"十五大")对"依法治国"的科学含义、重大意义和战略地位作了全面深刻的阐述。九届全国人大二次会议将依法治国的基本方略载入宪法,以国家根本大法予以保障,具有划时代的历史意义,它标志着我国现代化法制建设进入了一个崭新的发展阶段。

依法治国是中国共产党领导人民治理国家的基本方略,是广大人民群众的共同愿望。党的"十五大"报告指出:依法治国,就是广大人民群众在党的领导下,依照宪法和法律规定,通过各种途径和形式管理国家事务,管理经济文化事业,管理社会事务,保证国家各项工作都依法进行,逐步实现社会主义民主的制度化、法律化,使这种制度和法律不因领导人的改变而改变,不因领导人看法和注意力的改变而改变。胡锦涛总书记指出:坚持依法治国、依法执政,是新形势新任务对我们党领导人民更好地治国理政提出的基本要求,也

是提高党的执政能力的重要方面。中国共产党第十六次代表大会（简称党的"十六大"）又将依法治国作为建设社会主义政治文明的重要内容。中国共产党第十七次代表大会（简称党的"十七大"）进一步提出全面落实依法治国基本方略，加快建设社会主义法治国家。

实行和坚持依法治国不是一时的权宜之计，而是建设有中国特色社会主义政治的基本目标。依法治国是发展社会主义市场经济的客观需要，是社会文明进步的重要标志，是国家长治久安的重要保障，是我们建设社会主义现代化国家的必然要求。历史的经验教训和社会主义现代化建设的实践充分证明，要建设一个富强、文明的社会主义现代化国家，必须健全法制，实行依法治国。

二、依法治国的目标和任务

依法治国是一项艰巨复杂的系统工程，是人类在历史进程中经过共同努力和不断摸索所取得的文明成果，也是全人类共同的崇高理想。党的"十六大"报告在论述加强社会主义法制建设问题时指出：坚持有法可依、有法必依、执法必严、违法必究。适应社会主义市场经济发展、社会全面进步和加入世贸组织的新形势，加强立法工作，提高立法质量，到2010年形成中国特色社会主义法律体系。坚持法律面前人人平等。加强对执法活动的监督，推进依法行政，维护司法公正，提高执法水平，确保法律的严格实施。维护法制的统一和尊严，防止和克服地方和部门的保护主义。扩展和规范法律服务，积极开展法律援助。加强法制宣传教育，提高全民法律素质，尤其要增强公职人员的法制观念和依法办事能力。党员和干部特别是领导干部要成为遵守宪法和法律的模范。党的"十七大"报告在论述全面落实依法治国基本方略，加快建设社会主义法治国家问题时指出：依法治国是社会主义民主政治的基本要求，要坚持科学立法、民主立法，完善中国特色社会主义法律体系；加强宪法和法律实施，坚持公民在法律面前一律平等，维护社会公平正义，维护社会主义法制的统一、尊严、权威。推进依法行政，深化司法体制改革，优化司法职权配置，规范司法行为，建设公正高效权威的社会主义司法制度，保证审批机关、检察机关依法独立公正地行使审判权、检察权；加强政法队伍建设，做到严格、公正、文明执法；深入开展法制宣传教育，弘扬法治精神，形成自觉学法、守法、用法的社会氛围；尊重和保障人权，依法保证全体社会成员平等参与、平等发展的权利，各级党组织和全体党员要自觉在宪法和法律范围内活动，带头维护宪法和法律的权威。

（1）要继续完善社会主义法律体系。依法治国首先要求有法可依，这就要求我们加强立法，建立完备的社会主义法律体系。

（2）要继续健全民主制度和监督制度。党的"十七大"指出，要扩大人民民主，保证人民当家做主。人民当家做主是社会主义民主政治的本质和核心。要健全民主制度，丰富民主形式，拓宽民主渠道，依法实行民主选举、民主决策、民主管理、民主监督，保障人民的知情权、参与权、表达权、监督权。要保障民主，必须对国家权力的运行加以监督。因此，我国当前应加强对国家权力的立法监督、行政监督、司法监督和人民群众的监督（包括舆论监督）。党的"十七大"指出，要完善制约和监督机制，保证人民赋予的权力始终用来为人民谋利益。确保权力正确行使，必须让权力在阳光下运行。要坚持用制度管权、管事、管人,建立健全决策权、执行权、监督权既相互制约又相互协调的权力结构和运行机制。健全组织法制和程序规则,保证国家机关按照法定权限程序行使权力、履行职责。

(3)要继续加强严格公正的司法制度与行政执法制度。党的"十六大"报告就实施依法治国方略提出的又一重要任务就是维护司法公正,提高执法水平。党的"十七大"报告指出:深化司法体制改革,优化司法职权配置,规范司法行为,建设公正高效权威的社会主义司法制度,保证审判机关、检察机关依法独立公正地行使审判权、检察权。公正的司法制度是对受到侵害的人民权利给予补救的关键一环,也是维护社会公正、保障法律得以正确实施的最后屏障。行政机关的行政行为必须在法律规定的范围内按法定程序实施,严格依法行政;行政权力不得滥用,必须接受法律的制约;滥用行政权力造成的损害必须经过法定程序予以救济。同时,还应建立对行政违法责任人的追究制度。

(4)要继续培养高素质的执法队伍。党的"十六大"报告强调了"尤其要增强公职人员的法制观念和依法办事能力"。因此,实行依法治国,必须建设一支数量足、素养高的执法队伍,包括行政执法队伍、法官队伍、检察官队伍。同时,还要建立从事高质量法律服务的律师、公证员队伍。所谓素养高,包括三层含义:一是要有较高的政治觉悟和道德素质,要有忠于人民、忠于法律、忠于事实、大公无私、廉洁奉公的精神;二是要有较高的业务素质;三是要有崇高的职业道德和敬业精神,不仅要廉政,而且要勤政。

(5)要努力提高全民法律意识。建设社会主义和谐社会要通过法制宣传教育,在全社会传播法律知识,弘扬法治精神,倡导法律意识,使人民群众正确理解法律、法规和国家政策,分清合法与非法,运用法律手段,通过合法的程序解决矛盾纠纷和问题,维护和促进社会稳定。党的"十七大"报告特别强调了"深入开展法制宣传教育,弘扬法治精神,形成自觉学法守法用法的社会氛围"。

三、实行依法治国要处理好四个方面的关系

依法治国,建设社会主义法治国家,是从社会主义初级阶段的实际出发作出的重大战略抉择。依法治国是一场深刻的变革,是社会历史进步的体现,是人类文明发展的标志。完成这一深刻的变革,要处理好以下四个方面的关系。

第一,要处理好权与法的关系。目前,在我们的工作和生活中,还有权大于法的思想和言行存在,这对实行依法治国是一个极大的妨碍,必须认真对待,坚决扭转。法律的权威是我国人民的主人翁地位决定的,是我们国家的国体和政体决定的,也是我们党的性质和宗旨决定的。我国的任何权力都是人民通过宪法或法律赋予的,任何权力都要依法行使并受到法律的约束。任何人不得以权代法、以权压法、以权乱法、以权废法。

第二,要处理好情与法的关系。正如邓小平同志指出的"旧中国留给我们的封建专制传统比较多,民主法制传统很少",目前存在的"种种弊端,多少都带有封建主义的色彩"。关系网、人情网、潜规则、行贿受贿、执法和司法队伍中的某些腐败现象,都是由私利所驱动的私情怪怪的表现,是与社会主义法律公平、公正、无私、一视同仁的内涵尖锐对立的,它严重地损害着法律的权威,妨碍着依法治国方略的推行,必须坚决予以清除。

第三,要处理好依法治国与发挥个人作用的关系。依法治国是依照体现人民意志、反映客观规律的法律来治理国家。有人以为,这样做会妨碍个人作用的发挥。这是一种误

解。法律要由人来制定,也要由人来遵守和执行。在合法的范围内,人的积极性、主动性和创造精神尽可以充分发挥,这两者是应该而且能够统一起来的。依法治国坚决反对的只是凌驾于法律之上的人,而在法律范围内活动的所有的人,包括领导者,不仅不妨碍他们充分发挥作用,而且为他们提供了正确发挥作用的广阔领域和有力保障。

第四,要处理好依法治国与党的领导的关系。依法治国,建设社会主义法治国家,不能离开党的领导,我们必须切实加强和改善党的领导。这是因为,我们党是执政党,在国家生活中处于领导地位。这一领导地位是党领导人民在长期的革命斗争和社会主义建设中形成的。这一领导地位决定了党是依法治国,建设社会主义政治文明的领导者和组织者,党的领导是实现依法治国,保证社会主义政治文明建设沿着正确方向发展的根本组织保证。只有正确处理依法治国与党的领导的关系,加强和改善党的领导,才能保证依法治国,建设社会主义政治文明目标的顺利实现。同时,《中国共产党章程》也明确规定,党必须在宪法和法律的范围内活动,不允许任何人有超越法律之外的特权。

第二篇　行政法知识

第一章　行政法简述

一、行政法的概念

行政法是指调整国家行政管理机关在行使国家行政权力、管理社会公共事务的过程中同管理相对人所发生的各种社会关系的法律规范的总和。它是一个国家法律体系中仅次于宪法的独立的法律部门。行政法作为研究行政关系的法律规范的一个学科，主要研究行政权力的合法运行。我国已经正式将依法治国写入宪法，这表明我国治国方略的重大转变，中国正在向法治社会迈进。依法治国的核心内容是依法行政，行政法治的核心内容是限制政府滥用权力，以保障民主和公民权利。历史经验表明，对公民权利最大的危害不是来源于公民之间，而是来源于政府权力的滥用。因此，揭示政府依法行政的规律，揭示对政府权力运用予以监督和制约的规律，是保证行政法治得以实现的必要条件。

行政法作为一个法律部门，同其他法律部门相比较，在内容和形式上具有一定的特点。

（一）行政法在内容上的特点

行政法在内容方面的特点有三个：①广泛性。这是指行政法调整的行政关系所涉及的范围非常广泛，几乎涉及社会生活的全部领域，如公安、工商、税务、海关、文化、教育等国家行政管理的各个方面。随着国家行政管理职能的不断扩大，行政法所调整的范围将越来越广泛。②易变性。行政法与其他法律部门相比，其内容最易发生变动，其稳定性介于国家法律和国家政策之间，不如其他的法律。只有这样，才能适应调整处于急剧变动之中的行政关系的需要。③调整对象的确定性。这是指行政法的内容虽然广泛和易变，但是行政法的调整对象始终是确定的、唯一的，行政法只调整国家的行政关系，即国家行政管理机关在行使国家行政权力、管理社会公共事务的过程中同管理相对人所发生的各种社会关系，除此之外的其他社会关系，行政法不予调整。

（二）行政法在形式上的特点

行政法在形式方面有两个特点：①缺乏一个统一的实体性法典。由于行政法在内容方面具有广泛性和易变性的特点，行政法的法律规范散见于成千上万的单行的行政法规范之中。②行政实体法规范和行政程序法规范常常交织在一起。在行政法律规范中，既有行政实体法的内容。又有行政程序法的内容，在有关的行政法律文件中，行政实体法和行政程序法常并存于同一个法律文件之中。如《治安管理处罚法》中同时规定了行政实体法和行政程序法两个方面的内容，这样规定有利于国家行政管理的顺利进行。

二、行政法的渊源

行政法的渊源即行政法的具体表现形式。行政法的内容需要通过一定的形式表现出来。我国行政法的渊源主要是成文形式，具体有以下几种：

（1）宪法。由于宪法和行政法的关系十分密切，因此在宪法中有关于国家机关组织、基本工作制度和职权以及关于行政区划的规定，等等。

（2）法律。它是指国家最高权力机关制定的规范性文件，其中，凡是涉及行政机关的组织、行政活动以及行政救济等方面内容的部分都属于行政法的渊源。

（3）行政法规。它是指国务院根据宪法和法律的规定，为领导和管理国家各项行政工作，依照法定程序制定的政治、经济、文化等各类法规的总称。行政法规有条例、规定和办法三个具体的名称。行政法规是行政法中最主要的渊源。

（4）行政规章。它分为部门性规章和地方性规章两种。部门性规章是指国务院各部委制定和发布的具有普遍约束力的规范性文件。地方性规章是指省、自治区、直辖市人民政府以及省、自治区人民政府所在地的市的人民政府和国务院批准的较大市的人民政府制定和发布的具有法律效力的规范性文件。

（5）其他渊源。省级地方权力机关制定的地方性法规、民族自治地方的权力机关制定的自治条例和单行条例以及正式有效的法律解释，对国家的行政活动都具有约束力，都属于行政法的渊源。

三、行政法的基本原则

行政法的基本原则包括行政合法性原则和行政合理性原则。

（一）行政合法性原则

行政合法性原则的基本内容是：①行政活动只能在法定的范围内，依照法律的规定进行。②行政行为必须符合法律规定，不能超越法定的权限，必须严格依照法定的程序进行。③一切违反行政法规范的行为都属于行政违法行为，都必须承担相应的法律责任。

（二）行政合理性原则

行政合理性原则的基本含义是行政机关的行政活动不仅要合法，而且要合理，行政行为的内容要客观、公正和适度。行政合理性原则的基本内容是：①国家行政机关的行政行为在符合法律的范围内还必须做到合理和适当。②行政机关作出的行政行为必须符合法律的要求，必须具有合理的动机，不得背离法律的一般原则和精神。

行政合理性原则是对行政合法性原则的必要补充。它们是实现行政法治的两个不可缺少的原则。因为在现代的国家行政管理活动中，行政机关自由裁量权的范围越来越广泛，为了切实保证行政合法性原则的实施，防止行政机关随意行使自由裁量权，必须对其实行严格的法律控制，为此，有必要确立行政合理性原则。只有将行政合法性原则和行政合理性原则相互配合，才能够对行政机关的全部行政活动进行合法有效的法律调整，只有在保证行政合法性的前提下才可能做到合理和适当，没有超越合法性的合理性。应当贯彻行政合法性原则为主、行政合理性原则为辅的方针。

第二章　行政主体简述

一、行政主体概述

行政主体是指依法拥有特定的行政职权,能以自己的名义从事国家行政管理活动,并独立承担行政法律责任的组织。行政主体可以分为法定行政主体和非法定行政主体两大类。法定行政主体主要有:①国务院及其各部委、各直属机构;②地方各级政府及其职能部门;③派出机关和某些派出机构,如行政公署、区公所和街道办事处及具备行政主体资格的公安派出所、税务所、工商所等。非法定行政主体是指某些非国家行政机关的社会团体,经法律授权,履行一定行政职能的授权组织。

二、公务员

(一)公务员的概念

公务员是指在国家行政机关系统内,依法行使国家行政权力、执行国家公务的人员。他们是行政主体的组成人员,依法从事国家行政管理活动。我国人事制度改革的重点就是建立公务员制度。公务员制度是由公务员的分类、考试、录用、考核、奖惩、任免、职务升降、培训、报酬、退休、监督保障等各个具体制度组合成的一个有机整体。

改革现行的人事制度,建立公务员制度,具有十分重要的意义:有利于提高公务员的素质,提高行政管理的效率,形成高效能的行政管理系统,建立正常的行政管理法律秩序;有利于人事管理走向制度化和法律化,形成人才脱颖而出的平等竞争环境,纠正多年来在用人问题上存在的不正之风,促使党风和社会风气的不断好转;有利于把公务员从现有的干部队伍中分解出来,建立相对独立的管理系统,实行科学管理。

(二)公务员的权利和义务

公务员的权利主要有工作条件权、领取报酬权、保险福利权和身份保障权等。公务员的义务主要有服从命令、执行职务、严守秘密和廉洁奉公等。

第三章　行政行为

第一节　行政行为概述

一、行政行为的含义

行政行为,是世界各国公认的行政法学研究中的专用名词,是行政法学领域里一个具有国际性的理论概念。由于学者们选择不同的角度来分析行政行为,因而对行政行为的概念存在着不同的理解。我国行政法学界对行政行为也缺乏一个统一的认识。笔者认为,行政行为是指国家行政机关行使国家行政权,实施国家行政管理,直接或间接产生行政法律效果的行为。行政行为包含了以下三个基本要素:

(1)主体要素。行政行为必须是国家行政主体的行为。行政机关是行使国家行政权的法定主体,行政机关以外的组织或个人在得到法律授权或行政机关委托的情况下,履行某项行政职能,也可以实施行政行为。未得到法律授权或行政机关委托的组织或个人则不能实施行政行为。

(2)职能要素。行政主体只有实施国家行政管理职能的行为才属于行政行为,不是行政主体行使国家行政权力、实施国家行政管理职能的行为不属于行政行为。如行政机关租用办公用房、购置办公用品的行为就不属于行政行为,而属于民事行为。

(3)法律要素。行政行为必须是行政主体实施的并能直接或间接产生法律效果,具有法律意义的行为。也就是说,行政主体所作出的行政行为必须对相对一方当事人的权益产生影响。

二、行政行为的特征

行政行为不同于行政机关作出的一般行为,它具有以下几个特征:

(1)行政行为具有国家意志性。行政主体实施行政行为,其实质和核心就是国家行政权的运行,体现的是国家意志。行政行为是国家公务员以行政主体的名义实施国家意志的行为。

(2)行政行为具有法律性。行政行为是行政主体实施的法律行为,它受行政法律规范的调整,它的实施必须严格执行法律的规定。

(3)行政行为具有主动性,行政主体实施的行政行为大多数不同于司法机关的司法活动。它们在社会关系还没有遭到破坏的情况下就积极主动地去调整社会关系,而司法活动则是在社会关系已遭到破坏、纠纷已产生的情况下才发挥其职能作用。

(4)行政行为具有国家强制性。这一特征是第一特征和第二特征派生出来的。行政主体的行政行为是体现国家强制的法律行为,因此它就必然具有国家强制性。行政主体有权用法律的强制手段来保障行政行为的顺利贯彻实施。

第二节　行政行为的分类与效力

一、行政行为的分类

由于行政行为的内容复杂,种类繁多,从不同的角度可以对行政行为进行不同的分类。

(一)内部行政行为与外部行政行为

这是根据行政行为的效力范围所作的一种划分。内部行政行为是指行政机关基于行政隶属关系对国家行政机关内部行政事务的一种管理行为,如上级行政机关对下级行政机关发布指示、命令等行为。外部行政行为是指行政机关基于行政管辖关系对社会行政事务的一种法律管理行为,如公安机关的治安管理行为、工商机关的工商管理行为、税务机关的税务管理行为,等等。

划分内部行政行为和外部行政行为的法律意义在于:内部行政机关和外部行政机关及其行为不得交错,否则,就不发生法律效力。并且,行政相对人对内部行政行为不服不得提起行政诉讼。内部行政行为如果违法或不当,主要通过行政机关内部的行政救济手段来解决,原则上不接受司法审查。而行政相对人对外部行政行为不服则可以提起行政诉讼,外部行政行为属于司法审查的对象。对内部行政行为,人们最初不予重视。在进入20世纪之后,由于政府行政管理职能的不断扩大,人们才逐步认识到,内部行政行为如果不予以法律控制,同样会损害到行政相对人的合法权益。因此,现代世界各国在重视外部行政行为的同时,对内部行政行为也同样予以重视。

(二)抽象行政行为和具体行政行为

这是根据行政行为的方式和对象所作的一种划分。抽象行政行为是指行政机关制定带普遍性的行政法律规范的行为,它不针对特定的人和事或具体的社会关系。如国务院依法制定行政法规的行为,省人民政府依法制定地方性规章的行为。具体行政行为是指行政机关在实施国家行政管理的过程中依法对特定的人和事或具体的社会关系采取措施的行为。如公安机关对违反治安管理的人给予行政处罚的行为等。

划分抽象行政行为和具体行政行为的意义在于,两种行为的性质不同,在许多方面存在着差异,具体表现在:①抽象行政行为一般有专门的主体,并且要求法律的明确授权;而具体行政行为则没有专门的主体,大多数也不需要法律的明确授权。②抽象行政行为如果违法的话,不能提起行政诉讼;而具体行政行为如果违法的话,则可以提起行政诉讼。

(三)拘束的行政行为和自由裁量的行政行为

这是根据行政机关在作出行政行为时自己主观意志的参与程度所作的一种划分。拘束的行政行为是指行为的范围、方式、程序、手段等均由法律作出明确、具体的规定,行政机关必须严格依法实施这种行政行为,不允许行政执法者的任何主观意志参与的行为。如公安机关根据《居民身份证条例》的年限规定,办理身份证的行为。自由裁量的行政行为是指法律对行为的范围、方式等的规定留有一定的余地和幅度,行政机关在执法时可参与自己主观意志的行为。如行政罚款只规定一个幅度,在法定幅度内具体罚款多少,由行政机关自行决定。

划分拘束的行政行为和自由裁量的行政行为的意义在于:对于拘束的行政行为,只存在违法与否的问题,不存在适当或合理与否的问题,必须接受司法审查。对于自由裁量的行政行为,只存在是否适当或合理的问题,不接受司法审查,只有在行政处罚显失公正的情况下才接受司法审查。

(四)依职权的行政行为和依申请的行政行为

这是根据行政机关作出行政行为的主动性所作的一种划分。依职权的行政行为是指行政机关根据法律赋予的职权,可以不经过行政相对人的申请,在自己法定职权范围内主动实施的行为。如公安机关进行治安处罚的行为,海关查处走私的行为,等等。依申请的行政行为是指行政机关根据行政相对人的申请,才能实施的行为。如果没有行政相对人的申请,行政机关不能主动作出行为。如对治安行政处罚不服的相对人只有提出了复议申请,上级机关才能进行复议。

划分依职权的行政行为和依申请的行政行为的意义在于:①对于行政机关来说,关系到行政行为的法律效力。依职权的行政行为中,法律赋予行政机关某项职权,如果行政机关不履行某项法定职权就构成渎职。依申请的行政行为中,行政相对人提出申请后,行政机关有义务予以答复,否则将构成行政诉讼。②对于行政相对人来说,直接关系到相对人权利的取得和义务的免除。

(五)要式行政行为和非要式行政行为

这是以行政行为是否必须具备一定的法定形式为标准所作的一种划分。要式行政行为是指必须依据法定方式进行或必须具备一定的法定形式才能产生法律效力和后果的行政行为。如复议机关作出复议决定必须采取书面形式,行政立法必须依照法定程序进行,等等。非要式行政行为是指法律不要求必须按照法定的方式或不需要具备法定形式就可以作出的行为。在紧急情况下或情况比较简单的条件下实施的行政行为大多属于非要式行政行为。

划分要式行政行为和非要式行政行为的意义在于明确行为的实施方式。要式行政行为如不符合法定形式,则不具有法律效力,它存在着形式上是否违法的问题。非要式行政行为一般仅限于特定场合和条件,它不会因不具备法定形式和方式而影响其法律效力,不存在形式上是否违法的问题。

(六)单方行政行为、双方行政行为和多方行政行为

这是根据行政行为成立时以意思表示的当事人的数目为标准所作的一种划分。单方行政行为是指行政机关单方面意思表示,无须取得行政相对人同意即可成立的行政行为。行政机关实施行政行为,绝大多数属于单方行政行为,如行政罚款行为、没收行为,等等。双方行政行为是指行政机关与相对一方当事人互相协商,经对方同意后达成一致协议的行政行为。如行政合同行为。多方行政行为是指行政行为的形成取决于多方的意思表示,共同协商一致。多方行政行为是双方行政行为的延伸,作出意思表示的当事人至少在两方以上,如几个省政府就经济协作达成的协议等。

划分单方、双方及多方行政行为的意义在于:它有利于确认行政行为的生效条件,当参与意思表示的当事人不齐全时,直接关系到行政行为是否有效的问题。

(七)行政立法、行政执法和行政司法

这是以行政行为所形成的法律关系为分类标准所作的一种划分。行政立法是指特定的行政机关依法制定和发布具有法律效力的规范性文件的行为。它所形成的是以行政机关为一方,而以不确定的行政相对人为另一方的法律关系。因此,行政立法又可称为"对事的行政行为"。行政执法和行政司法都是对具体的人和事采取行政措施的行为,都是"对人的行政行为"。但是,二者所形成的法律关系又有所不同:行政执法中的法律关系是双方的法律关系,行政司法中的法律关系是三方的法律关系。

二、行政行为的效力

(一)行政行为的有效要件

行政行为的有效要件是指国家行政机关采取的行政行为发生效力所必备的法定条件。行政行为的有效要件主要有:

(1)采取行为的主体合法。采取行为的主体必须合法。如行政机关必须合法设立;代表行政机关行使行政行为的公务员必须有机关代表的合法身份;合议制机关的召集、出席和决议的人数均要符合法律的规定。

(2)行政行为必须为法定的有权行为。行政机关必须在法定的权限范围内活动,不得越权。

(3)行政行为的内容必须合法、适当、明确、可行。即行政行为的内容必须符合法律、法规,不得违反政策;必须具体、明确、详细、合情合理、切实可行。

(4)行政机关的意思表示没有缺陷。这就是说,采取行政行为时,行政机关及其执行职务的工作人员的意思表示要真实,而不是受到欺诈、威胁或行为人精神不正常情况下的意思表示。

(5)要符合法定的程序和方式。行政行为并非全部都是要式行为,有些行为无论是采取书面、口头还是明示、默示方式均可;但有些行为法律明确规定要求有特定的程序、方式的,必须严格遵守。

(二)行政行为的效力表现

行政行为的效力表现为以下三种:拘束力、确定力和执行力。

1. 行政行为的拘束力

行政行为的拘束力分为对相对方的拘束力和对国家的拘束力。

对相对方的拘束力范围包括对其他机关、组织、个人的拘束力,也包括对特定的相对人的拘束力和对多数不特定相对人的拘束力。行政行为常为向对方具体设定某种作为或不作为的义务,相对人必须履行这一义务。对国家机关的拘束力是指凡行政行为在未经有权审查其合法性、适当性的机关废止或撤销以前,其他有关的国家机关都有遵守的义务,都要受该行政行为的拘束。

2. 行政行为的确定力

行政行为的确定力,又称不可更力。行政行为的确定力分为对相对人的确定力和对国家行政机关本身的确定力。对相对人的确定力是指相对人没有提出行政复议或行政诉

讼的请求,不请求变更或撤销的话,行政行为即有效成立和生效。生效后除非依法定的申诉程序,不得随意变动其内容。对行政机关本身的确定力是指行政行为一经生效后,该行政机关自己也不得随意变动其内容,原则上"一事不再理"。如果发现该行政行为有违法或不当之处,也应经过法定的程序予以撤销或变更,同时要向相对人说明撤销或变更的理由。

3. 行政行为的执行力

行政行为的执行力是指如果行政行为中有相对人必须执行的内容,如命令相对人作出一定的行为或不作出一定的行为等内容,相对人必须执行。在相对人不履行义务时,行政机关依法定程序强制执行。相对人对行为不服,提起行政争讼的,在争讼期内,除法律另有规定外,行政行为一般不停止执行。

(三)行政行为的撤销、废止、变更和消灭

行政行为的撤销,是指已经生效的行政行为,因为发现在成立时有违法或不当的问题,有权的国家机关通过撤销行为使其向前、向后失去效力。撤销不同于无效。行政行为的撤销是使已经生效的行政行为失去效力,而无效的行政行为则是没有发生效力。行政行为的撤销有几种情况和做法:一是凡是公民负有义务或限制公民自由的行政行为,在具有应当撤销的原因时,可依法撤销。二是凡赋予相对人利益,免除相对人义务的行政行为,具有应撤销的原因时,应根据公务利益考虑是撤销,还是采取其他方法予以补救。三是对确认行为,只有当确认的根据有错误或违法,因而对确认行为产生重大影响时,才能依法定程序和方式撤销。

行政行为的废止,是指行政行为因情势变迁不宜继续存在时,行政机关通过废止使其向后丧失效力。废止和撤销不同。废止的行政行为原来是合法的、适当的,撤销的行政行为原来是违法或不当的。废止的权限只能是采取行政行为的原机关。行政行为被废止的,自废止之日起丧失效力。

行政行为的变更,是指只改变行政行为的内容和效力的一部分,不全部废止或撤销。对行政行为撤销和废止的上述规定,也适用于行政行为的变更。

行政行为的消灭,是指行政行为的法律效力已经终止。行政行为消灭的原因有:①因被撤销和废止而消灭;②因对象消灭而消灭;③因相对人死亡而消灭;④因期限届满、义务已履行或所附解除条件已具备而消灭。

第三节　行政行为的内容

一、行政行为的内容

行政行为的内容主要是指行政行为在作用于相对一方当事人时,将会产生何种影响,如设立或变更行政相对人的法律地位等。行政行为的内容十分复杂,较常见的主要有以下几种。

(一)命令

命令是指行政机关为相对人设定义务的行为,它包括依法要求相对人必须作出一定

行为的命令与不作出一定行为的禁令两种。前者如税务机关要求相对一方当事人照章纳税，城建部门命令搭盖违章建筑物者拆除违章建筑等；后者如渔政机关将某水域定为禁渔区，禁止捕捞等。

（二）许可和免除

许可是指行政机关免去特定相对人某种不作为的义务，特别许可他可以作为这一禁止一般人从事的行为，如允许某人携带枪支。免除是指行政机关免去特定相对人某种作为的义务，如在特定情况下对纳税者交税的免除。

（三）赋予和剥夺

赋予是行政机关为相对人设定法律上的某种能力、权利或确认某种法律地位，使他获得原来所没有的某种权能或利益的行为，一般称为设权或授益。如批准某行政机构的设置，任命某人为公务员，批准某社会团体成立等。剥夺是行政机关撤销相对人某种曾被赋予的能力、权利，变更原确认的法律地位，使相对人因此丧失其权能或利益的全部或一部分，或消灭其某种法律地位的行为。如行政机关撤销某公务员的职务，使其失去原有职务；撤销某一行政机构，使其失去原有职能。

（四）认可和拒绝

认可是指国家行政机关对下级机关或相对人的请示或请求予以批准，表示同意。下级行政机关某一行政行为经请示上级机关核准同意后才生效。在这里，上级机关的认可是一种补充行为。拒绝是指行政机关对相对人的请求、下级机关的请示不同意、不批准的行为。拒绝是一种消极的表示，它维持现有的法律关系或状态。

此外，某些行政行为自身并不直接产生法律效力和后果，只是间接对某一法律事实的法律效力和后果产生影响，称为准行政行为。比如：①确认。确认是认定并宣告特定的法律事实或法律关系是事实的行为。②证明。证明是行政机关对特定的法律事实或法律关系的合法性、真实性予以肯定的行政行为。③受理。受理是行政机关接受相对人的某项请求，并准备予以审定的行为。受理只是对他人的请求表示受领、开始审定的过程，其本身不直接发生实质性的法律后果。④通知。通知是使相对人知悉即将采取的行政行为，常附属于即将采取的其他行政行为，作为其行为法定程序的一部分。

二、几种主要的具体行政行为

（一）行政命令

行政命令是指国家行政主体依法强制要求行政相对人作出一定的行为或不作出一定的行为的指令。它是国家行政主体在行政管理活动中最常用的一种行政执法行为。

（二）行政许可

行政许可是指行政机关根据行政管理相对人的申请，依法赋予其从事某种法律所禁止的事项的权利和资格的行为。在国家行政管理中，国家经常设定某一领域或某一事项禁止一般人从事，只有具备一定的条件，经有权机关批准，才能解除这种禁止，如携带枪支、购买弹药和街边暂时堆放建筑材料，等等。行政许可在国家行政管理中具有重要的作用，它是一种十分有效的事前监督手段，实行行政许可制度有利于国家对社会经济和其他事务的宏观管理，有利于维护社会公共利益和保障行政相对人的合法权益。

(三)行政检查

行政检查是指国家行政机关为了实现国家行政管理职能,依法对行政相对人是否守法的事实进行单方强制性了解的具体行政行为。行政检查是行政执法的基本手段之一,在国家行政管理中发挥着重要的作用。行政检查在行政管理中涉及的领域极为广泛,如公安行政检查、工商行政检查、税务行政检查、海关行政检查、卫生行政检查,等等。行政检查必须严格遵守法律的规定,按照法定的程序进行。

(四)行政处罚

具体内容详见本篇第五章。

(五)行政强制执行

行政强制执行是指行政机关对不履行法定义务或行政机关依法为其设定的义务的当事人采用的依法强制其履行义务的行为。行政强制执行具有以下几个要素:一是行政强制执行的目的在于义务的履行,实现履行义务所要求的状态。二是以相对人不履行法定义务为前提。三是实施强制的主体是行政机关。四是行政强制执行的对象具有广泛性,包括物、人身、行为。

实施行政强制执行的条件主要有以下四点:一是实施行政强制执行的内容应有法律法规的明确规定。二是实施行政强制执行的主体是具有执行权的行政机关。三是相对人拒不履行行政机关已作出的具有执行内容的行政处理决定。四是相对人主观上有不履行行政处理决定的故意,而不是客观上不能履行。

行政强制执行可以分为间接强制和直接强制两大类。其中,间接强制又可分为代执行和执行罚两种。行政强制执行(主要有征收滞纳金和强制划拨)的方式,有以下三种:一是立案和审查。二是命令相对人限期履行。三是执行。

(六)行政救济

具体内容详见第三篇。

第四章　行政立法

第一节　行政立法概述

一、行政立法的概念

行政立法即政府立法,是国家行政机关制定规范性文件的抽象的行政行为。行政立法一般分为广义和狭义两种。广义的行政立法是指国家行政机关制定、修改和废止规范性文件的行为。狭义的行政立法是指依据宪法和法律的规定或依国家权力机关的授权,国务院及其各部委,省、自治区、直辖市人民政府,省、自治区所在地的市的人民政府以及国务院批准的较大市的人民政府从事的制定和发布行政法规或规章的活动,同时包括授权立法和拟定立法提案等方面的立法性活动。简言之,行政立法就是一定范围内的行政机关的立法活动。本书是在狭义上使用行政立法一词。需要指出的是,地方各级人民政府只能根据宪法、法律、行政法规、地方性法规及上级政府的决议,发布决定和命令。由于决定和命令不具有法律的属性,这种活动不属于行政立法活动的范畴。

二、行政立法迅速发展的原因

(一)现代社会发展的必然趋势

首先,随着行政职能和行政权力的扩大,行政管理的范围十分广泛,立法内容的技术性和立法工作的技术性大大增强;其次,现代社会发展迅猛,各种事务都处于急剧的变动之中,要求立法具有较大的灵活性和适应性;再次,立法的任务日益繁重。只有借助于政府的行政立法。

(二)行政管理法制化的必然要求

国家行政机关的管理活动,一般采用两种方法进行:一是非规范性调整的方法,即用具体的行政命令或行政措施对特定的人和事或具体的社会关系进行个别的调整;二是规范性调整的方法,即通过行政法律规范对社会关系进行普遍的反复的调整。在现代社会商品经济条件下,社会关系纷繁复杂,国家行政机关只有运用具有一般性、普遍性的法律规范作为行政管理的基本手段才能更好地管理经济和各项事务。同时,为了保证行政活动的统一性和稳定性,防止行政活动的随意性,避免政出多门,各行其是,也要重视运用法律规范的方法调整行政关系,行政立法因而得到迅速发展。

(三)贯彻执行宪法、法律的需要

我国的国家行政机关是国家权力机关的执行机关,负责贯彻执行国家权力机关制定的宪法、法律或地方性法规,搞好国家行政管理工作。我国幅员辽阔、人口众多,各民族社会、经济、文化的发展很不平衡,宪法、法律只能调整那些重大的、带根本性的问题,具体的

规定要靠行政立法。为了有效地管理国家社会事务,各地需要根据本地特点制定实施宪法、法律或地方性法规的细则。我国的政府行政立法是以宪法、法律或地方性法规为依据的,又是宪法、法律、地方性法规的必要补充和具体化。

(四)搞好改革开放试验工作的需要

我国在进行体制改革和实行对外开放的过程中,遇到许多新的复杂的问题,需要试验、探索,还不能很快由最高国家权力机关的较高层级的法律予以调整,只能先由政府的行政立法加以规定试行,待在试行过程中取得经验、比较成熟以后,才能由最高国家权力机关将其上升为全国性的法律。

三、行政立法的种类

(1)以行政立法的权力来源或依据的不同作为分类标准,可以分为职权立法和授权立法。职权立法是国家行政机关依据宪法和组织法的规定在其职权范围内制定行政法规和规章的活动。授权立法是依照法律授权或国家权力机关特别授权所进行的立法。授权立法包括以下形式:一种是一般的法律授权,即依据组织法以外的某一项法律或法规的规定,某一行政机关被授予制定其具体实施细则的权力。另一种是特别的授权或者专门的授权,这是由国家权力机关或上级行政机关将本来应由它行使的立法权力授予或委托本级或下级行政机关行使。

(2)以行政立法的目的和内容的不同作为分类标准,可以分为执行性立法、补充性立法、自主性立法和试验性立法。执行性立法是指为了直接执行宪法、法律或地方性法规以及上级行政机关发布的规范性文件而进行的行政立法活动。补充性立法是指根据本部门或本地方的工作特点和实际情况,为了补充已经发布的法律、法规所未加以规定的部分内容而进行的行政立法活动。自主性立法是指为了执行宪法、组织法赋予的职权,搞好行政工作,对法律、法规未作规定的事项加以规定而进行的行政立法活动。试验性立法是指行政机关依据法律的特别授权,对本来应由国家权力机关立法的事项,因为经验不足,或者社会关系尚未定型,而对应予改革的问题先行作出新的规定,进行试验而从事的行政立法活动。

(3)以行政立法的地域效力的不同作为分类标准,可以分为中央行政立法和地方行政立法。中央行政立法是指国务院及其所属部门制定行政法规或者部门规章的活动。中央行政立法一般可在全国范围内适用。地方行政立法是指地方人民政府制定行政规章的活动。地方行政立法只适用于特定的地区。

第二节　行政立法的特征与原则

一、行政立法的基本特征

(一)行政立法在性质上具有从属性

由行政立法和权力机关立法两者在立法主体上的主从关系,两者立法职权的划分以及两者制定的行政法规范在行政法结构中的地位和作用所决定,行政立法相对于权力机关立法而言,从性质上看它是一种从属于权力机关立法的活动,是权力机关立法活动的延伸和补充,是宪法和法律原则规定的具体化。

其从属性具体表现在:

(1)行政立法主体上的从属性。这是由国家机关之间的隶属关系决定的。行政机关是权力机关的执行机关,服从权力机关的领导,接受它的监督,并定期向它汇报。

(2)行政立法内容上的从属性。行政立法的内容和范围不得与权力机关立法的内容和范围相冲突,行政法规和规章只是行政法律规定内容的具体化、细则化。

(3)行政立法在效力上的从属性。这是由行政立法主体的地位和作用所决定的,因而形成与之相适应的效力等级,行政法规的效力低于行政法律,地方行政规章的效力低于地方性法规。

(二)行政立法具有执行性

行政立法是以执行为基本点而进行的立法活动,是执行性立法或称实施性立法,行政法规和规章具有很强的执行性。

由行政立法主体的性质和地位所决定,行政机关是权力机关的执行机关,行政立法的基本任务就是实现行政法制化,使宪法和法律的原则规定具体化、细则化,使人们有法可依、有章可循,使宪法和法律规定在现实生活中能得到切实的贯彻和实施,以实现国家行政管理活动的法律化、制度化。因此,整个行政立法活动都是围绕执行这个基本点展开的,执行性就构成行政立法的一个重要特征。

(三)行政立法的内容就整体而言具有综合性,就单个法规和规章而言具有针对性

从整体上来看,由于国家行政管理事务纷纭复杂,涉及社会生活的各个方面,因而具有广泛性和复杂性,这就决定了行政立法的内容从整体上看具有综合性的特点。这种综合性具体表现在:从行政立法所调整的社会关系的内容看,涉及社会生活的各个方面,具体包括行政组织和人事、国防、外事、民政、公安、司法、国民经济、教育、科学、文化、卫生、体育等方面。这些方面都必须进行行政立法。可见,行政立法调整的是多方面的极其复杂的社会关系,而非单一的某类社会关系,故行政立法的内容从整体上看具有综合性。综合性还表现在行政立法制定的是行政管理性法律规范。从结构上看,实体内容和程序内容混为一体。这种管理性法律规范有利于国家行政管理的顺利进行。行政法规和规章在结构上的综合性反映了内容上的综合性。

从行政立法制定的单个的行政法规和规章来看,单个的行政法规和规章在内容上都具有很强的针对性。这是因为:行政法规和规章是为了使宪法、法律得到有效的贯彻实施,实现行政管理活动的制度化、法律化,因而每一个行政法规和规章必须具有针对性。行政机关进行国家行政管理的事务十分繁多,非常复杂、具体,行政立法不可能面面俱到,只需要针对亟待解决的某一方面的社会矛盾、某一实际问题作出规定,也只有这样才能击中要害,有的放矢地采取法律调整手段,从而有力地推动国家行政管理活动。

(四)行政立法形式的多样性

行政立法主体的层次性决定了行政立法形式的多样性。行政立法是多机关、多主体和多层次的立法。不仅有中央的行政立法,还有地方的行政立法,并可分为几级。这就决定了行政立法可以采用多样化的立法形式。具体表现在:行政法规和规章可以根据它所

调整的社会关系的不同,采取多样化的发布方式,可以由国务院发布,或经国务院批准、由主管部门发布,也可由主管部门直接发布。这样就保证了制度上的配套。同样,地方行政立法的形式也是多种多样的,公布的方式也呈现多样性。立法形式的多样性还表现在行政法规名称上亦具有多样性。其中,条例是指对某一方面的行政工作作比较全面系统的规定;规定则是指对某一方面的行政工作部分的规定;办法是指对某一项行政工作作具体的规定。

（五）行政立法具有很强的适应性

行政机关要有效地进行国家行政管理,就必须针对行政管理事务的特点,采用多样化的形式、灵活的措施,来适应国家行政管理需要,故行政立法必须具有很强的适应性。具体表现在:行政立法的立法周期短、频率高、节奏快、数量大,总是随着形势的改变不断地进行变更,总是不断地经历着立、改、废的过程。这个运转过程一般来说要比其他法律部门快、周期短,因而能适应纷纭复杂、变化莫测的国家管理事务。行政法规和规章是管理性的规范性文件,可以不拘于法律部门的限制,融实体内容与程序内容为一体,法规本身就会有处理、制裁的事项,适用起来很方便,能适应国家行政管理的客观需要。

（六）行政立法在程序上具有简易性

行政立法和权力机关的立法都要经过法定的程序。但是,相对于权力机关立法的程序来说,行政立法的程序具有简易性的特点,这一特点是由行政立法的内容决定的。一般来说,立法的内容越重要,立法的程序也就越严格。

行政立法程序的简易性具体表现如下:法规和规章草案的提出和起草没有法律草案要求严格;法规和规章的通过要容易一些。《行政法规制定程序条例》规定只需通过国务院常务会议审议或由国务院审批;而通过法律提案则要二分之一或三分之二的多数同意。正是由于行政立法在程序上具有简易性的特点,所以行政法规和规章出台快,能及时解决改革中亟待解决的社会矛盾,调整亟待调整的社会关系,因而能起到令行禁止、立竿见影的效果。程序上的简易性决定它同时具有及时性的特点,能缩短立法过程,因而在社会生活中特别是在目前的改革时期能起到巨大的作用。

我们必须正确理解行政立法程序上的简易性。简易性绝不能理解为随意性,它仅仅是相对于国家权力机关制定法律的程序而言的。就行政法本身来说,其立法程序是严格的,成熟一个才能制定一个,绝不能草率行事。

（七）行政立法具有探索性、突破性和超前性

改革是一项开拓性的事业,只能在实践中探索前进。行政立法和改革的关系十分密切,行政立法贯穿于改革的全过程。行政立法作为我国立法活动的先导和补充,对改革中出现的新的社会关系和新问题,进行试点、尝试和探索,先行制定为行政规章,以便积累立法经验,逐步上升为行政法规和行政法律。因此,行政立法不可避免地具有探索性。我国目前进行的改革是以宪法为最高法律依据的,是在法定范围内进行的;但是由于改革中会出现许多新的社会关系,出现许多矛盾和问题,可能会与现有的法律规定的某些内容发生冲突。如果我们固守现有的法律规定,就无法调整新的社会关系,推动改革的前进。因此,在行政立法活动中,要面向改革,勇于创新,及时进行,以促进改革,这样行政立法就必然具有突破性。但这种突破性是一种有法律根据的突破。这样既合法又不可避免地与现

行法律某些规定有冲突的现象存在,是我国改革时期行政立法突破性的显著特征。

行政立法除具有探索性和突破性外,还具有超前性。我们知道,法律是凝固了的社会关系,而社会关系本身则是不断地向前发展的,在目前体制改革时期,社会关系变化频繁,立法不能总是落后于实践,应将传统的消极保护变为积极的促进,用立法建立一种前所未有的生产关系,即立法先于社会关系而出现,社会关系因立法而诞生,即行政立法的超前性。可以预测,行政立法的超前性将成为我国今后一段时期内立法的一个重要的发展趋势。必须注意,行政立法的超前性是建立在对客观规律的正确认识和社会发展的科学预测的基础之上的,并受客观规律的制约。这再一次证明了马克思的一句名言:"立法者不能制造法律,而只能客观地表述法律。"

总之,行政立法就总体而言所具有的探索性、突破性和超前性决定了它在国家体制改革中必将发挥巨大的作用。

二、行政立法的原则

行政立法是立法活动的一个重要组成部分,是我国现行立法体制中的一个重要层次。因此,行政立法的活动必须遵循立法活动所共同遵循的原则,行政立法不能离开这些共同的原则,要受这些原则的制约,这些原则都适用于行政立法活动。只有这样,才能保证立法活动的统一性和法律规范之间的协调性以及立法系统内部的合理性。我们在分析行政立法的原则时,不仅要看到行政立法与权力机关立法共同遵循的原则,这些共有原则反映了行政立法和权力机关立法的共性,是指导行政立法活动的基本原则;而且我们还应该看到行政立法活动本身应该遵循的特有原则。这里的特有原则包含两层含义:一是行政立法独有的原则;二是对行政立法具有特殊意义的原则。特有原则反映了行政立法的个性,是指导行政立法活动的具体原则。由此可见,行政立法的原则具有层次性,它具体划分为共有原则和特有原则两部分,这种划分有利于我们重点研究行政立法的特有原则,从而正确地指导行政立法活动,以加快行政立法的进程。

(一)行政立法的共有原则

1. 四项基本原则

四项基本原则是全国各族人民团结前进的共同政治基础,也是社会主义现代化建设顺利进行的根本保证。四项基本原则作为我国的立国之本已得到宪法的确认,因而是我国法律建设的根本原则,当然也是指导立法活动的根本原则。行政立法是我国统一立法活动中不可分割的一个组成部分,因此四项基本原则构成行政立法首要的根本性的共有原则。在行政立法活动中坚持四项基本原则,要求在行政立法的全过程中都要体现四项基本原则的精神,并将它贯彻到具体的行政法规范中去。坚持四项基本原则的核心是坚持党的领导。党的路线、方针、政策是制定行政法律、行政法规和规章的基本依据。

2. 以经济建设为中心、为改革开放服务的原则

要搞好行政立法,必须深刻领会党的各项政策,正确处理政策与法律的关系,以经济建设为中心、为改革开放服务的原则是党和国家确立的长期的稳定的基本方针,是我国的基本国策,是新时期的中心任务。因此,在立法活动中坚持以经济建设为中心、为改革开放服务的原则是新时期立法工作得以顺利进行的根本保证,是指导行政立法的根本性原

则。行政立法的特点决定了它在改革开放中将发挥巨大的作用,对改革成败关系重大。因此,在行政立法活动中必须围绕经济建设这个中心,坚持为改革开放服务的方向,在具体的立法过程中体现改革开放的精神。只有这样,才能为改革开拓道路,促使改革开放的顺利进行。

3. 民主立法原则

民主立法原则是我国社会主义立法活动的一项基本原则,因而也是行政立法的一项共有原则。在行政立法中坚持这一原则,从根本上来说就是在行政立法的过程中,认真贯彻群众路线,实行"从群众中来,到群众中去"的工作方法。在行政立法时,要广泛地讨论,充分地协商,虚心地听取各方面的意见,特别要注意发挥各主管部门的作用,重视专家、学者和实际工作部门的意见;在制定专业技术性很强的行政法规和规章时,要邀请他们参与审议和修改。只有这样才能一方面确保行政立法的质量,另一方面确保行政立法程序的民主化。在行政立法中坚持民主立法原则的另一个内容,就是在行政立法中要坚持民主集中制原则。任何一个比较成熟的重要的行政法规或规章都是经过了自下而上和自上而下的过程,是领导和群众相结合的产物,都是经过在民主的基础上集中、在集中的基础上民主的多次反复的产物。

4. 从实际出发,实事求是原则

从实际出发,实事求是是我国社会主义立法活动的一项基本原则,因而也是行政立法的一项共有原则。在行政立法活动中坚持这一原则就是要把行政立法活动建立在科学的唯物主义的基础之上。首先,这一原则要求我们在进行行政立法时必须从我国的基本国情出发,对基本国情有一个客观、清醒和实事求是的认识。我国是一个发展中的社会主义国家,正处在社会主义的初级阶段,政治、经济、文化发展不平衡,正在进行全面的改革。这是行政立法必须依据的客观实际和立法背景。其次,这一原则要求我们认识到,随着社会政治、经济条件的不断发展变化,行政立法所依据的客观实际也不断发生变化。因此,行政立法必须依据变化了的客观实际,在立法活动中正确处理适应性与稳定性的关系。既要注意稳定性,防止朝令夕改;又要适应形势发展的需要,及时修改、废止不符合现实需要的法规、规章,特别注意不能给改革设置障碍。最后,这一原则要求我们在进行行政立法活动中,认真考虑和正确处理需要和可能两方面的因素。在行政立法中既要积极主动,又要慎重小心,既要考虑必要性,又要考虑可能性,把需要和可能结合起来考虑,成熟一个制定一个,不能贪大求全。在目前改革时期,立法任务繁重,必须分清轻重缓急,有选择有重点地进行立法,逐步完善我国的行政立法体制。

5. 法制统一原则

法制统一原则是指导我国一切立法活动的一项基本原则,也是行政立法的一项共有原则。我国的立法体制是统一的,又是多层次的。立法权的统一性和行使立法权主体的多元性相结合是我国立法权运行的特点和优点,这就要求我们在行政立法活动中必须贯彻法制统一原则。在行政立法中坚持法制统一原则必须做好以下三方面的工作:

一是保证行政立法权的统一性,维护国家立法权在现行立法体制中的核心和领导地位。必须依法行使立法权,不得越权,以防止法出多门的混乱局面。

二是保证行政法规范在内容上的统一性。这一点将在下述协调立法原则中得到具体体现。

三是保证行政法规范在效力上的统一性。行政法规范之间的效力大小有别、强弱有序,形成了一个有机的统一体,统一的法律效力是实现法制统一原则的一个重要方面。在坚持法制统一原则的前提下,行政机关应根据客观需要,积极主动地制定行政法规和规章。这在改革时期尤为重要,有利于积累经验,推动改革的顺利进行。

(二)行政立法特有的原则

行政立法特有的原则是具体指导行政立法活动的工作准则和行为依据,是直接关系到行政立法成败与否的关键。行政立法特有的原则一般说来有以下三项。

1. 立法有据原则

行政立法是一种从属性的立法活动,因此立法活动必须有法律依据,这是立法有据原则最主要的含义。这种含义所包含的内容主要表现在以下方面:第一,行政立法的主体要有法律依据,即行政立法的主体是法定的,只有法律规定的一定范围内的行政机关才有权行使行政立法权。行政立法的内容要有法律依据,无论是职权立法还是授权立法,立法的内容都必须在法律或授权决定规定的范围内,超越法定的职权范围或授权决定规定的立法范围均属越权,越权即无效。根据宪法、组织法的规定,制定行政法规必须以现行法律或行政法规为立法依据,一般不能直接以宪法的有关规定作为制定和发布行政规章的依据,只有在没有相应的行政法规作为依据时,宪法和组织法的有关规定才能作为制定和发布行政规章的依据。第二是行政立法除要有法律依据外,还必须有政策依据。政策和法的关系密切,政策是法的灵魂,在行政立法中,党的政策是立法活动的根本依据,是任何法规的立法依据。第三是进行行政立法必须要有事实依据,也就是在行政立法中必须坚持从实际出发,实事求是的原则,如前所述,在此从略。总之,立法有据原则的三层含义是这一原则统一的不可分割的组成部分,缺一不可,我们必须全面掌握,不可片面理解。

2. 效力分级原则

我国社会主义法制的统一性要求我们必须明确行政法规范在社会主义法律体系中的效力等级。每一个行政法规范性文件的效力大小直接取决于它在规范体系中的层次和等级,因为立法主体的地位与职权、法规的效力及其在法规体系中的地位三者是紧密相联、三位一体的。行政机关本身就是一个等级有序的系统,行政机关的等级性构成了所制定法规、规章的层次性,故在行政立法活动中必须坚持效力分级原则。

效力分级原则的主要内容是:行政法规范性文件的效力等级的排列顺序是:行政法律、行政法规、地方性法规、行政规章。这些行政法规范性文件按其性质、地位、作用的不同各自具有不同的法律效力,其法律效力的大小、强弱有序,形成了一个有机的统一体。在这个效力系统中,效力依次递减,每一个规范都以它前面的规范为立法依据,都可以撤销它后面的不适当的规范,每一个规范都不得与它前面的规范相抵触,相抵触者无效。具体表现在:①国务院的行政法规的效力低于宪法和法律,凡与之相抵触者无效。②各部委制定的部门性行政规章属于同一级别,效力是平行的,它们的效力都低于行政法规,都服从于行政法规,不得与之抵触。③地方性行政法规的效力低于中央的、上级的行政法规,并不得与之抵触,省级政府发布的行政规章不得与国务院的行政法规和规章相抵触,省、自治区人民政府所在地的市的人民政府制定的行政规章不得与省级政府的规章相抵触。

总之,国务院行政法规的效力高于一切行政规章,部门性规章的效力高于地方性规章。由此可见,效力分级原则具体体现了法制统一性原则。

3. 协调立法原则

行政立法需要经过一定的程序和环节,其中协调是行政立法的枢纽环节,贯穿于行政立法的始终。因此,协调对行政立法来说具有特别的意义,构成行政立法的一个特有原则。

协调立法原则的主要内容包括两个方面:纵向协调和横向协调。纵向协调是指不同层次的存在隶属关系的规范之间的协调以及同一法规在时间上的协调。具体表现在:①不同层次的行政法规范之间的内容衔接要协调。宪法是一个总的原则规定,通过行政法规范逐级具体化,使国家行政管理走上法制化的道路,故各级规范之间的内容衔接要协调。②不同层次的行政法规范之间的效力衔接要协调,即要贯彻效力分级原则。③时间协调是指同一法规在时间上具有连续性。行政立法周期短、频率高,在频繁的行政立法活动中,无论是立、改、废,都不能发生中断的现象,要加强协调,使人们的同一行为始终遵循一种法律规范,而不能使人们在纷繁的行政法规范面前表现出无所适从的状态,从而为行政司法提供确切无误的法律依据。横向协调是指同一层次之间的行政法规范的相互协调,特别是有关行政法规范之间及其相关部门之间的协调,这种协调在行政立法中数量最大、难度最大。

第三节　行政立法的程序

行政立法的程序,是指行政机关依照法律的规定制定、修改和废止行政法规或规章的活动程序。由于行政机构和权力机构在法律地位、组织形式、议事规则和立法内容上的差异,行政立法程序不像权力机关立法程序那么复杂和严格,比较简便和灵活。

根据《立法法》的有关规定,其主要内容如下。

一、立项

(一)行政法规的立项

国务院于每年年初编制本年度的立法工作计划。国务院有关部门报送的行政法规立项申请,应当说明立法项目所要解决的主要问题、依据的方针政策和拟确立的主要制度。国务院法制机构应当根据国家总体工作部署对部门报送的行政法规立项申请汇总研究,突出重点,统筹兼顾,拟订国务院年度立法工作计划,报国务院审批。国务院年度立法工作计划在执行中可以根据实际情况予以调整。

(二)规章的立项

国务院部门内设机构或者其他机构认为需要制定部门规章的,应当向该部门报请立项。省、自治区、直辖市和较大的市的人民政府所属工作部门或者下级人民政府认为需要制定地方政府规章的,应当向该省、自治区、直辖市或者较大的市的人民政府报请立项。年度规章制定工作计划应当明确规章的名称、起草单位、完成时间等。年度规章制定工作计划在执行中,可以根据实际情况予以调整,对拟增加的规章项目应当进行补充论证。

二、起草

行政法规由国务院组织起草。国务院年度立法工作计划确定行政法规由国务院的一个部门或者几个部门具体负责起草工作,也可以确定由国务院法制机构起草或者组织起草。行政法规送审稿的说明应当对立法的必要性,确立的主要制度,各方面对送审稿主要问题的不同意见,征求有关机关、组织和公民意见的情况等作出说明。有关材料主要包括国内外的有关立法资料、调研报告组织起草,地方政府规章由省、自治区、直辖市和较大的市的人民政府组织起草。国务院部门可以确定规章由其一个或者几个内设机构或者其他机构具体负责起草工作,也可以确定由其法制机构起草或者组织起草。省、自治区、直辖市和较大的市的人民政府可以确定规章由其一个部门或者几个部门具体负责起草工作,也可以确定由其法制机构起草或者组织起草。起草规章可以邀请有关专家、组织参加,也可以委托有关专家、组织起草。

起草行政法规和规章,应当深入调查研究,总结实践经验,广泛听取有关机关、组织和公民的意见。听取意见可以采取书面征求意见、座谈会、论证会、听证会等多种形式。起草的规章直接涉及公民、法人或者其他组织切身利益的,有关机关、组织或者公民对其有重大意见分歧的,应当向社会公布,征求社会各界的意见;起草单位也可以举行听证会。起草行政法规和规章,涉及相关部门的应取得一致意见,起草单位应当在上报规章草案送审稿(以下简称规章送审稿)时说明情况和理由。

三、审查

行政法规送审稿由国务院法制机构负责审查。规章送审稿由法制机构负责统一审查。法制机构应当将行政法规、规章送审稿或者送审稿涉及的主要问题发送有关部门、地方人民政府、有关组织和专家征求意见。反馈的书面意见,应当加盖本单位或者本单位办公厅(室)印章。重要的行政法规送审稿,经报国务院同意,向社会公布,征求意见。法制机构应当认真研究各方面的意见,与起草部门协商后,对行政法规、规章送审稿进行修改,形成行政法规、规章草案和对草案的说明。

四、决定与公布

行政法规草案由国务院常务会议审议,或者由国务院审批。国务院常务会议审议行政法规草案时,由国务院法制机构或者起草部门作说明。国务院法制机构应当根据国务院对行政法规草案的审议意见,对行政法规草案进行修改,形成草案修改稿,报请总理签署国务院令公布施行。签署公布行政法规的国务院令载明该行政法规的施行日期。行政法规签署公布后,及时在国务院公报和在全国范围内发行的报纸上刊登。国务院法制机构应当及时汇编出版行政法规的国家正式版本。在国务院公报上刊登的行政法规文本为标准文本。

部门规章应当经部务会议或者委员会会议决定,地方政府规章应当经政府常务会议或者全体会议决定。审议规章草案时,由法制机构作说明,也可以由起草单位作说明。法制机构应当根据有关会议审议意见对规章草案进行修改,形成草案修改稿,报请本部门首长或者省长、自治区主席、市长签署命令予以公布。部门联合规章由联合制定的部门首长共同署名公布,使用主办机关的命令序号。部门规章签署公布后,部门公报或者国务院公报和全国范围内发行的有关报纸应当及时予以刊登。地方政府规章签署公布后,本级人民政府公报和本行政区域范围内发行的报纸应当及时刊登。在部门公报或者国务院公报和地方人民政府公报上刊登的规章文本为标准文本。

行政法规和规章应当自公布之日起一段时间后施行;但是,涉及国家安全、外汇汇率、货币政策的确定以及公布后不立即施行将有碍规章施行的,可以自公布之日起施行。

五、解释

行政法规条文本身需要进一步明确界限或者作出补充规定的,由国务院解释。规章解释权属于规章制定机关。行政法规的解释与行政法规具有同等效力。规章的解释同规章具有同等效力。规章应当自公布之日起依照《立法法》和《法规规章备案条例》的规定向有关机关备案。

第四节 行政立法中存在的问题

一、存在的问题

行政立法工作滞后,一些建立社会主义市场经济体制急需的法律、法规尚未出台。以工商行政立法为例,至今仍没有完整的确立市场规则、监督市场交易行为的法律、法规。一些现行的行政法律、法规、规章,尤其是对经济活动实施监督管理的法律、法规和规章中的有些规定,不符合现实需要,特别是市场经济发展的要求。

有不少的行政法律规范是在计划体制下制定的,带有很强的政策性和应时性。在确立市场经济目标后,进行了清理,但是,仍存在以下问题:虽然废止了一些不适应的法律、法规和规章,但还有不少应修改的未予修改,对许多互相抵触、矛盾或不衔接、不配套的法律、法规和规章,未在清理后及时加以修改、补充和完善。对部门规章、法规性文件、地方性文件、地方性法规、规章以及各级人民政府的行政措施、"红头文件"的清理工作仍需进一步加强。

行政法律规范之间存在着不衔接、不协调和矛盾冲突的现象,具体表现如下:①部门规章之间还存在矛盾。②有的地方性法规的具体条文与行政法规相抵触,甚至与行政法律的规定不一致。③地方规章与法律、行政法规不一致。④地方性法规与部门规章不一致。

行政法律规范之间衔接、协调不够,配套性差。具体表现在:一是法律、法规颁布后,其配套性的法规、细则未颁布;二是在主体法作了修改后,原来的配套性法规未作相应的修改,造成不协调、不一致。

已经公布的一些法律、法规的规定过于笼统,不具体、不明确,法律责任缺乏或不清。具体表现如下:许多法律原则和法定制度缺乏具体的操作规范,不便于执行。如《义务教育法》中规定了"地方负责、分级管理"的原则,地方具体分几级则无具体规定,使实际执行无法操作。对主管机关或执行机关的具体职责、权限规定得不明确。如《文物保护法》规定的执法机关有五类：文化、公安、环保、工商、海关。又如《海洋环保法》规定的执法机关有四类：海洋管理、港务监督、渔政渔港监督、军队环保等。有的法律责任缺乏或规定不清，主要表现在：对义务性条款没有规定相应的处理措施和法律责任的追究主体、承担主体，法律责任形式不清等。还有一些法律、法规对法律责任条款规定得不甚明确，给执法带来一定困难，具体表现是：①追究法律责任的主体不清，承担法律责任的主体不清，责任主体及其责任的性质不清。②法律责任形式和种类不清，有些追究法律责任的条款弹性太大。

行政执法制度、具体机构和程序以及执法监督制度的规定不完备或不完善，具体表现在：①行政执法制度的立法不完备。②行政执法制度的立法规范本身不完善。③缺乏具体机构、权限和程序的规定。④只注重相对人的行为规则及其法律责任的规定，忽视行政主体的行为规则及其法律责任的规定。⑤缺乏一部专门的行政执法监督检查法。

存在越权立法的现象，主要表现在：①有些基层地方政府主体制定的规范性文件超越了权限，如为了吸引外资，擅自减免税收，给国家造成损失。②有些地方性法规或规章改变法律规定，增加了行政处罚种类、幅度、数额等内容。

二、存在问题的原因

行政立法中存在问题的原因主要有：

行政立法工作中的问题是与体制转换过程中的问题相互联系的。行政立法中的部门本位思想比较严重，只强调本部门的权力，忽视本部门的义务和责任，不重视相关部门的利益和意见。

行政法律规范之间相抵触或不协调。国家立法只是对全国普遍性、共同性的重大问题作出原则规定，对一些具体事项交给地方或部门去规定，其弊端主要有：如果国家立法规定太笼统，则不便操作，故要求规定具体一些。但如果规定得太过具体，即使尽最大的努力去区分各地的情况，还是难以适应各地的实际情况。

行政立法权限不清。具体表现为：一是纵向权限不清；二是横向权限不清。突出的问题是：①中央立法和地方立法的具体关系和界限不清。②地方性法规与部门规章的关系不清。③国务院各部门的职能、权限、管辖范围不具体、不明确，表现在各部门立法权限范围、管辖事项等缺乏明确、具体的分工，在实践中多依据业务管理的范围大致划分，立法的随意性很大。这是导致打"规章仗"的主要原因。④地方人民代表大会和地方政府的权限不清，包括在立法方面的职能、权限不清。

制定行政法律规范缺乏通盘考虑，有一定的随意性。对行政立法的监督制度不健全，行政立法机构不能适应繁重立法任务的需要。行政管理活动中缺乏依法行政办事的习惯。"黑头不如红头，红头不如白头，白头不如笔头，笔头不如口头"的现象较为普遍。"见义务，安全礼让；见权利，当仁不让"，忽视对执法的监督，甚至只要权利，不要义务。

第五章 行政处罚

第一节 行政处罚概述

行政处罚是指具有行政处罚权的行政主体为维护公共利益和社会秩序,保护公民、法人或者其他组织的合法权益,依法对行政相对人违反行政法律法规而尚未构成犯罪的行为所实施的法律制裁。以前我国有关行政处罚内容的规定都散见于各具体的法律、法规、规章中。自 1996 年 3 月 17 日第八届全国人大第四次会议通过了《行政处罚法》后,我国在行政处罚方面才有了统一立法。

一、行政处罚的含义

《行政处罚法》第三条规定,行政处罚是行政机关对违反行政管理秩序的公民、法人或者其他组织所给予的制裁。理论上讲,在我国行政处罚不存在概念之争,但是行政处罚从其发展来看,其概念和内涵都存在一定的差别。

现在大陆法系国家通常称行政处罚为行政罚,指违反行政法所规定的义务,根据一般统治权给予的制裁,它包括行政刑罚和秩序罚。行政刑罚是指对构成犯罪的行政违法行为人给予的刑罚制裁;秩序罚是一种"加重的行政命令",它以罚款为手段,对不遵守行政法规或不遵守行政义务者给予金钱上的制裁。由此可见,国外并不存在一个和我国行政法学中完全对应的"行政处罚"概念,我国的行政处罚与大陆法系国家的秩序罚基本类似。而在英美法系国家,因为司法、行政制度的特殊性,通常把类似于我国的行政处罚制度称之为行政制裁,这种制裁权不仅由行政机关行使,有时也由法院直接进行。

二、行政处罚的法律特征

对行政处罚的内涵进一步展开,可以获知以下特征。

(一)主体特征

行政处罚是行政主体的一种行政处理行为,这表明非行政主体的组织和个人不能成为行政处罚权的名义行使者。由于制裁体系和分类的差异,上述特征使我国行政处罚与其他许多国家的行政处罚在权力行使主体上有明显不同。目前世界各国主要的行政处罚权执法主体模式有:①法院是主要的行政处罚主体,但是不能排除行政机关拥有行政处罚权。英、美、德、日等国一般采用这种模式。其理论依据是:处罚是影响和剥夺相对人权利、义务的重要制裁措施,由法院行使更具有可靠性和公正性。②行政机关是行政处罚权的主要行使者,法院及其他国家机关在一定程度上也享有部分行政处罚权。奥地利和我国台湾地区等采用这种模式。它们通常注重行政处罚作为制裁措施的实质,并不刻意追究处罚权的行使者。③行政机关和行政法律规范授权的其他组织即行政主体是行政处罚权的唯一行使者。我国就属于这种模式。所以,行政处罚行为的主体只能是拥有行政职权的行政机关和被授权的组织。

(二)对象特征

行政处罚是行政主体对构成行政违法的相对人给予的制裁。行政相对人在什么情况下的行为应受行政处罚?《行政处罚法》中只规定对违反行政管理秩序的公民、法人或者其他组织给予制裁,没有进一步明确行政相对人应受处罚的构成要件。法理上就运用犯罪构成的理论,即行政相对人必须具备责任能力(主体)、必须侵犯行政管理关系(客体)、主观上必须有故意或过失(主观方面)、行为应造成一定的危害后果(客观方面)四方面来概括,提出构成行政违法必须具备的四个要件:行为人存在故意或过失;只有对社会造成实际危害或构成严重现实威胁的行为,才可受处罚;行为人必须是达到法定责任年龄,并且具有意志能力的人,以及有责任能力的组织;危害对象必须是由法律保护的国家行政关系。

相对人受行政处罚必须符合下列条件:①行政相对人有违反行政法律规范的作为或不作为(如应纳税而未纳入)。②行政相对人的作为或不作为出于主观过错。行政处罚原则上实行过错推定原则,即相对人只要客观违法即被推定存在过错,相对人认为没有过错必须承担举证责任,法律另有规定的除外。③相对人具有相应的权利能力和行为能力。《行政处罚法》第二十五条规定:不满十四周岁的人有违法行为的,不予行政处罚,责令监护人加以管教。④相对人的违法作为或不作为必须具有社会危害性,这一要件与犯罪构成要件类似,所不同的是行政违法行为的社会危害性通常小于犯罪行为。

(三)前提特征

行政处罚这一具体行政行为是以违法为前提的,没有违反行政法律规范,则没有行政处罚适用的可能,行政处罚正是对违法行为的处罚。尽管与刑法相比,行政处罚是一种轻微的处罚,但法律上的处罚只针对人的行为,而不是针对人的思想。只有人实施了外化的行为,才可能违反相关法律规定,才可能受到处罚。当然行为可包括作为和不作为,前者如违反交通规则的行为,后者如拒不公告收回已售出违法药品的行为。行为如果不违法,自然没有给予相关处罚的必要和依据。在《行政处罚法》中将行政处罚的前提规定为"违反行政管理秩序"的行为,所谓行政管理秩序也是由法来确立的,应当说秩序的前提仍然是法。从法律逻辑上讲,只有违反行政法律规范才会导致行政法律责任,才会有行政的而不是其他的处罚,违反民事法律规范只能产生民事法律责任或制裁,违反刑事法律规范只能引起刑事法律责任或制裁。行为人所违反的法律性质不同,会有不同性质的法律制裁或承担不同性质的责任后果。那种"以罚代刑"或"以赔代刑"都是违反行为与责任相适应基本原则的。

(四)本质特征

作为一种行政行为,行政处罚是制裁或惩罚性质的行政行为。作为一种法律责任,行政处罚是制裁或惩罚性质的法律责任。这种制裁或惩罚性与其他行政行为(如行政强制行为、行政许可行为)相区别,也与其他法律责任相区别。可以说"罚"的本质特征就是行政处罚的制裁性,行政处罚正是通过这种制裁来达到惩罚违法行为人和警戒其他人的目的。《行政处罚法》第五条规定:实施行政处罚,纠正违法行为,应当坚持处罚与教育相结合,教育公民、法人或其他组织自觉守法。这里的教育也是凭借制裁的内容来实现的,没有制裁就没有是非标准,没有法律上的不利后果,其教育的功能也就达不到。

三、行政处罚与相关概念的区分

深入理解行政处罚的内涵还需要注意其与相关概念的区别,特别是行政处罚与行政处分、行政处罚与刑罚、行政处罚与执行罚之间的区别。

(一)行政处罚与行政处分

行政处分是指国家行政机关对其内部违法失职的公务员实施的一种惩戒措施。应该说,无论是行政处罚还是行政处分,其本质上都属于一种法律制裁措施。

行政处分与行政处罚的区别主要有以下几个方面:①作出的主体不同。行政处罚是由享有行政处罚权的主体作出的;而行政处分是由受处分公务员所在的行政机关,或上级行政机关、行政监察机关作出的。②制裁的对象不同。行政处罚针对外部相对人违反行政法律规范并构成行政违法的行为;而行政处分则针对公务员基于其身份以及公务活动中的职务所构成的违法行为。③制裁的形式不同。行政处罚的形式、种类很多,如警告,罚款,没收财物,吊销许可证照,责令停产停业,行政拘留,法律、行政法规规定的其他行政处罚等;而行政处分的形式有警告、记过、记大过、降级、撤职、开除留用察看、开除等七种。④行为的性质不同。行政处罚属于外部行政行为,以行政管理关系为基础;而行政处分属于内部行政行为,以行政隶属关系为基础。⑤依据的法律法规不同。行政处罚所依据的是有关行政管理的法律法规;而行政处分则只能依据有关行政机关工作人员或国家公务员的法律法规的规定。⑥救济途径不同。行政处罚的救济途径是行政复议、行政诉讼及行政赔偿;行政处分的救济途径是向上一级行政机关或行政监察机关申诉。

(二)行政处罚与刑罚

行政处罚与刑罚都是具有国家强制力的制裁方式,但有显著区别。在德国和我国台湾地区法学界,对于行政罚(以秩序罚为主)以及刑事罚的性质界分已获得一致的看法,认为两者"不法的内容"并非"质"的不同,而是"量"的不同罢了。当然,这只是就两者的性质或者说调整的社会关系而言。作为制度,两者在运行上还是有诸多不同:①权力性质不同。行政处罚与刑罚虽然都是追究违法者对国家的责任,但行政处罚是国家行政权力的运用,刑罚是国家司法权力的运用。②实施处罚的主体不同。行政处罚是由有外部管理权限的行政机关或法律、法规授权的组织实施的,而刑罚的实施主体是国家司法机关——人民法院。③适用的条件不同。行政处罚一般情况下适用于"尚未构成犯罪"的违法行为,而刑罚适用于构成犯罪的违法行为。④作出处罚决定的程序不同。行政处罚是按照《行政处罚法》所规定的行政程序作出的,而刑罚必须根据刑事诉讼法的程序作出。⑤处罚的种类不同。行政处罚的种类很多,既有行政处罚法的统一规定,又有各单行法律、法规的分散规定。而刑罚的种类则由刑法统一规定,有两类十种,即五种主刑和五种附加刑:主刑是管制、拘役、有期徒刑、无期徒刑、死刑;附加刑是罚金,剥夺政治权利,没收财产,驱逐出境(适用于外国人)以及剥夺奖章、勋章和荣誉称号(适用于军人)。

(三)行政处罚与执行罚

行政处罚是一种剥夺或限制相对人权利的制裁性行为。执行罚是行政强制执行的一种方法,它是以惩罚的形式迫使当事人履行义务。例如税务机关对超过法定期限不纳税的相对人所收的滞纳金是一种督促相对人履行义务的执行罚,虽然它本身具有一定的制裁性,但其主要目的是迫使相对人履行某种法定义务或法律要求的状态。行政处罚与执行罚有明显的区别:①法律性质上存在差异。引起执行罚的行为不具有严格意义上的违法性;而行政处罚则以相对人的违法行为为前提。②目的上存在着差异。行政处罚的目的是惩罚、教育行政违法行为人,制止与预防行政违法行为;而执行罚的目的是促使相对人在法定期限内履行法定义务。

四、行政处罚的基本原则

行政处罚的基本原则,是指由《行政处罚法》所规定或认可的对行政处罚的设定与适用具有普遍指导意义的准则。它既是立法原则又是执法原则,是有关行政处罚事项全过程的原则。行政处罚的原则作为法律原则,包含了法律规定和法律认可的公理。《行政处罚法》确立了以下几项行政处罚的基本原则。

(一)行政处罚法定原则

行政处罚法定原则是行政法学界普遍承认的原则,它是行政法的合法性原则或行政法制原则在行政处罚领域的集中表现,行政处罚法定可以说是依法行政对行政处罚的基本要求。其基本含义是:行政处罚的设定与实施应当符合法治主义的要求,并严格依法进行。我们知道,行政处罚是以损害相对人权益或增加相对人义务为内容的,必须以法定解释为依据,否则就会造成对相对人权益的损害。

1. 行政处罚的主体法定

这种法定性表现在以下两个方面:①在行政处罚的设定权方面,设定行政处罚的主体是法定的,即享有行政处罚设定权的机关有:法律的制定机关——全国人大及其常委会,行政法规的制定机关——国务院,地方性法规的制定机关——一定级别以上的地方人大及其常委会,部门规章的制定机关——国务院各部委及直属机构、一定级别以上的地方人民政府;设定行政处罚的形式是法定的,即上述主体只能以法律、法规和行政规章的形式设定行政处罚;设定权的分工是法定的,即不同的规范性法律文件必须在《行政处罚法》规定的范围内设定行政处罚。②在行政处罚的实施权方面,实施行政处罚的主体是法定的,即只有法律、法规规定或授权行使处罚权的行政机关或组织才可以实施行政处罚,其他任何机关、社会团体、个人均无权实施处罚,而且处罚机关或组织必须在法定的职权范围内行使行政处罚权。

2. 行政处罚的依据法定

行政机关对公民、法人或者其他组织实施行政处罚必须要有法定依据,没有法定依据,不得实施行政处罚。"罪刑法定,法无明文规定不为罪",这是刑法上的一个重要原则。这一原则被引入了行政法领域,表述为"法无明文规定不为罚"。这里的"法"具体是指法律、行政法规、地方性法规和行政规章。行政机关应当依据这四种规范性法律文件实施行政处罚;否则,其行政处罚决定无效,公民、法人或者其他组织有权拒绝接受处罚,或者依法申请行政复议或者提起行政诉讼。

3. 行政处罚的程序法定

行政机关实施行政处罚不但要实体合法,也要程序合法。这里所讲的行政处罚所遵循的程序主要指法定程序。《行政处罚法》对行政处罚的适用程序、决定程序及执行程序作出了具体规定。行政机关如果不依照或者不严格依照这些程序,将导致作出的行政处罚决定无效。

（二）公正、公开原则

坚持行政处罚公正、公开原则,应做到实施行政处罚的动因符合行政目的;行政处罚决定要正当,不应有不该考虑的因素;行政处罚的轻重程度应与违法事实、性质、情节及危害大小相适应;行政处罚行为还必须合乎理性,不能违背常理、常规,不能违背共同的道德。

公正是法律的生命,公正原则是行政法的合理性原则在行政处罚行为中的具体体现。行政处罚公正原则主要体现为过罚相当,即设定和实施行政处罚必须以事实为依据,与违法行为的事实、性质、情节以及社会危害程度相适应。这是行政法理论上的比例原则。另外,行政处罚公正原则还体现在行政处罚的具体实施规范之中,比如《行政处罚法》有关行政机关应该全面、客观、公正地调查以及收集证据、回避的规定等。这一原则要求行政机关必须公平、公正,在设定和适用中应平等对待、没有偏袒。有悖于公正原则的行政处罚都是无效的,应予以撤销或者变更。公正原则应当包括三层含义:一是相同情况相同对待,不同情况不同对待。这是指违法行为人有两个或者两个以上,在同一案件中,行政处罚机关对违法行为人除根据案件事实进行处罚外,还应当考虑违法者之间的处罚公平关系。二是公平对待违法者与受害人。行政处罚案件中,往往都有受害人,行政处罚的设定与适用涉及双方的权益,应当给予公平对待,不能偏听偏言。三是必须保障被处罚人的陈述、申辩、听证、复议与诉讼的权利。行政处罚的公正原则,不仅在实体上要实现公正,而且更重要的是适用公正无私的程序来实现公正的结果。

为了保证行政处罚的公正,行政处罚必须公开。所谓公开就是处罚过程要公开,要有相对方的参与和了解,以提高公民对行政机关及其实施的行政处罚的信任程度,同时监督行政机关及其执法者依法、公正地行使职权,保障相对方的合法权益。公开原则包括两层含义:一是处罚依据公开,即有关行政处罚的法律、法规的规定必须公布,没有公布的不能作为行政执法的依据;二是依法给予违法者的处罚要公开,使受罚者本人及群众对处罚能有充分的了解,从而接受处罚,既便于群众监督,又有利于对广大群众进行法制宣传教育。处罚公开还有相应的要求:第一,身份公开,即行政处罚机关的工作人员在执法调查及处罚相对人时,应明确告知相对人执法者的身份;第二,在作出行政处罚决定之前,应当告知被处罚人作出行政处罚决定的事实、理由和依据,并告知其依法享有的权利;第三,所有的行政处罚决定都必须公开,即应制定行政处罚决定书,并交付或者送达被惩罚人。

（三）行政处罚与教育相结合的原则

在行政处罚原则中,处罚与教育相结合的原则历来被重视,不仅在《行政处罚法》中有明确的规定,而且在《治安管理处罚法》中也有相同规定。该原则是指设定与适用行政处罚既要体现对违法人的惩罚和制裁,又要贯彻教育违法人自觉守法的精神,施行制裁与教育的双重功能。

行政处罚是对违法行为人的惩罚和制裁,但是惩罚并不是行政处罚的唯一内容,也不是最终目的。行政处罚主要是通过对违反行政义务的行政相对人进行惩罚,从而对其本人及其他行政管理相对人产生震慑作用,抑制并预防将来对行政管理秩序的侵害,所以处罚本身具有很强的教育作用。这种教育作用一是通过对违法的行政相对人实施处罚,并对其进行思想教育,使其从思想上认识到自己行为的危害性,做到以后不再违法,以达到特殊教育的目的;二是通过实施行政处罚,以国家强制力所产生的威慑作用对其他不违法的行政管理相对人起到警戒作用,使其悬崖勒马,自觉守法,从而收到一般教育的效果。如《行政处罚法》、《治安管理处罚法》都规定不满 14 周岁的人虽然不予行政处罚,但仍要"责令监护人加以管教"。对于当事人能认识自己错误,主动消除或者减轻违法行为危害后果的,或者能够配合行政机关查处违法行为有立功表现的,一定从轻或者减轻处罚。当然,教育不能只是单纯地教育,必须以处罚为后盾,教育不能代替处罚;对应受处罚的违法行为人在给予处罚时要予以帮助教育,不能以教代罚。要寓教于法,二者不可偏废,只有这样才能达到制止、预防违法的目的。

(四)罚过相当原则

罚过相当原则的基本含义与刑法中的罪刑相适应原则相同,是指设定与适用行政处罚,必须使处罚后果与违法行为相适应,不能重过轻罚或轻过重罚。《行政处罚法》第四条规定:设定和实施行政处罚必须以事实为依据,与违法行为的事实、性质、情节及社会危害程度相当。就立法来讲,在设定行政处罚时,应当根据所要处罚的违法行为的危害程度与违法行为的过错程度,设定与之相适应的处罚种类、幅度;就执法来讲,在适用行政处罚于特定违法行为人时,也应当根据违法行为的危害程度与违法行为人的过错程度,决定适用相应的行政处罚。行政处罚主体选择适用行政处罚有一定的自由裁量权,但这并不等于可以任意无标准地进行选择,应以违法行为的社会危害性为基础:对违法行为的社会危害程度重的,选择较重的处罚措施与处罚度;对较轻的违法行为,应当选择较轻的处罚措施与处罚度。此外,法定的从轻减轻及从重情节,适用行政处罚时也必须在处罚结果上体现出来。

(五)保障相对人权利原则

保障相对人权利原则,是指设定与实施行政处罚应当保障被处罚相对人的合法权利,不得剥夺、限制或侵犯相对人的合法权利,行政处罚应当在充分保障相对人行使这些权利的前提下作出和实施。这是民主思想在我国立法中的发展。保障相对人权利原则要求当事人在行政处罚过程中能够享有充分的程序保障,并且在行政处罚决定作出之后能够通过可靠且有效的途径寻求权利救济。

《行政处罚法》自始至终贯穿了保障相对人权利的原则。首先,《行政处罚法》在总则中明确规定,公民、法人或者其他组织对行政机关所给予的行政处罚,享有陈述权、申辩权;对行政处罚不服的,有权依法申请行政复议或者提起行政诉讼;公民、法人或者其他组织因行政机关违法给予行政处罚受到损害的,有权依法提出赔偿要求。其次,《行政处罚法》在规定行政处罚程序时,明确宣布当事人在处罚决定作出之前享有知情权及陈述权、申辩权,而行政主体负有告知及认真听取当事人陈述和申辩的义务。行政主体如不能保障当事人知情权和陈述权、申辩权的实现,行政处罚决定无效。为了保障当事人的合法权益,《行政处罚法》除依照法治原则,按照法律程序对当事人设定和实施行政处罚作出规定,还要赋予当事人许多程序上的权利。《行政处罚法》第六条规定:公民、法人或者其他组织对行政机关所给予的行政处罚,享有陈述权、申辩权;对行政处罚不服的,有权依法申请行政复议或者提起行政诉讼。公民、法人或者其他组织因行政机关违法给予行政处罚受到损害的,有权依法提出赔偿要求。《行政处罚法》规定行政处罚当事人享有陈述权、申辩权、申请复议权、行政诉讼权以及要求行政赔偿的权利,除上述五项程序性权利之外,还赋予当事人要求行政机关及其执法人员出示身份证件的权利、被告知权、听证申请权、申请回避权等各项权利。

保障相对人权利原则既是行政立法的原则,也是适用处罚的原则,而且该原则有指导与规范作用和相应的法律效力,行政处罚主体违反了此原则,应属违法。

第二节　行政处罚的种类及其设定

一、行政处罚的种类

(一)学理分类

行政处罚的种类也被称为行政处罚的具体形式,据统计,我国行政处罚的种类多达120余种。可见,行政处罚种类在行政处罚制度中数量众多,地位重要。传统行政法将各种行政处罚按其性质分为如下四类:

(1)申诫罚。亦称声誉罚,是行政处罚机关向相对人发出警告,申明其具有违法行为,通过对其名声、名誉、信誉等施加影响,引起精神上的警惕,使其及时改正,不再违法。申诫罚属于行政处罚中最轻的处罚种类,不具体剥夺或限制行政相对人的其他实体权利。具体包括警告、责令检讨、责令悔过等,其中以警告最为典型和常用。

(2)财产罚。财产罚是指行政主体依法剥夺违法者一定数额的货币或实物,或者科以财产给付义务的处罚类型,即剥夺违法行为人某种财产权而不影响其人身自由和其他活动的制裁手段。经常使用的有罚款、没收非法财产或非法所得等。

(3)行为能力罚。亦称资格罚,是一种取消或限制某种行为能力或资格的较严厉的处罚类型。一般来说,该行为能力或资格是个人、组织赖以从事某种活动的条件,不具备该行为能力或资格,就无法从事某种活动。主要有吊销或者暂扣许可证和执照、责令停产停业等。

(4)人身罚。又称人身自由罚,是指行政机关依法对不履行法定义务的行政相对人,在短期内实施限制或剥夺其人身自由的一种处罚,属于行政处罚中最严厉的处罚种类,典型的人身罚就是行政拘留。人身罚只能由法律规定,由公安机关行使,以防人身罚的滥用。

(二)法定分类

根据《行政处罚法》和现行法律、法规的规定,目前我国对行政处罚的法定分类有以下七种。

1. 警告

行政处罚的警告,是指行政机关或法律法规授权的组织,对违反行政法律规范的公民、法人或者其他组织所实施的一种书面形式的谴责和告诫。警告是最轻的一种行政处罚,只具有精神惩戒作用。它是以损害被处罚人名誉权为内容的,并不涉及被处罚人的其他权益,如财产权益或行为资格等。一般对实施轻微行政违法行为的相对人进行这种处罚。警告必须以书面形式作出,并必须向本人宣布和送交本人,指明行为人的违法错误并责令其改正、纠正违法行为,具有国家强制性。不能适用所谓的口头警告处罚,但在行政执法实践中口头警告现象普遍存在。例如,在市场检查时执法人员对使用不合格计量器的商户给予口头警告,这种警告并非行政处罚,只是行政管理中纠正违法行为的一种方式,最多也就是处罚前的告诫。警告既可与其他处罚合并适用,亦可单独适用。

2. 罚款

罚款是指行政机关依法强制实施的要求行政违法行为的相对人在一定期限内缴纳一定数量货币的处罚行为。罚款是一种财产罚,通过处罚使当事人在经济上受到损失,增加被处罚人的财产义务或财产负担,警示今后不再发生违法行为。罚款是一种适用范围比较广泛的行政处罚,因而也是行政机关适用最经常、最普遍的行政处罚形式之一。罚款通常由法律、法规和规章规定一定的数额或者幅度。在我国,罚款额度的设定方式主要有五种:①规定罚款的上、下限。②规定罚款的上限而不规定罚款的下限。③规定罚款的固定数额。④规定罚款数额以某一定基数为标准,按照一定的倍数计算,具体数额由行政机关确定。⑤没规定罚款数额,规定行政机关可以进行罚款。从上述罚款种类的法律规定看,除第三类外,行政机关在罚款上具有很大的裁量空间,在是否罚款、如何罚款、罚款幅度上具有很大的选择自由。因此,行政机关应当借鉴各国经验,制定各类罚款数额表,作为作出处罚时的裁量基准,实现自我约束。

罚款与罚金这两个概念虽然都属于金钱处罚,但两者存在很大的区别:①罚金是刑罚中的一种附加刑,因而受过罚金处罚的就是受过刑罚的人,在法律上就算有前科,而罚款是一种行政处罚,不产生前科问题。②处罚的根据不同。罚金由刑法规定,适用时依据刑法和其他单行刑事法律规范,而罚款则由行政法规定,适用时依据行政法律规定。③适用主体不同。罚金由人民法院依法判处,而罚款则由行政机关或法律、法规授权的组织科处。④适用对象不同。罚金适用犯罪分子,而罚款适用违反行政法律、规范的人或其他组织,其惩罚程度要比罚金轻。

3. 没收违法所得、没收非法财物

没收是行政机关将生产、保管、运输、销售违禁物品或者实施其他营利性违法行为的相对人的与违法行为相关的财物收归国有的制裁。没收是一种较为严厉的财产罚,其执行领域具有严格的限定性,并非所有违反行政管理法律法规的案件都可以实行此种处罚。只有对那些为谋取非法收入而严重违反法律法规的公民、法人及组织才可以实行这种财产罚。没收范围包括违法所得和非法财物。违法所得是指公民、法人及其他组织在形式上有法律依据的前提下,因行为不符合法律所规定的要求而得到的收入。非法财物是指公民、法人或者其他组织在没有经过行政管理机关允许的前提下,即进行了应当经行政管理机关批准的行为,因进行这些非法行为而得到的收入,应当属于没收的范围。例如,文

化管理机关没收黄色书刊、工商行政管理机关没收假冒伪劣产品及其违法所得等,都属于此种情况。

没收违法所得的前提是相对人进行违法行为而取得收益,因此在处罚前首先应当判断当事人的哪些行为属违法,哪些行为属合法;其次,在前者基础上判断违法所得的范围。对于违法所得范围,在我国尚无一个统一的规定,如某某商家购进一批假冒食品,成本为1 000元,以3 000元卖出,其非法所得是加价的2 000元,还是3 000元? 这还要从处罚目的上来看,处罚是为了通过惩戒违反行政管理的人来维护良好的行政秩序,那么应当认定违法所得是3 000元。至于没收非法财物,则应包括非法行为的所得,进行非法行为的工具、违禁物品等。当然,关于进行非法行为的工具,只能是进行非法行为所必需的直接的工具,而不是一切与非法行为有关的工具。

4. 责令停产停业

责令停产停业是行政处罚中的资格罚或能力罚的一种,是指行政处罚主体对工商企业和个体工商户适用的强令违法从事生产、经营者停止生产或经营的处罚,属于一种不作为义务的科处。这种处罚对生产经营者的物质利益造成的损失是非常大的,是一种比较严厉的处罚。它并不直接限制或剥夺违法者的财产而是责令违法者暂时停止其生产经营活动,这一特点也使得其与财产罚区分开来。这种处罚适用于须获得资格才能从事生产或经营的行业,对那些无须批准许可而当然享有的权利,如公民的休息权、受教育权等,就不可能适用此种处罚。停产停业的目的是纠正错误,不再从事被停止的生产经营活动或者在停产停业期间进行整顿达到恢复生产的条件。在一些行政管理活动过程中会出现限期治理、限期改正等措施,这些措施与停产停业处罚性质完全不同,它们不是行政处罚、不剥夺相对人行使权利的资格,相对人在继续生产的同时进行整顿改进。它可以看做是对违法行为的告诫,若在限期内未达到整改目标,则还可能受到行政处罚。若违法者在一定期限内及时纠正违法行为,仍可继续从事其被暂停的生产经营活动,不需要重新申请许可证和执照。

5. 暂扣或者吊销许可证、暂扣或者吊销执照

暂扣或者吊销许可证、暂扣或者吊销执照是行政处罚的一种。吊销许可证或者执照是对违法者从事某种活动的权利或者享有的某种资格的取消,而暂扣许可证或者执照则是中止行为人从事某项活动的资格,待行为人改正以后或者经过一定期限以后,再发还许可证或者执照。这里的许可证或者执照应是一种广义的理解,凡是经过国家行政机关许可后才可以进行某项活动或者行为而由行政机关发给的书面文书都应该属于证照的范畴。如《道路交通安全法》第九十一条规定,机动车驾驶员醉酒后驾驶机动车的,处15日以下拘留和暂扣3 个月以上6 个月以下机动车驾驶证,这里即是暂扣驾驶证。暂扣或者吊销许可证及执照是剥夺已获得的许可权利,所以必须以行政主体的赋予权利及相对人获得许可权利为前提。暂扣或者吊销许可证及执照是一种比责令停产停业更为严厉的行为能力罚,当然要针对那些严重违法行政管理法律法规的行为。

6. 行政拘留

行政拘留是行政处罚中人身自由罚的一种,是公安机关依据行政法律法规对违反公安行政法的相对人短期内限制人身自由的一种强制性惩罚措施。除依据《治安管理处罚

法》外,《集会游行示威法》、《公民出境入境管理法》、《戒严法》、《消防法》、《国家安全法》等都有行政拘留处罚的规定。行政拘留是行政处罚中最严厉的一种,法律对其适用作了严格的规定:第一,在适用机关上,只能由县级或者县级以上的公安或者安全机关决定和执行;第二,在适用对象上,一般只适用于严重违反治安管理规定尚不构成犯罪的自然人,但不适用于精神病患者、不满14周岁的我国公民以及孕妇或者正在哺乳自己1周岁以内的婴儿的妇女,同时也不适用于我国的法人和其他组织;第三,在适用时间上,为1日以上15日以下;第四,在适用程序上,必须经过传唤、讯问、取证、裁决、执行等环节。

行政拘留不同于刑事拘留。主要区别在:一是行为性质不同。行政拘留是行政处罚的一种,而刑事拘留则是公安机关依据《刑事诉讼法》的规定对罪该逮捕的现行犯或者重大嫌疑分子,在紧急情况下采取的一种临时剥夺人身自由的刑事强制措施。二是行为目的不同。行政拘留的目的是惩戒严重违反社会治安的违法分子,而刑事拘留的目的是防止逃避侦查、审判或者继续犯罪活动。三是期限不同。行政拘留的期限为1至15日,而刑事拘留应在拘留后的3日内提请人民检察院审查批捕或者释放,在特殊情况下,提请审查批准的时间可延长1至4日,对检察院批准逮捕的期限为7日,所以一般刑事案件从刑事拘留到逮捕之间的最长期限应该是14日。当然,对那些流窜作案、多次作案、结伙作案的重大嫌疑分子,提请审查批准的时间可以延长至30日。

行政拘留不同于司法拘留。司法拘留是人民法院根据有关诉讼法的规定,对于妨碍民事诉讼、行政诉讼程序的人所实施的临时剥夺人身自由的强制措施,目的是为了保障诉讼程序的顺利进行。司法拘留期间,被拘留人承认并改正错误的,法院可以决定提前解除拘留。

7. 法律、行政法规规定的其他行政处罚

这一规定不是指具体的处罚种类,从立法技术上将是一种“兜底”条款,包括《行政处罚法》罗列的其他处罚种类;从立法实践上将是一种“预设条款”,目的在于防止现有法律、行政法规规定并正在适用的行政处罚种类遗漏,或者以后立法中可能出现新的处罚种类无法设置。

(三)行政处罚新的分类方向

借鉴刑罚分类理论,2006年3月1日施行的《治安管理处罚法》中对治安处罚的种类体系进行了重新划分,将治安管理中的行政处罚分为主罚和附加罚。其中,主罚包括:①警告;②罚款;③行政拘留;④吊销公安机关发放的许可证。附加罚包括对违反治安管理的外国人的限期出境和驱逐出境。这种划分突破了传统行政法关于行政处罚的种类划分思路,大胆融入了刑法的理论成分,更好地区别了具体处罚种类之间的差异,使得处罚更见成效,虽然仅仅是一种尝试和过渡,但应当说预示了行政处罚类型化的新方向。但是,《治安管理处罚法》又没有盲目照搬刑法的做法。它所规定的附加罚不能像附加刑那样单独适用,同时在具体附加罚的性质上也与刑法附加刑不涉及人身领域的传统思路有所区别。这样做的原因在于,行政处罚本身的功能、实现目的、适用对象等与刑罚有很大差异。应当说,《治安管理处罚法》在行政处罚种类体系上的创新,不但对公安执法实践将产生深远影响,同时也是对整个行政处罚理论研究和制度完善的重大贡献。

除上述行政处罚外,由法律和行政法规新创设的行政处罚种类还有取缔、追缴超标排

污费、责令恢复植被、责令退还、撤销注册商标、注销城市户口等。

二、行政处罚的设定

(一)行政处罚设定概述

行政处罚的设定,是指国家机关依照职权和实际需要,在有关法律、法规或者规章中,创制或设立行政处罚的权力。它是立法权中的一种特定权。行政处罚的设定,是在立法上对公民、法人或者其他组织的权利及利益进行限制或剥夺。设定一词包括两个方面的含义,即创设和规定。前者是指在没有法律规定的情况下创制新的处罚形式、方式和原则,规定什么是违法行为,应受到何种处罚等;后者指依据已创设行政处罚的法律再加以具体化。行政处罚的设定是在创造行政处罚,也就是说在法律上,此前没有这种行政处罚,通过此设定才第一次产生了该种行政处罚。行政处罚的设定应当属于立法范畴,设定权就是立法权,而且是立法权的核心。

综上所述,行政处罚设定属于立法权范畴,是指哪些机关有权创设和规定行政处罚,这些机关各自创设和规定行政处罚的权限有多大且如何划分,这些机关通过什么形式创制和规定行政处罚。《行政处罚法》第九条到第十四条对行政处罚的设定权作出了明确的规定。行政处罚设定的内容主要包括:被行政处罚的行为,行政处罚措施的种类,行政处罚措施的幅度。

(二)行政处罚的设定权

我国行政处罚的设定权不是由一个立法机关拥有的,而是由几个不同的国家机关拥有的,这样在行政处罚设定权方面就有了划分的必要。

1. 法律的设定权

全国人大及其常委会制定的法律有权根据需要设定任何一种行政处罚。鉴于限制人身自由的行政处罚是影响公民权利最重的行政处罚,因而其只能由国家权力机关以法律形式设定。①法律可以设定各种行政处罚。"各种"包括两方面的含义:第一,是指《行政处罚法》规定的六种行政处罚,即警告、罚款、没收违法所得和没收非法财物、责令停产停业、暂扣或者吊销许可证及执照、行政拘留。法律可以设定这六种行政处罚。第二,是指《行政处罚法》第八条规定的六种行政处罚以外的其他被全国人大及其常委会认为应当作为行政处罚的新的行政处罚种类,即《行政处罚法》授权法律可以在已明确规定的六种行政处罚之外创设新种类的行政处罚。②法律是我国设定人身罚的唯一规范性文件。限制人身自由的行政处罚只能由法律设定,而不能由法律以外的其他规范性文件设定。

2. 行政法规的设定权

国务院作为我国最高国家行政机关,可以在行政法规中设定除限制人身自由外的行政处罚。如果法律对违法行为已经作出行政处罚规定,行政法规需要作出具体规定的,必须在法律规定的给予行政处罚的行为、种类和幅度的范围内规定。①行政法规可以设定除限制人身自由以外的行政处罚。《行政处罚法》第十条第一款规定:行政法规可以设定除限制人身自由外的行政处罚。因此,行政法规不能对公民的人身权利作出限制性规定或者惩罚性规定。行政法规可以设定的行政处罚为警告、罚款、没收违法所得和非法财物、责令停产停业、暂扣或者吊销营业执照。涉及人身罚类的行政处罚,行政法规不能设定,即不仅不能设定行政拘留,一切限制人身自由的行政处罚都不能设定。②行政法规有权创设新种类的行政处罚。《行政处罚法》第八条第七款规定:法律、行政法规规定的其他行政处罚。可见,行政法规除《行政处罚法》已经明确列举的行政处罚种类外,还可以创设新种类的行政处罚。设定行政处罚的新种类,这是法律和行政法规的设定权和地方性法规、行政规章设定权的不同点。而在设定行政处罚的新种类上,行政法规只可以创设除限制人身自由以外的新种类的行政处罚。这也是行政处罚设定权的重要组成部分。③行政法规设定权受法律限制。行政法规在效力上低于法律,只能根据法律而制定。相应地,《宪法》明确规定:全国人大常委会有权撤销国务院制定的同宪法法律相抵触的行政法规。

在行政处罚设定权上,行政法规要受到法律两个方面的限制:第一,《行政处罚法》所规定的行政法规设定权只是一种权能或者资格。其行使这种权能或者资格的前提是,法律在该行政法律关系中未行使设定权。如果法律在该行政法律关系中已行使了设定权,则行政法规就不得行使设定权,且在应受处罚行为、处罚种类及处罚幅度上都不得作出与法律相抵触的规定。第二,《行政处罚法》第十条第二款规定:法律对违法行为已经作出行政处罚规定,行政法规需要作出具体规定的,必须在法律规定的给予行政处罚的行为、种类和幅度的范围内规定。

3. 地方性法规的设定权

行使地方性法规设定权的地方人大及其常委会在地方性法规中可以设定除限制人身自由、吊销企业营业执照外的行政处罚。在法律、行政法规对违法行为已经作出行政处罚规定,地方性法规需要作出具体规定的,必须在法律、行政法规已规定的给予行政处罚的行为、种类和幅度的范围内规定。在我国,有权制定地方性法规的主体包括:省、自治区、直辖市的人大及其常委会,省会所在地的市、计划单列市及国务院批准的较大的市的人大及其常委会,经济特区市的人大及其常委会。

4. 部委规章的设定权

国务院各部委制定的行政规章,可以在法律、行政法规规定的给予行政处罚的行为、种类和幅度的范围内作出具体规定。对于法律、行政法规尚未就某些违反行政管理秩序的行为作出规定的,国务院各部委制定的规章可以设定警告或者一定数量罚款的行政处罚。罚款的限额由国务院规定。此外,国务院可以授权直属机构同国务院各部委一样享有行政处罚的设定权。

5. 地方政府规章的设定权

省、自治区、直辖市人民政府和省、自治区人民政府所在地的市的人民政府以及经国务院批准的较大的市的人民政府制定的规章,可以在法律、法规规定的给予行政处罚的行为、种类和幅度的范围内作出具体规定。尚未制定法律、行政法规和地方性法规的,对违反行政管理秩序的行为,上述政府规章可以设定警告或者一定数额罚款的行政处罚。罚款的限额由省、自治区、直辖市人大常委会规定。

《行政处罚法》还对行政处罚设定权作了限制性规定,除法律、法规和规章可以设定行政处罚外,其他规范性文件一律不得设定行政处罚。

第三节　行政处罚主体及管辖

一、行政处罚主体

根据我国《行政处罚法》的规定,我国行政处罚主体包括以下几类。

(一)具有法定处罚权的国家行政机关

具有法定处罚权的国家行政机关是指法律、法规明确赋予行政处罚权的国家行政机关。《行政处罚法》第十五条规定:行政处罚由具有行政处罚权的行政机关在法定职权范围内实施。因此,行政机关要享有行政处罚权必须同时具备以下两个条件:①必须是履行外部行政管理职能的行政机关;②必须有法律、法规和规章的明确授权。如《治安管理处罚法》将治安管理的处罚权明确赋予了公安机关,公安机关就属于具有治安管理处罚方面法定处罚权的行政机关。

(二)经特别决定而获得行政处罚权的国家行政机关

经特别决定而获得行政处罚权的国家行政机关是指某一行政机关经过国务院决定或者经省级人民政府决定后,可以行使其他有关行政机关的行政处罚权,即综合执法机关。这种行政处罚权来自有关机关的特别决定,其目的是实施综合执法,精简机构,提高效率,减少职权纠纷。

(三)法律、法规授权的具有管理公共事务职能的组织

具有管理公共事务职能的组织,在性质上都不是国家行政机关,但因国家行政管理的需要,有些法律、法规规定专门赋予这类组织行使一定的行政处罚权。《行政处罚法》对法律、法规授权的组织行使行政处罚权作了比以前更加严格的规定:①只有法律、法规才有权授予其他组织实施行政处罚,其他规范性文件不得授权;②被授权组织必须是具有管理公共事务职能的组织,主要包括有管理公共事务职能的企业事业组织、社会组织及社会团体、基层群众性自治组织、群众性治安保卫组织等;③被授权组织必须具备法律规定的条件;④取得授权实施行政处罚的组织只能在法定授权范围内实施行政处罚。如卫生管理方面的法律、法规就赋予卫生防疫站在食品卫生管理方面的处罚权,根据这种授权,该类组织就成为实施行政处罚的机关。

(四)行政机关依法委托的组织

行政机关委托的组织,在性质上也不是国家行政机关,但因国家行政机关依照法律、法规、规章的规定,将自己具有的行政处罚权委托其行使,受委托的组织成为行政处罚的实施机关。受委托的组织只能以委托行政机关的名义代替该行政机关实施处罚,处罚的法律后果由委托的行政机关承担。《行政处罚法》规定行政机关可以委托组织实施行政处罚,同时,又对这些委托行为作了非常具体明确的规定,建立了比较完善的法律规范。

行政机关委托非行政机关的组织实施行政处罚,必须同时具备三个条件:①依照法律、法规和行政规章的规定。②行政机关必须是在其法定权限内进行委托。即行政机关自己必须拥有实施某项行政处罚的权力,才能将该项权力委托给其他组织。否则便构成越权,委托无效。③被委托或者受委托的组织必须符合《行政处罚法》第十九条规定的条

件:第一,属依法成立的管理公共事务的事业组织。所谓事业组织是指以社会公益为目的而非以营利为目的,从事社会各项具体事业的组织,如学校、研究院等;所谓管理公共事务的事业组织,如卫生防疫站、食品卫生监督站等,而学校、研究院不具有管理公共事务的职能。第二,具有熟悉有关法律、法规、规章和业务的工作人员。第三,对违法行为需要进行技术检查或者技术鉴定的,应当有条件组织进行相应的技术检查或者技术鉴定。

委托行政机关与受托组织之间是监督与被监督关系,委托行政机关有责任监督受委托组织的执法活动,如果发现受委托组织有超越权限、滥用行政处罚权或者违反法定程序的行为,委托机关有权解除委托关系。在委托关系中,受托组织是以委托行政机关的名义实施行政处罚的,因此其产生的一切法律后果,包括在行政复议、行政诉讼以及国家赔偿中的法律后果均由委托行政机关承担。

二、行政处罚的管辖

行政处罚的管辖是指行政机关之间对违法案件实施行政处罚的权限分工,是明确其分工的重要措施,是解决行政处罚主体在自己职权范围内各司其职、各尽其责的重要依据。规定行政处罚主体对行政违法案件的管辖,有利于防止处罚主体越权处罚或者重复处罚,同时也可以对有管辖权而不认真行使职责的处罚主体进行约束,使行政机关和其他被委托或者授权组织能够尽职尽责地行使权力,使行政违法行为能够及时、有效得到处理,从而提高行政机关的工作效率,保障行政机关有效地实施行政管理,保护公民、法人或者其他组织的合法权益。行政处罚的管辖是规范行政处罚行为的重要原则之一,它是正确实施行政处罚的前提和基础,只有明确对行政违法案件的管辖权,才能有效地对行政违法行为给予制裁,同时有利于监督行政机关依法行政。

由于行政处罚管辖错综复杂,与行政管理体制、行政活动程序等诸多问题交织在一起,只有先明确行政处罚管辖的原则问题,才能把握问题的实质。确定管辖的原则是指研究管辖或者立法中确定管辖时所遵循的一般原则。确立行政处罚的管辖原则,以有利于行政机关实施行政处罚权,有利于及时有效地纠正行政违法行为,维护社会公共利益和社会秩序为前提。

从我国行政处罚和行政管理的实践来看,确定行政处罚管辖应遵循以下原则:

(1)效率原则。效率应该是行政的最终价值,没有效率就没有行政。行政处罚作为与行政权相联系的一种制裁措施,面对大量的、经常性的违法行为,必须合法、高效才能发挥其效能。讲究效率应是行政处罚中的应有之举。行政处罚管辖的确定,应当便于行政机关或者组织迅速、及时发现并制裁违法行为。迅速、及时发现违法行为是指实施处罚的机关或者组织能够很快掌握违法行为的信息,既要使检举方便、及时,又要使日常的行政管理有关情况能够及时反馈。因此,根据这一原则,行政处罚的地域管辖应主要根据行为发生地来确定。

(2)兼顾行政机关的分工与案件性质的原则。我国的行政机关是按层级组成的,不同的行政机关分工是不同的。一般来说,行政机关层次越高,其职能的决策、综合、协调、指导和监督内容就越多;行政机关层次越低,其职能中的执行内容就越多,处理具体案件和其他事务的任务就越重。根据这一特点,大多数行政处罚的实施就应由级别较低(如县级)的行政机关或者组织来管辖。同时,考虑到案件简单和繁杂、大案和小案,以及案件性质不尽一致,应规定一些行政机关分工均衡的条款。

(3)原则性与灵活性相结合的原则。管辖是一种权力的分配,应该具体、明确,责任清楚,既不发生管辖重叠,也不出现管辖空白。但是,行政处罚的管辖非常复杂,而且行政管理中的变化因素很大,在确定管辖时又不可能做到滴水不漏,一一作出明确规定。因此,在确定管辖时,既要明确职权管辖、地域管辖、级别管辖,使大量的管辖都有明确的实施主体,也要使行政机关在管辖上有一定的机动权,使管辖能适用各种变化的情况,真正做到原则性与灵活性相结合。

由于行政处罚的管辖是一个复杂而又重大的问题,因此《行政处罚法》第二十条对此作了明确规定,用以解决行政处罚过程中由于管辖权不清而带来的种种问题。这一规定包含了行政处罚管辖权的多项原则,也包括了行政处罚的级别管辖、地域管辖、职能管辖、指定管辖和移送管辖等几种情况。

(一)级别管辖

所谓级别管辖,是指不同层级的行政机关在管辖和处理行政违法行为上的分工和权限。行政处罚的级别管辖是为了解决同一行政系统中不同级别的行政机关在适用行政处罚方面的权限分工问题。在我国,由于地域辽阔,在同一行政系统或拥有同样行政处罚权的行政体系中一般分为若干个级别。《行政处罚法》对行政处罚的级别管辖虽未作具体规定,但行政违法行为一般应当由违法行为发生地县级人民政府和有行政处罚权的行政机关管辖。

(二)地域管辖

地域管辖又称区域管辖或者土地管辖,是指在同级行政处罚机关之间处理违法行为的分工和权限。地域管辖最主要的任务就是解决哪些行政处罚由哪里的而不是其他的行政机关管辖的问题。

《行政处罚法》第二十条规定,行政处罚由违法行为发生地的行政机关管辖,这一条确定了行政处罚地域管辖的一般原则。所谓违法行为发生地,亦违法行为的实施地。该原则不仅符合我国"条块分割"的行政管理体制,也便于行政机关查处行政违法行为。

"违法行为发生地"在一般情况下我们都容易理解,但有些情况下,行政违法行为的准备地、经过地、实施地、结果所在地不是同一区域,如何认定?此时应以违法行政行为的构成要件为基础,凡是符合违法行政行为的构成要件的行为,其实施地就是行政违法行为发生地。除"违法行为发生地"为确定地域管辖的基本原则外,法律、行政法规另行规定其他标准的,按照法律、行政法规的规定。

(三)职能管辖

行政处罚的职能管辖用以确定拥有不同行政职能的行政机关在实施法定的行政处罚时的权限分工。简而言之,职能管辖就是依据机关职能性质而确定的管辖,如工商法律、法规规定税务行政机关对税收违法案件实施税务处罚,公安机关依据公安行政法律规范对公安行政违法行为给予处罚,等等。由于行政系统是由许多不同职能和性质的行政机关构成的机构体系,所以职能管辖不仅是工作分工问题,更是法律权限问题。根据职能管辖的原则,首先要求实施行政处罚的机关必须是有行政处罚权的机关,无行政处罚权的机关不能实施行政处罚;其次要求有行政处罚权的机关必须在自己的职权范围内实施行政处罚,对超越自己的管辖范围以外的行政违法行为无行政处罚权,无权管辖。

(四)指定管辖

指定管辖,即两个或两个以上有管辖权的行政机关对同一违法行为发生管辖权争议时,由其共同的上一级行政机关以决定的方式指定某一行政机关管辖,从而消除管辖权争议。《行政处罚法》第二十一条规定,对管辖发生争议的,报请共同的上一级行政机关指定管辖。因此,行政处罚的指定管辖只适用于对管辖权发生争议的场合。所谓对管辖权发生争议,是指两个或者两个以上的行政处罚主体在实施行政处罚时,发生相互推诿或者争夺管辖的现象。目前,由于我国行政处罚主体众多,相互之间的职责权限界定不清,加之行政管理的外在环境的影响,行政处罚中"争权夺利"的倾向一时还难以根本消除。因此,行政处罚管辖权争议发生的可能性是很大的。从以往的实际情况看,常见的行政处罚管辖权争议主要包括以下几种:①同一行政区域的不同业务部门之间发生的争议,如同属一县的工商行政管理部门与质量监督部门依照各自的部门法律规定,争抢某起"假冒伪劣产品"案件的处理权;②不同行政区域的相同业务部门之间发生的争议,如甲省的计生主管部门和乙省的计生主管部门分别依照本地区的计生管理法规和流动人口管理法规,对同一当事人的超生行为行使管辖权;③不同行政区域的不同业务部门之间发生的争议,如某市城市建设主管部门与乙县交通主管部门为处理城乡结合地带的道路交通运输管理案件发生争议;④上级主管部门与下级人民政府之间发生的争议。由于不同类型管辖权争议的主体不同,确定指定机关的方法也不相同。对第一种情况,由争议各方共同隶属的人民政府,即县人民政府指定管辖;对第二种、第三种情况,由争议各方中级别最高的行政机关的上一级行政机关指定管辖,级别最高的行政机关是地级市的人民政府的,由省人民政府指定管辖,级别最高的行政机关是省级人民政府的,则由国务院指定管辖;对第四种情况,由上级主管部门所在的人民政府指定管辖。当然并不排除在保证效率的前提下,争议各方运用其他合法方式化解争议,例如,由争议各方自愿协商。但是通过协商不能达成一致,或者对相对方的管辖依据有疑问的,争议各方应当及时报请共同的上一级机关指定管辖,不应再自行协商处理。

(五)移送管辖

移送管辖是指本无行政处罚管辖权的行政主体已经受理或立案,但发现管辖错误,将已受理或已立案的行政案件依法移送给有管辖权的行政主体管辖的情形。受移送的行政主体认为自己无权受理的,应当报请上级行政机关指定管辖,但不得拒绝接收,也不得再次移送。

第四节　行政处罚的适用

一、行政处罚适用的概念

行政处罚的适用是指行政机关在认定行政相对人违法的基础上,依照行政法律规范规定的原则和具体方法决定对行政相对人是否给予行政处罚和如何科以行政处罚,将行政法律规范运用到各种具体行政违法案件中的一种行政执法活动。行政处罚的适用实际上是解决行政处罚的具体运用问题,它包括了对于行政违法行为的认定、评价以及运用法律进行处罚的具体过程。行政处罚的适用问题应当说是行政处罚法中一个十分重要的问题。行政处罚作为一种法律制裁手段,普遍适用于公民、法人及其他组织。正是由于受行政处罚法约束的行政相对人范围相当广泛,实施行政处罚在许多情况下又是部分剥夺了违法行为人的财产权或者是限制了违法行为人的人身权,因此行政处罚适用的正确与否,直接关系到公民、法人或者其他组织的合法权益是否能得到有效的保障,关系到行政机关实施行政处罚的准确性,直接影响着行政机关在人民群众心目中的形象。为此,我国《行政处罚法》设专章对行政处罚的适用问题作出了规定,并从行政处罚适用的原则、适用行政处罚和适用刑罚的关系以及行政处罚的时效等几个方面具体地作出了规定。

二、行政处罚适用的条件

行政处罚适用的条件亦即在什么情况或状态下能够进行处罚,在什么情况或状态下不能进行处罚。行政处罚适用的条件包括前提条件、主体条件、对象条件、时效条件和程度要件。

(一)前提条件

行政处罚适用的前提条件是行政违法行为的客观存在。至于行政违法行为的构成要件,只需要具备主体要件、客观要件即可,主观过错不是行政违法的构成要件。

(二)主体条件

行政处罚适用的主体条件,即行政处罚必须由享有法定的行政处罚权的适格主体实施。

(三)对象条件

行政处罚适用的对象条件,必须是违反行政管理秩序的公民、法人或者其他组织,并且达到责任年龄,具备责任能力。

(四)时效条件

行政处罚适用的时效条件是指对行为人实施行政处罚,还需其违法行为未超过追究时效。超过法定的追究违法者责任的有效期限,则不得对违法者适用行政处罚。我国《行政处罚法》第二十九条规定:违法行为在两年内未被发现的,不再给予行政处罚。这是行政处罚适用的一般时效条件。

(五)程度要件

违法行为应达到依法该受处罚的程度,当然也不能超过必要的限度,也就是要按照行政比例原则的基本要求,既要实现行政目的,取得最佳的行政效果,也要兼顾相对人利益,恰当平衡公利益和私利益的关系。

三、行政处罚适用的原则

(一)"首先纠正违法行为"原则

"首先纠正违法行为"原则即行政处罚与责令纠正并行原则。《行政处罚法》第二十三条规定:行政机关实施行政处罚时,应当责令当事人改正或者限期改正违法行为。行政机关在处理违法案件时,无论对违法行为人给以何种行政处罚,都应当要求违法行为人及时纠正违法行为。这是现代法治原则的基本要求。行政处罚只是手段,其目的不是为罚而罚,而是在于纠正违法和防范违法。因此,行政处罚主体在行使行政处罚权时,同时有权责令受罚对象纠正其违法行为,改正其违法行为。如果行政处罚主体对违法行为只是一罚了之,对违法行为及其后果不令其纠正而任其存在,这样并不能达到行政处罚的目的,反而会产生以处罚认可违法的不良后果。行政处罚和责令纠正是针对同一违法行为同时采取的两种手段,两者不能替代,不能罚而不管,也不能管而不罚。

(二)"一事不再罚"原则

《行政处罚法》第二十四条规定:对当事人的同一个违法行为,不得给予两次以上罚款的行政处罚。即"一事不再罚"的原则。它应从两个方面来看:一是针对罚款的"一事不多罚款"原则;二是针对除罚款外其他行政处罚的"一事不再罚"原则。

首先来看"一事不多罚款"原则,可从以下几个方面来理解:

(1)"同一个违法行为"即同一个违法事实,包括一个行为(或事实)违反一个法律法规规定的情况,即同一性质的一个违法行为;也包括一个行为违反几个法律法规规定的情况,即不同性质的一个违法行为。"同一个违法行为"不包括多个违法行为,也不包括"同一类违法行为"。"同一类违法行为"是指当事人在一个违法行为结束后,又实施了相同的违法行为,该违法行为处于连续状态,表示当事人实施了多个违法行为。对于这两种违法行为可以分别予以处罚。

(2)当事人的一个行为同时违反了两个以上法律法规的规定,可以给予两次处罚。如果处罚是罚款,则只能适用一次,另一次处罚可以是吊销许可证、没收违法所得或责令停产停业等形式,但不能再罚款。

(3)同一性质的同一个违法行为,可以依法给予罚款以及其他处罚形式的并处,但不能罚款两次。当事人的一个违法行为违反了一个法律法规,如果法律法规规定处罚实施机关可以并处处罚的,可以并处,如没收并处罚款、罚款并处吊销执照等。

(4)行政违法行为如果情节严重同时构成犯罪,在被追究刑事责任后依法还应予以行政处罚的,行政处罚主体仍可适用行政处罚。

再看其他行政处罚适用的"一事不再罚"原则。"一事不再罚原则"中"一事"有同一行政违法行为的含义,但不能简单地理解为"一事不再罚"就是同一违法行为只能处罚一次。正确理解这一原则,要依据同一违法行为侵犯行政管理秩序的具体情况进行具体分析。同一违法行为侵犯行政管理秩序的情况大致有这样几种:

(1)一个违法行为违反了一个行政法律规范,侵害了一个行政管理客体。如纳税人以暴力拒不缴纳应缴税款,情节轻微,危害不大,没有构成抗税罪,但侵犯了国家税收征管秩序,构成了抗税的行政违法行为,在实践中,由税务机关依法进行处罚。类似这种一个违法行为违反了一个行政法律规范,只需要依照规定由一个行政机关或者组织实施处罚就可以了,这种情况在实践中比较普遍。

(2)一个违法行为违反了一个或者数个行政法律规范,是由不同的行政机关分别处罚还是由一个行政机关处罚,这就需要作具体分析:①同一违法行为违反的是同一个法律或者法规的规定,而法律或者法规规定是由两个或者两个以上行政机关处罚,但行政处罚的种类相同。如发生了水污染事故,侵犯了环境管理秩序和航运管理秩序,《水污染防治法》规定,造成水污染事故的企业事业单位,由环境保护部门或者交通部门的航政机关根据所造成的危害和损失处以罚款。根据这一规定,对于造成水污染事故的违法者,环境保护部门和航政机关都有权对其进行罚款处罚。这样的情况如何处理? 根据"一事不再罚"的原则,同一违法行为,同一依据,只能处罚一次,尽管两个行政机关依法都有处罚权,也不能分别作出罚款决定,只能由先查处的机关作出处罚。这是因为,行政处罚的目的首先是为了纠正行政违法行为,同时对违法行为人进行必要的惩戒。对同一违法行为某机关已经给以适当的处罚,其他机关还要依同样的理由实施同一种类的处罚就没有任何意义了,在实践中只会造成重复处罚,损害行政相对人的合法权益,因此是不允许的。②同一违法行为违反的是同一个法律或者法规的规定,法律或者法规规定由两个或者两个以上的行政机关对其处罚,但行政处罚的种类不同。如某单位生产国家明令淘汰的产品,《产品质量法》第五十一条规定,生产国家明令淘汰的产品的,责令停止生产、销售,没收违法生产、销售的产品和违法所得,并处罚款,情节严重的,可以吊销营业执照。该法第七十条规定,吊销营业执照的行政处罚由工商行政管理部门决定,其他行政处罚由产品质量监督部门或者工商行政管理部门按照国务院规定的职权范围决定。这样的情况应当说是允许的,是不违反"一事不再罚"的原则的。因为,行政管理活动涉及社会生活的方方面面,法律赋予各行政机关不同的职责,从不同方面管理社会,由此保证社会生活的正常运转,也就必须赋予它们不同的行政管理手段。这些手段有的是相同的,如警告、罚款等;有的则是特定的,只有特定的行政机关才有权实施,如公安机关的行政拘留权、工商行政机关吊销营业执照的权力,等等。也正因为如此,对同一违法行为,有的法律或者法规同时规定两个或者两个以上的行政机关可以分别作出几种行政处罚时,往往是该违法行为同时触犯了两个以上的行政管理秩序,而且需要运用不同的行政处罚手段来进行制裁方能彻底纠正违法行为。这时,如果只允许一个行政机关依据这一规定进行处罚,很可能会造成违法行为得不到有效制止和纠正,损害了公共利益和社会秩序。

（3）一个违法行为违反了数个行政法律法规,应当由不同的行政机关分别处罚还是由一个行政机关处罚? 同一违法行为侵犯的是不同的客体,违反的是两个或者两个以上法律法规,依照法律或者法规的规定两个或者两个以上的行政机关都有处罚权。这种情况是法律规范之间的竞合问题。如果简单根据处罚法定的原则,对这种违法行为分别依照不同的法律规范作出处罚是无可非议的。但是,如果按照所有触犯的法律规范分别实施处罚,就会造成重复处罚和处罚过重。如何解决才更为合理,要先分析法律规范之间的竞合问题。所谓法规竞合是指由于各种行政管理的法律法规的复杂、交错规定,致使行为人的一个行为同时触犯了数个法律法规条文,从而构成数个违法行为。这种情况在我国的行政法律法规以及实际工作中并不少见。造成法律规范之间竞合的原因大致有两类:一类是立法的问题;另一类是违法行为牵连的问题。

对于第一类情况,不同法律规范对同一领域的社会关系进行交叉调整,造成同一行为违反不同的法律规范的情形。如制作、销售淫秽书刊的行为,既违反了《治安管理处罚法》,又违反了新闻出版管理规定等。对于这种情况,在有效地制止违法行为的前提下,对同一种类的行政处罚不得重复作出。如对于制作、销售淫秽书刊的行为,公安部门已经作出行政拘留或者其他处罚的,新闻出版部门原则上就不宜再对同一违法行为给予行政处罚。因为前一个处罚已经足以制止违法行为,并对违法者已经起到了必要的惩戒作用,在这种情况下,新闻出版部门再对同一违法行为实施处罚就不适当了。

法律规范之间竞合的第二类情况是违法行为牵连的问题。牵连行为是指行为人所实施的行为已构成违法,但是实施该行为的目的、手段、对象和结果等又触犯了其他法律法规条文的规定,从而构成了两个或者两个以上的违法行为。这种违法行为也称为违法行为的法条竞合。如某人到湖边去炸鱼,炸死了国家保护动物中华鲟,造成了湖水的污染,这就是一个牵连行为。此人以非法获鱼为目的,实施了炸鱼这一违法行为,违反了国家渔业管理的有关规定,构成了违法。同时其违法行为又污染了湖水、破坏了野生动物,违反了环境保护、野生动物保护的有关规定,一个违法行为触犯了其他法律的规定,而构成了两个或者两个以上的违法行为。又如汽车超载,既违反了公安机关关于交通安全的有关规定,威胁到人身安全,又因超载给路面造成损害违反了交通部门关于道路管理的有关规定。由于这种情况较复杂,在进行行政处罚处理的规范竞合时应把握这样几个原则:一是行为违反两个以上法律规范时,应依据不同法律规范分别处罚,这是处罚法定原则决定的。二是如果一个行政机关或者组织对违法行为人已经给予处罚,其他行政机关或者组织在通常情况下不得再处同种类的处罚。如已经对其实施了罚款,原则上不宜再对其实施罚款处罚,考虑到行为人已受到了经济制裁,可以依法科以其他种类的处罚。三是在给予其他种类的处罚时,可以考虑违法行为人已受处罚的事实,从轻或者减轻处罚。这主要是参考刑法关于刑罚轻重和数罪并罚的原则,考虑一个处罚情节,以保护行政相对人的合法权益。

(4)行为人实施的违法行为,看似一个违法行为,实际上是同时或者连续发生了数个违法行为,侵犯了不同的行政法律规范。这样的违法行为本身就是两个或者两个以上的违法行为,而不是"同一个违法行为",不能适用"一事不再罚"原则,应依照处罚法定的原则,分别处罚。如在道路上摆摊设点,无照销售不合格食品的行为,其销售是一种违法行为,未经交通部门批准在道路上摆摊设点也是违法行为。这种情况就是数个违法行为,而不是一个违法行为,在其实施目的行为的过程中,产生了其他违法行为。对于这种连续实施的数个行为,不应该作为"一事"来处理,而应分别处罚。

四、行政处罚的适用方法

行政处罚的适用方法是行政处罚运用于各种行政违法案件和违法者的方式或方法。行政处罚主体在行政处罚适用中,应针对不同情况采用不同的处罚方法,下面仅介绍几种主要的处罚方法。

第一,不予处罚。不予处罚是对某些具有违法行为的人因有特定情形而不实施处罚,以正确实现行政处罚的适用目的。《行政处罚法》规定有下列情况者不予处罚:①精神病人在不能辨认或者不能控制自己行为时有违法行为的;②不满 14 岁的未成年人;③违法行为轻微并及时纠正,没有造成危害后果的;④超过追责时效的。

第二,从轻或者减轻处罚。从轻处罚是指对违法当事人在法定的处罚幅度内就轻、就低予以处罚,但不能低于法定处罚幅度的最低限度。减轻处罚是指对违法当事人在法定处罚幅度内的最低限以下给予处罚。从轻或者减轻处罚主要针对以下几种情况：①已满14岁不满18岁的人有违法行为的；②主动消除或者减轻违法行为危害后果的；③受他人胁迫有违法行为的；④配合行政机关查处违法行为有立功表现的；⑤其他依法从轻或者减轻行政处罚的。

第三，从重处罚。从重处罚是指对违法当事人在法定的处罚方式或者幅度内，适用严厉的处罚方式或者就高、就重予以处罚。从重处罚主要针对以下几种情况：①违法情节恶劣，后果严重的；②在结伙实施违法中起主要作用的；③多次违法，屡教不改的；④胁迫诱骗他人或者教唆未成年人违法的；⑤抗拒、妨碍执法人员查处违法行为的；⑥对检举人、证人打击报复的；⑦隐匿、销毁、伪造有关证据，企图逃避法律责任的。

第四，分别处罚。分别处罚是指对同一违法行为中的多个当事人或者对同一当事人不同种类的多个违法行为分别加以确定，并分别给予相应的行政处分。分别处罚主要有以下几种情况：①对两人以上共同实施同一违法行为的，处罚实施机关应根据他们各自在违法活动中的情节及危害后果，分别给予处罚并分别执行；②对一人同时实施了两个以上不同种类的违法行为，由同一个处罚实施机关管辖的，处罚机关应对其每个违法行为分别处罚，然后合并执行；③法人、其他组织等团体单位有违法行为的，应对单位、单位的代表人和直接责任人分别处罚并分别执行。

五、行政处罚折抵刑罚的问题

《行政处罚法》第二十八条规定：违法行为构成犯罪，人民法院判处拘役或者有期徒刑时，行政机关已经给予当事人行政拘留的，应当依法折抵相应刑期。违法行为构成犯罪，人民法院判处罚金时，行政机关已经给予当事人罚款的，应当折抵相应罚金。这是对行政处罚折抵刑罚原则的规定，也是"一事不再罚"原则的重要体现。行政处罚可以折抵刑罚仅限于已经执行的行政拘留可以折抵已经判处的拘役或有期徒刑，已经执行的罚款可以折抵已经判处的罚金，其他行政处罚则不能折抵刑罚。

第五节　行政处罚程序

行政处罚程序指处罚实施机关实施行政处罚的步骤、过程和方式。行政处罚程序属于行政程序中的一种。《行政处罚法》规定的行政处罚的基本程序，是由行政处罚决定程序和行政处罚执行程序组成的。

一、行政处罚决定程序

行政处罚决定程序是整个行政处罚程序的关键环节，是保障正确实施行政处罚的前提条件。行政处罚基本程序包括决定程序和执行程序。其中，决定程序又分为一般决定程序和简易程序。《行政处罚法》第三十、三十一、三十二条分别规定了行政处罚程序共同适用的原则，这些是一般程序、简易程序和执行程序都必须遵守的原则。根据现行相关法律规范的规定，行政处罚的决定程序主要包括以下内容。

（一）一般程序

一般程序，也称普通程序，是对一般违法案件实施处罚的基本程序。与一般程序相比较，简易程序属于作出行政处罚决定的特殊程序。一般程序手续相对严格、完整，适用广泛，在适用范围上可与适用听证程序的案件相重合。其主要过程如下。

1. 立案

立案是一般行政处罚的最初程序。立案是行政处罚实施机关对所发现（包括通过举报、主动发现等）的、应当追究法律责任的违法活动，将其登记并确立为应受到调查处理的案件的活动。立案的条件是：行政机关经审查认为有违法行为发生；违法行为是应受行政处罚的行为；属于本部门职权范围且归本机关管辖；不适用简易程序的案件。立案需遵守有关法律、法规规定的期限，应当填写专门格式的"立案报告表"，立案后应指派承办人员负责案件的调查工作。

2. 调查取证

调查取证是行政主体及其工作人员对相对人违法案件进行调查、搜集有关证据的过程。为保证公开性，《行政处罚法》规定，行政主体在实施调查或检查时，执法人员不得少于两人，并应向当事人或有关人员出示必要的证件。行政主体在搜集证据时可以采用法律允许的多种方法，其中包括抽样取证和证据登记保存两种方式。

3. 告知和申辩

行政主体在调查取证之后、作出行政处罚决定前，应当告知当事人作出行政处罚决定的事实、理由及依据，并告知当事人其依法享有的权利。当事人有权进行陈述和申辩。行政主体必须听取当事人的意见，对当事人提出的事实、理由和证据，应当进行复核；当事人提出的事实、理由和证据成立的，行政主体应当采纳。行政主体不得因当事人申辩而加重处罚。未履行告知义务或拒绝听取当事人陈述、申辩的，行政处罚决定不能成立。

4. 听证

听证程序是指行政机关在作出重大行政处罚决定前根据相对人的申请，在非本案调查人员的主持下，依法听取相对人的质证和申辩，进一步核实证据和查清事实，以保证处理结果合法、公正的程序。

1）听证程序的特征

①听证具有公开性，可以有效防止行政人员的腐败和权力滥用，从而更好地保护当事人的合法权益；②听证程序的适用以当事人的申请为前提；③听证程序只适用行政处罚的特定案件，并非所有的行政处罚案件都适用听证程序；④组织听证是行政机关的法定义务；⑤听证程序是建立在一般程序基础之上的，它不能独立存在。

2）听证程序的适用范围

《行政处罚法》规定，对几种较重大的行政处罚适用听证程序。这几种行政处罚是：①责令停产停业的处罚；②吊销许可证或执照的处罚；③较大数额罚款的处罚等。属于听证适用范围的较大数额的罚款，其标准由各省、直辖市、自治区权力机关或者人民政府根据本地实际情况具体规定；属于实行垂直领导的行政机关，由国务院有关主管部门作出具体规定，这类规定一律应予以公布。行政机关在作出上述处罚决定前，应当告知当事人有要求举行听证的权利，当事人要求听证的，行政机关应当组织听证。

3）听证主持人员

为了正常有效地进行听证活动,行政机关应确定主持听证的工作人员。一般应指定法制工作机构的工作人员主持听证,行政机关未设立法制工作机构的,则可以指定其内部非承办违法案件部门的工作人员主持听证,以避免听证主持人本身就是违法案件承办人或者与违法案件承办人有利害关系。

4）听证的举行

听证活动的进行大体包括以下几个方面:①当事人要求听证的,应当在行政机关告知后3日内提出。②行政机关应在听证的7日前,通知当事人举行听证的时间、地点。③听证应公开举行,但涉及国家秘密、商业秘密及个人隐私的除外。④当事人可以亲自参加听证,也可委托1至2人(包括律师)代理。如认为听证主持人与案件有利害关系,当事人有权申请其回避。⑤听证的步骤主要分为:首先由听证主持人核对参加者的身份,并宣布听证会开始;然后调查人员提出当事人违法的事实、证据和予以行政处罚的理由;再由当事人进行申辩和质证,双方辩论和当事人作最后的陈述。⑥听证应制作听证笔录,交当事人审阅无误后签字或盖章。

经听证后,行政机关根据听证的情况及听证笔录,作出是否对当事人予以行政处罚的最后决定。

5. 制作行政处罚决定书

行政处罚决定由行政主体负责人作出。对情节复杂或重大违法行为给予较重处罚的,行政主体负责人应当集体讨论决定。对于决定给予行政处罚的,必须制作符合法律形式的行政处罚决定书,其内容应当载明下列事项:①当事人的姓名或者名称、地址;②违反法律、法规或者规章的事实和证据;③行政处罚的种类和依据;④行政处罚的履行方式和期限;⑤不服行政处罚决定,申请行政复议或者提起行政诉讼的途径和期限;⑥作出行政处罚决定的行政机关名称和作出决定的日期。行政处罚决定书必须盖有作出行政处罚决定的行政机关的印章。

6. 决定书的送达

行政处罚决定书制作后,应对当事人宣告并当场交付当事人。如果当事人不在场,行政主体应在7日内依《民事诉讼法》的规定根据情况以直接送达、留置送达、转交送达、委托送达、邮寄送达或公告送达等方式送达给当事人。

（二）简易程序

行政处罚的简易程序又叫当场处罚程序,是指行政处罚主体对符合法定条件的行政处罚事项,可以当场作出行政处罚决定的程序。简易程序是当场实施处罚的一种简便易行的工作程序。这种程序手续简单、时间快、效率高,但只能针对案情简单、清楚,处罚较轻的违法案件。根据《行政处罚法》的规定,行政机关对行政违法行为适用简易程序,必须同时具备以下三个条件:第一,案情方面,要求违法事实确凿;第二,在处罚依据方面,要求有法定依据;第三,在处罚程序上,要求对公民处以50元以下、对法人或者其他组织处以1 000元以下的罚款或者警告的行政处罚。"可以"既包括可以,也包括不可以。因此,行政机关对同时具备上述三个条件的行政违法行为,可以适用简易程序,当场作出行政处罚决定,也可以适用一般程序作出行政处罚决定。

设置简易程序不仅要注意行政效率,也要考虑这一直接影响当事人权益的行为必须是公正和公平的。因此,简易程序也应当包含一些最基本的必要程序:①表明身份程序。执法人员应表明身份,向当事人出示身份证件,让当事人知道执法人员的身份。②说明理由程序。确认违法事实,告知处罚的理由、依据,告知当事人有陈述权、申辩权。③作出裁决程序。填写预定格式、编有号码的行政处罚决定书。④听取意见程序。行政处罚决定书当场将交付当事人,告知当事人可依法申请复议或提起诉讼。⑤备案程序。执法人员必须报所属行政机关备案。

二、行政处罚执行程序

行政处罚执行程序,是行政机关对受罚人执行已发生法律效力的处罚决定的程序活动。对于已生效的行政处罚决定,当事人应当在规定的期限内自动履行。

(一)行政复议或者行政诉讼期间处罚不停止执行

当事人对行政处罚决定不服申请行政复议或者提起行政诉讼的,行政处罚不停止执行,法律另有规定的除外。也就是说,执行机关实施行政处罚,不因当事人的申诉而停止执行。这是行政行为的共同原则在行政处罚领域的具体体现。《行政处罚法》第四十五条规定的"法律另有规定的除外"中的"法律",在目前主要是指《行政复议法》和《行政诉讼法》。依据《行政诉讼法》第四十四条规定:诉讼期间,不停止具体行政行为的执行。但有下列情形之一的,停止具体行政行为的执行:第一,被告认为需要停止执行的;第二,原告申请停止执行,人民法院认为该具体行政行为的执行会造成难以弥补的损失,并且停止执行不损害社会公共利益,裁定停止执行的;第三,法律、法规规定停止执行的。

(二)行政处罚中罚款的执行

(1)罚缴分离制度。《行政处罚法》规定,对于罚款处罚,实行决定处罚机关与收缴罚款机构相分离制度,即作出罚款处罚决定的行政机关及其工作人员不能自行收缴罚款。当事人应当自收到行政处罚决定书之日起 15 日内到指定银行缴款。

(2)当场收缴罚款是罚缴分离制度的例外,包括以下几种情况:①依法给予 20 元以下罚款的;②不当场收缴事后难以执行的;③在边远、水上、交通不便地区,当事人向指定银行缴款确有困难,经当事人自己提出,可以实施当场收缴罚款。行政机关及其执法人员当场收缴罚款的,必须向当事人出具省、自治区、直辖市财政部门统一制发的罚款收据,不出具财政部门统一制发的罚款收据的,当事人有权拒绝缴纳罚款。执法人员当场收缴的罚款,应当自收缴罚款之日起 2 日内,交至行政机关;在水上当场收缴的罚款,应当自抵岸之日起 2 日内交至行政机关;行政机关应当在 2 日内将罚款交付指定的银行。

(三)强制执行

行政机关对当事人无正当理由逾期不履行行政处罚决定的,为达到迫使当事人履行行政处罚决定的目的而采取下列强制执行措施:

(1)到期不缴纳罚款的,每日按罚款数额的 30% 加处罚款。

(2)依法将查封、扣押的财物拍卖或冻结的存款划拨抵缴罚款。

(3)申请人民法院强制执行。但当事人确有经济困难,一时难以缴清罚款的,经申请并由行政机关批准,可以暂缓或者分期缴纳。

　　行政处罚的执行作为实现行政处罚的必要手段,具有非常重要的作用。如何发挥执行的作用,一个重要的条件就是必须要有拥有法定权限的执行主体,即行政强制执行机关。授权哪些机关行使执行权,各国的规定有较大差异。大陆法系国家法律规定作出行政决定的行政机关拥有对自己所作决定的执行权,而英美法系国家的法律却规定行政决定的执行权应由司法机关行使。我国法律目前尚无统一规定,许多法律法规规定行政机关在行政决定难以执行时向法院申请执行,还有一些法律法规规定由行政机关自己执行。

　　为了规范行政处罚的执行,《行政处罚法》确定的行政处罚的执行机关是行政机关和人民法院。行政机关是行使行政管理职权的国家机关,为了维护社会生活秩序,及时打击一些较为严重的违法行为,许多法律法规都赋予某些行政机关执行权。如《企业法人登记管理条例》规定,企业法人对登记主管机关的罚款决定,逾期不提出申诉又不缴纳罚款的,登记主管机关可以按照规定程序通知其开户银行予以划拨。因此,这一规定也就赋予登记主管机关在企业法人不缴纳罚款时的执行权。人民法院也是行政处罚决定的强制执行机关。《行政处罚法》规定,当事人逾期不履行行政处罚决定的,行政机关可以申请人民法院强制执行。人民法院强制执行行政处罚决定的程序与方式,依照《行政诉讼法》的有关规定。

第三篇　行政救济制度

第一章　行政救济制度概述

第一节　行政救济制度概要

一、行政救济的内涵

所谓行政救济，是指行政相对方不服行政主体所作出的行政行为，依法向作出行政行为的行政主体或其上级机关，或法律法规规定的机关提出复议申请，由接受申请的机关对原行政行为依法进行复查并作出裁决；或上级行政机关依职权主动救济；或应行政相对方的赔偿申请，赔偿义务机关予以理赔的法律制度。

这种意义上的行政救济制度，是行政机关的内部监督，是基于行政监督理论而建立的一种监督制度，其任务和目的是通过这种监督纠正违法或不当的行政行为，并给予当事人以相应补救。行政救济制度的主要作用在于：

（1）有利于行政争议的迅速解决，提高行政效率，及时补救行政相对方的合法权益。行政救济的组织、结构、活动原则以及救济程序，相对于司法救济而言，要简便易行得多，行政救济机关可以依据这些优势以及自身专业方面的特长，迅速解决行政争议，既提高了行政效率，又使当事人受侵害的合法权益得到及时救济。

（2）有利于强化行政系统内部的自我监督，及时纠正违法或不当的行政行为。行政救济作为一种行政内部监督，其法律化程度一般都比较强。救济机关运用法律手段，依法律程序对行政主体滥用职权、超越职权，适用法律、法规错误，不遵守法定程序等违法或不当行政行为予以撤销、变更或责令改正。相对于其他监督而言，行政救济要有力得多，对促使行政机关依法行政，树立良好的社会形象，具有更重要和更积极的作用。

行政救济制度包括以下三方面的内容。

（一）行政复议程序

行政复议是行政复议机关对复议申请人不服行政主体作出的行政行为而提起复议申请后，对行政主体作出的原具体行政行为进行审查，并依法裁决的行政行为。行政复议作为一项行政程序法律制度，对行政相对方而言，是一项程序权利，对于行政主体作出的认为侵犯其合法权益的具体行政行为，有权向行政复议机关申请行政复议。对行政主体而言,复议程序是行政行为程序的延续。行政主体在作出影响行政相对方合法权益的具体行政行为时,有义务告知其有申请复议的权利;行政相对方在法定的复议申请期限内申请复议,行政复议机关有义务予以审理并作出复议决定。

(二)行政赔偿程序

作出行政行为的行政主体,即赔偿义务机关。在行政相对方根据《国家赔偿法》认为行政机关及其工作人员的行政行为侵犯其合法权益、造成损害,向赔偿义务机关申请行政赔偿时,赔偿义务机关有义务启动行政赔偿程序,受理赔偿申请,予以理赔。

(三)行政监督检查程序

上级行政机关对下级行政机关的行政行为是否合法正确,可以随时启动监督检查程序。如《行政处罚法》规定,行政机关应当建立健全对行政处罚的监督制度,县级以上人民政府应当加强对行政处罚的监督检查。

二、行政救济制度的历史发展

(一)行政救济制度的历史发展阶段

行政救济作为现代法律制度应当是资产阶级革命时期的产物。资产阶级革命的胜利和资产阶级国家的建立,不仅使行政救济制度的产生具备了经济条件和民主宪政的政治条件,而且其分权理论和法治思想也为行政救济的产生和发展提供了充分的思想条件。那些曾束缚行政救济产生和发展的"国王至上"的观念被冲垮,代之以"主权在民"、"法律面前人人平等"的思想。一般认为行政救济制度的历史发展经历了两个阶段。

1. 初步形成阶段

从资产阶级革命开始到第一次世界大战结束为行政救济制度的初步形成阶段,其发展主要有以下两个特点:

(1)行政救济制度局限于少数几个国家。法国、英国是资产阶级革命较早的国家,一般也被认为是行政救济制度产生较早的国家。早在1790年,法国的制宪会议就禁止普通法院受理行政案件,1799年国家参事院实际上已成为最高行政法院,1889年最高行政法院许多案件的判决标志着法国行政法院制度创设的最终形成。此外,德国、英国等国家相继产生了行政救济制度。总体而言,行政救济制度主要发轫于一些比较先进的资本主义国家。

(2)行政救济的手段和范围比较简单与狭窄。无论是英法,还是德美,虽然其行政救济制度已产生,但都具有许多缺陷,如救济类型主要限于行政复议和行政诉讼,而且复议和诉讼的提起条件严格,范围较为狭窄等,远不如当代的行政复议和行政诉讼制度。行政救济的法律依据,或仅为根本法的原则性规定,或仅为单行法规的零散规定,缺乏统一系统的规范,很不完整。

2. 全面发展阶段

从第一次世界大战结束到现在是行政救济制度的全面发展阶段。在这一阶段,世界各国的行政救济制度有了很大的发展和完善,主要表现在以下两个方面:

(1)行政救济制度建立的普遍性。第一次世界大战结束以后,随着国际交流的加强和民主运动的高涨,行政救济制度迅速在许多国家建立,特别是第二次世界大战以后,不仅资本主义国家建立了行政救济制度,许多新兴的社会主义国家也建立了行政救济制度。

（2）行政救济制度本身的完善性。在这一阶段,行政救济制度发展成有系统法律依据的经常性的法律制度:救济的手段更加多样,不仅行政复议、行政诉讼得到进一步发展,行政赔偿、行政补偿、申诉、请愿等新的手段也得到广泛采用。救济的范围更加全面,不仅针对不法行为造成的侵害,在某些领域合法行为造成的侵害也纳入救济的范围。

（二）我国行政救济的历史发展

新中国成立后,党和国家先后出台一系列有关行政救济的法律法规和政策。1954 年《宪法》第九十七条规定:公民对国家机关工作人员的违法失职行为有提出控告的权利。由于国家机关工作人员侵犯公民权利受到损失的人,有取得赔偿的权利。这是中国历史上第一次在《宪法》中确立国家赔偿的原则。

十一届三中全会后,党和国家引导人民走上经济上改革开放,政治上发扬民主、健全法制的道路。1982 年 12 月 4 日,第五届人大五次会议通过了《中华人民共和国宪法》,即现行宪法,明确规定了公民有提出控告申诉的权利,有获得国家赔偿的权利。

1982 年颁布实施的《中华人民共和国民事诉讼法》（试行）规定,人民法院审理行政案件适用该法的规定,第一次从立法上明确了行政案件所适用的法律规定。

1986 年颁布的《中华人民共和国民法通则》规定,国家机关及其工作人员在执行职务中侵犯公民合法权益造成损害的,应当承担民事责任。该规定是包括行政赔偿在内的国家赔偿制度发展的一个历史标志。以后通过的《中华人民共和国治安管理处罚条例》（现《中华人民共和国治安管理处罚法》）、《中华人民共和国海关法》等法律法规中也涉及行政救济的规定,但操作性都不强。

1989 年通过的《行政诉讼法》,不仅标志着我国独立的行政诉讼制度的建立,而且标志着我国行政救济制度进入了一个新的历史阶段。

1990 年国务院发布的《行政复议条例》是作为行政诉讼救济的配套制度建立起来的,1994 年对《行政复议条例》进行了修改,1999 年全国人大常委会审议通过了《行政复议法》,取代了《行政复议条例》,使我国的行政复议救济制度更加完善。1994 年通过的《中华人民共和国国家赔偿法》（简称《国家赔偿法》）,是我国行政救济制度发展的一个新的历史阶段,这是我国第一次对行政赔偿制度进行全面立法。为配合《国家赔偿法》的贯彻实施,又出台了一些相关的法律解释。

（三）行政救济的发展趋势

行政救济制度的完善与发展,是衡量一个国家民主与否、法制是否健全的重要标准,因此世界各国都非常重视行政救济制度的发展,这也是民主国家的必然要求。从各国的发展状况来看,行政救济的发展呈现以下几个趋势。

1. 救济类型的多样化

世界各国主要采用行政复议、行政诉讼、行政赔偿、行政补偿等方式来构建行政救济制度,但随着社会的发展,行政救济的方式也在不断发生变化,如英国的行政救济方式有向部长申诉、通过议会救济、行政裁判所裁判行政争议、公民向法院请求救济和向行政监察专员申诉,这些救济手段各有自己的作用,它们也各有利弊,可以互相补充。在日本,其行政救济制度主要有行政上的损失补偿制度、行政上的损害赔偿制度、苦情处理、不服申诉和行政诉讼制度。救济类型的多样化,从而使行政相对人寻求保护自己的合法权益的方式越来越多。

2. 救济依据的法典化

随着行政救济制度的发展,世界各国开始以专门的行政救济法典来确立其行政救济制度,一方面使根本法的原则性规定具体化,另一方面又使单行法规的零散规定系统化。如德国、英国、美国、日本、中国等都先后制定了行政复议、行政诉讼、国家赔偿等方面的法典。

3. 救济范围的扩大化

随着社会的高度发展和行政救济制度的完善,传统的救济范围已被突破,合法行政行为、抽象行政行为在一些国家已被有条件地纳入了救济的范围,这是行政权扩张的必然结果,是对行政相对人权利保护的必然要求。

4. 救济标准的合理化

行政救济的标准,在通常情况下可以按照象征性、相应性和惩罚性三种原则确立。象征性救济的补偿程度低于相对人的受损程度,相应性救济的补偿程度相当于相对人的受损程度,惩罚性救济的补偿程度高于相对人的受损程度。随着社会的发展,世界各国的赔偿或补偿标准从最初的象征性标准发展到对行政相对人实际损害的赔偿或补偿,甚至有一些国家还对相对人的精神损失予以赔偿,从而使救济的标准日趋合理化。

第二节 行政救济的特点、途径与功能

一、行政救济的特点

在世界各国,"行政救济"通常都不是法定用语而是学术用语,即行政救济是学者为了论述某类带有共性的问题而选用的带有概括性的学术用语,是指公民、法人或者其他组织在认为行政机关的行政行为侵犯其合法权利时,依法向有权机关申请保护并由有权机关以法定程序排除侵害的各种事后救济手段的总和。行政救济与其他法律制度相比,有以下特点:

(1)行政救济是一种事后救济,是在行政机关对公民、法人和其他组织的行政行为作出后,为保护公民、法人和其他组织的合法权益不受违法或不当的行政行为的侵害设定的救济途径。行政行为未作出前,公民、法人或其他组织不能通过行政救济的途径来保护自己的合法权益。

(2)设立行政救济的目的是对已作出的行政行为进行审查,对违法或不当的行政行为予以变更或撤销,对公民、法人或其他组织的合法权益受到的侵害予以赔偿和补救,以保障行政行为依法正确实施,保护公民、法人或其他组织的合法权益。

(3)公民法人或其他组织只要认为自己受到了行政行为的侵害就可以申请有权机关进行救济。所谓"认为"应是公民、法人或其他组织基于一定的事实根据和法律依据作出的一种主观判断,行政行为是否真的侵害了其合法权益,应由救济机关进行审查后确定。

(4)公民、法人或其他组织要求救济必须向有权机关提出明确的救济申请。对行政行为请求救济是法律赋予公民、法人或其他组织的一项民主权利。如果公民、法人或其他组织只是认为自己受到了行政行为的侵害而没有向有权机关提出救济申请,可视为对救济权利的放弃,救济程序不能主动产生。根据有关法律规定,申请救济一般应为书面申请,申请人应向有权机关递交符合一定要求的书面申请书。

(5)在行政救济程序中,申请人和被申请人的地位是恒定的。只有认为受到行政行为侵害的公民、法人或其他组织才可以作为申请人申请救济,作出行政决定的行政机关总是以被申请人的身份出现。

(6)行政救济制度是法定的救济制度,有严格的程序和时限要求,能够从制度上保障救济的及时和公正,从而保证公民、法人或其他组织的合法权益。

二、行政救济的途径

行政救济的途径是指行政相对人认为其合法权益受到违法或不当的行政行为侵害时,所能够为其选择的补救渠道和方式。

(一)控告申诉

这是一种普遍使用而最不具有制度化特征的方式,是指由作出决定的行政机关或者上级行政机关或者该机关内部专门处理申诉的组织来处理行政争议的一种方式,既包括行政行为作出前的事前控告申诉,也包括行政行为做出后的事后控告申诉。这种方式的优点在于:申诉由作出决定的同一组织在行政机关内部处理,通常没有严格的时间限制和严格的程序要求,解决纠纷的成本较低;缺点在于:缺乏正式的程序和时间限制,处理机关的自由裁量权过大,公民通过此种途径获取救济的权利无法保障。当前我国控告申诉的法律规范主要有《中华人民共和国信访条例》以及各地方、各部门据此制定的相关地方性法规、地方性规章、部门规章等。

(二)行政复议

行政复议是指相对人认为行政机关的行政行为侵犯了其合法权益时,依法向上一级行政机关或其他有权机关提出申请,由上一级行政机关或其他有权机关依法进行重新审理和裁决的活动。如果说控告申诉既包括法律内程序也包括法律外程序的话,行政复议则是纯粹的法律内程序。相对人行使控告申诉权不一定必然引起行政法律关系的产生、变更和消灭,但相对人行使行政复议权则必然引起实体上或程序上行政法律关系的产生、变更和消灭。当前我国行政复议的法律规范主要是《行政复议法》。

(三)行政诉讼

行政诉讼是指相对人认为具体行政行为侵犯了其合法权益时依法起诉到人民法院并由人民法院进行审理和裁判的活动,俗称"民告官"。行政诉讼的特点集中体现了其行政救济的性质。当前我国行政诉讼的法律规范主要是《行政诉讼法》。

(四)行政赔偿

行政赔偿是行政机关及其工作人员违法实施行政行为,给相对人合法权益造成实际损害时,依法由国家承担赔偿责任的制度。当前我国行政赔偿的法律规范主要是《国家赔偿法》。

(五)行政补偿

行政补偿也称行政损失补偿,是行政机关及其工作人员为实现公共利益而行使职权的行为,给特定的公民、法人或其他组织造成损失,或特定的公民、法人或其他组织为维护公共利益而使自己的合法权益受到损失,国家对该损失予以弥补的制度。关于行政补偿,目前还没有统一的法律,其法律依据散见于各种单行法律、法规、规章中,有时还根据政策的规定执行。

三、行政救济的功能

行政救济的功能是指国家设立行政救济制度所希望起到的社会作用。虽然各国受社会政治、经济、文化和风俗等的影响,设立行政救济制度的原因也不完全相同,希望其所发挥的功能也不尽相同,但一种制度一旦设立,其在社会上发挥的作用就有一定的客观性,相同的制度也必然会发挥相同或相似的功能。纵观行政救济的发展过程,其主要功能如下。

(一)权利救济功能

现代权利救济理论认为,"有权利必有救济"、"有救济才有权利"。设立行政救济制度就是为行政相对人的合法权益提供保障机制,使相对人可以通过行政救济规定的途径和手段排除行政行为对自己合法权益的侵害,获得相应的补救,从而达到维护相对人合法权益的目的。

(二)监督制约功能

行政救济是国家有关机关通过审理个别行政案件的形式,监督行政机关依法行使职权。

行政权力的单方性和强制性决定了如果没有相应的监督制度,便很难纠正行政行为的错误,行政权力也将走向腐败。行政救济制度通过对被诉的行政行为的合法性和适当性的审查,实现对行政行为的监督,并通过解决行政纠纷,排除不法行政行为,恢复和弥补受损的合法权益等,从而调动广大群众的积极性,促使其参与到对行政机关的监督中来,实现促使行政机关依法行政的目的。

(三)平衡与协调功能

平衡与协调功能即平衡、协调行政权力与公民权利的功能。行政机关及其工作人员行使行政职权时所实施的行政行为,从根本上讲是为社会公共利益服务的,但在实施过程中,往往受主客观因素的影响,有可能甚至不可避免地会对行政相对人的合法权益造成损害。有时为了维护公共利益和整体利益,不得不采取合法手段有意牺牲某些局部利益或个人利益,使一部分公民、法人或其他组织的合法权益受到损失。这就需要对公共利益和因之受损的个人利益进行适当的调节,平衡社会整体、局部和个人之间的利益关系,从而维护社会稳定。行政救济制度就是在个人、局部和整体之间进行适当的利益调节,尽可能恢复或弥补个人或局部因为整体利益而蒙受的损失,以消除受害者或受损者对社会的不满,从而达到维护社会稳定的目的。这种功能在行政补偿上体现得最为明显。

第二章　行政复议

第一节　行政复议概述

一、行政复议的概念、特点

行政复议是指公民、法人或其他组织不服行政机关的行政行为发生争议,根据行政相对方的申请,由法定的复议机关依法对该行政行为的合法性与适当性进行审查并作出裁决的一种法律制度。它是行政机关内部自行解决行政争议、自我纠正错误的一种行之有效的监督方式,也是行政相对人获得法律救济的重要途径。行政复议有以下主要特点:

(1)行政复议是行政机关解决行政争议的活动。行政复议处理的对象是行政争议,而不是民事争议。所谓行政争议,是指行政机关在行政管理的过程中,行政相对人不服行政机关作出的行政行为而引起的争议。

(2)行政复议是由不服行政行为的公民、法人或其他组织依法申请而启动的,是一种依申请的活动。如果行政相对人不向有权复议的机关提出复议的申请,复议机关不能主动复议。

(3)行政复议是对行政机关行政行为的合法性与合理性进行审查的行为。行政行为必须遵循依法、公正和公开原则作出,否则行政行为就可能违法或失当。在行政复议这种救济方式中,由于复议机关一般是作出行政决定的行政机关的上级行政机关或者是同级人民政府,基于行政领导体制,复议机关能够对作出行政决定的行政机关进行全面的监督。既可以对行政行为的合法性进行监督,也可以对行政行为的合理性进行监督;既可以撤销不合法的行政处理决定,也可以变更不合理的行政决定。

二、行政复议的作用

行政复议的作用是指通过利用行政复议制度,即人们期望利用这种制度在社会生活中所起到的社会效果。

(一)救济作用

行政机关对本部门的业务熟悉,上下级之间具有领导服从关系,当下级机关与行政相对人发生争议后,上级机关能够利用自身的这些长处,迅速查清事实、解决争议,并可以直接查处有违法失职行为的直接责任人员。《行政复议法》规定,行政复议机关履行行政复议职责,不得收取任何费用。公民、法人或者其他组织采取行政复议方法得到救济,比通过行政诉讼获得救济更省钱和省时间。

(二)监督作用

行政复议机关的行政复议权力来源于《地方各级人民代表大会和地方各级人民政府

组织法》第五十九条的规定,即县级以上各级人民政府可以"改变或者撤销所属各工作部门的不适当的命令、指示和下级人民政府的不适当的决定、命令"。通过上级机关对下级机关不适当的决定的撤销或者改变,可以促进上级机关对下级机关的监督,增强行政机关工作人员的法制观念,促进他们依法办事,减少侵害公民、法人或者其他组织的违法的或者不当的行政行为。

三、行政复议的基本原则

行政复议的基本原则是指贯穿于行政复议的全过程和各个方面,具有普遍的指导意义的原则。根据《行政复议法》第四条规定:行政复议机关履行行政复议职责,应当遵循合法、公正、公开、及时、便民的原则,坚持有错必纠,保障法律、法规的正确实施。行政复议的基本原则主要有以下几条。

(一)合法原则

合法原则是指行政复议机关必须严格地按照宪法和法律所规定的职责权限,以事实为根据,以法律为准绳,对行政管理相对方申请复议的具体行政行为,按法定程序进行审查。根据审查的不同情况,依法作出不同的复议决定。具体而言,合法原则包括以下内容:

(1)主体合法。复议机关必须是依法成立并享有法律、法规所赋予的复议权的行政机关。复议机关受理并审理的复议案件,必须是其依法有管辖权的复议案件,不属于其管辖的复议案件无权审理。

(2)依据合法。行政复议机关审理复议案件,必须依照宪法、法律、行政法规、地方性法规等法律依据。行政机关审理民族自治地方的复议案件,还应依照民族自治地方的自治条例和单行条例的规定。此外,行政复议机关所依据的法律规定对于所审理的行政复议案件应该是现行有效的,失去法律效力的法律规范不能作为行政复议的依据。

(3)程序合法。《行政复议法》和有关法律、法规规定了具体的复议程序,行政复议机关审理复议案件应当严格地按照法定程序进行,即必须严格依照法律法规规定的步骤、形式、时限等进行复议活动。

(二)公正原则

依法办事、合情合理是行政复议机关依法进行行政复议活动必须达到的最起码的要求,也就是说,行政复议活动应当具有公正性。公正原则要求复议机关在行使复议权时,应站在公正的立场上,用一个标准对待双方当事人,不偏不倚;在认定事实、适用法律时要正确无误,不主观臆断,不徇私舞弊。如果行政复议活动不具有公正性,行政复议机关与被申请人之间"官官相护",那么通过行政机关内部的行政复议活动来监督行政机关依法行政的制度就会失去存在的意义。因此,公正原则主要包括以下方面的内容:

(1)行政复议机关在处理行政复议案件时,必须充分考虑申请人与被申请人两方面的合法权益,不偏袒任何一方,严格依法办事,不拿原则做交易。对申请人正当合法的权利坚决给予保护,对其不合理的要求要依法予以驳回。

(2)对被申请人的违法或者是不当的行为或决定必须严格地按照法律、法规的要求处理,做到不庇护和放纵违法行为,同时,对被申请人作出的合理的行为和决定应依法坚决予以维护。

(三)公开原则

公开原则是指复议案件的受理、审查、审理、决定等一切活动,都应当尽可能地向当事人及社会公开,以便社会了解行政复议活动的具体过程。只有行政复议活动公开,才能便于公民、法人和其他组织依法有效地监督行政复议机关的行政复议活动;只有行政复议活动公开,才能保障行政复议机关在处理行政复议案件时依法办事,对接受审查的具体行政行为和有关行政机关的决定做到不枉不纵。公开原则要求:

(1)复议过程公开。复议机关应尽可能听取当事人的意见,通过告知、说明理由等,使他们更多地介入到行政复议过程中。

(2)案件材料公开。当事人要求查阅案卷材料的,涉及国家秘密、商业机密和个人隐私的除外,行政复议机关不得拒绝。

(3)复议结果公开。复议机关作出复议决定后,应当制作行政复议决定书,并送达当事人,使当事人了解复议的结论、理由、依据等。

(四)及时原则

及时原则是指行政复议机关应当在法律规定的期限内,尽快完成对复议案件的审查,作出相应的决定。及时原则要求:

(1)受理复议申请应及时。行政机关收到行政相对方的复议申请书后,应当及时对复议申请书进行审查,从而作出是否受理的决定。

(2)审理复议案件的各项工作应抓紧进行。行政复议机关受理复议案件后,应当抓紧时间调查、取证和收集材料,不得拖延。对收集到的各种材料、证据应尽快分析,并根据情况,及时决定是采取书面审理还是其他的审理方式。

(3)作出复议决定应及时。通过审理复议案件,了解案件情况后,行政复议机关应当迅速拟定复议决定并报复议机关法定代表人,复议机关法定代表人须即时审批签发,交付施行。

(4)对复议当事人不履行复议裁决的情况,行政复议机关应当及时处理。对行政相对方不起诉又不履行行政复议决定的,起诉期限届满后,复议机关应依法强制执行或者申请人民法院强制执行。对作出具体行政行为的行政机关不履行复议决定的,复议机关应当责令履行,并追究或建议追究有关人员的行政法律责任。

(五)便民原则

便民原则是指行政复议应当考虑如何使行政相对方行使复议申请权更加便利,即在尽量节省费用、时间、精力的情况下,保证公民、法人或其他组织充分行使行政复议申请权。为此,行政复议机关应当尽可能为复议申请人提供便利条件,如复议申请人无能力书写复议申请书,复议工作人员应当把复议申请人的口述记录下来,请复议申请人签名,形成书面复议申请材料。在能够通过书面审理解决问题的情况下,尽量不采用其他方式审理行政复议案件,避免让复议当事人不必要地耗费时间、财力和精力。

(六)其他原则

行政复议除要遵循上述基本原则外,还应当遵循以下一些原则。

1. 或议或诉原则

这一原则有两个含义:第一,在发生行政争议后,通过行政复议还是行政诉讼获得救济由相对人选择,除非法律另有特别规定,任何国家机关、社会组织和个人都无权干涉。第二,这里的"法律另有特别规定"包括两种情况:一是法律规定复议作为诉讼的前置程序的,在提起行政诉讼前必须首先申请行政复议。二是法律规定虽然相对人可以选择复议或诉讼,但是一旦选择了复议,则复议决定是最后的裁决;如果相对人选择了诉讼,则诉讼裁判是最后的裁决。以上两种情况都是或议或诉原则的例外。

2. 复议不加责原则

复议不加责原则指在最后作出复议决定时一般不能加重申请人的法律责任。它突出体现了行政复议的权利救济性质。设定这一原则的目的就是打消申请人的顾虑,大胆行使救济权利。但是,这一原则也有例外,即当申请人的相对方当事人也同时提出复议申请时不受该原则的限制。例如,在张某殴打李某的案件中,公安机关对张某处5日治安拘留。张某认为太重,提出复议申请,同时,李某认为对张某处罚太轻也提出复议申请。此时,复议机关在最后作出复议决定时就不受复议不加责原则的限制。因为复议机关不仅要考虑张某的权益保障,还要考虑李某的权益保障,必须使各方利益达到最佳平衡。

3. 复议期间不停止具体行政行为的执行原则

既然具体行政行为一经作出并送达就立即生效,那么对于生效的行政决定就应当执行。除非这一决定违背法律的特别规定或者一旦执行会造成难以弥补的损失,使行政复议的审理在实际上变得毫无意义。所以,在复议期间具体行政行为通常是不停止执行的。但是,有下列情形之一的,可以停止执行:

(1)被申请人认为需要停止执行的;

(2)行政复议机关认为需要停止执行的;

(3)申请人申请停止执行,行政复议机关认为其要求合理,决定停止执行的;

(4)法律规定停止执行的。

4. 一级复议原则

一级复议原则即公民、法人或其他组织对行政机关的行政处理决定不服可以申请复议,但对复议决定不服的不得再向复议机关的上一级机关申请复议。实行一级复议原则主要是因为行政复议本身就是第二次行政处理,如果相对人仍然不服,一般情况下还可以寻求司法救济途径。所以,考虑到行政成本的投入和行政效率的要求,一级复议是行政复议最佳的选择。

5. 不适用调解原则

调解是以争议双方当事人有权在法律规定的范围内处分自己的权利为基础的。在行政法律关系中,行政机关依法行使行政管理权是一种权力,也是一种义务,必须忠实地履行自己的职责,依法行政。对法律赋予的行政权无权进行随意处分,否则就是失职,要承担相应的法律责任。既然行政机关无权随意处分其行政权,在行政复议中适用调解就失去了基础。

上述这些原则是设立行政复议制度的基础,一切制度设计都不能违背这几项原则的基本要求,同时这些基本要求应当完整地反映在行政复议的具体规定之中。只有这样,这些原则才能发挥实际的作用。

第二节　行政复议参加人

根据《行政复议法》规定,行政复议的参加人是指行政争议的当事人和与行政争议有利害关系的人,包括行政复议申请人、被申请人和第三人。

一、行政复议的申请人

行政复议的申请人是指认为行政机关的行政行为侵犯其合法权益,并以自己的名义提出复议申请的公民、法人或其他组织。通常情况下,作为行政复议申请人,必须具备以下条件:

(1)复议申请人必须是行政管理相对一方的公民、法人或其他组织。

(2)复议申请人必须是认为具体行政行为侵犯自己合法权益的公民、法人或其他组织。如果具体行政行为不是侵犯了自己的合法权益,而是侵犯了他人的合法权益,则其不能成为复议申请人。

(3)复议申请人必须具有申请复议的行为能力。申请行政复议的行为能力,是指申请人能够以自己的行为,行使复议的权利、履行复议的义务的能力。简单地说,就是能够亲自进行复议活动的能力。认为其合法权益受行政行为侵害而无相应申请复议行为能力的公民、法人或其他组织,其复议申请资格发生转移。根据《行政复议法》第十条第二款的规定,具体包括以下情形:

①有权申请行政复议的公民为无民事行为能力或者限制民事行为能力人的,其法定代理人可以代为申请行政复议。

②有权申请行政复议的公民死亡的,其近亲属可以申请行政复议。根据有关法律规定,这里的"近亲属"是指公民的父母、配偶、成年子女、兄弟姐妹。近亲属申请复议的,以自己的名义进行。

③有权申请行政复议的法人或其他组织终止的,承受其权利的法人或其他组织可以申请行政复议。法人或其他组织终止,是指法人或其他组织自身的消灭或变更。法人或其他组织的消灭是指法人或其他组织的法律资格归于消灭,其权利包括申请行政复议的权利,应由法律规定的有关组织承受。法人或其他组织的变更是指原有意义上的法人或其他组织虽已终止,但又以新的法人或其他组织形式出现,并与原法人或其他组织之间在法律上具有继承关系。法人分离或合并是其主要的变更形式。法人或其他组织发生变更,由承受其权利义务的组织行使复议申请权。

二、行政复议的被申请人

行政复议的被申请人是指被申请人指控其具体行政行为侵犯其合法权益而由复议机关通知参加行政复议的行政机关。被申请人是任何一个复议案件都不可缺少的复议参加人。如果没有被申请人,或被申请人不明确,复议机关就无法进行复议。因此,申请人在提出行政复议申请时必须指明实施侵犯其合法权益的行政机关。

在行政复议中,被申请人只能是行使行政职权的行政机关。根据《行政复议法》的有关规定,行政复议的被申请人有以下几种:

(1)公民、法人或其他组织对行政机关的具体行政行为不服申请复议的,该行政机关为被申请人。

(2)法律法规授权的组织作出具体行政行为的,该组织是被申请人。

(3)行政机关委托的组织作出具体行政行为的,委托的行政机关为被申请人。

(4)几个行政机关共同作出具体行政行为的,共同作出处理决定的机关为共同被申请人。

(5)作出具体行政行为的行政机关被撤销的,继续行使其职权的机关为被申请人。

三、行政复议的第三人

复议第三人,就是与申请复议的行政行为有利害关系,为维护自己的合法权益而参加复议,在申请人与被申请人以外的其他公民、法人或其他组织。成为行政复议的第三人必须具备以下条件:

(1)参加行政复议是基于行政法律关系,即与被诉具体行政行为有利害关系。

(2)以自己名义,为了维护自己的合法权益而参加复议。

(3)必须在复议开始后到终结前的过程中,经复议机关批准参加。

在实践中,行政复议第三人通常有以下几种情况:

(1)在行政处罚案件中,被处罚人和被侵害人中任一方申请复议的,则另一方可以成为第三人。

(2)在行政处罚案件中,共同被处罚人中一部分被处罚人申请复议,则另一部分被处罚人可以成为第三人。

(3)在行政裁决案件中,被裁决民事纠纷中一方当事人是申请人,另一方当事人可以成为第三人。

(4)在行政确权案件中,被驳回请求的人申请复议,被授予权利的人或者其他被驳回请求的人可以作为第三人。

(5)两个或两个以上行政机关就同一事实作出相互矛盾的具体行政行为,行政相对人对其中一个行政机关的具体行政行为提出复议申请的,其他行政机关可以成为第三人。

第三节　行政复议的受案范围与管辖

一、行政复议的受案范围

行政复议受案范围,是指行政复议机关可以受理的行政争议案件的范围。从行政管理相对人的角度来看,就是行政相对人认为行政机关作出的行政行为侵犯其合法权利,依法可以向行政复议机关提出行政复议请求的界限。

根据《行政复议法》的规定,我国行政复议的受案范围如下。

（一）可申请复议的行政行为

1. 可申请复议的具体行政行为

《行政复议法》第六条根据行政争议的标的不同，将行政复议所审查的行政争议案件分为若干种类，具体内容包括：

（1）对行政机关作出的警告、罚款、没收违法所得、没收非法财物、责令停产停业、暂扣或者吊销许可证、暂扣或者吊销执照、行政拘留等行政处罚决定不服的。这里行政争议的焦点是行政机关的行政处罚行为。

（2）对行政机关作出的限制人身自由或者查封、扣押、冻结财产等行政强制措施决定不服的。这里的行政强制措施包括了两个方面的行政强制措施：一是限制人身自由的强制措施，二是对财产的行政强制措施。

（3）对行政机关作出的有关许可证、执照、资质证、资格证等证书变更、中止、撤销的决定不服的。

（4）对行政机关作出的关于确认土地、矿藏、水流、森林、山岭、草原、荒地、滩涂、海域等自然资源的所有权或者使用权的决定不服的。

（5）认为行政机关侵犯合法的经营自主权的。

（6）认为行政机关变更或者废止农业承包合同，侵犯其合法权益的。

（7）认为行政机关违法集资、征收财物、摊派费用或者违法要求履行其他义务的。

（8）认为符合法定条件，申请行政机关颁发许可证、执照、资质证、资格证等证书，或者申请行政机关审批、登记有关事项，行政机关没有依法办理的。

（9）申请行政机关履行保护人身权利、财产权利、受教育权利的法定职责，行政机关没有依法履行的。

（10）申请行政机关依法发放抚恤金、社会保险金或者最低生活保障费，行政机关没有依法发放的。

（11）认为行政机关的其他具体行政行为侵犯其合法权益的。

2. 可申请复议的部分抽象行政行为

这是《行政复议法》规定的一个巨大进步，开辟了对抽象行政行为进行审查的先河，极大增强了对公民、法人或其他组织的保护力度。根据《行政复议法》第七条的规定，公民、法人或者其他组织认为行政机关的具体行政行为所依据的下列规定不合法，在对具体行政行为申请行政复议时，可以一并向行政复议机关提出对该规定的审查申请：①国务院部门的规定；②县级以上地方各级人民政府及其工作部门的规定；③乡、镇人民政府的规定。这里所列规定不含国务院部委规章和地方人民政府规章。规章的审查依照法律、行政法规办理。

（二）行政复议的排除范围

行政复议的排除是指法律规定哪些行为相对人不能向上级机关申请行政复议，而只能通过其他途径予以解决。根据《行政复议法》的规定，对下列事项不能申请行政复议：

（1）内部行政行为。《行政复议法》第八条第一款规定：不服行政机关作出的行政处分或者其他人事处理决定的，依照有关法律、行政法规的规定提出申诉。

（2）行政调解行为。《行政复议法》第八条第二款规定：不服行政机关对民事纠纷作出的调解或者其他处理,依法申请仲裁或者向人民法院提起诉讼。

（3）行政法规和规章。《行政复议法》明确把制定其他规范性文件的行为纳入行政复议的范围之内，而把行政法规、规章等行政立法行为排除在行政复议审查之外。对行政法规、规章，不可申请行政复议，只能由有关国家机关依照法律、行政法规的有关规定办理。

二、行政复议机关及机构

(一)行政复议机关

行政复议机关是指依照法律的规定有权受理行政复议申请,对被申请的具体行政行为,进行审查并作出裁决的行政机关。行政复议机关主要有两类。

1. 人民政府

具体包括:

（1）行政机关所属的人民政府。如《行政复议法》第十二条规定,对县级以上地方各级人民政府工作部门的具体行政行为不服的,申请人可以选择本级人民政府作为行政复议机关。

（2）上级人民政府。如《行政复议法》第十三条规定,对地方各级人民政府的具体行政行为不服的,上一级地方人民政府作为行政复议机关。

（3）设立派出机关的人民政府。《行政复议法》第十五条规定,对县级以上地方人民政府依法设立的派出机关的具体行政行为不服的,设立该派出机关的人民政府作为行政复议机关。

2. 人民政府所属工作部门

具体包括:

（1）上一级行政主管部门。如《行政复议法》第十二条规定,对县级以上地方各级人民政府工作部门的具体行政行为不服的,申请人可以选择,既可以向本级人民政府申请复议,也可以向上一级主管部门申请复议。

（2）作出被申请的具体行政行为的行政机关。如对国务院部门或者省、自治区、直辖市人民政府的具体行政行为不服的,向作出该具体行政行为的国务院部门或者省、自治区、直辖市人民政府申请行政复议。

（3）直接分管法律、法规授权组织的行政机关。如对法律、法规授权的组织的具体行政行为不服的,分别向直接管理该组织的地方人民政府、地方人民政府工作部门或者国务院部门申请行政复议。

(二)行政复议机构

行政复议机构是指行政复议机关内部设立的专门办理行政复议事项的工作机构。行政复议机构本身不是一级行政机关,不具有独立资格,复议案件只能以行政复议机关的名义进行。

根据《行政复议法》的规定,行政复议机关中负责法制工作的机构为行政复议机构,行政复议机构的职责主要有:

（1）受理行政复议申请;

（2）向有关组织和人员调查取证，查阅文件和资料；

（3）审查申请行政复议的具体行政行为是否合法与适当，拟定行政复议决定；

（4）处理或者转送对《行政复议法》第七条所列有关规定的审查申请；

（5）对行政机关违反《行政复议法》规定的行为依照规定的权限和程序提出处理建议；

（6）办理因不服行政复议决定提起行政诉讼的应诉事项；

（7）法律、法规规定的其他职责。

三、行政复议的管辖

行政复议的管辖是指各行政复议机关在受理行政复议案件上的具体分工。根据《行政复议法》的规定，行政复议的管辖主要有以下几种情形：

（1）对县级以上地方各级人民政府工作部门的具体行政行为不服的，由申请人选择，可以向该部门的本级人民政府申请行政复议，也可以向上一级主管部门申请行政复议。

对海关、金融、国税、外汇管理等实行垂直领导的行政机关和国家安全机关的具体行政行为不服的，向上一级主管部门申请行政复议。

（2）对地方各级人民政府的具体行政行为不服的，向上一级地方人民政府申请行政复议。

对省、自治区人民政府依法设立的派出机关所属的县级地方人民政府的具体行政行为不服的，向该派出机关申请行政复议。

（3）对国务院部门或者省、自治区、直辖市人民政府的具体行政行为不服的，向国务院部门或者省、自治区、直辖市人民政府申请行政复议。

（4）对县级以上地方人民政府依法设立的派出机关的具体行政行为不服的，向设立该派出机关的人民政府申请复议。

（5）对政府工作部门依法设立的派出机构依照法律、法规或者规章规定，以自己的名义作出的具体行政行为不服的，向设立该派出机构的部门或者该部门的本级地方人民政府申请行政复议。

（6）对法律、法规授权的组织的具体行政行为不服的，分别向直接管理该组织的地方人民政府、地方人民政府工作部门或者国务院部门申请行政复议。

（7）对两个或者两个以上行政机关以共同的名义作出的具体行政行为不服的，向其共同上一级行政机关申请行政复议。

（8）对被撤销的行政机关在撤销前所作出的具体行政行为不服的，向继续行使其职权的行政机关的上一级行政机关申请行政复议。

第四节　行政复议的程序

行政复议的程序是指申请人向复议机关提出申请及复议机关审理案件的步骤、方式、顺序和时限。具体来说分为申请、受理、审理、决定和执行五个阶段。

一、申请

(一)申请复议的条件

根据《行政复议法》的规定,行政相对人对行政行为不服的,可以申请行政复议。具体而言,申请复议必须符合法定条件,主要包括:

(1)复议申请人必须具有相应主体资格;

(2)有明确的复议被申请人;

(3)有具体的复议请求和事实根据;

(4)属于受理复议机关的管辖范围;

(5)必须符合法定的申请期限。

另外,《行政复议法》第十六条第一款规定:公民、法人或者其他组织申请行政复议,行政复议机关已经依法受理的,或者法律、法规规定应当先向行政复议机关申请行政复议,对行政复议决定不服再向人民法院提起行政诉讼的,在法定行政复议期限内不得向人民法院提起行政诉讼。上述规定确立行政复议优先、不得提起行政诉讼的情形。第二款规定:公民、法人或者其他组织向人民法院提起行政诉讼,人民法院已经依法受理的,不得申请行政复议。

(二)申请复议的期限

申请人对行政行为申请复议,必须在法定的申请期限内提出。《行政复议法》第九条规定:公民、法人或其他组织认为具体行政行为侵犯其合法权益的,可以自知道该具体行政行为之日起 60 日内提出行政复议申请;但是法律规定的申请期限超过 60 日的除外。根据上述规定,申请行政复议的法定期限为 60 日,如果法律规定申请期限在 60 日以上的,从其规定,如果法律规定少于 60 日的,要按 60 日执行。

"因不可抗力或者其他正当理由耽误法定申请期限的,申请期限自障碍消除之日起继续计算。"这里的"不可抗力"是指不能预见、不能避免并不能克服的客观事实,如地震、火灾等。"其他正当理由"是指申请人因严重疾病不能在法定申请期限内申请行政复议的;申请人为无行为能力人或者限制行为能力人,其法定代理人在法定申请期限内不能确定的;法人或其他组织合并、分立或者终止,承受其权利的法人或者其他组织在法定申请期限内不能确定的;行政复议机构认定的其他耽误法定申请期限的正当理由。

(三)申请复议的方式

申请行政复议,可以书面申请,也可以口头申请。书面申请的,应当提交"行政复议申请书";口头申请的,行政复议机关应当当场记录申请人的基本情况、行政复议请求,申请行政复议的主要事实、理由和时间,经申请人核对或向申请人宣读并确认无误后,由申请人签名或按指印。

二、受理

行政复议机关收到行政复议申请后,应当对该申请是否符合下列条件进行初步审查:

(1)提出申请的公民、法人或其他组织是否具备申请人资格;

(2)是否有明确的被申请人和行政复议请求;

（3）是否超过行政复议期限；

（4）是否属于本机关受理。

行政复议机关审查后，应当在 5 日内分别作出如下处理：

（1）符合《行政复议法》规定的，予以受理；

（2）不符合《行政复议法》规定的，决定不予受理，并制发"行政复议申请不予受理决定书"；

（3）符合《行政复议法》规定，但不属于本机关受理的，应当告知申请人向有权受理的行政复议机关提出。

行政复议机关因行政复议申请的受理发生争议，争议双方应当协商解决。协商不成的，由争议双方的共同上一级机关指定受理。

申请人依法提出行政复议申请，行政复议机关无正当理由拖延或者拒绝受理的，上级机关应当责令其受理。上级机关认为责令下级机关受理行政复议申请不利于合法、公正处理的，上级机关可以直接受理。

三、审理

行政复议机关对已受理的行政复议案件进行审理，是行政复议程序的中心环节，其主要任务是审阅案卷材料，核对证据，审查案件事实和法律问题，为正确裁决奠定基础。

（一）审查内容

行政复议机构对行政行为进行全面审查。不仅审查行政行为的合法性，也审查其合理性；不仅审查行政行为，还审查行政行为所依据的国务院部门的规定、县级以上地方各级人民政府及其工作部门的规定以及乡镇人民政府的规定。

行政复议机构对于被申请人作出的具体行政行为应从以下几个方面进行审查：

（1）主要事实是否清楚，证据是否确凿；

（2）适用依据是否正确；

（3）是否符合法定程序；

（4）是否存在明显不当；

（5）是否超越或滥用职权；

（6）是否属于不履行法定职责。

行政复议机构对上述事项进行审查的同时，应当对下列事项进行审查：

（1）具体行政行为是否应当停止执行；

（2）是否需要通知第三人参加行政复议；

（3）是否需要提交行政复议机关集体讨论；

（4）是否需要当面听取当事人的意见。

（二）审查方式

行政复议原则上采取书面审查的办法，但申请人提出要求或者行政复议机构认为有必要时，可以向有关组织和人员调查情况，听取申请人、被申请人和第三人的意见。我国行政复议制度实行书面审查为原则，口头审查为例外的方式。

书面审查是指行政复议机关在审查行政复议请求时，只审查案件的书面材料，不去调查、搜集证据、传唤证人等。实行书面审查,行政复议的申请人不必亲自去行政复议机关陈述情况,可以通过书信、传真等方式提起行政复议请求,将有关的请求及证据和其他材料全部附上。这样,可以免除公民、法人或其他组织的舟车劳累,减少支出;也有利于行政机关节省时间,更迅速地处理案件。但书面审查对材料的依赖性较强,要求较高。有时仅靠书面材料,行政复议机关难以作出决定。

为了更好地查清案件真实情况,依法适用法律规范,保证行政复议决定的合法和合理,在特定情况下,行政复议机关可以采用其他方式,主要是向有关组织和人员进行调查,听取申请人、被申请人或第三人的意见。这里的特定情况,主要指以下几种情形:

(1)当事人要求当面听取意见的;

(2)案情复杂,需要当事人当面说明情况的:

(3)涉及行政赔偿的:

(4)其他需要当面听取意见的情形。

之所以如此,是因为行政复议行为是一种行政行为,必须遵循效率、便民、及时原则,不可能完全适用法院审理案件的司法程序和方式。

(三)审查期限

行政复议机关审查行政案件,应在法定的期限内作出复议决定。根据《行政复议法》的规定,复议机关应当自受理复议申请之日起60日内作出复议决定,但法律规定少于60日的除外。情况复杂,不能在规定的期限内作出复议决定的,经行政复议机关负责人批准,可以适当延长,并告知申请人和被申请人,但是延长期限最多不得超过30日。根据上述立法精神,对于审查期限,法律规定少于60日的按照有关法律规定执行,法律规定超过60日的以《行政复议法》规定的60日为准。

(四)复议申请的撤回

复议申请的撤回是当事人的基本权利,只要理由正当,对申请人撤回复议申请的要求,复议机关应当准许。复议申请撤回后,行政复议的程序终止。申请人撤回行政复议申请后,若以同一事实和理由重新提出行政复议申请,行政复议机关不予受理。但有下列情形之一的,不允许申请人撤回行政复议申请:

(1)撤回行政复议申请可能损害国家利益、公共利益或者他人合法权益的;

(2)撤回行政复议申请不是出于申请人自愿的;

(3)其他不允许撤回行政复议申请的情形。

(五)行政复议的中止

行政复议期间,有下列情形之一的,行政复议中止:

(1)申请人或第三人死亡,需要等待其近亲属参加行政复议的;

(2)申请人或第三人丧失行为能力,其代理人尚未确定的;

(3)作为申请人的法人或其他组织终止后,其权利承继尚未确定的;

(4)申请人因行政机关(主要是公安机关)作出具体行政行为的同一违法事实,被采取刑事强制措施的;

(5)申请人、被申请人或第三人因不可抗力或其他正当理由,不能参加行政复议的;

(6)需要等待鉴定结论的;

(7)案件涉及法律适用问题,需要请有关机关作出解释或者确认的。

行政复议中止的,行政复议机关应当制作"行政复议中止决定书",送达申请人、被申请人和第三人。行政复议中止的原因消除后,应当及时恢复行政复议。

(六)行政复议的终止

行政复议期间,有下列情形之一的,行政复议应当终止:

(1)被申请人撤销其作出的具体行政行为,且申请人依法撤回行政复议申请的;

(2)受理行政复议申请后,发现该申请不符合《行政复议法》规定的;

(3)申请行政复议的公民死亡而且没有近亲属,或者近亲属自愿放弃申请行政复议的;

(4)申请行政复议的法人或者其他组织终止后,没有承继其权利的法人或其他组织,或者承继其权利的法人或其他组织放弃申请行政复议的;

(5)申请人因行政机关作出具体行政行为的同一违法事实被判处刑罚的。

行政复议终止的,行政复议机关应当制作"行政复议终止通知书",送达申请人、被申请人和第三人。

四、决定

行政复议决定,是指行政复议机关在对具体行政行为的合法性和适当性进行审查的基础上所作出的审查结论,行政复议决定的内容以行政复议决定书的形式表现出来。行政复议决定的形成标志着行政复议机关对行政争议案件的处理终结。

(一)行政复议决定的种类

通过对行政机关行政行为是否合法、合理的审查,行政复议机关根据不同情况,分别作出复议决定。

1. 维持原行政决定

行政机关作出的行政决定具备以下几个条件的,作出维持的决定。一是认定的事实清楚,证据确凿;二是适用依据正确;三是符合法定程序;四是行政决定的内容客观、适当。

2. 决定撤销、变更或者确认该行政行为违法

决定撤销、变更或者确认该行政行为违法的,可以责令被申请人在一定的期限内重新作出。

有下列情形之一的,行政复议机关可以作出撤销、变更或者确认该行政行为违法的决定:

(1)主要事实不清,证据不足的。

(2)适用依据错误的。有下列情形之一的,应当认定该行为适用依据错误:一是适用的依据已经失效、废止的;二是适用的依据尚未生效的;三是适用的依据不当的;四是其他适用依据错误的情形。

(3)违反法定程序的。有下列情形之一的,应当认定该行政行为违反法定程序:一是依法应当回避而未回避的;二是在作出行政决定之前,没有依法履行告知义务的;三是拒绝听取当事人陈述、申辩的;四是应当听证而未听证的;五是其他违反法律、法规、规章规定程序的情形。

（4）超越或者滥用职权的。有下列情形之一的，可以认定该行为超越职权：一是超越地域管辖范围的；二是超越执法权限的；三是其他超越职权的情形。被申请人在法定职权范围内故意作出不适当的行政决定，侵犯申请人合法权益的，可以认定该行政行为滥用职权。

（5）行政处罚明显不当的。

上述五种情形，是复议机关撤销、变更行政行为的主要理由。此外，根据《行政复议法》的规定，被申请人在收到申请书副本或者申请笔录复印件起10日内，没有提出书面答复，也没有提交当初作出行政行为的证据、依据和其他有关材料的，视为该行政行为没有证据、依据，复议机关应当决定撤销该行政行为。

3. 决定赔偿损失

申请人在申请行政复议时一并提出行政赔偿请求，行政复议机关认为符合《国家赔偿法》的有关规定，应当给予赔偿的，在决定撤销、变更该行政行为或确认该行为违法时，应当同时决定被申请人依法给予赔偿。

申请人在申请行政复议时没有提出行政赔偿请求的，行政复议机关在依法决定撤销或变更罚款、没收财物等处罚行为时，应当同时责令被申请人返还财产或者赔偿相应的价款。

4. 决定被申请人在一定期限内履行法定职责

有下列情形之一的，应当决定被申请人在一定期限内履行法定职责：

（1）属于被申请人的法定职责，被申请人明确表示拒绝履行或者不予答复的；

（2）属于被申请人的法定职责，并有法定履行时限，被申请人逾期未履行或未予答复的。

对没有规定法定履行期限的，行政复议机关可以根据案件的具体情况和履行的实际可能确定履行的期限或者责令其采取相应措施。

（二）行政复议决定的依据

人民法院审理行政案件，以法律、行政法规和地方性法规为依据，同时参照规章。行政复议应当以什么为依据呢？《行政复议法》对此没有作出明确规定。由于行政复议机关在审查具体行政行为时具有法律监督作用，因此行政复议机关在审查具体行政行为的合法性时就不能简单地引用具体行政行为所赖以作出的法律依据。具体行政行为作出的法律依据可能涉及法律、行政法规、地方性法规、规章以及上级行政机关依法制定和发布的具有普遍约束力的决定、命令，而从依法行政的角度来看，具体行政行为所赖以作出的法律依据也应当具有合法性。因此，根据行政复议机关的法定职权，《行政复议法》规定了对具体行政行为所赖以作出的行政机关发布的决定也可以在对具体行政行为提起行政复议时一并提起审查。这一规定显然就排除了行政机关发布的决定可以当然地成为行政复议机关审理行政复议案件的法律依据。但是，《行政复议法》也没有否定行政复议机关审理行政复议案件可以引用行政机关发布的决定，这就意味着在某些情况下，行政复议机关仍可以引用不与法律、法规相抵触的行政机关发布的决定来审理行政复议案件。规章作为行政复议机关审理行政复议案件的法律依据，在不与法律法规相抵触的情况下也是可以的。

(三)行政复议决定书

行政复议机关在对行政争议案件作出决定后,应当制作"行政复议决定书",一般应当载明下列事项:

(1)申请人、第三人及其代理人的姓名、性别、年龄、职业、住址,法人或其他组织的名称、地址,法定代表人或主要负责人的姓名;

(2)被申请人的名称、地址,法定代表人的姓名、职务;

(3)申请复议的主要请求;

(4)申请人提出的事实和理由;

(5)被申请人答复的事实和理由;

(6)行政复议机关认定的事实、理由,适用的法律依据;

(7)行政复议结论;

(8)不服复议决定向人民法院起诉的期限,或者终局的复议决定的履行期限;

(9)作出复议决定的日期。

此外,《行政复议法》第三十一条第二款规定,复议决定书应由复议机关制作,加盖复议机关的印章。

(四)行政复议决定的送达

根据《行政复议法》第四十条的规定,行政复议文书的送达,依照民事诉讼法关于送达的规定执行。行政复议决定书的送达分四种形式:直接送达、留置送达、邮寄送达和公告送达。

五、执行

行政复议的执行包括被申请人对行政复议决定的执行和申请人对行政复议决定的执行。

(一)被申请人不履行行政复议决定的处理

《行政复议法》第三十二条规定,被申请人应当履行行政复议决定。被申请人不履行或无正当理由拖延履行行政复议决定的,行政复议机关或者有关上级行政机关应当责令其限期履行。

(二)申请人不履行行政复议决定的处理

申请人对行政复议决定的履行包括对终局的行政复议决定的履行和非终局的行政复议决定的履行。根据《行政复议法》第三十三条规定,申请人逾期不起诉又不履行行政复议决定的,或者对最终裁决的行政复议决定逾期不履行的,按照下列规定分别处理:

(1)维持该行政行为的行政复议决定,由作出行政行为的行政机关依法强制执行,或者申请人民法院强制执行。

(2)变更该行政行为的行政复议决定,由行政复议机关依法强制执行,或者申请人民法院强制执行。

第三章　行政诉讼

第一节　行政诉讼概述

一、行政诉讼的概念

行政诉讼是指行政管理相对人即公民、法人或其他组织认为作为行政主体的行政机关或法律法规授权的组织所实施的具体行政行为侵犯其合法权益，依法向人民法院起诉，人民法院在双方当事人和其他诉讼参与人的参与下，对被诉行为的合法性、适当性进行审查，并依法作出裁决等司法活动的总和，是解决行政争议的重要法律制度。行政诉讼具体包括以下含义。

（一）行政诉讼是解决行政争议的活动

行政诉讼是以行政争议为诉讼客体的，这是行政诉讼区别于民事诉讼和刑事诉讼的基本特征。所谓行政争议，是指行政法律关系双方当事人之间的争议，通常是在行政管理相对人和行政主体之间因行政管理产生的外部行政争议。行政主体与其构成单位或工作人员之间的内部行政争议在我国不通过行政诉讼途径解决，不属行政诉讼的范畴。

行政争议的存在是行政诉讼的前提，没有相对人对行政主体具体行政行为的不服和向人民法院提起异议，就不可能发生行政诉讼。行政诉讼的整个过程都是围绕解决行政争议进行的。从原告起诉、被告应诉、人民法院开庭审理，到人民法院作出判决裁定，以及对判决裁定的执行，是行政争议进入法院和法院解决争议的过程。行政争议的起因是被告作出的具体行政行为，行政争议的产生始于原告提出具体行政行为侵犯其合法权益，行政争议的解决是人民法院审查和确认具体行政行为是否合法。对于合法的具体行政行为，即使原告认为造成了对他的权益的不利影响，人民法院也予以维持；只有对于违法的具体行政行为，且侵犯了原告的合法权益，人民法院才予以撤销，给予原告以相应的救济。民事诉讼的情况却不是这样：民事争议的起因可以是双方当事人任一方的行为或某种法律事实，法院解决民事争议通常要审查原被告双方的行为，或双方争议的某种法律事实，而不是仅审查被告的行为，更不是仅限于审查被告行为的合法性。

（二）行政诉讼以人民法院为主持人和裁判人，并运用国家审判权解决行政争议

行政诉讼的主持人和裁判人是人民法院，这是行政诉讼区别于行政复议的基本特征。行政诉讼虽然和行政复议一样，同是解决行政争议的制度，但它们属于解决行政争议的两个不同阶段，虽然两者并不完全衔接，提起行政诉讼未必都要先经过行政复议，经过行政复议后也未必都能再提起行政诉讼，但就多数情况来说，行政复议和行政诉讼通常是解决一个行政争议的两个相互衔接的阶段。之所以要将二者加以区别，不统称为行政诉讼，不统一由《行政诉讼法》调整，就是因为二者的主管机关不同，适用的程序不同。行政复议

由行政机关主管,适用的是具有一定司法性质的行政程序;行政诉讼由人民法院主管,完全适用司法程序。在人民法院,直接审理行政案件的是行政审判庭。

(三)行政诉讼的原告是行政管理相对人,即公民、法人或其他组织

行政诉讼是因行政实体法律关系双方当事人之间的争议引起的行政实体法律关系,双方当事人一方是行政主体——行政机关或法律法规授权的组织,另一方则是行政管理相对人——公民、法人或其他组织。在行政法律关系中,行政主体和行政管理相对人处于不平等的地位,行政主体依职权对行政管理相对人发布行政命令,采取行政强制措施和实施行政制裁。因此,在行政主体认为行政管理相对人行为违法,不履行法定义务时,其无须向法院起诉,要求法院评判裁决和强制相对人履行。即使少数行政机关缺乏某些强制手段,它们也只需申请人民法院协助其强制执行,而无须请求法院对相对人行为是否合法作出裁决。因此,行政主体在行政诉讼中没有做原告的必要。然而行政管理相对人在行政法律关系中处于被管理的地位,必须服从行政主体的管理,履行行政主体赋予他们的义务,否则就可能受到行政主体的制裁。正是在这种情况下,法律赋予他们行政诉讼的起诉权,在他们认为行政主体的决定或其他具体行政行为违法、侵犯其合法权益时,可以请求法院评判裁决。在民事实体法律关系中,情况就不同,民事实体法律关系双方当事人是平等的,双方当事人都可以做原告。

在行政诉讼中,行政机关和法律法规授权的组织不能做原告,是指他们在行政实体法律关系中处于行政主体地位之时。如果他们在行政实体法律关系中处于相对人地位,在行政诉讼中也是完全可以做原告的。可见在行政诉讼中,可以做原告的行政管理相对人不仅包括公民、企事业组织、社会团体,而且包括处于被管理地位时的行政机关和其他国家机关。

(四)行政诉讼的被告是作为行政主体的行政机关或法律法规授权的组织

在行政诉讼中,被告只能是作为行政主体的行政机关或法律法规授权的组织。这有三层意思:第一,由于在行政实体法律关系中,行政主体拥有对行政管理相对人自行采取行政强制和行政制裁手段的权力,故在其认为相对人行为违法或不履行义务时,无需诉诸法院,请求法院裁判和制裁相对人。因此,行政主体在行政诉讼中无须做原告。既然行政主体不做原告,行政管理相对人就不可能做被告。第二,行政机关和法律法规授权的组织实施的行为有两种情况:一种是通过行政决定、命令,以行政主体的名义实施的;另一种是行政机关和法律法规授权组织的工作人员或行政机关委托的组织、个人在没有行政主体决定命令的情况下,自己实施的对行政管理相对人权利义务发生影响的职务行为。无论属于上述哪一种情况,相对人提起诉讼都只能以作为行政主体的行政机关或法律法规授权的组织为被告,而不能以公务员或行政机关委托的组织个人为被告。因为在行政法律关系中,公务员或被委托人的职务行为均视为行政主体的行为,作为法律关系一方的当事人,是行政主体而不是公务员或被委托人。第三,行政机关及法律法规授权的组织在行政实体法律关系中处于行政主体地位,即代表国家行使行政职权时与行政管理相对人发生争议,才能成为行政诉讼的被告。

二、行政诉讼的性质

行政诉讼与刑事诉讼、民事诉讼共同构成我国的诉讼制度,它们都属于诉讼的范畴,具有诉讼的性质和特征,但行政诉讼又不仅仅属于诉讼范畴,它同时具有行政法制监督和行政法律救济的性质。

(一)行政诉讼是解决行政争议的诉讼制度

行政诉讼制度是以解决行政争议为内容的诉讼制度。解决行政争议的方法,除行政诉讼制度外,还有行政调解制度、行政申诉制度、行政复议制度等。行政调解作为解决行政争议的制度,是争议双方之外的行政机关引导争议双方当事人了解相关法律法规和政策,摆事实、讲道理、分清是非,使双方互谅互让,通过签订协议解决相互的争议。行政调解没有严格的法律程序,调解达不成协议或达成协议后一方或双方反悔,均可再诉诸其他途径重新解决争议。行政申诉作为解决行政争议的制度,是行政管理相对人通过信访或其他途径,向有关机关反映情况,要求解决与行政主体之间的争议。行政申诉同样没有严格的法律程序。受理申诉信访的国家机关很多情况下不是自己解决争议,而是将案件批转有关主管机关解决,受理机关在解决争议时除依据法律法规外,政策、行政性规定占有很重要的地位。行政复议作为解决行政争议的制度,是行政管理相对人不服行政主体作出的具体行政行为,在法定时限内向行政主体的上级行政机关或其他法定行政机关提出申请,请求加以审查和作出裁决。行政复议的裁决通常是非终局的,相对人不服,尚可提起行政诉讼。

行政诉讼只是整个解决行政争议机制的一个组成部分,与所有其他解决行政争议的制度比较,其程序最为严格、其裁决最为权威,因此是整个解决行政争议机制中一个最重要的环节。

(二)行政诉讼是对行政行为进行司法审查的行政法制监督制度

行政诉讼的主要内容是解决行政争议,而解决行政争议是通过对具体行政行为的司法审查进行的。司法审查是人民法院对行政机关依法行政实施的监督,属于行政法制监督的一种制度。整个行政法制监督机制包括权力机关监督、检察机关监督、人民法院监督、行政监察监督和审计监督,以及社会舆论监督。

权力机关监督的主要特征是:①监督主要是针对行政立法行为、政策行为和其他抽象行政行为,而行政诉讼监督则是针对具体行政行为;②监督主要采取主动形式,如审议政府工作报告、预算决算、提出质询、审查行政法规和规章、代表视察、组织专门调查等,而行政诉讼则是应相对人的起诉而进行的,不告不理。

检察机关监督的主要特征是:①监督主要针对行政机关工作人员的违法犯罪行为,而行政诉讼监督则针对行政机关的违法失职行为;②监督主要采取主动形式,行政诉讼监督则采取被动形式。

行政监察监督和审计监督的主要特征是:①监督在行政机关内部进行,监察机关和审计机关都是行政机关,而行政诉讼监督属于外部监督,内部监督不像外部监督具有超脱性和独立性;②行政监察监督和审计监督采取主动监督方式,针对行政机关工作人员违反政纪的行为进行。

社会舆论监督的主要特征是:①监督不直接产生法律效力,不能对监督对象直接采取具有强制执行力的法律措施,其监督结果可以成为采取其他监督手段的依据和信息资料来源;②监督可以产生广泛的社会舆论效应,对被监督者的行为产生影响。

行政诉讼监督是整个行政法制监督机制的一部分,它不能取代其他监督环节,其他监督环节当然也不能取代它,它在整个法律监督中发挥着极为重要的作用。不同的监督机制有机结合,才能形成制约机制。

(三)行政诉讼是对合法权益受到侵犯的行政管理相对人进行救济的行政法律救济制度

行政诉讼的目的主要是监督行政机关依法行政,保护行政相对人的合法权益,对合法权益受到侵犯的行政相对人提供法律救济。因此,行政诉讼应当是行政法律救济制度。当然,行政诉讼制度只是整个行政法律救济机制中的一部分,整个行政法律救济机制除行政诉讼外,还包括申诉控告、检举、行政复议、行政请愿等途径。

申诉控告、检举与行政申诉一样,一般是通过信访途径进行的。对申诉控告、检举目前尚无统一的法律调整,但许多单行法律法规规定了相对人寻求这一救济的条件、程序。行政请愿是指行政管理相对人为了维护本身权益或国家社会公益,个别或集体向行政机关表示某种意思(如要求制定或修改某项政策、采取或停止某项行政措施等)的行为。我国法律对行政请愿没有相应的规定。

总之,行政救济途径在民主法治国家通常都是多种多样的,行政诉讼只是其中的一种途径,相比较这种途径由于采用严格的司法程序,法律化、制度化程度最高,因此在整个行政法律救济机制中具有最重要的地位。

三、行政诉讼的历史沿革

行政诉讼制度是现代民主和宪政的产物,行政诉讼首先产生于资本主义国家,在封建专制制度下不可能产生对政府权力进行制约和监督的行政诉讼制度。人民主权原则、保障人权原则、法治原则和三权分立制衡原则是资产阶级民主政治的主要内容和集中体现,行政诉讼是要求政府必须保障人民的人身权和财产权,政府不得非法干预市场主体的经济活动。

行政诉讼作为一种法律制度,其产生不仅取决于基本政体,还受其他因素影响和制约,如政治制度、经济制度、民族、历史文化传统、旧的法律等。

(一)国外行政诉讼制度的产生和发展

世界各国的行政诉讼制度,大致可分为大陆法系与普通法系两大系列。以法国为代表的大陆法系行政诉讼制度基本特点是,设立与普通法院平行的行政法院,专职审理行政案件。普通法系以英美为代表,不分民事、行政诉讼,一律由普通法院根据普通法进行审理。

1. 法国

法国的行政诉讼制度深受孟德斯鸠三权分立学说的影响。一切有权力的人如果没有监督都容易滥用权力,这是万古不变的经验。把行政诉讼归属于行政,是法国资产阶级革命时期的一种特殊理解,这就为创立独立的行政审判系统制造了理论根据。

在法国,司法权曾一度掌握在封建时期的旧法官手中,他们利用手中的审判权阻碍和破坏政府政策措施的实行,于是 1790 年制宪会议通过法律将司法职能与行政职能分开,法官不得以任何方式干预行政机关活动,从而剥夺了普通法院的行政司法权。拿破仑时期,设立了国政院来审理行政争议,但没有最后的裁决权。直到 1872 年成立行政法院。行政诉讼由行政法院管辖,而不由普通法院管辖,行政法院和普通法院是两个相互独立的审判系统,行政法院受理行政诉讼,普通法院受理刑事民事诉讼。法国行政法院经过一百多年的发展和完善,对平衡公民权与行政权冲突、稳定社会关系起着重要作用。

2. 美国

美国行政诉讼的概念不同于欧洲大陆行政诉讼的概念,美国的"行政诉讼"一词在法律上近似于"司法审查",即普通法院应行政相对人的申请,审查行政机构行为的合法性,并作出相应裁决的活动。美国的司法审查与行政裁判有着极密切的关系,司法审查是建立在广泛、完善的行政裁判制度基础之上的。美国行政机构内设有专司行政裁判职能的类似于法院法官的行政法官,美国行政裁判适用的是类似于法院司法程序的准司法程序,美国的行政案件或与行政管理有关的案件,绝大多数都经过行政机构的行政裁判。可以说,行政裁判是美国行政诉讼的初审程序。美国行政诉讼制度是随着独立管理机构(联邦贸易委员会、劳工关系委员会、运输安全理事会等)行政法官制度的产生,法院对行政行为与行政裁决的司法审查的加强和制度化而逐步产生、逐步完善的。

(二)中国行政诉讼制度的产生和发展

1. 新中国成立前行政诉讼制度的产生和发展

从形式上,创立了中国资产阶级民主共和国,为此行政诉讼破天荒在中国出现和发展。1912 年 3 月,中华民国临时政府制定和公布了宪法性质的《中华民国临时约法》。此法基本上构造了中华民国行政诉讼制度的初步模式,即人民有权依法提起行政诉讼,受理行政诉讼的组织机关为平政院。该法规定:中华民国之主权属于国民全体。人民对于官吏违法损害权利之行为有陈诉于平政院之权。法院依法律审判民事诉讼及刑事诉讼,但关于行政诉讼及其他特别诉讼另以法律定之。

北洋军阀政府也承认和履行行政诉讼制度,《中华民国约法》第八条规定:人民依法律所定,有诉愿于行政官署及陈诉于平政院之权。1914 年公布的《行政诉讼法》也是中国的第一部行政诉讼法,对行政官署之行政处分违法且损害人民权利者方可起诉,平政院不得受理要求损害赔偿之诉。实行一审终审,也不得再审。该法还规定个人和法人均有诉讼权,均可委托代理人,确认了有利害关系的第三人参加诉讼制度。1927 年,蒋介石在南京成立国民政府,沿袭北洋军阀的行政诉讼制度,1932 年施行的《行政诉讼法》规定:在起诉之前,就须确定处分违法且侵害人民权利。该法第二条规定,可附带提起行政损害赔偿诉讼,较北洋政府不得提起损害赔偿有所进步。

2. 新中国行政诉讼制度的产生和发展

1949 年中华人民共和国成立后,真正的民主政治开始确立和发展。1954 年《宪法》第九十七条规定,中华人民共和国公民对于任何违法失职的国家机关工作人员,有向各级国家机关提出书面控告或者口头控告的权利,由于国家机关工作人员侵犯公民权利而受到损害的人,有取得赔偿的权利。这表明不仅要确立行政诉讼制度,而且要建立国家赔偿制度。1982 年《宪法》和同年颁布实施的《中华人民共和国民事诉讼法（试行）》开始满足了这个客观需要，自此开始了我国行政诉讼制度。从 1982 年到 1986 年，法律法规又规定了几类行政案件由法院审理，1987 年开始草拟《行政诉讼法》，经多方征求意见和研究修改补充，于 1989 年七届人大二次会议通过，1990 年 10 月 1 日正式实施。《行政诉讼法》的实施，标志着行政诉讼制度在我国正式全面地开展。

四、行政诉讼的类型

行政诉讼的类型又称行政诉讼的种类，即公民、法人和其他组织可采用行政诉讼请求救济且法院仅在法定的裁判方法范围内裁判的诉讼形态。行政诉讼类型是对行政诉讼中具有相同诉讼构成要件，适用相同审理规则和方式，并对法院的裁决权限基本相同的诉讼所进行的总结归纳。行政诉讼类型化是 20 世纪以来行政诉讼制度发展的趋势之一，行政诉讼类型化不仅有利于行政诉讼结构和程序的完善，有利于行政诉权的发展，而且还有利于推进国家的行政法治建设。

行政诉讼的类型在行政诉讼整体中起到非常重要的作用，当事人的起诉条件、法院的审理规则、诉讼程序的设置、判决种类的适用无不受制于行政诉讼的类型。一个国家行政诉讼类型的设置及其是否适当直接影响到公民行政诉讼权的保护程度以及法院司法审查职能的实现。因此，行政诉讼类型化是通过司法途径解决行政争议所必不可少的案件标准化的需要，行政诉讼类型化不仅有利于行政诉讼结构和程序的完善，有利于保护公民的行政诉讼权，而且还有利于推进国家的行政法治建设，是行政诉讼制度的核心，是行政诉讼制度发展的世界趋势。对于处在全球化发展进程中的中国而言，应着力分析行政诉讼制度的这种发展动向，适时地加以吸收应用，进而实现中国行政诉讼的类型化。

行政诉讼的类型化有利于当事人起诉，有利于法院审理行政案件，便于准确作出判决。在我国，行政诉讼类型是一个同时涉及行政诉讼各方主体的问题：对原告来说，行政诉讼的类型是由法律所保护的原告权利决定的，原告有什么样的权利及谁的权利应受保护，就可以提起与之相对应的诉讼，如行政处罚案件、行政许可案件等。对被告来说，诉讼类型是由具体行政行为的种类以及通过诉讼而设立的监督手段的种类决定的，如撤销之诉、履行之诉等。对人民法院来说，诉讼类型又是与其判决的类型相对应的规范。

五、行政诉讼的原则

（一）行政诉讼的基本原则

行政诉讼的基本原则，是指在《行政诉讼法》总则中加以规定的，贯穿于行政诉讼活动整个过程或主要过程，调整行政诉讼关系，指导和规范行政诉讼法律关系主体诉讼行为的基本准则。这一概念有以下四层含义。

1. 行政诉讼基本原则是由《行政诉讼法》加以规定的

我国的行政诉讼基本原则，并非超脱于法律，也不像有些西方国家那样表现为一种不成文的惯例或原则，更不是由学者们理论概括所得，而是由《行政诉讼法》明文规定的。

2. 行政诉讼基本原则对行政诉讼活动整个过程或者主要过程具有规范作用

之所以《行政诉讼法》在总则部分确立行政诉讼基本原则，就是因为行政诉讼基本原则贯穿于行政诉讼活动整个过程或者主要过程,不是仅仅规范行政诉讼活动某一个或者某几个方面的具体原则或者规则。例如,法院依法独立行使审判权,是整个诉讼活动都需遵循的基本规范;行政诉讼实行合议、回避、公开审判和两审终审,是法院在行政诉讼活动主要过程中必须遵循的基本规范。而《行政诉讼法》中的被告负举证责任原则、行政诉讼期间行政决定不停止执行原则、不适用调解原则等,以及《行政诉讼法》关于受案范围、起诉条件、审理程序、判决执行等的一系列规定,都是调整行政诉讼活动某一个或者某几个方面的具体原则或规则。

3. 行政诉讼基本原则是调整行政诉讼行为的基本准则

行政诉讼基本原则不规范行政实体法律关系中行政机关和行政相对人在行政管理过程中的行为;从广义上讲,行政诉讼基本原则规范包括人民法院、当事人、其他诉讼参与人以及人民检察院在行政诉讼过程中从事的一切行为。

4. 行政诉讼基本原则是最具基础性的行为准则

行政诉讼基本原则决定了行政诉讼的基本框架和结构,对行政诉讼各项具体制度具有指导、规范其建构和解释其意义的作用,而当某些诉讼行为缺乏直接法律规定或法律规定不完善时,它可以直接作为诉讼的依据。

(二) 行政诉讼与民事诉讼、刑事诉讼的共有原则

1. 法院依法独立行使审判权原则

在行政诉讼领域,该原则由《行政诉讼法》第三条第一款予以规定:人民法院依法对行政案件独立行使审判权,不受行政机关、社会团体和个人的干涉。法院依法独立行使审判权,源于宪法原则,《宪法》对此已经明文确立,它是我国法院审理各类案件普遍遵循的基本原则。法院独立行使审判权,是保证司法公正、司法威信的前提,是衡量一个国家法治实现程度的标准之一。尤其在审理行政案件的过程中,行政机关是被告一方,法院和法官只有具备真正的独立性,才能充分实现司法权通过行政诉讼监督行政权的功能,才能确保法院和法官公正裁判,以维护公民、法人和其他组织的合法权益。

2. 以事实为根据,以法律为准绳原则

《行政诉讼法》第四条规定:人民法院审理行政案件,以事实为根据,以法律为准绳。

从认识论原理出发,必须明确:以事实为根据,是指"以法律事实而不是以客观事实为依据"。法院所审理的任何案件之事实,都是在诉讼之前发生的,在实践中是不可能再现和复制的,法院只有根据参与诉讼各方所提供的证据来推断以前发生的案件事实。法院最终认定的并以此来适用法律的事实,是在那些经过法庭审理质证程序以后被确定为合法、有效、相互协调一致的证据基础上,推断出来的事实,在学理上称之为"法律事实"。因此,在法院审理中,愈来愈重视完善证据规则,加强对证人举证的要求和法律保护。

以法律为准绳,要求法院正确地、全面地适用与案件有关的法律,对具体行政行为合法性作出裁判。根据《行政诉讼法》规定,"法律"不仅包括全国人大及其常委会制定的法律,还包括行政法规、地方性法规。实践中,行政管理事项日益增多,在法律和法规不能完全规范时,法院也会谨慎参照规章及其他规范性文件在案件审理中的适用性。

3. 合议、回避、公开审判和两审终审原则

《行政诉讼法》第六条规定:人民法院审理行政案件,依法实行合议、回避、公开审判

和两审终审制度。在行政诉讼中,合议原则是绝对的,并不像民事诉讼那样有独任审判的例外。具体审理案件的合议庭,由3个以上的审判员或者审判员和陪审员组成,以少数服从多数方式决定案件的裁判结果。

回避原则与公正审判联系在一起,只要审判人员、书记员、翻译人员、鉴定人或者勘验人,与正在审理的案件有利害关系或有其他关系可能影响公正审判时,回避制度就应适用之。当事人有权要求回避,审判人员和其他有关人员认为自己符合回避条件的,也应主动申请回避。

公开审判和法院独立行使审判权一样,也是《宪法》明文确立的原则。根据《行政诉讼法》第四十五条规定,法院审理行政案件,除涉及国家秘密、个人隐私和法律另有规定者外,一律公开进行。其中,"法律"仅指全国人大及其常委会制定的法律。公开审判原则适用于整个审理过程和审判结论。

法院审理行政案件,同样适用两审终审制。

4. 当事人诉讼法律地位平等原则

《行政诉讼法》第七条规定:当事人在行政诉讼中的法律地位平等。行政机关和行政相对人在行政管理过程中,在抽象意义上法律地位是平等的,但在权利义务的具体配置上存在着一种倾斜,即法律制度的安排往往赋予行政机关各种实现行政管理目标的手段,包括强制手段,而要求公民、法人或者其他组织,除法定的极少数情形外,必须先行服从;若对行政行为不服,只能通过行政复议或行政诉讼等途径来寻求争议的解决。在行政诉讼过程中,当事人法律地位平等也并不意味着诉讼权利义务的完全对等,而且,从《行政诉讼法》权利义务的配置上看,更侧重于原告。如行政机关只能作为被告而不可能成为原告、行政机关只能答辩而不能反诉、行政机关必须为具体行政行为合法性承担举证责任等。

5. 使用本民族语言文字进行诉讼原则

《行政诉讼法》第八条对该原则作出了规定。各民族公民使用本民族语言、文字进行诉讼的权利,是任何人不得以任何理由予以限制的绝对权利,也是一项宪法权利。而且,在少数民族聚居或者多民族共同居住的地区,法院还要承担积极的义务,即法院应当用当地民族通用的语言、文字进行审理和发布法律文书,应当为不通晓当地民族通用语言、文字的诉讼参与人提供翻译。

6. 辩论原则

《行政诉讼法》第九条规定:当事人在行政诉讼中有权进行辩论。当事人的辩论权利,也是不得以任何理由予以限制的基本的诉讼权利,且可以由其法定代理人或者委托代理人自由行使。辩论有口头和书面两种形式,在行政诉讼一审过程中,必须进行口头辩论,而在法院认为事实清楚、采取书面审理的二审过程中,辩论就转变为书面形式。辩论不仅有利于澄清事实、凸显争议点,有利于法院充分听取当事人在事实和法律问题上的各自立场,从而作出公正裁判,更为重要的是,它体现了对当事人尊严利益的保护。

7. 检察监督原则

检察院在刑事、民事和行政诉讼中承担法律监督职能,具有宪法上的依据。《行政诉讼法》第十条对行政诉讼中检察监督原则予以规定:人民检察院有权对行政诉讼实行法律监督。第六十四条则进一步明确，人民检察院对人民法院已经发生法律效力的判决、裁定，发现违反法律、法规规定的，有权按照审判监督程序提出抗诉。最高人民检察院还就如何在行政诉讼中行使监督权、提起抗诉的问题提供了详细的规则。

（三）行政诉讼的特有原则

1. 具体行政行为合法性审查原则

《行政诉讼法》第五条规定：人民法院审理行政案件，对具体行政行为是否合法进行审查。由此可以看出，具体行政行为合法性审查是行政诉讼的一项基本原则，并且是区别于刑事诉讼、民事诉讼的特有原则。这一原则包括以下两个层次上的要求。

1）法院只审查具体行政行为，不审查抽象行政行为

这一要求，不仅在《行政诉讼法》第五条中非常明确，而且在《行政诉讼法》第十二条关于受案范围的规定中也进一步得到体现。该条排除法院受理公民、法人或者其他组织对"行政法规、规章或者行政机关制定、发布的具有普遍约束力的决定、命令"不服提起的诉讼。因此，法院审查的行政行为种类只限于具体行政行为。

《行政诉讼法》之所以作此规定，主要有以下几个原因：①我国宪法、组织法把对抽象行政行为的审查监督权，交由权力机关和行政机关系统本身行使；②抽象行政行为涉及政策问题，政策问题不宜由法院判断；③抽象行政行为涉及不特定相对人，有时甚至涉及一个或几个地区乃至全国的公民，其争议不适于通过诉讼途径解决。但是，由于权力机关和行政机关对抽象行政行为的监督，只是原则性规定而缺乏实际操作的程序规则，行政复议法、立法法尽管在一定程度上改变了这种状况，但依然存在较大问题。所以，有越来越多的学者已经倾向于应逐步把抽象行政行为纳入司法审查范围。

2）法院以合法性审查为原则，以合理性审查为例外

原则上，法院对具体行政行为的审查限于合法性问题，而不过多地介入合理性问题。《行政诉讼法》之所以有此规定，主要基于司法权和行政权的相对分立以及法院和行政机关在对待合法性问题与合理性问题上的相对优势。具体理由为：①裁定行政行为是否合法的争议属于审判权范围，确定行政行为在法律范围内如何进行更为适当、更为合理，是行政权的范围。行政机关不能越权替代法院对行政行为合法性作终局评价，法院亦不能越权替代行政机关对行政行为如何实施方为适当作出评价。②相比之下，法院对适用法律更有经验，对法律问题更能作出正确评价。行政机关对行政管理更为熟悉、更具专门知识，对在法律范围内如何合理、适当地作出行政行为更有经验。

但合法性审查原则并不是绝对的，将其确立为一项特有原则与其说是为了排除合理性审查，不如说旨在尽可能限制合理性审查。由于《行政诉讼法》第五十四条还规定了法院对滥用职权的具体行政行为可以判决撤销，对显失公正的行政处罚可以判决变更，所以法院在有限的范围内依然可以进行合理性审查。

有些学者认为，"滥用职权"、"显失公正"是不合理达到一定程度构成不合法，故法院依据这两个标准进行的审查仍然是合法性审查。这种理解混淆了对合法性和合理性进行划分的原初意义，因为合法性审查本意在于，对具体行政行为在主体、权限、内容、程序等方面是否符合法律明确规定进行审查，而合理性审查本意是，对具体行政行为是否符合法律规定的内在精神和要求，是否符合立法目的，是否符合公正、比例原则等进行审查。具

体行政行为"滥用职权"的情形,有些是明显地、严重地违法行使权力,对其予以审查监督属于合法性审查范畴,而有些则是明显背离立法内在的目的、精神以及公正、比例原则等,对其予以审查监督当属合理性审查范畴。行政处罚"显失公正"的情形,是合理性问题。只有充分理解并承认,滥用职权、显失公正标准的存在意味着法院在一定限度内有合理性审查权力,才能有利于加强法院对行政的监督而又不失于过分介入。

2. 诉讼不停止执行原则

原告提起行政诉讼,不影响被告(行政主体)具体行政行为的先行执行力,即行政主体在人民法院作出裁判之前,可以照旧执行原具体行政行为。但是,也有些例外情况:第一,被告基于正当的考虑认为需要停止执行的;第二,原告申请停止执行并经法院裁定宣告停止执行的;第三,法律法规规定停止执行的。

3. 被告对被诉具体行政行为的合法性负举证责任原则

在行政诉讼中,被告对作出的具体行政行为负有举证责任。被告应当在收到起诉状副本之日起 10 日内提交答辩状,并提供作出该具体行政行为的证据和所依据的规范性文件。被告不提供或者无正当理由逾期提供的,应当认定该具体行政行为没有证据、依据。

4. 不适用调解原则

行政诉讼中既不能把调解作为行政诉讼的必经阶段,也不能把调解作为结案的一种方式。我国《行政诉讼法》第五十条规定:人民法院审理行政案件,不适用调解。但该原则也有例外,我国赔偿诉讼可以适用调解。

5. 司法有限变更原则

人民法院对被诉违法具体行政行为原则上只能确认其合法与否,宣告其无效或撤销,但不能直接代替行政主体作出一个行政行为,或对该行政行为的内容加以改变。但对"显失公正"的行政处罚行为,人民法院有权以判决形式加以变更。这就是司法有限变更原则。

第二节　行政诉讼的受案范围与管辖

一、行政诉讼受案范围概述

行政诉讼的受案范围是指人民法院受理行政案件、裁判行政争议的范围。也就是说,人民法院对行政行为进行司法审查的范围。对行政管理相对人来说,行政诉讼的受案范围也就是其对行政行为不服向法院提起诉讼,请求法院保护其合法权益和提供救济的范围;对行政机关来说,就是其行政行为接受司法审查,受司法监督的范围。

(一)受案范围的确定原则

现代社会的政府职能不断扩大,国家行使权力的危险性和不可预测性与日俱增,因此对国家权力进行制约越发显得必要。《世界人权宣言》第八条规定:任何人当宪法或法律所赋予他的基本权利遭受侵害时,有权由合格的国家法庭对这种侵害行为作有效的补救。行政权和司法权都是国家权力,但通常认为司法权是最终的方式,因此人民享有充分的起诉权是对国家权力进行制约的必要条件。从理想状态来说,使一切行使公权力的行为皆有法律救济的方法,法院提供司法保障以抵抗公权力的侵害是必要的。但是,世界各国都或多或少地将一些行为排除在行政诉讼之外,我国大多数学者也主张司法权对行政权全面审查,既不可能也不必要。那么,确定法院的"能"与"不能"界限的标准,即行政诉讼受案范围确定的标准。

1. 在考虑我国国情前提下尽可能扩大行政诉讼的受案范围

受案范围越广,行政诉讼保护公民合法权益的范围也就越广,为此确立受案范围时应尽可能地扩大其范围,以实现其目的。但是考虑目的不能不同时考虑可能性,即考虑目的实现的条件。条件不具备,立法把受案范围规定得很大,结果行不通,目的反而不能实现;范围适当小一点,行之有效,目的的实现虽然不能达到理想化的境界,但毕竟可以一定程度地、尽可能地实现。我国目前影响行政诉讼受案范围的条件有很多,比如法院的设备、条件、法官素质等,行政机关的执法水平、法律意识,公民的法律知识等,在一定时期、一定条件下,行政诉讼的受案范围不能无限制地扩大。当然,随着这些条件的成熟,行政诉讼受案范围也可以随之逐步扩大。

2. 在保护公民、法人和其他组织合法权益与维护国家社会利益上平衡

行政诉讼的宗旨之一就是保护公民、法人和其他组织的合法权益,确定行政诉讼受案范围必须从这一宗旨出发。然而,确定行政诉讼受案范围又不能只考虑这一个因素,尽管这是一个最重要的因素。如果只考虑这一个因素,那么只要公民认为行政行为违法、侵犯其权益,均可被诉,有时就可能损害国家和社会利益。保护公民、法人和其他组织的合法权益与维护国家社会利益在绝大多数情况下应该是一致的,不相抵触的。但是在某些时候、某些条件下,如行政行为具有某种特别紧急性,或需要特别保密等,允许公民、法人和其他组织对相应行为起诉,由法院对其公民、法人和其他组织的合法权益提供救济就可能与国家社会利益发生冲突。为维护国家社会利益,立法者不得不将这些行政行为排除在行政诉讼受案范围之外。至于哪些行政行为应列入受案范围,哪些行政行为应从受案范围中排除,应综合考虑对公民、法人和其他组织合法权益的保护以及对国家社会利益的维护,努力求得二者的平衡。

3. 妥善处理司法权与行政权的关系

行政诉讼就是司法权对行政权进行监督的一种方式,但司法权对行政权的监督必须有一个合理的范围和界限。司法权监督过宽过细,必然损害行政效率和行政权威;司法权监督范围过小,则达不到设置行政审判制度的目的。

4. 适当区分法律问题与政策问题

在现代法治国家,行政机关实施任何行为都应该有法律根据,依法行政。同时,行政行为因为是政府实施的行为,又不能不考虑政策。因此,行政行为既有法律因素,又有政策因素,从而其争议既可能是法律问题,又可能是政策问题。但是不同的行政行为,这两种因素是不一样的:行政执法行为通常是严格依法进行的,较少考虑政策因素;而行政立法行为主要是考虑政策。行政执法行为的自由裁量度较小,行政立法行为的自由裁量度则大得多。因此,行政诉讼立法可以以法律和政策问题作为一个标准,将主要涉及法律问题的行政行为列入受案范围,而将主要涉及政策问题的行政行为排除出受案范围。

5. 适当区分法律争议与技术争议

在有些行政案件中,法律争议与技术争议是相伴而行的,既有法律争议,又有技术争议。但是也有一些行政案件,仅有法律争议而无技术争议,或仅有技术争议而无法律争议,或虽有法律争议,但技术争议是主要的,解决了技术争议,法律争议就迎刃而解。由于法院解决法律争议有优势,行政机关因具有行政专门知识、经验、技术手段和相应设备条件,解决技术争议有优势,因此行政诉讼立法应将只涉及或主要涉及法律争议的行政案件列入行政诉讼受案范围,而将只涉及或主要涉及技术争议的案件排除出行政诉讼受案范围,或者在列入行政诉讼受案范围时附以行政复议前置条件。

(二)受案范围的确定方式

我国行政诉讼的受案范围采用立法确定的方式,既有《行政诉讼法》的统一确定,又有单行法的个别补充确定。我国《行政诉讼法》对受案范围既有概括性的一般规定,如第二条,又有列举式的具体规定。列举式规定既采用肯定式,如第十一条列举规定了七类可诉的行政行为,又采用排除式,如第十二条列举规定了四项不可诉的行政行为。单行法的补充规定如最高人民法院于2000年3月公布的《最高人民法院关于执行〈中华人民共和国行政诉讼法〉若干问题的解释》(以下称《若干解释》),《若干解释》采用了概括加排除列举的方式规定行政诉讼的受案范围(第一条第一款概括规定,第二款列举规定了法院不予受理的案件)。依据《若干解释》,除明确列举的六种情况不属于行政诉讼的受案范围外,相对人对行政主体作出的行政行为不服提起行政诉讼的,均属于人民法院的受案范围。

二、行政诉讼的具体受案范围

(一)行政诉讼肯定的受案范围

1. 侵犯人身权、财产权的案件

《行政诉讼法》第十一条规定了八项涉及人身权、财产权的具体行政行为属于人民法院可以受理的范围。

(1)对拘留、罚款、吊销许可证和执照、责令停产停业、没收财物等行政处罚不服的。

(2)对限制人身自由或者对财产的查封、扣押、冻结等行政强制措施不服的。

(3)认为行政机关侵犯法定的经营自主权的。侵犯法定经营自主权是指行政机关非法干预、截留、限制或取消法律法规赋予行政管理相对人在生产经营活动中处理其所属人、财、物以及决定产、供、销等方面的权利,特别是其对财产享有的占有、使用和依法处分的权利。法定经营自主权主体是指从事生产经营的组织,如果不从事生产经营活动,不能成为享有法定经营自主权的主体。至于相应主体享有哪些法定经营自主权,则取决于有关法律、法规、规章的规定。例如,《全民所有制工业企业转换经营机制条例》赋予国营企业下述14项经营自主权:生产经营决策权、产品劳务定价权、产品销售权、物资采购权、进出口权、投资决策权、留用资金支配权、资产处置权、联营兼并权、劳动用工权、人事管理权、工资奖金分配权、内部机构设置权、拒绝摊派权。

(4)认为符合法定条件申请行政机关颁发许可证和执照,行政机关拒绝颁发或者不予答复的。许可证、执照是行政机关应相对人申请,赋予其从事某种职业,进行某种活动,

作出某种行为的权利能力或法律资格的凭证。构成此类行为须具备以下三个条件:第一,相对人已向行政机关提出了取得相应证照的申请,履行了法定申请手续;第二,相对人认为自己符合取得相应证照的条件;第三,行政机关拒绝颁发或不予答复。

(5)申请行政机关履行保护人身权、财产权的法定职责,行政机关拒绝履行或者不予答复的。对于这类行为应具备以下四个条件:第一,相对人人身权、财产权正受到或已受到或即将受到实际的(非想象的)侵害;第二,相对人已向行政机关提出了排除侵害,保护其人身权、财产权的请求;第三,被申请机关具有相应的法定职责;第四,行政机关拒绝履行或不予答复。

对这类行为起诉的原告资格,情况比较复杂。在这类案件中,具有原告资格的人是受害人,受害人在权利受侵害过程中往往无法亲自起诉,甚至无法向外界作出要求起诉的意思表示。例如,妇女儿童被拐卖,被拐卖的妇女儿童往往不能自己去向行政机关申请解救,向行政机关申请解救的通常是其近亲属。在这种情况下,如果被申请行政机关拒绝采取解救行为或不予答复,那么由谁起诉?根据有关法律规定,申请人并不具有原告资格,具有原告资格的人只能是受害人,而受害人又无法起诉。对此,笔者认为应允许申请人以法定代理人的身份起诉,原告仍确定为受害人。因为根据民法原理,原告在无行为能力或限制行为能力时,其近亲属可以以法定代理人的身份起诉和进行一切诉讼行为。而在妇女儿童被拐卖的情况下,儿童属于无行为能力或限制行为能力的人,妇女如属精神病人或未满18周岁,亦属无行为能力或限制行为能力的人。被拐卖妇女多数情况下虽属18周岁以上精神正常的人,具有行为能力,但其人身自由被限制,根本无法进行诉讼行为或委托他人代其进行诉讼行为。因此,可暂时视其为无行为能力,允许其近亲属以法定代理人的身份代其起诉和进行诉讼行为,以保护这类被害人的合法权益和为之提供救济。

(6)认为行政机关没有依法发给抚恤金的。在我国,抚恤金是指军人、国家机关工作人员、参战民兵、民工等因公牺牲或伤残后,国家为其家属或伤残者设立的一项基金,用以补助他们的生活和有关费用。抚恤金的范围、种类、标准均由有关法律法规规定,相对人对抚恤金发放行为不服提起行政诉讼应具备下述条件:第一,相对人具备领取抚恤金的法定条件;第二,相对人已要求行政机关依法发给但行政机关未满足其要求;第三,相对人认为行政机关没有依法发给,"没有依法发给"可以解释为没有依法律法规规定的条件、标准、数额、时限和程序发给。

(7)认为行政机关违法要求履行义务的。违法要求履行义务大致包括下述几种情况:第一,违法要求相对人履行某种行为义务,如违法要求农民出钱、出工、出物进行楼堂馆所建设等;第二,违法要求相对人履行不作出某种行为的义务,如违法要求企业不进行某项投资,不自销某种产品,不以某项收入向职工发放奖金等;第三,要求相对人履行某种法律法规未规定,甚至法律法规加以禁止的义务,如乱摊派、乱集资、乱收费等;第四,违反法律法规规定的条件、程序、标准、数额、时限等,要求相对人履行某种有法律法规规定的义务,如不按法定税种、税率收税,未经法定程序征收土地,使用民工超过法定时限等。

(8)认为行政机关侵犯其他人身权、财产权的。这是关于行政诉讼受案范围的一种局部性概括式规定,即除前七项行为以外的侵犯相对人人身权、财产权的行为。"侵犯其他人身权、财产权的行为"并不意味着前七项行为所涉及的是人身权、财产权,也不意味着前述七项行为如涉及相对人人身权、财产权以外的权益,如政治权、劳动权、文化权、教育权等,均不能起诉,不属行政诉讼受案范围。笔者认为,前述七项具体行政行为,无论涉及相对人什么权益,均是可诉的,均为行政诉讼受案范围;而前述七项行为以外的具体行政行为,则只有涉及人身权、财产权时方可起诉,才属于行政诉讼的受案范围。法律实践中主要是指:不服行政机关确定土地、矿产、森林、山岭、草原、荒地、滩涂等资源的所有权和使用权归属的行政处理决定的案件;不服确认专利权等处理决定的案件;不服行政机关对平等主体之间赔偿问题所作的裁决的案件(行政机关调解或仲裁结案的除外);不服行政机关依职权作出的强制性补偿的案件。

2. 其他法律、法规规定可以提起诉讼的行政案件

《行政诉讼法》第十一条第二款规定:"除前款规定外,人民法院受理法律、法规规定可以提起诉讼的其他行政案件。"这是一个概括性的规定。对此,我们可以从以下几个方面理解:

(1)这里的"法律、法规",仅限于狭义的"法律、法规",不包括"规章";既包括《行政诉讼法》实施之前已有的"法律、法规",也包括《行政诉讼法》实施后颁布的,还包括将来可能会颁布的有关法律文件。

(2)这些法律、法规规定的其他可以起诉的案件,是指《行政诉讼法》未列举的行政案件,即上述八项之外的行政案件。

(3)这些案件不限于只涉及公民、法人或其他组织的人身权、财产权,还可以是其他的合法权益,如公民的政治权利和自由、其他社会权利。

(二)行政诉讼否定的受案范围

《行政诉讼法》明确排除作为行政诉讼案件受理的行政行为有四类。另外,《若干解释》还规定九种行为不属于人民法院的受案范围。

1. 国防、外交等国家行为

国家行为又称政治行为、统治行为、政府行为,指涉及重大国家利益,具有很强政治性的行为。国家行为可能为国家元首所为,可能为国家权力机关所为,也可能为国家行政机关所为。这里的国家行为是指行政机关所为的国家行为。国防行为和外交行为是指政府以国家名义在国防、外交领域作出的涉及国家主权和重大国家利益的行为,而不是指行政机关在国防、外交领域实施的所有行为。应当指出,国家行为主要包括国防行为和外交行为,但又不限于国防行为和外交行为,意即国家行为除国防、外交行为外,还包括其他行为。究竟哪些其他行为属国家行为,法院可以根据具体案情,视其行为是否以国家名义作出,是否涉及国家主权或重大国家利益,是否有很强的政治性加以确定。

国家行为排除司法审查的主要理由有:①国家行为具有紧急性,诉诸法院可能造成时间耽搁,丧失重要时机,导致国家利益的重大损失;②国家行为需要保密,而司法程序要求公开,这样就可能造成泄密,导致国家利益的重大损失;③国家行为往往出于政治和策略上的考虑,而非单纯依据法律所为。

虽然国家行为也要依法进行,但在紧急情况下可以突破某些法律界限,对此种突破,应事后报国家权力机关追认,司法机关事前事后都不宜加以干预。国家行为影响的往往不是某一个或几个相对人的利益,而是一定地区、一定领域、一定行业多数相对人或全体

相对人的利益。虽然有时也仅影响特定相对人的利益,但可以事后通过其他途径(如国家补偿)予以救济,而不能寻求事前事后的司法审查。

对于国家行为,世界各国基本都规定排除行政诉讼的受案范围。

2. 抽象行政行为

抽象行政行为包括两类:第一类是行政立法行为,包括行政机关制定行政法规和规章的行为。第二类是一般抽象行政行为,指行政机关制定、发布具有普遍约束力的决定、命令的行为。对于抽象行政行为与具体行政行为的区别,以及抽象行政行为的认定,在此不再赘述。

行政诉讼法排除抽象行政行为作为行政诉讼受案范围的主要理由是:①抽象行政行为具有较多政策性成分,具有较多自由裁量因素,不适于法院审查;②抽象行政行为涉及不特定相对人的利益,原告人数难以确定或太多,不便于诉讼,即使可通过集团诉讼选派代表解决原告问题,之后执行对相对人救济的判决裁定也会有很多困难;③我国现行体制中已有对抽象行政行为的监督机制,虽然不完善,但可通过立法予以完善,如果以司法监督取而代之或增加司法监督的环节,既不符合我国现行宪法所确定的政体,又非我们现在的法院所能完全胜任。

西方国家对抽象行政行为的监督除立法机关的监督外,司法机关的监督也是比较通行的做法,并且被实践证明是行之有效的。司法权通过何种程序进行监督以及在多大范围内行使监督审查权,则因各国政治体制和法制传统的不同而有所不同。在英国,行政机关在议会授权范围内制定法规,法院无权干涉,但如果逾越了议会的授权范围,法院可以宣判法规无效,具体的程序适用普通法诉讼程序。美国《联邦行政程序法》第 704 节规定:法律法规可受司法复审的行政行为和在法院不能得到其他充分救济的行政机关最终确定的行为应受司法审查。日本 1962 年《行政案件诉讼法》规定:国民对于行政主体行使公权力的行为不服,均可以提起抗告诉讼,无须法律列举。

我国现行法律制度对抽象行政行为的监督既不充分,也缺乏实效。目前我国对抽象行政行为的监督主要有三种方式:一是人大的监督。《宪法》规定:全国人民代表大会常务委员会有权撤销国务院制定的同宪法、法律相抵触的行政法规、决定和命令。《地方各级人民代表大会和地方各级人民政府组织法》规定:县级以上的地方各级人民代表大会常务委员会有权撤销本级人民政府的不适当的决定和命令。二是行政机关的监督。《地方各级人民代表大会和地方各级人民政府组织法》规定:县级以上地方各级人民政府有权改变或者撤销所属各工作部门的不适当的命令、指示和下级人民政府的不适当的决定和命令。《立法法》规定:国务院有权改变或撤销不适当的部门规章和地方政府规章。三是行政复议监督。行政复议机关在对具体行政行为进行审查时,可以一并对部分抽象行政行为进行审查。监督是一种附带监督。

在实践当中,以上的监督方式也都有不尽如人意之处,缺乏实效。针对这种状况,国内不少学者认为应将抽象行政行为纳入行政诉讼的受案范围,至少应将行政机关制定、发布具有普遍约束力的命令、决定的一般抽象行政行为纳入法院的审查范围。

3. 内部行政行为

内部行政行为是指行政机关对其所属机构及其工作人员所实施的不直接涉及行政管

理相对人权益的组织、指挥、协调监督等行为。内部行政行为分为两类:第一类是行政机关内部的管理事务,包括职权划分,行政区域的划分,行政机构的编制,设立、增加、减少、合并工作部门等;第二类是行政机关对公务员的管理行为,包括录用、奖惩、任免、考核、调动、工资、福利待遇等。

第一类内部行政行为由于不涉及具体相对人的权益,行政机关之外的公民、法人或其他组织与之无直接利害关系,故没有必要将之列入行政诉讼受案范围。《行政诉讼法》第十二条虽然没有对这类行为作出明确的排除,但其显然属排除之列,因为对这类行为起诉不可能有合格的原告,没有人起诉,《行政诉讼法》也就没有对其作排除规定的必要。

我国《行政诉讼法》第十二条第三项排除了第二类内部行政行为作为行政诉讼的受案范围,其理由主要有:①行政机关内部的奖惩、任免数量多,涉及面广,并且对这类行为已规定了相应的救济手段和途径,如各级受理申诉、控告、检举的机构,各级信访机构,各级监察机构,公务员不服行政处分的复审、复核制度等;②有利于保障行政机关及其首长对工作人员的监督,保证首长负责制的实现。这类内部行政争议更多地涉及行政政策问题、行政内部纪律和内部制度问题,不便于法院处理,而行政机关自行处理这类争议有利于保证行政管理的效率。

对于第二类内部行政行为,它直接涉及国家公务员的权益。公务员在实施具体行政行为时,完全是代表行政机关,是行政机关的化身;而在行政机关对其实施监督任免、考核、调动,决定工资、福利待遇等行为时,它是作为行政机关的相对一方,与行政机关发生法律关系。这类法律关系介于第一类内部行政法律关系与外部行政法律关系之间,甚至更多地接近于外部行政法律关系,例如行政机关辞退、开除公务员,给其人身权、财产权造成损害。因此,有些国家允许公务员对行政机关实施的这类奖惩、任免、考核、工资、福利待遇等内部行政行为提起行政诉讼,我国对此类行为也存在争议。

4. 行政终局裁决行为

行政终局裁决行为是指法律规定由行政机关最终裁决的具体行政行为。这里的"法律",是指全国人大和全国人大常委会制定的严格意义上的法律,它不包括法规、规章、司法解释等广义上的法。凡是法律规定由行政机关最终裁决的具体行政行为,不管该行为处于何种阶段(行为阶段、复议阶段、复核阶段),也不管该行为在何时发生法律效力(终结即发生法律效力或经过复议、复核方发生法律效力),相对人都不能对之向法院提起行政诉讼,法院都不能受理此种行政争议案件。

我国现行法律中规定的行政终局裁决行为有两种:一种是绝对的行政终局裁决,也就是当事人没有选择的权利,只能向行政机关申请裁决,不能申请司法救济。《行政复议法》第三十条第二款规定:根据国务院或者省、自治区、直辖市人民政府对行政区划的勘定、调整或者征用土地的决定,省、自治区、直辖市人民政府确认土地、矿藏、水流、森林、山岭、草原、荒地、滩涂、海域等自然资源的所有权或者使用权的行政复议决定为最终裁决。另一种是相对的行政终局裁决,当事人有选择的权利,一旦选择了行政救济,就排除了司法救济,目前主要有《中华人民共和国公民出境入境管理法》、《中华人民共和国外国人入境出境管理法》的规定。

《行政诉讼法》之所以作出这一排除规定,主要是基于行政管理的复杂性:有些行政行为具有很强的技术因素,需要运用非常专门的知识、技术、经验,不适于法院审查;有些行政行为在一定时期、一定形势下可受司法审查,在一定时期、一定条件下又具有特殊紧急性或政治性,不宜由法院审查;有些行政行为,《行政诉讼法》第十一条虽明确规定为行政诉讼的受案范围,但在某些领域,由于涉及某些特殊政策,不宜接受司法审查。为保证行政权与司法权的正确关系,保证国家权益与公民权益的协调,《行政诉讼法》将行政诉讼受案范围的限制权留给国家最高权力机关,国家最高权力机关可以根据各个时期各个行政管理领域的不同情况和特殊需要,运用具体法律灵活地、慎重地调整行政诉讼的受案范围。

5. 刑事司法行为

所谓刑事司法行为,是指公安、国家安全等机关依照刑事诉讼法的授权明确实施的行为。

如何区分行政行为与刑事司法行为的界限,是行政诉讼中的一个难点。笔者认为,应注意以下几点:①主体上,刑事司法行为只限于公安机关、国家安全机关、海关、军队保卫部门、监狱等机关;②依据上,刑事司法行为只能是依据刑事诉讼法的明确授权;③目的上,刑事司法行为的目的是查明犯罪事实,使有罪的人受到法律追究,使无罪的人免受刑事制裁,而不是为了捞取好处或徇私情为一方当事人逃债、为地方利益动用专政手段。

《若干解释》之所以将刑事司法行为排除在行政诉讼的受案范围之外,主要考虑:①根据我国现行的司法体制,刑事侦查等行为被视为司法行为,在习惯上不作为行政行为对待;②《中华人民共和国刑事诉讼法》(简称《刑事诉讼法》)已经授权检察机关对刑事侦查行为等刑事司法行为进行监督,将刑事侦查行为排除在行政诉讼之外,可以避免行政诉讼对刑事侦查行为的干扰;③根据我国《国家赔偿法》的规定,因刑事侦查行为等刑事司法行为违法致人损害的,受害人可依据《国家赔偿法》获得救济。

从目前刑事诉讼程序的规定上看,在刑事侦查阶段,公安机关享有完整的立案、刑事拘留、取保候审、监视居住、物证扣押、搜查等权力,不受任何实质性的控制。即使公安机关最初以行政上的理由对相对人采取了上述强制措施,仍然可以在此后的抗辩中将其更改为刑事程序的相应种类,因为从立案到采取强制措施都由公安机关一家说了算,相对人和其他机关无法参与其中,更难以发挥有效的监督作用。所以,公安机关违法行为的可诉性问题,一直以来是理论界争论的焦点问题,也是实践中的一个难点问题。

6. 调解行为及法律规定的仲裁行为

调解行为是指行政机关在进行行政管理的过程中,对平等主体之间的民事争议,在尊重当事人各方意志的基础上所作的一种处理。由于调解行为是否产生法律效力,不取决于行政机关的意旨,而取决于当事人各方的意愿,调解协议的达成没有行政机关的强制力,因此没有必要通过行政诉讼程序解决。但如果行政机关及其工作人员在调解过程中采取了不适当的手段,如强迫当事人签字画押,违背当事人的意志,这种行为事实上不是调解行为,当事人不服可以提起行政诉讼。

仲裁行为是指行政机关或法律授权的组织根据法律及法律性文件的授权,依照法定的仲裁程序,对平等主体之间的民事争议进行处理的行为。仲裁行为具有强制性,但根据我国法律规定,当事人对仲裁行为不服,可以向人民法院提起民事诉讼;而有一些仲裁属于一级仲裁,当事人不服,在具备法定条件的情况下可以通过执行程序解决。

7. 不具有强制力的行政指导行为

行政指导行为是行政机关在进行行政管理的过程中,所作出的具有咨询、建议、训导等性质的行为。行政指导行为不具有当事人必须履行的法律效果,当事人可以按照行政指导行为去做,也可以不按照指导行为去做,违反行政指导行为也不会给行政管理相对人带来不利的法律后果,因此没有必要通过行政诉讼程序解决。

8. 驳回当事人对行政行为提起申诉的重复处理行为

重复处理行为是指行政机关作出的没有改变原有行政法律关系、没有对当事人的权利义务发生新的影响的行为。这种行为没有对当事人的权利义务产生新的影响,没有形成新的行政法律关系,如果对这类行为可以起诉,就是在事实上取消复议或提起诉讼的期间,不利于行政法律关系的稳定,因此没有列入行政诉讼的受案范围。

9. 对公民、法人或其他组织权利义务不产生实际影响的行为

这里所说的行为主要是指还没有成立的行政行为以及还在行政机关内部运作的行为等。如果某一行为对行政管理相对人的权利义务没有产生实际影响,提起行政诉讼就没有实际意义。

三、行政诉讼的管辖

(一)行政诉讼管辖的概念

行政诉讼的管辖指上下级人民法院和同级人民法院之间受理第一审行政案件的分工。其中上下级人民法院之间受理第一审行政案件的分工称级别管辖,同级人民法院之间受理第一审行政案件的分工称地域管辖。

管辖在行政诉讼中是一个既重要又复杂的问题,正确地确定人民法院的管辖,在行政审判中具有十分重要的意义。对于当事人来说,管辖明确了案件的受诉法院,有利于当事人行使诉讼权,防止出现“状告无门”的现象;对于法院来说,管辖确定了一个案件应当由哪一级的哪一个法院来受理,明确了法院之间对案件的分工,有利于法院及时、合法地行使审判权,避免互相推诿或争夺管辖权的现象发生。

确定行政诉讼管辖,应遵循以下基本原则:

(1)便于当事人参加诉讼。也就是说,要方便当事人特别是作为原告的行政相对人参加诉讼,减轻当事人的负担。例如,在级别管辖中,确定第一审行政案件一般由基层人民法院管辖,在地域管辖中,确定对限制人身自由的行政强制措施不服提起的诉讼,由被告所在地或原告所在地人民法院管辖,即体现这一原则。

(2)便于法院正确、公正、有效地行使审判权。例如,在级别管辖中,确定由中级人民法院受理海关、专利行政案件,由较高级别的人民法院受理重大、复杂的案件;在地域管辖中,确定对因不动产提起的行政诉讼,由不动产所在地人民法院管辖,即体现这一原则。

(3)法院负担均衡原则。即确定管辖要考虑各级法院之间在诉讼分工上的合理分担,不能使某一法院的负担过重。这一原则包括两个方面:一是同级法院之间审判工作量的合理分担;二是上下级法院之间审判力量和审判工作量的合理分担。例如,在级别管辖中,分别规定各级别人民法院对不同性质、不同种类第一审行政案件的管辖。

现行《行政诉讼法》规定的管辖制度包括级别管辖、地域管辖和裁定管辖。

（二）行政诉讼的级别管辖

级别管辖是指上下级人民法院之间受理第一审行政案件的分工。级别管辖是从纵向上确定第一审行政案件应由哪一级人民法院受理的问题。我国共有四级人民法院：基层人民法院、中级人民法院、高级人民法院和最高人民法院。《行政诉讼法》具体规定了每一级人民法院的管辖分工。

1. 基层人民法院管辖的第一审行政案件

《行政诉讼法》第十三条规定：基层人民法院管辖第一审行政案件。这一规定表明，除由上级人民法院管辖的第一审行政案件外，其余的第一审行政案件均由基层人民法院管辖。

2. 中级人民法院管辖下列第一审行政案件

根据《行政诉讼法》第十四条的规定，中级人民法院管辖的第一审行政案件有：

（1）确认发明专利权的案件和海关处理的案件。确认发明专利权的案件主要有三类：一是关于是否应授予发明专利权的争议案件；二是关于宣告授予的发明专利权无效或维持发明专利权的争议案件；三是关于实施强制许可的行政争议案件。海关处理的案件包括两类：一是不服海关处罚的案件；二是同海关发生纳税争议的案件。这两类案件属于专业性、技术性较强的案件，由审判力量和审判条件较好的中级人民法院管辖，有利于提高办案质量。

（2）对国务院各部门或者省、自治区、直辖市人民政府所作出的具体行政行为不服提起行政诉讼的案件。

（3）本辖区内重大复杂的案件。《行政诉讼法》没有规定哪些是重大复杂的案件，一般认为所谓重大复杂的案件是指人民群众反映强烈的案件，社会影响重大的共同诉讼、集团诉讼案件，涉及公共利益的案件。

3. 高级人民法院管辖的第一审行政案件

《行政诉讼法》第十五条规定：高级人民法院管辖本辖区内重大、复杂的第一审行政案件。

4. 最高人民法院管辖的第一审行政案件

《行政诉讼法》第十六条规定：最高人民法院管辖全国范围内重大、复杂的第一审行政案件。

对于级别管辖，《行政诉讼法》除规定上述一般规则外，同时也规定在某些情况下可以作某些变动：上级人民法院有权审判下级人民法院管辖的第一审行政案件，也可把自己管辖的第一审行政案件移交下级人民法院审判；下级人民法院对其管辖的第一审行政案件，认为需要由上级人民法院审判的，可以报请上级人民法院决定。

（三）行政诉讼的地域管辖

地域管辖是指同级人民法院之间受理第一审行政案件的分工。我国人民法院的辖区与行政区域的划分是一致的，因此地域管辖与当事人所在地、诉讼标的所在地有一定的联系。

地域管辖分为一般地域管辖和特殊地域管辖。

1. 一般地域管辖

（1）一般行政案件由最初作出具体行政行为的行政机关所在地人民法院管辖,即由被告所在地人民法院管辖。

（2）经复议的行政案件,复议机关维持原具体行政行为的,由作出原具体行政行为的行政机关所在地人民法院管辖,即仍由被告所在地人民法院管辖;复议机关改变原具体行政行为的,既可由作出原具体行政行为的行政机关所在地人民法院管辖,也可以由复议机关所在地人民法院管辖。所谓复议机关改变原具体行政行为,根据最高人民法院的司法解释,包括下述三种情形:①复议机关改变原具体行政行为所认定的事实;②复议机关改变原具体行政行为所适用的法律、法规或者规章;③复议机关改变原具体行政行为的处理结果,即撤销、部分撤销或者变更原具体行政行为。

在实践中还有两种情况：一是复议机关在法定期限内不作复议决定;二是复议机关拒绝受理相对人提起的复议申请。在这种情况下,相对人如不服,向法院起诉应以谁为被告,由哪个法院受理,《行政诉讼法》没有明确规定。笔者认为,只要相应具体行政行为属于人民法院受案范围,相对人起诉,就应以作出具体行政行为的行政机关为被告,案件应由被告所在地人民法院管辖。因为行政争议的实质内容是相对人对具体行政行为不服,最终要解决的问题仍然是相应具体行政行为是否合法,是否侵犯相对人的合法权益。

2. 特殊地域管辖

（1）对限制人身自由的行政强制措施不服提起的诉讼,由被告所在地或者原告所在地人民法院管辖。

这一规则不仅适用于限制人身自由的行政强制措施,而且也适用于限制人身自由的行政处罚行为,如行政拘留、劳动教养。因为确定这一规则的立法目的在于对公民人身自由提供特别的保护。既然限制人身自由的行政处罚与限制人身自由的行政强制措施,其内容都是限制相对人的人身自由,那么在管辖规则上应该提供同样的保护。行政诉讼没有单列行政处罚是因为一些立法者当时将劳动教养视为行政强制措施而不认为其属于行政处罚。至于行政拘留,通常情况下原告被告处于一地,故认为没有特别规定的必要。

（2）因不动产提起的行政诉讼,由不动产所在地人民法院管辖。

《行政诉讼法》规定,行政案件一般由被告所在地人民法院管辖,主要是为了便于证据的搜集和案件的审理;规定对限制人身自由的行政强制措施不服提起的行政诉讼,既可由被告所在地人民法院管辖,又可由原告所在地人民法院管辖,主要是为了便利相对人诉讼和有利于保障相对人的权利;规定因不动产提起的行政诉讼,由不动产所在地人民法院管辖,主要是为了便利案件审结后判决的执行。

3. 共同管辖

共同管辖是指两个以上人民法院对同一案件都有管辖权,原告可以选择其中一个人民法院提起诉讼。如果原告向两个或两个以上的人民法院都提起行政诉讼,一般认为应由最先收到起诉状的人民法院管辖。

(四)行政诉讼的裁定管辖

1. 指定管辖

指定管辖是指因管辖权发生争议或者因特殊原因不能行使管辖权的,由上级人民法院指定管辖。这里包括两种情况:一是人民法院对管辖权发生争议,由争议双方协商解决。协商不成的,报它们的共同上级人民法院指定管辖。二是有管辖权的人民法院由于特殊原因不能行使管辖权的,由上级人民法院指定管辖,这里的特殊原因主要是指自然灾害、意外事故等。

2. 移送管辖

移送管辖是指人民法院发现已经受理的案件不属于自己管辖时,将案件移送有管辖权的人民法院管辖的一种法律制度。案件一经人民法院移送即生效,受移送的人民法院不得拒收、退回或自行移送。但在审判实践中会出现移送错误的现象,此时受移送的人民法院应说明情况,报上级人民法院指定管辖。

3. 管辖权转移

管辖权转移是指经上级人民法院决定或同意,将某一行政案件的管辖权,由上级人民法院移交下级人民法院,或者由下级人民法院移送给上级人民法院审理的管辖制度。管辖权转移主要有两种情况:一是上级人民法院审判下级人民法院管辖的第一审行政案件;二是下级人民法院审判上级人民法院管辖的第一审行政案件。

四、我国的行政诉讼审判体制

我国没有设立专门的行政法院审理行政案件,对于行政案件的审判由普通法院的行政审判庭进行。虽然我国《行政诉讼法》明确规定,人民法院依法对行政案件独立行使审判权,不受行政机关、社会团体和个人的干涉,但由于种种原因,我国人民法院行使审判权,特别是行政审判权时,往往受到一些非法影响,致使行政案件的审判的公正性遭到质疑。学者提出对我国的审判体制进行改革,主要包括:一是设立行政法院,以克服行政诉讼遭遇的体制障碍;二是改革现行法院体制,以保证审判独立;三是法官独立,认为法官独立是司法独立的核心。

第三节　行政诉讼参加人

一、行政诉讼参加人概述

(一)行政诉讼参加人的概念和分类

行政诉讼参加人是指依法参加行政诉讼活动,享有诉讼权利,承担诉讼义务并且与诉讼争议或诉讼结果有法律上的利害关系的人。诉讼是一种裁决争讼双方具体纠纷的活动,离开了诉讼主体,也就没有诉讼的意义,因而行政诉讼参加人成为行政诉讼的主体要件,是行政诉讼法律关系中权利和义务的具体承担者。不同的行政诉讼参加人参与诉讼的原因、名义及所处的法律地位各异,参与诉讼的结果也各不相同。

依据我国《行政诉讼法》的规定,行政诉讼参加人具体包括当事人、共同诉讼人、诉讼中的第三人和诉讼代理人。

行政诉讼参加人不同于行政诉讼参与人。后者是指在整个诉讼过程中因法律上的原因，参与到行政诉讼活动中来的人，除行政诉讼参加人外，还包括审判人员、证人、鉴定人（鉴定部门）、翻译人、勘验人等。他们参与行政诉讼活动的目的，是协助人民法院查清案件真相，作出正确的判决，至于案件作出何种处理，一般来说与他们没有直接的利害关系；而行政诉讼参加人则是因为与诉讼争议或诉讼结果具有法律上的利害关系，因而参加到诉讼中来，以争取有利于自身利益的裁决。

（二）行政诉讼的当事人

行政诉讼的当事人是行政诉讼参加人当中的核心主体，也是整个诉讼活动的核心主体。

行政诉讼的当事人，是指因具体行政行为发生争议，以自己名义进行诉讼，并受人民法院裁判拘束的主体。当事人有广义和狭义之分。广义的当事人包括原告、被告、共同诉讼人和诉讼中的第三人。狭义的当事人仅指原告和被告。在行政诉讼的不同阶段中，当事人有不同的称谓：在第一审程序中称为原告和被告；在第二审程序中则称为上诉人和被上诉人；在审判监督程序中，称为申诉人和被申诉人；在执行程序中，称为申请执行人和被申请执行人。当事人的这些不同称谓，表明在不同诉讼阶段，他们相应地享有不同的权利和承担不同的义务，并在各诉讼阶段具有不同的主要任务。

1. 当事人是发生争议的行政法律关系的主体

任何行政法律关系都是由行政机关或授权组织为一方，与被管理的公民、法人或者其他组织为另一方共同构成的。当行政机关或授权组织作出具体行政行为侵犯公民、法人或者其他组织合法权益时，该公民、法人或者其他组织不服而诉诸法院，就发生了行政诉讼。原争议双方主体就转化成为诉讼当事人。反过来说，行政诉讼的当事人就是原行政争议的双方主体。行政诉讼正是因该争议而引起，也正是为了解决这种争议而运作。所以，作为诉讼当事人的基本特征，他必须而且只能是行政法律争议的主体。我们说当事人与本案有直接利害关系，也正是基于此点，因为对争议的裁判，就是确定争议各方的权利、义务与责任。

2. 当事人以自己的名义进行诉讼

原告以自己的名义起诉，被告以自己的名义应诉，第三人以自己的名义参加诉讼。他们要通过诉讼来解决自己的而不是他人的权利义务争议，同样，也要由自己来承担诉讼裁判的后果责任。因此，在诉讼中不以自己的名义而是以他人名义进行诉讼的，就是诉讼代理人而不是当事人。

3. 当事人是受人民法院裁判拘束的人

由于当事人是诉讼的争议主体，而法院裁判是针对争议而作的，所以当事人是直接受到裁判法律效力拘束的人。而其他人，如证人、鉴定人等，则由于与争议无涉或无利害关系，自然不会受裁判拘束。作为当事人就意味着必须承担诉讼裁判的法律后果，法院在裁判中所确定的权利义务，就是当事人享有与承担的权利义务。所以，法律规定，如果当事人负有履行判决义务而拒不履行，法院有强制执行的职权。

4. 行政诉讼当事人有公民、法人和其他组织、行政机关和授权组织

与民事诉讼当事人相比,行政诉讼当事人中的被告只能是行政机关或授权组织,而作为原告方的当事人则是被管理的公民、法人和其他组织。另外,行政诉讼当事人与民事诉讼当事人还有不同,就是行政诉讼不可能发生在自然人之间,被告必须是一定的组织,要么是行政机关,要么是法律、法规授权的组织。这表明了行政诉讼的"民"告"官"的特征。

(三)行政诉讼权利能力和行为能力

1. 行政诉讼权利能力

行政诉讼权利能力是指能以自己的名义参加诉讼活动,行使行政诉讼权利和承担行政诉讼义务的资格。只有依法具有诉讼权利能力的人才能成为诉讼活动的主体。

诉讼权利能力同权利能力相关联,权利能力是指以自己的名义按照实体法的规定享有权利和承担义务的资格。只有依法取得权利能力,才能成为实体法上的权利主体;反之没有权利能力,便不能享有实体法上的权利。诉讼权利能力和权利能力的关系如下:

(1)具有权利能力的人必然具有诉讼权利能力。凡在实体法上享有权利的人,法律必然赋予他们诉讼权利能力,使他们有资格进入诉讼法律关系,通过诉讼活动保护自己实体法上的权利。因为对于具有权利能力的人,如果法律不赋予他们诉讼权利能力,则他们实体法上的权利得不到诉讼上的保障,他们的权利能力也就会名存实亡。在行政法律关系中,作为行政一方的行政机关和作为行政相对人的公民、法人和其他组织都具有行政权利能力,这是他们享有行政法上各种权利的前提条件。行政机关从成立之日至解散之日享有权利能力,行政机关以外的行政主体从依法取得行政权之日至授权法被废止之日享有权利能力,公民从出生至死亡期间享有权利能力,而法人和其他组织从成立至终止期间享有权利能力。

这里的其他组织是指不具有法人资格的组织,它们在民法上没有权利能力,不能像法人那样具有完全的民事权利,但能够在行政法上享有权利、承担义务。也就是说,在行政法上,它们具有权利能力。凡具有权利能力的主体,必然具有诉讼权利能力,而且诉讼权利能力存在的时间完全等同于权利能力存在的时间。

(2)不具有权利能力的人也就不享有诉讼权利能力。例如,企业内的车间、班组,行政机关内的科室,由于不具有权利能力,就不能以自己的名义行使行政法上的权利、承担行政法上的义务,不具有诉讼权利能力,不能以自己的名义参加诉讼活动。

行政诉讼权利能力同民事诉讼权利能力有区别。在民事诉讼中,享有诉讼权利能力的个人和组织既可以作为原告,又可以作为被告,但在行政诉讼中,行政相对人享有的是原告的诉讼权利能力,因此只能行使原告的诉讼权利,而行政机关和其他行政主体只享有被告的诉讼权利能力,因此只能行使被告的权利。

2. 行政诉讼行为能力

诉讼行为能力又称诉讼能力,是指能够通过自己的行为实现诉讼权利,履行诉讼义务的资格。这里强调的是"通过自己的行为",而不是依靠他人来实现权利、履行义务。所有的公民都具有诉讼权利能力。这是法律为保护他们的权益而赋予他们的,但并非他们都具有诉讼行为能力,因为诉讼行为能力不能由法律赋予,而取决于他们实体法上的行为能力:公民满18周岁才具有诉讼行为能力,16周岁以上不满18周岁,但以自己的劳动收

人为主要生活来源的公民也享有诉讼行为能力。精神病人没有诉讼行为能力,间歇性精神病人在发病期间没有诉讼行为能力。公民的诉讼行为能力终止于公民死亡时。对于没有诉讼能力的人,他们的诉讼活动必须由他们的法定代理人和指定代理人代为进行,因此诉讼行为能力问题是法定代理人和指定代理人产生的基础。行政机关、法人和其他组织不同于公民,它们的诉讼行为能力和它们实体法上的行为能力一样,于组织成立时开始,于组织终止时结束。

由此可见,就公民而言,都有诉讼权利能力,但不一定有诉讼行为能力;就行政机关、法人和其他组织而言,在诉讼权利能力存在期间都有诉讼行为能力。

二、原告与被告

(一)行政诉讼原告

1. 行政诉讼原告资格

行政诉讼原告是指对行政主体的具体行政行为不服,依照《行政诉讼法》,以自己的名义向人民法院提起行政诉讼的公民、法人或者其他组织。但并非任何一个公民、法人或者其他组织只要不服一个具体行政行为就能提起诉讼,充当行政诉讼的原告,其起诉也并非一定能为法院受理。这取决于一定的条件,即原告资格。

原告资格是指特定主体成为行政诉讼原告所应具备的法定条件,凡与具体行政行为有法律上利害关系的行政相对人对该行为不服的,即可以依法提起行政诉讼,也即具备作为行政诉讼原告的资格。

1)必须是行政管理相对一方的行政相对人

行政诉讼的原告必须是处于行政管理活动中行使行政管理职权的行政机关的相对一方,即被管理一方的行政相对人。此时,如果该行政相对人享有法定的诉讼权利能力,则具有成为原告的条件和资格。而行政机关作为管理一方时,是行政主体,则不具备该条件,故没有原告资格。《行政诉讼法》之所以如此规定,主要是为了平衡行政管理双方在行政管理活动中所处的不对等法律地位,借此保障在行政管理中处于被动地位的行政相对人,监督处于主动、支配地位的行政机关依法执政。

2)必须有法律上的利害关系,即承担具体行政行为法律后果或受其影响

对于行政机关作出的具体行政行为,并非任何行政相对人都有诉至法院的原告资格,而只有承担该具体行政行为法律后果、认为自己的合法权益受其影响的行政相对人才具有这一资格。但是应当注意的是,行政诉讼的原告并不局限于行政管理的直接相对人,即具体行政行为后果的主要承担人。在特定情况下,行政相对人即使不是直接相对人,只要其有充分的理由认为其权益受到该具体行政行为的影响,也可以成为行政诉讼原告。

3)必须是认为具体行政行为侵犯其合法权益的行政相对人

行政相对人与某一具体行政行为有利害关系,这只是使其具有原告资格的可能性,要使这一要素成为原告资格的现实条件,还要求其具备认为具体行政行为侵犯其合法权益的主观认知。原告的合法权益究竟是否受到侵犯,主要依原告的主观判断。只要认为受到具体行政行为的侵犯,就可以依照《行政诉讼法》提起诉讼,人民法院也应当受理。

2. 若干特殊情况下原告的确定

1）相邻权人的原告资格

相邻权是指不动产的所有人或利用人在行使其物权时,对与其相邻的他人的不动产所享有的特定的支配权。《民法通则》第八十三条规定:不动产的相邻各方,应当按照有利生产、方便生活、团结互助、公平合理的精神,正确处理截水、排水、通行、通风、采光等方面的相邻关系。给相邻方造成妨碍或者损失的,应当停止侵害,排除妨碍,赔偿损失。根据这一规定,相邻权主要包括土地相邻权、水流相邻权、建筑物相邻权等,涉及截水、排水、通行、通风、采光等方方面面。由于社会的发展,生产生活区域的相对集中和人们的相互依赖性增强,相邻权越来越成为一项受到人们重视的权利。相邻权的侵害很多时候与行政机关的具体行政行为有密切的关系。如行政机关批准甲建房,邻居乙认为甲建房后将影响乙的采光,或者认为其邻地通行权受到影响,此时相邻权受到侵害的个人、组织具有行政诉讼原告资格,有权对具体行政行为提起行政诉讼。

2）公平竞争权人的原告资格

公平竞争体制的建立是市场经济体制有效运作的最主要条件。公平竞争表现为竞争各方法律地位的平等,竞争者所采取的竞争手段、竞争所追求的目的符合市场经济法则的要求,以及对于相同的交易机会拥有平等的参与权等。为杜绝不正当竞争行为,国家通过《反不正当竞争法》等法律明确了公平竞争规则,并赋予各市场主体公平竞争权。对市场主体公平竞争权的侵害有时来自于其他市场主体,有时则来自于行政机关。

3）与行政复议决定有法律上利害关系的人的原告资格

行政复议是行政救济的一种,是由作出具体行政行为的行政主体的上一级行政机关或法定的行政机关处理行政争议,为公民、法人或其他组织提供救济的制度。行政复议制度以司法终局为原则。行政复议申请人对行政复议决定不服的,自然可以提起行政诉讼,但其他与行政复议决定有法律上利害关系的公民、法人或者其他组织对行政复议决定不服的,也有权提起行政诉讼。在行政复议机关改变原具体行政行为的情况下,认为原具体行政行为合法有效、应予维持的利害关系人具有原告资格,如受害人不服行政复议机关撤销对被处罚人的处罚决定,就可提起行政诉讼。这些利害关系人在行政复议程序中也可以被追加为第三人,如行政处罚案件中的共同被处罚人、受害人或者行政确权案件中的被确权人等,这也是与行政复议决定有法律上利害关系的一种体现。

4）受害人的原告资格

受害人是指合法权益受到另一民事主体应受行政处罚的违法行为侵害的公民、法人或者其他组织。行政主体对侵害人的处罚既是一种职权,也是一种职责;既是为了维护社会公共秩序和公共利益,也是为了保护受害人的合法权益。受害人要求行政主体追究侵害人责任,保护其合法权益,是受害人的法律权利。所以,如果行政主体在应追究侵害人责任时却不作为,或者受害人认为责任追究过轻,受害人均具有原告资格,可以提起行政诉讼。

5）与撤销或者变更具体行政行为有法律上利害关系的人的原告资格

行政行为具有确定力,对于行政主体来说,这种确定力要求行政主体不得任意改变自己已作的行政行为,否则应承担相应的法律责任。但确定力是相对的,确定力无法消除行政行为可被行政主体改变这一事实。行政主体始终是行政程序的主人,在具体情况下有权因存在错误或情事变更而撤销或变更行政行为。在这种情况下,对于因此而权益受损的利害关系人,应赋予其行政诉讼原告资格,为其提供救济途径。

首先,具体行政行为的间接相对人的合法权益可能会受到撤销、变更行为的侵害。如行政机关撤销对侵害人的处罚或者减轻处罚,受害人认为其合法权益因此没有受到充分保护,即可提起行政诉讼。

其次,具体行政行为的直接相对人与撤销、变更行为更有直接的利害关系。特别是行政主体作出授益行政行为后,相对人对其产生信赖,即使该行为有轻微违法情形,若不可归因于相对人,信赖保护原则要求不得改变原行为。此时信赖人可以针对撤销、变更行为提起行政诉讼。如行政机关批准某公民建房,动工修建一半后,行政机关却撤销原建筑许可。

6)农村土地使用权人的原告资格

农村土地使用权人是指那些依土地承包合同等形式取得农村集体所有土地使用权的个体农户、乡镇企业以及建筑物所有人等个人或组织。实践中存在着大量的行政机关违法处分农村集体所有土地的行为,对此作为土地所有人的农村集体固然也有诉权,但由于其组织机构不甚完善,直接行使诉权有很大困难。而且农村集体所有的土地大多以土地承包合同的方式承包给个人或组织使用,当行政机关违法处分农村集体所有的土地时,土地使用权人是直接的利益关系人,因此赋予其独立的诉权有利于维护土地使用权人的合法权益。农村土地使用权人不仅包括土地承包人,还包括使用农村土地的乡镇企业以及在农村土地上建房的村民等,他们对行政机关处分其使用的农村集体所有土地的行为不服,可以以自己的名义提起行政诉讼。学者主张应推而广之,承认所有的财产所有权与使用权分离时,财产的所有人或者使用人均可以起诉。

7)股份制企业的原告资格

股份制企业的经营自主权受到具体行政行为侵犯时,企业自然具有原告资格,企业的法定代表人可以以企业的名义提起行政诉讼。但是存在着企业的其他机构,尤其是在企业的法定代表人不起诉的情况下能否行使企业的诉权的问题。《若干解释》对此作出规定,股份制企业的股东大会、股东代表大会、董事会等认为行政机关作出的具体行政行为侵犯企业经营自主权的,可以以企业名义提起诉讼。但是原告资格仍然由股份制企业本身享有,股份制企业的这些内部机构并不享有原告资格,只是被允许代表企业行使企业的诉权,以充分保障股份制企业权益。

3. 原告资格的转移

为进一步保护行政相对人的合法权益,监督行政机关依法行政,《行政诉讼法》第二十四条规定了原告资格的转移。原告资格的转移是指有权起诉的公民、法人和其他组织死亡或终止,他的原告资格依法转移给特定的有利害关系的公民、法人或其他组织的制度。

1)有权提起诉讼的公民死亡,其近亲属可以提起诉讼

在司法实践中,有的公民作为行政主体具体行政行为的承受者,与行政主体形成行政管理关系,具有行政法上的权利能力和行政能力,不服具体行政行为时有权提起行政诉

讼。然而,具体行政行为作出之后提起诉讼之前,公民因特殊事由而致死亡,造成了行政管理相对人不复存在的情形。死亡公民生前被侵犯的合法权益如果得不到有效的保护,则其人身、财产上的损失就会转移到继承其权利、义务的近亲属身上。为加强对死者合法权益的保护,《行政诉讼法》第二十四条第二款规定:有权提起诉讼的公民死亡,其近亲属可以提起诉讼。根据《若干解释》第十一条的规定:近亲属包括配偶、父母、子女、兄弟姐妹、祖父母、外祖父母、孙子女、外孙子女。有关这一问题必须明确的是:

第一,近亲属提起行政诉讼,没有先后排列顺序。也就是说,只要属于近亲属范围内的人,如果认为行政主体所作的具体行政行为侵犯了死亡公民生前的合法权益,就可以单独或者共同提起行政诉讼,不受先后排列顺序的限制。

第二,提起诉讼的近亲属为原告,即近亲属提起诉讼,必须以自己的名义进行,而不是以死者的名义开展诉讼活动。同样,近亲属应当受发生法律效力的人民法院的判决、裁定的约束,依法享有生效裁判所确定的权利,履行生效裁判所确定的义务。

第三,近亲属虽然取得原告资格,但仍为一种特殊的原告。例如,行政机关对死亡公民的人身处罚尚未执行的,不能因人民法院维持原处罚决定而对败诉的近亲属执行。

2)有权提起诉讼的法人或者其他组织终止,承受其权利的法人或者其他组织可以提起行政诉讼

现实生活中,由于国家宏观调整政策及其他各种因素,经常引起作为商事组织的企业法人的合并、分立、破产和解散,除法人外的其他组织也可能因为任务的完成及改变,导致终止情形的出现。如果原法人、组织在终止前,其依法享有的名誉权、荣誉权及财产权等受到行政主体不法具体行政行为的侵害而得不到应有的保护,必然给承受其权利的法人或者组织的合法权益带来损害。为此,《行政诉讼法》通过授权的方式,将终止前有权提起诉讼的法人或者其他组织的原告资格转移给承受其权利的法人或者组织,以维护行政相对人的合法权益。

(二)行政诉讼被告

1. 行政诉讼被告资格

行政诉讼中的被告是指被原告起诉其具体行政行为侵犯了原告的合法权益,并经由人民法院通知应诉的行政机关和法律法规授权的组织。成为行政诉讼被告必须具备以下条件。

1)是行政机关或者法律法规授权的组织

这里所说的行政机关是指行使国家行政职能,依法独立享有与行使行政职权的国家机关,包括乡镇人民政府至国务院的各级人民政府及其职能工作部门。由于乡镇政府一般不设职能部门,故在这一级只能以乡镇政府为被告。除此之外,法律法规授权的组织也具有行政诉讼权利能力,可以成为行政诉讼的被告。

2)必须在具体行政法律关系中行使行政职权并作出具体行政行为

只有对特定的行政相对人作出具体行政行为的行政机关或法律法规授权的组织,才能成为行政诉讼的被告。此处的具体行政行为既包括原处理决定,也包括经复议后改变原处理决定的复议决定。

3）必须为原告所指控并经人民法院通知应诉

行政机关或法律法规授权的组织能否成为被告，最终仍需要由人民法院确认。人民法院经过审查，确认被指控的行政机关或法律法规授权的组织具备上述两个条件，并通知其参加诉讼活动者，才能成为被告。

2. 被告的确定

人民法院对于被告的确定拥有很大的决定权。但从根本上讲，被告的确定仍是由原告掌握的。因此，如果人民法院认为原告所起诉的被告不合格，应告知原告变更被告，原告不同意变更的，只能裁定驳回起诉，而不能进行变更。法院认为应当追加的被告，原告不同意追加的，只能通知其作为第三人参加诉讼。确定行政诉讼被告的一个基本出发点是，行政机关恒为被告，行政机关并不得反诉。当然，这是就行使行政管理权限的行政机关而言的。如果行政机关作为一个机关法人而就其参加的日常民事活动与同样作为民事主体的公民、法人或者组织发生民事纠纷，或者行政机关作为管理对象成为其他行政机关具体行政行为所指向的被管理者，则该行政机关仍可以作为原告提起民事诉讼或行政诉讼。行政诉讼被告应按以下原则确定。

1）直接起诉的案件，作出被诉具体行政行为的机关是被告

《行政诉讼法》在界定被告的第二十五条第一款中有"直接"二字，这是特指起诉的过程而言的，对应的则是经行政复议后而起诉的情形，并非就被告本身属性而言。也就是说，无论直接起诉或经复议起诉，均以行政机关为被告。所不同的是，若经过复议且复议机关改变原具体行政行为的，由复议的行政机关为被告罢了。直接起诉的主要有三种情况：①法律法规没有规定必须先经行政复议的；②行政机关不作为的；③可以选择行政复议和行政诉讼，当事人选择提起诉讼的。行政机关组建并赋予行政管理职能但不具有独立承担法律责任能力的机构，或者行政机关的内设机构、派出机构，在现有法律法规或规章授权的情况下以自己的名义作出具体行政行为，均以该行政机关为被告。

2）经上级机关批准而作出具体行政行为情况下的被告的确定

根据被告条件，实践中行政机关或者法律法规授权的组织经上级行政机关批准作出具体行政行为时，如何确定被告，应看该行为由哪一个行政主体实施。此时判断行为的实施者根据的是形式标准：署名。在对外发生法律效力的文书上署名的行政主体就是行为的实施者，应该作为行政诉讼的被告。这有利于起诉人和法院确定被告。而且行政行为只有在通过某种形式表现于外部，为相对人所知晓，才能成立生效。批准属于内部程序，上级行政机关的批准行为是内部行为，上下级行政机关之间批准与被批准的关系是内部行政关系，相对人无从知晓，其所受影响来自表现于外部的具体行政行为。所以，此时应根据形式标准来判断行为主体，确定行政诉讼被告。

实践中，经上级机关批准而作出具体行政行为的被告由以下情形确定：

第一，被诉具体行政行为经上级行政机关批准，法律文件上署名的是下级行政机关，此时以下级行政机关为被告；

第二，下级行政机关承办具体事务，做一些辅助性、预备性的工作，如接受申请材料，告知申请条件、程序和费用等，上级行政机关对具体行政行为的作出具有实质决定权，并在对外发生效力的法律文书上署名，此时应以上级行政机关为被告；

第三,上下级行政机关同时在法律文书上署名,则可以以上下级行政机关为共同被告。

3)两个以上行政机关共同作出同一具体行政行为的,各行政机关是共同被告

具体行政行为通常由单一行政机关作出,但也有两个以上行政机关共同作出一个具体行政行为的,当原告认为该行为侵犯其合法权益而向人民法院起诉时,人民法院对该行为的审查就涉及与此相关的各机关。因此,各机关都应作为被告,这是共同诉讼人的一种情况。判断一个具体行政行为是否是共同作出的,关键要确定该行为是不是两个以上行政机关以共同名义并共同签署而作出的。实践中,有行政机关和另一组织(如党团组织、工会等,法律法规授权的组织除外)共同签署作出某一具体行政行为的情况,因该组织没有行政主体资格,不能成为行政诉讼中的共同被告,只可作为第三人参加诉讼。

4)经复议但复议机关维持原具体行政行为的,作出原具体行政行为的行政机关是被告

对于经行政复议的行政诉讼案件应当由谁担当被告,《行政诉讼法》第二十五条第二款作了明确规定,经复议的案件,复议机关决定维持原具体行政行为的,作出原具体行政行为的行政机关是被告。在经过复议、复议机关作出决定维持原具体行政行为的情况下,行政复议机关没有改变原具体行政行为,维持了原具体行政行为,这表明行政复议机关与作出原具体行政行为的行政机关的意见是一致的。在复议之前,原具体行政行为表现为作出原具体行政行为的行政机关的意志,在复议之后,复议机关维持原具体行政行为的情况下,具体行政行为表现为既是作出原具体行政行为的行政机关意志的体现,又是复议机关意志的体现。因此,当事人对该具体行政行为不服,在理论上既可以作出原具体行政行为的行政机关为被告提起行政诉讼,也可以行政复议机关作为被告提起行政诉讼。《行政诉讼法》之所以规定"经复议的案件,复议机关决定维持原具体行政行为的,作出原具体行政行为的行政机关是被告",其主要原因是:当复议机关决定维持原具体行政行为时,对公民、法人或者其他组织的权利义务发生拘束力的是原具体行政行为,作出原具体行政行为的行政机关是直接处理涉及公民、法人和其他组织权利义务事项的机关,故应以其作为被告。另外,这样规定还有利于当事人参加诉讼。

5)经复议且复议机关改变原具体行政行为的,复议机关是被告

《行政诉讼法》第二十五条第二款规定,复议机关改变原具体行政行为的,复议机关是被告。《行政诉讼法》之所以作这样的规定,其主要原因是:当复议机关改变原具体行政行为时,对公民、法人或者其他组织的权利义务发生拘束力的是复议决定,因而复议机关是直接处理涉及公民、法人或者其他组织权利义务事项的机关,故应以复议机关作为被告。复议机关改变原具体行政行为有三种情况:①复议机关改变原具体行政行为所认定的主要事实和证据的;②复议机关改变原具体行政行为所适用的法律、法规或规章,并因此对原具体行政行为的定性产生影响的;③复议决定撤销、部分撤销或者变更原具体行政行为处理结果的。无论上述何种情况,因复议决定成为直接涉及行政相对人的权利义务的具体行政行为,对行政相对方实体权利义务产生影响的也是复议决定,而非原具体行政行为,因此复议机关理应作为被告。

6）法律法规授权的组织作出具体行政行为的,该组织是被告

法律法规授权的组织在授权范围和幅度内,能够以自己的名义独立地对外行使行政职权,享有对特定事件和行为作出处理的权力,并能以自己的名义独立地承担法律责任。因其作出的具体行政行为引起的诉讼,由该授权组织作为被告。

7）未取得合法授权的行政机关的内部机构或者行政机关组建的机构作出具体行政行为的,以该行政机关为被告

《若干解释》规定,行政机关的内设机构或者派出机构在没有法律、法规或规章授权的情况下,以自己的名义作出具体行政行为,或者行政机关组建并赋予行政管理职能但不具有独立承担法律责任能力的机构,以自己的名义作出具体行政行为的,如果当事人不服提起诉讼,应以该行政机关或者组建该机构的行政机关为被告。

8）由行政机关委托的组织所作的具体行政行为,委托的行政机关是被告

行政委托,是指依法拥有某项行政管理职权的行政机关,根据法律的规定,按照法定的程序,将其行政管理事务委托给符合法定条件的行政机关、组织办理,由受托人以委托机关的名义从事活动,并由委托机关承担该活动的法律后果的行政行为。根据《若干解释》规定,行政机关在没有法律、法规或规章规定的情况下,授权其内设机构、派出机构或其他组织行使行政职权的,应当视为委托,当事人不服提起诉讼的,应当以该行政机关为被告。

9）作出具体行政行为的行政机关被撤销时的被告确定

实践中,行政机关作出具体行政行为之后,起诉人尚未提起诉讼之前,或者在诉讼过程中,法院作出裁判之前,作出具体行政行为的行政机关可能会被撤销。此时该行为对相对人权益造成的影响依然存在,所以行政责任并不随着行为主体的被撤销而自然消失。而原行政机关已不存在,就产生被告确定问题。原行政机关被撤销后,其职权可能归属于其他相近或相关的行政机关;或者,由该行政机关与其他行政机关合并后组成的新的行政机关行使该职权;或者,由从该行政机关中分立的行政机关行使。无论哪种情况,被告均是继续行使被撤销行政机关职权的行政机关。权力和责任应当同时移转,不能只是继受权力,而不同时承担责任。但也可能行政机关被撤销后,其职权随政府职能转变而不复存在,此时如何确定被告,《行政诉讼法》及司法解释都没有明确规定。《国家赔偿法》第七条第五款规定:赔偿义务机关被撤销的,继续行使其职权的行政机关为赔偿义务机关。没有继续行使其职权的行政机关的,撤销该赔偿义务机关的行政机关为赔偿义务机关。行政赔偿可以在行政诉讼中一并提起,所以可以认为,此时在行政诉讼中,应以作出撤销决定的行政机关作为被告。

3. 被告资格的转移和承受

1）被告资格的转移

在行政诉讼中有时会发生被告资格的转移,主要情况就是被告被撤销,其被告资格自然转移给其他行政主体。这是为了保护当事人合法权益,使法律责任得以不受干扰地实现的制度。被告资格转移的条件是:

第一,有被告资格的行政机关或授权组织被撤销,在法律上该主体已被消灭,这是前提。

第二,被撤销的行政机关或授权组织,其行政职权仍然继续由其他主体行使。在实践中,有的机关被撤销,其职权归属于原有其他相近或相关的行政机关;有的机关被撤销,其职权被归于新组建的综合或专门行政机关;有的机关被撤销,另外成立两个或更多的机关,其原有职权分别由该两个或多个机关行使;有的机关被撤销,其职权被收归人民政府;有的机关被撤销,其职权随政府职能转变而不复存在,其事务转由企业或社会组织自我管理,等等。无论哪种情况,都会发生被告资格的转移。

2)被告资格的承受

所谓被告资格的承受,是指没有作出具体行政行为的主体,由于继续行使作出具体行政行为但被撤销的行政机关的职权,而自然承受该诉讼被告的资格。这种承受乃是法律规定的,与承受者的主观愿望无关。所谓继续行使职权无非两大类:一类是原行政职权仍然存在,现由其他行政机关行使;另一类是原行政职权已被取消或转变,不再属于行政机关管辖范围,这时的承受者应视为撤销该行政机关的行政机关,如同级人民政府等。

三、共同诉讼人

(一)共同诉讼

通常情况下,行政诉讼只有一个原告和一个被告,但在某些情况下,行政诉讼的原告可能是两个以上的公民、法人或其他组织,被告也可能是两个以上的行政机关,有时甚至原告和被告都为两人以上。这种原告或者被告一方或双方当事人为两人以上的诉讼,就是共同诉讼。共同诉讼的当事人,我们称之为共同诉讼人。原告为两人以上的,我们称之为共同原告;被告为两人以上的,我们称之为共同被告。

共同诉讼是诉讼主体的合并,即诉讼有几个原告或几个被告,或原告、被告均为多数,诉讼标的是同一或同样的具体行政行为,人民法院将其合并审理。它与诉讼客体的合并不同,诉讼客体的合并是一个原告向一个被告提出几个诉讼请求,人民法院将其合并审理。例如,原告请求法院判决被告的具体行政行为违法,同时还请求被告赔偿由此造成的损失。

设立共同诉讼的意义在于,人民法院可以通过共同诉讼的形式,一并解决相关的行政诉讼,从而简化诉讼程序,节省时间和费用,避免在同一事件上作出相互矛盾的判决。

(二)共同诉讼的分类

按照诉讼标的的不同,共同诉讼又可分为必要的共同诉讼和普通的共同诉讼。

1. 必要的共同诉讼

必要的共同诉讼,是指当事人一方或双方为两人以上,诉讼标的是同一具体行政行为的诉讼。必要的共同诉讼的特征在于诉讼标的的同一性,即行政案件因同一具体行政行为发生。同一行政行为是指一个或几个行政机关,针对一个或几个公民、法人或其他组织,基于一个意思表示实施的一个具体行政行为。在实践中,必要的共同诉讼有以下几种情形:

第一,两人以上共同违法,被行政机关在同一处罚决定中分别处罚,受处罚人均不服提起诉讼的;

第二,法人或其他组织违法受到处罚,该法人或组织的主要负责人同时受到处罚,两者均不服处罚提起诉讼的；

第三，治安行政案件中，两个以上的受害人不服公安机关对加害人的行政处罚而提起诉讼的；

第四，两个以上的行政机关针对同一行政相对人联合作出具体行政行为，相对人不服而提起诉讼的；

第五，治安行政案件中，被处罚人和受害人均不服公安机关的处罚决定而提起诉讼的；

第六，行政机关对民事纠纷作出裁决后，纠纷当事人均不服行政裁决，向法院起诉裁决机关的。

2. 普通的共同诉讼

普通的共同诉讼，是指当事人一方或双方为两人以上，其诉讼标的是同样的具体行政行为，并由法院合并审理的诉讼。所谓同样的具体行政行为，是指两个以上的性质相同的具体行政行为。共同诉讼人之间在事实上或法律上并不存在不可分割的联系，仅是由于诉讼标的是同一类的具体行政行为，因而被统一于一个行政诉讼程序。这种诉讼因实践中种类繁多而难以一一列举，这里仅举两个例子加以说明。例如，几个残废军人或烈士家属认为行政机关没有依法发给抚恤金而提起诉讼的，如果这些人属于同一法院辖区的，人民法院就可以将它作为共同诉讼来处理；再如，几个个体户控告同一行政机关乱罚款，他们如果属于同一法院管辖，人民法院也可以作为共同诉讼来处理。普通的共同诉讼并不是必须要合并审理，人民法院可以把它分作几个案件分别审理，如果分别审理，则成为各自独立的案件而不是共同诉讼了；人民法院认为合并审理能简化诉讼，节省人力、物力，减少差异，才将其合并审理，如果不能做到这一点，就没必要合并审理，这是它和必要的共同诉讼的一个重要区别，必要的共同诉讼是不可以分割的。

（三）集团诉讼

行政诉讼中的集团诉讼，是指由人数众多的原告推选诉讼代表人参加的、法院的判决及于全体利益关系人的行政诉讼。它是共同诉讼的一种特殊形式，在《若干解释》中已有明确规定。集团诉讼具有以下特点：

第一，原告方人数众多。所谓众多，是指同案原告人数须为 5 人以上，可以是成百上千甚至上万人等。

第二，原告方实行诉讼代表制。由于原告人数众多，不可能让集团诉讼的每一个原告都亲自参加诉讼，而是推选诉讼代表人参加诉讼。集团诉讼的诉讼代表人必须是当事人。

第三，法院的裁判效力不仅及于诉讼代表人，也及于其他未亲自参加诉讼的当事人。

第四，集团诉讼的诉讼代表人产生途径有两个：首先，原告在指定期限内推选产生；其次，如果在原法庭限定的期限内未能选定，则由法院依职权从原告中指定产生。

第五，诉讼代表人的人数限为 1 人至 5 人。

四、行政诉讼的第三人

（一）第三人

行政诉讼第三人是指与被诉具体行政行为有利害关系，依申请或者应人民法院通知，参加到他人正在进行的行政诉讼中的公民、法人或其他组织。行政诉讼中设立第三人制度的根据在于：由于诉讼当事人双方（原告和被告）之间所发生的行政争议涉及第三方的权利和义务，如果不让他们参加诉讼，就可能会在相关利益方缺席的情形下作出不利于其权益维护的裁决。行政诉讼法的宗旨是保护公民、法人或者其他组织的合法权益，第三人的合法权利和利益自然也在法律的保护之列，因而由第三人参加诉讼既是可行的，也是必要的。

《行政诉讼法》第二十七条规定：同提起诉讼的具体行政行为有利害关系的其他公民、法人或者其他组织，可以作为第三人申请参加诉讼，或者由人民法院通知参加诉讼。其中，如何确定有关公民、法人和其他组织同提起诉讼的具体行政行为"有利害关系"成为正确理解第三人的关键。最高人民法院有关司法解释规定，《行政诉讼法》第二十七条中的"同提起诉讼的具体行政行为有利害关系"是指与被诉具体行政行为有法律上的权利义务关系。这意味着第三人的权利义务被行政主体的具体行政行为所直接调整或涉及，而不是以其他法律关系作为中介。

第三人有以下特征：

首先，与被诉具体行政行为有法律上的权利义务关系。这种权利义务关系实际上就是行政法律关系，而不包括那些仅与诉讼结果有利害关系或同原告存在的民事法律关系。具体说来，这种"法律上的权利义务关系"大致可分为三种情况：①在被诉具体行政行为以两个或两个以上行政相对人为对象所形成的行政法律关系中，原告以外的行政相对人与作出被诉具体行政行为的行政主体所形成的权利义务关系；②被诉具体行政行为影响到原告与他人之间特定的民事法律关系；③被诉具体行政行为涉及原告与其他行政主体之间特定的行政法律关系。

其次，参加到他人正在进行的行政诉讼程序中。如果公民、法人或者其他组织尚未对行政主体的具体行政行为提起诉讼，就不存在第三人参加诉讼的问题；如果该诉讼业已审理完结，其他的公民、法人或者其他组织即使与该案的处理结果有利害关系，也不能以第三人的资格参加诉讼；如果当事人单独就具体行政行为提起诉讼，则他不是第三人而是原告。由此决定了第三人的特殊诉讼地位：既非原告，又非被告，其参加诉讼的目的是为了避免权利丧失或者不承担某些义务。

最后，参加诉讼的方式为申请参加或人民法院通知参加。根据《行政诉讼法》的规定，第三人参加诉讼的方式有两种：一是在已经意识到被诉的具体行政行为与自己的利害关系，而主动向人民法院提出申请，经法院审查批准后，加入到正在进行的诉讼中来；二是对于被诉具体行政行为与其之间的利害关系不知情，或虽然知晓但未及时申请加入诉讼，人民法院为了正确、及时地解决案件，可以直接通知符合条件的第三人参加诉讼。

在行政诉讼中规定第三人制度的意义在于：有利于保护作为第三人的公民、法人或者其他组织的合法权益，督促行政主体依法行政；避免没有参加诉讼的第三人可能提起新的诉讼，以及人民法院可能对此作出与原判决相互矛盾的判决；有利于人民法院认真听取争议各方的意见，全面正确地处理行政案件。总之，第三人制度的确定，既符合诉讼公正的要求，也与行政诉讼法的目的相一致。

（二）第三人的种类

从行政诉讼的实践来看，第三人主要有以下几种形式：

（1）行政处罚案件中的受害人或被处罚人相对一方。在行政处罚案件中，有受害人、被处罚人，如果被处罚人不服处罚作为原告起诉，另一方受害人则可以作为第三人参加诉讼；如果是受害人对处罚不服而以原告身份向法院起诉，相应地，被处罚人也可以第三人名义参加诉讼。

（2）行政处罚案件中的共同被处罚人。在一个行政处罚案件中，行政机关处罚了两个以上的违法行为人，其中一部分人向法院起诉，而另一部分被处罚人没有起诉的，可以作为第三人参加诉讼。当然这也适用于其他非处罚的案件。

（3）行政确权案件中的被确权人。公民、法人或者其他组织之间发生民事权益纠纷，依照法律有些需由行政机关进行确权裁决，如土地确权案件。这些纠纷当事人中，如一部分人不服向法院起诉，另一部分纠纷当事人，无论属于哪一方，都可作为第三人参加诉讼。与此性质类似的纠纷裁决，如强制性补偿、赔偿裁决等也同样适用第三人。

（4）在征用土地或房屋拆迁行政案件中的建设单位。在征用土地或房屋拆迁行政案件中，因征地或拆迁这一具体行政行为引起纠纷，当事人不服这一行政行为而诉诸法院，有关建设单位可以作为第三人参加诉讼。这是因为，这一具体行政行为是在实现建设单位已经取得的合法权益，它与建设单位的权益有法律上的权利义务关系。

（5）两个以上行政机关作出相互矛盾的具体行政行为，非被告的行政机关可以是第三人。例如，甲机关批准公民可为一定行为，而乙机关则作出决定撤销该公民的这一资格或因此而处罚该公民等。

（6）与行政机关共同署名作出处理决定的非行政机关组织。该组织既不是行政机关，也不是授权组织，即它不是行政主体，但它却与行政主体共同署名作出行政行为。依照法律规定，不是行政主体，自然不能作为行政诉讼的被告。但是，如果诉讼涉及赔偿事项，则不能免其赔偿利害关系人的资格。在这种条件下，该非行政主体的组织应作为第三人参加诉讼，以承担相应的法律责任。例如，党的机构与行政机关共同署名作出行政行为。

（7）应当追加被告而原告不同意追加的，法院应通知其作为第三人参加诉讼。如果只有一个被告而原告指控又不正确，法院应要求原告变更为正确的被告；原告如不同意变更，则驳回起诉。但是，如果应当有两个或两个以上的正确被告，而原告只诉其中部分被告，不同意诉其他具有被告资格的行政机关，这些行政机关作为第三人参加诉讼。

（8）其他利害关系人。

（三）第三人的诉讼地位

在行政诉讼中，第三人既不同于原告，又不完全等同于被告，而是具有特定诉讼地位的诉讼参加人。表现在：

第一，第三人享有当事人具有的诉讼权利能力和诉讼行为能力，同时也承担当事人的各种诉讼义务，如委托代理人、申请回避、提供证据、服从法庭指挥、履行法院的判决裁定等。

第二，有权提出与本案有关的诉讼请求。由于行政诉讼第三人在诉讼中具有独立的诉讼行为和独立的利害关系,因而其诉讼请求也往往有别于原被告。在实践中,第三人提出的诉讼请求大致包括两种情形:一是要求维持具体行政行为,即对争议的标的提出主张,提供证据,进行辩论,反驳原告的诉讼请求;二是要求撤销或变更具体行政行为。在这种情形下,第三人实际上是将行政机关作为被告,自己居于原告的法律地位上。

第三,对人民法院的一审判决、裁定不服的,有权提出上诉。对人民法院已经发生法律效力的判决、裁定,认为确有错误的,可以向原审人民法院或者上一级法院提出申诉。

五、诉讼代理人

(一)诉讼代理人及其特征

行政诉讼代理人,是指以当事人、第三人的名义,在代理权限内,代替或协助当事人、第三人进行行政诉讼活动的人。理论上,行政诉讼由当事人、第三人本人亲自进行。但当他们客观上不能或难以亲自进行,或者主观上不愿意亲自进行时,需要其他人代替或者帮助他们进行诉讼活动。为了把这种代理需求纳入法律规范的范围,行政诉讼法设立了诉讼代理制度。行政诉讼代理制度具有以下法律特征:

第一,代理人必须以被代理人名义进行诉讼活动。这是由被代理人与代理人之间的关系和诉讼当事人制度决定的。

代理人只有以当事人和第三人等被代理人的名义才能取得为保护和实现其利益所需要的诉讼地位和诉讼权利,代理人不能以自己的名义参加诉讼活动。这是与其他非诉讼代理制度的重要区别。代理人必须为维护和实现被代理人的利益而活动,他不能同时作为双方的诉讼代理人,因为当事人双方的利益是矛盾和冲突的。

第二,代理人必须在代理权限内活动,法律后果归于被代理人。

这是由代理权的性质决定的。代理活动的根据是代理权,只有在代理权限以内的活动才能产生法律后果,越权行为无效;权限以内的行为效果归于被代理人,被代理人对越权行为不负责任。

第三,代理人必须具有诉讼行为能力。

这是能够担当诉讼代理人,为被代理人提供帮助的首要条件。在诉讼存续期间,如果诉讼代理人丧失诉讼行为能力,他就不能继续担当代理人。

(二)行政诉讼代理人的种类

根据《行政诉讼法》的规定,依照代理人代理权限的来源,行政诉讼代理人可以分为三类:法定代理人、指定代理人和委托代理人。

1. 法定代理人

根据法律规定而发生的代理,称为法定代理。由法律规定行使代理权限的人,称为法定代理人。《行政诉讼法》第二十八条规定:没有诉讼行为能力的公民,由其法定代理人代为诉讼。这说明,法定代理人适用于代理未成年人、精神病人等无行为能力的原告进行诉讼。

作为被告的行政主体没有法定代理人。没有诉讼行为能力的公民之所以必须由法定代理人代为诉讼,是因为他们尚未具备或已经丧失辨别自己行为的能力,不能表达或不能完全表达自己的意志,不利于合法权益的保护,也不利于行政诉讼的顺利进行。

　　法定代理人的代理权限不是来源于被代理人的授予,而是来源于法律的明确规定,这是其与委托代理人、指定代理人的根本区别。

　　1)法定代理人的范围

　　由于法定代理人是基于行使监护权而代理当事人进行诉讼行为,因而法定代理人同监护人的范围是一致的。根据我国《民法通则》的规定,行使监护权的监护人有下列几种:

　　(1)未成年人的父母即为未成年人的监护人。如果父母已经死亡或者没有监护能力,可由其祖父母、外祖父母、兄、姐,以及关系密切的其他亲属、朋友等作为监护人。

　　(2)精神病人除其配偶、成年子女、其他近亲属担任监护人的以外,其他规定同未成年人的监护人的范围和条件相同。如果法定代理人有两人以上,并且在需要有人代理时却互相推诿,不愿承担代理责任的,人民法院可以在其中指定一人代为诉讼。

　　2)法定代理人的诉讼地位

　　在行政诉讼中,法定代理人的诉讼地位相当于原告,但又不完全等同于原告。这是因为,一方面,法定代理系全权代理,法定代理人代理当事人为全部的诉讼行为,行使被代理人的全部诉讼权利,有权依法处分被代理人的实体权利;另一方面,法定代理人与原告之间仍然是代理关系,法定代理人不得为损害被代理人合法权益的行为。法定代理人不能行使代理权限时,行政诉讼只能中止,而非终结,但如果原告死亡,诉讼就可能终止。

　　3)法定代理权的消灭

　　(1)被代理人取得或恢复了诉讼行为能力。如未成年的当事人在行政诉讼进行过程中达到了成年年龄而具有了诉讼行为能力,精神病人因痊愈而恢复了诉讼行为能力,这时就必须由当事人以自己的名义亲自参加诉讼。

　　(2)法定代理人丧失对当事人的监护权。如基于养父母、养子女的亲属关系而产生的法定代理权限,因在诉讼过程中收养关系的解除而终止,监护人因不尽监护之责而被取消监护人资格,导致法定代理权限的消灭等。

　　(3)法定代理人死亡或者丧失诉讼行为能力。

　　2. 指定代理人

　　在行政诉讼中,被人民法院指定代理无诉讼行为能力的当事人进行诉讼的人为指定代理人。这是诉讼法中为保护未成年人及精神病人的合法权益所作的一种规定。指定代理人产生的原因一般有以下几种情形:

　　(1)应当立即参加诉讼的共同原告或第三人为无诉讼行为能力人,其监护人又没有确定的;

　　(2)法定代理人已经代理无诉讼行为能力人起诉,在本案终结前法定代理人因死亡、被宣告失踪等丧失诉讼行为能力情形出现的,或者法定代理人因公不能参加诉讼,又无人代理诉讼的;

　　(3)在诉讼进行中,当事人丧失诉讼行为能力,又没有法定代理人代为诉讼的。

　　人民法院指定代理人代为诉讼,无须征得被代理人的同意。律师、无诉讼行为能力人的近亲属或者其他合适的公民,经人民法院指定,即取得诉讼代理人的资格。显然,指定代理权限的产生,既非来源于法律规定,也不是来源于当事人、法定代理人的委托,而是基于特定情形下人民法院的指定。

　　1）指定代理人的诉讼地位

　　指定代理人的诉讼地位与法定代理人的诉讼地位类似,也属于一种全权代理,在行政诉讼中相当于当事人。指定代理人代理原告的,其诉讼地位相当于原告;指定代理人代理第三人的,其诉讼地位相当于第三人。但是,指定代理人的诉讼地位又不完全与当事人等同。例如,无权为被代理人再委托诉讼代理人;行使对原告或第三人实体权利的处分,须经人民法院同意才能产生法律后果,等等。

　　2）指定代理权限的消灭

　　(1)诉讼终结。指定代理人是特定案件的诉讼代理人,只能就特定的案件行使诉讼代理权,而非一经人民法院指定即具有永久性的诉讼代理资格。因此,案件审理终结时,代理权即归于消灭。

　　(2)指定代理人死亡或者丧失诉讼行为能力。

　　(3)被代理人在诉讼中取得或恢复了诉讼行为能力,或其他的法定代理人可以重新行使代理权。当然,如果当事人需要指定代理人继续代理的,可以委托指定代理人继续代理诉讼,但此时指定代理人就成了委托代理人。

　　(4)人民法院撤销指定,取消了指定代理人的代理权。

　　3. 委托代理人

　　根据被代理人的委托授权而发生的诉讼代理,称为委托代理。接受诉讼当事人、法定代表人、法定代理人的委托,代为进行诉讼活动的人,称为委托代理人。《行政诉讼法》第二十九条第一款规定:当事人、法定代理人,可以委托一至二人代为诉讼。委托代理人的诉讼活动,应在当事人、法定代表人、法定代理人的授权范围之内。为了防止因代理人过多而产生分歧,影响诉讼的顺利进行,法律规定,每一当事人或法定代理人,所委托的诉讼代理人不得超过两人。委托代理制度的特点是:

　　(1)委托代理人的代理基础在于其与诉讼当事人、法定代表人、法定代理人之间的委托代理合同。没有诉讼当事人的正式委托,委托代理人不得代为行使诉讼行为。

　　(2)委托代理人的代理范围一般由委托人自行决定,并由委托代理人同意后确定。

　　(3)委托代理人的代理活动一般在委托人向人民法院提交授权委托书后开始。委托书应载明委托事项和权限范围,并经人民法院审查同意。解除委托的,必须书面报告人民法院。

　　1）委托代理人的范围

　　(1)律师。

　　《律师法》第二条、第二十八条规定,律师是指依法取得律师执业证书,为当事人提供法律服务的执业人员;律师可以接受民事案件、行政案件当事人的委托,担任代理人,参加诉讼。这说明,接受当事人委托,担任代理人参加诉讼是律师的主要业务之一。除具有较高的法律素质和代理经验外,律师作为行政诉讼代理人还具有其他委托代理人所不具有的诉讼地位,这表现在:第一,律师可以查阅本案有关材料,包括涉及国家秘密和个人隐私的材料,而其他委托代理人则只能查阅庭审材料;第二,在诉讼过程中,代理诉讼的律师可以向有关组织、公民搜集、调查证据,以便正确、合法地行使其代理诉讼权,维护被代理人的正当权益。

（2）社会团体、提起诉讼的公民的近亲属或者所在单位推荐的人。

社会团体是指工会、妇联等群众性组织。社会团体或单位有义务支持其成员为了维护其合法权益进行的诉讼活动。社会团体的成员或者提起诉讼的公民所在单位推荐的人，都可以被委托为诉讼代理人，并以团体或单位的名义进行诉讼活动。需要指出的是，社会团体接受委托时，该社会团体的法定代表人为委托诉讼代理人，但社会团体的法定代表人在征得委托人的同意后，也可以指定该社会团体的成员或者聘请律师作为诉讼代理人。

提起诉讼的公民的近亲属，由于与原告有一定的亲属关系，能得到原告的信任，因此也可以接受当事人、法定代理人的委托，代理其诉讼行为。

（3）经人民法院许可的其他公民。

除律师、社会团体、提起诉讼的公民的近亲属或者所在单位推荐的人外，当事人还可以委托其他公民代为诉讼，但必须经过人民法院的许可。

此外，复议机关作为被告时，可以委托原裁决机关的工作人员一至两人作为诉讼代理人，也可以依法委托其工作人员或者律师作为诉讼代理人。

2）委托代理人的诉讼地位

对被代理人来说，委托代理人的权限是经其授权而产生的，也就是说，当事人授权他代理多少事项，他就有多少权限。从实践中看，当事人授权有两种：一种是全权委托，即授予代理人自主进行所有诉讼活动的权限；另一种是部分委托，即委托诉讼代理人代理某些方面而非全部诉讼事务。这是委托代理人赖以进行行政诉讼的根据，任何越权代理的行为都是无效的。委托代理人在代理权限内的诉讼行为，和当事人自己实施的诉讼行为有同等的效力，在法律上对当事人发生效力。因此，由委托代理人的诉讼行为所产生的法律后果，由委托他的当事人承担。

第四节　行政诉讼证据

一、行政诉讼证据概述

（一）行政诉讼证据及其特征

行政诉讼证据是指在行政诉讼中诉讼当事人提交的或人民法院依法搜集的用来证明案件真实情况的事实根据和法律依据。《最高人民法院关于行政讼诉证据若干问题的规定》（简称《若干规定》）第三十九条规定：当事人应当围绕证据的关联性、合法性和真实性，针对证据有无证明效力以及证明效力大小，进行质证。这一规定实质上体现了行政诉讼证据的法律特征，同时也确定了人民法院审查行政诉讼证据的标准，即关联性、合法性和真实性。

1. 关联性

证据的关联性是指证据所记载和反映的内容必须与案件事实之间存在内在的联系、对证明案件真实情况具有实际意义。那些与案件没有关联和不能证明案件真实情况的证据,人民法院不得作为定案依据。证据的关联性是行政诉讼证据审查标准的首要因素,凡不具有关联性的证据就无须对其合法性、真实性进行审查,在当然排除之列。

2. 合法性

证据的合法性是指证据的来源、形式及取得证据的方式等合乎法律的规定。它是对具有关联性的证据进行价值判断,其目的是排除非法证据。具体而言,证据的合法性包括以下内容:①来源合法,如证人证言必须出自合格的证人,当事人的陈述必须出自当事人本人,鉴定结论必须出自法定的鉴定机关。②取得方式合法,即证据是由法定人员按照法定程序搜集或者提供的,如不得刑讯逼供或者以欺骗、利诱、威胁等方式搜集和取得证据。在诉讼过程中,被告不得自行向原告和证人搜集证据。③形式合法,如物证、书证应当附卷,现场笔录必须经行政机关现场工作人员和行政相对方签名、盖章,鉴定结论必须采取特定的书面形式作出。

3. 真实性

证据的真实性是指证据所记载和反映的情况必须是客观真实的,而不是人们主观臆想的产物。人民法院要结合以下因素审查证据的真实性:证据形成的原因;发现证据时的客观环境;证据是否为原件、原物,复制件、复制品与原件、原物是否相符;影响证据真实性的其他因素。

(二)行政诉讼证据的分类

证据有学理上和立法上的两种分类。从学理上分,行政诉讼证据有本证与反证,直接证据与间接证据,原始证据与派生证据,言词证据与实物证据之别。从立法上分,行政诉讼证据有以下几种:书证、物证、视听资料、证人证言、当事人陈述、鉴定结论、勘验笔录、现场笔录。下面着眼于立法上的分类具体展开阐述。

1. 书证

书证是指以文字、符号、图形等所记载的内容来证明案件真实情况的材料。在行政诉讼中,书证极为常见,包括罚款单据、行政处罚裁决书、没收财产收据、各种许可证、营业执照、商标注册证等。

1)特征

第一,书证是以文字、符号、图形等记载或表达人的一定思想的物品,且其思想内容能够为人们所认知和理解。但并不是所有的有文字、符号或图形等附着于其上的物品都是书证。有的书面文件不是以它的思想内容,而是以它存在的处所、外部特征来证明案件的真实情况时,这个书面文件是物证,而不是书证。

第二,书证不仅内容明确而且形式上也相对固定,稳定性较强,一般不受时间的影响,易于长期保存。

第三,书证作为某一个案件的证据,在形成时间上应该是以该行政争议发生时产生的最具证据力,而不论过去的时间的长短。也就是说,书证是在诉讼程序开始以前就已经形成的,它和诉讼程序中的各种笔录截然不同。

第四,书证不论真伪,均具有较强的直接证明力。具有真实性的书证能够直接证明某一事实,而伪造的书证也能直接说明某种情况。这是与其第一个特征紧密相连的。

2）要求

当事人向人民法院提供书证应当符合下列要求：

（1）提供书证原件，书证原件包括原本、正本和副本。

（2）提供书证原件确有困难的，经向法庭书面说明理由后，可以提供经法庭或者其他有关部门核对无异的复制件，复制件包括影印本、抄录本或者节录本。

（3）提供由其他有关部门保管的书证原件的复制件的，应当注明出处，经保管部门核对无异后加盖保管部门的印章，并由复制人在复制件上签名或盖章。

（4）因灭失等事由无法提供书证原件的，经向法庭书面说明理由后，可以提供复制件，并提供证明复制件内容真实的其他证据。

（5）提供报表、图纸、会计账册、专业技术资料、科技文献等专业性较强的书证的，应该附有说明材料。

（6）被告提供的在行政程序中采纳的询问、陈述、谈话笔录，应当有行政执法人员、被询问人、陈述人、谈话人签字或者盖章；在行政程序中收集的鉴定结论，应当有鉴定人的签名和鉴定部门的印章。

（7）当事人向人民法院提供外文书证的，应当附有由具有翻译资质的机构或人员翻译的译本，并由翻译机构盖章或者翻译人员签名。

2. 物证

物证是指以物品的外形、特征、规格、质量等客观存在来证明案件事实的物品和痕迹。

1）特征

物证具有以下特征：

第一，有较强的客观性。物证是独立于人的主观意志之外的客观事物，具有很强的稳定性，一般不会随着时间的推移而发生变化，它不像当事人陈述和证人证言那样，容易受主观因素的影响。也就是说，物证的证明力比较强。

第二，具有不可替代性。物证是客观存在的物体或痕迹，它以其所特有的形态、品质和规格等来证明案件事实，具有不可替代性。

2）要求

当事人向人民法院提供物证应当符合下列要求：应当提供原物，原物为数量较多的种类物的，只需提供其中的一部分；提供原物确实有困难的，可以提供经法庭或其他有关部门核对无误的复制件或者证明该物证的照片、录像等其他证据。

3. 视听资料

视听资料是随着科学技术的发展而出现的一种新的证据形式，是指利用录像或录音磁带等所反映的图像、音响或以电子计算机储存的数据和资料等证明案件事实的证据，如磁带、录像带、电影胶卷、传真资料、电子计算机储存的数据等。

1）特征

第一，直观性。视听资料能够以动态的形式连续反映案件情况，能给人以亲临现场的感觉，具有直观性。

第二，信息量大，易于保存。

第三，双重适用性。一方面，它是行政诉讼的证据，具有其他证据形式都有的对案件事实的证明作用;另一方面,它也是一种证据保全和固定的措施,对特定的物证和现场进行录像或者录音能够把该物证或现场固定下来。

第四,它存在一些缺点,如容易被剪辑、伪造,搜集过程中容易侵犯公民的隐私权,成本较高等。

2)要求

当事人向人民法院提供视听资料时,应当符合以下要求:

(1)提供视听资料的原始载体。

(2)提供原始载体确有困难的,经法庭或其他有关部门核对无误后,可以提供复制件。

(3)必须注明该视听资料的制作方法、制作时间、制作人和证明对象等内容。

(4)有声音资料的应当附有声音内容的文字记录。

(5)当事人向人民法院提供外语视听资料的,应当附有由具有翻译资质的机构或人员翻译的中文译本,并由翻译机构盖章或翻译人员签名。

4. 证人证言

证人证言是指了解案件情况的人将自己所知道的情况以口头或书面的形式,向人民法院所作的陈述。证人必须是自然人,凡是了解案件情况的人都可以做证人,但不能正确表达思想意志的人不能作为证人。

1)特征

第一,证人证言是对案件事实的陈述。证人只是对自己耳闻目睹的案件情况进行陈述,而不能对这些事实进行分析和评价;只是对过去已经发生的案件事实进行复述,而不能推测将来可能发生的事情。

第二,证人证言有很强的主观性。由于客观事物本身的复杂性和证人自身感受能力、记忆能力的限制,以及可能存在的对原告或者诉讼第三人持有的好感或恶感,使得证人证言的情况比较复杂,减弱了证人证言作为行政诉讼证据的证明力。对证人证言既不能盲目轻信,也不能一概否定,必须结合本案中的其他证据进行认真严格的审查核实。

第三,简便易行。证人证言作为法定证据搜集时,不需要特殊设备和条件便可以取得。

2)要求

一般情况下,证人应当出庭在法庭上作如实陈述,并接受当事人质询。证人只限于陈述其经历的具体事实,根据其经历所作的判断和推测不能作为定案的根据。经人民法院许可,下列证人不必出庭,可以提交书面证言:因出国、病重、年迈体弱或者残疾人行动不便无法出庭的;特殊岗位确实无法离开的;路途特别遥远、交通不便的;因自然灾害等不可抗力和其他意外事件无法出庭的;证人被拘禁、审查的;证人证言内容的真实性为对方当事人所承认的;在行政程序中作证的证人,当事人在诉讼过程中对其证言没有异议的。在出现下列情况时,原告或第三人也可以要求相关行政执法人员作为证人出庭接受质证:对现场笔录的合法性或者真实性有异议的;对扣押财产的品种或者数量有异议的;对检验物品取样或者保管有异议的;对行政执法人员的身份的合法性有异议的等。

当事人向人民法院提供书面证人证言的,应当符合下列要求:第一,写明证人的姓名、年龄、性别、职业、住址等基本情况。第二,应当有证人签名,证人不能签字的,应当以盖章等方式证明。第三,要注明出具日期。第四,要附有居民身份证等证明证人身份的文件。

5. 当事人陈述

当事人陈述是指在行政诉讼中当事人就自己所经历的案件事实向人民法院所作的陈述。当事人陈述的范围包括涉及实体法律关系的各种事实、行政争议发展的经过,以及其他对正确处理案件有意义的事实的陈述。这里的"当事人"包括原告、被告以及诉讼第三人。

在行政诉讼中,当事人的陈述是一种应用广泛,并且有较强证明力的证据形式。但是,由于当事人对案件的处理结果有直接的利害关系,因此当事人的陈述可能存在一定的虚假性和片面性。人民法院必须进行严格的审查,并且结合案件中的其他证据,审查确定当事人陈述的真实可靠性和证明力。

6. 鉴定结论

鉴定结论是指由鉴定部门指派的具有专门知识和技能的人根据案件的事实材料,对需要鉴定的专门性问题进行检查、测试、分析、鉴别后得出的书面结论。在行政诉讼中,比较常见的鉴定结论有文书鉴定、会议鉴定、医学鉴定、科学技术鉴定等。

1)特征

第一,较强的证明力。鉴定结论是鉴定人运用自己的专业知识对与案件事实有关的某些专门性问题进行分析鉴别后作出的具有科学根据的结论性意见,具有较强的科学性和证明力。

第二,可替代性。不论是行政机关,还是人民法院,对鉴定人都具有一定的选择权,他们都可以依法指派或聘请鉴定人,在必要时,还可以再行指派或聘请鉴定人重新进行鉴定。

第三,鉴定结论是一种认识意见,其内容只是鉴定人就案件中某些专门性问题所作的判断,而不是事实本身。

2)要求

当事人向人民法院提供鉴定结论或要求进行鉴定、重新鉴定的,必须符合下列要求:

(1)被告向人民法院提供的在行政程序中采用的鉴定结论,应当载明委托人和委托鉴定的事项,向鉴定部门提交的相关材料、鉴定的依据和使用的科学技术手段、鉴定部门和鉴定人鉴定资格的说明,并应有鉴定人的签名和鉴定部门的印章。通过分析获得的鉴定结论,应当说明分析过程。

(2)在进入行政诉讼程序后,需要对专门性问题进行鉴定的,或者有证据或正当理由表明据以认定案件事实的鉴定结论可能有错误的,当事人可以在举证时限内向法庭提出申请,是否准许由法庭决定。法庭也可以依职权提交鉴定。法庭应当将该专门性问题交由法定鉴定部门鉴定,没有法定鉴定部门的,法庭可以指定具有鉴定能力的鉴定部门鉴定。

(3)当事人要求鉴定人出庭接受询问的,鉴定人应当出庭。鉴定人有正当事由不能出庭的,经法庭准许,可以不出庭,由当事人对其书面鉴定结论进行质证。

7. 勘验笔录

勘验笔录是指行政机关或者人民法院对案发现场及有关物品进行勘验、检验、测量、拍照、绘图后所制作的用以证明案件情况的记录。

1）特征

第一，它是以静态的形式反映案件事实的，这点和视听资料有别。

第二，有较强的客观性，这是因为勘验笔录只记载所能观察到的事实，不进行分析判断。

第三，记录的手段具有多样性，勘验笔录以文字记录为主，也可以辅之以画图、拍照、制作模型、录音、录像等手段和方法。

第四，有较强的证明力，它所反映的不是单一事实，而是各种证据材料之间存在和形成的具体环境条件和相互关系，对案件发生时的真实情况有较强的证明力。勘验笔录可以分为现场勘验笔录和物证勘验笔录。

2）要求

行政机关或人民法院制作勘验笔录必须符合以下要求：

（1）在勘验物证或者现场时，勘验人员必须出示证件，邀请当地基层组织或有关单位派人员参加，作为勘验的见证人。当事人或其成年家属应当到场，拒不到场的，不影响勘验工作的进行，但勘验人员应在勘验笔录中说明情况。当事人对勘验结论有异议的，可以申请重新勘验，是否准许由法庭决定。

（2）勘验笔录应当具有以下内容：勘验的时间、地点、勘验人、在场的当事人、勘验的经过、结果，并由勘验人、在场当事人签名或者盖章；有其他人在场的，应请其签名。对于绘制的现场图还应注明绘制的时间、比例、方位、图例、测绘人姓名等内容。

8. 现场笔录

现场笔录是指行政机关对行政违法行为当场进行调查、给予处罚或者处理而制作的文字记载材料。它与勘验笔录有如下区别：首先，两者的制作主体不同。勘验笔录是由行政机关或人民法院制作的，而现场笔录只能由行政机关制作。其次，两者所反映的事实不同。勘验笔录是对一些专门的物品和现场进行勘验测量后所作的笔录，所反映的多是静态的情况，并且一般是在案件发生以后进行的；而现场笔录则是行政机关对执法现场当时的情况所作的记录，反映的一般是动态的情况，是在事情发生当时制作的。

现场笔录应当载明时间、地点和事件等内容，并由执法人员和当事人签名。当事人拒绝签名或不能签名的，应当注明原因。有其他人在场的，可请其他人签字证明。

二、行政诉讼证据的证据规则

（一）举证责任

行政诉讼的举证责任是指由法律预先规定的，在行政案件的真实情况难以确认的情况下，由当事人提供证据予以证明，如果其提供不出注明相应事实情况的证据，就要承担败诉风险及不利后果的制度。

1. 被告的举证责任

我国《行政诉讼法》第三十二条规定，被告对作出的具体行政行为负有举证责任，应当提供作出该具体行政行为的证据和所依据的规范性文件。根据该条规定和相关司法解释，行政诉讼中被告的举证责任具体包括三个方面：第一，被告应就其具体行政行为是否合法承担举证责任；第二，被告既要就作出的具体行政行为的事实根据举证，又要就作出的具体行政行为的法律依据举证；第三，如果被告对被诉具体行政行为不能提供有关事实根据和法律依据，就要承担败诉的法律后果。

行政诉讼中双方争议的焦点在于具体行政行为的合法性，而法律规定由被告就具体行政行为是否合法承担举证责任，言下之意即行政诉讼中被告承担主要的举证责任。之所以如此规定，有以下几个原因：

第一，行政行为最基本的程序规则是先取证后裁决，即行政机关在作出裁决前，应当充分搜集证据，然后据以认定事实，并根据法律作出裁决，而不能在毫无证据的情况下，对公民、法人或其他组织作出行政行为。因此，当行政机关作出的行政行为被诉至人民法院时，应当能够有充分的事实根据证明其行政行为的合法性，这是被告承担主要举证责任的基础。

第二，在行政法律关系中，行政机关居于主动地位，其实施行为时一般无须征得行政相对方的同意，这使得行政相对方往往处于被动地位。为了体现在诉讼中双方当事人权责的统一以及诉讼地位的平等性，就应当要求被告证明其行为的合法性，否则应当承担败诉的后果，而不能要求处于被动地位的原告承担主要举证责任。

第三，被告的举证能力比原告强。行政案件证据的搜集往往需要一定的知识、技术手段、设备乃至权力，而这些条件一般是原告所不具备的。如对环境是否造成污染，污染的程度有多大，药品管理中伪劣药品的认定等，这些证据都是原告难以搜集保全的，要求被告承担主要的举证责任理所应当。

关于被告举证的期限，由于行政机关作出具体行政行为最基本的规则是先取证后裁决，因此在争议被提交到人民法院审理裁判之前，行政机关所需的证据都应早已搜集完备，所以《若干规定》第一条就规定：被告应当在收到起诉状副本之日起10内提供作出具体行政行为的全部证据和规范性文件依据，被告不提供或无正当理由逾期提供的，视为被诉具体行政行为没有相应证据、依据。但如果出现了下列情形，被告确实无法在上述期限提供相应证据的，可以经人民法院许可后在规定的期限内予以补充：一是被告在作出具体行政行为时已经搜集证据，但因不可抗力等正当事由不能提供的；二是原告或第三人在诉讼过程中，提出了其在被告实施行政行为过程中没有提出的反驳理由或者证据的。

2. 原告的举证责任

行政诉讼中虽由被告就具体行政行为的合法性承担举证责任，但就整个诉讼程序来看，决定诉讼结果的事实并不仅仅是被诉具体行政行为的合法性，实际上还包括大量的程序事实，尤其是起诉条件和诉讼行为本身。因此，行政诉讼中，在被告承担主要的举证责任的同时，原告要就以下事项承担举证责任：①证明起诉符合法定条件，包括原告是认为具体行政行为侵犯其合法权益的公民、法人或其他组织，有明确的被告；有具体的诉讼请求和事实根据；属于人民法院受案范围和受诉人民法院管辖。②在起诉被告不作为的案件中，提供其在行政程序中曾向被告提出申请的证据材料。但是有下列情形的除外：被告应当依职权主动履行法定职责的；原告因被告受理申请的登记制度不完备等正当事由不能提供相关证据材料,并能够作出合理说明的。③在一并提起的行政赔偿诉讼中,证明因受被诉具体行政行为侵害而造成损失的事实。④其他应当由原告承担举证责任的事项。

法律规定举证期限是为了保证行政诉讼的顺利进行,提高行政诉讼效率。对原告举证期限的规定,既要考虑诉讼所涉及的争议事实的性质,又要考虑当事人提供证据的能力。《若干规定》第七条对原告提供证据的期限作出了如下规定:①原告或者第三人应当在开庭审理前或者人民法院指定的交换证据之日提供证据。因正当事由申请延期提供证据的,经人民法院准许,可以在法庭调查中提供。逾期提供证据的,视为放弃举证权利。②原告或者第三人在第一审程序中无正当理由未提供而在第二审程序中提供的证据,人民法院不予接纳。

(二)证据的调取和保全

1. 证据的调取

行政诉讼中调取证据是指人民法院依职权或依当事人申请,根据法定的程序,采用科学的方法,把能证明案件真实情况的事实材料,予以固定和提取的行为。

在行政诉讼中,被告承担主要的举证责任,原告承担有限的举证责任,但这并不否认人民法院可以搜集调取证据。因为在有些情形下,行政案件涉及国家利益、公共利益或他人合法权益,或者相关证据由国家有关部门保存,当事人无法自行取得,必须由人民法院出面调取。这也是我国行政诉讼中职权主义的表现。

人民法院调取证据的范围不是宽泛任意的,否则就会有司法权不当干涉行政权之嫌,或者失去其进行中立、被动裁判的地位,甚至形成人民法院与被告共同审原告的局面。因此,对人民法院调取证据的范围作出规定是必要的。

(1)人民法院在下列情形下,可依职权向有关行政机关以及其他组织、公民调取证据:涉及国家利益、公共利益或者他人合法权益的事实认定的;涉及依职权追加当事人、中止诉讼、终结诉讼、回避等程序性事项。

(2)在有些情况下,如果原告或者第三人不能自行搜集,但能够提供确切线索的,人民法院经原告或第三人申请,可以出面调取下列证据:由国家有关部门保存而必须由人民法院调取的证据;涉及国家秘密、商业秘密、个人隐私的证据;原告或第三人确因客观原因不能自行搜集的其他证据。

(3)人民法院不得为证明被诉具体行政行为的合法性,调取被告在作出具体行政行为时未搜集的证据。

2. 证据的保全

证据的保全是指证据有可能灭失或以后难以取得的情况下,人民法院根据诉讼参加人的请求或依职权主动采取措施,对证据加以固定和保护的制度。

由于查明案件事实,处理行政争议,往往要经过立案、审理,有的经过当事人上诉,第一审后还有一个比较长的时间,某些案件往往还要复查而引起再审程序等问题,如果对发现和搜集到的证据不能加以妥善地固定和保全,时间一长可能会自然消失或损毁。人民法院就无法了解其原状,这将给日后的诉讼带来困难,甚至造成无法弥补的损失。

1)证据保全的条件

出现下列情况之一,当事人就可以提出采取保全措施的申请,人民法院也可以依职权主动采取保全措施：

（1）证据可能灭失。如作为证据的物品将腐败、变质甚至消灭，应当及时将物品的外形、特征等制成笔录，拍成照片。

（2）证据以后难以取得。如证人有可能出国留学或定居国外，应当在其出国前，进行询问，制成书面的证人证言。

2）申请证据保全的程序

（1）当事人向人民法院申请保全证据的，应当在举证期限届满前以书面形式提出，并说明证据的名称和地点、保全的内容和范围、申请保全的理由等事项。

（2）人民法院要求其提供担保的，当事人还应当提供担保。否则，人民法院可以驳回其申请。

（3）人民法院经审查当事人提出的申请认为需要采取保全措施的，应当作出准许保全的裁定，并在裁定中指出保全哪一种证据，在何时、何地、用何种方法进行保全；人民法院不接受当事人的申请的，也应当作出裁定，并说明不采取保全措施的理由。

3）保全证据的方法

保全证据的方法根据证据的不同而有所区别。人民法院根据具体情况，可以采取查封、扣押、拍照、录音、复制、鉴定、勘验、制作询问笔录等保全措施。如对物证的保全，人民法院可以采取绘图、拍照、摄像或者封存原物的方法。不管是采用哪种方法进行保全，应该客观真实地反映证据情况，有利于证明案件事实。

3. 质证和证据的审定

人民法院审理行政案件，必须依赖证据来确定案件的事实。而证据的证明力只有经过审判人员对证据的审查核实和判断后才能认定。在行政审判中，人民法院审核与判断证据的关键一环是质证。证据经过质证后，人民法院在此基础上对证据进行具体、综合的分析和判断，以确定证据的证明力。

1）质证

质证是指在行政审判中，双方当事人对出示的证据提出质疑、辩论和核实，由审判人员确认该证据的证明力的诉讼活动。在我国以往的行政诉讼中，由于采用严格的职权主义模式，法官往往把精力过多地投入到调查取证上，对当事人提供的证据没有给予足够的重视，往往以调查取证的材料作为定案的依据，同时又不向当事人公开，结果往往是法官"跑断腿"，双方当事人对判决还是不满意。而确立质证制度对强化庭审功能、弱化法官"职权"色彩、提高审判质量和效率、维护司法公正、增强当事人对人民法院裁判的信任度等都具有重要意义。正是基于此，最高人民法院《若干规定》第三十五条规定："证据应当在法庭上出示，并经庭审质证。未经庭审质证的证据，人民法院不能作为定案的根据。"第三十六条规定："经合法传唤，因被告无正当理由拒不到庭而需要依法缺席判决的，被告提供的证据不能作为定案的依据。"

双方当事人进行庭审质证必须紧密围绕证据的关联性、合法性和真实性，针对证据证明效力以及证明效力的大小进行质证。经法庭准许，当事人及其代理人可以就证据问题相互发问，也可以向证人、鉴定人、勘验人发问，但发问的内容应当与案件事实有关联，不得采用引诱、威胁、侮辱等语言或者方式。除此之外，对各类证据的质证还应当符合前述各类证据的要求。

在行政诉讼中,并不是所有证据都要经过质证。以下证据可不经庭审质证,直接由人民法院予以认定:①当事人在庭前证据交换过程中没有争议并记录在卷的证据。对于案情比较复杂或证据数量较多的案件,人民法院可以在开庭前组织双方当事人彼此出示或交换证据,如果对其中的一些证据当事人都予以认可,在庭审中再行质证就没有必要。此类证据只要审判人员在庭审过程中予以简要说明,就可以作为认定案件事实的根据。②众所周知的事实、自然规律及定理、根据日常生活经验法则推定的事实。一般情形下,这些事实、规律及定理作为行政诉讼证据时,人民法院可以直接认定其效力。不过对众所周知的事实、根据日常生活经验法则推定的事实等,当事人如果有相反证据足以推翻的除外。③按照法律规定推定的事实和已经依法证明的事实。由于这些事实都是已经依法推定或证明的事实,它们作为证据时,一般也不需质证。

2)证据证明力的判断与确定

证据的证明力是指证据能否用来证明案件事实以及能在多大程度上证明案件事实,亦即证据在证明案件事实方面的说服力。对证据证明力的判断和确定是一项非常复杂的工作,审判人员必须对经过庭审质证的依据和无须质证的证据进行逐一审查及对全部证据进行综合审查,遵守法官的职业道德,运用逻辑推理和生活经验,进行全面、客观和公正的分析和判断。

在这个过程中,审判人员除紧紧围绕证据的关联性、合法性和真实性进行审查判断外,还必须遵循以下规则。

Ⅰ.优势证据规则

优势证据规则是指一种证据由于其来源、特性等方面的不同,其证明力明显高于另一种证据。行政诉讼中主要有以下优势证据规则:

直接证据的证明力高于间接证据。直接证据和间接证据是依据诉讼证据是否能够单独直接证明案件主要事实的标准而划分的。直接证据是能够单独、直接地证明案件主要事实的证据。在司法实践中,书证、视听资料、证人证言以及行政机关工作人员制作的现场笔录等,都属于直接证据。直接证据因其本身就能够证明案件主要事实,所以具有较强的说服力。间接证据是指不能单独证明案件事实,而须与其他证据相结合,经过合理的推理才能证明案件主要事实的证据。行政诉讼中的物证、勘验笔录、鉴定结论等,都是间接证据。间接证据因需要与其他证据联系起来才能证明案件事实,才具有说服力,所以其证明力低于直接证据。

原始证据的证明力高于传来证据。原始证据和传来证据是根据证据的来源而进行的分类。原始证据是直接来源于案件事实而未经中间环节传播的证据,即与案件事实有关的第一手材料。如当事人对自己所经历的案件情形所作的陈述,证人就自己所见所闻的事实所提供的证言,物证、书证、视听资料的原件等,都属于原始证据。由于原始证据直接来源于案件,未经过中间环节,对案件有关事实的反映是最直接的,具有较强的客观性,因此证明力很高。传来证据又称为派生证据,是经过一定的中间环节、间接来源于案件事实的证据,主要指经过转抄、转述、复制等手段而形成的与案件事实有关的第二手材料。如书证的影印件、物证的照片、视听资料原件的复制品、证人陈述的其他人关于案件事实的证言等,都属于传来证据。传来证据由于经过了中间环节的传播,有可能出现差错和失实。因此,其准确性和真实性不如原始证据。

公定证据的证明力高于非公定证据。公定证据是指经过国家机关或法定组织依法制作的具有法律效力的证据,如国家机关及其他职能部门依职权制作的公文文书、经过公证或者登记的书证、法定鉴定部门的鉴定结论、法庭主持勘验制作的勘验笔录。非公定证据是指公定证据之外的其他证据。由于公定证据的制作主体和程序较为严格,且法律责任明确,不易造假,有很强的可靠性,所以公定证据的证明力一般高于非公定证据。

关系证人证言的证明力低于非关系证人的证言。关系证人是指与案件当事人有亲属关系或其他密切关系以及敌视关系的证人,该证人是该当事人的关系证人。除此之外的证人为非关系证人。关系证人基于与当事人的特殊关系,往往有可能隐瞒事实真相或作虚假陈述,因此其证言的客观真实性较弱。当与当事人有敌视关系的关系证人提供对该当事人不利的证言,或者非敌视关系的关系证人提供对该当事人有利的证言时,其证言的证明力应低于非关系证人的证言。

Ⅱ. 证据排除规则

证据排除规则是指搜集证据必须依法进行,对不符合法律规定取得的证据应当予以排除,不得作为定案的根据。在行政诉讼中下列证据应予以排除:

在被告作出具体行政行为后,被告及其诉讼代理人、复议机关等搜集的证据。具体包括以下情形:其一,被告及其诉讼代理人作出具体行政行为后(包括在诉讼程序中)自行搜集的证据;其二,复议机关在复议程序中搜集和补充的证据。这两类证据不能作为人民法院认定原具体行政行为合法的根据。之所以如此规定,源于具体行政行为的先取证后裁决规则。具体行政行为一经作出,行政机关就不能再搜集证据,否则就是对上述规则的违背。该规则同样适用于其诉讼代理人和复议机关。当然,在特定情形下,经人民法院许可,行政机关补充相关证据的为例外。

严重违反法定程序搜集的证据。违反法定程序的主要表现是违反了法律、法规、规章或其他规范性文件之中的程序性规定,不仅仅体现为对步骤、方式、时间的违反,更体现为对程序本身所体现的公平、正义的价值内涵的违反。比如,被告在行政程序中非法剥夺公民、法人或其他组织依法享有的陈述、申辩或者听证权利所取得的证据。强调"严重",是因为行政机关是公共利益的代表,行政行为具有公益性,如果把违反法定程序搜集的证据一律排除出可采用证据的范围,势必会对公益产生影响。是否构成严重程序违法,应结合个案进行分析判断。

以非法手段获取的证据。包括两种情形:其一是以利诱、欺诈、胁迫、暴力等不正当手段获取的证据;其二是以违反法律禁止性规定或者侵犯他人合法权益的方法取得的证据。

其他非法证据。如不具备鉴定资格的组织或个人作出的鉴定结论。

Ⅲ. 特定孤证不能定案规则

行政诉讼中只要单个证据完全具备"三性",即关联性、合法性和真实性,并且能够清楚地证明被诉具体行政行为是否合法,就可以孤证定案。但要注意的是,下列证据不能单独作为定案的根据,即特定孤证不能定案:

未成年人所作的与其年龄和智力状况不相适应的证言。证人作证必须具备一定的作证能力。证人的作证能力与其民事行为能力基本上是相一致的,但不同的是,证人的实际作证能力主要取决于证人智力上的发育状态和程度,并非取决于证人的年龄,证人的年龄并不构成未成年人取得证人资格的主要条件。对于证人作证能力的认定,应当根据案件的复杂程度、作证能力对证人智力发育的要求程度,并结合证人的生理、性格、习惯、受教育的条件和程度,以及证言形成时的环境因素进行判断。当然,对未成年人所作的与其年龄和智力状态不相适应的证言不能完全否定其证明力,应结合其他证据进行综合判断。

关系证人出具的证言。审查认定证人与案件当事人或案件本身是否有密切关系是审查认定证人证言的重要方面。如前所述,由于关系证人与案件当事人有利害关系、亲属关系、朋友关系或者相互敌视的对立关系等,有可能影响其证言的客观真实性,削弱其证明力。对于有直接利害关系的关系证人,一些国家规定这种人没有作证资格。在我国的司法实践中,并未排除与案件有密切关系的证人作证的权利,但对此类证言我们应谨慎对待,不能单独以其作为认定案件事实的根据。

难以识别是否经过修改的视听资料。视听资料是以录音带、录像带、电影胶片、电子计算机、电子磁盘或者其他高科技设备存储的信息作为证明案件事实的手段的证据。视听资料虽然具有高度的准确性、逼真性和直观性,但视听资料极易被伪造、篡改,如录音带、录像带极易被消磁、剪辑,电子计算机被传染病毒。视听资料一旦被篡改、伪造,不借助科学技术手段往往难以甄别。如果没有其他证据印证并存有疑点,视听资料就不能单独作为认定案件事实的根据。

无法与原件、原物核对的复制件或者复制品。无法与原件和原物核对的复制件、复制品,其真实性无从考证,因此此类证据的证明力较弱,不能单独作为认定案件事实的根据。

证据被一方当事人或他人改动、对方当事人不予认可的证据。如果证据被一方当事人或他人改动,而对方当事人又不予认可的,此类证据的真实性无法得到印证,也不能单独作为认定案件事实的根据。

其他不能单独作为定案依据的证据。如应当出庭作证而无正当理由不出庭作证的证人证言。

第五节 行政诉讼程序

一、行政诉讼程序及其特征

行政诉讼程序,是指人民法院审判行政案件所要经过的法定阶段和步骤,包括从行政相对方起诉直至案件执行终结的全部过程,具体可分为审判程序和执行程序。审判程序又包括第一审程序、第二审程序和审判监督程序。其中,第一审程序为行政案件审判的必经程序,该程序因行政相对方不服行政机关作出的具体行政行为而行使起诉权和人民法院依法受理案件而发生;第二审程序由于当事人不服第一审人民法院的尚未生效的裁判依法提起上诉而发生,但并不是所有的行政案件都要经过第二审程序。这两个程序构成了行政诉讼审判的一般程序。审判监督程序又称再审程序,是指人民法院对已经发生法律效力的判决、裁定,发现其确有错误时,对行政案件再次进行审理而适用的程序,该程序不具有审级性质,它是一种特殊的审判程序。执行程序则是人民法院的执行组织在义务人拒不履行人民法院作出的已经生效的法律文书,为使发生法律效力的法律文书的内容得以实现依法采取强制措施的过程中所应遵循的程序。

行政诉讼程序具有以下特征:

(1)起诉资格的单方性。按照我国《行政诉讼法》的规定,只有行政相对方(包括直接相对方和间接相对方)才可以提起行政诉讼,行政主体则不行。这是由行政行为中双方当事人的地位不平等决定的。在具体行政行为中,行政机关处于强势地位,不仅可以对行政相对方进行监督指挥,往往还可以自行强制执行其行政裁决,没有必要通过诉讼途径解决与行政相对方的争议;而行政相对方处于弱势地位,被侵害的往往是行政相对方。通过诉讼监督行政权的行使,保护行政相对方的合法权益,是行政诉讼中人民法院的主要职责所在。

(2)行政诉讼程序中不适用调解,被告也不得反诉。这是因为,从根本上说行政职权是人民的权力,行政机关必须依法行使,不得随意放弃、转让、处分,因而也就无所谓调解。

(3)行政复议程序前置。《若干解释》第三十三条规定:法律、法规规定应当先申请复议,公民、法人或其他组织未申请复议直接提起诉讼的,人民法院不予受理。法律作出如此规定,是因为行政事务往往具有专业性和技术性,发生争议后,首先由行政机关内部纠正,既有利于化解矛盾,维护行政相对方的合法权益;又可以保证行政效率,减少人民法院的讼累。当然,并不是所有行政争议都必须经过行政复议,只有在法律、法规明文规定的情形下才如此。

二、审判程序

(一)起诉

起诉是指公民、法人或者其他组织认为行政机关的具体行政行为侵犯了其合法权益,向人民法院提起诉讼,请求人民法院对具体行政行为的合法性进行审查并作出裁判,以保护其合法权益的诉讼行为。

起诉是行政诉讼程序的起始阶段,根据《行政诉讼法》第四十一条的规定,公民、法人或其他组织向人民法院提起行政诉讼,必须具备以下条件:

(1)原告必须是认为具体行政行为侵犯其合法权益的公民、法人或其他组织。按我国《行政诉讼法》的规定,公民、法人或其他组织认为他人权益受到具体行政行为的侵犯或认为非具体行政行为侵犯其权益的,目前都不得提起行政诉讼。

(2)必须有明确的被告。公民、法人或其他组织提起行政诉讼应指明哪个或哪些行政机关的具体行政行为侵犯其合法权益。如果没有明确具体的被告,诉讼法律关系就无法形成,诉讼的法律后果将无人承担。

(3)必须有具体的诉讼请求和事实根据。公民、法人或其他组织在起诉时,必须向人民法院提出具体的权利主张及其初步的理由和根据。行政诉讼的诉讼请求可以是确认具体行政行为违法或撤销、部分撤销、变更具体行政行为,或者要求行政机关履行法定职责等。同时还要有相应的事实根据,包括其权益受到侵犯的事实情况与证据等。

(4)起诉的案件属于人民法院受案范围和受诉人民法院管辖。与民事诉讼、刑事诉讼相比,我国行政诉讼中人民法院的受案范围受到较多限制,如抽象行政行为、内部行政行为、行政终局行为等都属不可诉之列,行政相对方的诉权相应地也受到较多限制。不过,随着我国社会主义政治文明建设的不断发展,行政诉讼理论的不断完善,不可诉范围肯定会逐步缩小。

(二)审查与受理

1. 审查

在司法实践中,公民、法人或其他组织的起诉不一定都能被人民法院所受理。人民法院对每一个起诉都要依法进行审查,然后根据不同情况分别作出受理或者不予受理的决定。人民法院对起诉的审查主要从以下几方面进行:

(1)审查起诉是否符合法定条件。依据《行政诉讼法》第四十一条的规定,审查以下条件:原告是否适格;被告是否明确、适格;诉讼请求是否明确、具体及有无事实根据;是否属于人民法院的受案范围和受诉人民法院管辖。

(2)审查起诉是否遵循了法律关于行政复议程序前置的规定。根据我国法律规定,行政复议和行政诉讼的关系有三种情形:原告可以不经过复议而直接起诉;原告必须先经过复议,对复议决定不服再起诉;原告可以选择复议,也可以直接起诉。原告选择先行复议的,又分为两种情形:一是有的复议决定为终局决定,复议申请人对复议决定不服的,不可再起诉;二是选择复议后,对复议决定不服,原告还可以提起诉讼。根据上述规定,有的行政案件应当先向行政机关申请复议,对复议决定不服的,方能向人民法院提起行政诉讼。

(3)审查起诉是否符合法定的起诉期限。我国法律对公民、法人或者其他组织提起行政诉讼的期限作了具体规定。原告的起诉只有符合起诉期限的规定,人民法院才受理。原告的起诉期限主要有两种情况:第一,经过复议的案件,申请人对复议决定不服的,或者复议机关逾期不作出复议决定的,申请人可在收到复议决定之日起15日内或者复议期满之日起15日内向人民法院提起诉讼。第二,公民、法人或者其他组织直接向人民法院提起诉讼的,从知道或者应当知道该行政行为之日起3个月内提出。公民、法人或其他组织不知道行政机关作出的具体行政行为内容的,其起诉期限从知道或应当知道该具体行政行为内容之日起计算。对涉及不动产的具体行政行为从行为作出之日起超过20年,其他具体行政行为从作出之日起超过5年提起诉讼的,人民法院不予受理。

(4)审查起诉是否是重复诉讼。即审查当事人起诉的案件是否人民法院已经审理过或正在审理。

2. 受理

受理是指人民法院对公民、法人或其他组织的起诉进行审查后,认为起诉符合法定条件而决定立案的诉讼行为。人民法院经审查后,认为起诉符合法定条件的,应当在接到起诉状之日起7日内立案,并及时通知当事人。人民法院认为起诉不符合法定条件的,应当在接到起诉状之日起7日内作出不予受理的裁定。原告对不予受理的裁定,可在接到裁定书之日起10日内向上一级人民法院提起上诉。受诉人民法院在7日内既不决定立案受理,又不作出不予受理裁定的,起诉人可向上一级人民法院申诉或起诉。

3. 受理和驳回起诉的情形

人民法院对有下列情形的,应当裁定不予受理;已经受理的,裁定驳回起诉:请求事项不属于行政审判权限范围的;起诉人无原告主体资格的;起诉人错列被告且拒绝变更的;法律规定必须由法定或者指定代理人、代表人为诉讼行为,未由法定或者指定代理人、代表人为诉讼行为的;由诉讼代理人代为起诉,其代理不符合法定要求的;起诉超过法定期限且无正当理由的;法律、法规规定行政复议为提起诉讼必经程序而未申请复议的;起诉人重复起诉的;已撤回起诉,无正当理由再行起诉的;诉讼标的为生效判决的效力所羁束的;起诉不具备其他法定要件的。

上述情形可以补正或更正的,人民法院应当责令其在指定期间内补正或更正。在指定期间已经补正或更正的,人民法院应当依法受理。

(三)第一审程序

1. 审理前的准备工作

1)组成合议庭

我国的行政审判组织包括行政审判庭、合议庭和审判委员会。其中,合议庭是人民法院行使行政审判权、审理行政案件的基本组织形式。《行政诉讼法》第四十六条规定:人民法院审理行政案件,由审判员组成合议庭,或者由审判员、陪审员组成合议庭。合议庭的成员,应当是3人以上的单数。合议庭中由一名审判员担任审判长,审判长由人民法院院长或行政审判庭庭长指定,院长或庭长参加合议庭时由院长或庭长担任审判长。合议庭按照少数服从多数的原则对案件进行审理和裁判。

2)通知被告应诉和送达诉讼文书

人民法院依法组成合议庭后,应当在立案之日起5日内,将起诉状的副本和应诉通知书发送给被诉行政机关。被告应当在收到起诉状副本之日起10日内向人民法院提交作出具体行政行为的有关材料,并提出答辩状。人民法院应当在收到答辩状之日起5日内,将答辩状的副本发送给原告。被告不提出答辩状的,不影响人民法院对案件的受理。

3)审查诉讼材料和调查搜集证据

审查诉讼材料主要是审查原告的起诉状、被告的答辩状和双方提交的各种证据。通过对诉讼材料的审查,人民法院可以了解原告的诉讼请求和理由、了解被告的答辩理由,从而确定案件的焦点。在此基础上,人民法院可根据审判需要决定是否调查和搜集有关证据,决定是否要求当事人补充证据,是否需要对专门性问题进行鉴定,是否需要采取证据保全措施等。

4)确认、更换和追加当事人

人民法院在开庭审理之前,还需要审查确定当事人的资格,决定和通知第三人参加诉讼。如果人民法院发现起诉和应诉者不符合当事人条件,应当更换当事人。如果发现应当参加诉讼的当事人没有参加诉讼,人民法院应当追加当事人,通知其参加诉讼。

2. 开庭审理程序

开庭审理程序是指在人民法院合议庭主持下,依法定程序对当事人之间的行政争议案件进行审理,查明案件事实,适用相应的法律规范,并最终作出裁判的活动。在我国,开庭审理有公开审理和不公开审理两种方式,除涉及国家秘密、个人隐私和法律另有规定的外,行政案件都应公开审理。公开审理主要是指对社会公开,允许社会上与案件无关的群众旁听,允许记者采访报道。

行政案件的开庭审理分以下几个阶段。

1)开庭前的有关事项

(1)召开合议庭准备会议。在开庭前,合议庭应召开准备会议,研究确定案件是否开庭审理,能否公开审理,开庭的日期、时间、地点,应当传唤、通知的当事人和其他诉讼参与人,开庭审理时应当注意的重点或者主要问题,合议庭成员在开庭审理过程中的分工,等等。准备会议的内容由书记员记入笔录。

(2)传唤、通知当事人和其他诉讼参与人。人民法院在开庭审理3日前,应当用传票或者通知书通知当事人和其他诉讼参与人。传票或者通知书须写明案由、开庭日期、时间和地点等。

(3)公告。公开审理的案件应当在开庭审理3日前向社会公告,内容包括当事人的姓名、单位、案由、开庭日期、时间、地点等。

2)庭审预备

(1)审查出庭情况。包括:查明当事人和其他诉讼参与人是否到庭;核对当事人身份,审查双方诉讼代理人的授权委托书和代理权限;宣布法庭纪律;如果出现诉讼参加人没有到庭的情况,由合议庭决定是否延期、按撤诉处理或者缺席审判等。

(2)宣布案由、合议庭组成和工作人员名单。

(3)告知当事人的诉讼权利和义务。

(4)询问当事人是否申请回避。当事人申请回避的,应当说明理由。回避事由得知或者发生在审理开始以后的,当事人也可以在法庭辩论终结前提出。申请回避可以口头提出,也可以书面提出。被申请回避的人员,应当暂停执行职务。但是,案件需要采取紧急措施的除外。人民法院对当事人提出的回避申请,应当在申请提出的3日内,以口头或者书面的形式作出决定。申请人对决定不服的,可以在接到决定时申请复议一次。人民法院对复议申请应当在3日内作出复议决定,并通知复议申请人。

3)法庭调查

法庭调查是人民法院在诉讼当事人和其他诉讼参与人的参加下,审查和判断各种证据、全面调查案件的诉讼阶段。该阶段的主要目的就是审查证据。

法庭调查一般首先由原告宣读起诉状,被告宣读答辩状,然后开始双方当事人陈述。原告陈述主要应说明其合法权益受到具体行政行为侵害的事实和过程;被告陈述主要是提出相应具体行政行为的事实根据和法律规范依据,以证明其合法性。当事人陈述完毕后,法庭传证人到庭作证,或当事人宣读证人证言。证人作证之前,法庭应告知证人的诉讼权利和义务。证人作证后,双方当事人及其诉讼代理人可以交叉询问证人。对于因正当理由不能出庭的证人,应宣读其书面证言,然后经双方当事人质证。接着由法庭或双方当事人出示书证、物证和视听资料,宣读鉴定结论、勘验笔录和现场笔录,并由当事人进行质证。其中视听资料也应当庭播放。

4)法庭辩论

法庭辩论是指在审判人员的主持下,诉讼当事人及其代理人就案件的事实、证据等进

行辩论,阐述自己的观点和主张、反驳他方的观点和主张的诉讼活动。法庭辩论一般的顺序是:

(1)原告及其诉讼代理人发言;

(2)被告及其诉讼代理人答辩;

(3)第三人及其诉讼代理人发言或答辩;

(4)双方互相辩论。

在法庭辩论中,如果发现新的情况需要进一步调查,审判长可以宣布停止辩论,恢复法庭调查或决定延期审理,待事实查清后,再继续法庭辩论。

法庭辩论终结后,由审判长按照原告、被告、第三人的顺序征询各方最后意见。

5)评议和宣判

法庭辩论结束后,审判长宣布休庭,由合议庭组成人员进行合议。合议庭代表人民法院根据经过法庭审查认定的证据,确认案件事实,适用相关法律规范,最终形成人民法院对案件的裁定和判决。合议阶段是合议庭组成人员由各自的判断形成多数意见乃至一致意见的过程,合议结论应坚持少数服从多数的原则,但少数人的意见应当记入合议笔录,每一位合议庭组成人员都应在合议笔录上签名。

经过法庭调查、法庭辩论和休庭合议三个阶段后,庭审即进入最后宣判阶段。宣判是由审判长代表人民法院宣告对被诉具体行政行为是否合法的认定和人民法院对相应具体行政行为的处置,如撤销、维持或变更。人民法院宣判一律公开进行,除当庭宣判外,还可以择期宣判。宣判时,应告知诉讼当事人的上诉权利、上诉期限和上诉人民法院。

3. 审理中的各项制度

1)保全

财产保全是指人民法院在因当事人一方的行为或者其他原因可能使具体行政行为或人民法院的生效裁判不能或者难以执行的情况下,根据对方当事人的申请,或依职权主动采取措施对有关财产加以保全的制度。财产保全应符合以下条件:第一,可能因当事人一方的行为或者其他原因,使具体行政行为或者人民法院生效的裁判不能或者难以执行的;第二,财产保全仅限于诉讼请求所涉及的范围或者与本案有关的财物。人民法院依申请采取财产保全措施的,可以责令申请人提供担保,申请人不提供担保的,驳回申请。

财产保全主要采取查封、扣押、冻结或者法律规定的其他方法。人民法院接受财产保全申请后,对情况紧急的必须在 48 小时内作出裁定,并应当立即执行。申请财产保全有错误的,申请人应当赔偿被申请人因财产保全所遭受的损失。当事人对财产保全的裁定不服的,可以申请复议。复议期间不停止裁定的执行。

2)先予执行

先予执行是指人民法院在作出判决之前,裁定有给付义务的一方当事人预先给付对方部分财物或者作出一定行为,以满足对方生产生活之急需的法律制度。在行政诉讼中,先予执行主要适用于控告行政机关没有依法发给抚恤金、社会保险金、最低生活保障费等方面的案件。在行政诉讼过程中,先予执行一般由当事人申请,人民法院裁定。申请先予执行须具备以下条件:第一,案件必须具有给付内容;第二,义务人没有自动履行给付义务;第三,为申请人的生产生活所必需。当事人对先予执行的裁定不服,可以申请复议,但复议期间不停止裁定的执行。

3）撤诉

撤诉是原告表示或依其行为推定其将已经成立的起诉行为撤销，人民法院审查后予以同意的诉讼行为。撤诉有两个条件：一是原告明确表示撤销起诉或由于其消极的诉讼不作为推定其撤销起诉；二是经人民法院审查同意。

Ⅰ．撤诉的两种类型

第一，原告申请撤诉。在行政诉讼过程中，当人民法院受理案件以后、宣告裁判以前，原告向人民法院请求撤回业已成立的诉讼，人民法院审查同意，准许其撤诉。这种撤诉的条件是：原告在第一审裁判宣告之前提出申请，申请为原告的真实意思表示，申请得到人民法院的准许。

第二，视为申请撤诉。在行政诉讼中，原告并没有明确表示撤诉的意思，但由于其在诉讼中消极的诉讼行为，人民法院可推定其意在撤销诉讼，此即视为申请撤诉。视为申请撤诉的情形有：原告经人民法院两次合法传唤无正当理由拒不到庭的，或者虽到庭但未经法庭同意而中途退庭的。

Ⅱ．撤诉的法律后果

首先，原告申请撤诉或人民法院视为申请撤诉的，经人民法院准许，终结诉讼。原告不得再行起诉，人民法院也不再受理。其次，原告申请撤诉、人民法院不予准许，或原告经人民法院两次合法传唤无正当理由拒不到庭，以及未经法庭许可中途退庭的，若其仍须继续参加诉讼，但拒不到庭的，人民法院予以缺席判决。

4）延期审理

延期审理是指人民法院在开庭审理之前或者审理过程中，由于特殊情况，以致无法按预先确定的时间开庭审理案件，而将案件推迟审理的制度。

在司法实践中，需要延期的情况包括：必须到庭的当事人和其他诉讼参与人没有到庭；因当事人申请回避不能进行审理；需要通知新的证人到庭，调取新的证据，重新鉴定、勘验，或者需要补充调查的；合议庭成员因有临时紧急任务或者特殊、意外情况，不能出庭且无人代替的；其他需要延期审理的情况。

当上述情况出现后，由人民法院作出延期审理的决定。下次开庭审理的时间，可以在决定延期审理时确定，也可以另行通知。

5）延长审限

延长审限是指人民法院在审理行政案件的过程中，由于发生特殊情况而无法在规定的审理期限内结案，经高级人民法院或最高人民法院批准而延长审理期限的制度。

根据《行政诉讼法》的规定，人民法院应当在立案之日起3个月内作出第一审判决，上诉案件应当在收到上诉状之日起2个月内作出终审判决。有特殊情况需要延长的，由高级人民法院批准，高级人民法院需要延长审限的，由最高人民法院批准。延长审限应由审理案件的人民法院提出书面申请，申请中应写明延长审限的理由和申请延长的时间。

6）缺席判决

缺席判决是指人民法院开庭审理行政案件时，在当事人缺席的情况下，经过审理径直作出裁定、判决的制度。缺席判决是为了维护法律的尊严、维护到庭的一方当事人的合法权益,保证审判活动的正常进行而设立的一种制度。

在行政诉讼中,缺席判决主要适用于以下四种情况:第一,经人民法院两次合法传唤,被告无正当理由拒不到庭的。第二,被告虽然到庭参加诉讼,但未经法庭许可中途退庭的。第三,不准撤诉的原告、上诉人经两次合法传唤后无正当理由拒不到庭的。第四,不准撤诉的原告、上诉人未经法庭许可中途退庭的。

7)诉讼中止

诉讼中止是指在诉讼过程中,由于发生某种无法克服和难以避免的特殊情况,人民法院裁定暂时停止诉讼程序的制度。诉讼中止的法律效果有:一是在诉讼中止期间,人民法院除依法采取财产保全措施或者停止执行具体行政行为的措施外,应当停止对本案的审理;二是在诉讼中止期间,当事人及其他诉讼参与人的诉讼活动全部停止;三是诉讼中止期间不计算在审理期限之内。

导致诉讼中止的原因主要有:原告死亡需要等待其近亲属表明是否参加诉讼的;原告丧失诉讼行为能力,尚未确定法定代理人的;作为原告的法人或者其他组织终止,尚未确定权利义务承担者的;当事人因不可抗力的事由,不能参加诉讼的;人民法院发现当事人的行为已经构成犯罪,而对刑事责任的追究影响本案审理的;其他应当中止诉讼的情形。

发生诉讼中止情形的,人民法院应作出书面裁定,当事人不服的,不得申请复议和提起上诉。何时结束诉讼中止,恢复诉讼程序,取决于导致诉讼中止的原因是否消除。恢复诉讼程序后,当事人在诉讼中止前的诉讼行为依然有效。

8)诉讼终结

诉讼终结是指在诉讼过程中,因出现使诉讼不能继续进行且不能恢复或者诉讼继续进行已经没有实际意义的情况,人民法院裁定结束对行政案件的审理的制度。在诉讼终结的情况下,人民法院对当事人之间的争议因已无必要而不需作出实体处理。

导致诉讼终结的原因有两种:第一,权利人明确放弃诉讼权利的。如原告申请撤诉且经法院同意的;原告死亡,没有近亲属或近亲属放弃诉讼权利的;作为原告的法人或者其他组织终止后,其权利义务的承受者放弃诉讼权利的。第二,诉讼无法继续进行的。如因原告丧失诉讼行为能力、死亡或者终止导致诉讼中止后 90 日内仍无人继续参加诉讼的。

当事人不服人民法院终结诉讼的裁定的,不得复议或者上诉。裁定一经送达即发生法律效力。诉讼终结后,当事人不得以同一事实和理由再行起诉。

(四)第二审程序

第二审程序,亦称上诉审程序,是指上一级人民法院基于当事人的上诉,对第一审人民法院作出的未生效的判决、裁定重新进行审理并作出裁判的程序。它的特点有:因当事人的上诉而引起;由第一审人民法院的上一级人民法院主持进行;所作出的判决、裁定是终审判决、裁定。

第二审程序和第一审程序虽属两个审级不同的程序,但两者有着密切的联系。第一审程序是第二审程序的基础和前提,第二审程序是第一审程序的继续和发展。但是,第二审程序并不是每个案件的必经程序。如果一个案件经过第一审,当事人没有异议,或者在法定期限内不提起上诉,就不会引起第二审程序的发生。

1. 上诉的提起

上诉是指当事人不服第一审人民法院所作出的未生效的判决、裁定,在法定期限内声明不服,提请上一级人民法院对行政案件进行第二次审理的诉讼行为。上诉是法律赋予当事人的一项诉讼权利,既不可被剥夺,也不可被限制。无论第一审裁判是否正确,当事人都可提起上诉。只要依法提起上诉,就必然引起第二审程序。

当事人提起上诉,必须具备以下条件:

第一,上诉人和被上诉人必须适格。第一审程序的当事人,包括原告、被告、第三人都有资格提起上诉。第一审裁判后当事人均提起上诉的,上诉各方均为上诉人。诉讼当事人中的一部分提出上诉的,没有提出上诉的对方当事人为被上诉人,其他当事人依原审诉讼地位列明。

第二,必须是针对第一审人民法院作出的尚未发生法律效力的裁定、判决而提起。最高人民法院作出的第一审裁判是终审裁判,不能成为上诉的对象。

第三,必须在法定期限内提起。当事人不服人民法院第一审判决的,有权在判决书送达之日起15日内向上一级人民法院提起上诉;当事人不服人民法院第一审裁定的,有权在裁定书送达之日起10日内向上一级人民法院提起上诉。当事人逾期不上诉的,人民法院的第一审裁定、判决即发生法律效力。在上诉期间,当事人因不可抗拒的事由或者其他正当理由耽误了上诉期限的,应在障碍消除后10日内申请顺延上诉期限,是否准许由人民法院决定。

第四,必须递交上诉状。上诉状是表明当事人上诉意愿和请求的书面诉讼文书。上诉状一般包括如下内容:当事人的姓名、法人或者其他组织的名称及其法定代表人的姓名,原审人民法院的名称,案件编号或案由,上诉的请求和理由。

第五,缴纳诉讼费用。

2. 上诉的受理

第二审人民法院收到上诉状后,经审查认为上诉人的上诉符合法定条件的,应当予以受理,并在5日内将上诉状副本送达被上诉人。被上诉人在收到上诉状副本后,应当在10日内提出答辩状。人民法院应当在收到答辩状之日起5日内将副本送达上诉人。被上诉人不提交答辩状的,不影响案件的审理。

上诉状可以通过原审人民法院提出,也可以直接向第二审人民法院提出。但在审判实践中,上诉人的上诉状大多向第一审人民法院提出,第一审人民法院收到上诉状后,要审查上诉是否符合条件,在法定期限内将上诉状的副本送达被上诉人,并要求被上诉人在法定期限内提交答辩状。第一审人民法院在收到答辩状后,应在法定期限内将上诉状、答辩状连同第一审案卷及证据材料、代第二审人民法院收缴的诉讼费用一并报送第二审人民法院。

3. 上诉案件的审理

第二审人民法院审理上诉案件,一律由审判员组成合议庭进行审理。其审理方式有开庭审理和书面审理两种形式。开庭审理程序与第一审程序相同。开庭审理主要适用于当事人对第一审人民法院认定事实有争议或者认为第一审人民法院认定事实不清、证据不足的案件。书面审理是指人民法院只就第一审人民法院报送的案卷材料、上诉状、答辩状及证据进行审理并作出判决、裁定,不需要诉讼参加人出庭,也不向社会公开的一种审理方式。书面审理主要适用于第一审判决、裁定认定事实清楚,但适用法律法规有错误的上诉案件。

第二审人民法院审理上诉案件,应当对原审人民法院的判决、裁定和被诉具体行政行为是否合法进行全面审查。

在第二审人民法院受理上诉至作出第二审判决、裁定之前,上诉人可以向第二审人民法院申请撤回上诉。撤回上诉应当递交撤诉状。撤回上诉是否准许,由人民法院裁定。

人民法院不得准许撤回上诉的情形有:第一,发现行政机关对上诉人有胁迫的情况或者行政机关为了息事宁人对上诉人做了违法让步的。第二,在第二审程序中,行政机关不得改变原具体行政行为,而上诉人因行政机关改变原具体行政行为而申请撤回上诉的。第三,双方当事人都提出上诉,而只有一方当事人提出撤回上诉的。第四,原审人民法院的判决、裁定确有错误,应予以纠正或者发回重审的。

第二审人民法院对于当事人撤回上诉的申请应作出准予或不准予撤回上诉的裁定,并应制作裁定书,由合议庭成员和书记员署名且加盖人民法院的印章。不准撤回上诉的裁定可以用口头形式表达,记入笔录。上诉撤回后,产生以下法律效果:一是上诉人丧失本案的上诉权,不得再行上诉;二是第一审判决、裁定立即发生法律效力。

三、审判监督程序

(一)审判监督程序内涵及其与第二审程序的区别

1. 审判监督程序内涵

审判监督程序是指人民法院对已经发生法律效力的判决、裁定发现其确有错误,依法对案件再次审判的程序。审判监督程序不是人民法院审结案件的必经程序,不具有审级性质,只是第一、二审程序之外对人民法院已结案件的办案质量进行检验的一种监督程序。

审判监督程序可分为再审和提审两种程序。再审是人民法院为了纠正已经发生法律效力的判决、裁定的错误,依照法定程序对案件再次审判的活动。再审分为上级人民法院的指令再审和本院审判委员会决定的自行再审。提审是上级人民法院对下级人民法院已发生法律效力的判决、裁定认为确有错误的,提起由自己直接审判的活动。

2. 审判监督程序与第二审程序的区别

审判监督程序与第二审程序虽然都是以人民法院已经作出的判决、裁定为基础,都是对人民法院的审判工作进行监督、保证办案质量的程序,但两者有以下区别:

第一,程序的性质不同。审判监督程序是为了纠正人民法院生效判决、裁定的错误而设置的一种特殊程序,不具有审级性,是对人民法院生效裁判的一种事后监督和补救措施;而第二审程序是按照二审终审的审级制度设置的,是对第一审行政案件的继续审理。

第二,提起的主体不同。提起审判监督程序的主体必须是法律明确规定的各级人民法院院长和上级人民法院、最高人民法院以及各级人民检察院。在审判监督程序中,当事人的申诉往往能为该程序的提起提供线索,但其自身并不能直接引起该程序的发生。提起第二审程序的主体是享有上诉权的当事人,当事人依法提起的上诉都会引起第二审程序的发生。

第三,提起的条件不同。要提起审判监督程序必须是发现已经生效的判决、裁定违反了法律、法规;而提起第二审程序只要当事人不服第一审未生效的判决、裁定,不论判决、裁定是否违反法律、法规。

第四,审理的主体不同。适用审判监督程序的行政案件,既可由原审人民法院审理,也可由原审人民法院的上级人民法院审理;而适用第二审程序的行政案件,只能由第一审人民法院的上一级人民法院审理。

第五,审理的对象不同。适用审判监督程序审理的是已经生效的判决、裁定,而适用第二审程序的则是尚未生效的第一审判决、裁定。

第六,提起的期限不同。审判监督程序在判决、裁定生效后的任何时间内都可提起,而第二审程序只能在法定的上诉期限内提起。

(二)审判监督程序的提起

在行政诉讼中,提起审判监督程序的情形主要有:

(1)原审人民法院或其上级人民法院发现发生法律效力的判决、裁定确有错误的,可以提起再审,进入审判监督程序。原审人民法院提起再审者,应由院长提起,由本院审判委员会讨论决定。

(2)人民检察院发现已发生法律效力的判决、裁定违反法律、法规规定,向人民法院抗诉,从而提起审判监督程序。最高人民检察院对各级人民法院、上级人民检察院对下级人民法院已发生法律效力的判决、裁定,发现违反法律、法规规定的,有权向作出生效判决、裁定的人民法院的上一级人民法院提出抗诉,人民法院应当再审。

(3)当事人认为已发生法律效力的判决、裁定、调解书确有错误的,可在判决、裁定、调解书生效之日起2年内向人民法院申请再审。对人民法院驳回再审申请,申请人不服的,可向上级人民法院提出申诉。人民法院审查当事人的再审申请后,认为符合条件的,应当再审。

(三)审判监督程序的具体规定

1. 原生效判决、裁定的中止执行

依照审判监督程序再审的案件,如果原生效判决、裁定尚未执行或者未执行完毕的,应当裁定中止原判决的执行。上级人民法院决定提审或者指令下级人民法院再审的,在提审或再审裁定书中应当写明中止原判决的执行;情况紧急的,可以口头通知负责执行的人民法院或原审人民法院中止执行,并在口头通知后10日内发出裁定书。

2. 适用程序的规定

第一,人民法院按照审判监督程序再审的案件,原审是第一审的,依第一审程序审理。原审为第二审的,但第二审维持第一审不予受理、驳回起诉的裁定是错误的,再审人民法院应撤销第一、二审不予受理、驳回起诉的裁定,指令第一审人民法院再审,即依第一审程序审理。

第二,原审是第二审或上级人民法院提审的,均依第二审程序进行。

第三,人民法院在再审过程中,发现第一审或第二审生效判决、裁定有以下情形,应当发回作出生效判决、裁定的原审人民法院重审,并分别适用第一、二审程序:审理本案的审

判人员、书记员应当回避而未回避的；依法应开庭而未开庭即作出判决的；当事人未经合法传唤而被缺席判决的；遗漏必须参加诉讼的当事人；对当事人提出的与本案有关的诉讼请求未予判决、裁定的；其他违反法定程序可能影响案件正确判决、裁定的。

第四，依第一审程序的再审案件，当事人对再审判决、裁定不服，可以上诉；依第二审程序作出的再审判决、裁定为终审判决、裁定，当事人不可上诉。

3. 对合议庭的要求

原审人民法院再审的行政案件，无论是自行再审还是指令再审，均应另行组成合议庭，原合议庭人员不应参加新的合议庭审理案件。

四、执行程序

执行是指人民法院按照法定程序，对已生效的人民法院判决、裁定，在负有义务的一方当事人拒不履行义务时，强制其履行义务，保证生效的人民法院判决、裁定的内容得到实现的活动。执行程序有以下特征：执行的主体是人民法院；目的是强制拒不履行义务的当事人履行义务，保证生效判决、裁定内容的实现；具有强制性，但必须严格按照法定的程序进行。

（一）执行条件

执行并不是每一个行政案件的必经程序，只有具备以下条件，案件才进入到执行程序。

1. 必须有执行依据

执行依据是指人民法院据以采取执行措施的已生效的法律文书。它包括：

（1）发生法律效力且具有执行内容的判决书。

（2）发生法律效力且具有执行内容的裁定书。在行政诉讼中，具有或者可能具有执行内容的裁定有：关于财产保全和先行给付的裁定，承认和执行外国人民法院行政案件判决的裁定。

（3）发生法律效力的行政赔偿调解书。

（4）发生法律效力并且具有执行内容的行政附带民事诉讼判决书和调解书。

（5）发生法律效力并且具有执行内容的决定书，主要有：对妨害行政诉讼秩序的行为处以罚款或者拘留的决定；对拒不履行判决、裁定的行政机关处以罚款的决定。

2. 必须具有给付内容

作为执行依据的法律文书必须具有确定一方当事人给付一定金钱、财物或完成一定行为的执行内容，如缴纳罚款、给付赔偿金、颁发许可证等。

3. 必须存在义务人拒绝履行法定义务的事实

执行是以义务人不履行生效法律文书中所确定的义务为前提的。如果义务人自觉履行了义务，则不存在执行的问题。只有当义务人在客观上没有履行法定义务，且主观上又有拒绝履行法定义务的故意时，人民法院才能强制执行。

4. 没有超过申请强制执行的期限

申请人是公民的，申请执行生效的法律文书的期限为1年；申请人是行政机关、法人或其他组织的为180天。申请执行的期限从法律文书规定的履行期限的最后一日起计算。法律文书中没有规定履行期限的,从该法律文书送达当事人之日起计算。

(二)执行的种类与要求

1. 种类

(1)申请执行。申请执行是指人民法院应一方当事人的申请,采取强制措施,使已生效法律文书的内容得以实现的活动。行政诉讼中任意一方当事人在对方当事人拒绝履行人民法院生效法律文书时,都可以提出执行申请。

(2)移送执行。移送执行是指人民法院的审判人员依职权主动将发生法律效力的法律文书交付执行人员予以执行的诉讼行为。案件是否需要移送执行,由该案的审判人员根据法律规定,结合案件的实际情况而定。一般说来,下列生效法律文书可以采取移送执行的方式:一是人民法院作出的执行内容涉及国家利益和社会利益的判决;二是人民法院作出的先行给付和财产保全的裁定;三是人民法院作出的有执行内容的决定。移送执行时,承办案件的审判人员应填写移送执行书。经院长或者庭长批准后,连同移送执行的法律文书交给执行员执行。

2. 要求

人民法院执行员接到申请执行书或者移送执行书后,应当在10日内了解案情,区别不同情况作出处理:

(1)符合执行条件的,应当迅速立案,并通知被执行人在指定的期限内履行。逾期不履行的,强制执行。

(2)申请人不合格的,须向其说明应由符合条件的当事人申请执行。

(3)申请执行的事项不符合所提交的法律文书的内容的,应说明理由,并责令其变更申请执行事项。不变更的,驳回执行申请。

(4)执行依据内容不明确,有漏项或对被执行物品的名称、牌号、规格、质量、数量、颜色等规定不清,双方发生争执,执行员无法认定的,应退回原判决、裁定法院补充判决、裁定;如果法律文书事实不清,适用法律错误,附加书面意见,退回原判决、裁定人民法院,建议再审。

执行人员在采取强制执行措施之前应做好以下准备工作:一是明确需要执行的事项;二是调查了解被执行人不履行义务的原因和履行义务的能力;三是指定被执行人履行义务的期限;四是如果执行人正在或者有可能隐匿、转移或者出卖财产的,经所在法院院长批准,依法先行查封扣押;五是制订强制执行方案,准备强制执行;六是填写强制执行证,并报院长批准,通知当事人及协助执行的单位和个人。

3. 执行措施

根据当事人的不同情况,人民法院应当采取不同的执行措施。

1)对公民、法人或者其他组织的执行措施

行政诉讼中对公民、法人或者其他组织的执行措施主要有:划拨或者转交、扣留、提取被执行人的存款或者劳动收入,查封、扣押、冻结、变卖被执行人的财产,强制迁出房屋、强制拆除违章建筑或强制退出土地。

人民法院在对公民、法人或者其他组织采取上述强制措施时,应符合以下要求:第一,不得超出执行人应当履行义务的范围;被执行人是公民的,应当保留被执行人及其所抚养家属的生活必需品和生活必需费用。第二,人民法院查封、扣押财产时,被执行人是公民的,应当通知被执行人或者他的成年家属到场;被执行人是法人或者其他组织的,应当通知其法定代表人或者主要负责人到场。拒不到场的,不影响执行。其中,被执行人是公民的,应当要求其工作单位或财产所在地的基层组织派人参加。同时,执行人员必须造具清单,由在场人员签名或者盖章,并交被执行人一份。第三,财产被查封、扣押后,执行人员应当责令被执行人在指定期间内履行法律文书所确定的义务。被执行人逾期不履行的,人民法院可以按照规定交有关单位拍卖或者变卖被查封、扣押的财产。国家禁止自由买卖的物品,交有关单位按照国家规定的价格收购。第四,强制迁出房屋、强制拆除违章建筑或者强制退出土地的,应由院长签发公告,责令被执行人在指定的期间内履行。被执行人逾期不履行的,由执行员强制执行。强制执行时,被执行人是公民的,应当通知被执行人或者他的成年家属到场;被执行人是法人或者其他组织的,应当通知其法定代表人或者主要负责人到场。拒不到场的,不影响执行。其中,被执行人是公民的,应当要求其工作单位或者房屋、土地所在地的基层组织派人参加。执行人员应当将强制执行情况记入笔录,由在场人员签名或者盖章。强制迁出房屋被搬出的财物,由人民法院派人运至指定处所,交给被执行人。因被执行人拒绝接收而造成的损失,由被执行人承担。

2)对行政机关适用的执行措施

行政诉讼中对行政机关适用的执行措施主要有:对应当归还的罚款或者应当给付的赔偿金,通知银行从该行政机关的账号内划拨;在规定期限内不履行的,从期满之日起,对该行政机关按日处 50 元至 100 元的罚款;向该行政机关的上一级行政机关或者监察、人事机关提出司法建议,接受司法建议的机关,根据有关规定进行处理,并将处理情况告知人民法院;对拒不履行判决、裁定,情节严重构成犯罪的,依法追究主管人员和直接责任人员的刑事责任。

4. 执行中止和执行终结

1)执行中止

执行中止是指执行程序开始后,因出现某些特殊情况,人民法院裁定暂时停止执行程序,待这些情况消失后再行恢复执行的制度。有下列情形之一的,人民法院应当裁定中止执行:申请人表示可以延期执行的;案外人对执行标的提出确有理由或异议的;作为一方当事人的公民死亡,需要等待继承人继承权利或者承担义务的;作为一方当事人的法人或者其他组织终止,尚未确定权利义务承受人的;人民法院认为应当中止执行的其他情形。

人民法院决定中止执行的应当制作裁定书,裁定书应写明中止执行的原因。中止执行的裁定书送达当事人后立即生效,不准上诉。当中止执行的情况消除后,应当恢复执行程序。恢复执行,可由人民法院依职权主动恢复,也可以依当事人的申请,经人民法院审查同意后恢复。

2)执行终结

执行终结是指执行程序开始后,因发生某些特殊情况使执行程序没有必要或者不可能继续执行,从而结束执行程序的制度。有下列情形之一的,人民法院应当裁定终结执行:申请人撤销执行申请的;作为执行依据的法律文书被撤销的;作为被执行人的公民死亡,无遗产可供执行,又无义务承担人的;追索抚恤金案件的权利人死亡的;人民法院认为应当终结执行的其他情形。

人民法院终结执行应当制作裁定书,裁定书应写明终结执行的原因。裁定书送达当事人后立即生效,不准上诉。

5. 再执行

执行程序终结后,因发生某些特殊情况需要再次执行的,称为再执行。再执行适用于应执行而没能执行的情况,如因被执行人死亡,无遗产可供执行而终结执行的,后发现被执行人有可以追索的遗产,即应采取再执行措施。人民法院既可依职权、也可依当事人申请再执行。再执行程序适用一般执行程序。

第六节　行政诉讼的法律适用

行政诉讼的法律适用,是指人民法院按照法定程序,将法律、法规具体运用于各种行政案件,从而对行政机关具体行政行为的合法性进行审查的专门活动。行政诉讼的法律适用主要解决人民法院对被诉具体行政行为合法性进行审查判断的标准问题,即人民法院以何种标准、依据何种法律规范来审查被诉具体行政行为的合法性,并进而对被诉具体行政行为的合法性作出判决、裁定。

行政诉讼法律适用的基本规则是:人民法院审理行政案件,以法律、法规为审判依据,参照规章,对于合法有效的规章及其他规范性文件可以在判决、裁定文书中引用。

一、法律、法规是行政审判的依据

所谓行政审判的依据是指人民法院审理行政案件,对具体行政行为合法性进行审查和裁定必须遵循的根据。详言之,即人民法院审理行政案件,审查具体行政行为是否合法并进而对其作出判决、裁定时,在有法律、法规具体规定的情况下,法律、法规是人民法院直接适用的根据,人民法院无权拒绝适用。

法律是国家最高权力机关制定的在全国范围内具有普遍约束力的规范性文件。在我国法律规范层次体系中,法律的地位仅次于宪法,对一切其他国家机关都有约束力。

法规包括行政法规和地方性法规。行政法规是由国务院制定的,它的效力仅次于宪法和法律,高于地方性法规。地方性法规是由省、直辖市、自治区人大及其常委会和省、自治区人民政府所在地及经国务院批准的较大的市人大及其常委会制定的。

自治条例和单行条例是民族自治地方的人大,依照宪法、民族区域自治法和其他法律、法规规定的权限,结合当地的政治、经济和文化特点所制定的规范性文件。它是各族人民行使民族自治权利的体现。自治条例和单行条例与地方性法规是处于同一级别的法律规范,人民法院在审理民族自治地方的行政案件时,应以其为依据。

二、规章的参照适用

规章包括部门规章和地方政府规章两种。部门规章是指国务院各部门根据法律和国务院的行政法规、决定、命令,在本部门的权限范围内制定的规范性文件。地方政府规章是省、自治区、直辖市人民政府或省、自治区人民政府所在地的市及国务院批准的较大的市的人民政府根据法律、行政法规和本省、自治区、直辖市的地方性法规制定的规范性文件。规章在人民法院审理行政案件时起到参照作用。

在行政诉讼法中，"参照"规章是与"依据"法律、法规相对的，具有特定含义的概念："依据"是指人民法院审理行政案件时必须适用该规范，不能拒绝适用。而"参照"则是指人民法院审理行政案件，对规章进行斟酌和鉴定后，对符合法律、行政法规规定的规章予以适用，参照规章进行审理，并将规章作为审查具体行政行为合法性的根据；对不符合或不完全符合法律、法规原则精神的规章，人民法院有灵活处理的余地，可以不予适用。因此，参照规章实际上赋予了人民法院对规章的审查权。人民法院对规章的作用和效力不是一概否定或肯定，而是对规章进行一定评价后，决定规章是否适用。

三、其他规定性文件在行政诉讼中的地位

人民法院在行政审判中可以对其他规范性文件予以参考，对于合法有效的其他规范性文件可以在判决、裁定文书中引用。人民法院在适用一般规范性文件时拥有比对规章更大的取舍权力。规章符合法律、法规，人民法院必须参照适用，而人民法院参考其他规范性文件时只是考虑其规定，其他规范性文件只具有辅助作用。

四、人民法院对司法解释的援引

人民法院审理行政案件，适用最高人民法院司法解释，应当在裁判文书中援引。司法解释是最高人民法院对法律在审判中应用的问题所作的解释。法院根据司法解释判案但在判决书中却不引用，将会大大降低判决书的说理性，难以使当事人相信法院是在依法判案。因此，规定在判决、裁定文书中援引人民法院的司法解释。

第七节　行政诉讼的判决、裁定与决定

一、行政诉讼的判决

行政诉讼判决是指法院根据事实，依据法律、法规，参照规章等，对争议的具体行政行为的合法性进行审查后作出的实体裁判。

从形式上来说，判决是法院、当事人进行诉讼活动所追求的最终结果，而且判决内容的合法公正与否，又直接决定当事人的权益能否得到保障，因此判决在诉讼中占据重要的地位。行政诉讼也不例外，行政判决是法院对行政机关的具体行政行为进行法律监督的基本形式，是解决行政争议的最终手段。

与民事判决一样，以作出判决的法院的审级为标准，行政判决可分为一审判决和二审判决。一审判决是法院适用第一审程序所作出的判决，除最高人民法院作出的一审判决外，当事人对一审判决不服，可在法定的上诉期内提出上诉；二审判决是法院适用第二审程序所作出的判决，一经作出，立即生效，是终审判决，当事人不得对其提出上诉。

（一）一审判决的种类及其适用条件

根据《行政诉讼法》、《若干解释》之规定，一审判决的形式主要有以下六种。

1. 维持之判决

维持判决是人民法院经过审理，认为对被诉具体行政行为证据确凿，适用法律、法规正确，符合法定程序，作出的维持被诉具体行政行为的判决。维持判决是人民法院对原告一方诉讼请求的驳回，是人民法院对争议的具体行政行为效力的认定。

《行政诉讼法》第五十四条第一项规定：具体行政行为证据确凿，适用法律、法规正确，符合法定程序的，判决维持。这是对维持判决适用条件的规定。人民法院只有在具体行政行为同时具备以下三个条件时，才能判决维持具体行政行为：

第一，具体行政行为必须证据确凿。这里所指的证据应是能证明被诉具体行政行为所依据的事实的证据，而被诉具体行政行为所依据的事实又是相关法律预先设定的，行政机关在作出具体行政行为的过程中也许搜集了大量的证据，但法院只要审查法定的作出该具体行政行为所必须依据的事实是否有证据证明。"确凿"即指证据来源合法、真实、可靠；证据对待证事实有证明力，与待证事实之间具有关联性；各项证据相互协调，对整个事实构成完整的证明。

第二，具体行政行为必须适用法律、法规正确。"适用法律、法规正确"至少应包括以下内容：首先，适用的法律必须是具有法律效力的，包括法律是正在生效而不是已被废止和尚未生效的，以及选择的法律应当不与上位阶的法律相抵触。其次，具体行政行为所适用的法律规范必须是与本案法律关系相适应的法律，即根据所认定的事实选择正确的法律，并且适用了正确的条款。最后，行政机关在适用法律方面无技术性错误，包括对法律条文的含义理解正确，同时没有因疏忽大意造成表达上的错误或文字上的错误。

第三，具体行政行为必须符合法定程序。"法定程序"是指法律明确规定的完成具体行政行为所必须遵循的行政程序，包括法定的方式、法定的步骤、法定的时限等。

2. 撤销之判决

撤销判决指人民法院作出的否定被诉具体行政行为的判决，是司法机关纠正违法具体行政行为的最有效手段。撤销判决分判决全部撤销、判决部分撤销，以及判决撤销的同时责令被告行政机关重新作出具体行政行为三种情形。

根据《行政诉讼法》第五十四条第二项的规定，具体行政行为有下列情形之一的，法院应当作出撤销判决。

1）主要证据不足

行政机关作出具体行政行为，必须满足法律所确定的事实要件，一定事实要件是否存在，需要一系列的证据加以证明。如果主要证据不足，就意味着该事实要件不存在或者该事实的性质不能确定，意味着该具体行政行为缺乏事实根据。所以，主要证据不足即构成具体行政行为违法。

这里所说的"主要证据"是相对次要证据而言的。主要证据是能够证明案件基本事实的证据，也就是足以确认具体行政行为所必须具备的事实要件的证据。行政机关在作出具体行政行为之前，有一个搜集证据的过程，在这个过程中，无论行政机关如何努力，可能其搜集的证据都不能将已经发生的事实无论巨细——证明清楚，行政机关只要能将事实的主要部分、基本部分证明清楚即可。因此，主要证据不足就意味着行政机关作出的具体行政行为缺乏基本事实根据，构成行政违法，但是次要证据的缺乏，并不影响行政行为的合法性。

"主要证据不足"这一法定撤销条件的设定,不仅仅是对证据量的要求,而且也包括对证据质的要求。证据不仅要充分,而且要确实,不确实的证据本身不能作为定案证据。因此,不能认为只要行政机关提供了证据材料就可以推定具体行为有了事实根据。

2)适用法律、法规错误

行政机关作出行政行为,应当依据法律、法规。如果行政机关作出具体行政行为适用法律、法规错误,就意味着相应具体行政行为没有正确的法律根据。

所谓适用法律、法规错误,是指行政机关在作出具体行政行为时,适用的法律、法规与相应的具体事实不一致、理解法律错误以及规避应当适用的法律规范。具体来说,适用法律、法规错误,包括适用了无效的法律、法规;适用不当的法律、法规,即指本应适用某个法律或法规中的某个条文而适用了另外的法律或法规,或适用该法律、法规的另一条文;对法律、法规的原意、本质含义理解、解释错误,或者有意曲解有关法律、法规规范的含义等。

适用法律、法规错误可能是由于行政机关工作人员的故意,也可能是由于工作人员的过失,只要客观上造成了适用法律、法规错误的结果,具体行政行为即违法,法院不必考虑工作人员主观上是否有过错。

3)违反法定程序

违反法定程序,是指行政机关在作出具体行政行为的过程中违反了法定的方式、方法、步骤、时限等。

行政程序是指行政机关作出行政行为时所必须遵守的方式、步骤、时限等。法定行政程序是指法律、法规、规章及其他合法有效的规范性文件设定的行政程序。法律、法规、规章等规定行政程序的目的,一方面是为了约束行政机关作出行政行为的全过程,另一方面又可以让行政相对人参与行政行为的作出过程,对行政行为予以事前监督,从而防止行政机关渎职、失职、越权或滥用职权,提高行政效率,保护行政相对人的合法权益。这种事先或事中保障手段,比事后纠正的手段,在一定程度上更为重要。因此,对于法定行政程序,行政机关必须遵守,违反法定程序行为同样构成行政违法。

我国目前虽然尚无行政程序法典,但有关行政程序的规定,散见于大量的有关行政管理的法律、法规当中,尤其是《行政处罚法》、《行政复议法》对行政处罚、行政复议这两类行政行为的程序作了明确、完整的规定,使得法院在审查行政行为是否违背法定程序时更加有据可依。

4)超越职权

超越职权,是指行政机关行使了法律、法规没有赋予该机关的权力,对不属于该机关职权范围的人和事进行了处理,或者逾越了法律、法规所设定的必要的限度等情况。

行政机关的权力是人民通过权力机关制定法律授予的,行政机关应当在宪法、法律规定的范围内行使自己的职权。行政职权包括行政权限和行政权能两个方面的内容:行政权限是法律赋予行政主体完成行政管理任务时在事务、地域和层次方面的平面范围界限,具体包括事务管辖权、地域管辖权和层级管辖权。行政权能是指行政主体对其权限范围内的事务能管到什么程度,比如公安机关对其辖区内的治安违法行为具有管辖权,可以采取警告、罚款、拘留等方法,警告、罚款、拘留便是公安机关权能的体现。

　　相应地,超越职权就包括超越管辖权和超越行政权能。超越管辖权包括:超越事务管辖权、超越地域管辖权和超越层级管辖权;超越行政权能,是行政主体的具体行政行为超出了其法定权力的实际支配力的情形。因为权能的行使总要采取一定的方法、手段,超越行政权能的行为与违反法定程序中的某些行为不易区别,前者是从一个总括的角度来判断,如果依据法律规定行政主体根本不能采取某种方法或手段,但是在作出具体行政行为时却采用了这种方法、手段,即构成超越行政权能;而违反法定程序中的没有采取法定的方法、手段的行为,则要联系具体的事项来判断,行政主体虽然可以采取某种方法、手段,但是根据法律规定具体行政行为所涉及的事项不能采用这种方法、手段,如果行政主体采取,即构成违反法定程序,而不是超越职权。

　　5)滥用职权

　　滥用职权,是指行政机关作出的具体行政行为虽然在其权限范围以内,但行政机关不正当地行使职权,没有根据法律、法规的目的、原则和精神来执行法律,而代之以个人意志和武断专横实施行政行为。滥用职权具有如下特征:

　　一是行政主体须出于故意。即行政主体在实施滥用职权的行政行为时,明知道自己的行为违背了法律、法规的立法目的,但为了达到自己不合法的目的仍要实施。这与超越职权不同。

　　二是背离法定目的。滥用必须具有违反法律规定的目的的情况存在。如何判断是否违反法律规定的目的呢? 一看行使权力的目的。若不是出于公共利益,而是为了私人利益或所属团体、组织、单位的利益,就是违反法律规定的目的,就是滥用职权。二看授权的目的。虽然行政机关行使权力是为了公共利益,但不符合法律授予这种权力的特定目的就是违反法律规定的目的,就是滥用职权。三看是否适当。行政机关作出具体行政行为时,考虑了不应当考虑的因素,或者没有考虑应当考虑的因素。

　　三是滥用职权的行为是在其职权范围内实施的。与超越职权不同,滥用职权是行政主体滥用行政自由裁量权的行为,在表面看来该行为是合法的。

　　四是客观方面必须具有很不合理、显失公正等情况。这既包括行政机关所作出的决定违反平等适用原则,违反通常的比例原则,或违反一般公平观念的情形;也包括行政机关严重违背"尽其最善"的原则,或者无视具体情况或对象,带有明显任意性倾向的情形。

　　滥用职权在范围上不仅包括实体权力的滥用而且包括程序上的权力滥用。例如,权力的行使受个人的好恶支配;采用极其粗暴的方式对待当事人;对当事人实施处罚,拒绝说明任何理由,等等。

　　判决重新作出具体行政行为时,人民法院一般不限定行政机关重新作出具体行政行为的期限,但如果不及时重新作出具体行政行为,将会给国家利益、公共利益或者当事人利益造成损失的,可以限定重新作出具体行政行为的期限。

　　3. 履行之判决

　　《行政诉讼法》第五十四条第三项规定:被告不履行或者拖延履行法定职责的,判决其在一定期限内履行。根据这一项及司法解释的有关规定,适用履行判决必须具备以下条件:

　　(1)作为原告的行政相对人向行政机关提出了合法申请,要求行政机关作出一定的行政行为，并且这种申请符合法律规定的条件与形式，但被告应当依职权主动履行法定职责的除外。

（2）被告行政机关依法负有履行职责的义务。即依存在的行政法律关系，作为被告的行政机关有依法行使职权，对作为原告的相对人负有作出他所需求的具体行政行为的义务。

（3）具有不履行或者拖延履行法定职责的行为，而且不履行或拖延履行没有法律所规定或认可的理由。

不履行又称拒绝履行，即行政机关以默示的或明示的方式，否定合法申请人的申请。拒绝通常有以下几种表现形式：其一，拒绝而不说明理由或根本就没有理由；其二，拒绝虽附有"理由"，但该"理由"不是法律、法规等所规定或认可的理由；其三，拒绝虽有一定理由，但尚不足以构成作出拒绝行政决定的根据；其四，表面上同意，但为相对人设定不能接受的履行条件或相对人根本无法具备的条件。

拖延履行，是指行政机关在合理的时间内不履行其法定的义务，不对相对人作出明确的答复。这种违法形式具有如下特征：其一，对当事人所申请的事项，行政机关有义务给予答复而拖延不答复。行政机关对于相对人的申请没有作出同意或不同意、批准或不批准的行政决定，其行为方式是不作为。其二，行政机关超过法律、法规规定的期限，或者法律、法规对该种行政行为无明确的期限规定，而行政机关明显地超越通常决定该事项需要的时间，且这种拖延在法律上和事实上都没有理由，行政机关不能合理、合法地说明拖延的原因。行政主体的主观状态如何不影响其行为是否构成拖延履行的认定，即无论行政机关故意或过失，只要客观上造成拖延的后果，又无正当理由，就可认定为拖延履行。

人民法院判决被告履行法定职责，应当指定履行的期限，情况特殊的除外。这一点与撤销判决中同时判决行政机关重新作出具体行政行为不同。

4. 变更之判决

《行政诉讼法》第五十四条第四项规定：行政处罚显失公正的，可以判决变更。这就是说，人民法院判决变更具体行政行为，必须具备两个条件：

（1）具体行政行为系行政处罚行为，对非行政处罚的其他具体行政行为，法院不能变更。根据《行政诉讼法》第十一条规定，法院可以审查的具体行政行为主要有八类，但只有对行政处罚这一类行政行为才能直接予以变更。

（2）行政处罚必须存在显失公正的情况。要认定某一行政处罚是否显失公正，需要对具体案件作全面分析，还须考察与被诉具体行政行为相关的一些情况。审判实践中，显失公正的情形通常有：畸轻畸重、同责不同罚，同一案件中，重者轻罚或轻者重罚；未考虑法定从轻的情节，致使处罚过重；未考虑被处罚者的实际承受能力。

在适用变更判决时，应当注意以下问题：

（1）这里的"可以"不是说对显失公正的行政处罚法院可以变更，也可维持，而是说可以判决变更，也可以判决撤销行政处罚，由行政机关重新处罚。因为"显失公正"是滥用职权的必然表现，法院可以根据《行政诉讼法》的规定，即以"滥用职权"为由判决撤销显失公正的行政处罚，由行政机关重新进行处罚。

（2）人民法院适用变更判决时，不得加重对原告的行政处罚，但利害关系人同为原告的除外;同时,人民法院不得对行政机关未予处罚的人直接给予行政处罚。

5. 驳回诉讼请求之判决

驳回诉讼请求判决是对原告诉讼请求的否定,是对被诉行政行为或不作为的不同程度的间接肯定。这种判决形式,不仅在多数情况下与维持判决具有同等的效力和意义,而且具有维持判决所不能替代的功能和作用。驳回诉讼请求的判决可以适用于以下情形:

(1)原告起诉被告不作为理由不能成立的。在诉行政不作为的案件中,原告的诉讼请求要得到法院的支持,必须具备三个条件:被告具有法定职责;原告提出了申请;被告无正当理由没有履行法定职责。如果缺乏了上述任一条件,都应适用驳回诉讼请求判决,不能采用其他任何判决形式。

(2)被诉行政行为合法但存在合理问题的。在有些情况下,行政机关作出的具体行政行为按照合法性标准,既没有超出法律规定的界限、范围,又不能被认为是滥用职权和显失公正,可仍然存在较明显的合理性问题,如果适用撤销判决显然不合适,但是判决维持有支持不合理行为的嫌疑,采用驳回诉讼请求形式比较主动,有利于被告纠正不合理的行政行为。

(3)被诉行政行为合法,但因法律、政策变化需要变更或废止的。在这种情况下,法院无论适用维持判决或撤销判决都不合适。如果适用撤销判决,不符合适用撤销判决的法定条件;如果适用维持判决,则不利于当前法律、政策的贯彻执行。

(4)其他应当判决驳回诉讼请求的情形。比如,被处罚人在接到拘留处罚决定书后死亡,如果其近亲属向法院提起行政诉讼,法院经审查认为该拘留处罚合法,则应当作出驳回诉讼请求的判决。又如,被告在诉讼过程中改变具体行政行为,原告不撤诉,人民法院经审查认为原具体行政行为合法的,应当判决驳回原告的诉讼请求。

6. 确认之判决

确认判决是对被诉行为是否合法的判定,它通常是其他判决的先决条件。正因为如此,《行政诉讼法》中没有规定确认判决,但确认判决在其他国家和地区的司法审查中,适用却很广泛。在司法实践中,许多情况下,适用任何其他的判决形式都不合适,因此尽管《行政诉讼法》对确认判决未作明确规定,但在《行政诉讼法》颁布不久,有些法院已尝试适用确认判决。《若干解释》第五十七条、第五十八条对确认判决的适用范围和条件作出了规定。

1)确认合法或有效判决

法院认为被诉具体行政行为合法,但不适宜判决维持或者驳回诉讼请求的,可以作出确认其合法或有效的判决。

2)确认违法或无效判决

确认违法或无效判决一般适用于不具有可撤销性的"违法具体行政行为",主要包括:

(1)被告不履行法定职责,但判决履行已无实际意义的。被告不履行某种法定职责确系违法,但再判决被告履行已不具有任何意义,在这种情况下,应当判决确认被告不作为违法,造成损害的法院应判决其承担赔偿责任。

(2)被诉具体行政行为违法,但不具有可撤销内容的。这主要指的是事实行为。事实行为虽不以产生、变更、消灭行政法律关系为目标,因而不是行政行为,但因为是行政机关工作人员在行使职权的过程中作出的,而且往往给公民、法人或其他组织带来实际损害,所以应纳入行政诉讼的受案范围。这类行为常常是既成的事实,判决撤销或者变更显得很荒谬,因为根本不可能撤销或变更,这时适用确认判决就很恰当。

(3)被诉具体行政行为依法不成立或者无效的。一般来说,具体行政行为还不成立的时候,相对人就该行政行为提起诉讼,法院不能受理。但是如果尚未成立的行政行为产生了实际效果并给当事人造成损失,则法院应予受理。比如《行政处罚法》规定行政机关在作出行政处罚之前,必须给予当事人陈述和辩解的机会,否则该处罚行为不成立。假如卫生行政管理部门以没有健康证为由,给予经营饮食业的张三吊销营业执照的处罚,张三被迫停业。在作出该处罚的过程中,自始至终没有听取张三的辩解。该处罚行为虽然依法不成立,但因给张三造成了损失,张三起诉的话,法院应予受理。受理后,适用撤销判决显然不恰当,因为该行政行为在法律上还不存在,不存在当然无撤销可言,所以应适用确认判决。

无效行政行为指的是行政机关作出的行政行为具有重大且明显的违法情形的行为。无效行政行为自始无效。这里"重大且明显"是一个主观判断的标准,法律并没有规定哪些违法情形属于"重大且明显"的违法,通常来说,一般正常的、不具备专门的法律知识的人都能判断属于违法,则属于重大且明显的违法,法院在适用这一标准时,必须充分考虑行政法律规范和《行政诉讼法》的立法目的,兼顾法律效果和社会效果。

3)被诉行政行为虽然违法,但撤销该行政行为后将会给国家利益和公共利益造成重大损失的

被诉行政行为违法,依法应当判决撤销,但考虑到其对国家利益或者公共利益的影响,可以适用确认判决,并责令被告采取相应的补救措施;在造成原告损失的情况下,可同时判决被告承担侵权赔偿责任。

(二)二审判决

根据《行政诉讼法》第六十一条的规定,二审法院审理上诉行政案件,根据不同情况,可以作出维持判决和依法改判两种类型的判决。

1. 维持之判决

维持判决即二审法院通过对上诉案件的审理,确认一审判决认定事实清楚,适用法律、法规正确,作出的否定和驳回上诉人的上诉,维持一审判决的判决。一审判决具备以下三个条件,二审法院才能判决维持原判:

(1)一审判决认定事实清楚。即一审法院对具体行政行为是否合法的裁决有可靠的事实基础和确凿的证据支持。

(2)一审判决适用法律、法规正确。即一审法院对具体行政行为是否合法的认定和据此作出的判决所依据的法律、法规正确。

(3)一审法院的审理程序合法。

2. 改判之判决

改判即二审法院通过对上诉案件的审理,确认一审判决认定事实清楚,但适用法律、法规错误,或者确认一审判决认定事实不清、证据不足或由于违反法定程序,可能影响案

件正确判决的,在查清事实后依法改变一审判决。依法改判有以下两种情况:

(1)一审判决认定事实清楚,但适用法律、法规错误。这种情形下,二审人民法院应直接改判,不必发回重审。

(2)一审判决认定事实不清,证据不足,或者由于违反法定程序可能影响案件正确判决的。这种情况下,二审法院通常将案件发回一审法院重审,但如果二审法院认为一审法院由于主观或者客观原因,很难或者不可能查清案件事实,可以在查明事实后直接改判。

二审法院审理上诉案件需要改变原审判决时,应当撤销一审判决的部分或者全部内容,并应同时依法判决维持、撤销或者变更被诉具体行政行为。

二、行政诉讼的裁定

(一)裁定的特点

行政诉讼裁定是指在行政诉讼过程中,人民法院针对行政诉讼程序问题所作的裁决。裁定与判决具有同等的法律效力,与判决相比,裁定具有以下特点:

第一,裁定主要解决行政诉讼中出现的程序问题,补正判决书错误的裁定除外。诉讼活动是在人民法院的主持下,由人民法院、原被告双方当事人共同依法参与的活动,最终的目的是解决当事人之间的纠纷,确定当事人之间法定的权利义务关系,同时客观上贯彻实施国家的法律。这一目的的实现要经过法定的程序,对于在诉讼期间出现的各种情况,人民法院要依法作出判断、处理,以便最终作出判决。处理这些情况所采用的形式便是裁定。裁定解决程序问题是相对于判决而言,有时裁定也会涉及一些实体问题,但不最终确定当事人的权利义务关系。

第二,裁定适用范围广,并且不以必须开庭审理为要件。人民法院受理一个案件,作出的判决只有一个,但作出的裁定可能有好几个。从案件的受理到判决的执行,法院在整个诉讼过程中都有可能根据需要作出裁定,并不像判决必须经过开庭审理、审查终结才能作出。

第三,裁定不要求都采用书面形式。与判决不同,裁定可以采用书面形式,也可采用口头形式。采用书面形式的,以人民法院的名义作出;采用口头形式的,由审判长或审判员当即以合议庭名义单独作出。哪些裁定应采用书面形式,哪些裁定可采用口头形式,法律没有规定,一般来说,涉及当事人诉讼权利、实体权利的裁定要采用书面形式。

第四,当事人只对部分裁定享有上诉权。对于所有的一审判决不服,当事人可以上诉;但对于裁定,根据司法解释的规定,当事人只能对起诉不予受理、驳回起诉、管辖异议的裁定才能上诉。

(二)裁定的适用范围

根据《若干解释》第六十三条的规定,行政诉讼裁定适用于下列范围。

1. 起诉不予受理

原告向人民法院提起行政诉讼必须符合法定条件。人民法院审查原告的起诉时发现有下列情形之一的,应当裁定不予受理:①请求事项不属于行政审判权限范围的;②起诉人无原告诉讼主体资格的;③起诉人错列被告且拒绝变更的;④规定必须由法定或者指定代理人、代表人为诉讼行为,未由法定或者指定代理人、代表人为诉讼行为的;⑤由诉讼代理人代为起诉,其代理不符合法定要求的;⑥起诉超过法定期限且无正当理由的;⑦法律、法规规定行政复议为提起诉讼必经程序而未申请复议的;⑧起诉人重复起诉的;⑨已撤回起诉,无正当理由再行起诉的;⑩诉讼标的为生效判决的效力所羁束的;⑪起诉不具备其他法定要件的。法院应在收到起诉书后 7 日内作出裁定。

2. 驳回起诉

人民法院受理案件后,发现有上述 11 种情形之一的,即可作出驳回起诉的裁定。

3. 管辖异议

行政案件一般都由最初作出具体行政行为的行政机关所在地的人民法院管辖,但对限制人身自由的行政强制措施不服提起的诉讼,被告所在地或者原告所在地人民法院都有管辖权;因不动产提起的诉讼,应由不动产所在地人民法院管辖。原告起诉法院受理后,被告可以提出管辖异议,是否准许,人民法院应作出裁定。

上述不予受理、驳回起诉、管辖异议的裁定,当事人不服可以在裁定书送达之日起 10 日内向上一级人民法院提起上诉。

4. 中止诉讼

有下列情形之一的,人民法院应裁定终止诉讼:①原告死亡,须等待其近亲属表明是否参加诉讼的;②原告丧失诉讼行为能力,尚未确定法定代理人的;③作为一方当事人的行政机关、法人或者其他组织终止,尚未确定权利义务承受人的;④一方当事人因不可抗力的事由不能参加诉讼的;⑤案件涉及法律适用问题,需要送请有权机关作出解释或者确认的;⑥案件的审判须以相关民事、刑事或者其他行政案件的审理结果为依据,而相关案件尚未审结的;⑦其他应当中止诉讼的情形。

5. 终结诉讼

在诉讼过程中,有下列情形之一的,人民法院应裁定终结诉讼:①原告死亡,没有近亲属或者近亲属放弃诉讼权利的;②作为原告的法人或者其他组织终止后,其权利义务的承受人放弃诉讼权利的;③因前述中止诉讼的①、②、③项情形而中止诉讼满 90 日仍无人继续诉讼的,可裁定终结诉讼,但有特殊情况的除外。

6. 移送或者指定管辖

人民法院发现受理的案件不属于自己管辖,应当移送有管辖权的人民法院。有管辖权的人民法院由于特殊原因不能行使管辖权的,或人民法院对管辖权发生争议的,由上级人民法院指定管辖。凡是发生移送或指定管辖的情形,原受理法院或上级法院应作出裁定。

7. 诉讼期间停止具体行政行为的执行,或者驳回停止执行的申请

行政诉讼期间,争议的具体行政行为一般不停止执行,只有在被告认为需要停止执行,原告申请停止执行且人民法院认为该具体行政行为的执行会造成难以弥补的损失而停止执行,不损害社会公共利益的、法律法规规定停止执行的情形下,才停止执行。不论对于当事人的停止执行的申请是否准许,人民法院应依法作出裁定。

8. 财产保全

人民法院对于因一方当事人的行为或者其他原因,可能使具体行政行为或者人民法院的生效判决、裁定不能或者难以执行的案件,可以根据对方当事人的申请作出财产保全的裁定。

9. 先予执行

人民法院在审理起诉行政机关没有依法发给抚恤金、社会保险金、最低生活保障费等案件时,原告申请先予执行的,人民法院应依法作出裁定。

10. 准许或者不准许撤诉

在行政案件受理后,人民法院宣告判决或者裁定前,原告可以向法院提出撤诉申请,但是否批准,应由人民法院裁定。

11. 补正判决书中的笔误

判决书下达后,人民法院如发现判决书有错写、误算、用词不当、遗漏等笔误,应裁定补正。

12. 中止或者终结执行

当事人必须履行人民法院的生效判决和裁定,即使当事人对生效判决、裁定提起申诉,判决、裁定一般也不停止执行,但在下列两种情况下应当裁定中止原判决的执行:①按照审判监督程序再审的案件;②上级人民法院决定提审或者指令下级人民法院再审的。

13. 提审、指令再审或者发回重审

上级人民法院对下级人民法院已经发生法律效力的判决、裁定,发现违反法律、法规规定的,有权提审或者指令下级人民法院再审;同时上级人民法院审理再审案件,认为原生效的判决、裁定确有错误,可以撤销原生效判决或者裁定,发回原人民法院重新审判。无论提审、指令再审或者发回重审,都应当作出裁定。

14. 准许或者不准许执行行政机关的具体行政行为

对于行政机关的具体行政行为,在法定的起诉期限届满后,当事人既不起诉,又不履行的,作出该具体行政行为的行政机关,行政裁决行为确定的权利人或者其继承人、权利承受人可以申请人民法院强制执行。人民法院应当在 30 日内对具体行政行为的合法性进行审查,并就是否准许执行作出裁定。

15. 其他需要裁定的事项

这是赋予人民法院遇到立法未规定的情形但需要适用裁定时以司法裁量权。

三、行政诉讼的决定

(一)决定的特征

行政诉讼的决定是人民法院在诉讼期间,对诉讼中遇到的特殊事项作出的裁决。决定是对人民法院各种命令的总称,与判决、裁定相比,决定具有如下特征:

第一,解决的问题不同。决定在行政诉讼中主要调整人民法院自身与诉讼参与人或者其他人之间的关系,或者处理与案件程序有关而与当事人无直接关系的事项。

第二,效力不同。决定一经送达即发生法律效力,当事人不能依上诉程序提起上诉,但依法律规定可以申请复议。复议期间不停止案件的审理和决定的执行。

第三,决定与裁定一样,贯穿于行政诉讼的整个过程。决定可以采用书面形式,也可以采用口头形式,采用口头形式的,口头决定应记入笔录。

（二）决定的适用范围

《行政诉讼法》和《若干解释》都未明确确定行政决定的适用范围，一般来说，在行政诉讼进行过程中，凡不属于判决、裁定解决的范围，都可适用决定。根据法律规定和司法实践，决定主要适用于下列情形：

（1）有关回避事项的决定。当事人申请审判人员回避，依所申请回避的对象不同，由不同的组织或人员作出是否回避的决定。院长担任审判长时的回避，由审判委员会决定；审判人员的回避，由院长决定，其他人员，即书记员、翻译人员、鉴定人、勘验人员的回避，由审判长决定。

（2）对妨害行政诉讼行为采取强制措施的决定。诉讼参与人或者其他人员有法定的妨碍诉讼活动正常进行的行为，人民法院可以根据情节轻重，予以训诫、责令具结悔过或者处以1 000元以下罚款、15 日以下拘留。予以训诫、责令具结悔过的，通常由审判长当庭作出口头决定，记入笔录即可；处罚款、拘留的，经院长批准，由合议庭作出书面决定，当事人不服，可以申请复议。

（3）有关诉讼期限事项的决定。①公民、法人或者其他组织向人民法院提起诉讼，因不可抗力或者其他特殊情况耽误法定期限，障碍消除后的 10 日内，可以申请延长期限，由人民法院决定。②基层和中级人民法院在审理第一、二审案件中，有特殊情况需要延长审理期限的，由高级人民法院决定；高级人民法院需延长审理期限的，由最高人民法院决定。

（4）关于合并审理的决定。人民法院根据法律规定，认为两个或两个以上的案件可以合并审理，则可作出合并审理的决定。

（5）审判委员会对已生效的行政裁决认为应当再审的决定。人民法院院长对本院已经发生法律效力的判决、裁定，发现其违反法律、法规规定，认为需要再审的，应提交审判委员会讨论决定是否再审。

（6）审判委员会对重大、疑难行政案件的处理决定。对审理的重大、疑难的行政案件，合议庭经评议后，应报告主管副院长提交审判委员会讨论决定，然后作出判决。

（7）有关执行程序事项的决定。①执行过程中，案外人对执行标的提出异议的，由执行员进行审查，认为有理由的，报院长批准中止执行，由合议庭审查或由审判委员会作出决定。②行政机关拒绝履行判决、裁定的，人民法院可以依法对该行政机关作出强制划拨账户、罚款的决定。

第四章 行政赔偿

第一节 行政赔偿概述

一、行政赔偿特征与历史发展

行政赔偿属于国家赔偿的范围,国家赔偿包括刑事赔偿、民事赔偿和行政赔偿。行政赔偿是指行政机关及其工作人员行使职权,侵犯公民、法人或其他组织的合法权益并造成损害,由国家承担赔偿责任的制度。

(一)行政赔偿的特征

行政赔偿具有以下特征:

(1)行政赔偿中的侵权行为主体是行政机关及其工作人员。这与民事赔偿、刑事赔偿有根本的不同。在民事赔偿中,侵权主体为普通的民事主体,其与受害的相对方处于平等的地位;在刑事赔偿中,侵权主体为司法机关及其工作人员,诸如公安机关、监狱及检察院等;而在行政赔偿中,侵权主体具有确定性和特殊性,即为行政机关及其工作人员。

(2)行政赔偿产生的原因是行政机关及其工作人员违法行使职权。依法行政是社会主义法治的重要原则,依法行政要求行政机关及其公务人员必须积极、合法地履行其职责。在实施行政管理过程中,如果有违法行为,对相对人造成一定损害,就要承担一定的法律责任,即行政赔偿责任。行政赔偿与行政补偿在产生原因上极为不同,行政补偿的产生是因为行政机关及其工作人员的合法行为引起的,不以违法作为前提,不具有行政赔偿中的道德上的非难性。

(3)行政赔偿的请求人是合法权益受到损害的行政相对人。在民事赔偿中,请求人为具有平等民事主体地位的受害人;在刑事赔偿中,请求人为合法权益受到司法机关损害的人,并且主要是公民个人;而行政赔偿是因行政机关及其工作人员在行政管理中,违法行使职权造成的,所以合法权益受到损害的请求人,必然为行政管理的受动者即行政相对人。因请求人的不同,行政赔偿的请求程序和民事赔偿、刑事赔偿的程序也必然有很大的差异。

(4)行政赔偿的义务主体为法律规定的行政主体,而责任主体为国家。在行政赔偿中,义务主体与责任主体之所以相分离,是由于行政机关及其工作人员和国家的关系以及国家的抽象性所导致。首先,行政机关及其工作人员是代表国家行使行政职权、进行行政管理的,在这一过程中所产生的一切法律后果,在终极意义上讲,都归属于国家,赔偿所需费用也应由国库支出,所以国家是行政赔偿的责任主体;其次,国家虽然是赔偿的责任主体,但国家是一个抽象的主体,无法直接承担责任,必须由具体的赔偿义务机关代表国家去履行,也就是由行使行政职权的行政主体去承接完成具体的行政赔偿事务。

（5）行政赔偿实行依法赔偿原则。所谓依法赔偿原则，意思是说国家对何种范围的行为承担赔偿责任，承担什么样的赔偿责任，以及如何承担赔偿责任，必须依据法律的明确规定。法律规定应当予以赔偿的，就在法定的范围内以法定的方式予以赔偿。法律规定不予赔偿或者国家没有规定应当予以赔偿的，则不予赔偿。

（6）行政赔偿以侵犯行政相对人的合法权益并造成损害为条件。这一特征蕴含两个意思：一是行政主体及其行政人违法行使职权侵犯了行政相对人的合法权益。如果行政主体及其行政人违法行使职权所侵犯的是行政相对人的违法权益，而不是合法权益，那就不会发生行政赔偿问题。二是行政主体及其行政人不仅违法行使职权侵犯了行政相对人的合法权益，而且还必须是造成了行政相对人人身权和财产权的实际损害。我国国家赔偿法体现了"损害赔偿"原则，也就是说，只有在造成损害的情况下，国家才承担赔偿责任，无损害则不负赔偿责任。

（二）我国行政赔偿制度的历史发展

中国古代的封建社会实行皇帝专制，人民只是皇帝的奴仆，无民主、自由可言，其权利也不能得到确认和保护，当皇权侵犯人民权益时，根本无从谈及行政赔偿。到了民国时期，虽然制定了一些涉及行政赔偿的法律，如《行政诉讼法》（1932年）、《中华民国宪法》（1947年），但由于蒋介石政权的专制，这些法律并未得到真正实行。

1949年新中国成立后，逐步建立了有中国特色的行政赔偿制度。最早规定行政赔偿制度的规范性文件是政务院于1954年1月通过的《中华人民共和国海港管理暂行条例》（已废止）。该条例第二十条规定：港务局如无任何法令依据，擅自下令禁止船舶离港，船舶得向港务局要求赔偿由于禁止离港所受之直接损失，并得保留对港务局之起诉权。

1989年4月4日，第七届人大二次会议通过了《行政诉讼法》，这是我国行政赔偿制度发展史上的里程碑，它对行政赔偿责任的主体、义务机关、程序都作了规定。1994年5月12日，第八届人大七次会议通过了《国家赔偿法》，对行政赔偿作了更为详尽的规定，进一步丰富、健全了行政赔偿制度。我国行政赔偿制度得以全面建立。

（三）建立行政赔偿制度的意义

行政赔偿制度的建立，是我国社会主义法治进程中的一个里程碑，具有重大意义。

（1）行政赔偿制度的建立是实施宪法的需要，是对宪法原则规定的落实。我国《宪法》第四十一条第三款规定：由于国家工作人员侵犯公民权利而受到损失的人，有依照法律规定取得赔偿的权利。长期以来，宪法的这项原则规定因缺乏具体制度的保障而难以在实践中贯彻落实。行政赔偿诉讼制度的建立使国家行政机关和行政机关工作人员侵害公民权利而产生的行政赔偿纠纷的解决有了诉讼制度上的保证。

（2）行政赔偿制度有利于保护公民、法人或者其他组织的合法权利。宪法规定我国是人民民主专政的社会主义国家。在我们的国家里，国家行政机关应该是为人民服务的机关，国家行政工作人员是人民的公仆。当国家行政机关及其工作人员的过错行为造成人民群众利益的损害时，应当予以赔偿，这是社会主义民主得到充分发展，人民权益得到充分保障的标志。

（3）行政赔偿制度有利于对行政机关和行政机关工作人员进行法律监督，从而改进国家行政机关的工作。行政赔偿诉讼可以客观地反映行政机关工作的质量、效率，有效地对行政机关及其工作人员的失职、越职和违职行为实施惩戒,对行政机关的内部管理起到有力的推动作用。因此,行政赔偿诉讼制度是对行政机关及其工作人员进行监督的十分有效的方式。

(4)行政赔偿制度有利于协调国家行政机关同人民群众之间的关系,从而改善干群关系,使行政管理活动更顺利、更有效率。这一制度有利于监督行政机关及其公务人员依法行使职权,有利于维护公民、法人及其他组织的合法权益。

二、行政赔偿的归责原则

行政赔偿的归责原则是指确定和判断国家承担行政赔偿责任的根据和标准。它是确认侵权责任的有无及大小的最终依据。不同的归责原则反映出不同国家对行政侵权责任的价值取向,体现出相差各异的法治精神和文化传统。行政赔偿的归责原则,直接影响着行政赔偿责任的构成要件、举证责任的承担等问题。

国家赔偿中的归责原则,是指国家承担赔偿责任的依据和标准,也就是国家为什么要对某一行为承担赔偿责任,损害发生后,是由于侵权行为人的行为违法,还是由于行为人实施某一行为时主观有过错,抑或是由于什么其他原因,国家才承担赔偿责任。我国新修改的《国家赔偿法》中的行政赔偿适用的是违法归责原则和结果归责原则相结合的多元归责原则。

新的《国家赔偿法》的归责原则关注的是以何标准和依据确定国家对其侵权行为承担责任,它是确立国家赔偿责任的关键所在。国家赔偿中的归责原则是整个赔偿立法的基石,采用哪种原则直接影响赔偿的范围、赔偿的程序等问题。2010年《国家赔偿法》将过去的违法归责原则取消,从而在实质上承认了国家赔偿归责原则的多元化。这一点可以说是国家赔偿中的最大变化,是牵一发而动全身的变化。一部真正体现着社会多元价值的《国家赔偿法》,它的归责原则不可能是单一归责模式,而应是体现了几种主流价值取向的归责原则体系,即多元归责原则模式。事实上,现代社会中传统的两大法系在归责原则上也出现了融合的趋势,即由单一归责原则向多元化发展,综合为一个整体性归责原则体系。

修订后的《国家赔偿法》第二条第一款规定:国家机关和国家机关工作人员行使职权,有本法规定的侵犯公民、法人和其他组织合法权益的情形,造成损害的,受害人有依照本法取得国家赔偿的权利。与原《国家赔偿法》第二条相比较,将"国家机关和国家机关工作人员违法行使职权"修改为"国家机关和国家机关工作人员行使职权"。看似很简单地去掉了"违法"二字,却意味着我国国家赔偿归责原则的重大进步。可以说,包括修改后的《国家赔偿法》的违法归责原则和结果归责原则在内的多元归责原则,顺应了时代的发展,对国家赔偿制度的发展将起到极大的推动作用。

三、行政赔偿责任的构成要件

(一)行政赔偿责任

行政赔偿责任又可称为行政损害赔偿责任或者行政侵权赔偿责任,是因行政机关或者行政机关工作人员在执行职务时的具体行政行为违法侵犯了公民、法人或者其他组织的合法权益而造成损害的,由国家负责赔偿的一种法律责任。

行政赔偿责任是国家责任的一种。国家责任是国家根据国际法和国内法对自己的行为应承担的法律后果。国家责任分为国际责任和国内责任。国内责任是国家对其国内公民、法人或者其他组织造成侵权损害,根据法律规定应承担的责任,包括立法侵权责任,司法侵权责任(包括民事和冤狱赔偿),行政侵权责任和国家民事责任四种。

行政赔偿责任具有以下特征,以区别于其他的法律上的赔偿责任。

1. 行政赔偿责任是由国家行政机关承担的一种法律责任

行政侵权损害可能是由于国家行政机关直接造成的,也可能是由于行政机关工作人员的职务行为造成的,还可能是由于行政机关委托的组织履行委托职务时造成的,但无论何种情况,都应当由行政机关承担赔偿责任。行政侵权赔偿责任由国家承担包括以下两种情况:

(1)公民、法人或者其他组织的损害是由执行具体公务的行政机关工作人员所造成的,行政赔偿责任应由行政机关承担。这是因为,在我国,当国家行政机关工作人员基于他的职务履行公务时,其行为不属个人行为而是行政机关的行为,他只是在执行行政机关的意志,其公务行为的法律后果由其所代表的行政机关承担。这样有利于增强行政机关的自我约束机制,有利于加强行政机关的内部管理;也可以避免因行政机关工作人员赔偿能力有限而使相对人的损失得不到及时、全面的赔偿,避免因赔偿责任的压力而挫伤行政机关工作人员的积极性和主动性。因此,当公民、法人或者其他组织受到的损害是由行政机关工作人员的过错造成的时候,应当首先由行政机关承担赔偿责任。同时,如果行政机关工作人员在执行职务时有致害的故意或者有重大过失,行政机关在对相对人的损失给予了赔偿后,根据法律规定,应当责令有故意或者重大过失的行政机关工作人员承担部分或者全部赔偿费用。这一制度的形成,从一些国家行政赔偿的历史发展看,经历了长期的发展过程,从国家无过错责任发展到国家和公务员连带负赔偿责任,最后形成国家首先对相对人负赔偿责任,然后再由国家向有过错或者重大过失的行政工作人员追偿的制度。

(2)由行政机关委托的组织或者公民所作的具体行政行为造成行政相对人损害的,也应由委托的行政机关承担赔偿责任。因为从理论上说,被委托的组织或者公民个人所进行的行政管理活动属于行政上的代理活动。代理人以被代理人的名义在代理权限范围内的活动,其法律后果应由被代理人承担,这是委托代理的一般原理。因此,在这种情况下,赔偿责任也应由行政机关首先承担,然后再由行政机关向委托的社会组织或者公民个人追偿。

但是,行政机关工作人员与行使职权无关的个人行为,行政机关委托的组织超出委托权限的行为,则应当由作出侵权行为的个人或者组织承担责任。

2. 行政赔偿责任是因行政管理活动而发生的

行政赔偿是由于国家行政机关或者行政机关工作人员在执行公务过程中给公民、法人或者其他组织的合法权益造成损害而应承担的赔偿。行政机关为进行行政管理活动,也要以民事主体的身份与其他组织和个人发生联系,在这个过程中造成他人损害的也要承担法律责任,但这种法律责任是民事责任而不是行政责任。

3. 行政赔偿责任以行政机关或者有关行政机关工作人员的具体行政行为违法为前提

行政机关或者行政机关工作人员的具体行政行为在性质上属于违法行为,才能够依照法律追究其行政侵权赔偿责任。如果具体行政行为本身合法、合理,但客观上造成了公民、法人或者其他社会组织的损害,行政机关不承担行政赔偿责任,而要给受到损害的公民、法人或者其他组织一定的补偿,这叫做行政补偿,如国家建设征用土地给予的补偿。行政补偿还包括对行政机关职务上的正当防卫行为和紧急避险行为予以补偿,后者如消防人员为了防止火灾蔓延下令将临近火源的建筑物拆除。

关于行政机关承担侵权赔偿责任的原则,即行政赔偿的归责原则,学术界有着多种观点,如过错原则、无过错原则和违法原则等。我国立法确立了违法原则,即行政机关和行政机关工作人员违法行使职权侵犯公民、法人或者其他组织的合法权益造成损害的,受害人有依照法律取得赔偿的权利。

4. 行政赔偿责任的责任形式主要是金钱赔偿

行政赔偿责任是行政侵权责任的一种。行政侵权责任形式除赔偿以外,还有返还原物、赔礼道歉、恢复名誉等形式。

(二)行政赔偿责任的构成

修订后的《国家赔偿法》第二条规定:国家机关和国家机关工作人员行使职权,有本法规定的侵犯公民、法人和其他组织的合法权益的情形,造成损害的,受害人有依照本法取得国家赔偿的权利。根据该规定,我国行政赔偿责任的构成要件主要包括四个方面。

1. 侵权主体

侵权主体是行政赔偿责任的主体要件。这一要件所要解决的问题是国家对哪些组织或者个人的侵权行为所造成的损害承担赔偿责任。一般而言,侵权主体包括两类:一是行政机关,二是行政机关工作人员。

世界各国一般都规定行政机关可以成为行政侵权的主体,但是除此之外,还有哪些组织可以成为侵权主体,各国对此有不同的态度。有的国家认为,被授权的组织也可以成为行政侵权的主体,如法国、日本;有的国家则对此不予承认。根据我国《国家赔偿法》,法律及法规授权的组织、被行政机关委托的组织,可以成为行政侵权的主体。

对于作为侵权主体的个人除公务员外,还应该包括哪些人,各国也有不同的态度。主要分为两种类型:一是严格限制型,如英国、新加坡、匈牙利等,其在法律上并未明确规定与国家有临时雇佣关系或委托关系的人能否成为行政侵权的主体,这样的赔偿制度不利于相对人;二是相对限制型,以法国、美国、奥地利、日本、德国为代表,其不要求侵权主体为公务员身份,而只要求在客观上是否执行公务,被法律授权或被委托的个人均可以成为行政侵权主体。德国现行《基本法》第三十四条便规定,任何人执行公务侵犯他人,即应由国家或其他所属的公共团体负担赔偿责任。在我国,除公务员外,法律、法规授权或行政机关委托的个人均可成为行政侵权的主体。

在确定侵权主体时,应注意以下两个问题:

(1)自愿协助人员可否成为行政侵权主体?笔者认为,自愿协助人员在协助中所产生的利益由行政机关所接受,在协助中产生的风险也应由行政机关来承担,这样才符合公平原则。但是,在协助过程中,如果行政机关拒绝行为人的协助,而行为人仍予以坚持协助,由此造成的损害应由协助个人来负担。

(2)假冒公务人员能否成为行政侵权主体? 对此问题不能简单下定论,要对两种情况进行区分:一是只要相对人尽到相应的注意就能识破假冒行为,而受害人又未予以相应注意,则应由假冒个人承担法律责任。二是由于假冒者与被假冒者有表象联系,足以使人误信,由此造成的损害应确定为行政侵权,这种侵权类似于民法中的"表见代理"。例如,一名警察虽被开除,但未收回其制服、证件及相关公用空白的文书,当他以公安机关名义实施了损害相对人的合法权益时,公安机关应负责予以赔偿。

2. 违法行为

违法行为是行政赔偿责任的行为要件。其具体含义有以下两点:

首先,违法行为必须是执行职务的行为,但世界各国对职务行为的界定标准有差异,主要有两种主流观点,即"主观说"和"客观说"。"主观说"一般为英美国家所采用,即以行为人的主观意思作为判断标准,这种学说又划分为两种:其一,以雇佣人的意思为标准,即只有在雇佣人所命令、委托办理的事项范围内的行为才为职务行为。其二,以雇佣人的意思为主,兼顾受雇人的意思表示。此观点认为,受雇人即使在未获雇佣人明确命令或委托情况下,为了其所被委办事务的利益而实施的行为,也属于职务行为。"客观说"以德国和日本为代表,即以行为的外观为标准,只要外表上属于社会观念上执行职务的范畴,即可认为是职务行为,而不问雇佣人及受雇人的意思表示。本着有效救济受害相对人的立法目的,相对而言,"客观说"更为可取。我国在立法中对职务行为未予以明确规定,《国家赔偿法》只是概要规定国家机关及其工作人员行使职权的行为可以引起赔偿,对何为"行使职权"没有详细规定。

其次,这种职务行为具有违法性。具体行政行为违法是指没有事实根据或者法律根据,适用法律、法规错误,违反法定程序,超越职权,滥用职权,行政处罚显失公正及拒不履行法定职责等情况。这里的违法,既包括程序上的违法,也包括实体上的违法;既包括形式上的违法,也包括内容上的违法;既包括作为的违法,也包括不作为的违法。

3. 损害事实

行政赔偿的成立以实际损害事实的存在为前提条件,无损害即无赔偿。也就是说,行政机关及其工作人员的行为即使违法,但未造成相对人合法权益损害的,也不承担赔偿责任。行政侵权所产生的损害根据不同的标准可有不同的分类,如人身损害与财产损害、物质损害与精神损害、直接损害与间接损害等。鉴于我国的国情,在制定赔偿法时,对损害的范围进行了限制。我国《国家赔偿法》规定,行政侵权所产生的损害包括两方面,即人身损害和财产损害。人身损害又分为对人身自由权利的损害和对生命健康权的损害,对财产权的损害只针对直接损害,而不包括间接损害。

关于精神损害问题。我国《国家赔偿法》将没有严重后果的精神损害排除在赔偿范围之外,第三十五条规定,当造成相对人名誉权、荣誉权损害时,行政机关为受害人在侵权行为影响的范围内消除影响、恢复名誉、赔礼道歉;只有造成严重后果的,应当支付相应的精神损害抚慰金。在国外,许多国家给予精神损害以赔偿。例如法国,行政法院通过一系列判例,使得国家对行政机关的一切损害,包括物质损害和精神损害在内,都要负赔偿责任。德国《国家赔偿法》第七条规定："对于损伤身体的完整、健康、自由或者严重损害人格等非财产损害,应参照第二条第二款予以金钱赔偿。"随着社会经济和法治的发展,修订后的我国《国家赔偿法》将精神损害赔偿纳入我国行政赔偿制度,但属概括性规定,尚缺乏具体的操作性内容。

4. 因果关系

行政违法行为与损害事实之间存在因果关系,是确定行政赔偿责任的极为重要的因素。

违法行为与损害事实之间,只有存在因果关系,行政赔偿责任才能成立。在行政赔偿诉讼中,因果关系具有特殊性,较为复杂,存在多种情况,如一因多果、多因一果或多因多果等,必须根据具体情况确定因果关系,并正确适用因果关系理论。对于因果关系,学术上有不同的学说和观点,目前主要有三种学说:一是必然因果关系说。该说认为,一种行政行为在某具体条件下,必然引起该种损害结果时,才产生行政赔偿。如公安机关违法扣押相对人的运输汽车,必然造成经营者的财税损失。二是直接因果关系说。该说认为,侵权行为与损害事实之间有直接联系时,才产生行政赔偿。三是相当因果关系说,也称适当条件说。该说认为,某行政行为若只在某种特定情况下,依一般的社会经验,会发生同样的结果,方可认定其两者间具有因果关系。

在我国的行政赔偿中,学者多倾向采用直接因果关系说,但因果关系十分复杂,难以用单一的方法予以解决。所以,在确认行政赔偿责任中的因果关系时,应采用不同的方法予以判断。

第二节 行政赔偿的范围、请求人和义务机关

一、行政赔偿的范围

行政赔偿的范围,是指国家对哪些行政行为造成的哪些损害承担赔偿责任的界限。行政赔偿范围包含两个方面的内容:一是国家对行政活动中哪些损害相对人的行为承担赔偿责任;二是受害人因违法行政而受到哪些损害。在行政赔偿制度中,行政赔偿范围的确定具有十分重要的意义。它不但决定了受害人能否获得国家赔偿,也决定了侵权机关是否承担赔偿责任。

我国《国家赔偿法》第三条、第四条明确规定了行政赔偿范围,从损害权益的范围上看,我国目前仅限于对人身权、财产权受到的损害予以赔偿。

(一)侵犯人身权的行政赔偿范围

1. 人身自由权损害赔偿

1)违法拘留或者违法采取限制人身自由的行政强制措施

(1)违法拘留。此处所称拘留是指行政拘留,行政拘留是指公安机关、国家安全机关、武装警察等对行政违法者采取的一种剥夺人身自由的行政处罚。法律对行政拘留的设定、适用机关、期限、程序等均作了严格规定。行政机关违反法律规定的权限、程序,或者在证据不足、事实不清的情况下实施拘留的,属于违法拘留。因违法拘留造成公民人身

自由受到损害的,国家应予赔偿。

(2)违法采取限制人身自由的行政强制措施。限制人身自由的行政强制措施是指行政机关依法对特定公民的人身自由采取的限制性措施。与行政处罚不同的是,行政强制措施的本质在于限制当事人的权利,而不是剥夺当事人的权利;采取行政强制措施的目的不在于制裁,而在于保全、调查等;行政强制措施针对的对象不一定是违法者,也可能是被怀疑对象或没有违法的人。行政强制措施的种类很多,如劳动教养、收容教育、强制传唤、强制约束、强制戒毒、强制隔离等。如果行政机关违法适用强制措施,侵犯公民人身自由,国家应承担赔偿责任。

2)非法拘禁或者以其他方法非法剥夺公民人身自由的

非法拘禁,是指行政拘留和行政强制措施以外的非法限制公民人身自由的行为。非法拘禁表现在两个方面:一是无权限,即无法定权限的国家机关实施了限制公民人身自由的行为。二是有权限但严重越权,指有限制公民人身自由权的机关以法定之外的名目或理由非法限制公民人身自由的。

"其他方法非法剥夺公民人身自由"是一种弹性的规定,如以办计划生育学习班的名义限制人身自由即属此类。

2. 生命健康权损害赔偿

1)殴打等暴力行为或者唆使他人以殴打等暴力行为造成公民身体伤害或者死亡的

暴力殴打是指行政机关工作人员在执行职务过程中以暴力殴打或唆使他人以暴力殴打手段导致公民身体伤害或死亡。以殴打等暴力行为或者唆使他人以殴打等暴力行为造成公民身体伤害或者死亡,是一种严重的侵犯公民人身权的违法行为,国家对此应承担赔偿责任。不论行政机关主观上是善意还是恶意,由于殴打造成公民身体伤害或者死亡的,受害人有权获得赔偿。

2)违法使用武器、警械造成公民身体伤害或者死亡的

武器、警械,是指枪支、警棍、警绳、手铐等。有权使用武器、警械的工作人员必须依照法律规定的使用场合、使用条件和程度使用,否则,侵犯相对方权利的,国家应承担赔偿责任。

3)造成公民身体伤害或者死亡的其他违法情形

这也是一个弹性条款。也就是说,除上述两种情况外,行政机关其他的违法行为造成公民身体伤害或者死亡的,国家应承担赔偿责任。

(二)侵犯财产权的行政赔偿范围

(1)违法实施罚款、吊销许可证和执照、责令停产停业、没收财物等行政处罚,属于财产处罚的范畴,行政机关的违法实施会给当事人的财产权造成损害,主要表现在处罚主体不合法、超越权限、处罚对象错误、处罚内容违法、处罚程序违法等。无论是哪一种违法形式,只要侵犯相对方合法权益并造成损害的,国家应当承担赔偿责任。

(2)违法对财产采取查封、扣押、冻结等行政强制措施的。对财产的强制措施主要有查封、扣押、冻结等几种形式。违法对财产采取的行政强制措施主要表现为实施主体不合法、超越权限、强制措施的对象错误、强制措施的程序违法以及疏于对财产的保管而造成的损失等。

（3）违反国家规定征收财物的。行政征收，是指行政主体以强制的方式取得相对方财产所有权的一种具体行政行为，包括收税和收费两种。行政机关有权依法征收相对方的财物，如税务机关向纳税人征税，计划生育部门征收超生费等。由于征收财物关系到相对方的财产权，一般均有法律、法规明确规定的征收条件、数额、方式等。如果行政机关违法向公民或法人征收财物，国家承担赔偿责任。

（4）造成财产损害的其他违法行为。除上述几类行政行为可能侵犯相对方的财产权外，在行政管理中，还存在大量的、多种多样的造成相对方财产权损害的其他违法行为，对此，国家也应承担赔偿责任。

（三）国家不予赔偿的情形

各国赔偿制度中都存在一些国家不承担赔偿责任的情形。例如在法国，对于不可抗力造成的损害、受害人自己的过错造成的损害、第三方的原因造成的损害、外国公法人所引起的损害，国家不承担赔偿责任。根据我国《国家赔偿法》的规定，国家不承担赔偿责任的情形主要有：

（1）行政机关工作人员实施的与行使职权无关的个人行为。行政机关工作人员的行为包括行使职权的行为和与行使职权无关的个人行为。对于行使职权的行为造成的损害，国家应当承担赔偿责任，对于那些与行使职权无关的个人行为造成的损害，国家不承担赔偿责任。

关于职权行为和个人行为的区分标准，学术界有不同的主张。有的主张采用实践标准，有的主张采用职责标准等。在具体的行政赔偿案件中，职权行为与个人行为的划分非常复杂，需要考虑多种因素。

（2）因公民、法人或者其他组织自己的行为致使损害发生的。行政机关及其工作人员在行使职权时造成公民、法人或者其他组织损害的原因很多，如果该损害是因为受害人自己的行为造成的，国家不负赔偿责任。例如，某公民对于公安机关的拘留决定不服，一气之下服毒自杀，国家对该公民的死亡不负赔偿责任。

（3）法律规定的其他情形。对于该条款的理解，学术界有不同的主张：一是根据行政赔偿责任构成要件，国家本应承担赔偿责任，但出于政治等因素的考虑而不承担赔偿责任，这种情形也称为国家责任豁免；二是侵权行为本身不符合行政侵权赔偿责任的构成要件，不构成行政侵权赔偿责任，国家因此不负赔偿责任；三是适用民法上的抗辩事由来减免国家赔偿责任的情况。有学者认为，法律规定的其他情形包括：不可抗力、邮政通信及通过其他途径可以得到补偿的情形。还有学者认为，法律规定的其他情形是指不可抗力、第三人过错和其他途径可获得补偿的情形。

二、行政赔偿请求人

行政赔偿请求人，是指因行政机关及其工作人员违法执行职务而遭受损害，有权请求国家赔偿的公民、法人或其他组织。由于各国国家赔偿的范围不同，因而赔偿请求人的范围也不同。许多国家和地区多参照民事法律的规定来确定行政赔偿的请求人。

根据我国《国家赔偿法》第六条的规定，行政赔偿中，有权提出赔偿请求的人有以下几种：

(1)受到行政行为侵害的公民、法人或其他组织。《民法通则》规定,未成年人及不能辨认自己行为的精神病人属于无民事行为能力人或限制民事行为能力的人。当他们的权益遭到行政机关或其工作人员侵害时,他们的监护人(包括父母、兄弟、姐妹、成年子女、配偶、近亲属等)为法定代理人。但赔偿请求人仍为受到侵害的未成年人和精神病人。

(2)受害人死亡的,其继承人和其他有抚养关系的亲属也可以成为赔偿请求人。

(3)受害的法人或其他组织终止,承受其权利的法人或其他组织有权要求赔偿。法律赋予承受该法人或其他组织权利的组织以赔偿请求权,是因为他们在经济上有继承关系,有利于保护他们的合法权益。

不发生赔偿请求权转移的情形有:

(1)法人或其他组织被行政机关吊销许可证或执照,但该法人或组织仍有权以自己的名义提出赔偿请求,不发生请求权的转移问题。

(2)法人或其他组织破产,也不发生赔偿请求权转移问题。破产程序尚未终结时,破产企业有权依据此前的行政侵权损害取得国家赔偿。

(3)法人或其他组织被主管行政机关决定撤销,也不发生赔偿请求权转移的问题。因为《行政诉讼法》已经赋予了上述情形下的法人或其他组织以诉权,受害的法人或其他组织可以在行政诉讼中一并提出行政赔偿,不发生赔偿请求权转移问题。

三、行政赔偿义务机关

行政赔偿义务机关,是指因自己或者由其委托的其他组织以及它所属的工作人员,违法行使职权侵犯行政相对人的合法权益,而依法必须承担赔偿责任的行政机关。行政赔偿义务机关的具体认定,应当区分不同情况而定。根据《国家赔偿法》、《行政诉讼法》和《最高人民法院关于审理行政赔偿案件若干问题的规定》,行政赔偿义务机关的具体认定规则如下:

(1)国家行政机关本身违法行使行政职权,侵犯行政相对人的合法权益造成损害的,该行政机关为赔偿义务机关。

(2)国家行政机关所属的工作人员违法行使行政职权,侵犯行政相对人的合法权益造成损害的,其所属的行政机关为赔偿义务机关。

(3)两个以上行政机关共同行使行政职权时侵犯行政相对人的合法权益造成损害的,共同行使行政职权的行政机关为共同赔偿义务机关。两个以上行政机关共同侵权,赔偿请求人对其中一个或者数个侵权机关提起行政赔偿诉讼,若诉讼请求系可分之诉,被诉的一个或者数个侵权机关为被告;若诉讼请求系不可分之诉,由人民法院依法追加其他侵权机关为共同被告。

(4)法律法规授权的组织在行使授予的行政权力时侵犯行政相对人的合法权益造成损害的,被授权的组织为赔偿义务机关。

(5)受行政机关委托的组织或者个人在行使受委托的行政权力时侵犯行政相对人的合法权益造成损害的,委托的行政机关为赔偿义务机关。

(6)经行政复议机关复议的,最初造成侵权行为的行政机关为赔偿义务机关,但复议机关的复议决定加重损害的,复议机关对加重部分履行赔偿义务。但如果赔偿请求人只对作出原行政决定的行政机关提起行政赔偿诉讼,作出原决定的行政机关为被告;如果赔偿请求人只对复议机关提起行政赔偿诉讼,仅以行政复议机关为赔偿义务机关。

(7)行政机关依据《行政诉讼法》第六十六条规定,申请人民法院强制执行具体行政行为,由于据以强制执行的根据错误而发生行政赔偿诉讼的,申请强制执行的行政机关为被告。

(8)行政赔偿义务机关被撤销的,继续行使其职权的行政机关为赔偿义务机关;没有继续行使其职权的行政机关的,撤销该赔偿义务机关的行政机关为赔偿义务机关。

第三节　行政赔偿的方式、标准和程序

一、行政赔偿的方式

行政赔偿的方式是指国家承担赔偿责任的具体形式。纵观世界各国的立法和案例,行政赔偿的方式主要有三种:一是单一的金钱赔偿方式,法国、奥地利为此种方式的代表。二是以金钱赔偿方式为主、以恢复原状为辅的方式,如日本、我国台湾地区等。三是具体方式由法院自由裁量,瑞士即采用此种方式。

我国《国家赔偿法》第三十二条规定:国家赔偿以支付赔偿金为主要方式。能够返还财产或者恢复原状的,予以返还财产或者恢复原状。由此可知,我国采用的是以金钱赔偿方式为主、以返还财产或者恢复原状为辅的方式。

(一)金钱赔偿

金钱赔偿是我国赔偿法规定的主要赔偿方式,是指由赔偿义务机关以货币的形式支付受害者相应的赔偿。我国的行政赔偿方式之所以以金钱赔偿为主,是因为金钱赔偿有其无可比拟的优点:一是金钱赔偿的适应性强,无论是人身自由、生命健康权受到损害,还是财产权受到损害,都可以采用支付赔偿金的方式予以赔偿;二是金钱赔偿有利于保证行政管理活动的正常进行,金钱赔偿的手续简便,不像恢复原状或返还财产需要消耗行政机关大量的时间和精力,从而影响了行政效率。

(二)返还财产

返还财产是指赔偿义务机关将违法所得的财产返还给受害人的赔偿方式。同金钱赔偿方式相比,此种方式的适应性就较弱,只能适用于财产权损害。我国《国家赔偿法》第三十六条第一项规定,处罚款、罚金、追缴、没收财产或者违法征收、征用财产的,返还财产,其中的"财产"包括金钱和物。

适用此种赔偿方式,需具备一定的条件:一是原物仍然存在,无损毁,如果原物灭失或损毁,也就谈不上返还财产了;二是返还财产比金钱赔偿更为便利,这是由返还财产这种赔偿方式的辅助性所决定的,这也体现出行政管理中的经济原则;三是返还财产不影响公务活动,这是平衡私人利益和公共利益的需要,如果原物已经用于公务活动,返还财产会影响公务活动的正常进行,此时就不应返还财产,而应以金钱方式支付赔偿。

(三)恢复原状

恢复原状是指赔偿义务机关对受损害的财产予以修复,使其回复原本面目和性能的赔偿方式。我国的《国家赔偿法》第三十六条第二项、第三项分别规定,查封、扣押、冻结财产的,解除对财产的查封、扣押、冻结;应当返还的财产损坏的,能够恢复原状的恢复原状。

采用恢复原状的赔偿方式,需要满足一定的条件:其一,受损害的财产能够恢复,如果不能恢复,自然不适用恢复原状的方式;其二,恢复原状比金钱赔偿更为便利,否则直接采用金钱赔偿;其三,恢复原状不影响公务活动的正常进行。

二、行政赔偿的计算标准

行政赔偿的计算标准是指国家支付赔偿金赔偿受害人的损失时所适用的标准。由于行政侵权行为和所造成损害的结果多种多样,需要确定不同的标准来计算受害人的损失。

(一)确立计算标准的原则

确立计算标准的原则是指国家确立计算标准时所遵循或者依据的准则。从世界各国的情况看,在已经建立了国家赔偿制度的国家中,其计算标准大致根据以下四种原则确立。

1. 惩罚性原则

惩罚性原则是指国家赔偿所支付的赔偿金既是对受害人损失的弥补,也是对行政侵权行为的惩罚。依据惩罚性原则,赔偿义务机关除要向受害人补足其所受的损失外,还应支付超出其实际损失的费用,从而体现对行政侵权行为的惩罚。

2. 补偿性原则

补偿性原则是指国家赔偿所支付的赔偿金是对受害人实际损失的补偿。依据补偿性原则,赔偿义务机关支付的赔偿金正好应弥补受害人的实际损失,从而使受害人因行政侵权行为所发生的损害能得到全部的补偿。

3. 损益相抵原则

损益相抵原则是指受害人因某一致害行为所造成的损害与因该损害所获得的补偿应当正好相互抵消。依据损益相抵原则,受害人因同一损害从不同渠道获得赔偿,国家只支付赔偿总额中减去已从其他渠道获得的赔偿金的余下部分。

损益相抵原则与补偿性原则相比,其区别主要在于,补偿性原则是从赔偿义务机关的角度说明应当赔偿的数额,即赔偿义务机关给予受害人的赔偿金应当弥补受害人的实际损失;而损益相抵原则是从受害人的角度说明应当赔偿的数额,即受害人所获得的赔偿数额应当与其所受的损害相抵。由于受害人在某一次具体的侵害行为中所遭受损害的数额是固定的,而受害人除可从赔偿义务机关获得赔偿外,还可以通过其他途径,如保险、刑事诉讼获得赔偿,因而行政赔偿实行补偿性原则,受害人所获得的赔偿数额往往大于损益相抵原则。

4. 抚慰性原则

抚慰性原则是指国家赔偿所支付的赔偿金仅仅是对受害人的象征性抚慰,一般不足以弥补受害人所受的实际损失。依据抚慰性原则,赔偿金的数额往往少于受害人的实际损失。

一个国家立法所采用的确立计算标准的原则,是与该国的经济实力和政府的财力密切相关的。我国是一个发展中国家,经济实力与政府财力都不如发达国家,国家赔偿的水准只能与我国目前的实际相适应。如果不切实际地规定过高的赔偿原则,不仅国家财力无法实现这些原则,而且会对法律权威、政府声誉产生负面的效果。因此,我国《国家赔偿法》所确立的计算标准基本上依据的是抚慰性原则,以保障受害人基本的生活、生产为限。

(二)《国家赔偿法》的具体规定

1. 人身自由权损害的计算标准

《国家赔偿法》第三十三条规定:侵犯公民人身自由的,每日赔偿金按照国家上年度职工日平均工资计算。即按日计算赔偿金,每日的赔偿金按照国家上年度职工日平均工资计算。

《国家赔偿法》规定对侵害人身自由权的赔偿采取根据上年度职工日平均工资计算的随机标准,而不是规定一个固定的标准或者最高限额,比较适合我国目前处于改革时期工资、物价都在不断变化的具体情况。既便于操作,又比较灵活,还有利于在全国范围内统一实施。

2. 生命健康权损害赔偿的计算标准

《国家赔偿法》第三十四条规定,侵犯公民生命健康权的,赔偿金按下列标准计算:

(1)造成身体伤害的,应当赔偿医疗费、护理费以及因误工减少的收入。减少的收入每日的赔偿金按照国家上年度职工日平均工资计算,最高额为国家上年度职工年平均工资的五倍。

(2)造成部分或者全部丧失劳动能力的,应当支付医疗费、护理费、残疾生活辅助具费、康复费等因残疾而增加的必要支出和继续治疗所必需的费用,以及残疾赔偿金。残疾赔偿金根据丧失劳动能力的程度,按照国家规定的伤残等级确定,最高不超过国家上年度职工年平均工资的二十倍。造成全部丧失劳动能力的,对其抚养的无劳动能力的人,还应当支付生活费。

(3)造成公民死亡的,应当支付死亡赔偿金、丧葬费,总额为国家上年度职工年平均工资的二十倍。对死者生前扶养的无劳动能力的人,还应当支付生活费。

3. 财产权损害赔偿的计算标准

《国家赔偿法》第三十六条规定,侵犯公民、法人或者其他组织的财产权造成损害的,按照下列标准处理:

(1)处罚款、罚金、追缴、没收财产或者违法征收、征用财产的,返还财产。

(2)查封、扣押、冻结财产的,解除对财产的查封、扣押、冻结,造成财产损坏或者灭失的,依照有关规定赔偿。

(3)应当返还的财产损坏的,能够恢复原状的恢复原状,不能够恢复原状的,按照损害程度给付相应的赔偿金。

(4)应当返还的财产灭失的,给付相应的赔偿金。

(5)财产已经拍卖或者变卖的,给付拍卖或者变卖所得的价款;变卖的价款明显低于财产价值的,应当支付相应的赔偿金。

(6)吊销许可证和执照、责令停产停业的,赔偿停产停业期间必要的经常性费用开支。

这是一个典型地体现了我国国家赔偿抚慰性原则的规定。一般而言,企业停产停业所造成的损失,除包括停产停业期间的经常性费用开支外,还包括企业正常经营或者生产所应获得的利润,而后一项的数额往往比前一项的数额要大得多。但考虑到国家的财力,抚慰性质的赔偿只以必要的经常性费用开支为限。

(7)返还执行的罚款或者罚金、追缴或没收的金钱,解除冻结的存款或者汇款的,应当支付银行同期存款利息。

(8)对财产权造成其他损害的,按照直接损失予以赔偿。

三、行政赔偿程序

(一)行政赔偿请求的提出与方式

根据《国家赔偿法》、《行政诉讼法》、《行政复议法》等法律的有关规定,赔偿请求人可以单独提出行政赔偿请求,也可以在行政复议、行政诉讼中一并提出。

1. 单独提出行政赔偿

单独提出行政赔偿,是指公民、法人或者其他组织单独就赔偿问题提出请求,不要求行政复议机关或者人民法院对具体行政行为合法性问题进行审查的方式。相对人采取单独的方式提出赔偿请求,一般发生在致害行政机关已经确认致害行政行为违法,如行政机关已经撤销或者改变了致害行政行为,但对致害行政行为所造成的损害未作处理,或者处理结果与受害人所愿相违的情形。

单独提出行政赔偿请求的,赔偿义务机关应当自收到申请之日起两个月内给予赔偿;逾期不予赔偿或者赔偿请求人对赔偿数额有异议的,赔偿请求人可以自期限届满之日起三个月内向人民法院提起诉讼。此外,赔偿请求人对赔偿义务机关作出的赔偿决定有异议,也可以向复议机关申请复议。

2. 一并提出行政赔偿

一并提出行政赔偿是指行政相对人对行政机关的具体行政行为不服,在请求行政复议机关和人民法院审查具体行政行为合法性的同时,认为自己的合法权益受到该具体行政行为的侵害,可以同时在复议与诉讼过程中提出行政赔偿的请求。复议机关和人民法院应对这两种诉讼请求并案处理,首先审查具体行政行为的合法性问题,在确认具体行政行为违法的情况下,再对行政赔偿作出处理。

3. 行政赔偿请求提出的方式

根据《国家赔偿法》第十二条的规定,赔偿请求人向赔偿义务机关提出赔偿请求,应以书面形式进行,也可以口头申请,由赔偿义务机关记入笔录。

提出赔偿请求的申请书,应包括以下内容:

(1)受害人的基本情况。包括受害人的姓名、性别、年龄、工作单位和住所,法人或者其他组织的名称、住所和法定代表人或者主要负责人的姓名、职务。

(2)具体的赔偿请求。即赔偿方式,包括支付赔偿金、恢复原状、返还财产等,以及具体的赔偿数额。

(3)要求赔偿的事实根据和理由。

（4）赔偿义务机关。如果同时提出数项赔偿请求，应明确指出哪项申请是向哪个机关提出的。

（5）申请的时间。申请的时间不仅关系到赔偿义务机关进行处理的时限，还关系到受害人权利的进一步主张，因此必须在申请书上载明提交申请的年、月、日。

此外，《国家赔偿法》第三十九条规定，赔偿请求人请求国家赔偿的时效为两年，自其知道或者应当知道国家机关及其工作人员行使职权时的行为侵犯其人身权、财产权之日起计算，该规定也适用于行政赔偿。

（二）行政赔偿请求的受理

赔偿义务机关在收到受害人的赔偿请求之后，应对其进行审查，审查的内容主要包括：是否拥有行政赔偿请求权；申请书是否符合法律要求；申请赔偿之损害是否属于法定赔偿范围之内；导致受害人提出赔偿要求的损害是否确实由本行政机关及其公务员或行政机关委托的组织和个人的违法行为造成；是否符合申请时效规定。

在审查之后，如认为本机关无赔偿义务，被请求机关应以书面方式通知请求人，并说明不予赔偿的理由。如认为该申请符合赔偿条件，应自收到申请书之日起，两个月内依法给予行政赔偿。被请求机关在收到申请之后，置之不理，超过两个月的，视为对赔偿请求的拒绝。

赔偿请求人遭到拒绝或对赔偿数额有异议的，可在三个月内向人民法院提起赔偿诉讼，通过司法程序寻求损害赔偿。

（三）行政赔偿诉讼

行政赔偿诉讼是受害人依法获得国家赔偿的途径之一，是特殊的诉讼形式。根据我国有关法律的规定，单独提起行政赔偿之诉，应以行政侵权行为被确认为违法或被撤销为前提。行政赔偿诉讼的当事人是特定的，原告是拥有赔偿请求权的人，只能以赔偿义务机关为被告。这是由"国家责任，机关赔偿"原则决定的。

1. 起诉与受理

行政赔偿义务机关自收到赔偿申请之日起两个月内不予赔偿，或者行政赔偿请求人对赔偿数额有异议的，请求人可以自期限届满之日起三个月内向法院起诉。

人民法院在收到行政赔偿起诉书后，应进行审查，看当事人是否适格；是否有明确、具体的诉讼主张；是否有合法的起诉理由和事实根据；是否属于本法院的受案范围及受诉管辖。人民法院根据审查结果，作出不予受理的裁定或者在七日内立案。如在接到行政赔偿起诉书后，七日内不能明确可否受理的，应先行受理。在审理中发现不符合法定条件的，可裁定驳回起诉。

行政赔偿请求人对人民法院不予受理或驳回裁定不服的，可自裁定书送达之日起十日内向上一级人民法院提起上诉。

2. 审理

对行政赔偿诉讼的审理适用公开审理、合议制度，二审终审制，回避制度等，这是与行政诉讼相同之处。行政赔偿诉讼的特别之处在于，人民法院在坚持合法、自愿的前提下，可以就赔偿范围、赔偿方式和赔偿数额进行调解。因为赔偿请求人可依法自由处分自己的请求赔偿权利，赔偿义务机关所承担的义务由原告主张权利的行为所主宰。如果调解不成,由人民法院依法作出判决。

人民法院根据审理结果作出调解或者判决,并分别制定行政赔偿调解书和行政赔偿判决书。

3. 执行

根据《国家赔偿法》、《行政诉讼法》的规定,当事人必须如实履行行政赔偿判决或者调解的有关内容。一方拒绝履行的,另一方可于法定期限内向人民法院申请执行。

四、行政追偿

行政追偿,是指行政赔偿义务机关向行政赔偿请求人支付赔偿费用之后,依法责令有故意或重大过失的公务员、受委托组织或个人承担部分或全部赔偿费用。追偿的实质是行政机关代表国家对有故意或重大过失的公务员及受委托的组织和个人行使国家追偿权。行政追偿责任因国家赔偿责任而产生,基础是行政机关与被追偿人之间的特定关系。

(一)行政追偿的条件

行政机关行使追偿权,必须具备以下条件:①赔偿义务机关已经向受损失的公民、法人或其他组织支付了赔偿金、返还了财产或恢复了原状;②公务员及受委托的组织和个人对加害行为有故意或重大过失。

(二)追偿范围

追偿金额的范围,不得超过赔偿义务机关支付的损害赔偿金额,在这个限度内,责令有关人员或组织承担部分或全部费用。如果赔偿义务机关因为自己的过错而支付了过多的赔偿金,对超额部分无权追偿。行政机关在确定追偿具体金额时,应在与被追偿者协商的基础上作出,协商不成的,可自行作出决定,但要注意与过错程度相适应。

(三)追偿人与被追偿人

追偿人与被追偿人均应按不同情况进行确定:

第一,追偿人,即赔偿义务机关。①因公务员违法行使职权,引起行政赔偿的,该公务员所在的行政机关为追偿人;②法律、法规授权组织的公务人员违法行使授权而导致行政赔偿的,被授权的组织为追偿人;③受行政机关委托的组织或者个人违法行使授权而导致行政赔偿的,委托的行政机关是追偿人。

第二,被追偿人,即导致损害赔偿的公务员或受委托的组织和个人。①数人共同实施加害行为的,均为被追偿人;②经合议的事项造成损害的,参与合议的均为被追偿人,反对最终决议的除外;③法律、法规授权组织的公务人员实施侵权行为的,行为人是被追偿人;④受行政机关委托行使行政权的组织内的成员实施的侵权行为,该受委托组织为被追偿人。

第四篇　水法规知识

第一章　水　法

改革开放以来,随着社会主义法制建设的不断深入,水法制建设步入了快速发展的轨道,国家和地方各级立法机构、行政机关相继制定了一系列调整水事法律关系、规范水事活动的法律、法规、规章,一个较为完备的水法体系已初步形成。与此同时,一门以水法制及其发展规律为研究对象的新兴学科——水法学也应运而生。本章将对水法的概念和特征、水法的基本原则和作用、水法的调整对象、水事法律关系、水法与水法学等一系列基本问题展开深入分析和阐述。

第一节　水法概述

一、水法的概念

水法是调整水事关系的法律规范的总称。对于水法的含义,至少可以从以下三个方面来理解:

首先,水法是基于水这一自然资源及其开发、利用、节约、保护而产生的。众所周知,水是一种重要的自然资源,由于水资源在人类生活和社会生产中所起的不可替代的重要作用,同其他许多自然资源一样,必须给予特别重视并加以严格管理和保护。从这个意义上讲,水法与自然资源法的立法意义完全一致,即通过立法的手段对自然资源实行有效管理和保护。

其次,水法所调整的水事关系产生于人们的水事活动中。既然水资源是人类所必需的重要资源,且由于水在其循环过程中又时常给人类带来灾害,故而便产生了人们防治水害和开发、利用、管理及保护水资源等活动,这便是水事活动。为了调整和规范人们的水事活动,最有效的办法就是立法,即通过水事立法把所有的水事活动都置于法律的监督、指导和约束下,这样便产生了水法。同时,水法所调整的水事关系是一种法律关系,具体来说,就是规定水事活动中各方主体之间权利和义务关系的法律关系。

最后,水法是各类水事法律规范的总称。这是指水法的具体表现形式是多样的,既有国家立法机关制定的法律,也有行政机关制定的行政法规,还有地方立法部门和行政部门制定的地方性法规和规章。

在我国,水法有广义和狭义之分。广义的水法是指调整水事关系的各类法律、法规、规章的总称。狭义的水法则仅指《中华人民共和国水法》(以下简称《水法》)。

二、水法的特征

水法作为整个法律系统的一个部门,有其自身的特点。

第一,从根本性质上讲,水法具有很强的行政管理特性,属行政法。从现代水管理的历史来看,由于水资源普遍实行国家或社会所有,故水资源是由国家行政机关来管理的。行政管理是行政机关实现国家意志和目的的行为,通过行政手段和方式对国家的重要资源实行统一管理,能最大限度地利用和保护好资源,发挥资源的最大效益。水行政管理正是基于同样的缘由而产生的。不过,同其他行政管理一样,水行政管理的职权,通常是由法律(包括一般法律和水事法律)设定的,同时更离不开法律的保障,这在现代行政管理条件下是不可或缺的前提和基础。从根本上讲,制定水法的目的是为了实现依法治水、依法管水,这也正是水法赋予水行政机关进行水行政管理活动职权的主要目的。因此,水法必然要突出强调水行政机关在治水管水方面的职权和职责,明确水行政主体和水行政相对人之间的特定行政法律关系,从而表现出典型的行政法特点。水行政主体和水行政相对人之间的关系是一种不对等的关系,即双方之间实际存在着管理与被管理、命令与服从的关系,这是一种纵向的关系。

现在有一种观点,就是并不认同行政主体与行政相对人之间是这种纵向关系的说法,而认为他们之间只是一种横向关系。其理由是,行政主体与行政相对人之间的地位是平等的,不应有谁支配谁、谁服从谁的现象,行政关系中的纵向关系仅存在于行政主体的上下级之间。这种看法是基于现代行政制度下普遍提倡的主权在民、权力制衡的思想提出的,有一定可取之处。而且应当看到,在现代行政制度下,行政主体的地位和作用的确也发生了诸多变化:行政机关不再像以往那样高高在上、盛气凌人,法律和社会公众对行政机关的制约监督作用大大增强。但笔者认为,行政作为国家存在的历史条件下的特有现象,是伴随着国家的产生、消亡而产生和消亡的,行政的最大特点就在于其行政管理和执法行为的国家意志性,行政的职能就是行政机关代表国家行使管理国家和社会各项事务的职责。因此,行政活动便具有当然的权威与尊严。从这个意义上讲,只要行政行为合法合理,就必须得到无条件的履行,管理相对人必须无条件地服从;否则,国家和社会将会因缺乏有效管理而处于无序状态中。这样在最终的意义上就产生了行政法律关系中特有的法律关系主体之间的不对等的纵向关系,但这种不对等仅仅存在于特定的行政法律关系中,而非法律上和政治上的不平等,并且在行政主体和行政相对人之间的行政诉讼法律关系中则不存在这种不对等关系。事实上,体现这种不对等关系的另一例证是,在行政法律关系中,行政行为具有单方意志性,仅凭行政主体单方面的意志即可设定行政法律关系,而并不需征得行政相对方的同意。如卫生防疫部门进行卫生检查,就无须得到任何被检查方的许可,被检查方无论接受与否均须服从。从以上分析不难看出,所谓主权在民的权力普遍思想的真正实现,应是在国家和行政皆消亡后的共产主义高级阶段。当然,强调行政主体与行政相对人之间是一种不对等关系,并不意味着行政主体可以任意设定行政行为,甚至凌驾于行政相对人之上。恰恰相反,在现代行政法中似乎更多地强调他们之间的合作关系,以及行政主体对行政相对人的服务关系、指导关系、补救关系。

　　这里还必须指出的是,水法也时常涉及各类主体之间(尤其是相对人之间)基于水资源的占有、使用、收益、处分等发生的各种水事纠纷,其间所表现出的多是平等主体间的横向关系。因此,在一定程度上水法也具有民法的某些特点,这点也不应忽视。其实,现代水法在其发展中越来越具有综合性,与其说它是纯粹的行政法,毋宁说是经济行政法;它既调整非平等主体间的纵向关系,也调整平等主体间的横向关系,只不过以纵向关系为主。

　　第二,从法律体系上看,水法是由各类水事法律、水行政法规、部门水规章、地方性水法规和规章等组成的综合性水法体系。如前所述,水法用以调整人们在水资源的开发、利用、节约和保护,防治水害等水事活动中所产生的各种水事法律关系,各类法律形式之间既有明显的层级性,又相互关联,力图将各种水事活动及关系纳入法律调整的轨道。

　　第三,从内容上看,水法所包含和涉及的内容十分广泛。水法作为综合性的法律体系,不仅表现在其法律具体形式的多样性上,而且还表现在内容的广泛性上。就我国水法的具体内容而言,它既包括水资源的开发利用、节约保护、水土保持、防汛抗旱,又包括水工程管理与保护、水利经营管理;既包括水行政立法、水行政执法,也包括水行政司法,还包括水行政法制监督与救济;既包括国内水事法,也包括涉外水事法。水法内容的广泛性,使得各种水事活动均被纳入水法的有效调整范围之中,真正体现出有法可依。

　　第四,从时间效力看,水法富于变动性。作为上层建筑的法,总是随着经济基础的变化而变化的。在各类法中,行政法的变动尤为显著,这是因为国家行政机关的行政活动和行为必须为适应社会实际和客观需要经常作出调整和变化。水法作为行政法同样必须适应水事活动的实践需要而及时作出调整,适时进行立、改、废。从1988年我国第一部《水法》颁布以来,为适应社会发展需要,国家立法机构和各级水行政机关制定、颁布、修改的各类水事法律、法规、规章已逾900件;2002年10月,经过全面修改的新《水法》正式施行。

第二节　水法的调整对象和水事法律关系

一、水法的调整对象及分类

　　水法是调整水事关系的法律,这种水事关系内容广泛、形式多样,在本质上表现为经济关系。因此,水法就是调整与水有关的各种社会经济关系的法。这种经济关系是在水资源的开发、利用、节约、保护和防治水害等水事活动中形成的。之所以是经济关系,是因为:首先,水资源作为自然资源,本质上是一种经济资源,任何针对水资源的活动可能有多种目的,也可能为实现多种利益,但归根到底都是为了达到和实现某种社会经济目的和利益;所有针对水资源的活动,不论是合法的还是非法的,都是围绕着某种具体的经济利益而展开的。法学基础理论告诉我们,任何法律和法律关系的产生,归根结底都是源于经济关系和经济利益,且法律和法律关系的内容本质上亦是由物质经济条件和利益决定的。例如,水资源固然能够满足人们的日常生活需要,但它满足社会生产的需要,无论在数量上还是规模上都远大于前者,人们当然不会仅仅为了日常生活需要而开发利用水资源,毕竟人类生存和社会发展的维系,最关键的还是有赖于社会生产,尽管社会生产的最终目的是为了人们的生活需要。再如,人们拦河筑坝、兴修水利工程,虽然亦有满足生活需要的直接目的,但更多的还是满足社会经济发展的需要,诸如防治水害、发电、灌溉、通航等。其次,不论水事关系是不对等的行政关系,还是平等的民事关系,立法的目的都在于通过这种具体的关系来表现和维护一定的经济利益和关系(国家的、社会的或相对人的)。

水法虽然调整的是社会经济关系,但并非所有的社会经济关系都是其调整的对象,水法所调整的只是部分经济关系。确切地说,与水有关或者说发生在水事领域中的社会经济关系,才是水法调整的对象。

总的来看,水法所调整的水事关系(其实质为经济关系)主要有两类:外部水事关系和内部水事关系。

(一)外部水事关系

外部水事关系是指水事关系的主体有一方总是非水行政主体的水事关系,这是最典型的一种水事关系,水法作为行政法所调整的主要就是这种水事关系。外部水事关系又分为外部纵向的水事关系和外部横向的水事关系。

1. 外部纵向的水事关系

外部纵向的水事关系是指发生在水行政主管部门与水行政相对人之间的与水有关的社会经济关系。这是水法着重调整的水事关系,它在水事活动中涉及的范围最大、内容最多,水法之所以被称为行政法,与此有很大的关系。

水法调整这种外部纵向的水事关系,其根本前提和出发点是水资源国家所有制的存在,即水资源属于国家所有。水资源作为一种重要的自然和经济资源,其所有权属于国家,任何组织和个人不论通过何种方式皆不能取得水资源所有权,这是水法的一项基本原则。这意味着国家对水资源拥有最高的管理和调配权,任何组织和个人都必须遵守与服从。一般来说,水资源国家所有权的实现和保障,是通过国家制定专门的水事法律、法规,赋予水行政主管部门相应的职权,并靠其严格执法和相对人自觉守法来实现的,这样就形成了水行政主管部门与公民、法人和其他社会组织(即水行政主体与水行政相对人)之间管理与被管理、命令与服从的行政管理关系。这是一种纵向的水事关系,其实质是基于水资源所有权而形成的经济关系,在法律上通常表现为行政管理性的经济法规,具体体现为水管理方面的基本制度和基本法律规范。如取水许可制度,水费和水资源费征收办法,水资源、水域、水工程管理和保护,等等,都属于行政管理性的经济法规,它们之中体现的都是管理与被管理、命令与服从的关系。

调整这种水事关系的基本原则是依法行政,公正执法,维护国家、社会的整体利益和公民、法人的合法权益;严格守法,积极配合和服从管理。

2. 外部横向的水事关系

外部横向的水事关系是指发生在平等主体之间的水事权益关系,即法人之间、公民之间,以及法人与公民之间产生的与水有关的水事权益关系。这种水事关系主要发生在水行政相对人之间,由于他们在法律地位上完全平等,不存在命令与服从、管理与被管理的行政管理关系,故皆为民法上的平等主体,各方享有平等的权利,承担平等的义务。

　　外部横向的水事关系仍为经济关系,因为这种关系通常发生在水行政相对人之间因水资源的开发利用而形成的经济利益关系和因水而产生的相邻关系中,前者如在水资源的占有、使用、收益中形成的经济关系,后者如在蓄水、取水、排水过程中与相邻方发生矛盾和争议所形成的经济关系。这两种关系分别属民法上财产所有权关系和与财产所有权有关的财产关系。《水法》中所规定的有关单位之间、个人之间、单位与个人之间所发生的水事纠纷,即表现为这种关系,实际中这类纠纷极为普遍。从水法的历史演进来看,水法调整横向的水事关系要早于纵向的水事关系。在古代,农牧业的兴起和发展与土地及水源有密切的关系,在土地和水源的占有、使用、收益、处分(在现代水资源普遍国有的条件下,水行政相对人无权对水资源进行处分,这点与古代水资源私有条件下不同)以及相邻权上时常发生纠纷,由此便产生了调整这种水事关系的水事法律、法规即水法。最初很长一段时期,古代水法基本上只限于调整这种小范围的横向水事关系,因此古代水法的民法性质十分突出。

　　既然这种外部横向的水事关系属于民法的性质,那么对这种关系进行调整时就必然适用民法的原则,故民法中当事人地位平等,自愿、公平、等价有偿,保护当事人的合法民事权益等原则均可作为调整横向水事关系的指导原则。例如新《水法》中的有关规定"国家鼓励单位和个人依法开发、利用水资源,并保护其合法权益"(第六条),"任何单位和个人引水、截(蓄)水、排水,不得损害公共利益和他人的合法权益"(第二十八条),以及有关损害赔偿的规定等,均体现了上述指导原则。

(二)内部水事关系

　　内部水事关系是指发生在水行政主体内部之间的水事关系。内部水事关系与外部水事关系的主要区别就在于,内部水事关系的所有主体皆为水行政机关,而外部水事关系的主体则必有一方是非水行政机关(即水行政相对人)。由于行政法的制定和实施实质上是行政主体履行管理国家事务和社会事务、保障行政相对人的合法权益的职责,其行政行为的开展与行政相对人密切关联,故行政法主要调整外部行政关系。而内部行政关系则多涉及行政主体之间在管辖范围、层级、权限等内部事务上的分工协调关系,这些关系固然值得重视,但与外部行政关系相比,毕竟属相对次要的关系,故行政法虽调整这种关系,但却不以调整这种关系为主。水法亦同样如此。

　　内部水事关系具体又包括两类关系:一类是指水行政隶属管理关系,另一类是指水行政权属管理关系。前者是一种纵向的关系,即内部纵向的水事关系,是指发生在上级水行政主管部门与下级水行政主管部门之间的一种水行政隶属管理关系,具体包括国务院水行政部门与流域管理机构和地方水行政主管部门之间、地方上下级水行政主管部门之间的水行政隶属关系。调整和处理这种水事关系,主要在于突出水行政管理机构内部的行政隶属关系,强化上级部门对下级部门的指导和约束,规范下级部门的行政管理行为。《水法》第十二条对流域管理和行政区域管理的规定,第十五条对区域规划与流域规划关系的规定等,都体现了这种关系。

　　后者是一种横向的关系,即内部横向的水事关系,是指发生在不同行政区域的水行政管理机构之间的一种水行政权属管理关系,具体包括流域管理机构之间、不同行政区域的水行政主管部门之间的行政权属关系。与前者所体现的纵向关系不同的是,这些水行政管理机构和部门之间并不存在上下级的行政隶属关系,它们之间是一种完全平等的平行关系,故处理这类关系大体上亦可按民法原则来进行。然而,必须强调指出的是,由于水资源属国家所有,处理由水资源引起的权属管理关系,并不仅仅是部门之间的事,而是事关国家利益的大事,关系到经济发展和社会稳定,因而对这种水事关系的处理并不能完全照搬民法原则,而应按水事法律法规的特殊规定来处理。如新《水法》对这类水事纠纷的处理规定,"不同行政区域之间发生水事纠纷的,应当协商处理;协商不成的,由上一级人民政府裁决,有关各方必须遵照执行"(第五十六条),既强调民事协商,又突出行政裁决,是民法和行政法的共同运用。又如新《水法》第四十五条中对有关跨行政区域的水量分配和调度的规定,均强调了上级水行政主管部门在其中的重要支配作用。调整内部横向的水事关系的指导原则是平等互惠,友好协商,互谅互让,团结协作。

由上面的分析可知,水事关系实际上是一种既具民事性又具行政性、既带有横向关系又带有纵向关系的混合性水事关系。

二、水事法律关系

水法调整的水事关系具体表现为一种法律关系,即水事活动主体之间的权利和义务关系。对水事法律关系的把握,是全面理解水法的关键。

(一)水事法律关系的概念和特征

法律关系是指法律规范在调整人们行为的过程中所形成的一种法律上的权利和义务关系,由法律关系的主体、客体和内容三个基本要素构成。水事法律关系则是指水事法律规范在调整水事活动中形成的一种法律上的权利和义务关系,同样包括主体、客体和内容三个基本要素。

由于水法性质的特殊性,水事法律关系并不是一种单一的法律关系,它实际上是由两类法律关系所组成的:水行政法律关系和水民事法律关系。水行政法律关系是水事法律关系中占主导地位的法律关系,它指的是水法作为行政法对水行政主管部门行使行政职权过程中所产生的各种社会关系进行调整所形成的法律上的权利义务关系。它具体又包括水行政管理法律关系和水行政监督法律关系。水行政管理法律关系是指水行政主管部门行使职权进行水行政管理活动,与被管理的公民、法人和其他组织之间所形成的关系,其主体分别是水行政主管部门(即水行政主体)和水行政相对人。水行政监督法律关系是指作为被监督对象的水行政主管部门及其国家工作人员(主要是公务员)因行使水行政职权而接受法律监督,与作为监督者的国家权力机关、司法机关、专门行政监督机关、公民和社会组织等所形成的关系。水民事法律关系指的是水法在调整作为平等主体的公民、法人之间因水事活动产生的纠纷过程中所形成的法律上的权利义务关系。公民之间、公民与法人之间,以及法人之间,因水事活动产生的水事纠纷属民事纠纷,应通过民事协商调解或民事诉讼的方式解决,这点在《水法》中作了明确规定。应当看到,尽管在现实条件下,这类民事法律关系大量存在,因水事活动所引起的民事纠纷亦经常发生,但水法并不以调整这类法律关系为重点,其原因就在于,水事活动中所涉及的最大和最根本的利益,并非是单位和个人的利益,而是国家、社会和公众的整体利益;为充分保障这些利益,必须运用且主要通过行政手段来加以调节和处理,这是民事手段所远不能及的,故而在水法所调整的法律关系中,水行政法律关系是最主要的,水民事法律关系则是从属和补充。

与其他法律关系相比,水事法律关系有着自身显著的特点,具体表现在以下几个方面。

1. 水事法律关系产生于水事活动中,并受水事法律规范的调整和约束

任何具体的法律关系都产生于人们特定的活动中,并受特定的法律规范调整和约束,从而使该法律关系具有特殊性而与其他法律关系相区别。这是理解和把握任何具体法律关系的立足点。水事法律关系正是产生于人们的水事活动中,受着水事法律规范的调整和约束,人们当然只能通过具体的水事活动和水事法律规范才能认识和把握某一具体的水事关系。这里面存在这样一种逻辑的联系,即先有人们的水事活动,然后产生调整和规范水事活动的法律规范,继而产生水事法律关系,而后才有人们对水事法律关系的把握和处理。

2. 水事法律关系是一种既包含纵向的又包含横向的关系,且以纵向关系为主的综合性法律关系

如前所述,水法所调整的水事法律关系主要表现为纵向的水行政法律关系,而横向的水事法律关系则是从属的,这是自水资源的国家所有权为人们所普遍认识和接受以后现代水法发展的必然趋势。必须指出,水法在调整纵向的水行政法律关系时,该法律关系的主体一方必须是水行政主管部门,且这种法律关系的产生只需主体一方的意思表示即可成立;而在调整横向的水事法律关系时,该法律关系主体双方的法律地位必须完全平等,且这种法律关系的产生通常需要主体双方的意思表示一致才能成立。

3. 水事法律关系的实质是经济关系

水事法律关系是基于经济目的和利益产生的,法律关系的当事人最终亦是为了维护和实现一定的经济权益,而水事法律规范则以法的形式和手段对这种关系予以确认、调节和保护。

4. 水事法律关系是一种法律上的权利和义务关系

在水事实践中,出于种种原因和目的,当事人往往会单方设置多种权利,提出许多要求,以获取更多的利益。这种现象在水行政法律关系和水民事法律关系中都存在。比如,水行政主管部门超越职权的执法活动,水行政相对人之间所发生的权益侵害行为等,都是有关当事人单方面设置权利的具体表现。但由于这种权利的获得要么侵害了一方的合法权益,要么使一方承担额外的义务,因而都不是法律所承认的权利和义务。可见水事活动中的权利和义务都是法律所确认的,并不能任意设置,也不可随意撤销,只有为水事法律、法规和规章认可的权利和义务,才是真实有效的。

(二)水事法律关系的要素

1. 水事法律关系的主体

水事法律关系的主体又称水事法律关系的当事人,是该法律关系的参与者,是水事法律关系中权利的享有者和义务的承担者。水事法律关系的主体主要有三类:水行政管理机关(包括流域管理机构和水行政主管部门)、法人、公民。

在水行政法律关系中,水行政管理机关是必不可少的最重要的主体,它具体包括流域管理机构和水行政主管部门两类,被统一称做水行政主体。流域管理机构是由国务院水

行政主管部门设立的对重要江、河、湖及流经区域的水资源进行统一监管的水行政机构，其管辖范围一般比较大，往往包括多个大的行政区域，它与行政区域内的地方水行政主管部门之间并不存在行政隶属关系，而是一种相互配合、相互协作的关系。流域管理机构实质上也是水行政主管部门，但由于其被赋予的独特的地位和权利，故被分离出来，单独作为水行政主体的一类。水行政主管部门是水事法律关系中数量最多、职责最广泛的水行政主体，包括国务院水行政主管部门和地方水行政主管部门，它们是依法成立的对水资源实行综合管理的国家行政机关。水行政主管部门对水资源的管理，具体体现在水行政立法、执法、司法等活动中。

法人和公民也是水事法律关系中常见的重要主体，通常被称做水行政相对人。从理论上讲，除水行政主体外的一切法人以及所有的公民，都可以成为水事法律关系的主体（即水行政相对人）。法人，亦称法律拟制的人，这是一个民法概念，是指具有民事权利能力和民事行为能力，依法独立享有民事权利和承担民事义务的组织。公民是指具有一国国籍的自然人，它是一个宪法概念。这里所说的公民还包括外国公民，但却不包括无国籍人。通常在法律实践中，使用自然人的称呼要比公民称呼为宜，原因是公民的范围远比自然人要小，在实际应用中易产生遗漏的现象。自然人，即基于自然生理规律出生的人，包括本国公民、外国公民和无国籍人，它是一个典型的民法概念。

2. 水事法律关系的客体

水事法律关系的客体即水事法律关系中双方权利和义务共同指向的对象，亦即水事法律关系主体之间权利和义务关系赖以产生的对象。一般来说，水事法律关系的客体通常包括物、行为、人身和智力成果。

物，是指现实存在的人们可能控制、支配的一切自然物，如水流、森林、矿藏和人们劳动创造的各种具体之物。水事法律关系中的物主要指水资源、水域、水工程以及其他与水有关的物，如水中的矿藏、砂石、水利物资等。

行为，包括作为与不作为，是指水事法律关系中人的有目的、有意识的活动。作为的水事行为指的是水事法律关系的主体因一定的目的而积极主动实施的行为，又包括正当的水事行为和不正当的水事行为。正当的水事行为是指符合水事法律、法规、规章且产生积极结果的行为；不正当的水事行为则是指不符合水事法律、法规、规章的行为，有些行为虽符合法律、法规、规章，但却产生了不良后果，这种行为亦归于此类中。正当的水事行为包括水行政主管部门的合法行政行为和水行政相对人的合法行为，不正当的水事行为则包括水行政主管部门的违法行政行为和水行政相对人的违法行为。不作为的水事行为指的是水事法律关系的主体不履行法律义务的消极漠然的行为，包括水行政主管部门的不作为和水行政相对人的不作为，前者如水行政主管部门无正当理由的不审批、不许可、不征收、不纠正等，后者如水行政相对人的不遵守、不执行等。

人身，是指水事法律关系主体的人格和身份权利，即人格权和身份权。在水事法律关系主体中，水行政主管部门、法人的人格权主要有名称权、名誉权，身份权主要有荣誉权、在著作中的署名权、修改权、发表权；公民的人格权主要有生命健康权、姓名权、肖像权、名誉权等，身份权则有荣誉权、在著作中的署名权、修改权、发表权等。

智力成果，是人类脑力劳动的成果，属精神财富，在水事法律关系中主要指在水事活动中存在或产生的与人身有关的科研成果、发明创造、技术资料等。这里所说的产生,是指在水事活动中,适应实际需要新创造出的各类智力成果;这里所说的存在,是指已存在的并在特定的水事活动中发挥作用的智力成果。

3. 水事法律关系的内容

水事法律关系的内容,是指水事法律关系主体依法享有的权利和承担的义务。水事法律关系主体的权利和义务,在水事法律关系中占有重要地位,是人们识别和了解特定具体的水事法律关系的性质、类别的重要依据。在水事法律关系中,权利主要表现为享有权利的一方有权作一定的行为或要求对方作或不作一定的行为;义务主要表现为负有义务的一方应当承担的某种责任。享有权利的一方称做权利主体,负有义务的一方称做义务主体。水事法律关系主体的权利和义务由水事法律、法规所规定,并不能由主体任意设定。每个当事人既是一定权利的享有者,又是一定义务的承担者,故水事法律关系的当事人往往既是权利主体,又是义务主体。尽管在水行政法律关系中当事人之间是一种不对等的关系,但这并不意味着水行政机关只是权利主体,而水行政相对人只是义务主体。同样,水行政机关必须承担义务,而水行政相对人也要享有权利。明确这一点,对于防止水行政机关滥用权力,保护水行政相对人的合法权益具有特别重要的意义。

由于水法兼具调整纵向和横向水事法律关系的职能,因此在具体的水事法律关系中,其主体间的权利和义务到底有哪些,取决于水事法律关系的性质和水事活动的内容,实际中应加以仔细甄别把握。

(三)水事法律关系的产生、变更和消灭

水事法律关系与其他法律关系一样,总是处在不断产生、变更、消灭的过程中,新的法律关系不断产生出现,原有法律关系不断变更乃至消灭。水事法律关系的产生、变更、消灭的实质,是指主体的权利和义务的产生、变更与消灭。水事法律关系的产生或发生,是指在水事活动中因发生水事法律、法规所规定的现象或事实而引起水事法律关系主体间权利和义务关系的形成或确立。水事法律关系的变更,是指在水事活动中因发生水事法律、法规所规定的现象或事实而引起水事法律关系主体间权利和义务关系的改变。水事法律关系的消灭,是指在水事活动中因发生水事法律、法规所规定的现象或事实而引起水事法律关系主体间权利和义务关系的消亡或灭失。从上面的表述不难发现,任何一种水事法律关系的产生、变更和消灭必须具备两种要素或条件:

首先,必须要有水事法律规范的存在。法律关系是在法律规范调整人们的行为过程中产生的,没有法律规范,便没有法律关系。同样,对水事法律关系而言,任何水事活动,如果没有水事法律规范的调整,尽管在此过程中可以形成多种关系,产生某些权利和义务,但绝不会产生水事法律关系,并且其权利、义务往往因缺乏法律依据和保障而形同虚设;更何况,这种缺乏法律规范指导和约束的水事活动,常常会带来与人们的初衷完全相反的结果。由此可看出水事立法的重要性。

这里必须强调说明的是,水事法律关系的产生、变更、消灭,虽然是因水事法律规范的存在及调整而出现的,但这并不排除在该法律关系的调整中会适用其他的法律规范,比如一般性行政法律规范、民事法律规范等,这实际上体现了一般法与具体法、综合法与专门法之间的关系。比如,在水事法律关系参与人资格的认定上,对水行政主体资格的认定主

要按行政法的要求,而对水行政相对人资格的认定则一般依照民法的规定。众所周知,在民事法律关系中,未满10周岁的公民属无民事行为能力人,不得作为民事法律关系的主体。同样,谁也不否认,未满10周岁的公民亦不能作为水事法律关系的主体,尽管水法并无此项具体规定。一般来讲,以《水法》为代表的水事法律系统兼具行政法和民法的特点,与具有一般指导性和普遍适用性的民法、行政法等综合性大法不同,在整个法律体系中处于较为靠后的层次上,属更为详细、具体的部门专业法,它本身要以一般法和综合法为指导。实际中,除水法外,像电力法、森林法、土地法等许多部门专业法都是如此,它们都用以研究本部门、专业领域内的法律问题和现象,其适用性有限,而对其中所涉及的有关行政、民事、经济等方面的问题,通常是以行政法、民法、经济法为指导并适用这些法律的基本原则来处理的。比如,在水法中对水事纠纷的处理,明确规定以民事调解和民事诉讼的方式解决(不同行政区域之间发生的水事纠纷则略有不同);对水行政主管部门执法活动的具体规定,则无不体现出行政法的基本原则;而在对水事活动中出现的各种违法行为的法律责任认定上,更是大量适用行政责任、民事责任和刑事处罚的规定。事实上,在水事司法实践中,对那些水法并未能规定或未能明确规定的现象和事实的处理,完全是按照行政法、民法、刑法等的规定来处理的。

其次,必须要有一定的法律事实存在。水事法律关系是由水事法律规范来调整的,但这并不意味着水事法律规范创造了水事法律关系,水事法律规范本身并不能自动引起水事法律关系的产生、变更和消灭,而必须要有法律规定的一定的法律事实的存在。同样,这种法律事实既可以由水事法律规范所规定,也可以由其他相关法律规范(如行政法律规范、民事法律规范等)来规定。这样,我们便把这种由水法或其他法律所规定的能够引起水事法律关系产生、变更、消灭的现象,叫法律事实。

法律事实按其是否与个人意志有关,可分为以下两类:

(1)法律事件。法律事件是指不以当事人的意志为转移的客观现象。对水事法律关系而言,当事人的死亡,法人、组织的被撤销或取缔,自然灾害,还有国家水事法律法规、政策的调整或取消等,这些都能引起一定的水事法律关系的产生、变更和消灭。但严格来说,这些法律事件的发生,对水事法律关系中的民事法律关系的影响要大一些,而对其中的行政法律关系则不能一概而论,须作具体分析。如当事人的死亡,法人组织被撤销或取缔等事件的发生,并不一定导致水行政法律关系的变更或消灭,相反,实际情况却是具体的水行政法律关系并未受到多大影响。这是因为水行政法律关系的产生具有单方意志性,它多因水行政主体的执法活动而产生,这种法律关系一旦建立,并不因一方当事人的死亡而改变或取消。也就是说,即使一方当事人意外死亡,水行政主体的正常执法并不因此终止;否则,国家行政机关的执法便会失去起码的尊严,执法活动也将难以达到预期的目的和成效。如水行政机关对妨碍行洪的建筑物实施拆除,不会因建筑物所有人的意外死亡或被撤销或取缔而终止,其特定的水事法律关系也并不会因这一意外事件的发生而消灭,而是一直持续存在直至该执法活动的结束才告终止。但在民事法律关系中则往往是另一回事。如因合同所产生的民事法律关系,若发生一方当事人死亡或被撤销或取缔的意外事件,则该民事法律关系便随即归于消灭。自然灾害的发生亦有类似情况。这显然与水事民事法律关系有很大的差别,实际中须作严格区分。

（2）法律行为。法律行为是指人们有意识的自觉活动。水事法律关系中的法律行为（即水事法律行为），是指水事法律关系的参与人在水事活动中作出的有意识的自觉行为，如水行政主体的各种执法行为、水行政相对人的合法或违法行为等。如前所述，法律行为按形式可分为积极行为（作为）和消极行为（不作为），按性质可分为合法行为和违法行为，但不论是哪种水事法律行为，都是行为主体有意识、有目的的自觉行为，且其行为主体既包括水行政机关，也包括公民、法人和其他组织（水行政相对人）。就水事法律关系的产生、变更、消灭而言，实际中因法律行为而引起的远比因法律事件而引起的要多。有关这方面的内容，在前面论及水事法律关系客体时已作具体分析，这里不再展开。

第三节　水法的任务及基本原则和作用

一、水法的任务

制定水法，其目的就在于将各种水事活动纳入法制的轨道，使水事活动真正做到有法可依，水法因此而承担着十分重要的任务。新《水法》第一条明确规定，制定水法，就是"为了合理开发、利用、节约和保护水资源，防治水害，实现水资源的可持续利用，适应国民经济和社会发展的需要"。据此，水法的基本任务主要表现在以下几方面。

（一）依法治水和管水，实现水资源可持续利用

这是水法的首要和核心的任务。作为一种重要的自然资源和经济资源，水资源无论是对于人类生存还是国民经济和社会发展，都起着极为重要的作用，这种作用是任何其他资源都不可替代的。只有依法治水，依法管水，将水资源的开发、利用、节约和保护纳入法制轨道，才能使水资源得到合理的配置和有效的利用，从而长久地造福于人类。尽管水资源属可再生资源，但其再生速度远远赶不上人类对其破坏的速度，对水资源的过度开发与利用无异于是对水资源的破坏，其结果必然造成水资源的枯竭，从而极大地危及经济发展和人民群众的生活，并也将严重危及子孙后代的生存发展。水法通过一系列法律规范的制定和实施，并以国家强制力作保证，将水资源置于法律的有效保护之中。只有这样，才能真正实现水资源的可持续利用，促进社会经济发展，造福人类。水法在这方面的任务具体体现在：将水资源管理确定为国家行政管理，规定水资源国家所有权，制定全面的水资源管理法律规范。

（二）确认和规范各类水事活动主体的法律地位

水法主要是作为行政法存在并起作用的，在水行政法律关系中，当事人的法律地位及其相互关系是一个非常重要的问题，必须予以确认。水法明确将各类水事活动纳入水行政管理的范围，对执法管理者和被管理者双方的权利、义务都作出具体规定，使水行政法律关系当事人的地位得以确认，既强调维护行政执法和执法主体的权威，保证执法活动的正常进行，同时又强调依法行政，规范执法，以保护相对人的合法权益。总的来说，在水行政法律关系中，水行政主体与水行政相对人之间既是一种管理与被管理、命令与服从的关系，又是一种服务、合作与监督的关系，对这种关系应当予以确认和保障，只有这样才能实现对水资源的有效管理和保护。事实上，正如前面所提到的那样，在现代条件下，受主权

在民、权力制衡思想的影响,实际中有一种逐渐淡化行政主体的权力作用,相反却愈益重视行政相对人权利的趋势。对现代行政的这一发展趋势,应予以足够的关注和重视。此外,水事法律关系还包括水民事法律关系,在这种关系中,主体双方的法律地位是完全平等的,对这种关系当然也要予以确认。在实际中必须对这两种法律关系及其主体的法律地位加以严格区分,切忌混淆。

(三)规范水事行为,保障水事主体的合法权益

水法通过一系列法律规范的制定和实施,对各类水事活动作出全面系统的指导、调整和约束,以保障水事主体的合法权益。这主要表现在:首先,保障国家利益。水资源是国家的重要资源,其所有权归国家所有,对水资源实行管理和保护,就是对国家利益的保障。在这里,国家也是一种水事主体,任何对水资源的侵害,就是对国家利益的损害,亦即是对国家这一主体的侵害。其次,保障水行政主体的合法利益。水行政主体即水行政主管部门,是代表国家行使对水资源的管理权的法律执行机关,其合法权益同样必须受到有效保护。这意味着,任何单位和个人均不得抗拒、阻挠、干涉水行政主体的依法行政活动。显然,水行政主体实际上是国家这一主体的代表者,对依法履行行政义务的水行政主体的侵害,亦视同对国家利益的侵害。在这里,国家只是一种象征性主体,其主体地位其实是由水行政主体来承担的。最后,保障水行政相对人的合法利益。水行政相对人是水事活动中除水行政主体外的单位和个人,其合法利益的保障分别体现在水行政法律关系和水民事法律关系中。在水行政法律关系中,其合法权益的保障意味着,水行政相对人享有国家法律赋予的参与水事活动的一切正当权益(主要指开发利用水资源);水行政主体必须依法行政,不得侵害水行政相对人的合法权益;水行政相对人有权监督水行政主体的行政执法活动。在水民事法律关系中,各方当事人的合法权益依照民法规定予以保障。

二、水法的基本原则

水法的基本原则是指反映水法的特殊性,贯穿于水事活动的主体、行为和对水事活动监督等各环节之中,指导水法的制定和实施等活动的基本准则。水法的基本原则集中体现了水法的基本思想和精神,是水法学基础理论的重要内容。我国水法的基本原则主要有以下几条。

(一)遵循自然规律,维护生态平衡原则

水作为一种重要的自然资源,是生态系统中最活跃的基本要素,对维持生态平衡起着不可替代的重要作用。水法作为水资源的专门法律,实质上就是水资源的保护法。水法对水资源的保护,并不仅仅表现在它把水资源当做一种重要的生活资源、经济资源,也表现在还把它当做是一种维持生态系统平衡的重要的自然生态资源。水法在这点上主要体现在如下几方面:

首先,通过《水法》这一水事基本法律予以确定。新《水法》作为水事法律系统中的基本法律,在水资源的生态作用上给予了足够的重视,确定了多项保护性条款。新《水法》第九条指出,国家保护水资源,采取有效措施,保护植被,植树造林,涵养水源,防治水土流失和水体污染,改善生态环境;第二十一条第二款规定,在干旱和半干旱地区开发、利用水资源,应当充分考虑生态环境用水需要;第二十二条规定,跨流域调水,应当进行全面规划

和科学论证,统筹兼顾调出和调入流域的用水需要,防止对生态环境造成破坏;以及第四章对水资源、水域的保护的诸多条款,均反映出《水法》对生态环境保护的重视。

其次,通过其他水事法律、法规予以确定。自1988年我国第一部《水法》颁布以来,国家和地方各级立法机关和水行政主管部门,根据实际需要制定了多部水事法律、法规和规章,其中不少是专门针对水资源生态保护的,如《水土保持法》及其《水土保持法实施条例》、《污染防治法》及其《水污染防治法实施细则》等法律、法规和诸如《开发建设晋陕蒙接壤地区水土保持规定》、《淮河流域污染防治暂行条例》等地方性规章,都对水资源的生态保护作了具体规定。

(二)水资源可持续利用原则

通过水事立法对水资源进行保护,最根本的目的就在于实现水资源的可持续利用。水资源是一种可再生资源,但这并不意味着它可以取之不尽、用之不竭。相反,由于水资源在空间和时间分布上的极不均衡,加之人类不合理的开发利用,致使水资源供需矛盾成为全球性的问题,水资源短缺和匮乏正困扰着世界许多国家和地区,严重影响经济发展和人民生活。此外,水循环过程中带来的水害,以及工业化带来的水污染,也是十分突出的问题。这些问题如果得不到高度重视和有效解决,必将导致既影响当代人的生存发展又制约后代人的生存发展的严重后果。

鉴于此,早在1980年国际自然保护联盟制定的《世界自然保护大纲》中就第一次提出了"可持续发展"的概念,对包括水资源在内的重要资源的保护,作了明确规定。1992年6月在巴西里约热内卢召开的联合国环境与发展大会,通过了全球《21世纪议程》等文件,明确将可持续发展作为人类社会共同发展的战略,并将水资源的可持续利用作为人类可持续发展的先决条件。1995年我国将可持续发展与科教兴国一道并列作为实现国民经济和社会发展的两大基本战略而提出。所谓可持续发展,是指既能满足当代人的需求,又不对满足后代人需求的能力构成危害的发展。水资源可持续利用原则即是根据这一思想提出的,实现水资源的可持续利用,已成为水资源的管理和保护的根本目的。

值得一提的是,在自然资源法律系统中,可持续发展早已成为该类法中一项得到普遍认可的首要的基本原则。可持续发展原则具体由代内公平和代际公平两项原则组成。所谓代内公平,是指对自然资源的开发利用要在同代的所有人中实现公平,要使同代人都平等地受益。所谓代际公平,是指对自然资源的开发利用要在不同代的人中实现公平,即上一代人对自然资源的开发利用要顾及后代人的需要。显然,这些原则和要求完全适用水法,毕竟水法也属自然资源法之列。

(三)水资源国家所有原则

水资源的所有权(即水权),是水法的核心,对水资源所有权的确认,是水事立法和执法的前提与基础。从水资源所有权制度的历史演变来看,历史上主要经历了由私有到公有的转变,其中水资源私有又是与土地私有紧密联系在一起的,但存在的范围和程度较为有限。其实由于水资源所具有的流动性和水权具体内容的相对性,在历史上水资源的所有权并不像土地所有权那样容易给予明确的确认,人们往往只是确认其使用权,尤其在水资源相对丰富的时期,水资源所有权更是很模糊的。随着经济和社会的发展,人们对水的需求量越来越大,水事活动越来越频繁,水事纠纷也日益增多,要求正式界定水的所有权,尤其是主张水资源公有或国家所有,以便更好地对水资源实行开发、利用、保护、管理的呼声很高。1976年国际水法协会在委内瑞拉的加拉加斯召开第二次会议,确认水资源的公有性和社会公共性,主张由国家直接管理水资源。这以后,许多国家纷纷以立法的形式确认了水资源的国家所有权或社会公有权,这是现代水法发展过程中的标志性事件,反映出现代水法发展的趋势和方向。

我国也以立法形式对水资源所有权予以确认。《水法》第三条明确规定,水资源属于国家所有。同时还确定,水资源的所有权由国务院代表国家行使。水资源所有权由水资源的占有、使用、收益和处分几种权利所组成,其中处分权是核心和关键。在我国,水资源的国家所有权集中体现在国家对水资源管理依法实行取水许可制度和水资源有偿使用制度上。这意味着,在水资源国家所有的条件下,任何针对水资源的开发利用和使用的行为,必须首先获得国家(通过水行政主管部门)认可并支付一定的费用。在这里,国家对水资源的所有权得到了充分的体现。值得指出的是,在我国,水资源的国家所有权主要表现为国家对水资源的管理权和调配权,国家作为所有者,并没有垄断水资源的使用和收益之权。同时基于此,在充分保障水资源国家所有的前提下,可以对其使用权和经营权进行有偿转让和市场交易,以使水资源得到合理配置和有效利用。

(四)统一管理和监督原则

这一原则是水资源国家所有原则的要求和体现,水资源的国家所有权必然要求国家对水资源实行统一管理和监督,以最大限度地保护好水资源。而要实现对水资源的有效管理与监督,就必须建立起科学的水资源管理体制。所谓水资源管理体制,是指国家组织、指导、调控和监督水资源的开发、利用、节约和保护等水事活动的组织形式和活动方式,是国家管理水资源的组织体系、权限划分和活动方式的基本制度,是水管理体制的主要内容。

多年来,我国的水资源管理体制不尽合理,实际中普遍存在职责不明、条块分割、各自为政的现象。1988年《水法》的颁布,为推进水资源的统一管理迈出了重要一步,自此,我国的水资源管理开始走上规范化之路。然而原《水法》所规定的水资源统一管理与分级分部门管理相结合的管理制度存在明显缺陷,主要是条块分割、"多龙管水"、流域管理机构职责不明等,严重影响了水资源的合理配置和高效利用。2002年8月经过修改后的《水法》的颁布和实施,则从根本上克服了这些缺陷,代之以实行更加科学合理的水资源管理和监督制度。新《水法》规定,国家对水资源实行流域管理与行政区域管理相结合的管理体制;各流域管理机构在所管辖的范围内行使法律、行政法规规定的和国务院水行政主管部门授予的水资源管理和监督职责等,这些都是不同于以往的新规定。新《水法》的实施,使水资源管理和监督发生了新的变化:流域管理机构的地位得到增强,职责得以明确;过去一直存在的对地表水与地下水、水量与水质实行"多龙"分割管理的不合理现象得以消除;对水资源的统一开发、利用、调度、分配基本实现,等等。

(五)开发利用与保护防治兼顾原则

开发利用与保护防治兼顾原则是水资源可持续利用原则的必然要求和体现。长期以来,在水资源的开发利用中存在着重开发轻保护、重利用轻防治的弊端,以致高开发利用,往往伴随着高污染、高浪费,经济效益的获得,常常以生态环境的严重破坏为代价,因而出现诸如水井一口一口地打,地面一寸一寸地陷,上游大坝一座一座地建,下游来水一天一天地少的现象便不足为奇了。

新《水法》第四条规定:开发、利用、节约、保护水资源和防治水害,应当全面规划、统筹兼顾、标本兼治、综合利用、讲究效益,发挥水资源的多种功能,协调好生活、生产经营和生态环境用水。这要求人们全面把握和处理好水资源的开发利用与保护防治之间的关系,做到既重视开发利用,又重视保护防治;在开发利用的同时搞好保护防治,为保护防治而开发利用,绝不可厚此薄彼,或者顾此失彼。只有这样,才能充分发挥水资源的最大效能,使水资源长久地造福于人类;也只有这样,才能使人们在水资源的开发利用中获取最大的经济效益、社会效益和环境效益,实现三大效益的和谐统一。否则,如果一味地只顾开发利用,全然不顾保护防治,那必将使这种行为演变为野蛮开发和过度利用,其结果将对水资源产生毁灭性的破坏,不仅危及当代人,更贻害子孙后代。

(六)依法行政原则

依法行政是行政法的基本原则,水法作为行政法同样必须以此原则为指导。对水法而言,依法行政就是水行政主管部门必须依照法律规定行使水行政管理职权。依法行政原则具体包括行政合法性原则和行政合理性原则。

行政合法性原则是指行政职权的存在、行使必须依据法律,不得与法律相抵触。行政合法性原则的要求是:其一,行政职权必须依法授予。没有法律授权,行政机关便不得进行行政管理活动。其二,行政职权必须依据法律制度。法律对行政职权运用的范围、方式、程序等都有一定的限制,行政职权的行使只能按照法律的规定具体为之,不能超越法定限度。水行政职权的存在和行使同样必须符合上述规定。如水行政机关在行使处罚权时,必须按照法定的处罚种类,经过调查、取证、审查、听证、制作处罚决定书并送达当事人等明确规定的法定程序,而不得随意增减程序。

行政合理性原则是指行政机关行使行政职权作出的行政行为,必须客观、适度,符合公平正义的法律要求。行政合理性原则的产生基于行政自由裁量权的存在。自由裁量权是指行政机关在法律规定的范围与幅度内,根据行政管理的具体实际,自行选择如何行使行政职权、作出行政行为的权利。由于自由裁量权在水行政管理中亦大量存在,因此在水行政职权行使的过程中同样必须贯彻行政合理性原则。例如,《水法》在水费的征收上规定,供水价格的确定由省级以上人民政府价格主管部门会同同级水行政主管部门或其他供水行政主管部门依据职权而定。这一规定即体现了自由裁量权的思想,具体就是,供水价格应当按照"补偿成本、合理收益、优质优价、公平负担"的原则来确定。再如《水法》对许多水事违法行为的处罚,在罚款金额上确定了具体的额度即上限和下限,即是给了水行政主管部门作出自由裁量的权利。

三、水法的作用

水法的作用指的是水法在水事活动中调处水事关系,规范水事行为的作用。

水法作为行政法,具有一般行政法的基本作用,这主要表现在:其一,通过水行政立法设定和规范水行政职权,使之具有法律的权威性、规范性,取得普遍的有效性,为人们普遍遵守,从而保障水行政主管部门有效行使行政职权。其二,通过水行政立法严格规范水行政职权的行使,有效防止水行政职权的滥用,充分保护公民、法人和其他组织的合法权益。

　　同时,水法又是重要的自然资源法,在水资源的开发、利用和保护中起着重要作用,这种作用主要在于,通过水事立法对水资源实行有效管理和保护,以实现水资源的可持续利用,确保经济建设和人民群众的需要,促进经济和社会发展。

第四节　水法体系

一、水法体系的概念

　　水法体系(也称水法律体系或水法规体系)实质上是指水事立法体系,是由国家制定或认可并以国家强制力保证实施的用以调整水事活动中社会经济关系的规范性文件系统,是由各类水事法律、法规、规章等法的外在形式构成的整体。一般认为,法律体系是由各类法律、法规、规章等共同构成的具有内在联系的综合性法律规范系统。法律体系通常是由若干部门法律体系共同组成的,这是第一层。部门法律体系是指各具体的法律部门(如行政法、民法等)在其各自范围内的由一系列法律、法规、规章等所构成的法律系统,它是法律体系的组成部分或称子系统,这是第二层。水法体系还在部门法律体系之下,它处在整个法律体系中的第三层,是属某一部门法律体系中的分支体系即支系统;确切地说,水法体系是隶属行政法体系的分支体系。

　　众多部门法律体系共同组成了庞大的法律体系,然而,它们在整个法律体系中所处的地位和作用却并不相同,彼此间存在很大的差异。认识和了解这些差异,给出水法体系在整个法律体系中的准确定位,有助于我们进一步理解和把握水法体系。一般来说,依据立法机关、修改程序和具体内容的不同,法律体系中各部门法的排序依次为宪法、基本法律、法律、行政法规、规章、地方性法规等。其中宪法由全国人大制定,具有最严格的修改程序,以规定国家和社会生活中最重要、最基本的方面为内容,是国家的根本大法,因此是具有最高法律地位和效力的部门法。基本法律亦由全国人大制定,但修改的程序不如宪法严格,亦是事关国家和社会基本的、主要的方面的法,其地位和作用仅次于宪法。法律则由全国人大常委会制定,它以规定国家和社会生活中的某一方面为内容,具有仅次于基本法律的法律地位和效力。行政法规是由全国人大及其常委会授权国务院制定的贯彻执行宪法和法律的法律部门,其法律地位和效力又低于法律。规章是由国务院各部委根据法律和行政法规的规定,在各自权限范围内发布的规范性文件,它的法律地位和效力又低于行政法规。地方性法规则是由地方行政区内的人大及其常委会制定的,只在本地区适用。此外,法律体系中还有自治条例和单行条例、特别行政区法,以及国际条约等,它们亦具有相应的法律地位和作用。就水法体系中的各类法律来看,《水法》、《防洪法》、《水污染防治法》、《水土保持法》等水事法律,都是由人大常委会制定的,都是以规定国家和社会生活中的某一方面(即水资源的开发利用和管理保护)为内容的,因此处在法律体系中的第三层。而水法体系中的其他法律部门,即行政法规、规章、地方性法规等根据上述分析,亦有各自相应的地位和作用。

　　以上是把水法体系作为部门法律体系放在整个法律体系中来阐述其地位和效力的,

但仅有此还不足以全面认识和把握该体系,还必须从水法体系内部作进一步的阐述。从水法体系自身内部的构成来看,它是以《水法》为基本法,由众多水事法律、行政法规、规章和地方性法规等构成的法律系统。在这一系统中,《水法》因内容最广泛、全面而成为水事基本法,是水法体系中的主导法;其他水事法律则是《水法》的具体表现,在全面性上都不如《水法》,如《水污染防治法》、《水土保持法》、《防洪法》等水事法律,都是对《水法》众多内容中某一方面内容的具体展开。不过要特别强调指出的是,上述有关《水法》是水事基本法的阐述仅仅是针对内容而言的,实际上这几部水事法律由于制定的部门完全相同,在法律效力和实际履行上并无主次之分。在水法体系中排在其他水事法律后面的是水行政法规;部门规章再次之;接着是地方性法规;最后是地方性规章。还必须强调的是,宪法作为国家的根本大法,也在水资源所有权、行政机构及其责权等方面作出某些原则性的规定,因此在水法律体系中当然包括宪法在内,其法律地位和效力自然也在《水法》之上,但这丝毫不影响《水法》在水事法律体系中的基本法的地位和作用。

二、水法体系的构成

(一) 水法的渊源

水法的渊源亦称水法的法源,是指水法的各种具体表现形式。我国水法的具体表现形式主要有八类:宪法、基本法律、水事基本法律、水事专门法律、水行政法规、部门水行政规章、地方性水法规、地方性水行政规章。

1. 宪法

宪法是国家的根本大法,它规定着国家的根本性质和制度,具有最高的法律地位和效力,是其他法的立法依据,因而是包括水法在内的所有法的重要渊源。宪法中关于水资源所有权和管理权的规定(如"水流属国家所有")、关于国家行政机构的职权和组织活动原则的规定、关于公民基本权利和义务的规定等,是制定水法的重要原则和依据,水事法律、法规和规章则通过更为具体详细的法律规范来体现这些原则和要求。同时,水事法律、法规和规章的制定还必须符合宪法精神,不得与其相抵触。

2. 基本法律

在一般法律体系中,由于基本法律通常规定国家和社会生活中某些基本的和主要方面的内容,具有仅次于宪法的法律地位和效力,因此也是水法的重要渊源。行政法的基本理论和原则;民法中关于财产所有权、人身权、知识产权的规定,关于相邻关系的规定,以及责任年龄、代理等规定;刑法中对众多的罪种如侵犯财产罪、侵犯公民人身和民主权利罪、妨害社会管理秩序罪、渎职罪及其处罚的规定,对水事法律关系的各方主体,对维护正常的水事活动,都具有指导和约束作用,水法必须体现这些内容和要求。

3. 水事基本法律

水事基本法律就是指《水法》,在水法体系中,《水法》是基本法、"母法",处于核心的地位,起着最为重要的作用。我国现行《水法》是在 1988 年《水法》的基础上经过全面修改于 2002 年 10 月正式施行的。现行《水法》是一部较为完备的水法法典,它对水资源管理的目的、宗旨和基本原则,水资源管理的组织机构、职权范围、监督检查及法律责任等都作了具体明确的规定,是制定其他水事法律规范的立法依据。当然正如前面所强调的那样,《水法》的这一地位和作用仅仅是就其内容而言的,在实际中,水事基本法律(即《水法》)与下面第四层水事专门法律在具体施行上并无高低先后之分。

4. 水事专门法律

水事专门法律是指按照水事基本法律的原则和要求,适应特定的水管理活动的需要所制定的专门水事法律。这类法律由于针对特定的水事管理活动而制定,其内容一般都比较具体和详细,有较强的专业性和可操作性,是进行具体水事管理活动的直接法律依据。由于为同一机关制定,故水事专门法律与水事基本法律在法律效力上只有某种形式上的区别,并无实质上的区别。迄今为止,我国已制定的水事专门法律有三部:《水污染防治法》、《水土保持法》、《防洪法》。

5. 水行政法规

水行政法规是国务院根据宪法和法律的要求制定的进行水行政管理的规范性文件,它对于贯彻执行宪法和法律,保障水行政的组织和管理工作起着重要的作用。同其他行政法规一样,水行政法规通常以"条例"、"办法"、"实施细则"等形式出现。水行政法规的法律地位和效力低于法律。

我国现行的水行政法规主要有《河道管理条例》、《水库大坝安全管理条例》、《防汛条例》、《取水许可和水资源费征收管理条例》、《水土保持法实施条例》等多部。

6. 部门水行政规章

部门水行政规章是国务院各部委根据法律和行政法规的规定,在各自权限范围内发布的贯彻落实法律和行政法规的规范性文件,其法律地位低于水行政法规。部门水行政规章以国务院水行政主管部门即水利部制定的最为普遍,数量也最多,也有其他部委制定的少量的水事规章,以及水利部和其他部委联合制定的水事规章。如水利部制定的《河道堤防工程管理通则》、《水闸工程管理通则》、《水库工程管理通则》等规章;水利部和其他部委联合制定的水事规章,如《河道采砂收费管理办法》(水利部、财政部、国家物价局)、《河道管理范围内建设项目管理的有关规定》(水利部、国家计委)等。

7. 地方性水法规

地方性水法规是由各省、自治区、直辖市以及省、自治区人民政府所在的市和经国务院批准的较大的市的人大及其常委会,依据宪法、水事法律、水行政法规的规定,在职权范围内制定的水资源管理规范性文件。地方性水法规只在各地区适用,其适用范围要比部门规章小,但它与水事部门规章具有同等的法律效力,都在各自的权限范围内施行。如北京市颁布的《北京市实施〈中华人民共和国水污染防治法〉办法》、湖北省颁布的《湖北省实施〈中华人民共和国水污染防治法〉办法》等。

8. 地方性水行政规章

地方性水行政规章是指各省、自治区、直辖市人民政府制定的水行政规章,以及省会市和经国务院批准的较大市、自治州、盟人民政府制定的水行政规章。地方性水行政规章同样只在本地区适用。

除上述八类具体形式外,水法的表现形式还包括与水有关的自治条例和单行条例,还有国际水条约,以及水事规范性文件等。这里就水事规范性文件作点说明。严格来讲,水事规范性文件只是水法的潜在的或待确认的表现形式,只有当它得到合法确认后才可上升为现实的水法具体形式。由于水事实际的多变性、复杂性,现行水法不可能涵盖水事活动的各个方面,也不可能因客观实际的变化迅速作出修改,通常的做法就是由地方行政部门颁布水事规范性文件来适应实际需要,等时机成熟时再上升为水法的正式表现形式。

(二)水法体系的基本构成

水法体系是由各类水事法律、法规、规章所构成的庞大的法律规范系统,由于各类水事法律规范调整的范围各不相同,为了全面认识和把握这一复杂的法律系统,对各类水事法律规范进行的分类无疑是十分必要的。值得一提的是,上面有关水法渊源的阐述,实质上也是对水事法律规范进行的分类,由于是依据法律地位和效力来划分的,故是一种纵向的分类。现今业内通常是按水事法律规范调整的内容来进行分类的。如《水利辉煌50年》(《水利辉煌50年》编纂委员会编)把水法分为七类:水资源开发利用和保护、水土保持、防洪、抗旱、工程管理和保护、经营管理、执法监督管理。《法律与水法制知识简明读本》(水利部政策研究中心编)也认同了这一分类法。这是一种横向的分类,这种分类法与其说是按水事法律规范调整的内容来划分,不如说是按水利行业的业务内容来划分,具有业务性和翔实的特点。不过笔者认为,从法学的层面上进行分类似乎更符合水法学的本意和要求。

这里笔者所要做的也是从横向上进行分类。从横向上同样也是根据水事法律规范调整内容的不同进行分类,但与上述那种以行业中的具体业务类别来进行划分不同的是,笔者主要根据水事法律规范所涉及的法律部门的类别来进行划分。据此可以把水法体系分为四类:水资源保护类法、水行政管理类法、水事经济类法和涉外水事法律。

1. 水资源保护类法

这是把水资源作为自然资源加以保护而制定的法,属自然资源类法和环境保护类法,与森林、大气等资源保护法属同一类型法。作为一种重要的资源,水资源首先应被视作自然资源加以对待,其次才是经济资源,因此理应特别强调水资源在人类所处的生态环境中所起的关键作用,必须在水事立法中突出这一点。在现行水法体系中水资源的这一性质、地位和作用得到了应有的重视,《水法》和其他水事法律、法规、规章中均有大量条款予以反映和体现,如水资源规划、水资源配置和节约、水土保持、水污染防治、防洪等方面的法律规范都属这一类。

2. 水行政管理类法

水法总体上属行政法,因此水法体系中有关水行政管理性质的法律、法规、规章不仅数量最多,而且地位也最为重要,是水事立法和水法体系的核心。从根本上讲,对水资源这一自然资源的保护最终要通过行政法律、法规的制定和实施才能实现,故自然资源类法多属行政法。水行政管理类法主要包括两方面的内容:一是明确各水行政主管部门(包括流域管理机构)的职责权限和管理范围,以实现对水资源的有效管理;二是对各种具体水行政行为进行规定,强调依法行政,以保障各方主体的合法权益。诸如水行政许可、水行政征收、水行政监督检查、水行政强制和水行政处罚等具体水行政行为的各项法律规范都属这类法。

3. 水事经济类法

这是指针对水事活动中的各类经营管理行为所制定的法律、法规、规章。水资源也是一种重要的经济资源,针对水资源的开发利用活动,大都为着一定的经济利益与目的,这点在现今市场经济条件下尤为普遍和突出,故加强此类立法愈益显得必要和重要。无疑,对于水事活动中的经济行为,既要按市场经济的要求进行操作,又要通过立法加以有效规范和约束。制定水事经济类法,其目的正是为了规范该领域的市场经济行为,维护和保障各方的合法经济利益。这类法通常有水工程建设及质量监督评估、水工程经营管理、水利行业的多种经营管理、水利物资经费管理和监督等法律、规范。

4. 涉外水事法律

在大多数情况下,水事立法通常是一国内部的事,但对于与周边国家和地区存在着水资源共享实际的国家来说,情况就不是这么简单了。从世界范围来看,周边国家和地区之间,国际区域组织内部的成员国之间,甚至全球性国际组织的成员国之间,就水资源的归属、保护管理以及具体的水事活动等签订各类国际条约或协定,是常有的事。对任何一个国家或地区来说,接受了某一条约或协定,就意味着这些国际条约或协定便具有了与国内法或内部法同等的效力。因此,涉外水事法律同样是一国水法律体系中重要的组成部分。我国是一个与周边许多国家存在水资源共享实际的国家,历史上因水引发的国际争端也是存在的。因此,加强与周边有关国家的磋商与协作并制定相应的法律,是十分必要的。

值得指出的是,以上对水法体系的分类只是相对的,事实上各类水法之间并无绝对的界限,而是相互包含和渗透的,比如水资源保护类法实际上也是一种水行政法,而涉外水事法律亦是一种水资源保护法,等等。

三、水法体系建设

(一)水法体系建设的必要性和重要性

水法体系建设,亦即进行水事立法,故搞好水法体系建设,其实质就是不断加强和完善水事立法,以适应水事实践活动的需要。总的来说,进行水法体系建设,加强水事立法,其必要性和重要性就在于:

一是水法制建设的需要。水法制建设是社会主义法制建设的重要组成部分,是进行水管理,规范水事活动的先导和基础。在水法制体系中,水行政立法是前提和基础,没有水行政立法,水行政执法和水行政司法便失去存在的依据和合理性,水法制监督与救济也无从谈起。在社会主义市场经济条件下,如何适应不断变化的实际,发挥立法的重要作用,制定切实可行、行之有效的水事法律、法规、规章,是一项十分重要的任务。

二是依法行政的需要。在水资源的开发利用和保护管理活动中,水行政管理是关键和核心。搞好水行政管理,加强水行政执法,能够使水资源得到合理的开发利用和有效的管理保护,从而使水资源得到合理配置,发挥出最大的效益。然而水行政管理又是以水行政立法为基础的,水行政活动的职权和范围,都必须通过水行政立法予以确定,否则便缺乏存在的合法依据。必须看到,在水行政管理活动中,依然存在某些水行政主管部门及其执法人员超越职权范围的瞎执法、滥执法,如超越权限的许可和审批,任意设定和征收水资源费,粗暴执法等。这些行为不仅不为法律所认可,相反正需要通过立法来加以禁止并使之受到法律制裁。因此,通过水行政立法,能够有效规范水行政管理行为,真正做到依法治水,依法管水,依法行政。

（二）我国水法体系建设的现状

我国是世界上较早通过制定水事法律规范来规范和调节水事行为，维护正常水事活动秩序的国家之一。早在周朝初期即有《伐崇令》这一包含相关水事法律规范条款的文献，公元9世纪的唐代，更制定了中国历史上第一部较为完备的水事法典——《水部式》，其后各代，都制定过不少水事法律规范文件。新中国成立后，我国的水法体系建设进入到一个新的历史时期，为适应社会主义条件下水事实践的需要，中央和地方各有关部门制定了大量的水行政管理的规范性文件。然而，我国大规模的水法体系建设则是在改革开放时期。以1988年新中国第一部《水法》的制定和颁布实施为标志，我国的水法体系建设步入有史以来的高速发展时期。据统计，自1988年《水法》颁布以来，我国先后颁布了《水土保持法》、《水污染防治法》、《防洪法》和《河道管理条例》、《取水许可和水资源费征收管理条例》等一系列水事法律、法规和规章，共计有水事法律4件，水行政法规20件，水利部部颁规章90多件，各地制定的地方性水法规和地方政府规章近800件，一个比较完备的水法体系已基本形成。尤其值得指出的是，《水法》的制定和颁布实施，以及其后所进行的重大修改，当属我国水法体系建设中最突出的事件，对推动我国的水法制建设，提高水管理水平，起到了关键的作用。

总的来看，我国水法体系建设的发展状况和势头令人鼓舞，成效也十分显著。然而也存在某些值得注意和解决的问题，主要表现在：一是某些法律、规章过多过杂，亟待综合与统一。如果说改革开放以前，水事立法严重滞后，严重影响水管理和其他水事活动的开展的话，那么现今则存在某种程度上的过多过杂的现象。面对近千件水事法律、法规、规章的存在，包括水行政管理在内的各类水事活动，在适用法律上有时非但不觉方便反而更加困难复杂了。造成这种状况的一个重要原因在于，水事法律规范的创制缺乏统一规划和协调，以致水事法规、规章数量既多又分散杂乱。以水工程方面的法规和规章为例，现今有关水工程建设管理、维护和费用征收等方面的条例、办法已近20件，既有国务院的，也有水利部的，数量明显过多。与其这样，不如制定一部统一的水工程法律或法规，将这些方面的内容综合起来，这样会使实际适用时更加方便简捷，事实上完全有这个必要。此外，在取水许可方面也存在类似情况。由此可见，法律、法规的完备并不仅仅意味着在数量上的无限增加，而必须考虑综合性、统一性和适用性。二是有些部门规章的表现形式和层级过低，亟待提高和加强。如水利部1993～1997年5次颁布的分别针对淮河水利委员会、黄河水利委员会、长江水利委员会、松辽水利委员会和海河水利委员会关于审查河道管理范围内建设项目权限的通知，显然是具有法律效力的规范性文件，应视为部门规章类的水事法律规范。然而仅用"通知"的形式来表现如此重要的内容，其层级未免过于低下，体现不出法律的权威性。一般而言，与条例、规定、细则、办法等形式比较起来，通知的层级是最低的，严格来说，是不能作为法律规范的表现形式的。事实上，亦完全有必要制定一个统一的规定或办法将上面"通知"所强调的内容统一起来，这就能避免在如此长的时间内发出这么多"通知"。三是现有的大量的法律、法规和规章与新《水法》（即2002年《水法》）不太相符，亟待修改。2002年《水法》是在1988年《水法》基础上作了重大修改而产生的，然而现存的许多水事法律、法规、规章几乎都是在1988年《水法》的基础上制定的，由于时间关系不可能一下子都得到修改、补充和完善，这就必然给水事实践活动带来许多的不便,产生不必要的矛盾。如在水资源的所有权、水资源管理、水事法律责任等方面都存在适应新《水法》的问题,都需要对现存的水事法律、法规、规章作出修改。

第五节　水法学

一、水法学的概念和研究对象

我国水法产生的历史虽然很长,但真正实施依法治水、管水、保护水,则是近几十年的事。因此,建立在依法治水实践基础上的水法学目前还仅仅处于创立阶段,学者们对此研究的还不多,更不够深入,因而至今也未见到一个大家公认的水法学概念。参照"法学是研究法律这一特定社会现象及其发展规律的科学",那么水法学应该是研究水法及其发展规律的科学。但是笔者觉得它没有明确界定水法制的全部内涵,容易引起歧义。简单地说,水法学是系统研究水事立法、水法遵守、执法、司法和法制监督救济及其发展规律的科学。如果要说得具体一点,笔者认为:水法学是以水的自然循环法则和开发、利用、节约、保护的科学技术为基础,以水事法律、法规、规章调整的各种有关水的权利、义务关系为研究对象,从而对水的立法、守法、执法、司法和法制监督救济进行全面系统的理论概括以探寻其发展变化规律的一门新兴的社会科学。根据这一概念,水法学应该具体研究水事立法、司法、水法的遵守和水行政执法、水行政司法、水行政法制监督与救济等行为的合理性、原则、方式和方法等。由于水事活动和水行政行为总是随客观实际不断变化和调整的,这就使得水法也处在不断的变化发展中。当然,水法学并不是被动地反映水法的这些变化与发展的,而是根据客观实际的变化及时进行具体的研究分析,提出新的理念和方法,对各种具体的水行政行为,对各种水事活动进行指导,从而发挥法律这一社会意识形态的能动作用,而由此产生的成果便成为水法学的新的内容,水法学也因此获得进一步发展。在这点上,水法学与其他各类法学学科并无区别。它是伴随着水法的产生和水法制的发展而逐渐发展起来的。

在整个法学体系中,水法学处于第三层,这与水法体系在整个法律体系中所处的层次是相同的。具体说,第一层是一般和总体意义上的法学,它是对各类具体法律的一般性概括和总结;第二层是法学的直接分支学科,如宪法学、行政法学、民法学、刑法学、诉讼法学等;第三层则是在第二层各学科的基础上发展而来的更为具体的分支学科,如民法学中的物权法学、知识产权法学、继承法学、合同法学等,诉讼法中的刑事诉讼法学、民事诉讼法学,国际法学中的国际私法学等。水法学当属行政法学的分支,当然从另一角度来划分,也属自然资源法学的分支。从法学的历史发展来看,不论是一般和总体意义上的法学,还是法学的直接分支学科,均已发展到内容相对较完备、形式相对较稳定的阶段,其发展速度和空间已大不如以往。而与之形成鲜明对照的是,处在第三层层面上的为数众多的法学学科则发展十分活跃,如民法学中的物权法学、知识产权法学,刑法学中的刑事证据学、犯罪心理学,行政法学中的行政许可法学等,水法学也是其中发展较为活跃的一支。现代法学发展的这种趋势无疑值得人们关注。

二、水法学的任务和研究范围

(一)水法学的任务

水法是由各类水事法律规范共同构成的法律规范系统,它有着不同于其他法律部门的既有特点和发展规律,又有对这一法律规范系统的深入剖析和研究,这正是水法学赖以存在和发展的源泉和动力。固然,水法作为一种社会意识形态,其发展的根源在于社会经济基础及其发展变化,然而谁也不否认水法学在水法发展中所起的独一无二的作用。这种作用就在于,水法学通过研究水法来指导水事立法,透视和解剖水事现象,评述水事行为,从而推动水法发展。水法学既然以水法为研究对象,那么深入揭示各种水事现象,全面分析水事法律制度,准确把握水法发展规律,便成为水法学的根本任务。具体来说,水法学的任务就是,不仅要研究水法的各项规定及其具体内容、目的和作用,阐述其立法精神,而且要研究各种水事法律制度及其相互联系、相互配合和相互制约的关系;不仅要着重研究现行的水事法律法规规章、有关的国家政策和它们在实践中的应用,而且还要注意到它们的历史和发展变化的规律性以及存在的问题;不仅要研究本国的水事法律规范,而且要研究外国水事法律规范和国际水事法律规范;不仅要研究现代水法,还要研究古代水法和近代水法,同时对水法的未来发展作出设想。

(二)水法学的研究范围

水法学的研究范围主要包括以下几方面。

1. 研究水法与行政制度和体制的关系

水法本质上属行政法,这是因为对水资源这种社会公共资源的管理只能采取国家行政管理的方式。一般来说,任何针对水资源管理的行为和活动,总是在一定的行政制度指导和约束下进行的,必然体现行政制度的本质和要求,并且要借助特定的行政体制来表现和存在。因此,一定的水行政管理行为是否合理,与行政制度和体制有着最直接的联系。然而行政制度和体制又总是通过行政法加以规定和认可的,要研究行政制度和体制,就必须研究相应的行政法。水法作为行政法,它在一般行政法的指导下具体规定了水行政管理制度和体制。水法学研究水法与行政制度和体制的关系,其目的在于通过分析各种水行政行为,一方面检查和监督水行政行为贯彻执行国家行政制度的实际情况,另一方面又对行政制度尤其是行政体制进行评判,指出其存在的缺陷和弊端,从而达到既有利于规范水行政行为,又有利于改进、完善行政制度和体制的目的。

2. 研究水法与市场经济的关系

水法不仅调整行政关系,也调整民事关系,而调整平等主体之间的民事关系恰恰要遵循商品经济和市场经济的自愿、公平、等价有偿原则。在水事活动中,对水事关系的调整要靠行政法律手段,但这不是唯一的,更不是万能的,相反,大量的水事关系也必须通过民事法律手段、经济法律手段来解决。事实上,针对水资源的开发利用活动,不管有多少目的,但经济目的总是不可或缺的,并且其行为在一定程度上就是一种市场行为。如修建水库、水电站,不仅是为了调节水量,防涝防旱,也是为了获取水费电费等经济利益,这之中当然包含一定的市场行为的成分。又如,随着改革开放的不断深入,水利行业转变职能,一大批水利经营公司纷纷涌现,形成了庞大的水市场。然而市场经济条件下的水市场既要靠市场手段,也要靠法律手段才能健康发展,因此也必须强化法律规范对市场的指导约束作用。由此可见,水法与市场经济存在密切的关系,通过水法调节规范水市场和水事经济,从而促进市场经济发展,同时又通过市场经济条件下的各类水事经济活动和水市场的运行发展,不断提出立法课题,推动水法发展。

3. 研究各项水事法律制度

水法是由多项水事法律制度构成的。研究各项水事法律制度的内容、特征及作用,研究这些水事法律制度的发生、发展和变化规律,研究各项水事法律制度相互之间的联系与区别,从而对各项水事法律制度作出科学的阐述,这是水法学的任务之一。

4. 研究水法执行中的经验和存在的问题

制定水事法律规范的目的,在于指导人们的水事活动,在执法实践中调整各种水事法律关系。水事法律规范的作用,只有通过具体的贯彻执行才能体现出来。一项水事法律规范是否正确反映了客观规律的要求,是否符合国情,最终也要在实践中接受检验。同时,水法贯彻执行的体制、队伍、方式和手段,也必须在实践中不断改进与发展、完善与提高。因此,水事法律规范必须通过实践不断总结经验,不断进行必要的修改,才能符合客观事物的要求而日臻完善。研究贯彻执行水法中的经验和存在的问题,进行理论上的概括和提高,研究水事违法行为产生的原因与条件,从理论上探求解决的途径并提供有效的对策,从而发挥水法学在完善水事立法与组织实施中的特有作用。此外,水法学在初创及今后发展的各个时期,还应适当研究邻近法学学科的情况,善于吸收相关法学学科研究的原则和成果,来丰富或解决水法学的相关问题。

三、水法学的体系和主要内容

水法学的体系是指组成水法学的各种水法基本理论所形成的系统。一般来说,水法的内容决定水法学的内容,对水法内容的系统阐述,使之成为一个系统、科学的有机联系整体,便形成了水法学的体系。

水法学的体系和主要内容由以下各部分组成。

（一）关于水法概念的基本理论

在这部分研究中,揭示水法的概念、水法的调整对象、水法的基本原则和作用、水法的渊源和历史发展,以便对我国水法作出总体上的概括和说明。

（二）关于水事法律关系的基本理论

水法是通过水事法律关系来实现它对社会关系的调整职能的,因此水事法律关系的基本理论是研究水事法律关系特别是水行政法律关系和水行政法律制度的重要理论依据。可以说,它是整个水法学理论的总纲,是贯穿全部水法学的轴心。通过这部分的研究,揭示水事法律关系的概念和特征,阐述水事法律关系作为经济关系的实质,分析几种主要的水事法律关系,以及引起水事法律关系产生、变更和消灭的法律事件和法律行为。

（三）关于水资源所有权的理论

水资源所有权即水权问题,是水法的核心问题,它是制定水事法律规范的立足点和出发点,全部水法,不论是调整纵向关系的法律规范,还是调整横向关系的法律规范,说到底都是因水的所有权问题而存在和展开的。我国的水资源所有权主要表现为国家所有权。

取水许可制度和水资源有偿使用制度是基于水资源所有权而衍生的两项水资源管理基本制度。此外，在现今市场经济条件下，由于水市场的逐步形成，水权有偿转让和交易逐渐增多。因此，研究水资源所有权是我国水法学的一项重要任务。

(四)关于水行政主体、水行政行为和水行政相对人的基本理论

水法主要调整水行政主体与水行政相对人之间纵向的行政法律关系，水行政主体是水行政法律关系中不可或缺的一方，而且正是水行政主体的行政管理和执法行为，才导致水行政法律关系的产生。可见，水行政主体在水行政法律关系中的重要作用。水行政相对人也是水行政法律关系中的重要主体，水行政相对人不仅要严格遵守水法，服从水行政管理，而且其合法权益也必须受到尊重与保护，同时还要充分发挥他们对水行政主体及其行政行为的重要监督作用。水法学通过研究水行政主体，阐明其在水行政活动中的职权与职责；通过研究水行政行为，指出其存在的合法要件及其具体分类；通过研究水行政相对人，规定其在水事活动中的权利和义务，从而为水行政管理提供重要的指导和法律依据。

(五)关于水行政立法的理论

水行政立法是水行政执法和司法的前提、依据，是实现水管理的重要条件，其宗旨是实现依法治水，管水，保护水。水法学不仅要揭示水行政立法的概念、性质、分类，以及水行政立法的主体及权限，而且要阐明水事立法原则，还要指出水行政立法程序和水事立法技术。

(六)关于水法遵守的理论与实践

法治社会是建立在政府依法行政、依法管理，人民群众自觉守法、执行法律的基础之上的。因此，如何让愈来愈多的人知法、懂法，从而自觉守法，自觉协助政府水行政部门依法管理，这既是实施水法首先要解决的问题，也是水法学研究的重要课题。

(七)关于水行政执法的理论与实践

水行政执法是进行水行政管理的具体体现，是水行政立法、执法、司法三大体系中的核心。水行政执法的具体种类有水行政指导与命令、水行政确认与许可、水行政征收与处罚、水行政监督检查与强制，以及水行政合同与水行政奖励等。水法学除阐明水行政执法的概念、特征、原则和程序外，更重要的是结合具体实际，对水行政执法的具体种类和形式进行详细介绍与分析。这部分内容在水法学中占据极为突出的位置。

(八)关于水行政司法的理论与实践

水行政司法是对水行政执法引起的行政争议和水事活动中出现的水事纠纷所进行的裁判，其实质是借用一般司法程序对水事活动中出现的争议与纠纷进行处置的准司法。在现代水事活动中，水行政司法的应用越来越普遍，其作用也越来越突出，是一般司法的重要补充。因此，水法学必须对此给予重视与关注。水法学要研究水行政司法的概念、特征、必要性和重要性，尤其是要对水行政司法的具体形式即水行政调处、水行政复议、水行政裁决、水行政仲裁等作系统的阐述，以推动这种新的司法形式的不断发展和完善。

(九)关于水行政法制监督与救济的理论与实践

行政法制监督与救济是行政法的重要内容，是依法行政的重要保障。行政法制监督就是社会各组织和群众对行政机关及其行政行为所实行的监督。行政救济实际上也是一

种法制监督,是对行政机关及其工作人员违法行为的纠正、制裁和对行政相对人所受侵害的救助、补偿。水行政法制监督与救济就是发生在水行政执法和管理活动中的行政法制监督与救济。水法学要对水行政法制监督与救济理论展开具体阐述和分析,阐明其内涵、原则及必要性,分析其理论和法律依据,尤其要探讨具体实施监督救济的行之有效的形式和方法。

(十)关于法律责任的理论与实践

这是指水事法律关系的参与人因违反水法和其他法律所承担的法律责任。水事法律规范之所以有约束力,就在于违反它就要产生一定的法律责任。因此,法律责任在水法学中亦占有重要分量,对水事活动中法律责任的基本理论和实践的研究,也就成为水法学不可缺少的组成部分。

上述水法学的各项内容,既相互独立、相互区别,又相互联系、相互补充,共同构成系统的水法学体系。因此,随着水法学的不断发展与完善,它必将最终形成独立、完备的科学体系,并拓展出自己的若干分支,如水事立法学、水事司法学、水行政执法学、水法基础理论、水法学史、比较水法学、国际水法学,等等。

四、水法学的研究方法

研究水法学,必须掌握正确的方法。只有方法正确,才能取得好的效果。

(1)要有正确的指导思想,即以一切为人民谋福利、辩证唯物主义、与时俱进为出发点与立足点。

(2)紧密与实践相结合,即密切结合水资源的开发利用和保护管理等水事活动的实践,紧密结合水事立法、守法、执法、司法及法制监督救济的实践;对丰富的实践作科学的概括;用科学的理论指导实践。

(3)广泛学习、借鉴古今中外水法制方面先进的、好的东西,洋为中用,古为今用,扬长避短,不走或少走弯路。

(4)认真学习法学理论,研究相关的法学学科的历史发展,吸收营养,为我所用。

(5)走群众路线,集思广益;借用现代化的科学技术手段和方法,提高水法学科学水平。

五、水法与水法学的关系

水法与水法学是两个既存在严格区别同时又有着密切联系的范畴,既不能将二者完全等同起来、混为一谈,也不可将它们截然对立开来。具体来说,一方面,二者是相互区别的。这表现在,水法是法律体系中的一个独立的法律部门,而水法学则是包括法的创立及施行全部内容的社会科学中的一门法学学科。水法是调整水事关系的法律规范的总称,水法学则是以水法及其施行、发展规律为研究对象的一门社会科学。另一方面,二者又相互联系。这表现在,水法与水法学相互关联、相辅相成,有了水事法律规范的制定和实施,有了较为完备的水法制,才有水法学的形成和发展;水法学的形成和发展,对于指导水事立法、执法、司法和法制监督与救济,又具有重要意义。

同时,水法学还必须以水的自然循环法则为基础。只有有关水方面的科学技术得到充分发展,人类对水的认识才会深化,对水的兴利除害水平才能提高,人们才能更加有效地开发、利用、管理、保护水资源,减少或避免水害,水法学也才能够真正建立在科学的基础上。如果没有现代的科学技术提供准确的水资源的有关数据和水害情报,如果没有先进的技术和科学的水工程,也就无法制订科学的水法及其配套法律规范。所以,水法学必须以水的自然科学技术为基础。

第二章　水行政法律关系主体

第一节　水管理模式

一、世界水管理模式简介

水资源管理体制是一个比较复杂的问题。由于国家与国家之间在政治体制、经济制度和自然条件等方面的差异,在世界上没有两个国家的水资源管理体制完全相同。虽然世界上水资源管理模式众多,但是归纳起来,无外乎存在以下四种情形:一是以江河、湖泊水系的自然流域为基础而建立的流域管理体制,以欧盟国家对水资源的管理为代表;二是以组成该国家的地方行政区域为基础而建立的区域管理体制,以美国对水资源的管理为代表;三是以水资源的某项经济、社会职能或用途为基础而设立或委托专门的部门进行管理的体制,以日本为代表;四是以江河、湖泊水系内自然流域的水资源管理为中心,对该流域内与水资源相关的水能、水产、土地等资源进行统一管理并超出水资源管理范围之外的管理模式,以美国的田纳西流域管理为代表。

由于水资源具有多种社会、经济用途,它的这种多功能性导致了在开发利用和保护中的多部门性,以及水资源虽跨不同的行政区域但独立存在的天然系统所导致的江河、湖泊上下游、左右岸在开发利用水资源与防治水害方面相互依存。因此,尽管各国的水资源管理体制各异,但不同管理体制下的国家政府都尊重水资源以流域存在这一基本规律,在其国家政治、经济制度允许的范围内采取各种措施,促进水资源在开发利用和保护方面尽可能以流域为单元进行统一规划、统筹兼顾,以达到水资源最大的社会、经济效益。

二、我国水管理模式

1946 年 2 月,中国共产党解放区晋冀鲁豫边区政府成立冀鲁豫黄河故道管理委员会,不久易名为冀鲁豫黄河水利委员会,作为该区治理黄河的专门机构,拉开了以流域为单位治理江河、湖泊的序幕,而且新中国成立以后相继在长江、淮河、海河、珠江、松花江与辽河、太湖等大江、大河、大湖恢复或设立流域管理机构。虽然我国对大江、大河、大湖的水资源按照流域进行管理已经有数十年,但是 1988 年 1 月颁布的《水法》第九条只确认了行政区域管理这一模式。而第一次明确提出流域管理规定的则是在 1988 年 6 月颁布实施的《河道管理条例》中,1997 年颁布的《防洪法》再次强调了对水资源管理实行流域管理与行政区域管理相结合的管理模式。水事法律对我国水资源管理模式由单一的行政区域管理向流域管理与行政区域管理相结合的规定的转变,反映了我国人民认识、确认水资源的流域性这一特点的历程。这一变化表明了我国政府和人民认识、尊重自然规律,也是水资源科学性、技术性、社会性等专业性特点的一个体现。

从水事法律的规定可以看出，我国对水资源管理实行的是流域管理与行政区域管理相结合的制度。实际上这种管理制度是在考察、借鉴国外水资源管理经验的基础上，结合我国水资源的特点和历史传统而创造的一种新的管理模式，与国际上单一的水资源管理模式不一样，具有自己的特色。无论是流域管理还是行政区域管理，都只是我国水资源管理的两个不同层面，在我国国家水行政主管部门的统一领导下，彼此各有侧重，互有分工，共同构成我国水资源的一个完整管理体系。相应地，形成了两个不同层面的管理机构、管理人员，即流域管理机构及其工作人员和各级地方水行政机关及其工作人员。

三、行政区域管理与流域管理之间的关系

如前所述，行政区域管理与流域管理只是我国水资源管理内容中的两个不同层面，应当各有侧重，彼此互相补充，共同实现对水资源的最大限度的利用。而关于二者在水资源管理过程中彼此之间的关系，现有的水事法律规范均没有作出规定，这在一定程度上削弱了我国水资源管理模式作用的发挥。黄河水利委员会原主任、前水利部副部长王化云同志在《我的治河实践》一书中对二者关系有着精辟的论述：治理与开发黄河，决不是为某一局部地区除害兴利，而是要除全河的害兴全河的利，为国家的繁荣富强作贡献。国家成立流域机构，就是为了加强对黄河的统一治理，使治黄工作在宏观上达到经济效益、社会效益和环境效益的高度统一。世界上大多数发达国家都以江河流域为单位管理、利用水资源与其他资源。1992年联合国环境与发展大会通过的《21世纪议程》中明确提出水资源应按流域进行综合管理。由此可见，以江河流域为单位对水资源及其相关资源进行管理是水利行业的发展趋势，水事法律应当体现并反映这一发展趋势，明确江河流域管理与行政区域管理二者之间的关系。

第二节 水行政法律关系主体

一、水行政法律关系主体概述

水行政法律关系主体是指参加水行政法律关系，依法享有水事法律规范所规定的权利和履行相应义务的公民、法人或其他组织，包括水行政主体和相对方。

在我国，各级人民政府中的水行政主管机关一定是水行政法律关系的主体。对于流域管理机构则有争议，但是根据1997年8月颁布实施的《国务院行政机构设置和编制管理条例》，流域管理机构是国家为了实现对重要江河、湖泊的管理而设立的，由水利部管理的、行使特定的水行政管理职权的组织。因此，各流域管理机构是当然的水行政法律关系主体，而且在过去的数十年里，各流域管理机构行使着事实上的、特定的水管理职权。而公民个人、法人或其他经济组织都有可能成为水行政法律关系的主体。国家是特殊情况下的水事法律关系主体，如在我国参加的有关水资源管理的国际条约中，国家是该条约所规定的水事权利的享有者、义务的承担者，因此国家是当然的、国际关系中的水资源管理权益的唯一主体。

二、水行政主体

水行政主体是指依法成立的、享有水行政职权，并能够以自己的名义行使水行政职权、独立承担相应的法律责任的组织。如前所述，根据我国的水资源管理模式，我国的水行政主体有：各级人民政府中的水行政主管部门、各流域管理机构。

这里的依法成立是指依照宪法、组织法的规定而成立，如各级人民政府中的水行政主管部门。对于流域管理机构，在1997年《国务院行政机构设置和编制管理条例》颁布实施前，似乎处于一种没有法律依据而存在的窘况：虽然我国的流域管理机构已经成立有60余年（以1946年2月成立冀鲁豫黄河故道管理委员会起算），但是目前仍然没有一部完整的、系统的全面调整流域管理机构的组织法或管理法。在过去的数十年里，调整各流域管理机构的规范性文件主要包含在每次国家机构调整时的水利（电力）部"三定"方案中，这反映出我国流域法制建设的滞后。自1988年6月《河道管理条例》颁布实施后，这种状况有所改变，尤其是1997年8月颁布的《防洪法》中第一次提及水资源管理的特殊主体——流域管理机构，并赋予其有限的水管理职权，如《防洪法》第八条规定，国务院水行政主管部门在国家确定的重要江河、湖泊设立的流域管理机构，在所辖的范围内行使法律、行政法规规定和国务院水行政主管部门授权的防洪协调和监督管理职责。

三、水行政相对方

水行政相对方是指参加水行政法律关系的另一方主体。无论是其他国家机关，还是公民个人、法人或其他组织，以及外国人、无国籍人或外国组织，都可以成为水行政法律关系的相对方主体，参加水行政法律关系，享受水事法律规范所赋予的权利和履行相应的法律义务。他们与水行政主体共同构成了水行政法律关系的主体。

第三节　水行政机关

一、水行政机关的性质与法律地位

根据《宪法》、《国务院组织法》和《水法》以及1998年年初全国人大通过的机构改革方案，水利部是国务院的组成部门之一，是我国的国家水行政主管部门，负责我国领土范围内的全部水资源，包括空中水、地表水和地下水的管理。省、自治区、直辖市人民政府中的水利厅（局）是省、自治区、直辖市人民政府所辖行政区域内的水行政主管部门，负责该行政区域内的水资源管理工作。县级人民政府中的水利（务）局是县人民政府对本行政区域行使水资源管理的职能部门。

二、水行政区域管理体系及特点

（一）水行政区域管理体系

行政区域管理是我国水资源复合管理体制的一种重要管理层面与方式。根据《水法》和其他水事法律规范的规定，我国水资源行政区域管理主要由三级构成，即国家级、省级和县级。当然,不同的管理级别享有不同的管理权限,相应地,形成了三种不同的管理层次,即水资源宏观管理、微观管理和介于二者之间的管理。其中,国家级水行政部门对水资源的管理通常是宏观管理,县级管理通常是微观管理,而省级水行政部门则介于宏观管理与微观管理之间,不但从事宏观管理工作,而且从事大量的微观管理工作。但是,这几种不同的管理层次并不是截然分开的。

(二)水行政区域管理的特点

1. 统一管理与分部门管理相结合

水作为一种自然资源,通常以空中水、地表水和地下水等不同的形式存在于自然界中,彼此之间还可以互相转化,具有动态性、流域(区域)性、多功能性等特点,是一种综合性很强的生产、生活要素。这决定了国家应当设立一个统一的行政主管部门来对全国范围内的、不同存在形式的水资源加以管理。因此,新中国成立后,即在当时的政务院设立水利部,负责全国的水资源管理工作。其间虽然又经历合并、撤销,但是随着时间的推移,政府对水资源作为自然资源、环境要素以及国民经济与社会生产生活要素等特性有了进一步的认识,于是在 1988 年机构调整时又重新设立水利部(以前是与电力部合在一起的)。独立的国家水行政主管部门的设立对于加强全国水资源的管理,保护好水资源,实现国民经济和社会的可持续发展都有重要的作用。新中国成立以来的水资源管理实践已经证明了这一点,目前我国"多龙治水"的局面有了一定程度的改善。在地方各级人民政府中,都设有水利(厅)局,作为本行政区域范围内的水行政主管部门,负责本行政区域范围内水资源的管理工作。

由于水资源涉及国民经济与社会生活的各个方面,如江河、湖泊水具有航运、灌溉功能,水行政机关在管理水资源的过程中,需要其他的管理部门(如交通、农业、城建等)的协助,同时这些部门在其职责范围内负责相关的水管理工作。

2. 中央与地方分级管理相结合

国家水行政主管部门代表国家对全国水资源进行宏观管理,省级人民政府的水行政主管部门对本行政区域范围内的水资源进行宏观与微观双重管理,县级水行政主管部门对该行政区域范围内的水资源进行微观管理,这样就形成了一个垂直纵向的水资源管理体制,即中央与地方分级管理相结合的体制。

中央与地方分级管理相结合的体制有其宪法、组织法依据,《宪法》第三条规定:中央和地方的国家机构职权的划分,遵循在中央的统一领导下,充分发挥地方的主动性、积极性的原则。《地方各级人民代表大会和地方各级人民政府组织法》第五十五条规定,全国地方各级人民政府都是国务院统一领导下的国家行政机关,都服从国务院;第六十六条又规定,省、自治区、直辖市的人民政府的各工作部门受人民政府统一领导,并且受国务院主管部门的领导或者业务指导。

三、水行政机关的职责和权限

我国各级水行政机关在国家水资源管理体系中居于不同的地位,担负着不同的管理职能。为了协调好水资源管理中各方面的关系,提高水资源的管理水平与效率,我国水事法律规范对其职责和权限作了相应的划分。

（一）国家级

水利部作为国务院水行政主管部门，对全国的水资源包括空中水、地表水和地下水实施统一管理。概括起来，其主要职责和权限包括以下内容：

（1）拟定水利工作的方针政策、发展战略和中长期规划，组织起草有关法律、法规并监督实施。

（2）统一管理水资源（含空中水、地表水和地下水）。组织拟定全国和跨省（自治区、直辖市）水长期供求计划、水量分配方案并监督实施，组织有关国民经济总体规划、城市规划及重大建设项目的水资源和防洪的论证工作，组织实施取水许可制度和水资源费征收制度，发布国家水资源公报，指导全国水文工作。

（3）拟定节约用水政策，编制节约用水规划，制定有关标准，组织、指导和监督节约用水工作。

（4）按照国家资源与环境保护的有关法律、法规和标准，制定水资源保护规划；组织水功能区的划分和向饮水区等水域排污的控制；监测江河湖库的水量、水质，审定水域纳污能力；提出限制排污总量的意见。

（5）组织、指导水政监察和水行政执法，协调并仲裁部门间和省（自治区、直辖市）间的水事纠纷。

（6）拟定水利行业的经济调节措施，对水利资金的使用进行宏观调节，指导水利行业的供水、发电及多种经营工作，研究提出有关水利的价格、税收、信贷、财务等经济调节意见。

（7）编制、审查大中型水利基建项目建议书和可行性报告，组织重大水利科学研究和技术推广，组织拟定水利行业技术质量标准和水利工程的规程、规范并监督实施。

（8）组织、指导水利设施、水域及其岸线的管理与保护，组织指导大江、大河、大湖及河口、海岸滩涂的治理和开发，办理国际河流的涉外事务，组织建设和管理具有控制性的或跨省（自治区、直辖市）的重要水利工程，组织、指导水库、水电站大坝的安全监督。

（9）指导农村水利工作，组织协调农田水利基本建设、农村水电电气化和乡镇供水工作。

（10）组织全国水土保持工作。研究制定水土保持的工程措施规划，组织水土流失的监测和综合防治。

（11）负责水利方面的科技和外事工作，指导全国水利队伍建设。

（12）承担国家防汛抗旱总指挥部的日常工作，组织、协调、监督、指导全国防洪工作，对大江大河和重要水利工程实施防汛抗旱调度。

（13）承办国务院交办的其他事项。

（二）省级

各省（自治区、直辖市）的水利厅（局）是该省（自治区、直辖市）人民政府对本行政辖区内的水资源实施统一管理的行政主管部门，也是行政区域管理中以宏观管理为主、兼有部分微观管理的管理层次。根据水事法律规范和组织法的规定，其主要职责和权限是：

（1）监督、检查国家水事法律、法规、规章与方针政策和本辖区内地方性水事法规、地方人民政府规章、自治条例、单行条例在本辖区的贯彻落实情况。

（2）组织拟定本辖区内地方性水事法规、地方人民政府规章。

（3）组织制定本辖区的水长期供求计划，参与拟定涉及本辖区的水长期供求计划、水量分配方案，组织实施本辖区的取水许可工作，组织实施本辖区的水文行业管理。

（4）组织、指导本辖区的水利设施、水域及其岸线的管理与保护，组织、指导本辖区的水库、水电站大坝的安全监督。

（5）审查、批准本辖区内重要的基本建设项目涉及水资源管理的规划或可行性报告。

（6）指导、监督本辖区的城乡供用水管理工作，组织、指导、监督本辖区的节约用水工作。

（7）组织、指导本辖区的水政监察和水行政执法工作，参与协调涉及本辖区的水事纠纷，组织协调并仲裁本辖区部门之间、本辖区内跨行政区域的水事纠纷。

（8）组织拟定国家尚未统一制定的水资源管理专业技术规范并监督实施。

（9）组织、监督本辖区的水土保持工作，组织实施本辖区水土流失的监测和综合防治。

（10）组织、监督本辖区的水利队伍建设。

（11）组织实施本辖区的水事法律规范的宣传教育工作，普及水事法律规范知识，并表彰先进集体与个人。

（12）组织、指导本辖区有关水资源管理的国内外交流与合作。

（13）承担本辖区防汛抗旱指挥机构的日常工作，组织、协调、监督、指导本辖区的防洪工作，并组织实施本辖区内大江大河和重要水利工程的防汛抗旱调度。

（14）承办本级人民政府和水利部交办的其他事宜。

（三）县级

县级水行政机关是县级人民政府对本行政区域的水资源实施统一管理、监督的主管部门，在我国行政区域管理体制中，属于微观管理层次。根据水事法律规范的规定，其职责和权限主要是：

（1）监督国家水事法律、法规、规章与方针政策和本辖区内地方性水事法规、地方人民政府规章、自治条例、单行条例在本辖区的贯彻落实情况。

（2）参与拟定涉及本辖区的水长期供求计划、水量分配方案。

（3）监督经审查、批准的在本辖区内重要的基本建设项目涉及水资源的内容的贯彻实施。

（4）组织本辖区的水文、水土保持、水污染防治等工作。

（5）组织本辖区的水利队伍的建设工作。

（6）组织、指导、监督本辖区的节约用水工作。

（7）组织本辖区的水政监察和水行政执法工作；参与协调涉及本辖区的水事纠纷，组织协调并仲裁本辖区部门之间、本辖区内跨行政区域的水事纠纷。

（8）承担本辖区防汛抗旱指挥机构的日常工作，组织、协调、监督、指导本辖区的防洪工作，并组织实施本辖区内大江大河和重要水利工程的防汛抗旱调度。

（9）组织本辖区的水事法律规范的宣传教育工作，并表彰先进集体和个人。

（10）承办本级人民政府和上级水行政机关交办的其他事宜。

第四节　流域管理机构

一、流域管理概述

(一)流域管理含义

流域管理是与行政区域管理相对的水管理形式,是按照水系对水资源进行统一管理的一种方式,是人类社会认识、尊重自然规律的必然结果,也是人类社会对自然的一种能动反映。1992 年在巴西里约热内卢召开的联合国环境与发展会议上,全世界 102 个国家的元首或政府首脑通过并签署了《21 世纪议程》。该文件要求对水资源按照流域一级或子一级,采取适当的管理体制进行管理。其中,流域管理具有以下特征:

(1)将流域内的水资源与流域本身或子流域作为一个不可分割的整体进行统一管理。

(2)统筹、综合考虑流域内一切可能开发利用的目标并作出规划。

(3)采用仲裁方式或其他民主的方式协调流域内不同利益群体之间的关系。

(4)政府在流域管理中不再居于主导地位,主要依靠宏观调控手段对其产生指导性的影响。

(二)流域管理的历史沿革

流域是天然河流、湖泊集水的区域,自古以来即被人类所认识。随着近现代科学技术的发展,人类具备了全面开发利用、保护整个或局部河流、湖泊的能力,相应地出现了流域管理模式与流域管理机构。

在我国元明清时期,为确保漕运,维护京都地区粮食和财政的给养,防治黄淮海平原的洪涝灾害而设立的跨行政区域、按照水系管理的河道总督机构,负责主管黄河、运河以及海河、淮河水系的水利事务,与当时主管数省地方政务的总督级别相当。这是我国较早的流域管理机构。1879 年美国在密西西比河流域设立密西西比河委员会,对流域面积322 平方千米、地跨 31 个州的密西西比河进行统一规划,统筹考虑整个密西西比河流域的防洪和航运等问题。进入 20 世纪,这种以江河流域作为水管理的基本单元、进行多目标开发利用的水管理模式为世界各国普遍接受,大多采取适合本国具体情况的流域管理组织形式,赋予其相应的职责、权限,其中以 1933 年美国在田纳西河流域设立的田纳西流域管理局最为典型,对世界上其他国家的流域管理产生了重要的影响。

在 20 世纪二三十年代,国民政府在我国的重要江河、湖泊设立了具有现代意义的流域管理机构:扬子江水利委员会、黄河水利委员会、导淮委员会、华北水利委员会和珠江水利局等,并着手编制各流域综合规划。由于历史的原因,当时大多数的流域规划未完成,当然谈不上付诸实施。

新中国成立后,人民政府在长江、黄河等大江、大河、大湖恢复或设立了长江水利委员会、黄河水利委员会、海河水利委员会、淮河水利委员会、珠江水利委员会、松辽水利委员会、太湖流域管理局等 7 大流域管理机构。我国的江河流域管理伴随着大规模的水利建设进入了一个新的历史时期,各流域管理机构对我国的大江、大河、大湖的综合开发利用和保护发挥了重要的作用。

二、我国流域管理机构的性质与法律地位

截至目前,我国尚未有一部调整流域管理与流域管理机构的法律规范,虽然有关的内容散见于水事法律规范中,如《河道管理条例》、《防洪法》,但是并不能够适应复杂的流域管理的需要,而且也未对各流域管理机构性质、法律地位等内容作出界定。根据历次机构调整时国家水行政主管部门的"三定"方案,各流域管理机构是"水利部在所在流域的派出机构",这并不能正确界定各流域管理机构的性质与法律地位。而根据《国务院行政机构设置和编制管理条例》第六条"国务院组成部门管理的国家行政机构由国务院组成部门管理,主管特定业务,行使行政管理职能"的规定,我国七大江河、湖泊的流域管理机构为"国务院组成部门管理的国家行政机构",主管特定江河、湖泊的流域水管理业务,具有行政法主体资格。

三、流域管理机构的职责和权限

根据历次国务院机构调整时水利部的"三定"方案和流域管理机构的管理实践,归纳起来,各流域管理机构的职责和权限包括以下内容:

(1)监督国家水事法律、法规、规章与方针政策以及流域内地方性水事法规、地方人民政府规章、自治条例、单行条例在所在流域的贯彻落实情况。

(2)制定本流域水利发展战略规划和中长期计划;会同有关部门和本流域内有关省(自治区、直辖市)人民政府编制流域综合规划和相关的专业规划,并监督实施。

(3)统一管理本流域内水资源,组织对本流域水资源的监测和调查评价,对本流域内水资源保护工作实施监督管理;拟定本流域内跨省(自治区、直辖市)的水长期供求计划和水量分配方案,并监督实施;组织本流域内的取水许可工作。

(4)拟定本流域防御洪水方案,组织审查跨省(自治区、直辖市)防御洪水方案,协调本流域防汛抗旱日常工作,指导流域内蓄滞洪区的安全与建设。

(5)组织、指导本流域的水利设施、水域及其岸线的管理与保护,根据国家授权,组织管理重要河段的河道;组织、指导本流域的水库、水电站大坝的安全监督。

(6)组织本流域水土流失重点治理区的监测和综合治理,指导地方水土保持工作。

(7)组织审查本流域内中央投资的水利工程和与地方合资建设的水利工程的项目建议书或可行性报告。

(8)组织、指导本流域的水政监察和水行政执法工作;组织协调并仲裁流域管理部门与地方之间、本流域内跨省(自治区、直辖市)的水事纠纷。

(9)指导本流域农村水利工作,组织协调本流域农田水利基本建设、农村水电电气化和乡镇供水工作。

(10)组织本流域有关水资源管理的国内外交流与合作,组织本流域水利队伍的建设。

(11)承办水利部交办的其他事宜。

四、流域管理的特点

（一）统一管理与专业管理相结合

从流域管理机构所享有的职责和权限来看，坚持了我国行政管理的基本原则——统一管理原则，即由各流域管理机构在所在的流域范围内统一行使特定的水管理业务。而从各流域管理机构的职能部门组成来看，大都设立了水资源规划与水质监测部门、河务与防汛抗旱部门、水文部门、水土保持部门和水利工程管理部门等，职能较为齐全。通过分工，不但明确了各职能部门的职责与权限，而且实现了专业管理，达到了统一管理的目的。

（二）宏观管理与微观管理相结合

从国家对流域管理机构赋予的职责和权限来看，体现了宏观管理与微观管理相结合的特点，不但承担着在流域范围内和授权区域内对江河、湖泊水资源的调查评价任务，水中长期供求计划、水量分配方案、流域综合规划或专业规划监督任务等宏观管理内容，而且肩负着组织实施经批准的流域综合规划或专业规划、重点水利工程建设项目的建设，以及监督流域内省、自治区、直辖市实施有关综合规划或专业规划的情况，协调仲裁流域内的水事纠纷等微观管理内容。水资源宏观管理与微观管理在流域管理中得到了有机统一。

五、我国流域管理存在的问题

以 1946 年 2 月中国共产党解放区晋冀鲁豫边区政府设立治黄机构——冀鲁豫黄河故道管理委员会起算，我国的流域管理有 60 余年的历史，为我国大江、大河、大湖的治理开发与保护发挥了重要的作用。由于各种因素的影响，时至今日仍然没有一部完整、系统的调整江河、湖泊流域管理的组织法或管理法，严重阻碍了流域管理成效的发挥。归纳起来，目前流域管理存在以下基本问题。

（一）流域管理机构的性质和法律地位不明确

这在所有问题中处于核心地位。水事管理基本法律《水法》所规定的水行政管理主体仅仅是县级以上人民政府及其水行政主管部门，而对流域管理机构则没有涉及。虽然在历次机构调整中都将其界定为事业单位，其职权在实践中也都由水利部下文确认，但是由于这些规范性文件本身存在着法律疑问，而且与《国务院行政机构设置和编制管理条例》第六条规定明显不符，不能够解决流域管理机构的性质与法律地位问题。

由于流域管理机构缺乏行使水管理职权应有的法律依据，致使其在履行流域水管理职权时常常处于不利的地位，影响其职权的行使。一些地方也把流域管理机构当做可有可无的、多余的管理层次，对本地区、本部门有利的就按照流域综合规划或专业规划执行，并要求流域管理机构给予协助，而对自己不利的则撇开流域综合规划或专业规划和流域管理机构，以致酿成不应有的水事纠纷。《国务院行政机构设置和编制管理条例》第六条规定为修订《水法》，增加流域管理内容，明确流域管理机构的性质与法律地位提供了法律依据。只有彻底解决这个问题，才能够使我国的流域管理既符合世界发展趋势，又有明确的法律依据。

(二)流域管理规范性文件的制定问题

我国实行的是一元多层次立法体系,不但国家权力机构享有法定的立法权,而且行政机关也享有有限的行政立法权。由于水资源管理情况复杂多变,立法难度大,除基本的内容由水事法律以法律形式固定外,对于其他的、完全属于水利行业专业性的内容则由国务院或其水行政主管部门、地方人民政府及其水行政主管机关以非法律的规范性文件形式制定出来。而流域管理机构是水利部的派出机构,不属于地方管辖,地方在立法时当然不可能对流域管理机构的性质、职权作出规定。流域管理机构由于本身存在着一定的法律疑问,其制定的有关流域管理的规范性文件的法律效力、层次等无疑是无法确定的。这样致使流域管理机构难以开展工作,与地方水行政区域管理难以协调。

(三)缺乏有效的监督管理手段

虽然在水管理实践中,都提及流域管理机构享有监督权利,但实际上,由于缺乏明确的法律依据,各流域管理机构享有的对本流域内水事活动的监督权利根本就落不到实处,使这种监督权利流于形式。在目前7大流域管理机构中,只有黄河水利委员会、淮河水利委员会、海河水利委员会3家流域管理机构对其所在流域内部分省级矛盾比较突出的河段和工程实施直接的控制,而对各自流域内其他的控制性骨干工程没有直接的管理、调度权,因而无法对流域内的水资源进行有效调控。以1994年各流域管理机构组织实施取水许可工作为例,仅在流域管理机构直接管理的河段范围内完成了取水许可证的发放任务,而在非直接管理的范围内困难重重。就总体而言,目前各流域管理机构能够发挥其实际监督作用的仅限于那些由中央投资并由流域管理机构负责组织实施的部分和由流域管理机构直接管理的河段或工程范围内的建设项目,对于其他的则很难发挥其监督作用。

当然,流域管理还存在着其他一些问题,但是上述三个问题在所有问题中处于基础地位,解决好上述三个问题是解决流域管理所有问题的关键所在。对于其他的问题,如协调不力、流域管理的威信逐渐降低等,在这里就略去不述。

第五节　水行政相对方

水行政相对方是指参加水行政法律关系的另一方当事人,通常包括公民、法人、其他组织,以及外国人和外国组织、无国籍人。行政相对方这一概念不但越来越为法学界所重视,而且为行政机关所重视,这是现代行政法理论发展的一大变化。它反映了现代行政法理论由过去以行政权、行政机关为研究对象开始转向以被管理者即人民为核心的新的行政法理论取向。明确行政相对方这一概念及其权利义务和在行政法律关系中的地位、内容是依法治国、依法行政的必然要求,也是完善社会主义民主与法制建设的重要内容。我国在这方面的立法成就也不少,如《行政诉讼法》、《国家赔偿法》、《行政处罚法》和《行政复议法》等,为行政相对方维护其合法权益提供了相应的法律依据。

一、水行政相对方的权利

水行政相对方的权利是指水事法律规范和其他法律法规所赋予的、在水行政法律关系中水行政相对方应当享有的权利,包括水行政实体法和程序法上的权利。归纳起来,有以下权利内容。

(一) 行政救济权

所有水行政职权都是由水事法律规范加以规定的,一切水事管理活动都应当依法进行,公民、法人或其他组织的合法权益不受非法侵犯。这是依法治国、依法行政的内在要求。当出现水行政主体不当行使水管理职权而给水行政相对方的人身、财产等合法权益造成侵害,或者水行政主体消极行使水管理职权,没有对水行政相对方的人身、财产等合法权益给予必要的保护时,水行政相对方享有向有权机关请求排除水行政主体的水行政行为,并要求其重新作出、依法行使水管理职权的权利,即行政救济权。我国法律为水行政相对方行使行政救济权提供了三种途径:一是申请行政复议,《行政复议法》第六条规定了相对方可以提起行政复议的具体行政行为范围,第七条规定了相对方可以提起行政复议的部分抽象行政行为范围;二是通过提起行政诉讼而行使行政救济权,《行政诉讼法》第十一条规定了相对方可以提起行政诉讼的范围;三是向有关部门申诉。在实践中,水行政相对方通常是采取前面两种途径来行使行政救济权。

(二) 参与、监督水管理活动的权利

如前所述,由于水管理活动涉及整个社会,与每个公民的生活息息相关,因此实现对水资源的合理开发利用和保护需要整个社会、每个公民的参与、监督。而公民参与、监督水管理活动的途径很多,有直接的,如对水行政主体的水行政行为不服,可以通过行政的、司法的途径寻求法律救济;有间接的,如公民通过所选举的全国人大代表来制定水事法律规范,以作为水行政主体行使水管理职权的依据。这些规定为公民参与、监督水行政主体的水管理活动提供了必要的法律依据,有助于保护水行政相对方的合法权益。

二、水行政相对方的义务

水行政相对方的义务是指水事法律规范和其他法律法规所赋予的、在水行政法律关系中水行政相对方必须履行的内容,包括水行政实体法和程序法上的义务内容。归纳起来,水行政相对方最大的义务就是在开发利用和保护水资源过程中遵守水事法律规范的规定,与水行政主体一同参与水资源的管理并监督水行政主体的水管理活动,保护有限的水资源,实现国民经济和社会的可持续发展。

第三章　水行政行为

第一节　水行政行为概述

一、水行政行为的概念

水行政行为是指水行政主体在实施水行政管理活动、行使水管理职权过程中所作出的、具有水事法律意义的行为。正确理解其含义应从以下方面区分、把握：

(1)水行政行为是水行政主体所作出的行为。这是水行政行为成立的主体要素。水行政行为只能由水行政主体作出才符合水行政行为的主体要件要求，否则便是违法行政。至于是由水行政主体直接作出，还是由水行政主体的工作人员或者其依法委托的其他社会组织或个人作出，均不影响其作为水行政行为的性质。

(2)水行政行为是水行政主体实施水行政管理活动、行使水管理职权的一种行为。这是水行政行为成立的内容要素。为了实现国家对水资源及相关内容的有效管理，水行政主体当然要根据水资源的不同情况实施不同的管理行为，这同时也是代表国家行使水管理职权。值得注意的是，并不是在任何情况下，水行政主体所作出的行为都是水行政行为，如水行政主体购买办公用品、租赁办公用房就不是水行政行为。

(3)水行政行为是具有水事法律意义的行为。这是水行政行为成为法律概念的法律要素。水行政行为具有水事法律意义并产生相应的法律后果，而不是其他的法律意义与法律后果。水行政行为具有水事法律意义在于强调水行政主体要对自己所作出的水管理行为承担相应的法律责任。至于水行政行为是否合法，并不影响其存在。

二、水行政行为的特点

水行政行为作为一种行政行为，具有以下法律特点。

(一)单方意志性

水行政行为是水行政主体代表国家行使水管理职权，在实施过程中，只要是在法律、法规规定的职权范围内，即可自行决定、实施，无须与水行政相对方协商或征得水行政相对方的同意。水行政行为的单方意志性不但表现在水行政主体依职权而进行的行为，如征收水资源费、对相对方的水事违法行为给予水行政处罚，而且也体现在水行政主体应水行政相对方的申请而实施的行为，如发放取水许可、河道采砂许可。在上述这些行为中，无论是水行政主体依职权主动作出的行为，还是应水行政相对方申请而实施的行为，水行政主体都不需要与相对方协商，不需要与相对方进行讨价还价，而只是根据水事法律、法规规定的标准、条件，自行决定是否作出某一水行政行为。

（二）效力先定性

所谓效力先定性，是指任何水行政行为一经作出，就事先假定其符合水事法律、法规规定，在没有被国家有权机关宣布为违法无效前，对水行政主体和相对方都具有拘束力，其他任何组织、个人也应当遵守和服从。水行政行为的效力先定是事先假定，并不意味着水行政主体的水行政行为就绝对合法、不可否定，而是只有国家有权机关才能对其合法性予以审查罢了。

水行政行为的这种效力先定性源于宪法、组织法和水事法律法规赋予水行政主体的水事管理职权规定，也是现代行政法治发展的需要，以确保水行政主体高效行政。

（三）强制性

根据行政法一般原理，行政机关为行使其行政管理职能，应当享有相应的行政管理权力与手段。水行政行为是水行政主体代表国家，以国家名义实施的，并以国家强制力作为实施的保障。水行政主体在行使水管理职权的过程中如果遇到障碍，在没有其他有效途径克服障碍时，可以行使法律、法规赋予的行政权力与手段，或者依法借助于其他有权的国家机关如公安机关、人民法院，以消除障碍，确保水行政行为的实现。

水行政行为的强制性与其单方意志性是密切联系的。在实施水管理活动中，水行政主体无须事先与相对方协商或征得相对方的同意，而水行政相对方对水行政主体依法所作出的管理行为不能拒绝或进行讨价还价，以增加权利、豁免义务。若水行政相对方拒绝履行水行政主体所作出的水行政行为，那么水行政主体可以依法自行采取有关的行政强制措施，或者依法向公安机关、人民法院申请强制执行。水行政行为的强制性是水行政行为的单方意志性的必然结果，相应地，水行政行为的单方意志性则是水行政行为强制性的基础和前提。

（四）自由裁量性

虽然任何一个水行政行为的作出都应当依法进行、应当有法律依据，但是这并不意味着任何水行政行为的每一个环节、每一个细节都由水事法律作出细致、严格的规定，也不意味着水行政主体只能机械地适用法律而不能有任何的自由选择、裁量或有自己的主动性。

事实上恰恰相反，因为任何水事法律无论怎样严密，都不可能将每一个水行政行为的具体环节加以规定，加上现代社会飞速发展，在水管理活动中新情况、新问题层出不穷，而且水行政行为是针对未来，其行为内容如是否许可、批准、罚款，通常涉及水行政相对方的权利义务，需要由水行政主体根据新情况、新问题的实际进行自由裁量。水行政主体则是通过制定、发布大量的水管理规章和其他规范性文件并组织实施来行使自由裁量权的。因为水事法律是相对稳定的，一经制定就不能随便修改，水事法律对于在实施过程中出现的新情况、新问题只能作出原则性、预见性的规定，至于如何处理只能交由水行政主体根据实际情况自由裁量。如同样是对营利性违法行为给予罚款的行政处罚，《行政处罚法》只规定了罚款这一行政处罚类别，其具体的幅度则由国务院各行政主管部门根据本行业的情况通过部门规章和其他规范性文件来确定，当然水利与娱乐、交通等行业各不相同。这里水行政主体依据水事法律来制定水管理规章和其他规范性文件的行为就是行使自由裁量权的体现。

但是水行政主体的自由裁量权并不是没有限制的,而是在水事法律、法规所规定的范围内,充分发挥水行政主体的主观能动性,准确把握相关水事法律、法规的立法目的,制定相关规章和其他规范性文件,积极主动、灵活地适用水事法律规范,实现依法行政的目的。

三、水行政行为的内容

水行政行为的内容是指某一水行政行为对水行政相对方水事权利、义务内容所产生的影响,换句话说,是对相对方的权利义务作出的某种处理、决定。水事法律规范通过赋予水行政主体作出不同内容水行政行为的权力来实现国家对水资源的有效管理。当然,不同的水行政行为反映着不同的水管理内容。归纳起来,水行政行为的内容主要有以下几项。

(一)赋予权益或科以义务

水行政行为内容的一个重要表现就是对水行政相对方赋予一定的权益或科以一定的义务,事实上是为相对方设定了新的法律地位,使水行政主体与相对方之间以及相对方与他人之间形成了一种新的法律关系。如《防洪法》第三十二条第二款规定的受益补偿制度就是对蓄滞洪区赋予了受益权利,即获得补偿、救助,对因蓄滞洪区而直接受益的地区和单位则科以义务,即承担补偿、救助义务。这样,在水行政主体与蓄滞洪区、因蓄滞洪区而直接受益的地区和单位之间以及蓄滞洪区与因蓄滞洪区而直接受益的地区和单位之间就形成了一种新的受益补偿法律关系。

赋予权益具体表现为赋予水行政相对方一种水事法律上的权利、利益。在大多数情况下,赋予的这种权益是持久性的,可以重复、多次行使。但是也有一次性的,如前所述的受益补偿制度就是只有在启用蓄滞洪区时才能享受或承担。

科以义务是指水行政主体通过一定的水行政行为要求水行政相对方作出一定的行为或不作出一定的行为,包括行为上的义务,如取水、采砂需经许可,也包括财产上的义务,如征收水资源费、河道工程维护费。

(二)剥夺权益或免除义务

剥夺权益或免除义务是指人为终止某种法律关系。剥夺权益是通过水行政主体作出的水行政行为而使水行政相对方原来享有的水事法律关系上权利和利益的丧失、不复存在,如水行政主体吊销相对方的取水许可证或河道采砂许可证,就是剥夺了相对方继续合法取水或采砂的权利。免除义务则是指通过水行政主体作出的水行政行为而使水行政相对方原来承担的水事法律关系上义务的解除,不再要求其履行义务,如水行政主体免除相对方应当缴纳的全部或部分水资源费就是对相对方义务的免除。

(三)变更法律地位

变更法律地位是指水行政主体通过水行政行为而使双方原来存在的法律地位不复存在或为新的法律地位所取代。一般地,赋予权益或科以义务和剥夺权益或免除义务都能够引起双方法律地位的变化。

(四)确认法律事实与法律地位

确认法律事实是指水行政主体对影响某一水事法律关系的事实是否存在而依法加以确认的行为。如在某河段发生了一起用水纠纷,有关的水行政主体即对该纠纷存在的事实予以确认,因为该纠纷事实影响着双方法律责任的承担。

确认法律地位是指水行政主体对某一水事法律关系是否存在及其内容依法加以确认的行为。如对申请人河道内建设项目的批准,就是确认了在河道内建设项目管理法律关系中申请人处于被管理者的地位,即相对方,其内容是对河道内建设项目实施管理。

当然,对某一水行政行为而言,确认法律事实与法律地位并不互相排斥,有可能同时存在上述内容。如在实施取水许可制度过程中,水行政主体应申请人的请求而为其颁发取水许可证,即赋予申请人依法取水的权利,同时科以其义务。这里,水行政主体确认了相应的法律事实,即申请人的取水行为是合法的,取水口和取水量是经过批准的,同样确认了申请人的法律地位,即在这个具体的取水许可法律关系中,管理者是批准取水许可的水行政主体,被管理者是申请人,都是特定的。

第二节　水行政行为的分类

根据不同的分类标准,可以将水行政行为分为以下类别。

一、内部水行政行为与外部水行政行为

根据水行政行为适用的对象、作用的范围,并以此为标准,可以将水行政行为分为内部水行政行为与外部水行政行为。

所谓内部水行政行为,是指水行政主体在其内部组织管理过程中所作出的,仅对其内部职能部门、工作人员或上下级之间产生法律效力的水行政行为,如水行政主体对其工作人员的行政处分、上级水行政主体对下级水行政主体所下达的行政命令。

所谓外部水行政行为,是指水行政主体在实施水管理过程中针对公民、法人或其他组织等社会上不特定对象所作出的水事管理行为,如实施取水许可、河道内建设项目许可、水行政处罚。

对于如何区分某一水行政行为到底是内部水行政行为还是外部水行政行为,法律没有作出规定,但在实践中,通常从以下方面去把握:

(1)从水行政行为所针对的对象来看,内部水行政行为所针对的对象只是其内部工作人员,或者其上级、下级水行政主体,而外部水行政行为则针对社会上不特定的公民、法人或其他组织。

(2)从水行政行为所针对的事项性质和法律依据来看,内部水行政行为针对的是水行政主体内部单纯的组织管理事项,其法律依据一般是组织法,而外部水行政行为则针对的是社会上对水资源开发利用和保护等的水事活动,属于国家的一般社会职能,其法律依据通常是《水法》和其他水事法律、法规与规范性文件。

(3)从水行政行为的内容与法律后果来看,内部水行政行为大多数是关于水行政主体的内部组织关系、隶属关系、人事关系等内容,其法律后果通常是影响水行政主体的上下隶属关系及其工作人员的职务、职责;而外部水行政行为则是关于社会上不特定的公民、法人或其他组织开发利用和保护水资源活动所实施的水管理行为,其法律后果通常是影响水行政相对方在开发利用和保护水资源中的权利义务。

二、抽象水行政行为与具体水行政行为

根据水行政行为是否针对特定的对象并以此为标准,可以将其分为抽象水行政行为与具体水行政行为。

所谓抽象水行政行为,是指水行政主体以不特定的人或事作为管理对象,制定具有普遍约束力的规范性文件的行为,如水利部制定并发布《水行政处罚实施办法》就是属于抽象水行政行为。抽象水行政行为的核心在于水行政主体行为对象的不特定性,或者说对象的普遍性,换句话说,行为对象具有抽象性、不确定性而且能够反复适用。

所谓具体水行政行为,是指水行政主体在水事管理活动中,以特定的人或事作为管理对象而采取的某种具体的行为,其法律后果直接及于该特定的人或事。具体水行政行为最大的特征在于其行为对象的特定化,即是针对特定的公民、法人或其他组织而实施的水事管理内容,如在取水许可管理活动中,水行政主体是针对申请人的取水活动而实施的管理行为,不是别的人和其他的活动。

区分抽象水行政行为与具体水行政行为至关重要,一方面是法学研究的需要,另一方面也是推进我国民主与法制建设的需要。将行政机关的行政行为划分为抽象行政行为与具体行政行为为我国的行政法律所确认,如我国现行的《行政诉讼法》中就是以"具体行政行为"作为权利人提起行政诉讼和行政复议的对象,而对"抽象行政行为"则排除在外;《行政复议法》中除规定"具体行政行为"外,还将规章以下层次的规范性文件作为复议对象。区分抽象水行政行为与具体水行政行为有助于促进水行政主体,抑或说是所有国家行政机关依法行政,切实维护公民、法人或其他组织的合法权益。

在水事管理活动中,水行政主体的具体水行政行为居多。抽象水行政行为与具体水行政行为的有关内容在以后的章节中将一一阐述。

三、羁束性水行政行为与自由裁量性水行政行为

以水行政行为受《水法》和其他水事法律规范拘束的程度为标准,可以将其分为羁束性水行政行为与自由裁量性水行政行为。

所谓羁束性水行政行为,是指《水法》和其他水事法律规范对水行政行为的适用条件、内容、形式、程序等均作了明确、详细、具体的规定,水行政主体在实施水管理活动时只能严格地按照《水法》和其他水事法律规范所规定的适用条件、内容、形式、程序等进行,不得有斟酌、商量或选择的余地,否则便是违法行政。如在实施取水许可管理时,水行政主体只能按照《取水许可和水资源费征收管理条例》规定的取水许可条件、程序,根据申请人提交的申请材料审查其是否符合条件,并作出是否准许的决定。在这一管理活动中,水行政主体只能是适用法律而不能有自由裁量行为内容。

所谓自由裁量性水行政行为,是指《水法》和其他水事法律规范仅对水行政行为的目的、条件、范围、程序等内容作出原则性的规定,而将水行政行为的方式、标准等具体执行内容交由水行政主体自行选择、决定。值得注意的是,水行政主体在实施自由裁量性水行政行为时也应当遵循法律、法规规定的程序、形式要件等,否则,相对方可以依法申请行政复议或向人民法院提起撤销行政行为的诉讼。

四、依职权的水行政行为与依申请的水行政行为

以水行政主体是否主动作出某一水行政行为为标准可以将水行政行为划分为依职权的水行政行为与依申请的水行政行为。

所谓依职权的水行政行为，是指水行政主体只须按照《水法》和其他水事法律规范所规定的职责、权限，无须应水行政相对方的申请而主动实施的水事管理行为，如征收水资源费、河道工程维护费，查处水事违法行为等都属于此。

所谓依申请的水行政行为，是指《水法》和其他水事法律规范所规定的、水行政主体只能根据相对方的申请才能实施的水事管理行为。在这类水行政行为中，相对方的申请是水行政主体实施水事管理行为的先行程序和必要条件，非经相对方的申请，水行政主体不能主动作出此类水行政行为。在河道采砂管理中，没有相对方的申请，水行政主体就不能主动为其颁发河道管理范围内的采砂许可证。

一般而言，大部分的水行政行为都是水行政主体依职权而为的。

五、单方的水行政行为与双方的水行政行为

以决定水行政行为成立时参与意志表示的双方当事人是否都参加作为标准，可以将其划分为单方的水行政行为与双方的水行政行为。

所谓单方的水行政行为，是指按照水行政主体的单方意思表示，无须征得水行政相对方的同意即成立的水行政行为，如水行政主体向相对方征收水资源费就无须征得相对方的同意。

所谓双方的水行政行为，是指水行政主体为实现一定的社会公益目的，与水行政相对方协商一致而成立的水行政行为，如水行政合同行为就是如此。

事实上，大多数的水行政行为属于单方的水行政行为。

六、要式的水行政行为与非要式的水行政行为

以水行政行为是否必须具备法定的形式要件作为划分标准，可以将其划分为要式的水行政行为与非要式的水行政行为。

所谓要式的水行政行为，是指必须具备某种法定的形式、履行法定的程序才能成立的水行政行为。为了规范行政机关行使行政处罚权，国家制定了《行政处罚法》，水利部据此制定了《水行政处罚实施办法》。后者具体规定了水行政主体所实施的水行政处罚行为生效的形式要件、作出的法定程序等。如果水行政主体在作出水行政处罚行为时没有按照法定的形式、程序作出，就是违法行为。

所谓非要式的水行政行为，是指不需要法定的形式，无论采取何种形式都可以成立的水行政行为。如《防洪法》第四十五条规定了在紧急防汛期，防汛指挥机构享有紧急调用物资的权力。该规定对防汛指挥机构以何种途径、采取什么方式调用没有规定，由防汛指挥机构根据当时的具体情况自行决定。法律、法规在赋予水行政主体行使非要式的水行政行为时，规定了严格的条件，即只有在紧急情况下或不影响相对方权益的情况下才能行使。

一般地,水行政主体实施的大多数水事管理行为为要式的水行政行为。

七、作为的水行政行为与不作为的水行政行为

以水行政主体的水行政行为是否以作为方式表现出来为划分标准,可以将其划分为作为的水行政行为与不作为的水行政行为。

所谓作为的水行政行为,是指水行政主体以积极作为的方式表现出来的水管理行为,如水行政处罚行为、强制行为。所谓不作为的水行政行为,是指水行政主体以消极不作为的方式表现出来的水管理行为,如在实施取水许可制度中,规定水行政主体收到申请人的取水许可申请应当在60日内作出是否许可的决定,否则视为许可。我国《行政诉讼法》将行政机关的不作为行为作为权利人提起行政诉讼的一项理由。

八、水行政立法行为、水行政执法行为与水行政司法行为

以水行政主体行使水管理职权、实施水行政行为所形成的法律关系为标准,可以将水行政行为划分为水行政立法行为、水行政执法行为与水行政司法行为。

所谓水行政立法行为,是指水行政主体按照法定职权和程序制定带有普遍约束力的水事管理规范性文件的行为,它所形成的是以水行政主体为一方,以不确定的水行政相对方为另一方。

所谓水行政执法行为,是指水行政主体依法实施的直接涉及相对方权利义务的行为,它所形成的是以水行政主体为一方,以被采取措施的相对方为另一方。

所谓水行政司法行为,是指水行政主体作为争议双方之外的第三人,按照准司法程序对特定的水事纠纷进行审理并加以裁决的行为,它所形成的是以水行政主体为一方,以发生水事争议的双方当事人各为一方的三方法律关系。从其程序内容来看,应当属于行政仲裁内容,但是目前我国的法律规定没有明确提出此概念,仅在有关法律中作出规定,如《行政复议法》第六条第四项作出例外规定,即当事人对水行政主体关于水资源所有权或使用权纠纷裁决不服的,可以依法提起行政复议。

对水行政行为作上述划分的目的在于明确水行政主体的行为性质,有助于社会各界积极参与水事管理活动,监督水行政主体的水事管理行为,促进我国各级水行政主体和其他行政机关依法行政,推进我国的社会主义民主与法制建设。

第三节　水行政行为的成立、生效与效力

一、水行政行为的成立

水行政行为是指水行政主体在行使水管理职权过程中所作出的行政管理行为。根据行政法原理,水行政行为一旦作出即被推定为有效,对水行政相对方和水行政主体都有约束力。但是一个具有法律效力的水行政行为的成立必须具备一定的合法要件。从行政法制基本原理要求和水事法律规范规定而言,水行政行为的成立一定具备以下要件。

（一）作出水行政行为的主体要合法

这是任何一种行政行为成立的主体要件。主体合法是指行使水管理职权的组织必须具有法定的行政主体资格，或是依照法律、法规授权为行使水管理职权而成立的事业组织，并能够以自己的名义独立承担法律责任。具体包括以下内容：

（1）各级水行政机关和流域管理机构合法设立或成立，并且具有行政法主体资格。如果实施水行政行为的组织不是依法成立的，或虽然合法存在但不具备行政法主体资格，那么其所为的水管理行为无效，换句话说，水行政行为可能因为其实施者缺乏法定的行政法主体资格而归于无效。如乡一级的水事管理机构，就不能以其名义单独实施水管理行为，而只能以所在县级水行政机关的名义实施。在我国目前的水管理模式中，国家水行政主管部门和地方各级水行政机关是当然的水行政主体，存在异议的是各流域管理机构。这种问题不是各流域管理机构本身原因所致，与我国现行的管理体制有关，《国务院行政机构设置和编制管理条例》为改变这种窘况提供了法律依据，各流域管理机构的行政法主体资格，随着《水法》的修改、流域管理内容的增加将会予以确认。

（2）实施水行政行为的人员合法。任何一个行政行为都是通过该行政机关的工作人员负责具体实施的，但是实施行政行为的人员必须具备一定的条件，其实施的行政行为，才能代表其所在的行政机关、对该机关具有法律约束力。而所谓人员合法，是指实施水行政行为的工作人员在水行政主体中担任公职，并对外代表水行政主体行使水管理职权。简言之，工作人员应当具备公职资格并具体担任相应的公职。

（二）水行政主体所实施的水行政行为应当是在其法定的水事管理职权范围内

这是水行政行为成立的权限要件。由于不同水行政主体所承担的具体职能不同，法律、法规赋予其不同的水事管理职权，而且在行使权限的地域、时间、管理方式等方面存在限制。因此，水行政主体只能在与其相适应的职权范围内实施水事管理行为，否则便是无效行为。

（1）水事管理职权在地域方面的限制。一般讲，任何行政机关只能在一定的地域范围享有相应的行政管理职能。同样地，特定的水行政主体只能对特定的地域内的水资源实施水事管理，如各级地方人民政府中的水行政机关就是该行政区域范围内的水资源管理部门，在该行政区域范围内实施水事管理行为。但是，从国民经济和社会发展需要考虑，国家将长江、黄河、海河、淮河、松辽河、珠江、太湖等大江、大河、大湖的水资源管理部分职权授予在上述各流域设立的流域管理机构行使。

（2）水事管理职权在时间方面的限制。水事管理职权在时间方面的限制，有以下双重含义：一是指在水行政主体合法存在的时间范围内所实施的水事管理行为；二是指水事管理行为应当在法定的时间范围内作出或者不作出。

（3）水事管理职权在管理方式方面的限制。出于依法行政的需要，不同的行政机关享有不同的管理方式、手段。水行政主体的水事管理内容必须依靠一定的管理方式、手段来实现。如对破坏水利设施的违法者，水利执法机关及其工作人员就不能对其采取限制人身自由这样的管理行为，因为按照法律规定，只有公安机关才能采取限制人身自由的管理行为。这就是对水行政主体行使水事管理职权在管理方式方面的限制。

（4）水事管理职权在适用条件方面的限制。对于要式行为，水行政主体只能按照水事法律规范所规定的条件组织实施水管理行为,如在取水许可管理中,只有相对方的取水许可申请条件符合法律的规定,达到一定的取水量、有取排水口、有计量设施等,水行政主体才能够赋予其取水许可权利。

(三)水行政行为的内容应当合法与适当

这是水行政行为成立的内容要件。水行政行为的内容合法是指水行政行为的权利义务及其影响均应当符合法律、法规规定,并不能违背国家、社会公共利益,否则即属于无效的水行政行为。而水行政行为的内容适当是指水行政行为的内容明确、公正与合理。这主要是针对自由裁量性的水行政行为而言的:水行政主体的自由裁量行为必须在法定的幅度、范围内作出,不能超出其限制;否则,就有可能被撤销。

(四)水行政行为的作出应当符合法定的程序

任何一种行政行为的作出都要经过一定的程序,不存在脱离程序要件而单独存在的行政行为。因此,程序要件也是行政行为的基本要素之一。水行政行为的作出应当符合法定的程序是指任何水行政行为都要按照法律规定的步骤进行作出,不得存在有违反法定程序而任意作出的水行政行为。如在取水许可管理过程中,如果申请人没有提出取水许可申请,水行政主体即向其发放取水许可证就是属于违反法定程序而作出的水行政行为。

以上是任何水行政行为成立所应当具备的全部要件。水行政主体在组织实施水事管理行为时若违反其中任何一个要件,都有可能成为行政复议机关决定撤销或人民法院在司法审查后予以裁定撤销的理由之一。

二、水行政行为的生效

水行政行为的成立,只是确定了水行政行为在某种条件下已经完成,但是这并不意味着其法律效力立即及于水行政相对方,而只有在水行政相对方知晓该水行政行为已经完成的情况下才能开始生效。换句话说,水行政行为的生效是指水行政行为对相对方的时间效力。根据法学原理与行政法理论和水事法律规范的规定,水行政行为的生效有以下几种情形:

(1)即时生效。即时生效是指水行政行为一经作出即具有法律效力,对水行政相对方和水行政主体都有约束力。在这种情况下,水行政行为的作出时间与其生效时间是一致的,如水利执法部门对水事违法者下达的立即停止水事违法通知书。该行为一经作出,即发生法律效力,对水行政主体和相对方均有约束力。

(2)受领生效。受领生效是指水行政主体所作出的行为必须为相对方受领才开始发生法律效力。如水行政主体针对相对方的水事违法行为所作出的水行政处罚决定或水行政复议裁决,只有在相对方受领后才能发生法律效力。

(3)附条件生效。附条件生效是指水行政行为的生效附有一定的时间期限或一定的条件,只有在所附期限届满或条件成就时,水行政行为才开始发生法律效力。如原《水法》规定:当事人对水行政处罚不服的,可以在15日内提起水行政复议,或直接向人民法院提起行政诉讼。这即是水行政行为附条件生效的具体规定。

三、水行政行为的法律效力

任何一个水行政行为一经成立便在水行政主体与水行政相对方之间形成特定的水事法律关系,产生相应的法律效力。根据行政法原理和水事法律规范的规定来看,水行政行为具有以下法律效力:

(1)确定力。所谓确定力,是指一经成立的水行政行为具有不可变更力和不可争辩力,即非经有权机关按照法定程序与条件不得随意变更、撤销。水行政行为的确定力对水行政主体而言,非出现法定事由并按照法定程序不得变更其行为内容,或就同一事项重新作出新的行为;而对于相对方而言,不得否认水行政行为的内容及其法律效力,非依法定程序不得请求撤销或变更其内容。如在河道采砂许可管理活动中,水行政主体在给相对方核发采砂许可证后,非出现法定事由不得擅自变更采砂许可的地点、范围等内容,甚至取消采砂许可;对于相对方而言,必须按照采砂许可证规定的地点、范围和采砂量等许可内容从事采砂作业,不得擅自变更,如增加采砂量、变换采砂地点等。

水行政行为的确定力并不意味着水行政行为成立后不能变更,而是说不得随意变更。基于法定事由,由法定机关按照法定程序是完全可以变更的,如某一水行政行为经相对方提起水行政复议而被复议机关撤销或直接变更的,或者是由相对方直接向人民法院提起行政诉讼而被其重新作出的。

(2)羁束力。所谓羁束力,是指水行政行为成立后,其内容对水行政主体及其工作人员和水行政相对方便具有了一定的法律约束力,相关的组织、人员必须遵守。对于水行政主体及其工作人员而言,水行政行为一经产生就具有羁束力,受其约束,不得有任何违反;对于水行政相对方而言,凡已经生效的水行政行为必须得到遵守和执行,同样不得有违反或拒绝,否则就应当承担相应的法律责任。

(3)公定力。公定力是指任何水行政行为一经作出,不论其是否合法,均推定为合法有效,相关的组织、人员必须遵守和服从。这是行政法制保障行政效率原则的反映。

(4)执行力。所谓执行力,是指水行政行为生效后,水行政主体可以依法采取一定的执行方式与手段,使水行政行为的内容得以实现。如对于影响河道行洪的障碍物,防汛指挥机构可以组织清障,又如对水文测验保护区内影响水文测验的障碍物,可以申请强制清障。这都是水行政行为执行力的体现。只不过有的水行政行为可以由水行政主体自行组织执行,有的水行政行为必须依靠、借助于其他的国家机关如公安、人民法院才能实施罢了。

第四节　水行政行为的无效、撤销与废止

水行政主体在水事管理活动中所作出的行为不符合或明显违背、缺乏其合法成立所应具备的要件,就有可能被水行政主体、水行政复议机关或人民法院等有权机关宣布撤销,并要求其重新作出水行政行为。根据《行政复议法》、《行政诉讼法》和《最高人民法院关于执行〈中华人民共和国行政诉讼法〉若干问题的解释》规定,可能被水行政复议机关、人民法院宣布撤销的对象是具体水行政行为,以及部分抽象水行政行为。

一、水行政行为的无效

根据水事法律规定,水行政行为被认定为无效的情形有以下几个方面:

(1)水行政主体在实施水事管理行为过程中具有重大的、明显的违法情节,如水利执法部门对水事违法者实施人身自由限制的处罚。因为按照《行政处罚法》规定,对公民人身自由进行限制的行政处罚只有公安机关才能够实施,水行政主体实施了此行政处罚就属于"具有重大的、明显的违法情节",因此应当被有权机关宣布为无效。

(2)水行政主体不明确或明显超越其职责权限内容的行为。水行政主体在实施水事管理活动时没有表明其具体身份,此种行为也应认定为无效,如水行政主体在水行政决定书上不署其名称、不加盖印章等。这些情形使水行政相对方不能确定谁是实施水事管理行为的主体,在相对方合法权益遭到侵犯时,使其无法运用行政复议、行政诉讼等法律手段予以救济。

水行政主体在实施水事管理活动时,超越其管理职权范围的行为仍然应认定为无效。如前所述,水利执法部门对水事违法者实施了人身自由限制的行政处罚就属于超越职权的行为。

(3)水行政主体所实施的水事管理行为将导致国家和社会公共利益遭到侵犯。水行政主体在水事管理活动中,有时会作出损害国家和社会公共利益的决定。如允许相对方向江河、湖泊排放工业废水、固体废弃物等,当上述行为发生在城市的饮用水源地、风景名胜区等地就属于此列。

(4)水行政主体作出的不可能实施的水行政行为。这种违背常识的情形在水事管理领域较少出现,但是在其他管理领域还是时有出现。

水行政主体的水事管理行为被有权机关认定为无效后,其行为系自始无效,并不能产生预期的法律后果,但水行政主体通过该行为从水行政相对方处所取得的利益均应当返还给相对方,所赋予相对方的权益、所科以相对方的义务均应当取消,因该行为而给相对方造成损失的,水行政主体应当给予赔偿。总之,水行政主体所作出的水事管理行为被认定为无效后,被该行为改变的状态应尽可能地恢复到行为以前的状态。

二、水行政行为的撤销

水行政行为的撤销是指在具备法定可撤销的情形下,由有权的国家机关作出撤销决定后而使其失去法律效力。水行政行为的撤销不同于水行政行为的无效,无效的行为是自始无效,而可撤销的行为只有在被宣布撤销后才失去其法律效力。虽然这种失去法律效力可以追溯到行为成立之时,但是在被撤销之前,对水行政主体和水行政相对方仍然具有羁束力。值得注意的是,可撤销的水行政行为并不一定被撤销,水行政相对方只有在法定的期限内向水行政复议机关或人民法院提起行政复议或行政诉讼,可撤销的水行政行为才会被撤销;否则,超过法定的期限即不能申请撤销该行为,但对水行政主体主动宣布撤销或有权机关按照法定监督途径予以撤销的除外。水行政行为被宣布撤销的情形有以下两种情况:

(1)水行政行为缺乏合法成立的要件。合法的水行政行为应当具备以下基本要素:

水行政主体适格,水行政行为的内容在水行政主体的职责权限范围内,水行政主体实施水事管理行为的程序合法。若某一水行政行为缺损其中一个或几个要件,该行为就有可能被有权机关撤销。

(2)水行政行为不适当。不适当是行政行为被有权机关宣布撤销的理由之一。所谓不适当是指水行政行为具有不合理、不公平、不公正等情形,通常发生在非要式的水行政行为或自由裁量性水行政行为中。

三、水行政行为的废止

任何行政行为一经成立即具有确定力,不得随意废止,只有在法定情况下才能被废止。水行政行为被废止的情形有以下几种:

(1)水行政行为所依据的水事法律、法规、规章等规范性文件被依法修改、撤销或废止,据此而实施的水行政行为如继续存在,将与新的水事法律、法规、规章等规范性文件相抵触。

(2)水行政行为已经完成了既定的目标,实现了国家对水资源管理的目的,没有继续存在的必要。

(3)水行政行为适用的具体条件与环境发生了重大的变化,水行政行为的继续存在将有损于国家和社会公共利益,没有继续存在的必要。

水行政行为被废止后,其效力自水行政行为被废止之日起失效,水行政主体在该行为被废止前所赋予水行政相对方的权益不再收回,水行政相对方依据该行为而履行的义务不得要求水行政主体予以补偿。水行政行为因其所依据的水事法律、法规、规章等规范性文件的修改、撤销或废止而废止的,由此对相对方所造成的损失,水行政主体不承担赔偿责任。

第四章　抽象水行政行为

第一节　抽象水行政行为概述

一、抽象水行政行为的含义与特征

抽象水行政行为与具体水行政行为相对,是指水行政主体为了实现对水资源的管理而针对不特定的人、不特定的事制定、发布具有普遍约束力的规范性文件的行为,包括制定、发布水事管理法规、规章和其他具有普遍约束力的决定、命令等规范性文件。抽象水行政行为具有以下法律特征:

(1)对象的普遍性。抽象水行政行为是以普遍的、不特定的某一类水事活动及其主体作为其规范对象,不像具体水行政行为,是针对具体的、特定的人或事。如以制定、发布《河道管理条例》为例,它是以全国范围内的河道管理作为其规范对象的,具有普遍性和不确定性。

(2)法律效力的普遍性和持续性。首先,由于抽象水行政行为的规范对象具有普遍性和不确定性,因而其法律效力同样具有普遍性,对某一类水事活动及其主体具有约束力。其次,抽象水行政行为的法律效力具有持续性,它不仅适用于规范现实的水事活动及其主体,而且适用于规范将来发生的水事活动及其主体。

(3)准立法性。虽然抽象水行政行为在性质上属于行政行为范畴,但是水行政主体在组织实施抽象水行政行为时,仍然需要经过起草、征求意见、审查、审议、通过、签署、发布等一系列立法程序。

(4)不可诉性。根据《行政复议法》、《行政诉讼法》的规定,水行政管理规章、法规不得成为行政复议、行政诉讼的直接对象。如果水行政相对方对抽象水行政行为持有异议,认为侵犯了自己的合法权益,只能向原水行政主体、上级水行政主体或同级人大及其常委会提出意见,而不能向复议机关或人民法院提起行政复议或行政诉讼。即使提出复议申请或提起诉讼请求,复议机关或人民法院也不会受理。对于其他的水行政管理规定,根据《行政复议法》第七条的规定,可以成为行政复议、行政诉讼的直接对象。

二、抽象水行政行为的分类

按照抽象水行政行为的规范对象和效力层次,可以将其划分为以下两类:

(1)水行政立法行为。是指水行政主体依法制定、发布水事管理法规与规章的行为,包括国务院制定、发布水事管理法规,国家水行政主管部门制定、发布水事管理规章,以及省、自治区、直辖市及省、自治区、直辖市人民政府所在地的市和经国务院批准的较大的市的人民政府制定、发布地方性水事管理规章。实施这些抽象水行政行为的主体及其权限都是法定的,除此之外的其他水行政主体都无权实施上述抽象水行政行为。

(2)水行政立法行为之外的其他抽象水行政行为。这主要是指上述主体之外的水行政主体针对不特定的水事管理活动及其主体而制定、发布规范性文件的行为。该行为只是在一定范围或水事行业某专业领域内发生普遍约束力,而且能够反复适用。

第二节　抽象水行政行为的分类描述

一、制定、发布水事管理法规、规章和规范性文件的行为

(一)制定、发布水事管理法规的行为

根据《宪法》第八十九条的规定,国务院应当根据国家宪法、法律,制定行政法规,规定行政措施。行政法规是国务院为领导和管理国家各项行政工作,根据宪法、法律,并按照有关规定制定的政治、经济、教育、科技、文化、外事等各类法规的总称。行政法规只能由国务院制定。

根据《行政法规制定程序条例》规定,行政法规的名称为条例、规定和办法。对某一方面的行政工作作比较全面、系统的规定,称"条例";对某一方面的行政工作作部分的规定,称"规定";对某一项行政工作作比较具体的规定,称"办法"。国务院各部委和地方人民政府制定的规章不得称"条例"。

水事管理法规当然不例外地具备行政法规的一般特点。实际上,水事管理法规是国务院为领导、管理全国水资源的开发利用和保护工作而根据《宪法》和《水法》、《水土保持法》、《水污染防治法》、《防洪法》等水事法律的规定,依照法定程序制定的有关水事管理的规范性文件的总称,如由国务院制定的关于河道方面综合管理的《河道管理条例》,指导取水许可管理具体工作的《取水许可和水资源费征收管理条例》。

水事管理法规通常由水利部根据国务院所编制的制定行政法规五年规划和年度计划进行起草工作;而对于重要的水事管理法规,其主要内容涉及几个主管部门业务工作的,则由国务院法制局或水利部负责组成的各有关部门参加的起草小组进行起草工作。水事管理法规起草工作完成后,由水利部将经部长签署的水事管理法规草案报送国务院审批,同时附送该水事管理法规草案的说明和相关材料。根据规定,虽然水事管理法规的发布存在两种形式,但是其法律效力均相同:一是经国务院常务会议审议通过或者国务院总理审定的水事管理法规,如《河道管理条例》、《水库大坝安全管理条例》;二是经国务院批准,由水利部或与其他有关部门联合发布的,如《开发建设晋陕蒙接壤地区水土保持规定》。

从水事管理法规的内容来看,一般是对该法规的制定目的、所规范的对象及其主管部门、具体的管理内容等作出规定。其适用对象不是某一特定的人或事,而是对某一类水事活动及其主体都有普遍的约束力,而且能够反复适用,因此制定水事管理法规的行为应当归属于抽象水行政行为。

(二)制定、发布水事管理规章的行为

根据我国《宪法》、《国务院组织法》、《地方各级人民代表大会和地方各级人民政府组

织法》等有关法律的规定,国务院各部委,省、自治区、直辖市及省、自治区、直辖市人民政府所在地的市和经国务院批准的较大的市的人民政府可以根据法律和法规规定制定、发布水事管理规章。

制定、发布水事管理规章的主体有两类:一类是国务院水行政主管部门,即水利部(含国家防汛抗旱指挥机构)制定、发布的水事管理规章;另一类是省、自治区、直辖市及省、自治区、直辖市人民政府所在地的市和经国务院批准的较大的市的人民政府制定、发布的地方性水事管理规章。水利部制定、发布的水事管理规章是指水利部(含国家防汛抗旱指挥机构)及其派出机构或国务院其他部门根据水事管理法律、法规规定,在本部门职责权限范围内依法制定、发布的有关水资源开发利用和保护的规定、办法、实施细则等规范性文件的总称,其效力范围通常是全国或特定的江河、湖泊区域,如水利部制定、发布的《水文管理暂行办法》(已废止)、《水行政处罚实施办法》,水利部黄河水利委员会制定、发布的《黄河水文测报设施保护办法》,水利部与财政部、国家物价局联合制定、发布的《河道采砂收费管理办法》。地方性水事管理规章是指省、自治区、直辖市及省、自治区、直辖市人民政府所在地的市和经国务院批准的较大的市的人民政府根据水事管理法律、法规依法制定、发布的,适用于本行政区域的有关水资源开发利用和保护的规定、办法、实施细则等规范性文件的总称,如《青海省河道管理实施办法》、《河南省〈水库大坝安全管理条例〉实施细则》等。

无论是水利部和国务院其他部委制定、发布的水事管理规章,还是省、自治区、直辖市及省、自治区、直辖市人民政府所在地的市和经国务院批准的较大的市的人民政府制定、发布的地方性水事管理规章,都要经过规章草案的起草、征求意见以及与相关的部委之间的职责协调、专家论证、审批发布等程序,这些行为对任何单位、个人都不会产生直接的法律后果,因此也应当属于抽象水行政行为范畴。

(三)发布水事管理规范性文件的行为

水事管理规范性文件是指不属于水事管理法律、法规和规章范畴,但又对水事管理中的某一专业具有一定的指导意义,而且还有一定的规范作用的决定、命令、通知等。在水事管理法律、法规、规章没有对水事管理工作中的某一专业作出规范的情况下,有关这方面的规范性文件就成为水行政主体实施水事管理活动的依据,如水利部发布的《关于加强水利工程档案工作的通知》、国家物价局与财政部联合发布的《关于发布中央管理的水利系统行政事业性收费项目及标准的通知》等。

根据我国宪法和有关的法律规定,能够发布水事管理规范性文件的主体有:国务院及其所属各部委与各职能部门,省、自治区、直辖市及省、自治区、直辖市人民政府所在地的市和经国务院批准的较大的市的人民政府及其各职能部门。发布水事管理规范性文件仍然需要经过起草、讨论、修改、论证、通过与发布等一系列程序,因此也应属于抽象水行政行为内容。

二、解释水事管理法规和规章的行为

法律解释分为立法解释、司法解释和学理解释三种。一般地,立法解释权是由制定该法律的权力机关,即全国人大及其常委会所享有的,但是由于宪法和法律赋予了国务院及其所属各部委、省级人民政府及其所在地的人民政府和经过批准的较大的市的人民政府享有一定的行政立法权,相应地,上述机关享有对自己所制定的行政法规、规章作出解释的权利。这种解释在法律上同样属于立法解释范畴。除此之外,根据1981年全国人大常委会《关于加强法律解释工作的决议》、1999年国务院办公厅《关于行政法规解释权限和程序问题的通知》的规定,上述机关还享有对不属于自己制定的行政法规、地方性法规的如何具体应用进行解释的权利。目前,水利部已经在这方面做了不少的工作,如水利部《关于黄河水利委员会审查河道管理范围内建设项目权限的通知》、《关于继续执行〈黄河下游引黄渠首工程水费收交和管理办法(试行)〉的通知》等。这种解释仍然具有普遍约束力,对水事管理工作起着指导和规范作用。

三、发布水利行业管理标准的行为

水利行业管理标准是各水行政主体在水事管理实践中所形成的、必要的技术规范要求与尺度,它具有权威性和强制性,具有一定的规范作用。只要按照法定程序发布施行后,任何公民、组织都不得违反,否则就要承担相应的法律责任。目前,水利行业管理标准通常是由水利部予以发布的。

水利行业管理标准涉及水资源开发利用和保护的各个专业领域,目前水利部发布的水利行业管理标准很多,其中涉及水环境与水质的有《地表水环境质量标准》、《生活饮用水卫生标准》、《农田灌溉水质标准》、《工业"三废"排放试行标准》等,涉及河道管理的有《河道等级划分办法》等,涉及水利工程管理的有《水闸技术管理规程》、《水利行业岗位规范(水利工程管理岗位)》等,涉及水文管理的有《水文调查规范》、《水文巡测规范》、《水文仪器产品质量分等》等。

第五章　具体水行政行为

第一节　水行政许可

一、水行政许可的含义与特征

水行政许可是水行政主体应水行政相对方的申请,通过颁发许可证、资格证、同意书等形式,依法赋予水行政相对方从事某一水事活动的法律资格或实施某一水事活动的法律权利的一种具体水行政行为,具有以下法律特征:

(1)水行政许可是一种依申请而为的具体水行政行为,与水行政主体依职权主动赋予水行政相对方一定的权利、科以一定的义务的行为明显不同。没有水行政相对方的申请,水行政主体是不能主动赋予其许可的。换句话说,水行政许可必须以水行政相对方提出许可申请为前提。

(2)水行政许可是一种采用颁发许可证、资格证、同意书等形式的要式水行政行为。执行水行政许可的目的是通过水行政主体赋予水行政相对方某种特定的法律资格、法律权利,并在一个允许的期限内有效作为管理手段,从而准许获得此种许可、资格、同意书等法律资格、法律权利的组织、公民个人从事其他组织、公民个人所不能从事的某种特定的水事活动,实施其他组织、公民个人所不能实施的某种特定行为。因此,水行政许可必须具备一定的形式要件。一方面有助于对已经取得某种特定的法律资格、法律权利的组织、公民个人与未取得某种特定的法律资格、法律权利的组织、公民个人相区别;另一方面有助于水行政主体和社会对已经取得某种特定的法律资格、法律权利的组织、公民个人的水事行为、活动的监督,促进管理。

水行政许可的形式要件就是许可证、资格证、同意书等。

(3)水行政许可是水行政主体赋予水行政相对方从事某种特定水事活动、实施某种特定水事行为的一种法律资格、法律权利的行为。如赋予申请人采砂许可、取水许可,相应地,申请人就取得了采砂、取水的资格和权利。

二、水行政许可的种类与内容

根据目前已经颁布实施的水事法律法规,水行政许可主要有以下几种情形。

(一)取水许可

取水许可是指水行政主体根据取水单位、个人的申请,依法决定是否赋予其取水权利的一种水行政行为。自2006年4月15日起施行的《取水许可和水资源费征收管理条例》是水行政主体从事取水许可管理的基本法律依据,该条例规定了取水许可的基本原则、主管部门、申请人在提出申请时应提交的书面文件材料、取水许可纠纷的解决等内容。根据该条例规定,所有取水单位和个人,除该条例第四条规定的不予办理和免予办理的情形外,均应依法办理取水许可证,并依照规定取水。取水许可属于行政法中的一般许可。

(二)河道采砂许可

河道采砂许可是指水行政主体依据河道管理法律、法规,根据河道采砂单位、个人的采砂申请,依法决定是否赋予其从事河道采砂权利的一种水行政行为。从目前我国的水事管理法规来看,没有一部专门调整河道采砂的法律、法规,仅散见于《河道管理条例》、《防洪法》等水事管理法律、法规中。河道采砂许可属于行政法中的一般许可。

(三)河道内建设项目的同意

河道内建设项目的同意是指水行政主体对在河道管理范围内新建、扩建、改建的建设项目,在其按照基本建设项目履行审批手续前,根据项目建设者的申请,按照河道管理权限进行审查并决定是否同意的一种水行政行为。水行政主体主要是对建设项目是否符合江河湖泊流域的综合规划或区域规划,对防洪工作的影响及其相应措施,对堤防护岸等水利工程的安全影响,对其他组织、个人的合法水事权益的影响等内容进行审查。河道内建设项目的同意属于行政法中的一般许可。

(四)堤防林木采伐许可

堤防林木采伐许可是指水行政主体按照河道管理、防洪管理法律、法规,对拟采伐堤防林木的申请作出是否同意的一种水行政行为。《防洪法》第二十五条作了具体详细的规定。根据该规定,采伐堤防林木的申请人必须完成规定的更新补种任务,因此堤防林木采伐许可属于行政法中的附义务的许可。

(五)水利工程建设监理工程师资格许可

水利工程建设监理工程师资格许可是指国家水行政主管部门及各流域管理机构、省级水利厅(局)对依法取得工程师资格的申请人,决定是否赋予其从事水利工程建设监理业务的一种水行政行为。《水利工程建设监理工程师管理办法》是上述各水行政主体开展水利工程建设监理工程师资格许可工作的基本法律依据。根据该办法,我国实行的是水利工程建设监理工程师资格与执业相分离的制度,即取得水利工程建设监理工程师资格的申请人并不必然从事水利工程建设监理业务,取得水利工程建设监理工程师资格只是从事水利工程建设监理业务的前提。申请人只有在取得水利工程建设监理工程师资格并只能加入一个水利工程建设监理单位且经过注册后,才能从事水利工程建设监理业务。水利工程建设监理工程师资格许可属于行政法中的特别许可。

(六)水文、水资源调查评价资格许可

水文、水资源调查评价资格许可是指水利部、各流域管理机构和省级水利厅(局)对拟从事水文、水资源调查评价的申请人,是否准许其从事水文、水资源调查评价业务的一种水行政行为。《水文水资源调查评价资质和建设项目水资源论证资质管理办法(试行)》是上述各水行政主体开展此项工作的法律依据,目的在于确保水文、水资源调查评价的质量。根据该办法,水文、水资源调查评价资格分为甲、乙两个等级。当然,不同的级别要求不同的条件,并由不同的水行政主体审批,但都应在水利部备案。水文、水资源调查评价资格许可属于行政法中的特别许可。

三、水行政许可的程序

水行政许可的程序,是指水行政主体实施水行政许可时的步骤、方式、时间期限等内容,是行政许可法律制度的重要组成部分。水行政许可行为直接影响水行政相对方的权益,水行政主体对相对方的申请是否批准,关系到相对方能否取得某种特定权利、资格,能否从事某种特定的水事活动,实施某项特定的行为。因此,水行政许可程序一定要规范、完善。根据我国目前的水事管理法律、法规的规定,水行政许可的程序大致包括受理、审查和作出决定三个阶段。

(一)受理

受理是指水行政主体对申请人的许可申请进行形式审查后表示接受。申请人的许可申请是水行政主体实施水行政许可的前提。申请人的某项水行政许可要获得批准,首先要向水行政主体提交申请书,并附送相关的说明材料。申请人的申请书应载明以下内容:

(1)申请人的基本情况。为公民个人的,应载明姓名、住所和其他基本情况;为组织的,应载明该组织的名称、住址、法定代表人姓名等内容。

(2)申请的具体事项。如取水许可中,应载明取水目的与取水量、年内各月的用水量、保证率,水源及取水地、取水方式,节水措施,退水地点和退水中所含主要污染物的处理措施等。

(3)提出申请的理由和法律依据。

(4)应当具备的其他材料。这要根据具体的申请事项而定,不同的申请事项应具备的其他材料各不相同。如在取水许可申请中,申请人就要报送其取水许可涉及第三人合法的水事权益的妥善处理的书面材料。

水行政主体在对申请人的水行政许可申请进行形式审查时,并不意味着申请人的该水行政许可申请已经被水行政主体受理。水行政主体对申请人的申请材料进行形式审查主要是审查其许可申请是否为书面形式,要求申请水行政许可的意思表示是否真实,申请人的自身条件是否叙述清楚,是否提供了相应的证明材料等。如果申请人的申请材料在形式上有一定的缺陷,如申请人在申请书中没有关于其已经具备某种水行政许可条件的明确陈述,或者说缺少对其已具备某种水行政许可条件的证明文件的,水行政主体应当退回申请人的申请,并告知其理由。

只有在水行政主体对申请人的书面申请材料进行形式审查无误并表示接受后才完成受理。

(二)审查

水行政主体在受理申请人的水行政许可申请后,应当在水事法律、法规所规定的时间期限内对申请人的申请材料进行实质审查,以确定申请人是否具备取得某种相应水行政许可的法定条件。具体而言,主要是审查以下内容:

(1)审查申请人是否具备从事某项水行政许可的条件。如《水文水资源调查评价资质和建设项目水资源论证资质管理办法(试行)》就分别对申请甲、乙两种不同资质所应具备的条件进行了规定:对甲级要求是本行业的骨干单位,能够按照水文水资源专业配套法规、规范、标准,独立承担和完成一个省、自治区、直辖市和一个大江大河流域或更大范围内的水文勘测、水文情报预报和水资源调查评价工作任务;而对乙级则要求是本行业的主要单位,能够按照水文水资源专业配套法规、规范、标准,独立承担和完成一个地区、市和一个中等水系范围内的水文勘测、水文情报预报和水资源调查评价工作。此外,还对甲、乙不同资质的技术条件、人员素质和成果质量等均作了规定。

(2)征询相关方面的意见。如在河道内建设项目的同意管理中,申请人在河道内的建设项目涉及第三人合法的水事权益的,水行政主体在审查时就应当征询第三人对该建设项目的意见。又如在取水许可管理中,申请人的取水申请涉及第三人合法的水事权益时,水行政主体同样要征询第三人的意见。

(3)考核申请人。该环节主要是针对申请人为公民,而且是申请资格类许可的情形。如《水利工程建设监理工程师管理办法》对水利工程建设监理工程师资格的申请人应当具备的条件规定如下:①获得中级技术职称后具有三年以上的水利工程建设实践经验;②经过水利部认定的监理工程师培训单位培训并取得结业证书;③应当通过由水利工程建设监理主管部门组织的资格考试。要从事水利工程建设监理业务的人员还必须加入一个水利工程建设监理单位并经注册。

(4)核实申请内容。如果水行政主体对申请人的申请内容的真实性存在疑问,或者认为有必要核实申请书所载明的申请人能够从事某项特定水事活动的条件、能力、场所等内容,就可以进行实地调查,以核实其内容。如在取水许可管理中,对申请人提出的水源地、取水口、退水措施与节水措施、取水计量器具等都可以进行实地核实。

(三)作出决定

水行政主体通过对水行政许可申请人的申请书与相关材料进行审查后,认为申请人的申请符合某项特定的水行政许可的法定条件,就应当作出向申请人颁发该水行政许可证书、资格证书或同意书等有关的行政决定并及时颁发相应证书;若认为申请人的申请不符合某项特定的水行政许可的法定条件,则作出不予许可的决定,并向申请人说明理由。申请人对水行政主体的上述决定不服的,可以依法申请行政复议或直接提起行政诉讼。

若水行政主体在法定的行政许可期限内既未给予申请人以水行政许可的决定,也没有给予不予许可的决定,为维护其合法权益,申请人可以依法申请行政复议或直接提起行政诉讼,请求复议机关或人民法院责令水行政主体履行其法定职责。这种情形所引发的行政复议或行政诉讼即是水行政主体消极行政的结果。

四、水行政许可存在的问题

水行政许可制度对我国的水事管理活动起到了一定的积极作用,如通过实施取水许可管理,规范了全社会的取用水行为,从一定程度上避免了无节制的取用水行为,有效地配置了国家的资源性财产,促进了国民经济和社会的可持续发展。又如对水利工程建设监理工程师的管理,有效地促进了我国水利工程的建设质量,维护了国家、社会的安全与利益。但是,我们应当注意到,正在完善中的水行政许可制度还存在着一定的问题:

(1)某些水行政许可的条件不具体,比较粗糙,不便于操作。如河道采砂许可的管理规定就不像取水许可、河道内建设项目的同意等水行政许可那样详细,尤其是在与第三人的水事权益的协调与保护方面,河道采砂许可基本上没有提及。河道采砂许可规定的条件不具体,容易导致对河道的乱采、滥采,影响河道的正常行洪及输水功能的发挥,甚至引发其他的隐患。

(2)水行政许可的程序不完备。从目前所实施的水行政许可的内容来看,大多数的水行政许可内容仅规定了申请人获得许可的程序,而对申请人及其许可事项的公告、由谁公告和许可证书的吊销、中止、变更等程序内容缺乏规定。没有完善的公告程序,容易造成水行政许可证书虽然发放完成,但是社会却无从知晓,加之缺乏吊销、中止、变更等内容的规定,水行政主体也无法进行许可证书的吊销、中止、变更等的管理,实际上就使许可证书成为终身制证书,失去其作为水行政许可的实际意义。

(3)水行政主体由于缺乏有效的监督管理手段,对申请人履行水行政许可证书的行为、活动监督不力。

(4)国家法律对水行政许可的设定、冲突解决、许可费用的征收等内容缺乏统一的规定,在一定程度上影响了水行政许可工作的开展与实施。

第二节　水行政征收

一、水行政征收概述

(一)水行政征收的含义与特征

水行政征收是指水行政主体根据水事法律规范的规定,以强制方式无偿取得水行政相对方财产所有权的一种水行政行为,如收取河道采砂管理费、水文专业有偿服务费等。其具有以下法律特征:

(1)水行政征收是水行政主体针对相对方即公民、法人或其他组织依职权所实施的一种单方面的水行政行为。

(2)水行政征收的实施必须以相对方负有水事法律规范所规定的缴纳义务为前提。

(3)水行政征收的实质在于水行政主体以强制方式无偿取得相对方的财产所有权。

(二)水行政征收与水行政征用、水行政没收的区别

1. 水行政征收与水行政征用之间的区别

水行政征用是指水行政主体为了公共利益的需要,依照法定程序强制征用水行政相对方的财产、劳务的一种水行政行为。水行政征收与水行政征用的区别主要体现在:

(1)从二者的法律后果来看,水行政征收的法律后果是水行政相对方的财产所有权转归国家,而水行政征用的法律后果则是水行政主体暂时取得了被征用方财产的使用权,并不发生财产所有权的转移。

(2)从二者的行为对象来看,水行政征收一般仅限于财产内容,而水行政征用的对象不仅限于财产内容,还包括被征用方的劳务。

(3)从能否取得补偿来看,水行政征收是水行政主体按照国家法律无偿取得水行政相对方的财产所有权,而水行政征用则是有偿的,应当在征用结束后返还所征用的财产,造成损失的,应当依法给予赔偿。

水行政征用在我国的水事管理实践中有着重要的意义,其具体体现在《防洪法》第四

十五条所规定的内容之中。《防洪法》的规定有助于各级人民政府和水行政主体动用一切可以动用的社会力量共同防御洪涝等自然灾害,维护国家和社会的公共利益。

2. 水行政征收与水行政没收之间的区别

水行政征收与水行政没收在表现形式以及法律后果方面都是相同的,均是以强制方式取得水行政相对方的财产所有权,而且是实际取得其财产所有权。但是,水行政征收与水行政没收仍然存在着重大的差别:

(1)水行政征收与水行政没收所发生的法律依据不同。水行政征收是以水行政相对方负有水事法律规范上的缴纳义务为前提的,而水行政没收则是以水行政相对方违反了水事法律规范的规定为前提的。

(2)水行政征收与水行政没收二者的法律性质不同。水行政征收是一种独立的水行政行为,而水行政没收则是一种附属的水行政行为,属于水行政处罚的一个种类。

(3)水行政征收与水行政没收二者所适用的法律程序不同。水行政征收依据专门的征收程序,而水行政没收则依据《行政处罚法》和《水行政处罚实施办法》,以及其他水事法律规范中有关水行政没收的程序规定。

(4)二者在行为的连续性上表现不同。对于水行政征收而言,只要实施水行政征收的法律依据与事实继续存在,水行政征收就可以一直延续下去,其行为往往具有连续性;而水行政没收则不同,对某一水事违法行为只能给予一次性水行政没收的处罚。

二、水行政征收的种类与内容

根据目前的水事法律规范,水行政征收内容大致有以下几个方面。

(一)水利工程水费

为了合理利用水资源,促进节约用水,保证水利工程必需的运行管理、维修和更新改造费用,以充分发挥水资源的经济效益,凡工业、农业和其他一切用水单位、公民个人,都应当依法按照规定标准向水利工程管理单位缴纳水费。水利工程水费亦即通常所说的水费。根据《水利工程水费核定、计收和管理办法》的规定,水利工程水费有以下几项:①农业水费;②工业水费;③城镇生活用水水费;④水力发电用水水费;⑤环境和公共卫生等用水水费;⑥由水利设施专门进行养殖、种植等用水水费。

目前,水利工程水费的征收是水行政征收的一项重要工作,也是开展的比较好的一项水行政征收。但是,仍然存在着比较突出的问题,那就是水利工程水费的标准过低,没有反映其实际运行成本,在一定程度上助长了水资源浪费现象。1997年颁布的《水利产业政策》着重提出要在三年时间内解决水利工程水费标准过低的问题,按照市场经济的运行规律重新制定标准,核定水利工程水费的征收标准。

(二)水资源费

水资源费是指水行政主体对利用水工程或机械设施直接从地下或江河湖泊取水的取水者,按照国家或省级人民政府所制定的标准依法所征收的费用。向取水者征收水资源费是由我国人民民主专政的国家政权性质所决定的。根据《宪法》,我国的所有自然资源都属于国家所有,系资源性国有财产,取水者应当按照有偿使用原则向国家缴纳水资源费。

对水资源等资源性国有财产实行有偿使用是人类认识自然、改造自然的需要,因此由水行政主体代表国家向一切取水者征收水资源费是取水者有偿使用水资源等资源性国有财产的一种体现,也是国家以强制方式实现其国家所有权权能的一种体现,从而促进和保证全社会对水资源等资源性国有财产的合理、充分和有效利用与保护。

从目前我国水资源费的征收情况来看,存在着以下问题:一是缺乏统一征收保证。由于国家没有制定一个统一的征收标准,仅授权由各省、自治区、直辖市自行制定本行政区域内的水资源费的征收办法,以确定征收标准,而事实上大多数的省、自治区、直辖市都没有制定,于是出现这样一种情况,即国家水事法律允许征收,有行政的依据,但是却没有一个具体征收标准,造成实际上无法征收的尴尬局面。二是水资源费的标准过于低下,没有体现出其作为资源和生产、生活要素的真正价值。据资料显示,目前在黄河流域,1 000吨黄河水的水资源费仅仅相当于一瓶矿泉水的价格,水资源费的标准之低可见一斑。加上其他因素的影响,实际能够征收上来的就更低。在今后的水事管理活动中,要大力宣传水资源等资源性国有财产的所有权属性和有偿使用的原则,促进对其的合理开发利用和保护,实现国民经济和社会的可持续发展。

(三)河道工程修建维护管理费

对于受洪水威胁的省、自治区、直辖市,为了加强本行政区域内防洪工程设施的建设,提高防御洪水的能力,水行政主体可以按照国务院的有关规定向在防洪保护区范围内的工业、商业企业和公民个人征收河道工程修建维护管理费,用于河道堤防等防洪工程的建设、维修和设施的更新改造。

《防洪法》第五十一条第二款对河道工程修建维护管理费征收范围作了明确规定。因为防洪工程设施是国民经济和社会发展的基础设施,服务于全社会,其社会效益和经济效益都是非常可观的。征收河道工程修建维护管理费不但对基础设施的公益性消耗有所补偿,而且有利于社会各方面对防洪基础地位的认识,推动防洪事业的全面发展。国务院于1988年6月颁布的《河道管理条例》已经明确规定征收河道工程修建维护管理费,并授权省级地方人民政府制定相应的办法。目前全国范围内已经有20余个省、自治区、直辖市制定了河道工程修建维护管理费征收管理使用办法,开展了河道工程修建维护管理费征收管理工作。但是在实际征收工作中,执行标准偏低,许多地方的实际征收比率并不高。《防洪法》的再次确认有助于推动此项征收工作的开展。

(四)河道采砂管理费

河道采砂管理费是为了加强河道的整治与管理,合理采取河道范围内的砂石,水行政主体向在河道管理范围内采挖砂石、取土和淘金(包括淘取其他金属和非金属)的采砂者所征收的一种费用,用于河道的整治、堤防工程的维修和工程设施的更新与改造。水利部于1990年与国家财政部、物价局联合颁布的《河道采砂收费管理办法》是水行政主体开展此项征收工作的具体法律依据。有些地方人民政府也制定有相应的地方法规,如《宁夏回族自治区河道采砂收费管理办法》。

(五)水文专业有偿服务费

水行政主体为工业农业、交通运输、地质矿产、环境保护等行业的企事业单位和个体从业者,以及党政军领导机关所属的企事业单位的生产经营和创收活动提供了各种专项服务,如水文勘测与测绘、水文情报预报,包括提供水文资料、报汛、水质化验等,可以依法向其征收水文专业有偿服务费。水利部颁布的《水文站网管理办法》和《水文专业有偿服务收费管理试行办法》是水行政主体开展此项征收管理工作的具体法律依据。目前此项工作开展得比较好的是四川省和广西壮族自治区,其分别制定了征收水文专业有偿服务费的地方性法规,为水行政主体开展征收水文专业有偿服务费工作提供了必要的法律依据和制度保障。

(六)滞纳金

滞纳金是指水行政相对方不按照水事法律规范所规定的方式、期限向水行政主体缴纳应征收的行政事业收费和水行政罚款,水行政主体可以按照水事法律规范的规定向其增加征收的部分费用。从目前的水事法律规范来看,该内容只在《水行政处罚实施办法》中有规定。

水行政征收的前述六项内容归纳起来,无外乎以下三种类别:

(1)因使用水资源及其延伸资源而引起的征收,如水利工程水费、水资源费、水文专业有偿服务费等。这类征收的实质是有偿使用原则在水资源及其延伸资源等资源性国有财产领域上的适用,对于盘活我国的资源性存量国有财产,促进国有财产与资源的合理配置,推动我国国民经济建设和社会发展,最大限度地发挥国有财产与资源的价值有着重要意义。

(2)因水事法律规范所规定的义务而引起的征收,如河道工程修建维护管理费、河道采砂管理费等。这类征收的实质是凭借国家强制力无偿参与公民、法人或其他组织收入分配而取得财产所有权。

(3)因违反水事法律规范的规定而引起的征收,如水行政罚款滞纳金的征收。

三、水行政征收的方式与程序

(一)水行政征收的方式

水行政征收的方式包括水行政征收的行为方式与计算方式。根据现行的水事法律规范,水行政征收的行为方式有定期定额征收、查定征收等。至于具体采用何种征收方式,由水行政主体根据水事法律规范的规定,结合相对方的具体情况而定。但是,无论采取何种方式,都应当以书面形式进行征收。

(二)水行政征收的程序

水行政征收的程序是指水行政征收行为应采取的先后步骤。根据水事法律规范的规定,水行政征收的实现方式有:①水行政相对方自愿缴纳;②由水行政主体强制相对方缴纳。当水行政相对方按照规定的方式,在法定的期限内向水行政主体主动履行缴纳义务后,水行政征收行为即告结束;水行政相对方未按照规定方式,在法定的期限内主动履行缴纳义务的,水行政征收即进入强制征收程序。

第三节　水行政确认

一、水行政确认的概念与特征

水行政确认是指水行政主体对水行政相对方的法律地位、法律关系和法律事实给予确定、登记、批准、同意等并予以公布的一种水行政行为,具有以下法律特征:

(1)水行政确认是要式的水行政行为。由于水行政确认是对特定的水行政相对方的法律地位予以界定和对相对方法律关系、法律事实是否存在予以确定并加以公布的一种水行政行为,因此水行政主体在确认时,必须以书面形式,并按照水事管理的技术规范作出,参加确认的人员还应当签署自己的姓名并由作出确认的水行政主体加盖公章。

(2)水行政确认是羁束性的水行政行为。水行政确认所确定并公布的水事法律关系、法律事实是否存在以及水行政相对方的法律地位如何是由客观事实和法律的规定来确定的,同时还受到水事管理技术规范的约束。因此,水行政主体在作出确认时,只能严格按照水事法律和管理技术规范要求进行操作,并尊重客观存在的事实,不能自由裁量。

(3)水行政确认通常以许可证、鉴定书、验收书、同意书等形式表现。

二、水行政确认的内容

水事法律规范所规定的确认内容很多,但根据水行政主体确认对象的不同,可以将水行政确认分为能力(资格)确认、法律事实确认、法律关系确认、水事权利归属确认等。

(一)对能力(资格)的确认

对能力(资格)的确认是指水行政主体对水行政相对方是否具有从事某种水事活动的能力、资格的证明,如授予水利工程建设监理工程师资格。

(二)对事实的确认

对事实的确认是指水行政主体对某一项水事法律事实的性质、程度、后果等内容的认定。如重要江河的水资源保护机构对超量排污者排污事实的认定,水利执法部门对违法取水、采砂以及破坏水利设施、水利工程等违反水事法律行为性质的认定,这些都是针对事实而进行的水行政确认。

(三)对法律关系的确认

对法律关系的确认是指水行政主体对某一种水事法律上的权利义务关系是否存在、是否合法有效的确认。如对河道内建设项目的同意、对取水与采砂的许可,既是对某项权利的确认,又是对法律关系的确认,即分别形成河道管理法律关系和许可管理法律关系。

(四)对水事权利归属的确认

对水事权利归属的确认是指水行政主体对水行政相对方享有的某一项水事权利的确认,包括以下三方面的内容:

(1)水资源所有权的确认。《水法》第三条明确规定:水资源属于国家所有。水资源的所有权由国务院代表国家行使。农业集体经济组织的水塘和由农村集体经济组织修建管理的水库中的水,归各该农村集体经济组织使用。虽然《水法》有水资源所有权权属的规定,但是,目前对于水资源所有权的登记、核发所有权证书等项工作尚未开展。随着水资源这一生产、生活要素在国民经济和社会生活中的地位、作用日渐增强,以及国家对水资源、土地等自然资源所有权权属管理工作的重视,水资源所有权确认工作会逐步开展起来。

(2)水资源使用权的确认与变更。水资源使用权的确认是指水行政主体对公民、法人或其他组织开发利用和保护水资源依法颁发使用权证书的行为,并给予相应的法律保护。如水行政主体为取水许可申请人颁发取水许可证书,即是对申请人取水权利的确认。当然,水资源使用权的确认也包含着权利的变更。

(3)与水资源相关的权属的确认。与水资源相关的权属的确认是指水行政主体对公民、法人或其他组织依法享有或取得的与水资源相关的权属的确认,如对申请人颁发采砂许可证,就是允许申请人在河道管理范围内从事采砂行为。其他的,如河道内建设项目的同意、重要江河湖泊的排污许可等都属于与水资源相关的权属的确认。

三、水行政确认的作用

水行政确认是水事管理活动中的一项重要的水行政行为,对水事管理活动有着不可替代的作用。

(1)水行政确认为水行政复议或人民法院的审判活动提供准确、客观的处理依据。水行政主体对某一合法水事活动的肯定和相对方法律地位与行为性质的确定,以及对水事法律关系的肯定与维护,为处理、解决当事人之间的水事争议、纠纷提供了准确、可靠的客观依据。况且水行政主体在依法处理水事违法行为时,首先要确定相对方行为性质、行为状态,分清当事人之间的责任大小,否则便谈不上对水事法律规范的适用。所以说,水行政确认为水行政复议或人民法院的审判活动提供了准确、客观的处理依据。

(2)水行政确认有利于预防各种纠纷的发生。通过水行政主体的确认活动,可以明确在具体的水事法律关系中各当事人的法律地位、权利义务,不会出现因法律关系不清、不稳定或者权利义务不清而导致纠纷,有助于预防纠纷的发生。实践证明,当事人及时向水行政主体申请、取得水行政主体的确认,对预防、减少水事纠纷起了很大的作用。

(3)水行政确认有助于保护相对方的合法权益。无论是事先对既有法律关系的确认,还是事后对权利归属的确认,都有助于维护公民、法人或其他组织的合法水事权益,维护正常的水事管理秩序。水行政主体的事先确认,使公民、法人或其他组织所享有的水事权益及时得到法律的确认,任何人不得侵犯,如事先经过批准的河道采砂行为就是如此。在水事纠纷中,水行政主体依法对某一项水事权利的归属予以确认,能够使权利人的既得权益获得法律的追认,从而得到法律的保护,如未经许可而取水的,在向水行政主体补办取水许可手续后就获得了合法取水的权利。

(4)水行政确认有助于促进水行政主体依法行政,科学管理水资源。行政确认是现代行政管理的一个重要手段,水行政确认的本质在于从法律上明确从事水资源开发利用和保护的公民、法人或其他组织所享有的权利义务内容,明确相应的法律关系,并给予权利人法律保护。通过水行政确认一方面维护了相对方的合法权益,另一方面也促进了水行政主体依法行政,科学管理水资源及其相关资源。

第四节　水行政处罚

一、水利执法概述

水利执法是指水行政主体中的水政部门代表水行政主体,履行水事法律规范所规定的水政监察管理职责的一种水行政行为,其具体内容包括:

(1)宣传、贯彻水事法律、法规和规章。

(2)依法保护水、水域、水工程和其他有关设施,维护正常的水事工作秩序。

(3)依法对各种水事活动进行监督检查,对违反水事法律规范的行为依法作出行政裁定、行政处罚或其他行政强制措施。

(4)配合司法机关查处水事治安、刑事案件。

从以上内容可以看出,水政部门是水行政主体中专门从事水利执法的职能部门,执行上述基本的水利执法内容。而实际上,水政部门更多的是代表水行政主体查处水事违法行为,行使水行政处罚权,维护正常的水事管理工作秩序。

二、水行政处罚的含义与特征

水行政处罚是指水行政处罚机关按照法定权限和程序对违反水事管理秩序、依法应当给予水行政处罚的水行政相对方给予水行政处罚的一种水行政行为,有以下特征:

(1)实施水行政处罚的主体是水行政处罚机关。根据《水行政处罚实施办法》,能够独立实施水行政处罚的主体有:①县级以上人民政府水行政主管部门;②法律、法规授权的流域管理机构;③地方性法规授权的水利管理单位;④地方人民政府设立的水土保持机构;⑤法律、法规授权的其他组织。

(2)水行政处罚的对象是作为水行政相对方的公民、法人或其他组织。

(3)水行政处罚的条件是水行政相对方违反水事法律规范的规定、破坏水事管理秩序而且依法应当给予水行政处罚。

(4)水行政处罚的目的在于惩戒与教育水行政相对方。

三、水行政处罚的原则

水行政处罚的原则是由《行政处罚法》和《水行政处罚实施办法》规定的、对水行政处罚工作具有指导意义的准则,概括起来有以下几个方面。

(一)处罚法定原则

这是依法行政在水行政处罚中的具体体现、要求,是指水行政处罚必须依法进行。处罚法定原则包含下述内容:

(1)实施水行政处罚的主体必须是法定的执法主体,即《水行政处罚实施办法》第九条所规定的机关。

(2)水行政处罚的依据是法定的,即实施水行政处罚时,必须有法律、法规、规章的明确规定。

（3）水行政处罚的程序合法。实施水行政处罚不但要求其实体内容合法，而且要求程序内容也合法，即同样遵循法定原则。

（二）处罚与教育相结合的原则

水行政处罚不但是制裁水事违法行为的一种手段，而且也起着教育作用，是教育公民、法人或其他组织遵守法律规范的一种有效途径。因此，实施水行政处罚的目的是通过制裁水行政相对方的水事违法行为，教育公民、法人或其他组织；通过惩罚与教育相结合，使公民、法人或其他组织认识到自己违法行为的危害，从而树立起自觉守法的意识。对已经发生的水事违法行为，教育必须以惩罚为后盾，但不能以教育代替水行政处罚，惩罚与教育二者不能偏废。《行政处罚法》第五条规定：实施行政处罚，纠正违法行为，应当坚持处罚与教育相结合，教育公民、法人或其他组织自觉守法。《水行政处罚实施办法》第三条也有类似规定，体现了《行政处罚法》这一法律原则精神。此外，《水行政处罚实施办法》第四条规定了"警告"这一处罚形式。《水行政处罚实施办法》第五条以及《行政处罚法》第二十五条、第二十七条对行为人从轻、减轻处罚和处罚年龄等内容的规定，均是这一原则的体现。

（三）公正公开原则

公正就是公平、正直，无偏私，要求水行政主体在实施水行政处罚时，不但要合法，即在法律规范所规定的处罚种类、幅度范围内实施处罚行为，而且还应当公平、合理与适当。公开就是处罚过程要公开，要求水行政主体在作出水行政处罚时应当向社会公开，将其置于社会的监督之下，以确保水行政相对方的合法权益。

坚持水行政处罚公正公开原则，应当做到以下几个方面：

（1）实施行政处罚要依法进行。

（2）实施水行政处罚要坚持"以事实为依据、以法律为准绳"。

（3）所实施的水行政处罚种类与幅度要与违法者的事实、行为性质、情节和社会危害性相一致。

（4）认真听取被处罚人的陈述与申辩，切实维护其合法权益。

（5）在实施水行政处罚时，不得违背国家和社会的公共利益。

为认真贯彻落实《行政处罚法》的公正公开原则，《水行政处罚实施办法》第五章规定了水行政主体及其执法人员应当遵守严格的处罚决定程序。

（四）过罚相当原则

过罚相当原则是指水行政主体对当事人进行处罚时，所作出的水行政处罚种类与处罚的幅度应当与当事人的违法事实、情节、行为性质和社会危害后果等内容一致，既不能重罚，又不能轻罚，要避免畸轻畸重的不合理现象。《水行政处罚实施办法》第三条规定了相应的内容。要认真贯彻过罚相当的原则，就应当做到：

（1）全面了解、掌握违法当事人的基本情况，如是否成年、精神是否正常，正确认定违法事实、违法行为的性质，违法后当事人的认错态度等情况与材料。

（2）正确适用法律规范。根据当事人的违法行为性质与情节、社会危害后果，正确适用水事法律规范条文。

（3）正确行使自由裁量权。根据违法行为的性质、情节，在水事法律规范所规定的范围内给予相应的水行政处罚,并做到不失公平。

过罚相当原则要求水行政主体及其执法人员在实施水行政处罚时应当做好各个环节的工作,真正做到处罚的公正与合理,否则就有悖于过罚相当原则。

四、水行政处罚的种类

根据《行政处罚法》、《水行政处罚实施办法》和其他水事法律规范的规定,水行政处罚有警告、罚款等五类,其具体内容如下。

(一)警告

警告是指水行政主体对水事违法当事人实施的一种书面形式的谴责和告诫,从而使其认识到本身行为错误的一种水行政处罚。警告既具有教育性质,又具有制裁性质,目的是向违法行为人发出警告,避免再犯。警告一般适用于违法情节轻微或未实际构成危害后果的水事违法行为。警告一般当场作出,属于声誉罚。

(二)罚款

罚款是指水行政主体依法强制违反水事管理秩序的公民、法人或其他组织在一定的期限内承担一定数量的金钱给付义务的一种水行政处罚。罚款属于财产罚,通过处罚使违法当事人在经济上受到损失,以警示其以后不得再发生违反水事管理秩序的行为。

为了规范罚款这一水行政处罚形式的运用,《行政处罚法》、《水行政处罚实施办法》分别作了一些限制性的规定。如《行政处罚法》规定对同一违法行为不得给予两次以上罚款,《水行政处罚实施办法》第八条对罚款数额作出了限制性规定,而且两法规都规定了作出罚款决定的机关与收缴罚款的机关相分离的内容。

(三)吊销许可证

吊销许可证是指水行政主体对违反水事管理秩序的当事人依法吊销其许可证,从而禁止或剥夺其从事某项水事活动的权利、资格的一种水行政处罚,如吊销取水许可证、采砂许可证。吊销许可证属于行为罚。

(四)没收非法所得

没收非法所得是指水行政主体根据水事法律规范的规定将违反水事管理秩序的当事人所取得的财产强制收归国家所有的一种水行政处罚,如对非法采砂牟利者,不但没收其采砂工具,而且没收其非法所得的财产。《水行政处罚实施办法》第八条规定了实施没收非法所得这一水行政处罚的原则与条件。没收非法所得属于财产罚。

(五)法律法规规定的其他水行政处罚

社会生活千变万化、复杂多变,在现实中可能发生许多新的情况,法律法规也不可能完全包容。为了适应社会发展与变化的实际需要,《水行政处罚实施办法》规定了水行政主体可以实施其他水事法律规范所规定的其他水行政处罚形式,如停止违法行为、恢复原状、赔礼道歉。

五、水行政处罚的管辖

水行政处罚的管辖是指对水事违法行为由哪一级水行政主体实施水行政处罚的一种法律制度。《水行政处罚实施办法》第四章共三条内容规定了水行政处罚的管辖问题。

（1）地域管辖。《水行政处罚实施办法》第十八条规定水行政处罚由违法行为发生地的水行政主体管辖。地域管辖是法学中比较普遍的一种管辖方式。

（2）级别管辖。级别管辖是划分上下级水行政主体之间实施水行政处罚权限的内容，目的在于解决不同级别的水行政主体管辖不同层次的水事违法案件。《水行政处罚实施办法》第十八条规定了"县级以上地方人民政府水行政主管部门管辖"的级别管辖原则。

（3）协商管辖与指定管辖。《水行政处罚实施办法》第十八条规定了协商管辖与指定管辖的内容。两个以上的水行政主体对同一水事违法案件的管辖权发生争议时，其解决方式通常为争议的水行政主体协商解决或由其共同的上一级水行政主体指定某一水行政主体管辖。

（4）水行政处罚管辖的特殊规定。由于水事管理工作内容复杂，以及实施水事违法行为的主体不同，加上违法者行为性质、社会后果等的不同，在遵循水行政处罚管辖的一般原则的基础上，其他法律、法规对某一具体的水事违法行为的管辖作出特殊规定的，水行政主体就应当遵循这一特殊规定，按照其规定执行。

六、水行政处罚的决定

根据《行政处罚法》、《水行政处罚实施办法》的规定，水行政主体作出水行政处罚的决定有以下两种程序，即简易程序和一般程序。

（一）简易程序

水行政处罚的简易程序又称当场处罚程序，是一种简单易行的处罚程序，它适用于以下情况的水事违法行为：一是对当事人处以警告类别的水行政处罚；二是对当事人处以小额罚款的水行政处罚，即对公民处以 50 元以下、对法人或者其他组织处以 1 000 元以下的罚款。

水行政主体在实施上述水行政处罚时应当遵循以下程序：

（1）表明其身份，即向当事人出示水政监察证件。目的在于表明水行政主体及其执法人员是合法的执法主体。

（2）向当事人说明给予水行政处罚的理由。水政执法人员应当向当事人说明其违法事实、给予水行政处罚的理由及其法律依据。

（3）听取当事人的陈述和申辩。

（4）制作笔录，或拍照、录像，对当事人的违法行为的客观状态予以保留，以供水行政复议或行政诉讼之用。

（5）当场制作水行政处罚决定书。按照规定，水行政处罚决定书是由有关水行政主体统一制作的，由固定格式且有编号的两联组成，并由水政执法人员当场填写。水行政处罚决定书应当载明以下内容：①被处罚人即当事人的姓名或名称；②水行政主体所认定的违法事实；③水行政处罚的种类、罚款的数额和依据；④水行政处罚的履行方式和期限；⑤告知申请水行政复议或提起行政诉讼的途径、时间期限和方式；⑥水政监察人员的签名或者盖章；⑦作出水行政处罚决定的日期、地点和水行政处罚机关的名称，并加盖印章。凡当场制作的水行政处罚决定书应当当场交付被处罚人。

（6）备案。《水行政处罚实施办法》规定,当场处罚的应当在5日内报有关的水行政处罚机关备案;水上当场处罚的,在抵岸之日起5日内报有关的水行政处罚机关备案。

（7）执行。当场作出水行政处罚后,一般由被处罚人自觉履行。

（二）一般程序

水行政处罚的一般程序又称普通程序,是水行政处罚的一个基本程序,它适用于大多数的水事违法案件。水行政处罚的一般程序包括以下环节。

1. 立案

立案是开始水行政处罚一般程序的基础,并按照一定的形式予以表现出来。一般地,填写立案报告,并经本机关主管负责人审查批准,即完成该水事案件法律意义上的立案程序。能够予以立案的水事违法案件必须符合下列条件:

（1）具有违反水法规事实的。

（2）依照法律、法规、规章的规定应当给予水行政处罚的。

（3）属于立案的水行政处罚机关管辖的。

（4）违法行为未超过追究时效的。

水行政处罚机关在立案的同时应当指定、落实办案人员。水行政处罚机关认为不符合立案条件的,应当制作不予立案的决定书并送达当事人。当事人对不予立案的决定不服的,可以依法申请行政复议或提起行政诉讼。

2. 调查取证

水行政处罚机关对水事案件立案后,应当本着公正、客观、全面的原则调查、收集能够证明本案事实真相的相关证据。《水行政处罚实施办法》对水行政处罚机关在调查取证时的人员、程序步骤有以下几项要求:

（1）必须有两名以上的水政监察人员进行调查取证,调查人员与案件存在着利害关系的应当回避。

（2）水政监察人员在调查取证时应当表明身份,向被调查人出示水政监察证件。

（3）告知被调查人要调查的事项及其范围,并进行调查取证工作,包括询问当事人、证人,进行现场勘验、检查等。

（4）制作调查取证笔录,并经被调查人核对无误后签名或者盖章。被调查人拒绝签名或者盖章的,应当有两名以上的水政监察人员在笔录上注明情况并签名。

此外,法律还规定水行政处罚机关及其水政监察人员在必要的时候可以采取检查、抽样取证、封存等调查取证手段进行调查取证,以收集证据、查明案件事实真相。

3. 听取申辩与听证

水行政处罚机关在调查取证后,作出水行政处罚前,应当告知当事人享有申辩和陈述的权利。当事人依法所作的申辩与陈述,水行政处罚机关应当充分听取并制作笔录,对当事人提出的事实及理由、证据应当进行复核;复核属实的应当予以采纳。当事人申辩与陈述的笔录应当作为作出水行政处罚决定的依据、内容,并认真整理后归档,以备将来行政复议或行政诉讼时作举证之用。

《水行政处罚实施办法》第三十四条规定:水行政处罚机关作出对公民处以超过5 000元、对法人或者其他组织处以超过50 000元罚款以及吊销许可证等水行政处罚之前,应当告知当事人有要求举行听证的权利;当事人要求听证的,水行政处罚机关应当组织听证。

听证程序是现代法治发展的要求,是公开原则的具体体现,是水行政处罚一般程序(普通程序)中听取当事人申辩与陈述的特殊程序。根据《水行政处罚实施办法》第五章第三节的规定,水行政处罚的听证程序如下。

1)听证的提出

当事人要求听证的,应当在水行政处罚机关送达的听证告知书回证上签署要求听证的意见,或者在收到听证告知书3日内以其他书面形式向水行政处罚机关提出听证要求。听证的提出是水行政处罚机关举行听证的必要程序。此外,水行政处罚机关认为确有必要的可以主动组织听证。

2)听证通知与公告

组织听证的水行政处罚机关应当在举行听证的7日前告知当事人举行听证的时间、地点,并在举行听证的3日前,将听证的内容、时间、地点以及有关事项予以公告。

3)举行听证会

听证会由水行政处罚机关指定的、非本案调查取证的水政监察人员担任主持人和听证记录人,要求听证的当事人可以亲自参加听证,也可以委托一至两名代理人同时出席听证会。当事人无正当理由既不出席听证会又不委托代理人或者当事人及其代理人在听证过程中无正当理由退场的,视为当事人放弃听证权利。除涉及国家秘密、商业秘密或个人隐私外,听证会都应当公开举行。

听证会按照以下步骤进行:第一,由听证主持人宣布听证事由和听证纪律;第二,核对案件调查人、当事人及其代理人、证人和利害关系人的身份;第三,宣布听证组成人员,告知当事人及其代理人、利害关系人在听证过程中所享有的权利、应履行的义务,以及是否申请回避;第四,由案件调查人提出当事人的违法事实及认定事实的证据、所依据的法律条文内容和水行政处罚建议;第五,由当事人进行陈述、申辩与质证;第六,由听证主持人就案件事实、证据和法律依据进行询问;第七,案件调查人、当事人作最后陈述。陈述完毕后听证主持人宣布听证结束。

在举行听证会的过程中,组织听证会的水行政处罚机关应当制作听证笔录。听证笔录应载明以下内容:①案由;②当事人及其委托代理人或法定代理人和调查人的姓名、名称;③听证主持人与记录人的姓名;④举行听证会的时间、地点和方式;⑤案件调查人提出的事实、证据、法律依据和水行政处罚建议,当事人的陈述与申辩和质证的内容以及其他需要载明的事项。听证笔录经听证参加人核对无误后签名盖章,并与有关材料一起入档归案,以备举证之用。

4. 作出水行政处罚决定

按照《水行政处罚实施办法》第三十条的规定,水行政处罚机关经过调查取证、听取当事人陈述与申辩后,即可以根据以下不同情况作出不同的决定:

(1)经审查确认当事人的违法事实存在且清楚,证据确凿可靠,并且依法应当受到水行政处罚的,即可以根据当事人的违法情节轻重、社会后果与影响等情况作出水行政处罚的决定。

(2)经审查确认当事人确有违法行为,但是情节显著轻微,没有造成相应社会后果,依法不予水行政处罚的,即可以作出不予水行政处罚的决定。

(3)经审查确认当事人的违法事实不存在或者所指控的违法事实不能成立的,则不得给予水行政处罚。

(4)经审查发现当事人的违法行为应当给予治安管理处罚,或构成犯罪的,移送有关的司法机关处理。

水行政处罚机关在作出水行政处罚决定时,依法应当制作水行政处罚决定书。决定书应载明以下内容:当事人的姓名或名称与地址,所认定的违法事实与认定违法事实的证据,给予水行政处罚的种类和法律依据,水行政处罚的履行期限与方式,不服水行政处罚决定而申请行政复议或提起行政诉讼的途径与时间期限,作出水行政处罚的机关名称、日期并加盖印章。

水行政处罚决定书应当在宣告后当场交付当事人;当事人不在场的,应当在7日内按照《民事诉讼法》所规定的方式送达当事人。

七、水行政处罚的执行

水行政处罚决定依法作出后,随之而来的是水行政处罚内容的执行问题。水行政处罚在作出后,只有得到切实有效的执行,才能实现水事管理的目的,使正常的水事工作秩序得到有效的维护。

水行政处罚决定一经作出即发生法律效力,当事人应当自觉履行决定书所载明的内容。在一般情况下,当事人要在决定书所规定的时间期限内有效履行其内容,如当事人按照规定期限履行水行政罚款确有困难,可以向作出水行政罚款决定的水行政处罚机关申请延期或分期履行,在得到批准后即可以延期或分期履行。如果当事人在法定期限内既不履行水行政处罚决定书的内容,又没有依法申请行政复议或提起行政诉讼,水行政处罚机关可以自行或申请人民法院强制执行。

第五节　水资源管理

一、我国水资源现状

我国是一个水资源短缺的国家,水资源时空分布不均。近年来我国连续遭受严重干旱,旱灾发生的频率和影响范围扩大,持续时间和遭受的损失增加。目前全国600多个城市中,400多个缺水,其中100多个严重缺水,而北京、天津等大城市目前的供水已经到了最严峻的时刻。与此同时,由于人口的增长,到2030年,我国人均水资源占有量将从现在的2 200立方米降至1 700～1 800立方米,需水量接近水资源可开发利用量,缺水问题将更加突出。因此,节约水资源,强化水资源稀缺意识已刻不容缓,应从自身做起,节约每一滴水。

此外,我国水资源开发中还存在着其他问题:

(1)洪水灾害对国民经济发展和社会安定存在潜在威胁。

(2)水的充分利用效率不高。

（3）水资源普遍受到污染。2003年,淮河、海河、辽河、太湖、巢湖、滇池主要水污染物排放总量居高不下。淮河流域仍有一半的支流水质污染严重,海河、辽河生态用水严重缺乏,其中内蒙古的西辽河已连续五年断流。太湖、巢湖、滇池均为劣Ⅴ类水质,总氮和总磷等有机物污染严重。

以黄河为例,工业污染是黄河水污染的主要原因,工业废水占废污水排放总量的73%,每年由于水污染造成的经济损失为115亿至156亿元。同时,令人担忧的是,沿黄地区许多农田被迫用污水灌溉,给区域内居民健康带来危害。据初步测算,区域内每年人体健康损失达22亿至27亿元。黄河水污染的同时还带来水资源价值损失、城镇供水损失,并增加了处理污水的市政额外投资,每年总损失近60亿元。

地球上的水虽然看上去很多,但是在当今经济技术条件下,可供人类开发利用的水资源并不多。据专家估计,地球上的13.86亿立方千米水资源总量中,其中96.7%的水集中在海洋里,目前还无法利用。而大陆上所有淡水资源总储量只占地球上的水量的3.3%,这3.3%里的85%集中在南极和格陵兰地区的冰盖和高山渺无人烟的冰川中,在现阶段内也难以利用。地球上实际上能为人类开发利用的水资源主要是河流径流和地下淡水。地下水占地球淡水总量的22.6%,为8 600万亿吨,但一半的地下水资源处于800米以下的深度,难以开采,而且过量开采地下水会带来诸多问题。河流和湖泊水占地球淡水总量的0.6%,为230万亿吨,是陆地上的植物、动物和人类获得淡水资源的主要来源,可是由于水体污染,这一部分可以利用的水资源又在急剧减少。大气中水蒸气量为地球淡水总量的0.03%,为13万亿吨,它以降雨的形式为陆地补充淡水。目前能够为人类开采利用的河流径流和地下淡水一般只能达到40%。我国多年平均降水总量为6.2万亿立方米,除通过土壤水直接利用于天然生态系统与人工生态系统外,可通过水循环更新的地表水和地下水的多年平均水资源总量为2.8万亿立方米,居世界第六位。按1997年人口统计,我国人均水资源总量为2 200立方米,人均占有量仅有世界平均数的1/4,居世界第121位,被列为世界上12个贫水国之一。随着工农业生产的发展,从1980年到1999年,我国社会经济总用水量增加了约1/4,从4 437亿立方米增加到5 591亿立方米。其中农业用水占70%,工业用水占20%,生活用水占10%。

二、我国水资源面临的形势

（一）21世纪面临的重大水问题

当代人口、资源和环境的协调发展已成为国际社会共同关注的重大战略问题。中国是世界人口大国,但从人均淡水资源占有量来说却是贫国。我国水资源可利用量以及人均和亩均的水资源数量极为有限,降雨时空分布严重不均,地区分布差异性极大,这是我国水资源短缺的基本特点。目前水资源短缺问题已成为国家经济社会可持续发展的严重制约因素。但我国水资源可利用量是有限的,就全国而言,人均占有淡水资源量只有2 200立方米,从地区来看,水资源总量的81%集中分布于长江及其以南地区,其中40%以上又集中于西南五省（区）,这是先天决定的水情。从人均占有量来看,人均占有淡水资源量南方最高和北方最低可以相差十倍,西部与东部相差高达五六百倍。其根本原因是我国北方属于资源型缺水地区。南方地区水资源虽然比较丰富,但由于水体污染,水质型缺水也相当严重。目前全国性的干旱缺水情况越来越严重,尤其北方地区发生水危机已不是危言耸听。

(二)主要灾情

进入20世纪90年代,中国水旱灾害和水污染频繁发生,水多、水少、水脏与水环境恶化问题越来越严重。

1. 洪涝灾害

洪涝灾害累计的直接经济损失超过了1.1万亿元,约相当于同期财政收入的1/5。直接经济损失超过1 000亿元的年份有1994年(1 797亿元)、1995年(1 653亿元);直接经济损失超过2 000亿元的年份有1996年(2 208亿元)、1998年(2 684亿元)。世界银行曾测算,中国每年洪涝灾害造成的损失达100多亿美元。

2. 干旱灾害

由于供水不足,每年直接影响工业产值2 300亿元。正常年份和较旱年份,粮食减产在100亿~250亿千克(正常年份,如1996年减产100亿千克,较旱年份,如1994年、1995年减产250亿千克),但遇到严重干旱年份,粮食减产曾高达近500亿千克(如1997年,北方一些地区干旱持续时间长达100多天,黄河下游发生了有史以来最严重的断流,断流天数、断流河长均创历史纪录。这一年因干旱粮食减产476亿千克,是新中国成立以来粮食减产最严重的年份)。世界银行曾测算,中国每年干旱缺水造成的损失约为350亿美元。

3. 水环境

一是水土流失,区域性、局部性的治理成效较大,但面上的水土流失治理进程缓慢,边治理、边破坏的现象还很严重,特别是开发建设项目人为造成的新的水土流失急剧增加。全国平均每年因开发建设活动等人为新增的水土流失面积达1万平方千米,每年堆积的废弃土石约30亿吨,其中20%流入江河,直接影响防洪保安。

二是水体污染严重,工业废污水排放量急剧增长,并未经处理直接排放到河道里,导致了以淮河、太湖污染为代表的水环境恶化。世界银行发表的中国环境报告测算,中国仅水和大气造成的污染,年损失为540亿美元,占中国国内生产总值的8%。这就表明,水环境质量在继续恶化,造成的经济损失也十分巨大。

以上这三大灾害合计年均经济损失达1 000亿美元,占全国国内生产总值的15%左右。从这三大灾害损失来看,进入21世纪,水资源的短缺和水环境恶化将上升为主要矛盾。

(三)主要矛盾

1. 水资源短缺形势严峻

近年来,全国水资源开发利用率已达到21%。由于供水能力增长缓慢,1978~1998年全国供水能力年增长率为1%左右,而同期国民经济以8%~12%的高速度增长,同期人口又增加了约2.5亿人,更加剧了缺水矛盾。值得注意的是,由于人类活动的影响,降雨与径流关系、产流与汇流条件都在发生变化,有些江河的天然来水量已呈现衰减的趋势。黄河下游频频发生断流,海河成为季节性河流,内陆河部分河流干涸,2000年发生的旱灾,经济损失严重,充分暴露了我国城市供水系统和农村抗旱能力的脆弱性,是水资源供需矛盾的集中表现。

目前,全国每年缺水量近 400 亿立方米,其中,农业每年缺水 300 多亿立方米,平均每年因旱受灾的耕地达 0.27 亿公顷,年均减产粮食 200 多亿千克;城市、工业年缺水 60 亿立方米,直接影响工业产值 2 300 多亿元。由于连续遭受华北干旱影响,为天津供水的潘家口水库水位已接近死库容,直接威胁到天津市的生活和生产用水。为此,国务院批准了水利部制定的"引黄济津"应急输水工程的实施方案。进入 21 世纪,随着我国人口的增长、生活质量水平的提高、城市化进程的加快,人均水资源占有量将进一步减少,而用水量却进一步增加,水资源供需矛盾更加突出,缺水已成为影响我国粮食安全、经济发展、社会安定和生态环境改善的首要制约因素。

2. 水已成为维护生态环境安全的严重问题

全国现有土壤侵蚀面积 367 万平方千米,占国土面积的 38% ,其中水蚀面积 179 万平方千米,风蚀面积 188 万平方千米。黄河中上游和长江上游地区以及海河上游地区水土流失最为严重。严重的水土流失使我国每年平均损失耕地 6.67 万公顷,流失土壤 50 多亿吨,导致生态环境恶化,河湖泥沙淤积,加剧了洪、旱和风沙灾害。我国自然生态脆弱,加之不合理的人类活动,进一步加剧了水土流失、土地退化和水体污染。

全国地下水由于长期超采,又不能得到回补,目前年超采量达 80 多亿立方米,已形成了 56 个区域性地下水位下降漏斗,导致部分地区地面沉降、海水入侵。部分干旱和半干旱地区由于不合理的水资源开发利用,下游河道断流、河湖萎缩,下游有些湖泊消亡,生态环境严重恶化,胡杨林大面积枯死;草场退化,荒漠化加剧,沙尘暴发生频率增加。此外,有些灌区和绿洲,大水漫灌、排水不畅导致了严重的土壤次生盐渍化,土地质量下降,农业生产能力衰减。

三、我国的水资源管理体制与管理原则、措施

(一)我国的水资源管理体制

1. 管理体制

《水法》第十二条规定:国家对水资源实行流域管理与行政区域管理相结合的管理体制。国务院水行政主管部门负责全国水资源的统一管理和监督工作。国务院水行政主管部门在国家确定的重要江河、湖泊设立的流域管理机构(以下简称流域管理机构),在所管辖的范围内行使法律、行政法规规定的和国务院水行政主管部门授予的水资源管理和监督职责。县级以上地方人民政府水行政主管部门按照规定的权限,负责本行政区域内水资源的统一管理和监督工作。

水资源管理体制是国家管理水资源的组织体系和权限划分的基本制度,是合理开发、利用、节约和保护水资源以及防治水害,实现水资源可持续利用的组织保障。改革和完善水资源管理体制,进一步强化水资源的统一管理,是《水法》修订的一个重要内容。

从《水法》第十二条的规定可以看出我国的水资源管理体制,即国家对水资源实行流域管理与行政区域管理相结合的管理体制。

(1)国家对水资源实行流域管理与行政区域管理相结合的管理体制。水是人类赖以生存与经济社会发展不可替代的基础性资源,也是生态环境的基本要素。水资源与土地、森林、矿产等资源不同,它是一种动态的、可再生的资源。流域是一个以降水为渊源、水流

为基础、河流为主线、分水岭为边界的特殊区域概念。水资源按照流域这种水文地质单元构成一个统一体,地表水与地下水相互转换,上下游、干支流、左右岸、水量水质之间相互关联、相互影响。这就要求对水资源只有按照流域进行开发、利用和管理,才能妥善处理上下游、左右岸等地区间、部门间的水事关系。水资源的另一特征是它的多功能性,水资源可以用来灌溉、航运、发电、供水、水产养殖等,并具有利害双重性。因此,水资源开发、利用和保护的各项活动需要在流域内实行统一规划、统筹兼顾、综合利用,才能兴利除害,发挥水资源的最大经济、社会效益和环境效益。目前,以流域为单元进行水资源的管理已经成为世界潮流。1992年,联合国环境与发展会议通过的《21世纪议程》指出:水资源的综合管理包括地表水与地下水、水质与水量两个方面,应当在流域一级进行,并根据需要加强或者发展适当的体制。我国的重要江河均是跨省区的流域,这一自然特点使得协调流域管理与行政区域管理的关系显得更为重要。

1988年制定颁布的原《水法》规定"国家对水资源实行统一管理与分级、分部门管理相结合的制度",为推进我国水资源的统一管理迈出了重要的一步。但由于对水资源的权属管理部门与开发利用部门相互间的关系和职责划分不清,没有明确流域管理机构的职责和权限,导致部门之间职能交叉和职能错位的现象并存,"多龙治水"的问题依然存在。主要表现在:一是流域按行政区域分割管理;二是地表水、地下水分割管理;三是水量与水质分割管理。这种管理体制在实践中产生的主要问题有:一是不利于江河防洪的统一规划、统一调度和统一指挥。例如,有的地方在汛期上下游、左右岸各自为政,只顾自保,不顾整体,影响全局的防汛抗洪工作。二是不利于水资源统一调度,统筹解决缺水的问题。例如,一些地区在枯水期争相抢水,还有一些上游地区大量引水,造成下游地区江河断流、无水可用,给下游的经济社会发展和生态环境带来巨大的损害。三是不利于地表水、地下水统一调蓄,加剧了地下水的过量开发。据统计,全国地下水多年平均超采量67亿立方米,已经形成164个地下水超采区。四是不利于城乡统筹解决城市缺水的问题。五是不利于统筹解决水污染的问题。目前我国跨区域的水污染问题日益严重,局部治理,特别是下游地区治理无法真正改善江河水质和水环境,只有上下游统一治理、统一水量调度才能取得成效。六是不利于水资源经济、社会和环境等综合效益的发挥。新《水法》根据水资源的自身特点和我国的实际情况,借鉴一些国家水资源管理的通行做法和经验,按照资源管理与开发利用管理相分离的原则,确立了流域管理与行政区域管理相结合、统一管理与分级管理相结合的水资源管理体制。

(2)国务院水行政主管部门负责全国水资源的统一管理和监督工作。水资源统一管理的核心是水资源的权属管理。新《水法》明确规定,水资源属于国家所有,水资源的所有权由国务院代表国家行使。为了实现全国水资源的统一管理和监督,国务院水行政主管部门应当制定全国水资源的战略规划,对水资源实行统一规划、统一配置、统一调度、统一实行取水许可制度和水资源有偿使用制度等。为了实现全国水资源的统一管理和监督,国务院水行政主管部门在国家确定的重要江河、湖泊设立流域管理机构,在所管辖的范围内行使法律、行政法规规定和国务院水行政主管部门授予的水资源管理和监督职责。我国早在20世纪二三十年代就在主要江河设置了具有现代意义的流域管理机构,例如1935年设立的扬子江水利委员会、1933年设立的黄河水利委员会和1929年设立的导淮委员会等。新中国成立后中央人民政府为了加强对大江大河的规划、治理和管理,在长江、黄河、淮河等流域成立了流域管理机构,其间机构几经变更。到目前,我国在长江、黄河、淮河、珠江、海河、松辽河这六大江河和太湖流域都成立了作为水利部派出机构的流域管理机构,行使《水法》、《防洪法》、《水污染防治法》、《河道管理条例》等法律、行政法规规定的和水利部授予的水资源管理与监督职责。新《水法》对流域管理机构在水资源监督管理方面的职责进一步作了明确规定,具体包括:

①水资源的动态监测和水功能区水质状况的监测。

②国家确定的重要江河、湖泊以外的其他跨省、自治区、直辖市的江河、湖泊的流域综合规划和区域综合规划的编制。

③在国家确定的重要江河、湖泊和跨省、自治区、直辖市的江河、湖泊上建设水工程的审查。

④国家确定的重要江河、湖泊以外的其他跨省、自治区、直辖市的江河、湖泊的水功能区划。

⑤管辖权限范围内的排污口设置审查。

⑥管辖权限范围内的水工程保护。

⑦跨省、自治区、直辖市的水量分配方案和旱情紧急情况下的水量调度预案的制订以及年度水量分配方案和调度计划的制订。

⑧管辖权限范围内的取水许可证颁发和水资源费收取。

⑨水事纠纷处理与执法监督检查等。

(3)县级以上地方人民政府水行政主管部门依法负责本行政区域内水资源的统一管理和监督工作。

我国地域广阔,各地水资源状况和经济社会发展水平差异很大,实行流域管理和行政区域管理相结合的管理体制还必须紧密结合各地实际情况,充分发挥县级以上地方人民政府水行政主管部门依法管理本行政区域内水资源的积极性和主动性。新《水法》规定的流域管理机构与县级以上地方人民政府水行政主管部门在水资源监督管理上的一些具体职责还将由国务院或者国务院水行政主管部门制定的配套行政法规或者政府规章进一步界定。按照《水法》的有关规定,借鉴国外流域管理的成功经验,从总体上说,流域管理机构在依法管理水资源的工作中应当突出宏观综合性和民主协调性,着重于一些地方行政区域的水行政主管部门难以单独处理的问题,而一个行政区域内的经常性的水资源监督管理工作主要应由有关地方政府的水行政主管部门具体负责实施。地方在维护全国水资源统一管理、水法基本制度统一的前提下,也可以结合本地实际制定地方性水法规和有关政府规章,制定有利于本地水资源可持续利用的政策和有关规划、计划,依法加强对本行政区域内水资源的统一管理。

2. 管理职责

《水法》第十三条规定:国务院有关部门按照职责分工,负责水资源开发、利用、节约和保护的有关工作。县级以上地方人民政府有关部门按照职责分工,负责本行政区域内水资源开发、利用、节约和保护的有关工作。这是《水法》对县级以上地方人民政府有关部门在水资源开发、利用、节约和保护的有关工作方面职责的规定。

（1）水资源是一项多功能、多用途的基础性资源，水资源的开发、利用、节约和保护涉及各行各业，是一项涉及多部门、多领域的工作。新《水法》从我国实际出发，按照资源管理与资源开发利用相分开的原则建立的水资源统一管理体制并不是要将水资源开发、利用、节约和保护的各项工作都集中于一个部门，加强水资源的统一管理和发挥各有关部门的作用两个方面相辅相成，缺一不可。只有各有关部门共同依法把涉及水资源开发、利用、节约和保护的各项工作都做好，才能真正实现以水资源的可持续利用促进经济社会的可持续发展。因此，《水法》第十三条规定国务院有关部门和县级以上地方人民政府有关部门按照职责分工，负责水资源开发、利用、节约和保护的有关工作。

（2）国务院有关部门在水资源开发、利用、节约和保护工作方面的职责分工由有关法律、行政法规或者国务院批准的各有关部门的"三定"方案规定。例如，根据《水法》的规定，全国的和跨省、自治区、直辖市的水中长期供求规划要经国务院发展计划主管部门审查批准后执行。根据《水污染防治法》的规定，环境保护行政主管部门是对水污染防治实施统一监督管理的机关；经济综合主管部门会同有关部门负责对落后的、耗水量高的工艺、设备和产品实行淘汰制度。县级以上地方人民政府有关部门对本行政区域内水资源开发、利用、节约和保护的工作可以按照职责分工确定。但是，水资源的权属管理必须统一，只能依法由国务院水行政主管部门和县级以上地方人民政府水行政主管部门负责。国务院水行政主管部门和县级以上地方人民政府水行政主管部门与各有关部门应当主动加强联系和合作，各司其职，密切配合，共同把水资源管好、用好、保护好，真正实现水资源的可持续利用，适应国民经济和社会发展的需要。

（3）提高水资源的有效利用率，保护水资源的持续开发利用，充分发挥水资源工程的经济效益，在满足用水户对水量和水质要求的前提下，使水资源发挥最大的社会、环境、经济效益。广义的水资源管理，可以包括：①法律。立法、司法、水事纠纷的调解处理。②行政。机构组织、人事、教育、宣传。③经济。筹资、收费。④技术。勘测、规划、建设、调度运行。这四个方面构成一个由水资源开发（建设）、供水、利用、保护组成的水资源管理系统。这个管理系统是把自然界存在的有限水资源通过开发、供水系统与社会、经济、环境的需水要求紧密联系起来的一个复杂的动态系统。社会经济发展对水的依赖性愈强，对水资源管理的要求就愈高，各个国家不同时期的水资源管理与其社会经济发展水平和水资源开发利用水平密切相关。同时，世界各国由于政治、社会、宗教、自然地理条件和文化素质水平、生产水平以及历史习惯等原因，其水资源管理的目标、内容和形式也不可能一致。但是，水资源管理目标的确定都与当地国民经济发展目标和生态环境控制目标相适应，不仅要考虑自然资源条件以及生态环境的改善，而且还应充分考虑经济承受能力。

（二）我国水资源管理的基本原则及措施

1. 基本原则

现代的水资源管理遵循以下基本原则：

（1）效益最优。对水资源开发利用的各个环节（规划、设计、运用），都要拟定最优化准则，以最小投资取得最大效益。

（2）地表水和地下水统一规划，联合调度。地表水和地下水是水资源的两个组成部分，存在互相补给、互相转化的关系，开发利用任一部分都会引起水资源量的时空再分配。

充分利用水的流动性质和储存条件,联合调度地表水和地下水,可以提高水资源的利用率。

(3)开发与保护并重。在开发水资源的同时,要重视森林保护、草原保护、水土保持、河道湖泊整治、污染防治等工作,以取得涵养水源、保护水质的效应。

(4)水量和水质统一管理。由于水源的污染日趋严重,可用水量逐渐减少,因此在制定供水规划和用水计划时,水量和水质应统一考虑,规定污水排放标准和制定切实可行的水源保护措施。

2. 水资源管理的措施

(1)有效的水资源管理,必须有一定的措施保证。这些措施通常有以下内容:①行政法令措施。用国家行政权力,成立管理机构,制定管理法规。管理机构的权力为:审查批准水资源开发方案,办理水资源的使用证,检查政策法规的执行情况,监督水资源的合理利用等。管理法规分综合性法规和专门性法规两类,水法或水资源法属综合性法规,水土保持法、洪水保险法、水污染防治法和水利工程管理条例等属专门性法规。各种法规按照立法程序由国家颁布执行。②经济措施。它是管好用好水资源的一项重要手段,主要包括:审定水价和征收水费;明确谁投资谁受益的原则,对保护水源、节约用水、防治污染有功者给予资金援助和奖励,对违反法规者实行经济赔偿和罚款。此外,还有集中使用水利资金和征收水资源税等措施。③宣传教育措施。利用报刊、广播、电影、电视、展览会、报告会等多种形式,向公众介绍水资源的科普知识,讲解节约用水和保护水源的重要意义,宣传水资源管理的政策法规,使广大群众认识到水是有限的宝贵资源,自觉地用好并保护好水资源。

(2)加强水资源基本资料的调查研究,总结推广国内卓有成效的管理经验,学习采用国外先进的管理技术。此外,采用现代计算机技术和水资源系统分析方法,选择最优的开发利用和管理运用方案,乃是水资源管理的发展方向。

(3)涉及国际水域或河流的水资源问题,要建立双边或多边的国际协定或公约。

四、水资源管理内容

在水资源开发利用初期,供需关系单一,管理内容较为简单。随着水资源工程的大量兴建和用水量的不断增长,水资源管理需要考虑的问题越来越多,已逐步形成专门的技术和学科。主要管理内容有:

(1)水资源的所有权、开发权和使用权。所有权取决于社会制度,开发权和使用权服从于所有权。在生产资料私有制社会中,土地所有者可以要求获得水权,水资源成为私人专用。在生产资料公有的社会主义国家中,水资源的所有权和开发权属于全民或集体,使用权则是由管理机构发给用户使用证。

(2)水资源的政策。为了管好用好水资源,对于如何确定水资源的开发规模、程序和时机,如何进行流域的全面规划和综合开发,如何实行水源保护和水体污染防治,如何计划用水、节约用水和征收水费等问题,都要根据国民经济的需要与可能,制定出相应的方针政策。

(3)水量的分配和调度。在一个流域或一个供水系统内,有许多水利工程和用水单位,往往会发生供需矛盾和水利纠纷,因此要按照上下游兼顾和综合利用的原则,制定水量分配计划和调度方案,作为正常管理运用的依据。遇到水源不足的干旱年,还要采取应急的调度方案,限制一部分用水,保证重要用户的供水。

(4)防洪问题。洪水灾害给生命财产造成巨大的损失,甚至会扰乱整个国民经济的部署。因此,研究防洪决策,对于可能发生的大洪水事先做好防御准备,也是水资源管理的重要组成部分。在防洪管理方面,除维护水库和堤防的安全外,还要防止行洪、分洪、滞洪、蓄洪的河滩、洼地、湖泊被侵占破坏,并实施相应的经济损失赔偿政策,试办防洪保险事业。

(5)水情预报。由于河流的多目标开发,水资源工程越来越多,相应的管理单位也不断增加,日益显示出水情预报对搞好管理的重要性。为此必须加强水文观测,做好水情预报,才能保证工程安全运行和提高经济效益。

(一)水资源权属管理

《水法》第三条规定:水资源属于国家所有。水资源的所有权由国务院代表国家行使。农村集体经济组织的水塘和由农村集体经济组织修建管理的水库中的水,归各该农村集体经济组织使用。这是《水法》对我国水资源权属法律制度的规定。

(1)水是人类生活和社会生产的基本物质,人们在开发利用水资源的过程中,形成了复杂的权益关系。随着社会的发展,人类开发利用水资源的规模越来越大,水越来越成为影响整个社会生活的重要因素,水资源权属已成为不能回避的重要法律问题。水资源权属法律制度是水资源所有权和因占有、使用水资源而产生的各种相关财产权益(如取水权)的统称。由于水资源是一种动态的资源,具有多种功能,可以重复使用,因此水资源权属与一般的财产权又有所不同,具有自己的特点。世界各国在长期的社会发展和用水实践中形成了自己成文或者不成文的水资源权属法律制度,这些规范的产生和存在都有其历史的合理性。因此,水资源权属法律制度是与不同国家和地区的社会制度、水资源状况、历史习惯、文化传统等紧密相关的,统一模式的水资源权属法律制度是不存在的。水资源权属法律制度的建立和完善是制定各种水事法律规范、设定水事法律关系中权利义务关系的基础。

(2)水资源属于国家所有。我国《宪法》第六条规定,中华人民共和国社会主义经济制度的基础是生产资料的社会主义公有制;第九条规定,矿藏、水流、森林、山岭、草原、荒地、滩涂等自然资源,都属于国家所有,即全民所有。我国水资源短缺,人均占有量只有世界人均水平的1/4,同时在时空分布上极不均衡。因此,水资源是我国最宝贵的自然资源之一,是实现可持续发展的重要物质基础。只有严格依照《宪法》的规定,坚持水资源属于国家所有,即全民所有,才能保障我国水资源的合理开发、利用、节约、保护和满足各方面对水资源日益增长的需求,适应国民经济和社会发展的需要。原《水法》依据《宪法》作出规定,"水资源属于国家所有,即全民所有"。新《水法》仍然延续了这一规定。新《水法》第二条还明确规定,"本法所称水资源,包括地表水和地下水"。因此,水资源属于国家所有的含义是地表水、地下水和其他形态的水资源都属于国家所有。水资源属于国家所有是我国水资源权属法律制度的基础和核心,一切水事立法都必须遵循和维护这一制度。

随着水资源紧缺和水环境污染成为一个世界性的重大难题,把水资源作为一种公共资源、公共财产,由政府加强对水资源开发利用的控制和管理已逐渐成为当今世界的一种趋势。例如,南非1998年通过的新《水法》在序言中规定:人们认识到水是一种稀有的,且时空分布不均衡的国有资源……人们还认识到水是一种属于全体人民的自然资源,而以往南非的种族歧视的法律和制度妨碍了人们公平公正地得到水,也妨碍了水资源的合理开发和利用;现在人们承认应由中央政府全面负责管理全国的水资源及其开发和利用,包括公平公正地分配水资源使其得到有效益的利用和分配。

(3)水资源的所有权由国务院代表国家行使。原《水法》在规定水资源属于国家所有时并没有明确规定水资源国家所有权的主体代表。由国务院代表国家行使国有水资源的所有权是《水法》修订新作出的规定。国有水资源受法律保护,水资源属于国家所有的法律表现形式是水资源的国家所有权。根据《民法通则》的规定,财产所有权是指所有人依法对自己的财产享有占有、使用、收益和处分的权利。因此,水资源的所有权由国务院代表国家行使,是指国务院代表国家(即全民)依法行使对国有水资源的占有、使用、收益和处分的权利。在法律上规定国务院是国有水资源所有权的代表,一是明确地方各级人民政府不是国有水资源的所有权代表,无权擅自调配、处置水资源,只能依法或者根据国务院的授权调配、处置水资源;二是赋予国务院行使国有水资源资产管理的职能,水资源有偿使用的收益权归中央人民政府,国务院有权决定国有水资源有偿使用收益的分配办法。明确水资源的所有权由国务院代表国家行使,为进一步改革和完善我国的水资源管理体制,加强水资源的统一管理,优化水资源的配置确立了坚实的法制基础。

(4)农村集体经济组织的水塘和由农村集体经济组织修建管理的水库中的水,归各该农村集体经济组织使用。根据《宪法》关于水流自然资源属于国家所有,即全民所有的规定,从我国水资源紧缺的实际状况出发,借鉴世界水资源管理立法的一些新实践、新经验,新《水法》对原《水法》第三条第二款"农业集体经济组织所有的水塘、水库中的水,属于集体所有"的规定作了上述修改。这样修改符合《宪法》和我国的实际,有利于国家加强对水资源的统一管理和优化配置,真正实现以水资源的可持续利用支持经济社会可持续发展的立法目的。同时,根据《民法通则》中有关国家所有的森林、山岭、草原、荒地、滩涂、水面等自然资源可以依法确定由集体所有制单位使用的规定,为尊重历史习惯,充分保护农村集体经济组织和农民兴办农田水利设施、合理开发利用水资源的积极性及其相关合法权益,新《水法》第三条作了农村集体经济组织的水塘和由农村集体经济组织修建管理的水库中的水,归各该农村集体经济组织使用的规定。

此外,新《水法》还明确规定:①农村集体经济组织及其成员使用本集体经济组织修建管理的水塘、水库中的水不实行取水许可和有偿使用制度。②农村集体经济组织或者其成员依法在本集体经济组织所有的集体土地或者承包土地上投资兴建水工程设施的,按照谁投资建设谁管理和谁受益的原则,对水工程设施及其蓄水进行管理和合理使用。③农村集体经济组织修建水库应当经县级以上地方人民政府水行政主管部门批准。这些规定既维护了国家水资源所有权的完整性和统一性,加强了国家对水资源的宏观管理,也充分保护了农村集体经济组织和农民现有的用水权益,保持了我国水资源权属法律制度的延续性和稳定性。

(二)水资源调查评价

《水法》第十六条规定:制定规划,必须进行水资源综合科学考察和调查评价。水资源综合科学考察和调查评价,由县级以上人民政府水行政主管部门会同同级有关部门组织进行。

县级以上人民政府应当加强水文、水资源信息系统建设。县级以上人民政府水行政主管部门和流域管理机构应当加强对水资源的动态监测。

基本水文资料应当按照国家有关规定予以公开。

这是《水法》对制定规划必须进行水资源调查评价、加强水资源信息系统建设等基础性工作的规定。

(1)该条第一款规定,制定规划必须开展水资源综合科学考察和调查评价工作。水资源综合科学考察和调查的目的是全面客观地掌握水资源的自然状况与开发利用现状,以及未来的变化趋势,客观反映水资源开发利用中存在的问题。水资源调查评价成果是开发、利用、节约、保护、管理水资源和防治水害的依据。因此,进行水资源规划,为经济社会发展提供水资源保障,必须进行水资源调查评价。水资源综合科学考察和调查是水行政主管部门的职责,同时又涉及多部门、多学科的工作,所以由县级以上人民政府水行政主管部门会同同级有关部门组织进行。20世纪80年代,我国由水利部组织进行了第一次全国性的水资源调查评价,提出《中国水资源评价》等成果,基本摸清了我国水资源状况。目前正在进行第二次全国性的水资源调查评价工作。

(2)该条第二款和第三款规范了水文和水资源信息工作。水文、水资源信息是制定规划的依据和重要基础,是提供水资源数量、质量和可利用量的基础,提供对现状用水方式、水平、程度、效率等评价成果的基本依据,为需水预测、节约用水、水资源保护、供水预测、水资源配置提供可靠的分析成果。由于水资源的时空分布和开发利用状况是变化的,尤其在我国北方地区近来变化较大,因此必须加强对水资源的动态监测,运用现代化的技术手段和先进的信息技术,加强水文、水资源信息监测系统建设,要实行水资源数量与质量、供水与用水、排污与环保相结合的统一监测网络体系,建立和完善供、用、排水计量设施,建设现代化水资源监测系统。水文资料是国家基本资料的重要组成部分。为了充分发挥水文资料的作用,更好地为国民经济和社会发展服务,基本水文资料应当按照国家有关规定予以公开。

(三)水资源规划

《水法》第十四条规定:国家制定全国水资源战略规划。

开发、利用、节约、保护水资源和防治水害,应当按照流域、区域统一制定规划。规划分为流域规划和区域规划。流域规划包括流域综合规划和流域专业规划;区域规划包括区域综合规划和区域专业规划。

前款所称综合规划,是指根据经济社会发展需要和水资源开发利用现状编制的开发、利用、节约、保护水资源和防治水害的总体部署。前款所称专业规划,是指防洪、治涝、灌溉、航运、供水、水力发电、竹木流放、渔业、水资源保护、水土保持、防沙治沙、节约用水等规划。

这是《水法》对水资源规划体系的规定。

（1）以水资源的可持续利用支持经济社会的可持续发展，为全面建设小康社会提供有力支撑和保障，是我国新时期水利改革与发展的战略目标。开发、利用、节约、保护水资源和防治水害事关经济社会发展的大局和人民群众的根本利益，必须全面规划、统筹安排，即要根据水资源的基本状况和国民经济及社会发展对水资源的各项需求，统一制定规划，确定水资源开发、利用、治理的中长期目标，并规定实现目标的分步计划。通过规划的制定和执行，为经济社会发展提供五方面的基本保障：一是饮水保障，要优先满足城乡人民生活用水的要求，为城乡居民提供安全清洁的饮用水，改善公共设施和生态环境，逐步提高生活质量；二是经济社会对防洪保安的要求，保障人民生命财产安全；三是水对粮食安全的保障，基本满足粮食生产对水的需求，改善农业生产条件，为我国粮食安全提供水利保障；四是基本满足国民经济建设用水需求，保障经济持续、快速、健康发展；五是努力满足改善生态环境用水需求，逐步增加生态环境用水，不断改善自然生态和美化生活环境，努力实现人与自然的和谐与协调。该条共分3款，明确了国家和流域、区域规划，包括全国水资源战略规划、流域或区域的综合规划、流域或区域的专业规划。各项规划之间相协调和衔接，构成水资源规划体系。

（2）该条第一款规定了国家制定全国水资源战略规划。该款是在全国人大常委会审议《水法》过程中，根据部分委员的建议增加的。我国水资源时空分布不均，且水资源分布与经济社会发展布局不对称。水资源不足是制约我国经济社会发展的重要因素，为解决大江大河流域间的重大水资源调配和布局问题，仅有流域或者区域的水资源规划是不够的，还应当制定全国的水资源战略规划。因此，规划不仅要在流域、县级以上地方行政区域组织进行，更需要在全国规划层次和范围内组织进行。全国的水资源战略规划是宏观规划，主要是在查清我国水资源及其开发利用现状、分析评价水资源承载能力的基础上，根据水资源的分布和经济社会发展整体布局，计划水资源的配置和综合治理问题。目前，由国家发展和改革委员会与水利部牵头、有关部委和各省参加编制的全国水资源综合规划实质上就是全国水资源战略规划。举世瞩目的南水北调工程，需要贯通长江、淮河、海河、黄河，实现跨流域调水，就必须在全国水资源战略规划的基础上进行。

（3）该条第二款规定了流域规划和区域规划的法律地位及作用。开发、利用、节约、保护、管理水资源和防治水害应当按流域、区域统一制定规划，从事上述水事活动必须服从流域、区域规划。该款还规定了流域、区域规划均包括综合规划和专业规划两大类。

（4）该条第三款规定了综合规划与专业规划的内涵。综合规划是指根据经济社会发展需要和水资源开发利用现状编制的兴水利、除水害的总体部署，专业规划包括防洪、治涝、灌溉、航运、供水、水力发电、竹木流放、渔业、水资源保护、水土保持、防沙治沙、节约用水等规划，是上述水事活动的具体依据。

（四）水资源开发利用

《水法》第三章规定了水资源开发利用的基本原则，阐述了水资源开发利用的主要内容。水资源的开发利用，必须与经济社会发展相适应，不同的历史时期和不同的经济发展水平，对水资源开发利用的要求不同。在继承原《水法》中科学合理且行之有效的原则和规定的基础上，适应现阶段经济社会对水资源开发利用的要求，新《水法》对原《水法》进行了较大修改。水资源开发利用的基本原则如下：

（1）全面规划，统筹兼顾。水资源的开发利用必须坚持兴利与除害相结合，兼顾上下游、左右岸和有关地区之间的利益，发挥水资源的多种功能，大力发展水电、水运等各项事业，充分发挥水资源的综合效益。

（2）以水资源合理配置为基础。遵循全面规划、合理开发、高效利用、优化配置、有效保护、科学管理的原则，以提高水资源利用效率和效益为核心，不断提高水资源的承载能力，促进水资源的可持续利用，统筹协调生活、生产和生态环境用水。

（3）以水资源供水安全体系建设为目标。通过建设调蓄工程增强水资源调蓄能力，对天然来水过程进行有效调控，提高供水能力，适应用水部门的需求过程，提高供水保证率。

（4）经济社会的发展要考虑水资源的条件，进行科学论证，在水资源不足的地区要对城市规模和建设耗水量大的工业、农业、服务业项目加以限制。

（五）兴利与除害相结合的原则

《水法》第二十条规定：开发、利用水资源，应当坚持兴利与除害相结合，兼顾上下游、左右岸和有关地区之间的利益，充分发挥水资源的综合效益，并服从防洪的总体安排。这是我国《水法》中对开发、利用水资源关于坚持兴利与除害关系的基本法律原则的规定。

（1）我国水资源总量中大部分来自洪水，但水资源在一年内和年际间变化很大，汛期和多水年易形成洪涝灾害，非汛期和枯水年水少，往往又发生旱灾。这一特点决定了要防治洪涝、满足用水要求就必须坚持兴利与除害相结合。实行兴利与除害相结合的原则，首先应当在流域综合规划中体现。其次，该原则应当在骨干枢纽工程，特别是在大型水库的建设中得到体现。以防洪为主的水库，应当综合考虑各项兴利事业的需要，把拦蓄的大量洪水转化为可以提供利用的水，并且按照灌溉、供水、水运、水力发电、渔业等方面的需要，适时调节径流，以服务于水资源的综合利用。以发电、灌溉、供水为主的水库，也必须根据防洪的总体安排，承担一定的防洪任务。同时水资源是大气降水循环再生的动态自然资源，地表水与地下水相互转化，不可分割，也难以按地区、部门或城乡的界限划分，而应当按流域自然单元进行开发、利用和管理。不合理的资源开发导致严重的生态环境问题。我国现状是，水资源开发利用率为20%，但北方主要河流已超过50%，其中海河流域和黑河流域已超过90%。过度开发、大量挤占生态环境用水，导致河流断流、湖泊萎缩、湿地消失、天然植被破坏等一系列生态环境问题。地下水过量开采，造成地下水位持续下降、地面沉降、海水入侵、水源枯竭、水质恶化等环境问题。经济社会的发展和人口的增长，用水量急剧增加，水的供需矛盾日益突出，地区间用水矛盾十分尖锐，水事纠纷时有发生。所有这些都要求我们开发利用水资源要全面规划、统筹兼顾，发挥水资源的综合效益。

（2）开发、利用水资源，应当服从防洪的总体安排。我国特定的自然条件和水文特征，决定了防洪问题在我国具有特殊的重要性。我国大约有1/2的人口、1/3的耕地、上百座大中城市、许多重要交通干线和工矿企业处于江河洪水位以下，受江河洪水严重威胁的地区的工农业产值占全国的2/3。随着经济的发展和人口的增长，洪水造成的损失也越来越大。大江大河一旦出事，势必造成难以挽回的损失，打乱整个国家经济的布局，影响社会稳定。因此，开发利用水资源应当服从防洪的总体安排，按照《防洪法》的有关规定，规范各种水资源开发利用活动。

（3）该条保留了原《水法》中对水资源开发利用基本原则的规定，并赋予了新的内涵，对实现以水资源的可持续利用，保障经济社会的可持续发展具有重要意义。

（六）城乡生活用水优先原则

《水法》第二十一条规定：开发、利用水资源，应当首先满足城乡居民生活用水，并兼顾农业、工业、生态环境用水以及航运等需要。

在干旱和半干旱地区开发、利用水资源，应当充分考虑生态环境用水需要。

这是《水法》对用水顺序的规定。

（1）水是基础性的自然资源和战略性的经济资源，是生态环境的控制性要素。在水资源发生供需矛盾时，如何安排城乡生活用水、农业用水、工业用水、生态环境用水和其他用水的先后顺序？对此，各国水法都有规定。其中有一个共同点，就是都把生活用水放在优先地位。我国水资源与人口、经济布局和城镇发展不相匹配，加之长期以来水源工程建设滞后，供水增长速度不能满足国民经济发展、人口增长及城市化发展的要求，全国区域性缺水越来越严重，特别是北方地区和重要城市的水资源供需矛盾十分突出。目前，我国用水需求如果按照正常需求和不超采地下水，年缺水量 300 亿～400 亿立方米，倘遇大旱年份，缺额更多。全国 600 多座城市有 400 多座缺水，其比例达 2/3，日缺水量 1 600 万立方米，每年影响工业产值 2 300 亿元。农业每年缺水 300 亿立方米，在农村尚有 2 400 多万人饮水困难。水是生命之源，社会对水的第一需求就是饮水保障。获得充足、洁净的饮水，是城乡居民最基本的生活需要。新《水法》第五章还特别增加了第五十四条，要求"各级人民政府应当积极采取措施，改善城乡居民的饮用水条件"。

随着人口的持续增长，我国人均水资源量将进一步减少；随着经济社会的快速发展，城市化进程的加快，以及人民生活质量的提高和生态环境的改善，用水需求将不断增加，对供水量和水质的要求不断提高，水资源供需矛盾将不断加剧。因此，要大力发展供水事业，确保安全供水，满足城乡用水需求。合理开发、高效利用和优化配置水资源，调整经济布局与产业结构，优先满足生活用水，基本保障经济和社会发展用水，努力改善生态环境用水，逐步形成水资源合理配置的格局和安全供水体系。

（2）该条第二款规定，在干旱、半干旱地区开发、利用水资源，应当充分考虑生态环境用水的需要。按照通常的划分，多年平均降水量小于 200 毫米为干旱区，小于 400 毫米为半干旱区。我国干旱区和半干旱区占整个国土面积近一半。干旱区和半干旱区生态环境的稳定，在很大程度上取决于水资源的供给状况。但是长期以来这些地区的水资源开发利用没有考虑生态环境保护，致使这些地区生态环境恶化，表现为地表植被退化甚至死亡、河道断流、湖泊萎缩、下游河床淤积、河口生态破坏、土地次生盐渍化等诸多生态问题。水资源的开发利用必须与社会和经济发展相适应，在不同的历史时期和不同的经济发展水平上，经济社会对水资源开发利用的要求不同。该款规定顺应了经济社会发展对水资源开发利用的要求，突出了环境用水，体现了与时俱进的精神。

（七）跨流域调水的规定

《水法》第二十二条规定：跨流域调水，应当进行全面规划和科学论证，统筹兼顾调出和调入流域的用水需要，防止对生态环境造成破坏。这是《水法》对跨流域调水的规定。

（1）跨流域调水是水资源开发的重要手段。实施跨流域调水，进行流域间的水资源合理配置,对改变流域与区域间水资源分布不均,缓解重点缺水地区的水资源供需矛盾,具有十分重要的意义。世界各国对跨流域调水,改变缺水地区和干旱沙漠地区的生产条件与生态环境均十分重视。由于我国水资源不丰富、时空分布不均以及水资源极不平衡的特点,跨流域调水将是21世纪中国水利的一大特点。因为实施跨流域调水将对调出区的生态环境和水资源形势带来影响,所以该条保留了原《水法》相关条款的内容,规定:跨流域调水,应当进行全面规划和科学论证,统筹兼顾调出和调入流域的用水需要,防止对生态环境造成破坏。

(2)按照优化配置多种水资源,提高抗御干旱的能力,优先满足生活用水,基本保障经济和社会发展用水,努力改善生态环境用水的基本目标,跨流域调水主要是指城市供水。因为中国未来水资源供需矛盾主要集中在城市,只有在城市无法依靠本地水资源满足用水需要的前提下才考虑实施跨流域调水。跨流域调水要全面规划、科学论证,统筹考虑调出和调入流域的用水需要,决不能造成调出区生态环境的恶化。国际上通行的标准是调水量不得超过调出河流总量的20%,河流本身开发利用率不得超过40%,否则将造成生态环境的破坏。

(3)我国开工建设的南水北调工程,是缓解我国北方地区缺水矛盾和提高城乡抗御干旱能力、实现水资源合理配置的重大战略性工程。通过东、中、西三条调水线路,实现长江、淮河、黄河、海河四大流域的水资源合理调配,形成南方和东西部水资源互相补充的格局。南水北调直接供水的主要目标是城镇生活和工业用水,并可通过水量调配和优化调度等多种方式,缓解农业和生态环境的缺水状况,确保京津等特大城市的供水安全。

(八)综合利用原则及水资源论证制度的规定

《水法》第二十三条规定:地方各级人民政府应当结合本地区水资源的实际情况,按照地表水与地下水统一调度开发、开源与节流相结合、节流优先和污水处理再利用的原则,合理组织开发、综合利用水资源。

国民经济和社会发展规划以及城市总体规划的编制、重大建设项目的布局,应当与当地水资源条件和防洪要求相适应,并进行科学论证;在水资源不足的地区,应当对城市规模和建设耗水量大的工业、农业和服务业项目加以限制。

这是《水法》对合理组织、综合利用水资源的原则和实行水资源论证制度的规定。

(1)水资源是大气降水循环再生的动态自然资源,大气水、地表水和地下水相互转化,不能分割。这三种形态存在于水循环的不同阶段,水在任何一个阶段受到损害,都会影响到其他阶段。因此,一些国家的水法规定地表水、地下水必须联合运用,统一调度。至于是开发地表水还是开发地下水,或是兼而有之,这要根据当地资源条件,从获得最大经济、社会、环境效益的目标出发,因地制宜,统筹兼顾。其实质也就是水资源优化配置问题。针对我国北方地区地下水严重超采的状况,一方面要避免丰富的地表水白白流走,一方面要避免地下水严重超采,造成地下水位持续下降,带来环境地质灾害。

(2)针对长期以来在水资源开发利用中重开源、轻节流和保护的状况,《水法》根据国家新时期的治水方针,明确规定了开源与节流相结合、节流优先和污水处理再利用的原则。目前我国水资源已开发利用约5 600亿立方米,有3 000亿立方米尚可开发,说明还有"开源"的空间,但衡量水资源利用程度的主要指标为"水资源开发利用率"。通常水资源开发利用率是指供水能力(或保证率)为75%时可供水量与多年平均水资源总量的比值,是表征水资源开发利用程度的一项指标。我国现状水资源开发利用率为20%,但流域之间差异很大。国际上一般认为,对一条河流的开发利用不能超过其水资源量的40%,而黄河、海河、辽河、淮河的水资源利用率都超过了这一预警线,若不采取合理的积极措施,就可能会暴发严重的水资源和水环境危机。用了水以后必然会产生污水。用水量越大,产生的污水越多。污水如果不经过处理,就直接排放到水域中去,会有什么后果呢? 虽然水体有一定的自我净化能力,但如果污水量超过了这片水域的水环境承载能力的话,必然会污染整个水域。因此,必须坚持开源与节流相结合,必须把节约用水放在突出位置,努力建设节水型农业、节水型工业和节水型社会。

然而,污水的产生又是不可避免的。根据预测,2030年和2050年我国城市工业和生活废污水排放将达到850亿~1 060亿立方米和1 100亿~1 500亿立方米。这就要求我们下大力气加大城市废污水的集中处理力度,发展低成本的废污水处理技术,进行资源化处理。处理后的废污水是我国北方缺水地区宝贵的再生资源,可作为农业灌溉、城市绿化用水,也可以回灌地下水或作为河道内用水等生态环境用水,可在很大程度上缓解我国农业与生态用水不足的压力。

(3)该条第二款作出了实行水资源论证制度的规定。水资源论证应当包括两个方面:一是水资源承载能力。水资源承载能力指的是在一定流域或区域内,其自身的水资源能够持续支撑的经济社会发展规模并维系良好生态系统的能力。二是水环境承载能力。水环境承载能力指的是在一定的水域,其水体能够被继续使用并仍保持良好生态系统时,所能够容纳污水及污染物的最大能力。这两者是相辅相成、紧密相连的。水资源虽然是可循环、可更新的资源,但在一定时期、一定地点,其承载能力也是有限的。因此,生产力布局和城市建设就应当与当地水资源条件也就是水资源承载能力以及防洪要求相适应。在水资源不足的地区,应当对城市规模和建设耗水量大的工业、农业和服务业项目加以限制。目前,水利部与国家发展和改革委员会已经发布了建设项目水资源论证管理办法,对论证工作作出了具体的规定。

此外,《水法》第二十四条规定:在水资源短缺的地区,国家鼓励对雨水和微咸水的收集、开发、利用和对海水的利用、淡化。这是《水法》对开发利用雨水等多种非传统水资源的规定。

(1)在合理开发地表水、科学利用地下水的同时,积极开发利用多种水资源,增加可供水量,是缓解缺水矛盾的重要途径。《水法》对此作出规定将会进一步推动多种非传统水资源的开发利用。

(2)雨水利用已成为当今世界缺水地区水资源开发的潮流之一。通过集水工程技术措施可开发雨水资源。在我国陕西、山西、甘肃、宁夏等黄土高原地区,河南、河北、内蒙古等干旱、半干旱缺水地区,以及东北的缺水旱地农业区,四川、广西、贵州等西南土石地区,通过修建水窖、水柜、旱井、蓄水池等小型、微型水资源工程,发展和建设集雨节灌的雨水集蓄利用工程,结合水土保持建设基本农田,提高了农业生产水平,改善了农民生活条件。

(3)我国北方沿海地区和西北内陆地区有相当数量的微咸水可以利用。华北平原半咸水和微咸水分别达到36.3亿立方米和20亿立方米,黄河流域的微咸水资源量约50亿立方米,具有较大的开发利用潜力。根据作物生理的需要,交替使用淡水和微咸水,可以弥补淡水的不足,促进缺水地区农业生产的发展。

(4)海水利用包括海水的直接利用和海水淡化。由于投资成本高,海水淡化近期还难以普及应用。而直接利用海水作工业冷却、生活冲洗、城市绿化和环境用水,以替代淡水资源,已成为我国沿海城市解决淡水资源紧缺的一条重要途径。2000年我国直接利用海水141亿立方米,比1995年增加1.2倍。利用海水的行业包括发电、化工、石油化工、水产养殖、冶金、造船和纺织等,主要用做工业冷却、清洗及生活杂用等。与淡水资源相比,海水资源是取之不尽、用之不竭的资源,我国大陆海岸线长约1.8万千米,沿海城市的工矿企业如能充分利用海水资源,则对节约沿海地区淡水资源和缓解水资源紧缺状况都有着重要的意义。

(九)兴建水工程设施的规定

《水法》第二十五条规定:地方各级人民政府应当加强对灌溉、排涝、水土保持工作的领导,促进农业生产发展;在容易发生盐碱化和渍害的地区,应当采取措施,控制和降低地下水的水位。

农村集体经济组织或者其成员依法在本集体经济组织所有的集体土地或者承包土地上投资兴建水工程设施的,按照谁投资建设谁管理和谁受益的原则,对水工程设施及其蓄水进行管理和合理使用。

农村集体经济组织修建水库应当经县级以上地方人民政府水行政主管部门批准。

这是《水法》关于加强对灌溉、排涝、水土保持工作的领导和农村集体经济组织及其成员兴建水工程设施的规定。

(1)1981年以来,我国灌溉面积明显下降。虽然每年都有新增的灌溉面积,但不足以弥补因年久失修、损坏报废、设备老化、无力更新、基建占地、水源变化或水源被城市占用等因素而减少的灌溉面积。同时因灌溉不当、地下水位抬高,北方一些地区发生土壤次生盐碱化,南方一些地区出现渍害。上述问题在当前一些地区仍不同程度地存在。因此,该条第一款专门规定地方各级人民政府应当加强对灌溉、排涝、水土保持工作的领导,采取措施防治盐碱化和渍害。

(2)水利是农业的命脉。水利灌溉、水土保持和中低产田改造对于促进农业生产发展起着十分关键的作用。我国灌溉面积从1949年的2.4亿亩发展到目前的8.2亿亩,初步形成了以当地水资源利用为主体的供水格局和农田灌排工程体系,全国灌溉面积不到耕地面积的一半,而其粮食产量却占全国粮食总产量的75%,棉花和蔬菜分别占到80%和90%。农田水利的发展,促进了农村产业结构、种植结构的调整和农村生产方式的变革;促进了林牧渔业的发展,改善了农村生活条件和生态环境,繁荣了农村经济。我国能以占世界不足10%的耕地养活占世界19%的人口,使13亿人口解决温饱问题,这是世界瞩目的伟大成就。对此,农田水利建设发挥了举足轻重的作用。目前,我国粮食产量能够保障13亿人口的粮食安全,到2030年,我国人口将达到16亿,要在农业用水量不增加的情况下保障16亿人口的粮食安全,地方各级人民政府必须加强对灌溉、排涝、水土保持工作的领导,促进农业生产发展。

(3)为了调动和保护农村集体经济组织和农民投资兴建各种水利设施的积极性,以利于管理、开发、利用水资源,该条第二款规定,农村集体经济组织或者其成员依法在本集体经济组织所有的集体土地或者承包土地上投资兴建水工程设施的,按照谁投资建设谁管理和谁受益的原则,对水工程设施及其蓄水进行管理和合理使用。该条第三款规定了县级以上地方人民政府水行政主管部门对农村集体经济组织修建水库依法进行审批,这有利于国家对水资源的统一管理,可以防止私建水库引起上下游矛盾,兼顾了各方面的利益。

(十)水能资源开发、利用要求的规定

《水法》第二十六条规定:国家鼓励开发、利用水能资源。在水能丰富的河流,应当有计划地进行多目标梯级开发。

建设水力发电站,应当保护生态环境,兼顾防洪、供水、灌溉、航运、竹木流放和渔业等方面的需要。

这是《水法》对水能资源开发、利用要求的规定。

(1)我国水能资源丰富,理论蕴藏量为6.76亿千瓦,可开发资源为3.78亿千瓦,均占世界第一位。丰富的水能资源是我国能源特别是电力发展的巨大优势。水能资源既是一项洁净的、可再生的能源,还兼有相当于开采煤炭、石油的一次能源建设和相当于修建火电站的二次能源建设的双重功能。这些都决定了水能开发在我国能源建设中的重要地位。新中国成立以来,我国水能资源开发利用取得了举世瞩目的成就。2000年年底,全国已建成的大、中、小型水电站装机容量总计为7 679万千瓦,当年发电量为2 398亿千瓦时。但目前水能资源的开发利用率并不高,全国水力发电量仅占技术可开发利用量的11%,大力开发我国丰富的水能资源仍是一项十分重要的任务。所以,该条第一款保留了原《水法》有关国家鼓励开发、利用水能资源的规定,以促进我国水电事业的发展。

(2)有计划地进行多目标梯级开发作为开发水能资源的基本原则,可以从下面两方面来看:一方面,水能资源作为我国一大常规能源,它的开发利用要满足国民经济发展对能源的需求,要与其他能源的开发和利用相协调。另一方面,水力发电作为水资源开发利用的一部分,它的开发应当在流域统一规划下,与水资源综合利用相协调。同时,应当坚持梯级开发的原则。多年来,我国在河流上建设梯级电站方面取得了丰富经验,如黄河上游龙羊峡、刘家峡、盐锅峡、八盘峡、青铜峡等工程的建成不仅提供了大量电力,也在防洪、灌溉等方面发挥着作用,不仅为西北地区的经济建设作出了贡献,同时也在整个黄河的治理中起着重要作用。

在水能资源开发中,应该坚持大中小并举的方针。小型水电同样具有重要作用。我国从1983年开始决定在水能资源丰富的地区,通过开发当地小水电资源建设农村水电初级电气化县。经过"七五"、"八五"、"九五"三个五年计划15年的努力,已累计建成653个农村水电初级电气化县,使这些地区1.2亿无电人口用上了电,初步治理了数千条中小河流,增加水库库容500亿立方米,增加灌溉面积168.67万公顷,解决了6 425万人及4 742万头牲畜饮水困难,改善了农业生产条件和农民生活条件,提高了防洪抗旱能力。通过开发农村水电,建设初级电气化县,大力实施小水电代柴,改善了农村能源结构,促进了天然林保护和退耕还林还草。目前,农村水电供电区已有2 000万户居民不同程度地使用电炊具,节约了大量薪柴,减少了森林砍伐,缓解了水土流失。

（3）建设水电站应当保护生态环境,兼顾防洪、供水、灌溉、航运、竹木流放、渔业等方面的需要。我国是一个洪水灾害发生比较频繁的国家,也是一个水资源比较短缺的国家,还是一个内河航运在交通运输中占有重要地位的国家。开发河流的水能资源,建设水电站,除获得发电效益外,还可以获得其他综合利用效益。水能资源的开发可以实现水资源的综合利用。但是必须看到,水电站建设和运行中会遇到许多矛盾。如利用水电站的水库滞洪,汛期要求腾空水库,为拦洪、削减下泄流量做准备,但是这样做,又要降低水电站的水头,减少发电量。再比如,为了发电,需要拦河筑坝,这样会阻障船、筏和鱼类的通行。因此,在水电站建设和运行中应当充分考虑各方面的需要,妥善解决出现的矛盾,协调各方面的利益。

（十一）鼓励开发、利用水运资源

《水法》第二十七条规定:国家鼓励开发、利用水运资源。在水生生物洄游通道、通航或者竹木流放的河流上修建永久性拦河闸坝,建设单位应当同时修建过鱼、过船、过木设施,或者经国务院授权的部门批准采取其他补救措施,并妥善安排施工和蓄水期间的水生生物保护、航运和竹木流放,所需费用由建设单位承担。

在不通航的河流或者人工水道上修建闸坝后可以通航的,闸坝建设单位应当同时修建过船设施或者预留过船设施位置。

这是《水法》关于鼓励开发、利用水运资源和修建拦河闸坝妥善安排水生生物保护、航运、竹木流放的规定。

（1）我国水运资源丰富。我国有长江、黄河、珠江、淮河、海河、辽河、松花江等七大主要水系,还有贯穿海河、黄河、淮河、长江、钱塘江等五个水系的京杭大运河。水运也是水资源综合开发利用的一项重要功能。与其他运输方式相比,内河航运具有运能大、能耗小、成本低、占地少、对环境污染轻等特点。但是,兴建拦河工程会出现碍航、碍鱼等问题。1964 年国务院颁发了《关于加强航道管理和养护工作的指示》,它要求各单位、各地区和各部门在开发利用水资源时,必须对防洪、排涝、灌溉、发电、水电、水产、给水和木材流放等各方面统筹兼顾、全面规划,以收到综合利用的效果。原《水法》在制订过程中充分考虑了这些问题,作出相应规定。新《水法》保留了这些规定,是十分必要的。

（2）该条第一款关于修建过鱼设施和保护水生生物的规定,与《渔业法》的规定是一致的。《渔业法》第三十二条规定:在鱼、虾、蟹洄游通道建闸、筑坝,对渔业资源有严重影响的,建设单位应当建造过鱼设施或者采取其他补救措施。至于是修建过鱼设施或者采取其他补救措施,应经过科学论证或通过科学实验。如长江葛洲坝枢纽工程建设,对如何保护中华鲟问题进行了广泛的论证,决定不修鱼道而采取人工养殖方法。事实证明,这种补救措施的效果是好的。

（3）该条第二款保留了原《水法》“在不通航的河流或者人工水道上修建闸坝后可以通航的,闸坝建设单位应当同时修建过船设施或者预留过船设施位置”规定的同时,删去了“所需费用除国家另有规定外,由交通部门负担”的内容,主要是考虑到在计划经济条件下,修建闸坝主要由国家投资,所以规定过船设施所需费用由交通部门负担;在社会主义市场经济条件下,投资主体多元化,修建过船设施的投资与效益应一致,不宜规定由哪一个部门负担。

（十二）水污染防治

具体内容详见本章第十节。

五、水权制度

水资源短缺、用水浪费和水污染严重是当前我国水资源问题的主要矛盾，解决矛盾的根本途径是建设节水型社会。节水型社会建设是一项需要长期坚持的工作，其本质特征是建立以水权、水市场理论为基础的水资源管理机制。因此，全面推进水权制度建设，是解决我国水资源问题的重要制度措施，是实现水资源可持续开发利用的保障，在未来我国水资源管理中具有重要的地位和作用。

（一）严峻的水资源形势要求推进水权制度建设

我国水资源总量不足，人均水资源量约占世界平均水平的30%；水资源时空分布不均，与土地、矿产资源分布和生产力布局不相匹配。随着我国经济的持续快速发展和工业化、城市化进程的加速，水资源供需矛盾将更加突出。地区之间和行业之间相互争水、工业用水挤占农业用水、生产用水挤占生态和环境用水等问题将日趋严峻。同时，大量的水资源的不合理开发利用，导致下游河道断流、尾闾萎缩和地下水位区域性大幅度下降，引发水污染加剧和地面沉降、地裂缝以及土地沙化、荒漠化等生态和环境问题，对我国的可持续发展构成了严峻的挑战。与此相对应的是，我国的用水浪费和低效率问题也十分突出。据统计，2003年我国农业灌溉用水有效利用系数仅为0.4～0.5，而发达国家为0.7～0.8；全国万元国内生产总值用水量高达465立方米，是世界平均水平的4倍；万元工业增加值用水量为218立方米，是发达国家的5～10倍；工业水重复利用率为50%，而发达国家已达85%；城市供水管网漏损率达20%左右。同时，我国在污水处理和回用，海水、雨水利用等方面也处于较低的水平。

水资源的大量浪费和污染，进一步加剧了我国的水资源短缺。这些问题大部分是由于在市场经济条件下，我国水资源权属管理体系不健全，尤其是水权制度弱化或虚置造成的。同时，21世纪初期是我国实现社会主义现代化第三步战略的关键时期。根据国民经济和社会发展预测，我国将在2030年左右出现用水高峰，在充分考虑节水的情况下，估计用水总量为7 000亿～8 000亿立方米，已经接近全国8 000亿～9 000亿立方米合理利用水量的上限，水资源开发的难度极大。要解决我国未来发展中的水资源短缺问题，需要水资源管理制度的创新，建立适合新形势和社会主义市场经济条件下的水资源权属管理体系，通过全面推进我国的水权制度建设，充分发挥市场机制在水资源配置中的作用，以经济手段鼓励节水和水资源保护，提高水资源利用的效率和效益，解决或缓解我国日趋严峻的水资源供需矛盾，促进经济社会的可持续发展。

（二）产权制度改革和"依法行政"要求推进水权制度建设

改革开放30多年来，我国初步建立了社会主义市场经济体制，当前以产权制度改革为核心的经济体制改革正在向纵深发展。在市场经济条件下，明晰产权，才能实现资源的高效配置。在水资源管理中，只有明晰了初始水权，建立实现水权交易的机制，才能体现水资源的价值，最大程度地发挥水资源配置效率和效益，调动节约用水的积极性，使水资源的损失和浪费降到最低限度。党的十六大和十六届三中全会把"依法治国、依法行政"

作为全面建设小康社会、完善社会主义市场经济体制的重要任务。党的十六届三中全会提出,要健全国家宏观调控,完善政府社会管理和公共服务职能。温家宝总理明确指出,要进一步转变政府职能,切实提高各级政府的社会管理和公共服务水平。

依法行政,建设法治政府,要求依法界定政府与企业、政府与市场、政府与社会的关系,更多地运用法律手段管理经济社会事务,充分发挥市场在资源配置中的基础性作用;要求全面履行经济调节、市场监管、社会管理和公共服务的职能,提高行政管理效能。

依法行政要求我国的水资源管理向公共服务和监管转变,为公共利益服务,这是现代市场经济条件下对政府的基本要求。根据我国《水法》的规定,水资源的所有权由国务院代表国家行使,水资源管理是流域和行政区域相结合的管理体制,要把国家的水配置到用水户。因此,需要建立水权制度,它是水利行业行政管理服务于公共利益的具体措施。通过全面推进水权制度建设,水行政主管部门可以从大量具体烦琐的事务性工作中解脱出来,精兵简政,强化政府宏观调控与监督管理职能,提高政府工作效率,强化政府的服务功能。

(三)全面建设节水型社会需要健全的水权制度作保障

在2004年3月10日举行的中央人口资源环境工作座谈会上,胡锦涛总书记指出,坚持用科学发展观指导人口资源环境工作,要牢固树立以人为本、节约资源、保护环境、人与自然相和谐的观念;积极建设节水型社会,健全水权转让的政策法规,促进水资源的高效利用和优化配置。温家宝总理多次强调,水利工作要全面推进节水型社会建设,大力提高水资源利用效率;加强水资源管理,提高水的利用效率,建设节水社会,应该作为水利部门的一项基本任务。与传统的主要依靠行政措施推动节水的做法不同,节水型社会的本质特征是建立以水权、水市场理论为基础的水资源管理体制。因此,节水型社会的建设需要健全的水权制度作保障。在节水型社会建设中,需要建立两套指标体系和一套水权有偿转让机制。两套指标体系分别为水资源的宏观控制指标体系和微观定额指标体系。前者用来明确各地区、各行业、各部门乃至各企业、各灌区各自可以使用的水资源量,即明晰初始水权;后者用来规定产品生产或服务的具体用水量要求。水权有偿转让机制认为,水权是一种财产权,超用或占用他人的水权,就要付费;反之,出让水权,就应受益。一旦水权交易市场建立和完善,就会促进水权买卖双方的节水意识,调动社会的节水积极性和创造性,不断提高水资源的利用效率和效益。

(四)水权制度建设的内涵

我国《宪法》第九条和《水法》第三条规定,水资源属于国家所有,即国家拥有水资源的所有权。在水资源的开发利用中,水资源所有权和使用权出现分离,因此一般所讲的水权为水资源使用权。

水利部2005年出台的《水权制度建设框架》给出了水权制度定义,即水权制度是界定、配置、调整、保护和行使水权,明确政府之间、政府和用水户之间,以及用水户之间的权、责、利关系的规则,是从法制、体制、机制等方面对水权进行规范和保障的一系列制度的总称。水权制度建设是建立基于水资源国家所有,用水户依法取得、使用和转让等一整套的体系。建设水权制度是为了在社会主义市场经济条件下,根据我国的水资源特点,建立与水资源有关的各种权利属性的法律、管理和实施体系,以保障水资源的可持续利用。

初始水权分配就是,国家及其授权部门第一次通过法定程序将水资源使用权授予各个地区、各个部门以至单位和个人,实现水资源使用权的初始分配和明晰。在获得水资源使用权的同时,用户拥有使用权所含有的使用、收益和部分处置的权能。然后,通过建立水权有偿转让机制,实现水资源使用权的转让和交易,将水资源配置到效益高的地区或行业,提高水资源的配置效率和效益。

为了使初始水权的分配、取得和转让得以有序进行,必须建立一套包括水权界定、初始分配和转让在内的较完善的水权制度。建设和完善我国的水权制度,是我国社会主义市场经济建设的要求,也是水利行业为了适应我国的市场经济建设所积极进行的制度变革。水权制度的建立和完善,可以为正确处理上游和下游、地表水和地下水、农业用水和城市用水、经济用水和生态用水等之间关系,为运用经济手段和以市场方式处理供水与需水、用水短缺与浪费、开源与节流、防污等问题提供强有力的制度保障。

我国的水权制度建设内涵主要由水资源所有权制度、水资源使用权制度、水权转让制度等三部分内容组成。其中水资源所有权制度包括水资源统一管理制度、全国水资源规划制度和区域用水矛盾的协调仲裁机制等;水资源使用权制度包括明晰初始水权、取用水管理和水资源保护等;水权转让制度包括水权转让的资格审定、水权转让的程序及审批、公告制度、利益补偿机制以及水市场的监管制度等。

第六节　水文管理

一、水文工作基本概况

所谓水文工作,是指为防汛抗旱和水资源规划、开发、利用、保护、管理而进行的水资源监测、评价等基础性工作,主要包括:组织对江、河、湖、库及地下水的水量、水质进行监测,开展水文水资源情报预报、水文水资源调查评价、水环境影响评价等。

水文是水利工作的重要基础和技术支撑,是国民经济和社会发展不可缺少的基础性公益事业。水文工作通过对水位、流量、降水量、泥沙、蒸发、地下水位及水质、墒情等水文要素的监测和分析,对水资源的量、质及其时空变化规律的研究,以及对洪水和旱情的监测与预报,为国民经济建设,防汛抗旱,水资源的配置、利用和保护提供基本信息和科学数据。

水文工作的现状与国民经济和社会持续健康发展的要求不相适应,存在一些亟待解决的问题:一是水文站网的建设与管理不规范,影响了水文水资源的监测工作;二是水文水资源监测资料的使用与管理不统一,影响了水文资料的科学、规范和权威性;三是水文工作经费投入不足,影响了水文事业的健康和持续发展;四是水文服务领域不宽,影响了水文工作在经济建设和社会发展中发挥更大的作用。为了解决上述问题,根据《水法》、《防洪法》,2007年4月25日,国务院发布了《中华人民共和国水文条例》(国务院令第496号,以下简称《水文条例》),并于2007年6月1日起施行。《水文条例》的颁布实施,对于加强水文管理,规范水文工作,保障和推进水利可持续发展,将会起到很大的促进和保障作用。

　　《水文条例》明确了水文工作在国民经济建设中的地位和作用,对水文工作的性质和管理体制、水文规划与建设、水文情报预报和监测、水文资料管理、水文监测环境和设施保护等方面作出了明确规定,这对水文更好地为水利以及为经济社会发展服务,对于发挥水文站网的整体功能,确保水文资料的完整性、可靠性、一致性,加强水文设施的保护,将起到很大的促进和保障作用。

　　《水文条例》的颁布实施,填补了我国水文立法的空白,标志着我国水文事业进入有法可依、规范化管理的新阶段,是中国水文发展史上的重要里程碑。《水文条例》的颁布实施,也将对规范水文工作,促进水文事业健康发展,充分发挥水文工作在国民经济和社会发展中的重要作用产生深远的影响。《水文条例》明确了水文事业作为国民经济和社会发展基础性公益事业的法律地位,规定了保障水文事业发展的基本措施,要求县级以上人民政府应当将水文事业纳入本级国民经济和社会发展规划,所需经费纳入本级财政预算。

二、水文管理体制与原则

(一)水文管理体制

　　新中国成立以来,我国水文工作的管理体制曾经历了三次下放和上收,从水文工作由原水电部直接管理,到将水文测站下放到县,甚至原人民公社管理。管理体制的频繁变动,削弱了对水文工作的管理,造成工作职能脱节,水文队伍不稳,导致水文资料缺失、系列中断,严重影响了水文资料的质量成果,给水文事业的稳定发展带来很多困难,也给国家造成很大损失。通过总结几十年来水文管理体制的教训,目前水文工作实行中央和省级两级管理、流域管理和区域管理相结合的体制。同时,为了解决市(地)、县水文机构与当地政府管理相脱节,既制约水文事业发展,又影响水文为当地经济社会发展提供及时的服务、难以满足当地发展需求的问题,实行省级水行政主管部门与市(地)、县级人民政府的双重领导,使水文工作也纳入当地政府工作中。实践证明,这样的管理体制是成功的,符合水文工作的特点,有利于促进水文事业健康稳定发展。为此,《水文条例》第四条对水文管理体制作出了规定,为进一步加强水文管理,促进水文事业的健康稳定发展,更好地为经济发展服务,提供了组织和制度上的保障。

　　(1)统一管理。《水文条例》第四条第一款规定:国务院水行政主管部门主管全国的水文工作,其直属的水文机构具体负责组织实施管理工作。这是《水文条例》关于水文管理体制的规定,即水利部是全国水文行业主管机关。

　　(2)授权管理。《水文条例》第四条第二款规定:国务院水行政主管部门在国家确定的重要江河、湖泊设立的流域管理机构,在所管辖范围内按照法律、水文条例规定和国务院水行政主管部门规定的权限,组织实施管理有关水文工作。这是《水文条例》授权在重要江河、湖泊所设立流域管理机构从事水文行业管理的法律依据。

　　(3)分级管理。《水文条例》第四条第三款规定:省、自治区、直辖市人民政府水行政主管部门主管本行政区域内的水文工作,其直属的水文机构接受上级业务主管部门的指导,并在当地人民政府的领导下具体负责组织实施管理工作。这是《水文条例》对分级管理的规定。

（4）分级管理与区域管理相结合。《水文条例》第十七条规定：省、自治区、直辖市人民政府水行政主管部门管理的水文测站，对流域水资源管理和防灾减灾有重大作用的，业务上应当同时接受流域管理机构的指导和监督。这是《水文条例》对水文行业分级管理与区域管理相结合的规定。

从实践来看，水文工作实行单一的省级管理体制，存在着一些弊端：一是由于省级统管，根据地方经济发展需求对水文工作的全面规划、统筹安排不够，限制了地方水文事业的发展，满足不了地方经济和社会发展的需要。二是在投入与管理上，一方面，省级投入不足，管理也难以到位；另一方面，市（州）、县（市、区）对水文发展的投入与管理又存在体制性障碍。三是随着水行政主管部门对水资源统管地位的进一步确立和水务一体化步伐的加快，以行政区划为基本单元的水资源管理体制将得到进一步加强，而现行单一的省级管理体制又影响和制约了水文为地方提供更有效的服务。

（二）水文管理原则

水文管理是我国水利事业的基础，必须遵循一定的管理原则，归纳起来，主要有以下原则：

（1）水文要与国民经济和社会发展相适应并适当超前发展原则。水文工作是国民经济和社会发展的一项基础性工作，对水资源的开发利用与保护起着排头兵的作用，也是防汛抗旱的尖兵与耳目。在国民经济建设和社会发展过程中，国民经济的各行各业都离不开水资源，尤其是基础性产业，如水力发电、农田灌溉、防洪排涝、河道整治、水土保持、水产养殖、城市工矿业等，人们的日常生活也一刻离不开水。水资源在时间、空间上的分布不均以及国民经济和社会发展对水资源的需要，导致了不同地区水资源的供需矛盾日渐突出。为了满足国民经济和社会发展对水资源的需要，改变水资源在时间和空间上的分布，就必须认识水资源在我国的时间、空间上的分布规律、运动规律，搞好水利基础工作即水文工作。因此，水文工作要与国民经济和社会发展相适应。此外，为了提高防御自然灾害尤其是洪涝灾害的能力，就应当健全防洪预警体系，所以水文工作还要适当超前发展。

（2）实行水文资料审定制度，提高水文资料的可靠性。虽然原《水文管理暂行办法》（已废止）第十六条规定了四种情况下所使用的水文资料应当经过审定，但是我国目前水文资料的管理现状是，工程项目、水利项目和其他水事活动等随意引用水文资料的现象比较普遍，有的甚至引用未经整编的测站资料。这种状况实际上对水利工程项目和其他项目与水事活动有百害而无一利，也不利于我国的水文工作。因为未经审定的水文资料在使用的过程中若出现了问题，谁来承担其法律责任，而且未经审定的水文资料其可靠性、代表性和权威性无法体现。实行水文资料审定的目的，就是消除使用者的顾虑，提高水文资料的可靠性、代表性和权威性，以及当资料有问题时有人承担相应的法律责任，同时也是依法治国、依法行政的重要内容。《水文条例》第二十七条对此作出了原则性规定。

（3）实行水文资料有偿使用制度。水文资料有偿使用制度，是我国有偿使用水资源内容的一个重要组成内容，因为无论是流域管理机构所收集的重要江河、湖泊及其主要支流的水文资料还是省、自治区、直辖市水行政主管部门收集的水文资料，都是国家每年花费巨资的"产出"，是我国水资源存在、运行情况的基本反映。实行水文资料有偿使用制度、建立良性的水文资料运用机制，是社会主义市场经济规律的需要与反映。

三、水文管理的内容

根据《水文条例》的规定,水文管理的内容有以下几个方面。

(一)制定水文专业规划

制定水文专业规划,必须遵循法定的编制原则、编制程序和修改程序。全国水文专业规划只能由水利部负责组织编制,并报国务院批准后组织实施。各流域机构组织编制本流域指定范围内的水文专业规划,报水利部批准后组织实施。省、自治区、直辖市水行政主管部门,组织编制所管辖范围内的水文专业规划,报同级人民政府批准后组织实施,并报水利部备案。

《水文条例》第八条规定:国务院水行政主管部门负责编制全国水文事业发展规划,在征求国务院有关部门意见后,报国务院或者其授权的部门批准实施。

流域管理机构根据全国水文事业发展规划编制流域水文事业发展规划,报国务院水行政主管部门批准实施。

省、自治区、直辖市人民政府水行政主管部门根据全国水文事业发展规划和流域水文事业发展规划编制本行政区域的水文事业发展规划,报本级人民政府批准实施,并报国务院水行政主管部门备案。

这是《水文条例》关于水文发展规划的编制和审批的规定。

水文是国民经济建设和社会发展的一项重要基础工作,同时又是必须适度超前发展的重要前期工作,几乎所有基础设施建设都需要水文信息作为设计依据,因此水文事业的发展应当与国民经济和社会发展相协调。水文工作与其他行业一样,应当在社会经济发展规划和水利发展规划的前提下,编制其发展规划,根据规划内容持续不断地做好水文工作。水文基本业务与其他水利单位相比具有超前性和相对独立性,其发展规划具有系统性和广泛的社会性,省、自治区、直辖市水文发展规划应当由省、自治区、直辖市人民政府水行政主管部门负责编制,并报省、自治区、直辖市人民政府批准后组织实施。编制水文发展规划的具体工作可由水行政主管部门所属的水文管理机构承担。

《水文条例》第十七条规定:省、自治区、直辖市人民政府水行政主管部门管理的水文测站,对流域水资源管理和防灾减灾有重大作用的,业务上应当同时接受流域管理机构的指导和监督。水文专业规划是全国水利规划的一项重要的子规划,是全国水文事业建设与发展的重要依据。水文专业规划的内容主要包括水文勘测、水文情报预报、水资源评价、水文计算、水文科技发展与职工教育、站队结合和职工队伍建设等。这是《水文条例》关于水文发展规划主要内容的规定。

《水文条例》第九条规定:水文事业发展规划是开展水文工作的依据。修改水文事业发展规划,应当按照规划编制程序经原批准机关批准。这是《水文条例》关于修改水文事业发展规划,应当按照规划编制程序经原批准机关批准的规定。

1. 水文站网规划

水文站网是水文工作的基础,水文站网规划在水文事业发展中有着重要的地位和作用。《水文条例》第十一条规定:国家对水文站网建设实行统一规划。水文站网建设应当坚持流域与区域相结合、区域服从流域,布局合理、防止重复,兼顾当前和长远需要的原则。这是《水文条例》关于国家对水文站网建设实行统一规划的规定。此条所称水文站网，是指在流域或者区域内，由适当数量的各类水文站构成的水文资料收集系统。为满足开发、利用、保护、管理水资源，防治水旱灾害和生态环境保护等社会经济活动的需要，在一定地区，按一定原则，收集某一项水文资料的水文测站构成该项目的水文站网，如流量站网、水位站网、泥沙站网、雨量站网、水面蒸发站网、墒情站网、水质站网、地下水观测井网等。各单项水文站网彼此之间相辅相成，形成整体水文站网功能。

水文站网规划要综合各方面的因素，建设一套布局合理、整体最优、经济实用的水文资料收集系统，既要满足当前社会的需要，也要满足为探求长期水文要素变化规律积累长系列水文资料的要求。《水文条例》明确规定了水文站网建设兼顾当前和长远需要的原则，根据社会、经济、自然条件等实际情况的变化作适时的调整。不同时期，社会状况、国民经济建设的重点将有所变化，对水文信息的需求也就不同。另外，随着时间的推移，自然地理特征、河流或区域的水文特性也会发生一定的改变，水文站网也应随之进行调整。水文站网的调整应符合国家和省水文站网规划。水文站网调整的目的是更好地满足社会的需要，提高水文站网的整体功能，即使由于客观原因（如工程建设的影响）需要对部分水文测站进行裁撤、迁移、改级，也必须采取相应的补救措施，保证水文站网整体功能的发挥。水文站网裁撤是指经水文站网规划分析，水文测站全部或部分观测项目所采集的水文资料能够满足推求水文要素变化规律及其相关关系的要求，已达到设站目的，不需再继续观测，或由于受人类活动影响已失去原设站功能，且无条件采取补救措施，应当裁减部分观测项目或撤销其水文测站。水文测站迁移是指经水文站网规划分析或其他因素的影响，水文测站失去原设站功能或设站条件，需异地继续观测。水文测站改级是指经水文站网规划分析，一些水文测站需改变原设站功能，其级别也随之发生改变，如水文站降级为水位站，水位站升级为水文站等。

2. 水文站网建设

国家基本水文站网是指由国家统一规划实施，所收集的资料收入国家基本水文数据库的水文站网。为保证水文资料系列的长期性、一致性，国家基本水文站网相对稳定，建设标准也相对较高。其他基本水文站网是指在国家基本水文站网的基础上，根据地方需要规划布设的水文站网。《水文条例》第十二条规定：水文站网的建设应当依据水文事业发展规划，按照国家固定资产投资项目建设程序组织实施。

水文站网的建设内容，包括水文测站和水文巡测队的基础设施建设与技术装备。水文基础设施是指水文测站和水文巡测队开展水文生产所必须建设的设施，包括各种水文要素观测设施，测验断面设施，生产生活用房，供电、给排水、取暖、通信、交通以及相应附属设施等。水文要素观测设施主要有水位、流量、泥沙、水质、地下水、降水、墒情、蒸发观测设施等。水文技术装备是指为满足生产需要而配置的仪器、设备、工具及各种应用软件等。

3. 水文站网的管理

《水文条例》第十三条规定：国家对水文测站实行分类分级管理。水文测站分为国家基本水文测站和专用水文测站。国家基本水文测站分为国家重要水文测站和一般水文测站。

《水文条例》第十四条规定:国家重要水文测站和流域管理机构管理的一般水文测站的设立和调整,由省、自治区、直辖市人民政府水行政主管部门或者流域管理机构报国务院水行政主管部门直属水文机构批准。其他一般水文测站的设立和调整,由省、自治区、直辖市人民政府水行政主管部门批准,报国务院水行政主管部门直属水文机构备案。这是关于基本水文站网内测站调整和改建的规定。为监测和探求流域或区域水文要素变化规律,必须保证基本水文资料系列的完整性、一致性和长期性,因此基本水文站网应保持稳定,不得随意裁撤、迁移、改级基本水文站网内的水文测站。

《水文条例》第十五条规定：设立专用水文测站,不得与国家基本水文测站重复；在国家基本水文测站覆盖的区域,确需设立专用水文测站的,应当按照管理权限报流域管理机构或者省、自治区、直辖市人民政府水行政主管部门直属水文机构批准。其中,因交通、航运、环境保护等需要设立专用水文测站的,有关主管部门批准前,应当征求流域管理机构或者省、自治区、直辖市人民政府水行政主管部门直属水文机构的意见。这是关于设立专用水文测站的规定。有关单位因科学研究、工程建设与运行管理等需要设立水文测站的,应避免与基本水文测站重复,而且要符合水文技术规范要求。这里所指的水文测站包括各类建有固定水文测验设施的水文站点,如水文站、水位站、水质站、雨量站、蒸发站、地下水观测井、墒情站等。在有些行政区域内,国土资源部门建有地下水观测井网,电力部门建有水库水情自动测报系统,环境保护部门在一些河流或水库湖泊等水体上建有水质监测系统,气象和一些地方防汛部门建有雨量站网,一些大型灌区或农业生产部门建有水资源调配需要的水文站网等。这些水文测站的建设是为了本部门工作的需要,但应当避免与基本水文站重复,同时在建设时必须符合水文技术规范的要求。

(二) 水文勘测

水文勘测是指,研究如何布设水文站网,通过其长期的定位观测收集准确的、有代表性的基本水文资料,并通过水文调查,在短期内对水文现象有影响的自然地理、气象特征、洪水枯水、特定暴雨和人类活动等特征资料进行调查,并按照一定的整理标准将其整编出来,以供国民经济和社会发展使用。水文勘测的主要内容,包括地表水、地下水的水量、水质等项目的观测、调查和资料整编。

(三) 水文计算

水文计算是指,根据长期实测以及调查所得的水文资料,加以科学的统计,并结合成因分析,推估未来长期的,如几十年或者几百年的水文情势,为水事活动和国民经济的其他工矿业的规划与设计提供合理的标准。在水文分析计算成果的基础上,根据设计来水和用水的情况,进行水量调节计算与经济论证,对水利工程和其他工矿业工程的位置、规模、工作情况提出经济合理的设计,以满足综合利用水资源的要求。

(四) 水文情报预报

(1)水文情报,是指水文测站向各级人民政府防汛抗旱机构和水行政主管部门报告雨情、水情、墒情、地下水、水质、蒸发等水文信息。

(2)水文预报,是指水行政主体根据实测和调查所得的资料,在研究过去水文现象变化规律的基础上,预报未来短期内或中长期,如几天、几个月内的水文情势,为党政军领导机关的防汛抗旱决策和水利工程与其他工程项目的施工、管理运用提供依据。

（3）水文情报预报，由各级人民政府防汛抗旱机构、水行政主管部门或其授权的水文机构负责向社会发布，其他部门和单位不得发布。

（4）水文水资源情报，是指河流、湖泊、水库和其他水体的水文及有关要素（主要指降水量、水位、流量、泥沙、蒸发、墒情、水温、地下水、水质等）现时情势变化的及时报告。水文水资源预报是指根据前期或现时已出现的水文气象等信息，运用水文学、气象学、水力学的原理和方法，对河流、湖泊、水库等水体未来一定时段内的水文情势作出定量或定性的预报。水文管理机构应按照《水文测船测验规范》、《水文自动测报系统规范》、《水文情报预报规范》、《水文情报预报拍报办法》和《水环境监测规范》等有关技术标准要求，通过人工观测或水文自动测报系统及时准确地采集水文要素信息。水文水资源情报专指为防汛、抗旱等需要，按规定任务而有选择地收集、发送的水文要素信息。从水文要素的范围和空间分布看，水文水资源情报只是整个水文信息的一部分。

《水文条例》规定了水文监测与预报制度。从事水文监测活动应当遵守国家技术标准、规范和规程，使用符合要求的技术装备和经检定合格的计量器具。有关水文测站应当及时、准确报告水文情报预报，水文情报预报应当按照权限统一发布。

《水文条例》第二十一条规定：承担水文情报预报任务的水文测站，应当及时、准确地向县级以上人民政府防汛抗旱指挥机构和水行政主管部门报告有关水文情报预报。这是《水文条例》对承担水文情报预报任务的水文测站报告有关水文情报预报的规定。

水文水资源情报预报在抗洪抢险、抗旱、防治水污染工作中至关重要，是科学防控和决策调度的重要依据。水文水资源情报预报必须做到两条：一是正确，二是及时。要做到这两条，需积累大量的水文资料，综合降水、蒸发、水位、流量等多方面信息，经过分析计算编制成某流域的水文水资源预报方案。根据预报方案，实时采集水文水资源和水利工程运用信息，经科学分析和计算，作出较准确的洪水、墒情、水质等预报。

《水文条例》第二十二条规定：水文情报预报由县级以上人民政府防汛抗旱指挥机构、水行政主管部门或者水文机构按照规定权限向社会统一发布。禁止任何其他单位和个人向社会发布水文情报预报。减轻洪涝、干旱灾害有两类措施：一类为工程措施，是按照人们的要求以修建工程的手段实现，如修建水库、蓄滞洪区，开挖河道和加固堤防，兴建塘坝等，又称为改造自然措施；另一类是非工程措施，其中水文水资源情报预报是一项非常重要的手段，力求改变灾害的影响，以达到减少灾害损失的目的，也可称之为适应自然的措施。防洪、抗旱关系到国民经济持续发展、人民生命财产的安全和社会的稳定。水文水资源情报预报在抗洪抢险、抗旱、防治水污染工作中发挥着耳目和参谋的作用。电视、电台、报纸、网站等传播媒体向社会公布水文水资源情报预报时，应当使用县级以上人民政府防汛抗旱指挥机构、水行政主管部门或者其授权的水文管理机构统一发布的水文情报预报，并标明发布时间和发布主体，以免发生误传而造成不良的社会影响。鉴于水文水资源情报预报的重要性、复杂性和极强的专业性，并且社会影响大，因此该条规定，水文水资源情报预报，除县级以上地方人民政府防汛抗旱机构、水行政主管部门或者其授权的水文管理机构，其他任何单位和个人不得向社会发布。

(五)水文资料的汇交、保管与使用

水文资料整编,是指对原始的水文资料按科学方法和统一规格,分析、统计、审核、汇编、刊印或储存等工作的总称。是将测验、调查和室内分析所取得的各项原始资料,按照科学的方法、法定的技术标准、统一的格式,进行分析、推算、统计,提炼成为系统的、便于使用的整编成果。水文资料整编依工作方式的不同通常有手算、电算两种,但是无论采用何种整编方式,都要经过测站整编、审查、复审、验收和汇刊五个工作阶段。

水文资料的整编成果,通常以水文年鉴的形式表现出来。而水文年鉴是一种逐年刊印的资料,是以统一的、科学的图表形式表达出来的整编成果。其内容主要是当年实测的、并经过严格整编审查的、普遍需要的基本水文资料,以满足水利水电建设项目、国民经济的其他行业和科学研究部门使用。根据水文资料的来源、成果质量和使用价值的不同,可以分为正文资料和附录资料两个部分。正文资料是正规观测资料的加工成果,属于整编方法正确、质量可靠、具有普遍使用价值的资料,其具体内容包括:①主要列入基本站网包括河道、渠道、水库、堰闸、潮水河站等驻测、巡测以及间测的各项资料;②能够起控制站、区域代表站或基本雨量站作用的实验站、小河站及其配套雨量站,其资料可以比照基本站网同类站的刊印项目列入;③列入基本站网的气象台站的降水量资料,可以搜集列入;④凡对基本站网有重要补充作用、质量符合要求、系列比较完整的专用站(包括非水文部门设置的)的资料也可以列入。附录资料主要是简易观测和调查资料的推算成果,属于符合质量要求的、与正文资料配套的辅助性资料,其通常包括水库反推洪水资料、水量调查资料、平原水网资料、暴雨资料、洪水调查资料,以及与基本站网有补充作用的专用站资料、气温资料等。

为了保证水文资料的可靠性、代表性和权威性,促进水利水电工程建设项目、水事纠纷和水行政裁决、实施取水制度、进行水资源评价和水环境评价等水事活动正确引用水文资料,省、自治区、直辖市水行政主体和各流域管理机构按照一定的技术要求、科学的方法,对其使用的水文资料进行审定。审定完毕后,应当对所使用的水文资料的可靠性、代表性和权威性进行综合评价,对存在的问题进行处理或者提出处理意见,即出具审定意见书。

《水文条例》规定了水文监测资料的汇交、保管、公开、保密和使用制度。从事水文监测的单位应当向水文机构汇交监测资料。水文机构应当妥善存储、保管并加工整理监测资料。基本水文监测资料应当依法公开。水文资料属于国家秘密的,对其密级的确定、变更、解密等依照国家有关规定执行。重要规划编制、重点项目建设、水资源管理等使用的监测资料应当经水文机构审查。

《水文条例》第二十五条规定:国家对水文监测资料实行统一汇交制度。从事地表水和地下水资源、水量、水质监测的单位以及其他从事水文监测的单位,应当按照资料管理权限向有关水文机构汇交监测资料。

重要地下水源地、超采区的地下水资源监测资料和重要引(退)水口、在江河和湖泊设置的排污口、重要断面的监测资料,由从事水文监测的单位向流域管理机构或者省、自治区、直辖市人民政府水行政主管部门直属水文机构汇交。

取用水工程的取(退)水、蓄(泄)水资料,由取用水工程管理单位向工程所在地水文机构汇交。

（1）该条第一款是对汇交资料的要求即按标准要求整编作出细化规定。水文监测资料是编制各类规划、建设涉水工程、加强水资源管理与保护不可缺少的基础技术资料。在我国行政区域境内开展水文要素监测的水文测站所获取的水文资料，除满足自身的需要外，应当统一汇集保存，为国家经济建设和社会发展积累全面、系统、翔实的水文资料。负有水文水资源监测资料汇交义务的单位除水文管理机构外，还包括交通运输、国土资源、农业、环境保护等有关部门，以及水利水电工程管理机构、涉水工程建设机构、相关科学研究机构等单位。负有汇交义务的单位应当根据《水文资料整编规范》（SL 247—1999）的规定，按照统一的标准和规格，对原始水文资料进行审核、查证，整理成系统的简明的图表，汇编成水文年鉴或其他形式后，才能提供使用。此外，通过水文资料整编，还可以发现水文监测技术上存在的问题。

（2）第二款是关于建立水文数据库的规定。水文数据库既是水文数据的集合，也是进行水文信息综合服务的重要基础平台。建成的水文数据库及各节点库为防汛抗旱、水资源管理、水利水电规划和科学研究等提供了大量的服务。我国水文数据库的建设与发展，大致经过了全国分布式水文数据库试点建设、水文数据库系统初步建成、水文数据库系统基本建成以及新技术应用与试点开发等几个阶段。由于不同历史时期技术与管理条件的制约，水文数据库在达到基本的相关技术要求后，出现了较长时间的停滞，存在着许多问题。随着水利信息化的快速推进和水文现代化的发展，这些问题不但没有缓解，反而日渐突出。存在的问题主要表现在各地建设进展不平衡、信息源种类不够丰富、需进一步整合、未能与其他系统互连并实现信息共享、提供服务的手段和能力还不够强，以及硬件设备和服务软件水平较低等。

《水文条例》第二十六条规定，国家建立水文监测资料共享制度。水文机构应当妥善存储和保管水文监测资料，根据国民经济建设和社会发展需要对水文监测资料进行加工整理，形成水文监测成果，予以刊印。国务院水行政主管部门直属的水文机构应当建立国家水文数据库。基本水文监测资料应当依法公开，水文监测资料属于国家秘密的，对其密级的确定、变更、解密以及对资料的使用、管理，依照国家有关规定执行。该条规定了水文监测资料的汇交、保管、公开、保密和使用制度。《水文条例》第二十七条规定，编制重要规划、进行重点项目建设和水资源管理等使用的水文监测资料，应当经国务院水行政主管部门直属水文机构、流域管理机构或者省、自治区、直辖市人民政府水行政主管部门直属水文机构审查，确保其完整、可靠、一致。《水文条例》第二十八条规定，国家机关决策和防灾减灾、国防建设、公共安全、环境保护等公益事业需要使用水文监测资料和成果的，应当无偿提供。除前款规定的情形外，需要使用水文监测资料和成果的，按照国家有关规定收取费用，并实行收支两条线管理。因经营性活动需要提供水文专项咨询服务的，当事人双方应当签订有偿服务合同，明确双方的权利和义务。

（六）水文、水资源调查评价

水文、水资源调查评价是指对地表水、地下水的水量与水质等项目的监测、水文调查、水文测量、水能勘测，水文水资源情报预报，水文测报系统工程的设计与实施，水文分析与计算，以及对地表水、地下水的水资源调查和对水量、水质的评价等专业活动。从事水文、水资源调查评价的单位,应当按照国家有关规定取得水文、水资源调查评价机构资质。

《水文条例》第二十四条规定:县级以上人民政府水行政主管部门应当根据经济社会的发展要求,会同有关部门组织相关单位开展水资源调查评价工作。

从事水文、水资源调查评价的单位,应当具备下列条件,并取得国务院水行政主管部门或者省、自治区、直辖市人民政府水行政主管部门颁发的资质证书:

(1)具有法人资格和固定的工作场所;

(2)具有与所从事水文活动相适应并经考试合格的专业技术人员;

(3)具有与所从事水文活动相适应的专业技术装备;

(4)具有健全的管理制度;

(5)符合国务院水行政主管部门规定的其他条件。

这是《水文条例》对从事水文、水资源调查评价的单位,应当按照国家有关规定取得水文、水资源调查评价机构资质的规定。水利部《水文水资源调查评价资质和建设项目水资源论证资质管理办法(试行)》(水利部令第17号,以下简称《管理办法(试行)》)对水文、水资源调查评价资质的申请、颁发和管理等作了具体规定。《国务院对确需保留的行政审批项目设定行政许可的决定》(国务院令第412号)对水文、水资源评价机构资质认定这一行政许可项目予以保留,其实施机关为水利部和省级人民政府水行政主管部门。根据《管理办法(试行)》的规定,水文、水资源调查评价资质按照申请单位的技术条件和承担业务范围不同,分为甲、乙两个等级。取得水文、水资源调查评价甲级资质的单位,可以在全国范围内承担资质证书核准业务范围的各等级水文、水资源调查评价工作。取得水文、水资源调查评价乙级资质的单位,可以在全国范围内承担资质证书核准业务范围的水文、水资源调查评价工作。其中全国性的水文、水资源调查评价,国家确定的重要江河湖泊的水文、水资源调查评价,跨省(自治区、直辖市)行政区域的水文、水资源调查评价,以及国际河流的水文、水资源调查评价,只能由取得甲级资质的单位承担。水文、水资源调查评价资质甲级证书,由水利部审批和颁发,乙级证书由省(自治区、直辖市)人民政府水行政主管部门审批和颁发。未取得资质的,不得从事水文、水资源调查评价工作。违反规定的,要承担相应的法律责任。

(七)制定水文行业标准

水文资料必须真实可靠。基于此,国家颁布了一系列水文行业技术标准和规范,是在我国行政区域内从事水文工作所必须遵守的技术准则,是保证水文观测资料真实性、代表性、一致性最基本的技术要求。我国先后颁布的有关水文的国家和行业技术标准、规范已达110项,包括《河流流量测验规范》、《水文站网规划技术导则》等,此外,国际标准化组织颁发的有关水文测验方面的国际标准达68项。这些水文技术标准和规范对水文工作各个方面的程序、步骤、环节都作了全面而细致的规定,包括各种水文观测场地的选定和技术要求,观测仪器的性能标准、使用、维护保养、鉴定,各种水文要素的观测时间、观测程序、观测方式、观测结果的不确定度、记录方式等。国家水文行业管理部门不断总结国内国际水文技术的研究成果、经验,对这些水文技术规范及时作出修订、补充,并报国家相关部门批准后发布实施。

《水文条例》第十八条规定:从事水文监测活动应当遵守国家水文技术标准、规范和规程,保证监测质量。未经批准,不得中止水文监测。

国家水文技术标准、规范和规程,由国务院水行政主管部门会同国务院标准化行政主管部门制定。

这是《水文条例》对从事水文监测活动必须遵守国家水文技术标准、规范和规程的规定。

《水文条例》第十九条规定:水文监测所使用的专用技术装备应当符合国务院水行政主管部门规定的技术要求。这是对从事水文监测活动所使用专用技术装备的规定。

水文监测所使用的计量器具应当依法经检定合格。水文监测所使用的计量器具的检定规程,由国务院水行政主管部门制定,报国务院计量行政主管部门备案。为了加强对水文行业的管理,国家或省(自治区、直辖市)水行政主管部门或流域管理机构,可以根据实际情况制定水文技术标准,规范水文勘测、水文计算、水文情报预报、水文资料审定等行为。目前我国已经颁布有多项水文技术标准,根据所颁布的水文技术标准来看,涉及水文资料整编、流量、泥沙、仪器、测站规模等方面的内容。

(八) 从事水文科学研究

《水文条例》第五条规定:国家鼓励和支持水文科学技术的研究、推广和应用,保护水文科技成果,培养水文科技人才,加强水文国际合作与交流。这是对国家鼓励和支持水文科学技术的研究的规定。

开展水文科学研究的目的,是正确认识水资源,以便于人类更好地开发利用与保护水资源,促进国民经济和社会的可持续发展。水文科学研究的内容,是地球上各种水体的形成、循环以及分布和某一具体流域的降水、泥沙等基本水文现象和要素。

开展水文科学研究,不但是贯彻党中央"科教兴国"方略的一个重要内容与形式,而且是正确贯彻实施水事法律规范的内容。

第七节　河道管理

一、河道管理概述

河道从狭义上讲是天然形成的、供江河湖泊天然水流流通的通道与载体。实际上,通常所说的河道是指广义而言的河道,即河道是一个天然的大系统,河道与水流的上下游、左右岸、干支流和其他附着物连为一体,不可分割,河道某一部分发生变化,都有可能引起河道范围内一系列的连锁反应。随着人类社会的进步,人类对河道的干预行为、活动越来越多,河道已经不完全是江河湖泊天然水流的通道与载体,而且与人类干预江河湖泊天然水流的行为与活动结果——水利工程浑然一体。

我国是一个河流众多的国家,流域面积在1 000平方千米以上的河流就有5 800余条,其总长度约42万千米。河流两岸有优越的水土资源,借水行舟为河流两岸的居民提供了方便的交通运输条件,而且人类文明发祥地大多也是在河流地区,如中华民族的发祥地——黄河流域,其他的印度河流域、尼罗河流域、两河流域也都是如此。我国祖先的生存、发展无不依托于河流之利,从而使河流两岸成为人口稠密、经济文化发达的地方,但是河流的洪涝灾害同样也给他们造成严重的灾难,兴河之利、防河之害历来都是关系我国全局的大事。要做到这一点,就必须大力加强对河道的治理,加强对河道的管理与防护。

对河道进行管理,就是在认识、掌握河道、水流的演变、发展的客观规律基础上,因势利导,通过修建水利工程,治理江河湖泊,并对一切影响河势稳定和河道防洪、输水功能的行为与活动实施管理。新中国成立以来,在党和政府的领导下,我国进行了大规模的江河湖泊治理工作,在河道管理方面也取得了很大的成就,但是同样存在一系列亟待解决的问题:江河上游的森林遭到过度采伐,植被遭到破坏,水源涵养条件恶化,江河洪枯流量变差加大,使得江河的防洪形势更加严峻;江河行洪区、分洪区、滞洪区内因生产发展和人口增长,采取行洪、分洪、滞洪的难度加大,加之在社会经济发展过程中,大量的临河、跨河、穿河、拦河等工程的兴建,大大增加了河道管理工作的复杂性。为了确保江河行洪、输水功能的畅通,必须大力加强对河道的管理。

二、河道管理体制与原则

(一)河道管理体制

《河道管理条例》第四条、第五条规定了我国河道的管理体制,即水行政主体统一管理与分级管理和授权管理相结合的管理体制。

(1)统一管理。对河道实行统一管理宜从以下方面去理解其含义:首先,行使河道管理职权的组织是水行政主体,即国家和地方的水行政主管机构以及重要江河湖泊的流域管理机构,而不是别的组织;其次,对河道实行统一管理的内容是指将河道本身与河道的上下游、左右岸、干支流及其附着物等统统纳入河道的大系统中进行统一管理。

(2)分级管理。分级管理是由我国的政治体制所决定的。根据《河道管理条例》第四条规定,分级管理是指国家水行政主管部门是全国的河道主管机关,省、自治区、直辖市的水行政主管部门是本行政区域的河道主管机关,二者共同构成我国河道分级管理的内容与管理层次。此外,对于本行政区域内国家确定的重要江河湖泊以外的其他河道由县级以上的水行政机关实施河道管理。

(3)授权管理。《河道管理条例》第五条第二款规定:长江、黄河、淮河、海河、珠江、松花江、辽河等大江大河的主要河段,跨省、自治区、直辖市的重要河段,省、自治区、直辖市之间的边界河道以及国境边界河道,由国家授权的江河流域管理机构实施管理。这是江河流域管理机构行使流域河道管理职权的重要法律依据。

(二)河道管理原则

根据《水法》、《河道管理条例》的规定,河道管理应当遵循以下原则:

(1)按照水系进行统一管理与分级管理相结合的原则。河道是一个天然的大系统,河道与上下游、左右岸、干支流及其附着物、水利设施与工程等构成该江河、湖泊的一个整体。因此,对河道进行统一管理不但是借鉴国外先进的管理经验,而且也是在认识、尊重客观规律的基础上对自然的一种能动反映。对河道进行统一管理不仅意味着行使管理职权的主体是统一的,而且更重要的是要将河道作为一个统一的管理对象实施管理。

在对河道进行管理的过程中,包括宏观管理与微观管理等管理层次。因此,为了从各个管理层面对河道实施有效的管理,总结我国数十年的河道管理实践经验,《水法》、《河道管理条例》等水事法律规范确认了分级管理的原则。分级管理是统一管理的另一方面,有助于更好地实施统一管理的内容。在我国,国家水行政主管部门代表国家对领土范围内的所有河道实施统一的、宏观的管理,省、自治区、直辖市和各流域管理机构在所辖的行政区域内河道或者按照水事法律规范授权的河道(河段)实施宏观与微观两个层面的管理,而县、市水行政主管部门则负责组织实施水事法律规范的内容与国家的水事管理政策。无论是宏观管理层次,还是微观管理层次,都要将执行过程中的成就与经验、存在的问题等内容及时上报,供上级水行政主体在制定、调整河道管理内容时作参考、依据。

(2)全面规划,统筹兼顾,综合利用,服从防洪总体安排。河道本意是天然水流的通道与载体。由于水资源具有多功能性,并与河道本身及其附着物共同作用,其复杂性不言而喻,如能够借水行舟,能够提供肥沃的土地资源,但是也能够带来洪涝灾害。为了对河道实施有效的管理,就应当对河道进行全面规划,统筹兼顾河道与水资源、附着物等的每一种功能,并在防洪总体安排下,取得最大的经济、社会、环境效益。

从目前的河道管理实践来看,主要是妥善处理与航道管理、土地资源管理、林业资源管理等之间的关系,以更好地开发利用河道。《水法》、《河道管理条例》、《防洪法》与《航道管理条例》、《森林法》等法律规范均对彼此之间的协调作出了相应规定,水行政主体与其他的行业主管部门在实施各自的行业管理时,在遵循全面规划、统筹兼顾的原则下,综合利用河道的各种功能。

(3)维护河道义务的社会性。我国是一个多暴雨洪水的国家,历史上水患灾害十分严重。因此,除加强防洪工作管理外,就是加强对水流通道与载体的管理和保护,以确保和提高行洪、输水的功能。尤其是在我国的黄河中下游的黄淮海平原地区以及长江中下游荆江地区,河道保护工作的意义非同小可。为了动员全社会共同维护河道,《水法》、《河道管理条例》、《防洪法》等水事法律规范均对此作出了类似的规定,即任何单位和公民个人都有保护河道堤防安全和参加防洪抢险的义务。

三、河道管理的内容

根据《水法》、《河道管理条例》等水事法律规范的规定,河道管理的内容主要有以下几个方面。

(一)制定河道等级标准,划分河道管理范围

为了保障河道行洪、输水安全和多目标综合利用,使河道管理逐步实现科学化、规范化和制度化,国家水行政主管部门根据我国河道的情况和管理实践,制定出河道等级划分标准,确定河道管理范围,但不包括国际河道。

根据河道情况和管理实践,国家水行政主管部门和省、自治区、直辖市水利(水电)厅(局)按照河道的自然规模及其对社会、经济发展影响的重要程度等标准认定河道等级,其具体指标见表4-5-1。

河道管理范围的确定,是指水行政主体根据水事法律规范的规定确定河道与水流的区域及其保护范围。河道管理范围按照以下标准进行:有堤防的河道,其管理范围为两岸堤防之间的水域、沙洲、滩地(包括可耕地)、行洪区、两岸堤防及护堤地;无堤防的河道,其管理范围根据历史最高水位或者设计洪水位确定。

表4-5-1 河道分级指标表

级别	流域面积（万平方千米）(1)	影响范围				可能开发的水力资源（万千瓦）(6)
		耕地(万公顷)(2)	人口(万人)(3)	城市(4)	交通及工矿企业(5)	
一	>5	>33.3	>500	特大	特别重要	>500
二	1~5	6.67~33.3	100~500	大	重要	100~500
三	0.1~1	2~6.67	30~100	中等	中等	10~100
四	0.01~0.1	<2	<30	小	一般	<10
五	<0.01					

注：1. 影响范围中的耕地及人口，指一定标准洪水可能淹没范围；城市、交通及工矿企业指洪水淹没或供水中断对生活、生产产生严重影响的。

2. 特大城市指市区非农业人口大于100万人，大城市指市区非农业人口为50万~100万人，中等城市指市区非农业人口为20万~50万人，小城镇指市区非农业人口为10万~20万人。特别重要的交通及工矿企业是指国家的主要交通枢纽和对国民经济关系重大的工矿企业。

根据该表的划分指标，河道划分为五个等级，即一级河道、二级河道、三级河道、四级河道、五级河道。在河道分级指标表中满足(1)和(2)或(1)和(3)项者，可划分为相应等级；不满足上述条件，但满足(4)、(5)、(6)项之一，且(1)、(2)或(1)、(3)项不低于下一个等级指标者，可划为相应等级。其中，一、二、三级河道由水利部认定，四、五级河道由省、自治区、直辖市水利(水电)厅(局)认定。

河道等级标准的确定与认定和河道管理范围的划定，都是为了加强河道的管理与保护。

（二）制定、组织实施河道整治与建设规划

为了发挥水资源的多功能作用，我们要对河道进行相应的整治与建设，如修建涵闸、水库大坝、堤防桥梁等，通过人为的干预活动，从而改变水资源的时间、空间分布状况。但是，在实施上述水事活动时，应当遵循自然规律和自然要求，并按照水事法律规范的规定进行：

（1）河道的整治与建设规划应当服从流域或区域的综合规划，在组织实施时按照国家规定的防洪标准、通航标准和其他有关技术要求进行，以维护堤防安全，保持河势稳定和行洪、输水与航运通畅。

（2）在河道管理范围内建设各类工程与设施，建设单位应当向有关的河道主管部门办理审查同意书后，才能按照基本建设程序办理相应的建设审批手续。

（3）河道内的建筑物和设施应当符合相应的法律规定，如修建的桥梁、码头不得缩窄行洪河道；桥梁和栈桥的梁底必须高于江河的设计洪水水位，并按照防洪与航运的要求，预留一定的超高；跨江河的管道、线路的净空高度必须符合防洪和航运的要求等。

（4）正确处理河道整治与建设和航道管理、土地管理、城镇建设与发展等之间的关系。

（5）明确省际河道的利用与管理原则，即协商利用与管理原则。按照规定，省、自治区、直辖市以河道为边界的，在河道两侧各 10 千米内，以及跨省、自治区、直辖市的河道，未经有关各方达成协议或者国务院水行政主管部门批准，禁止单方面修建排水、阻水、引水、蓄水工程以及河道整治工程。

（三）河道管理范围内建设项目的管理

河道管理范围内的工程建设对河道的行洪、输水功能影响较大，因此加强对河道管理范围内建设项目的管理是水行政主体的一项基本职责。

对河道管理范围内建设项目的管理内容，包括建设项目的同意、施工监督等，具体而言，其管理对象是指在河道管理范围内新建、扩建、改建的建设项目，如开发水电、防治水害、整治河道的各类工程，跨河、穿河、穿堤、临河的桥梁、码头、道路、渡口、管道、取水口、排污口等建筑物，工民用建筑物以及其他公共设施等。

1. 河道管理范围内建设项目的同意

建设单位在申请时必须向相应的水行政主体填报河道管理范围内建设项目申请书，并提供以下文件一式三份：①申请书；②建设项目所依据的法律文件；③建设项目涉及河道与防洪部分的方案；④占用河道管理范围内土地情况及该建设项目防御洪涝的设防标准与措施；⑤说明建设项目对河势变化、堤防安全、河道行洪、河水水质的影响以及拟采取的补救措施。

对重要的建设项目，建设单位还应当编制更为详尽的防洪评价报告。

水行政主体在收到建设单位的申请后，应当及时进行审查。其审查的主要内容是：①是否符合流域或区域综合规划和有关的国土以及区域发展规划，对规划实施有何影响；②是否符合防洪总体安排与防洪标准和相关的技术规范要求；③建设项目防御洪涝灾害的标准与措施是否适当；④建设项目对河势稳定、水流形态、水质、冲淤变化等有无影响；⑤对堤防、护岸和其他水事工程设施的安全有何影响；⑥是否影响第三人的合法权益；⑦是否符合法律、法规规定的其他有关规定。

水行政主体在审查完毕后，应当以书面形式通知建设单位。同意其申请的，依法发给由水行政主体统一印制的河道管理范围内建设项目审查同意书；不同意申请的，应当说明不同意申请的理由。申请人不服的，可以依法申请行政复议或直接提起行政诉讼。

2. 对河道管理范围内建设项目的施工监督

建设项目经批准后，建设单位必须将建设项目的批准文件和施工安排、施工期间的度汛方案、占用河道管理范围内土地的情况等内容，报送负责建设项目立项审查的水行政主体审核，经审核同意后发给河道管理范围内建设项目的施工许可证，建设单位方可以组织施工。

在建设施工期间，水行政主体对建设项目是否按照审查同意书、经批准的施工安排等内容进行检查监督。建设项目在施工过程中若有变化，要取得原审查、审核的水行政主体的同意；若建设项目的性质、规模、地点等内容发生变化，应当依法重新办理审查同意书和施工许可证。

（四）河道保护

保护河道，确保水流畅通，除必要的工程措施外，主要是防止人类活动对河道堤防、护岸等水利工程设施的影响、破坏,从而影响、妨碍河道的行洪、输水功能。为此,《水法》、《河道管理条例》对涉及河道的人为活动给予不同程度的限制,甚至是禁止:

(1)对堤防、护岸、闸坝等河道工程设施的保护。堤防、护岸、闸坝等河道工程设施是确保水流畅通的条件之一,《水法》、《河道管理条例》对涉及此类水利工程设施的人为活动大都是禁止的,如《河道管理条例》第二十二条就明确禁止损毁堤防、护岸、闸坝等水工程建筑物和防汛设施、水文监测和测量设施、河岸地质监测设施以及通信照明设施等。此外,在该条例第二十六条、第二十九条、第三十条、第三十二条也有类似禁止性的法律规定。

(2)对河道管理范围内的行洪、输水区的保护。为了确保河道的行洪、输水功能的发挥,《水法》、《河道管理条例》对在河道管理范围内行洪、输水区的人为活动进行了一定程度的限制。如《河道管理条例》第二十一条对滩地、水域的利用就提出了相应的要求;第二十五条对河道管理范围内的采砂、取土、开采地下资源、考古发掘等行为进行管理、监督。此外,对本区域内阻水、壅水的高秆农作物、建筑物等则是明令禁止的。

(3)对用于江河分洪的湖泊、江河故道、旧堤原有工程设施等的保护。用于江河分洪的湖泊、江河故道、旧堤和原有工程设施等是河道系统确保其行洪、输水功能的一个重要组成部分,当然也应当加强对其的保护与管理。《河道管理条例》第二十七条规定,"禁止围湖造田"、"禁止围垦河流",对于已经围垦的湖泊应当逐步退田还湖,而且湖泊的开发利用规划必须经过河道主管机关审查同意;对于确实需要围垦河流的,应当经过科学论证,并经省级以上人民政府批准。第二十九条规定,江河故道、旧堤、原有工程设施等,非经河道主管机关批准,不得填堵、占用或者拆毁。

(4)积极开展河道管理范围内的水质监测,尤其是加强对河道、湖泊、排污口等的设置管理,扩大监督范围,以确保水质。

(五)河道清障

河道清障工作属于河道保护管理工作的一个重要内容。新中国成立以来,虽然我们在河道整治与建设方面取得了一定的成就,但是任意侵占河床、河滩,向河道倾倒固体废弃物,围垦行洪滩地,种植阻水林木与高秆作物等违法行为屡见不鲜,严重影响了河道正常的行洪、输水功能,并造成严重的洪涝灾害损失。如1985年辽河发生一般洪水,洪峰流量仅为2 000余立方米/秒,大大低于河道原有的防洪标准,但由于河道设障严重,造成多处决口,教训极为深刻。

为了强化河道清障工作,《水法》、《河道管理条例》、《防洪法》等水事法律规范均作了相应的规定,确立了河道清障责任制度、清障原则与程序、清障费用负担等内容。

1. 河道清障工作实行地方人民政府行政首长负责制,强化地方政府的责任

河道清障工作是一项非常复杂的工作,阻水障碍物的形成原因、过程及其影响都不尽相同,如有的可能是经过地方政府或政府领导人、有关部门批准而设置的;有的虽然未经批准,但是已经存在多年。实际上,河道清障工作的复杂性并不来自清障本身,其表现在涉及社会关系的许多方面而导致了一些社会问题,这些社会问题或多或少对该地的地方、局部利益有直接的影响。一般而言,在没有洪涝灾害或者洪涝灾害较小的时候,阻水障碍物的存在对设障单位、公民个人,甚至当地的经济发展和人民生活带来暂时的、直接的利

益,而清障必然要损害这些局部的既得利益。因此,在河道清障工作中,眼前利益与长远利益之间、局部利益与全局利益之间的矛盾十分突出。如此复杂、敏感且棘手的社会问题,必须由当地地方人民政府的行政首长亲自负责。为此,《河道管理条例》在总则第七条明确规定,河道清障工作实行地方人民政府行政首长负责制,并在第三十六条、第三十七条对河道清障工作的协作分工作出了专门的规定,体现了在河道清障工作中强化地方人民政府责任的原则。在《防洪法》中,此规定再次得到了确认。

2. 河道清障责任归属原则和费用负担原则

根据《河道管理条例》第三十六条的规定,河道清障的责任归属原则是"谁设障,谁清除"。此内容明确了承担清除河道阻水障碍物的责任主体是设置阻水障碍物的行为人,包括公民个人、法人或其他组织。此外,该条还规定,"由设障者承担全部清除费用"。该规定是河道清障责任归属于设障者内容的具体体现,是其承担水事法律责任的一种方式。

3. 河道清障工作的分工协作

根据《河道管理条例》第三十六条、第三十七条的规定,防汛指挥机构和地方各级人民政府在河道清障工作中起着重要的作用,有时甚至是决定性作用。防汛指挥机构在设障者逾期不清除阻水障碍物时可以组织强行清除,并就汛期影响防洪安全的作出紧急处理决定;地方人民政府在必要的时候对重大的清障工作的实施作出组织部署和相关的处理决定;而水行政主体仅仅根据阻水障碍物的情况向防汛指挥机构、地方人民政府提出清障计划和具体的实施预案,并监督实施。

第八节　防洪管理

一、防洪管理概述

(一)我国防洪工作的简单回顾

洪涝灾害是人类生存所面临的巨大威胁,古人视洪水为"猛兽"。"大禹治水"的故事遍神州,"诺亚方舟"的故事在西方广泛流传。这些均表明,无论是在东方,还是在西方,人类生存之初都饱受了洪涝灾害的威胁与痛苦。

我国是一个洪涝灾害频繁发生的国家,历史上洪水为患十分严重。根据有关资料统计,从公元前206年至公元1949年的2 155年间,我国共发生较大的洪涝灾害1 092次,平均每两年就有一次较大洪水。频繁的洪涝灾害给我国人民带来了深重的灾难。

新中国成立以后,党和政府领导全国人民对江河湖泊进行了大规模的治理,并颁布了《防汛条例》、《河道管理条例》、《蓄滞洪区安全与建设指导纲要》等防洪管理的行政法规、文件,在我国初步建立起由工程措施与非工程措施形成的防洪管理体系,历史上"三年两决口"的黄河也开创了连续六十年伏秋大汛安澜的新局面。防洪工作所取得的伟大成就有力地保障了我国社会主义现代化建设的顺利进行,维护了社会的稳定。

但是应当看到,在发展社会主义市场经济的过程中,防洪工作出现了不少新情况、新问题,集中表现为以下几个方面:

(1)防洪规划制度没有能够得到很好的贯彻执行,突出表现为不重视防洪规划的编制,不严格执行防洪规划所确定的内容,随意侵占防洪规划中确定的防洪工程设施建设项目用地。

(2)随意侵占江河的行洪、输水河道的行为增多,对此,水事法律规范缺乏强有力的管理手段,河道与防洪工程设施的保护工作亟待加强。

(3)江河的防洪标准普遍偏低,抵御洪涝灾害的能力较差。

(4)蓄滞洪区的安全与建设缺乏有效的管理,没有建立起蓄滞洪区人口控制、安全工程建设、蓄滞洪后的补偿与救助制度。

(5)防洪建设投入不足,而且投资渠道单一。防洪工作是公益事业,投入的社会效益明显,而直接经济效益差,加上投资渠道单一,造成防洪投资的总体水平跟不上国民经济和社会发展对防洪工作的要求。

(二)《防洪法》对防洪工作的影响

为了搞好防洪工作,规范防洪工作,以有效地防治洪涝灾害,促进防洪事业的发展,1997年8月29日第八届全国人大常委会第二十七次会议通过了《中华人民共和国防洪法》(简称《防洪法》),于1998年1月1日起施行。

《防洪法》是我国第一部规范自然灾害的法律,是继《水法》、《水土保持法》、《水污染防治法》等水事法律之后又一部重要的水事法律规范。统管防洪工作全局、调整全社会有关防洪工作关系的《防洪法》的颁布实施,标志着我国的防洪工作进入了一个新的阶段,防洪工作进一步纳入了法制化管理的轨道。

二、防洪工作管理体制

《防洪法》第八条规定:国务院水行政主管部门在国务院的领导下,负责全国防洪的组织、协调、监督、指导等日常工作。国务院水行政主管部门在国家确定的重要江河、湖泊设立的流域管理机构,在所管辖的范围内行使法律、行政法规规定和国务院水行政主管部门授权的防洪协调和监督管理职责。

国务院建设行政主管部门和其他有关部门在国务院的领导下,按照各自的职责,负责有关的防洪工作。

县级以上地方人民政府水行政主管部门在本级人民政府的领导下,负责本行政区域内防洪的组织、协调、监督、指导等日常工作。县级以上地方人民政府建设行政主管部门和其他有关部门在本级人民政府的领导下,按照各自的职责,负责有关的防洪工作。

《防洪法》的该条规定确立了防洪工作的管理体制,即在本级人民政府领导下的各级水行政主体负责,行政区域管理与流域管理相结合和分级、分部门实施相关防洪工作的制度。在这里,《防洪法》首先肯定、强化了政府在防洪工作中的领导作用。这是由防洪工作在我国国民经济和社会发展中的重要性所决定的,加上《防洪法》规定的许多防洪应急措施只有政府才能够按照法定的程序与条件组织实施。其次强调了各级水行政主管部门在防洪管理工作中的地位与作用,即在本级人民政府的领导下负责本行政区域内防洪工作的组织、协调、监督、指导等日常工作。再次明确了国家在重要江河、湖泊所设立的流域管理机构在防洪工作中的地位与职责,即在所管辖的范围内行使法律、行政法规和国务院水行政主管部门授权的防洪协调和监督管理职责。由地方各级水行政主管部门和各流域管理机构共同管理防洪工作,符合防洪工作的客观规律,也是多年来我国防洪工作经验的总结,因为水资源包括洪水,是以流域为单元的,江河的河道水系又是一个彼此连贯的完整系统。这不仅决定了水资源的管理是一个整体,而且也决定了要把江河、湖泊的防洪工作作为一个整体加以综合治理,进行统一调度和管理,统一协调江河的上下游、左右岸和干支流之间的关系,亦即从全流域出发,统筹兼顾。最后考虑到防洪工作涉及城市管理中的一些具体问题、内容,需要组织其他的行政主管部门各司其职、密切配合。因此,《防洪法》第八条第二款、第三款后半部分均作了相应的规定,即分部门负责。

三、防洪管理的原则和制度

(一)防洪管理的原则

(1)统一管理防洪工作。河道水系是一个彼此连贯的完整系统,江河湖泊洪水有其自然的规律。无论是上下游洪水汇集,还是干支流水流传递,都是彼此相互关联的。这就决定了防洪工作是一个整体,必须统一进行管理,建立统一、完善的防洪管理工作制度。为此,《防洪法》第二条规定:防洪工作实行全面规划、统筹兼顾、预防为主、综合治理、局部利益服从全局利益的原则。第五条规定:防洪工作按照流域或区域实行统一规划、分级实施和流域管理与行政区域管理相结合的制度。

(2)防洪与开发利用水资源不可分割原则。防治洪涝灾害与水资源的开发利用是水资源管理不可分割的两个方面,为此,《防洪法》第四条规定:开发利用和保护水资源,应当服从防洪总体安排,实行兴利与除害相结合的原则。江河、湖泊治理以及防洪工程设施建设,应当符合流域综合规划,与流域水资源的综合开发相结合。

(3)全社会共同参与原则。我国大部分国土面积存在着不同程度和不同类型的洪涝灾害。黄河、长江、海河、淮河、松花江、辽河、珠江、太湖等江河湖泊的中下游平原地区的地面高程普遍低于江河湖泊的洪水水位,受到洪水的严重威胁;许多山地、丘陵和高原地区常常因暴雨发生山洪、泥石流灾害;沿海城市每年都有部分地区遭受风暴潮的袭击;黄河、松花江有时还发生冰凌洪水;新疆、青海等地还经常遭受融雪洪水袭击。洪水灾害的社会性和严重性,决定了防洪工作无法由某一个部门来承担,需要全社会的共同努力,全社会都有责任参与和承担防洪工作。

洪涝灾害不仅造成巨大的经济损失,影响国民经济的持续、稳定、快速发展,而且危害人民群众的生命财产安全和社会的稳定。新中国成立以后,虽然党和政府对防洪工作高度重视,发动人民群众对江河、湖泊进行了大规模治理,带领我国广大军民战胜了大江大河的历次大洪水,并取得了举世瞩目的防洪成就,但是我国的防洪任务却越来越重,洪涝灾害几乎年年都发生。20世纪90年代以来,我国已经发生五次较大的水灾,局部地区一年之内连续遭受两三次水灾的情况屡见不鲜。历史上,受洪水威胁最大的是农村,而现在,洪水对农村的威胁尚未解除,对城市的威胁却越来越严重,对铁路、公路和工矿企业的威胁也很大。由于社会经济的快速发展,洪涝灾害在相同面积上造成的经济损失有逐年加重的趋势。总之,我国目前的防洪形势仍然异常严峻,只有依靠党和政府的领导及全社会的参与,才能战胜今后可能出现的洪涝灾害。因此,《防洪法》第六条规定:任何单位和个人都有保护防洪工程设施和依法参加防汛抗洪的义务。第七条规定:各级人民政府应当组织有关部门、单位,动员社会力量,做好防汛抗洪和洪涝灾害后的恢复与救济工作。

(二)防洪管理工作制度

(1)规划保留区制度。规划保留区制度是指由防洪规划确定的河道整治计划用地和规划建设的堤防用地范围内的土地,在经土地管理部门和水行政主体会同有关地区核定,报经有关批准机关批准后,划定为规划保留区的一种法律制度。《防洪法》是在借鉴城建规划区制度的基础上确立的该制度,有助于防洪规划内容的全面、正确实施。

规划保留区由河道整治计划用地、规划建设的堤防用地和其他项目用地三部分组成。其划定程序是:首先由土地管理部门和水行政主体会同有关地区核定;其次是报经县级以上人民政府按照国务院规定的权限予以批准;最后是进行公告。

(2)规划同意书制度。规划同意书制度是指由水行政主体对凡在江河、湖泊上建设防洪工程和其他水工程、水电站等在向有关审批机关报送项目建设可行性报告之前,对其是否符合防洪规划的安排与要求、水库是否按照防洪规划的要求留足防洪库容等内容签署同意与否的一种法律制度。规划同意书制度有助于禁止乱建设各类水工程设施。

(3)河道管理范围内建设项目审批管理制度。河道管理范围内建设项目审批管理制度是对河道管理范围内的建设项目是否符合防洪规划进行确认的一种法律制度,如项目是否符合防洪标准、河道管理岸线规划、航运要求和其他技术规范要求等,与《河道管理条例》所确立的河道范围内建设项目审批管理制度的内容基本一致。

规划同意书制度与河道管理范围内建设项目审批管理制度,在调整对象、目的等方面各有侧重,共同促进、监督防洪规划内容的落实。

(4)洪水影响评价制度。洪水影响评价制度是指由水行政主体对凡在洪泛区、蓄滞洪区内建设非防洪建设项目的单位所提交的、就洪水对建设项目可能产生的影响和建设项目对防洪可能产生的影响作出评价并提出防御措施的洪水影响评价报告进行审查的一种法律制度。

洪水影响评价制度的适用对象是在洪泛区、蓄滞洪区内建设非防洪建设项目,其主要内容是:一是洪水对建设项目可能产生的影响;二是该建设项目对防洪可能产生的影响;三是提出具体的防御措施。

(5)河道清障制度。《防洪法》第四十二条再次重申了河道、湖泊范围内阻碍行洪的障碍物的清除原则,即"谁设障、谁清除"的原则,同时在责任人逾期不清除时赋予防汛指挥机构强制清除的权利。

(6)蓄滞洪区的扶持和补偿、救助制度。为了维护蓄滞洪区的利益,《防洪法》规定:凡因蓄滞洪区而受益的地区和单位,应当对蓄滞洪区承担国家规定的补偿、救助义务。蓄滞洪区所在地的省级人民政府应当建立对蓄滞洪区的扶持和补偿、救助制度。

(7)防汛抗洪实行行政首长负责的责任制度。防汛抗洪工作实行行政首长负责的责任制度就是要求各级人民政府行政首长对本地区的防汛抗洪工作负总责。如果由于工作失误而造成严重损失,首先要追究行政首长的法律责任,这也是由防汛抗洪工作的重要性及其客观规律所决定的,也是长期实践经验的总结与升华。就重要性而言,防汛抗洪工作事关大局,关系到人民群众的生命财产安全和社会、经济的持续稳定发展;就客观规律而言,防汛抗洪工作又是一项社会性、综合性很强的工作,涉及社会生活的各行各业。对防汛抗洪实行行政首长负责制度的目的在于加强对防汛抗洪工作的组织、领导,统筹各方面的关系,从而使各部门密切配合、分工负责,以做好防汛抗洪工作。为此,《防洪法》第三十八条规定:防汛抗洪工作实行各级人民政府行政首长负责制,统一指挥、分级分部门负责。

(8)特大洪水费用制度。为了防御洪涝灾害和加快灾后水毁工程的恢复建设,《防洪法》第五十条规定,中央、地方人民政府都应当安排资金,用于国家重要江河、湖泊的堤防或本行政区域内的特大洪涝灾害的抗洪抢险和水毁防洪工程的恢复建设。

(9)洪水保险制度。1981年我国的水灾保险业务开始出现,时至今日,这项业务仍然是有名无实,从一个侧面透视出洪水保险制度在我国的尴尬地位。归纳各商业保险公司不愿意从事洪水保险业务的重要原因:一是我国的洪涝灾害的发生频率比较高、范围广、损失重、风险大,商业保险公司难以承受赔付数额;二是我国的大部分城市的防洪工程设施标准太低,或者是年久失修,从而给商业保险公司带来巨大的商业压力。虽然此次《防洪法》第四十七条又再次确认了这一法律制度,但是此后却再没有关于洪水保险的规范性文件出台,这一方面反映了我国立法工作的滞后,另一方面也反映出我国对这类自然灾害的防范、救济制度的不完善。

考察西方发达国家的洪水保险制度,大多采取的是实行商业保险的做法,而且基本上都由保险公司出面承办。结合我国的具体情况,在借鉴国外先进经验的基础上,应建立以商业保险形式为主、政策扶植为辅的一种中国特色的洪水保险制度,以改变目前我国这种"有名无实"的洪水保险制度。不过目前最重要的是建立如何实施洪水保险的一套法律、法规制度,充实、完善我国的商业保险内容,使洪水保险制度不再是一纸空文。

四、防洪管理的内容

(一)制定、组织实施防洪规划

防洪规划是指为防治某一流域、河段或者区域的洪涝灾害而制定的总体部署,是江河、湖泊治理和防洪工程设施建设的基本依据,包括国家确定的重要江河、湖泊的流域防洪规划,其他江河、湖泊的防洪规划以及区域防洪规划。对此,《防洪法》突出了以下几方面的内容。

1. 确立了防洪规划的法律地位以及与其他规划之间的关系

《防洪法》第九条规定:防洪规划是江河、湖泊治理和防洪工程设施建设的基本依据。防洪规划应当服从所在流域、区域的综合规划,区域防洪规划应当服从所在流域的流域防洪规划。

2. 明确了防洪规划的编制原则,即必须统一规划、统筹兼顾、综合治理

防洪规划的制定、实施,涉及国民经济的各个部门、各方面的利益、要求,然而洪水却是一种自然现象,我们目前不能,也不可能制止任何量级的洪水,这就需要制定统一的防洪规划并付诸实施。为此,《防洪法》第十一条规定,要"充分考虑洪涝规律和上下游、左右岸的关系以及国民经济对防洪的要求",即要统筹兼顾、妥善处理上下游、左右岸等方面的关系,合理协调国民经济各个部门的利益,以满足国民经济和社会发展的需求。制定防洪规划时,要按照《防洪法》第二条、第十一条规定的"局部利益服从全局利益的原则",

"应当遵循确保重点、兼顾一般"的原则。同时,《防洪法》第十一条还规定,防洪规划"与国土规划和土地利用总体规划相协调"。

防洪工作是一项十分复杂的社会系统工程,往往不是依靠单一的措施就可以解决的。我国数十年的治河实践证明,必须采取工程措施和非工程措施相结合的方法,实行综合治理。工程措施包括修建水库、堤防,疏浚河道等;非工程措施包括洪水预报、预警,开展洪水保险等。《防洪法》将这一行之有效的实践经验以法律的形式固定下来,《防洪法》第十一条规定:"编制防洪规划,应当遵循……工程措施和非工程措施相结合的原则……"

3. 明确防洪规划的性质、编制与审批、修改的程序

鉴于过去在制定、实施防洪规划中的一些经验教训,《防洪法》对防洪规划的性质、规划内容、编制与审批、修改的程序等均作出了明确的规定。

《防洪法》第九条规定:防洪规划是指为防治某一流域、河段或者区域的洪涝灾害而制定的总体部署,包括国家确定的重要江河、湖泊的流域防洪规划,其他江河、河段、湖泊的防洪规划以及区域防洪规划。该条明确指出了防洪规划的性质是为防治洪涝灾害而制定的总体部署,并规定了不同的规划等级。第十一条规定:防洪规划应当确定防护对象、治理目标和任务、防护措施和实施方案,划定洪泛区、蓄滞洪区和防护保护区的范围,规定蓄滞洪区的使用原则。《防洪法》以法律的形式将防洪规划的任务及其内容规定下来,能够有效地确保防洪规划的编制、审查和组织实施,并能够防止防洪规划的随意性。

《防洪法》第十条具体规定了不同江河、湖泊防洪规划的编制主体及审批、修改程序。国家重要江河、湖泊的防洪规划由国务院水行政主管部门依据该江河、湖泊的流域综合规划会同有关的省、自治区、直辖市人民政府编制,报国务院批准;而其他的江河、河段、湖泊的防洪规划则由县级以上地方人民政府的水行政主管部门依据流域综合规划、区域综合规划,会同有关地区编制,报本级人民政府批准并报上一级人民政府水行政主管部门备案。但是跨省、自治区、直辖市的江河、河段、湖泊的防洪规划则由有关的流域管理机构会同该江河、河段、湖泊所在地的省、自治区、直辖市人民政府水行政主管部门、有关主管部门拟定,分别报经相关的省、自治区、直辖市人民政府提出审查意见后,报国务院水行政主管部门批准。而对于城市防洪规划,则是在尊重我国现行城市防洪工作管理体制实际情况的基础上,规定"由城市人民政府组织水行政主管部门、建设行政主管部门和其他有关部门依据流域防洪规划、上一级人民政府区域防洪规划编制,并按照国务院规定的审批程序批准后纳入城市总体规划"。防洪规划需修改的仍然要按照编制、批准的程序进行。防洪规划的上述规定,目的在于维护防洪规划的严肃性、权威性。

此外,对于防洪规划在实施过程中与其他的相关内容的协调,《防洪法》第十七条所确定的规划同意书制度,是从法律上强化了水行政主体在防洪规划实施中的监督管理职责;第十六条所确定的规划保留区制度,借鉴城市规划的做法,使得河道、堤防等防洪工程设施建设用地有了可靠的保证,充分体现了国家对防洪工作优先安排的原则。

4. 防洪规划确定了水库、大坝、湖泊、堤防等防洪工程设施的运用原则,以发挥现有防洪工程设施的综合效益

人类目前对未来一段时间内将发生何种类型的洪水及其量级均无法准确地预测,而现有的或正在规划建设的防洪工程设施都是按照设计防洪标准修建的,不可能防御超标

准的洪水。因此,在制定防洪规划时,对主要的水工程设施应制定出必要的运用原则、控制指标等技术规范与要求,以保证规划目标的实现、发挥水工程设施的预期防洪效应,如为了保证防洪安全而制定的防洪水位,有防洪任务的水库、湖泊的汛期水位、防洪库容和控泄原则,蓄滞洪区的启用条件与启用机构、启用程序、分泄量等。这些防洪工程设施的调度运用内容是多年来防汛抗洪实践经验的总结与升华,各方面都应当严格遵守,以确保防洪工程设施的正确运用。为此,《防洪法》在第十七条、第四十四条均作了相应的规定,并在法律责任一章中规定凡违反前述法律规定的行为人均应当承担相应的法律责任。

5. 防洪规划应当重视相关的灾害防治,以减轻灾害损失

我国地域辽阔,自然条件和社会、经济等情况差异很大,自然灾害各异。除主要受洪涝灾害的威胁外,在我国的沿海地区,每年有20余次的热带风暴登陆或受其影响。热带风暴除带来大量降水而引发洪水外,还伴有风暴潮,危害很大。因此,沿海地区防御风暴潮的任务十分艰巨。在我国广大山区、丘陵地区,经常发生山洪、泥石流,有时还诱发山体滑坡、崩坍等,大的滑坡、泥石流容易堵塞江河通道,严重威胁着人民群众的生命和财产安全。在我国平原易涝地区有农田0.1亿公顷以上,农业产量低而不稳。对于上述几种自然灾害,我们不可忽视。此外,江河的河口,尤其是长江、黄河、珠江、海河等大江大河的河口,是我国经济最发达或发展潜力巨大的地区,开发利用的要求高,但是由于江河河口的冲淤演变复杂,迫切需要进行整治。《防洪法》在总结多年的防治经验的基础上,对前述几种自然灾害的防治和河口的整治作出了提示性的规定,并要求在防洪规划中反映出来。《防洪法》的这些强制性规定,为风暴潮、山洪、涝灾等自然灾害的治理和主要江河的河口整治提供了法律依据,对促进相关灾害的防治,保障防洪安全和发展经济起着重要的指导作用。

(二)河道、湖泊的治理与防护

河道是行洪的通道,必须加强治理和防护,确保畅通。对河道、湖泊的治理就是通过建设防洪工程设施,部分地改变水流、河道的天然状态。而对河道、湖泊的防护则是通过对河道、湖泊管理范围内影响河势稳定和河道行洪、输水功能等的人为活动进行管理、监督,防止人为活动对河道功能以及堤防、护岸等工程设施的破坏,使河道、湖泊的各项功能都得到充分、合理的利用和有效的保护。《防洪法》中首次使用"河道防护"一词,不是《河道管理条例》中的"河道保护"术语,其目的是突出河道的防备、防范、防止,重在于防。

河道、湖泊的治理与防护的内容,集中体现在《防洪法》第三章的相关条款,其核心内容是在河道、湖泊管理范围内所从事的各项人为活动,都必须符合防洪规划的要求,不得从事影响河势稳定、危害堤防安全、妨碍行洪与输水功能等行为。

《防洪法》第三章的规定与《河道管理条例》彼此相互衔接、补充,共同构成河道、湖泊的治理与防护体系,而且,《防洪法》在河道管理范围内所增加的规划同意书制度、项目审批管理制度等进一步完善了《河道管理条例》对此内容的规定。

(三)防洪区的管理

据资料统计,我国有100万余平方千米的国土面积、0.35亿公顷耕地、6亿多人口所处的地面高程低于江河洪水水位,90%以上的城市受到洪水威胁,因此防洪区的管理是关系国计民生的一个重要问题。《防洪法》第四章对防洪区的管理作出了规定,具体包括防

洪区的组成、防洪区的安全与建设和防洪重点区的安全等内容。

1. 防洪区的组成

《防洪法》第二十九条规定：防洪区是指洪水泛滥可能淹及的地区，分为洪泛区、蓄滞洪区和防洪保护区。

洪泛区是指尚无工程设施保护的洪水泛滥所及的地区。在地广人稀的我国西部，有许多地方都属于这类地区，在人口稠密的东部，面对不同量级的洪水，也存在着相当数量的洪泛区，如未设防河段洪水可能淹及的地区、丘陵山区中的平川坝子等。

蓄滞洪区是指包括分洪口在内的河堤背水面以外临时贮存洪水的低洼地区及湖泊等，是我国江河防洪体系的重要组成部分。历史上，沿江河两岸的洼地、湖泊大多与江河相通，汛期蓄滞洪水，降低了江河的洪水水位，起着天然的调节作用。随着社会经济的发展，人们开始将一些洼地、湖泊与江河分开，小洪水时不再分蓄，大洪水时有计划分洪，从而使这些洼地、湖泊成为可控制的蓄滞洪区。目前，我国重要江河通过规划确定的蓄滞洪区有98处，总面积为 3.45 万平方千米，耕地面积达 200 万公顷，人口为 1 600 余万人。其中长江的荆江分洪区、黄河的东平湖滞洪区、淮河的城西湖蓄洪区都是著名的蓄滞洪区。

防洪保护区是指在防洪标准内受防洪工程设施保护的地区，如北京、上海等城市，京沪、陇海、京广、京九、京哈等铁路干线以及东部四通八达的公路交通网，人口稠密、经济发达的长江三角洲、珠江三角洲、黄淮海平原等。目前，我国约有堤防 24 万千米，保护着约 0.32 亿公顷的土地、约 3.6 亿的人口，其中黄河下游河堤、长江荆江大堤、淮河淮北大堤、洪泽湖大堤都是著名的堤防工程。这些大堤与蓄滞洪区结合运用，使我国七大江河中下游重点保护区的防洪能力有一定程度的提高，但仍然不能防御大洪水。

此外，《防洪法》第二十九条还规定：洪泛区、蓄滞洪区和防洪保护区的范围，在防洪规划或者防御洪水方案中划定，并报请省级以上人民政府按照国务院规定的权限批准后予以公告。该规定为在防洪区的各个不同组成部分内从事各类活动的公民、法人、其他组织获取与防洪有关的最基本的知识和信息提供了途径。

2. 防洪区的安全与建设

保障防洪区的安全，需要建立、完善防洪体系和水文、气象、通信、预警以及洪涝灾害监测系统，不断提高防御洪水能力。新中国成立以来，经过数十年的努力，我国重要江河已经初步形成了防洪工程体系，建立起水文测报和水文情报预报体系，建立起防汛通信和指挥调度系统，初步建立了对河道、水域、蓄滞洪区的管理制度，完善了水事法律、法规与规章制度，健全了管理机构。在这一防洪体系的保护下，重要江河的常遇洪水得到了初步的控制。但是我们应当清楚地看到，我国防洪区的防洪能力并不能够防御任何量级的洪涝灾害，因此提高防洪水平、控制洪涝灾害、加强防洪区的安全与建设是今后防洪管理工作的一项重要任务。根据《防洪法》的规定，应从以下方面保障防洪区的安全、加强防洪区的建设：

（1）各级人民政府加强对防洪工作的领导，动员、指导全社会共同参与。政府在防洪区安全与建设工作中处于领导地位，防洪区防洪体系的建立、完善，防洪知识的宣传、教育，社会公众对防洪工作的参与，都应当在政府的统一领导、组织下有序地进行。《防洪法》第三十一条对各级人民政府在这方面的职责作了相应的法律规定。

防洪是全社会的事情,不但政府要管,而且需要防洪区内的单位、居民共同努力,团结协作,积极参与。通过防洪宣传、教育,使社会公众了解防洪的基本知识,提高水患意识,并能够自觉地防护防洪工程设施,因地制宜地采取避洪措施。动员、指导全社会关心、参加防洪建设、防汛抗洪,不但是防洪工作的基本要求,而且也是防洪工作的重要内容之一,是防洪安全与建设顺利进行的保证,是取得防汛抗洪胜利的重要保证。20 世纪 90 年代以来,战胜江淮、辽河、华南以及 1998 年长江、松花江与嫩江所发生的流域性洪涝灾害的成功实践就证明了这一点。

(2)按照防洪规划对防洪区内的土地利用进行分区管理。土地资源是人类生存发展所必需的物质基础。洪涝灾害淹没、冲刷土地资源,严重影响工农业生产,并对居民的生活带来极大的危害。因此,防洪区内的土地利用应当与防洪区的不同类型的洪水可能产生的不同影响相协调,如防洪区内居民聚居区应当尽可能安排在高程相对高的地方,行洪滩地内不应种植高秆阻水障碍物,蓄滞洪区内分洪口附近不得设置有碍行洪的建筑物,种植业应抓好夏季作物生产,秋季种植耐水作物;大型建设项目应当考虑设在防洪标准比较高的防洪保护区或者地势较高的地方。为此,《防洪法》第三十条规定:各级人民政府应当按照防洪规划对防洪区内的土地利用实行分区管理。

(3)组织实施防洪区安全建设规划,保障蓄滞洪区和洪泛区人民安定的生活、生产环境。蓄滞洪区在历次防汛抗洪斗争中对保障广大保护区的安全和国民经济建设发挥了重要的作用。现有的蓄滞洪区历史上多为洪涝灾害经常泛滥和自然滞蓄的场所,随着防洪建设工作的开展和防洪体系的完善,江河河道的泄洪能力得到了提高,启用蓄滞洪区的机会减少。蓄滞洪区内人口增加,经济得到了发展,甚至修建了工厂,形成了城镇。这样,启用蓄滞洪区的损失、困难越来越大。合理而有效地解决因蓄滞洪水所产生的各种矛盾是今后江河、湖泊防汛抗洪所面临的重要问题,也是防洪区管理的一项主要内容。《防洪法》第三十二条对此作出了规定,强调了省级人民政府在蓄滞洪区安全与建设方面的责任。此外,蓄滞洪区为了广大保护区的防洪安全作出了贡献,政府和受益的地区应当帮助其解决生产、生活等实际问题,克服分洪所带来的困难,《防洪法》第三十二条同样对此作出了规定。《防洪法》的这些规定,从法律上确立了蓄滞洪区人民因顾全大局而应享有的权利,为蓄滞洪区恢复工作的有序开展提供了法律依据和保障。

洪泛区因缺乏防洪工程设施保护,其安全与建设等工作与蓄滞洪区同等重要。

(4)建立、完善洪水影响评价制度。洪泛区、蓄滞洪区在防洪区内是受洪水威胁较严重的地区。过去,一些地方因水患意识薄弱,只重视经济建设的发展而忽视洪涝灾害,将一些非防洪建设项目安排在洪泛区或经常启用的蓄滞洪区,有的甚至在洪泛区、蓄滞洪区设立经济开发区、工矿区。1991 年淮河、太湖流域的洪涝灾害损失之所以如此惨重,其中一个重要的原因就是在洪泛区从事开发,建立了大批的工商企业。为了确保防洪安全,《防洪法》第三十三条确立了洪水影响评价制度。洪水影响评价制度所针对的对象是"在洪泛区、蓄滞洪区内建设非防洪建设项目",其内容是:洪水对建设项目可能产生的影响以及建设项目对防洪可能产生的影响并提出防御措施。洪水影响评价制度能够有效地防止在洪泛区、蓄滞洪区擅自兴建各类非防洪建设项目,以促进合理开发利用洪泛区、蓄滞洪区,减少不必要的损失。

3. 确保防洪重点区的安全

城市是各地政治、经济、文化中心，人口集中，多为交通枢纽。我国目前有城市600余座，常住人口约2亿人，集中了大部分国民生产总值，而这些城市90%以上存在着防洪问题。历史上，上海、天津、广州、武汉、哈尔滨等大城市都有被淹的记录。近年来，深圳、柳州、苏州等城市也遭受过严重的水灾。

铁路、公路沟通各地，促进了祖国与世界各地的人、财、物的流通，是国民经济和社会发展的大动脉。洪灾摧毁铁路、公路的情况特别频繁，如1975年8月淮河暴雨导致河南板桥、石漫滩水库垮坝，造成京广铁路被冲断；1991年江淮大水导致京沪铁路运输多处中断；1996年京广铁路受洪水影响暂停运行。

大型骨干企业是国民经济和社会发展的支柱。在历次洪灾中，大型工矿企业因此而停产所受到损失的事例不胜枚举。

洪灾对城市，铁路、公路交通，大型工矿企业的生产、安全等的影响，直接造成国民经济的重大损失。因此，城市，铁路、公路交通，大型工矿企业的防洪安全问题需要特别的关注，《防洪法》第三十四条规定：大中城市，重要的铁路、公路干线，大型骨干企业，应当列为防洪重点，确保安全。

此外，我国大部分江河防洪标准不是太高，尚不能满足一些重要地区的防洪要求，迫切需要提高这类重点保护区防御洪水的能力，为此，《防洪法》第三十四条规定：受洪水威胁的城市、经济开发区、工矿区和国家重要的农业生产基地等，应当重点保护，建设必要的防洪工程设施。该条规定了兴建防洪工程设施的重点目标，要求各级政府及有关部门和受保护的地区的有关单位、居民共同努力，提高这些重点地区防御洪水的能力。

在处理防御洪水与城市建设关系问题上，《防洪法》第三十四条规定：城市建设不得擅自填堵原有河道沟汊、贮水湖塘洼淀和废除原有防洪围堤；确需填堵或者废除的，应当经水行政主管部门审查同意，并报城市人民政府批准。该条规定强调了城市建设要在防洪总体安排下进行，明确了二者直接的协调原则与关系。

（四）防汛抗洪管理

我国是一个洪涝灾害十分频繁的国家，虽然经过数十年的建设与治理，初步形成了防洪工程设施和非工程设施相结合的防汛抗洪、防灾减灾体系，但是洪涝灾害，尤其是大江、大河、大湖的洪涝灾害仍然是我国的心腹之患。加强防汛抗洪工作的组织制度建设，明确职责，落实各项措施是搞好防汛抗洪的重要内容。

1. 落实行政首长负责制，统一指挥、分级分部门负责是做好防汛抗洪工作的核心

防汛抗洪工作实行行政首长负责制，就是要求各级人民政府行政首长对本地区的防汛抗洪工作负责。如果因为工作失误而造成严重损失，首先要追究行政首长的责任。实行行政首长负责制，是由防汛抗洪工作的重要性及其客观规律所决定的，也是防汛抗洪工作长期实践经验的总结与升华。就重要性而言，防汛抗洪工作事关大局，关系到人民群众生命与财产安全和国民经济的持续稳定发展；就客观规律而言，防汛抗洪工作是一项社会性、综合性很强的工作，涉及社会生活的各行各业。实行行政首长负责制的宗旨，在于加强对防汛抗洪工作的组织、领导，统筹协调各方面的关系，使各有关部门密切配合、彼此分工协调，做好防汛抗洪工作。防汛抗洪工作实行行政首长负责制最早规定于1991年国务

院发布的《防汛条例》,而此次《防洪法》第三十八条在总结实践经验的基础上,将该项法律制度再一次确定下来,为更好地落实防汛抗洪行政首长负责制提供了强有力的法律保障。

"统一指挥,分级分部门负责"是我国行政管理工作的一项基本制度。防汛抗洪工作实行"统一指挥、分级分部门负责"即是在各级人民政府的领导下,采取措施,做好防汛抗洪工作,确保防汛抗洪安全;各有关部门在本级人民政府的领导下,服从本级人民政府防汛指挥机构的统一指挥,按照统一部署,根据分工各司其职。防汛抗洪工作是一项涉及面十分广泛,需要各部门、社会各阶层共同努力才能做好的社会公益性工作。《防洪法》第三十八条、第四十条、第四十三条分别规定了上述内容。

2. 制定、组织实施防御洪水方案是搞好防汛抗洪工作的前提

防御洪水方案是针对江河、湖泊可能发生的各种量级洪水,事先确定各类防洪工程设施,如水库、闸坝、堤防、蓄滞洪区等的运用条件、标准、时机、方式和应承担的具体任务等,并明确各项重要防洪工程的启用批准机关、组织实施者以及应采取的有关防御措施。由此可见,制定防御洪水方案是搞好防汛抗洪工作的前提。

防御洪水方案是否科学、合理,是否符合防洪的实际情况,是否能够确保重点、兼顾一般,能否最大限度地发挥防洪工程的防洪效益,以及是否具有可操作性,对于防御和减轻洪涝灾害有着重要的意义。为了体现防御洪水方案的科学性、权威性和可操作性,《防洪法》第四十条对防御洪水方案的制定主体、制定依据、审查批准权限以及强制执行力等内容作出了规定,即"防御洪水方案由县级以上地方人民政府"负责制定,其制定依据是"流域综合规划、防洪工程实际状况和国家规定的防洪标准"。而长江、黄河、淮河、海河的防御洪水方案,则由国家防汛抗洪指挥机构制定,报国务院批准;其他跨省级行政区域的江河防御洪水方案,则由有关流域管理机构会同相关的省、自治区、直辖市制定,报国务院或其授权的有关部门批准。当然,防御洪水方案在实际操作中如有不完善的内容,可以进行修改,其修改权限、程序应当与原批准权限、程序相同,但是《防洪法》在这方面并未作出明确规定。

《防洪法》赋予防御洪水方案一定的强制执行力,即防御洪水方案经批准后,有关人民政府必须执行,各级防汛指挥机构和承担防汛抗洪任务的部门和单位,必须根据防御洪水方案做好防汛抗洪准备工作。通过赋予防御洪水方案强制执行力,在防汛指挥机构与其他部门的通力协作下,认真落实各项工程措施与非工程措施,最大限度地减轻洪涝灾害的损失。

3. 及时掌握汛情,组织和动员军民抗洪抢险是做好防汛抗洪工作的重要保证

在汛前充分做好防汛抗洪准备工作的基础上,进入汛期就必须密切监测江河水位、流量等实时水文信息和气象信息,及时收集、掌握水文、气象、风暴潮等汛情,并正确地分析雨情、水情、风暴潮等信息,准确地预知洪水和风暴潮的发生、演进过程,为党政军领导机关的防汛抗洪决策提供充足的信息与依据。各级地方人民政府及其防汛抗洪指挥机构应当根据汛情及时作出部署,并在通信、电力、物资等方面提供保障。《防洪法》第四十三条对此作出了相应的规定。

在发生洪水之前以及洪水演进过程中,当地人民政府防汛指挥机构要及时地组织队

伍在堤坝上巡堤查险,一旦发现脱坡、管涌、渗水、漏洞、裂缝、基础淘刷等险情,应当立即组织军民抗洪抢险,控制险情的发展。当防洪工程发生重大险情或人民群众生命财产遭受严重威胁,地方防汛力量不够时,中国人民解放军和中国人民武装警察部队以及民兵应当执行国家赋予的抗洪抢险任务,以确保防洪安全。据资料统计,自1990年以来(不含1998年的统计数字),全军就出动官兵1 120余万人次,出动机械、车辆72万台次,出动飞机、舰艇1.7万架(艘)次参加抗洪抢险。

此外,为了确保防洪安全,《防洪法》第四十五条还赋予各级防汛指挥机构在紧急防汛期所享有的水行政征用和其他权利,如有权在其管辖范围内调运物资、设备、交通运输工具和人力,决定采取取土占地、砍伐林木、清除阻水障碍物和其他必要的紧急措施;必要时,公安、交通等部门按照防汛指挥机构的决定,依法实施陆地和水面交通管制。

4. 统一调度指挥,监督防洪工程设施的运用是做好防汛抗洪工作的基础

防洪工程设施,包括水库、水电站、闸坝、蓄滞洪区等水利工程设施的运用必须服从有关防汛指挥机构的调度指挥、监督,按照防御洪水方案和防汛抗洪工作的实际要求,统筹考虑,彼此配合,拦蓄、排放和蓄滞洪水,在确保防洪工程设施本身安全的前提下,最大限度地发挥防洪减灾作用。由于洪水的发生、发展一般都是流域性的,因此防洪工程设施的调度运用必须上下游、左右岸统筹考虑,各种防洪工程设施有机配合,共同发挥作用,绝不能各自为政,甚至以邻为壑。《防洪法》第四十四条规定:在汛期,水库、闸坝和其他水工程设施的运用,必须服从有关的防汛指挥机构的调度指挥和监督。

在防洪工程设施的运用中,水库的防洪调度作用、地位举足轻重。水库防洪大致可以分为滞洪和蓄洪两种方式:运用水库滞洪,其泄洪建筑物一般没有闸门控制,水库对入库洪水只起停滞作用,不能存蓄,其下泄流量取决于泄洪建筑物的型式、规模和水库水位;而运用水库蓄洪,泄洪建筑物有闸门控制,其防洪运用方式主要根据水库、下游的防洪要求,在确保大坝本身安全的情况下,进行洪水调节,启闭闸门控制蓄洪和泄洪。因此,无论是为了确保水库大坝安全,还是为了下游防洪安全发挥拦洪、蓄洪作用,都要求水库在洪水入库时预留有足够的库容。若预留的库容过小,水库拦蓄洪水的作用就小,为确保水库大坝的安全,不得不下泄大流量洪水,这不但不能起到减轻洪灾的作用,甚至还有可能加重下游的防洪负担;如预留的库容过大,防洪问题是解决了,但蓄水兴利就没有了保障,防汛抗洪与抗旱供水、除害与兴利就不能取得最佳效益。因此,水库的防洪调度必须根据设计洪水水位、水库本身的保坝标准、水库下游的防洪标准和灌溉、发电、供水等因素,经过综合分析与研究论证,确定其汛期限制水位,即水库在汛期允许蓄水的上限水位,同时预留防洪库容的下限水位。《防洪法》第四十四条对水库预留的防洪库容的使用作出了规定:在汛期,水库不得擅自在汛期限制水位以上蓄水,其汛期限制水位以上的防洪库容的运用,必须服从防汛指挥机构的调度指挥和监督。

另外,我国北方地区的江河受地形的影响,在冬春季节有凌汛现象,如黄河的宁蒙河段与山东河段、黑龙江等,为此,《防洪法》第四十四条对水库的运用作出了进一步的规定:在凌汛期,有防凌汛任务的江河的上游水库的下泄水量必须征得有关防汛指挥机构的同意,并接受其监督。

5. 正确启用蓄滞洪区是防御超标准洪水的关键,是保障防洪重点对象安全、减轻洪涝灾害损失的重要措施

蓄滞洪区是江河防洪体系中的重要组成部分,一般位于江河两岸的低洼地带,在历史上大多为洪水淹没和调蓄的场所。在平时或发生堤防防御标准以内洪水的情况下,区内保持正常的生产、生活秩序;当发生超堤防防御标准的洪水时,为确保大中城市、重要铁路公路干线、大型骨干企业等防洪重点的安全,应当根据防御洪水方案启用蓄滞洪区滞纳超标准洪水。

蓄滞洪区的运用,是在防御超常洪水的情况下所采取的非常措施,是在不得已的情况下牺牲局部利益、保全整体利益的一种有效减灾措施,如长江中下游干堤若发生超过10～20年一遇的洪水,为确保荆江大堤和武汉等防洪重点的安全,需启用荆江防洪区分洪(该区内有人口46.6万人,耕地3.6万公顷);黄河下游花园口水文站若发生超过22 000立方米/秒的洪水,为保障黄河下游大堤不决口和黄淮海平原的安全,需要启用北金堤滞洪区滞洪(该区内有人口145万人,耕地15.97万公顷)。鉴于启用蓄滞洪区关系重大,《防洪法》第四十六条对蓄滞洪区的启用条件,决定启用机构,批准程序与权限、方式等内容均作出了规定,并应当反映在防御洪水方案中。根据该规定,能够决定启用蓄滞洪区的机构有国务院、国家防汛抗洪指挥机构、流域防汛指挥机构、省级人民政府和省级防汛指挥机构等,由蓄滞洪区所在地的县级以上地方人民政府组织实施。因此,蓄滞洪区所在地的地方人民政府应当制定人民安全转移和就地避洪方案,并加强宣传,做到家喻户晓,人人皆知。一旦启用,地方政府按照事先制定的方案及时组织区内人民群众做好就地避洪或转移工作,尽可能地减少灾害损失。

6. 灾后恢复与救济是搞好防汛抗洪工作的重要环节

洪灾后,政府应当组织有关部门和单位及时救济人民群众,修复水毁工程设施,恢复正常的生产、生活秩序。一是保证受灾群众的吃穿住,并派驻医疗人员到灾区,做好卫生防疫工作,严防疾病的发生。二是及时组织灾区灾害情况的调查、核实工作,制定灾后恢复与救济计划。三是安排相应的物资、资金,用于恢复生产、重建家园,尤其是要集中财力和人力恢复灾区的工农业生产,恢复商业和市场,恢复学校教学,优先安排资金、物资修复水毁工程设施,以恢复和提高防洪能力。四是加强对灾区社会治安的管理,确保有一个稳定的社会环境。《防洪法》第四十七条对上述灾后的恢复与重建工作作了相应的法律规定。

(五)防洪管理的保障措施

当前防洪事业中存在不少的问题,但归结起来主要是防洪投入明显不足,缺乏保障措施,尤其是自20世纪80年代以来,全国各地洪灾损失加剧之势更加暴露出其滞后于社会经济发展的局面,加快防洪事业的建设已经成为全社会的共识。《防洪法》在总则、第六章中分别规定了确保防洪投入的内容,这对于促进全社会的防洪事业发展有着重要的意义。

1. 正确、全面评价防洪效益,加大投入,改变防洪事业建设滞后的局面

在我们的日常经济生活中,任何一个市场主体都是尽可能用最小的投入获取最大的经济收益和社会效益,防洪事业也需要对防洪投入的多少与其产生的效益的大小进行比

较,以评价防洪事业为国民经济和社会发展所作出的贡献,亦即评价防洪投入的价值。实际上,水利产业,当然包括防洪事业,历来在我国国民经济和社会发展中占有重要的地位,"水利是农业的命脉"即为明证。近年来,水利产业则进一步上升为"国民经济的基础产业和基础设施"的地位,实践证明确实如此。据有关统计资料显示,1949～1989 年的 40 年间,国家确定的七大江河湖泊已经完成的防洪工程设施所取得的实际防洪效益为 3 295 亿元,而同期的投入则为 249 亿元,其投入与产出比为 1∶13。这足以说明防洪事业,或者说水利产业是回报率很高的产业。20 世纪 90 年代以来所产生的经济效益、社会效益就更加明显。同样以历史上"三年两决口"的黄河为例,在 1911～1946 年间,花园口水文站发生 10 000 立方米/秒以上的洪水有 8 次,其中 7 次决口;而人民治黄 60 余年来,花园口水文站发生 10 000 立方米/秒以上洪水有 12 次,却没有一次决口成灾,确保了黄河下游华北平原、黄淮海平原的经济和社会安全,防洪效益之大显而易见。防洪事业除具有明显的经济效益外,还具有明显的社会效益和生态效益。

虽然防洪事业集经济、社会效益和生态效益于一体,但是防洪投入不足已经严重制约了防洪事业效益的发挥。以国家用于水利基本建设投资(含防洪工程建设)占全国基本建设投资的比例为例:1980 年"五五"计划以前二者之间的比例为 7% 左右,其中"二五"计划时期(1958 年至 1962 年)为 8%;自 1981 年"六五"计划以来骤然降至 3% 以内,其中"七五"计划(1986 年至 1990 年)仅为 2.3%。水利建设投入太少,防洪投入自然就减少。在这种情况下,本来应该建设的防洪项目被搁置,正在兴建的也处于半停工状态,如长江为防御类似 1954 年的大水,在 1980 年国家确定的中下游 18 个防洪项目中,至今已经开工的仅有 16 个项目,尚有 2 个未开工,只有少数几个项目基本完成。全国蓄滞洪区的安全与建设的发展则更慢。由于投入少,现有江河防洪标准偏低的问题仍然难以解决,目前我国大江、大河、大湖的防洪标准一般仅为 20 年至 50 年一遇,对于历史上的大洪水尚无有效的工程措施。这种状况与我国快速发展的国民经济和社会发展极不相称。世界上许多国家的江河防洪标准大多超过百年一遇,有的发达国家甚至达到二百年一遇。为了改变目前这种窘况,《防洪法》在总则中规定,防洪工程设施建设,应当纳入国民经济和社会发展计划。第四十八条规定,各级人民政府应当采取措施,提高防洪投入的总体水平,以保持防洪事业的持续、超前发展,适应国民经济和社会发展的需要。

2. 实行多渠道筹集、吸纳资金,完善防洪投资体制

我国的基本建设投资体制,长期以来实行的是集中统一管理的模式,即所有基本建设都由国家统一安排,当然,防洪建设也不例外。这种单一的国家投资模式是计划经济体制下对国民经济收入进行再分配的一种方式,已经不能适应社会主义市场经济体制的需要,应当按照社会主义市场经济的运行规律,区别不同性质的防洪工程设施,实行多渠道、多层次、多元化的投资方式。

防洪是属于社会效益为主的基础设施项目,是政府社会职能的集中体现,由政府加大投入是必要的。《防洪法》第四十八条规定,各级人民政府应当采取措施,提高防洪投入的总体水平,但是鉴于当前防洪建设任务重的实际情况,在政府资金短缺的情况下,各级人民政府依法采取多渠道向社会广泛吸纳闲散资金,对于加快防洪设施建设、提高防洪能力是非常必要的,也是对政府在水利建设方面投入不足的有效补充。如广东省于 1990 年

率先征收防洪基金,加快了防洪工程设施的建设,连续战胜了 1994 年、1996 年的大洪水,效益显著,并得到社会各界的赞同。同样在 1991 年淮河流域发生大洪水之后,河南、安徽、江苏等省都先后颁布了征收防洪基金的地方性法规,真正体现了"防洪为社会,社会办防洪"的原则,提高了社会各方面对防洪基础地位的认识,推动了防洪事业的全面发展。《防洪法》将这些行之有效的实践经验上升为法律规范,如《防洪法》第三条规定,防洪费用按照政府投入同受益者合理承担相结合的原则筹集;第五十一条规定:受洪水威胁的省、自治区、直辖市为加强本行政区域内防洪工程设施建设,提高防御洪水能力,按照国务院的有关规定,可以规定在防洪保护区范围内征收河道工程修建维护管理费。目前,全国已经有 20 余个省、自治区、直辖市制定了征收河道工程修建维护管理费的地方性规范文件,且为《防洪法》所确认。此外,《防洪法》第四十九条还规定:受洪水威胁地区的油田、管道、铁路、公路、矿山、电力、电信等企业、事业单位应当自筹资金,兴建必要的防洪自保工程。

3. 实施洪水保险

洪水保险是动员全社会力量对付自然灾害的一种手段,它对自然灾害发生时间和空间的有限性进行调节,即用没有发生灾害地区的保险费用补偿受灾区,用没有发生灾害年份的保险费补偿受灾年份,是用社会力量进行自救的一种典型方式。西方发达国家一般都实行洪水保险制度。我国虽然自 1981 年就开始水灾保险业务,用于水灾地区的灾害救济、补偿,并一直鼓励、扶持开展洪水保险,但是目前此项业务尚未全面开展。

第九节　水土保持管理

一、水土保持管理概况

(一)我国水土流失概况

我国水土流失量大面广,危害严重。根据中国水土流失与生态安全综合科学考察结果,我国水土流失面积 356 万平方千米,占国土面积的 37%。其中,水力侵蚀(简称水蚀)面积 165 万平方千米,风力侵蚀(简称风蚀)面积 191 万平方千米。水土流失遍布全国各地,几乎所有省(自治区、直辖市)都不同程度地存在;不但发生在山区、丘陵区、风沙区,而且平原地区和沿海地区也存在;不仅发生在农村,而且在城市、开发区和交通工矿区也大量产生。

因水土流失,我国年均土壤流失量 45 亿吨,损失耕地 6.67 万公顷,水库淤积泥沙 16.24 亿立方米。全国现有坡耕地 0.24 亿公顷,每年土壤流失量约 15 亿吨。因水土流失造成的经济损失相当于年国内生产总值的 3.5%。

"十五"期间,全国各类生产建设项目扰动土地面积 5.53 万平方千米,弃土弃渣量 92.1 亿吨,造成的水土流失比自然状态下高出数十倍,甚至上百倍,危害十分严重,恢复难度大。

严重的水土流失导致土地退化,耕地毁坏,旱情发展加剧,国家粮食安全受到威胁;加剧洪涝灾害,对我国防洪安全构成巨大威胁,并进一步影响到公共安全;削弱生态系统的调节功能,成为我国生态安全的重要制约因素;降低涵养水源能力,加重土壤面源污染,对我国饮水安全构成严重威胁。

水土流失既是我国重大的生态环境问题,也是制约我国经济社会可持续发展的重要因素,应高度重视水土流失预防和治理工作。预防和治理水土流失是水土保持工作的基本要求;保护和合理利用水土资源是防治水土流失的途径和手段;减轻水、旱、风沙灾害,改善生态环境,保障经济社会可持续发展是水土保持工作的最终目的。实践证明,在水土流失未得到有效治理的情况下,水土资源就不能持续利用,生态环境就不能持续维护,广大水土流失区经济社会就不可能稳定、健康发展,长期困扰我国大部分地区的干旱、洪涝问题也不可能得到有效解决,而且会严重影响其他地区的经济社会发展。没有大江大河中上游的水土保持,就难以确保下游地区的长久安澜。如果任由大范围的水土流失发展下去,不但会严重影响国家的生态安全、粮食安全和供水安全,甚至会丧失人们赖以生存和发展的基础。因此,当前和今后一个时期必须高度重视水土保持工作,加快水土流失防治步伐,为经济社会可持续发展提供支撑和保障。

(二)水土保持的法律概念

水土保持,即对自然因素和人为活动造成的水土流失所采取的预防和治理措施。因此,水土保持至少包括四层含义:自然水土流失的预防、自然水土流失的治理、人为水土流失的预防、人为水土流失的治理。

(1)水土流失是指在水力、风力、重力及冻融等自然营力和人类活动作用下,水土资源和土地生产能力的破坏与损失,包括土地表层侵蚀及水的损失。

(2)自然因素是指水力、风力、重力及冻融等侵蚀营力。这些营力造成的水土流失为水力侵蚀、风力侵蚀、重力侵蚀、冻融侵蚀和混合侵蚀。

水力侵蚀,是指土壤及其母质在降雨、径流等水体作用下,发生解体、剥蚀、搬运和沉积的过程,包括面蚀、沟蚀等。

风力侵蚀,是指风力作用于地面而引起土粒、沙粒飞扬、跳跃、滚动和堆积的过程。沙尘暴是风力侵蚀的一种极端表现形式。

重力侵蚀,是指土壤及其母质或基岩在重力作用下,发生位移和堆积的过程,包括崩塌、泻流和滑坡等形式。

冻融侵蚀,是指土体和岩石经反复冻融作用而破碎、发生位移的过程。

混合侵蚀,是指在两种或两种以上营力共同作用下形成的一种侵蚀类型,如崩岗、泥石流等。

(3)人为活动造成的水土流失,即人为水土流失,也指人为侵蚀,是由人类活动,如开矿、修路、工程建设以及滥伐、滥垦、滥牧、不合理耕作等,造成的水土流失。

(三)水土保持法立法目的

水土保持法立法目的主要包含以下四方面内容。

1. 预防和治理水土流失

预防和治理水土流失是基于我国水土流失十分严重的现实国情提出的。水土流失既是资源问题,又是环境问题,既是土地退化和生态恶化的主要形式,也是土地退化和生态恶化程度的集中反映,对经济社会发展的影响是多方面的、全局性的和深远的,甚至是不可逆的。加快水土流失防治进程,维护和改善生态环境,是当前我国生态境建设的一项重要而紧迫的战略任务。预防和治理水土流失总的指导思想如下:

一是对生态环境良好,但水土流失潜在威胁较大区域,依据实际情况,采取禁止和限制开发等保护性措施,尽可能减少对地表的扰动,控制水土流失的发生和发展;

二是对可能产生水土流失的人为活动,包括农业生产活动以及基础设施建设、矿产资源开发、城镇建设等各类生产建设活动,实行严格监管,最大限度地减少人为水土流失及可能发生的危害;

三是对历史原因和自然因素造成的水土流失进行综合治理,提高土地生产力,恢复生态环境。

2. 保护和合理利用水土资源

水是生命之源,土是万物之本,水土资源是人类赖以生存和发展的基础性资源。我国水土资源绝对量大、相对量少,后备严重不足,时空分布不均衡,利用难度较大。保护和合理利用水土资源,对于有效防治水土流失,维护和提高区域水土保持功能,保护和改善生态环境具有重要意义。保护和合理利用水土资源,关键是要改变落后、粗放和无节制的利用方式,摒弃重开发、轻保护,重眼前、轻长远的传统观念和做法,坚持保护与开发相结合,实现水土资源的可持续利用。

3. 减轻水、旱、风沙灾害,改善生态环境

水土流失破坏土地资源,造成土地退化,降低水源涵养能力,大量泥沙淤积江河湖库,加剧水、旱、风沙灾害,恶化生态环境。只有有效防治水土流失,才能从源头上减少水、旱、风沙灾害发生的频率,降低危害程度,达到维护和改善生态环境的目的。

4. 保障经济社会可持续发展

进入 21 世纪,随着我国现代化进程的加快,人口、资源和环境之间的矛盾日益突出。实现水土资源的可持续利用和生态环境的可持续保护,保障经济社会可持续发展是水土保持工作的根本目标。水土保持在生态建设中具有独特的优势,能够充分考虑自然、社会等各种因素,统筹协调各方面力量,科学配置各项措施,确保人口、资源、环境和经济社会的协调发展。

(四)《水土保持法》修订的重要意义

制定和修订《水土保持法》是我国防治水土流失和保护生态环境的需要。严重的水土流失,导致耕地减少,土地退化,沙尘暴频发,泥沙淤积,加剧洪涝灾害,影响水资源的有效利用,恶化生态环境,危及国土和国家生态安全,给经济社会发展和人民群众生产、生活带来严重危害,成为我国重大的生态环境问题。

原《水土保持法》于 1991 年 6 月 29 日经第七届全国人大常委会第二十次会议审议通过,当日起施行。这部法律的颁布实施,标志着我国水土保持工作步入法制化轨道,对预防和治理水土流失,保护和合理利用水土资源,改善农业生产条件和生态环境,促进我国经济社会可持续发展发挥了重要作用。20 年来,我国经济社会发生了重大而深刻的变化。随着综合国力的增强、人民生活水平的提高,全社会对防治水土流失、改善生态环境的要求愈来愈强烈。特别是随着科学发展观的深入贯彻,依法治国进程的加快,全面建设小康社会和推进生态文明建设等一系列重大战略的实施,原《水土保持法》在很多方面已

不适应新形势新任务对水土保持工作提出的新要求,迫切需要修订。

2005年至2008年,水利部组织开展了《水土保持法》修订的研究起草工作,2008年9月向国务院上报了《中华人民共和国水土保持法(修订草案送审稿)》。2010年7月21日,温家宝总理主持召开了国务院常务会议,会议审议通过了《中华人民共和国水土保持法(修订草案送审稿)》。2010年7月24日,温家宝总理签署了国务院关于提请审议《中华人民共和国水土保持法(修订草案)》的议案。同年8月23日,在第十一届全国人大常委会第十六次会议上,水利部周英副部长作了关于《中华人民共和国水土保持法(修订草案)》的说明。第十一届全国人大常委会第十六次、第十八次会议对《中华人民共和国水土保持法(修订草案)》进行了两次审议,并于2010年12月25日由第十一届全国人大常委会第十八次会议表决通过,中华人民共和国主席令第三十九号颁布,自2011年3月1日起施行。修订后的《水土保持法》共7章60条,较原《水土保持法》增加了1章18条。

(五)水土流失的成因、危害及分区

1. 水土流失的成因

造成水土流失的原因很多,但归纳起来无外乎自然因素和人为因素两个方面。自然因素是水土流失的潜在因素,是水土流失的客观条件;而人为因素则是引起水土流失的主导因素,是水土流失产生的根本原因。

1) 自然因素

在自然因素中,水蚀、风蚀是水土流失的主要原因和表现形式。水蚀产生是因为地形、土壤、地面组成物质、气候、植被等因素同时处于不利状态,如坡陡、雨暴、土松、岩石风化、地面没有植被等才产生水土流失,倘若其中有任何一个因素处于有利状态,水土流失就不会产生,或者程度十分轻微,现有的林区就是如此;又如虽然雨暴、土松、地面没有植被,但是地势平坦,水土流失同样轻微,现有的平地、水平梯田就是如此。风蚀主要是风力强,加上地面土质疏松或是明沙,没有植被,地形对风力无障碍而产生的。在我国许多平原地区,风力畅行无阻,虽然水蚀轻微,但是存在着相当严重的风力侵蚀。

2) 人为因素

人为因素主要是指人为不合理的生产建设活动,破坏了原有的地面植被和地貌而产生的水土流失。人为的生产建设活动归纳起来主要有以下类别:

(1)陡坡开荒,破坏植被。由于人口不断地增长,加上不合理、不科学的种植方式,平地和缓坡种粮不能满足社会的需求,耕地向陡坡发展。同时,为了做饭、取暖而不断砍伐林草作烧柴,林草植被遭到大量的破坏,结果造成林、牧、副业得不到发展,农业缺少必要的畜力、肥料和资金,导致粮食产量低下,只能靠广种薄收来维持生计,这又反过来加剧了水土流失的发生,形成"越广种,越薄收,水土流失越严重;水土流失越严重,越薄收,越广种"的恶性循环。水土流失重点区之一的黄土高原地区就是这样造成的,在全国其他地区这样的恶性循环依然存在。

(2)不合理的森林采伐。一些林场只顾眼前利益,忽视对森林资源的保护,采取"剃光头"式的错误做法,加之森林被大量采伐之后没有能够及时更新,同时又没有采取其他任何保持水土的措施,导致水土流失在一些地区的发生程度呈进一步恶化趋势。长江上游、松花江上游自新中国成立以来新增加的水土流失面积中,大部分是过度采伐森林和其他不合理的人为活动所造成的。

（3）开矿、修路、采石等人为建设活动破坏地表后，随意地倾倒废土、弃石、矿渣等固体废弃物，由于没有妥善处理，暴雨中新增水土流失现象特别严重。

2. 水土流失的危害

我国是世界上水土流失最严重的国家之一，水土流失危害十分严重，不仅在当地造成长期的低产、贫困，而且导致江河大量泥沙下泄，造成江河中下游严重的洪涝灾害，并影响水利、航运等事业的开发利用。水土流失导致生态环境日益恶化，严重制约着国民经济和社会的可持续发展，威胁着人们的生存。

1）破坏土地，吞蚀农田

随着水土流失的继续发展和加剧，可耕地越来越少。自新中国成立以来，我国因水土流失而损失掉的可耕地已经达 266 万余公顷。我国人口众多，可耕地少，人均土地资源有限，耕地后备资源相对不足。据统计，全国每年净增加人口 1 300 余万人，可耕地却以每年 6 万余公顷的速度锐减，人地矛盾日趋突出。

2）土地沙漠化面积不断扩展

自 20 世纪 50 年代至 70 年代末期，我国干旱、半干旱地区沙漠化土地面积平均每年扩展 1 500 平方千米左右，而近年来则每年平均扩展 2 460 平方千米，相当于每年损失一个中等县的土地面积。著名的鄂尔多斯草原，长期的掠夺性经营和粗放耕作，造成严重的水土流失，导致草原沙化面积由 20 世纪 50 年代初的 66.67 万公顷扩展至 80 年代初的 400 万公顷，占该草原面积的 50% 以上。目前，在我国的北方地区，大约有沙化土地面积 20 万平方千米，潜在的土地沙化面积大约有 16 万平方千米。

3）地力减退，加剧了干旱的发展

地表沃土年复一年的流失，带走了大量的氮、磷、钾等有机质养分，土层越来越薄，地力越来越低下，土地的持水能力越来越差，进一步加剧了干旱的发展。据资料统计，全国每年平均受旱面积约 0.2 亿公顷，成灾面积约 67 万公顷，成灾率为 34.4%，其中大部分在水土流失严重的山区、丘陵地区。甘肃省陇南地区康县本来是一个林区，以前干旱现象很少发生，但是在近 22 年间，随着森林遭到破坏，林区面积的减少，水土流失的增加，旱情却出现了 19 年，出现概率达 86%。山东省滕县，在 1556 年至 1956 年的 400 年间，平均每 10 年有 2 次干旱，而在 1957 年至 1983 年的 27 年间，则平均每年有一次干旱出现。

4）淤积、抬高河床，加剧洪涝灾害

水土流失致使大量的泥沙下泄，淤塞江河中下游河道，削弱了江河的泄洪、输水能力，加上暴雨时上中游来水量增大，这样上下夹攻，加剧了江河洪水的危害程度。我国历史上以洪涝灾害闻明于世的黄河，主要是上中游黄土高原地区严重的水土流失所致。在新中国成立以前有记载的 2 000 余年间，黄河决口 1 500 余次，大的改道 26 次，每次决口泛滥都造成房屋淹没，田园荒废，人畜死亡；自新中国成立以来，黄河中下游河床平均每年淤高 8～10 厘米，目前已经高出两岸地面 4～10 米，成为名副其实的"悬河"，严重威胁着黄淮海平原 25 万平方千米、1 亿多人民群众的生命与财产安全，实属国家的"心腹之患"。在我国的其他江河也有类似的情况。

5）淤塞水库、湖泊，水资源状况日益恶化，影响开发利用

水土流失淤塞水库、湖泊的情况十分严重。新中国成立以来，陕西省修建的大中小型水库有40多亿立方米的库容，由于水土流失，平均每年损失近1亿立方米的库容；四川省龚嘴水电站，有3.6亿立方米的库容，原来设计为蓄水发电，1976年建成后，1987年已经淤满，现在已改为径流发电；广东省梅州市水土流失致使35 071座山塘和370座小（二）型以上水库严重淤积，分别占山塘、水库库容总量的31.6%和61.5%，其中505座山塘已经全部淤满报废，减少灌溉面积7.3万亩。据初步估算，全国各地由于水土流失而损失的各类水库、山塘的库容总量历年累计在200亿立方米以上。按照每立方米的库容建设投资0.5元计算，直接经济损失达100亿元，至于因为减少灌溉面积和发电量而造成的经济损失，至少是库容损失的2倍至3倍。

长江中游的洞庭湖，在清代道光年间有水面6 270平方千米。由于水土流失所造成的泥沙淤积，加上沿湖围垦等因素的综合作用，到1949年湖面水面面积缩小到4 350平方千米，到1983年，又缩小到3 641平方千米，同时湖底升高，容量减少40%。

6）影响航运，降低港口功能，破坏交通运输

由于水土流失，泥沙在河道淤积，从而影响河道的行洪、输水功能，降低河道航运功能。据资料统计显示，广东省在新中国成立以前有内河航运里程约2.0万千米，20世纪50年代初减少到1.59万千米，70年代末期锐减到1.11万千米。松花江流域在哈尔滨江段，淤积沙滩达3.4千米，淤积量为490万立方米；原有八孔桥通航，现在只有两孔桥通航；原有航程1 500千米，现在缩短为只有580千米。在新中国成立之初，我国内河航运里程为15.77万千米，到1985年减少到10.93万千米，到1990年又减少到7万多千米。不仅如此，航道泥沙淤积还影响港口功能的发挥。福建省闽江口马尾港码头，1974年水深10米，能够停泊万吨轮船。由于泥沙淤积，目前水深只有5米，每年需要耗资1 000万元进行清淤，水深才达7米，6 000万吨级轮船只能乘潮进港。

每年汛期，水土流失造成公路、铁路等交通运输中断的事例不胜枚举，所造成的直接经济损失通常以数十万元计算。

7）水土流失与贫困恶性循环，影响深远

如前所述，我国大部分地区的水土流失主要是由于人口的增加，平地种粮不能满足社会需要，陡坡开荒、破坏林草植被所造成的，并且形成"越垦越穷，越穷越垦"的恶性循环局面。这种情况是历史上遗留下来的。自新中国成立以后，随着人口不断增加，这种情况更为严重，导致水土流失与贫困同步加剧发展。在新中国成立初期，黄土高原有总人口3 500万人，农田耕地0.09亿公顷，到1985年，人口增加至7 200万人，农田耕地0.19亿公顷（其上报统计只有0.12亿公顷），新增加的耕地大部分是陡坡开荒。在我国南方长江流域和珠江流域，历史上一直以种植水稻为主，由于近年来陡坡开荒种粮，耕地中的水旱比例起了很大的变化。如广西壮族自治区凤山县耕地的水旱比例在1952年为1:0.65，而在1981年却为1:1.80；天峨县耕地的水旱比例在1952年为1:0.28，而在1981年却为1:2.64。随着坡耕地面积的大量增加，水土流失面积也急剧上升，仅吉林省自1985年以来毁林毁草开荒面积就达166.67万公顷，而新增加的水土流失面积则达16 700多平方千米。这种情况如果不及时扭转，放任水土流失面积日益扩展，其结果是自然资源日益枯

竭,但是人口却不断增加,贫困日益加深。

3. 水土流失分区

我国的水土流失面积很大,虽然造成水土流失的成因很多,但是根据其成因结合水土流失的具体情况,可以将我国的土壤侵蚀区分为水蚀区、风蚀区和冻融侵蚀区。

1)水蚀为主的类型区

这类地区大体分布在大兴安岭—阴山—贺兰山—青藏高原东缘一线,包括西北黄土高原地区、东北黑土漫岗区、南方红壤丘陵区、北方土石山区、南方石质山区、平原区等。

(1)西北黄土高原地区。该区主要分布在黄河中上游,总面积约64万平方千米,有水蚀面积34万平方千米,风蚀面积11万平方千米,其中内蒙古自治区河口镇至陕西、山西的龙门区间11万平方千米的区域是水土流失最为严重的地区。该区每年流入黄河的泥沙约占黄河年均输沙总量16亿吨的50%以上,且多为粗沙。该区的水土流失不但造成黄河河道淤积,而且严重威胁下游25万平方千米、1亿多人口的生命与财产安全,因此该区的治理措施主要是修建梯田、退耕等保持水土的措施,以保持、涵养水源,控制土壤侵蚀,增强土壤抗蚀、抗冲性,同时积极发展经济林果、牧业及加工业,建立生态型农业。

(2)东北黑土漫岗区。该区主要分布在松花江上游,为大兴安岭向平原过渡的山前波状起伏台地,是我国的主要商品粮基地之一,其水蚀面积大约有13万平方千米。漫岗地形虽然坡度缓,但是其坡面比较长,一般都达800～1 500米。黑土有机质高,表层疏松,底层透水性差,在暴雨时耕作层易于饱和,从而形成地表径流,加上常年顺坡耕作,容易造成水土流失,使黑土层逐年变薄,土壤肥力下降。许多地方已经由面蚀发展为沟蚀。该区的水土流失不但减少了耕地面积,而且加剧了旱灾的发生。此外,该区还存在着一定程度的风蚀。因此,该区的水土保持措施以治理坡耕地面蚀为主,如在岗脊坡种草植树,以就地拦蓄地表径流,同时相应地治理沟蚀、风蚀,如在沟底修建谷坊、塘坝,积极营造水保林木、沟底防护林。

(3)南方红壤丘陵区。该区主要分布在长江中下游和珠江中下游以及福建、浙江等东南沿海,包括上述各省的赤红壤(砖红壤)区,总面积达200万平方千米,其中丘陵山区面积100万平方千米,水蚀面积50万平方千米,是我国水土流失程度比较严重、分布比较广的地区。

该区的水土流失除有面蚀、沟蚀外,还有崩岗这一特殊形式。面蚀主要产生于坡耕地和荒坡。该区的水土流失不但使土层日益贫瘠,农作物产量低而不稳,甚至无法继续耕作,而且使大量粗颗粒泥沙下泄,淤积江河湖泊、水库,严重影响农田灌溉、河道通航以及湖泊的综合利用。该区在治理水土流失时一定要考虑南方雨水多、气温高的特点,并利用优越的水热条件,将防护性治理与开发紧密结合起来,发展生态农业,促进农民脱贫致富。具体而言,主要是采取植树造林、种草等措施,恢复、提高植被的覆盖率,以保护土壤表层免予冲刷、流失;对崩岗地区采取上拦、中封、下堵的方法,以控制溯源侵蚀,稳定崩岗体,固土保水,减少流失;在丘陵地区发挥水土资源优势,大力种植经济林果,发展商品经济,把资源优势转化为商品优势,以增加当地的收入。

(4)北方土石山区。该区主要分布在松淮海流域、黄河流域,面积大约75.4万平方千米,其中水蚀面积48万平方千米。该区地表土石混杂,石多土少,细粒物质流失后,地面极易砂砾化或石化,进而失去农业利用价值。遇暴雨时,容易形成突发性山洪,挟带大量的粗泥沙,堆积在沟道下游、川地、沟口,冲毁村庄,埋压农田,淤塞河道。但是该区植物资源丰富,在进行水土保持工作时应当积极保护现有植被,综合治理,充分发挥资源优势,积极培育各种经济林果,发展本地经济。

(5)南方石质山区。该区主要分布在长江和珠江上游的四川、云南、贵州、广西等省(区)以及甘肃、陕西南部,总面积大约有94万平方千米,水土流失面积约有34万平方千米。从其危害特点来看有两种情形:一种是石灰岩地区的坡耕地石化,威胁群众生存,这在贵州、广西较为严重;另一种是泥石流地区,主要集中在金沙江下游和陇南、川西山区,对沟口、下游危害严重。因此,该区的水土保持工作宜分区进行。

石灰岩山区的主要特点是:山高、坡陡、谷深,河沟比降大,岩溶发育,地表径流容易转化为地下径流,地面土层薄,通常为10～30厘米,并且零星分布。坡耕地为该区粮食生产的主要产地,其坡度大都在20～30度。由于暴雨集中,水土流失十分严重,石化面积发展很快,严重威胁人民群众的生存。因此,该区水土保持工作的首要任务是抢救土地资源,维护人民群众的基本生存条件。其具体措施是首先将25度以下的坡耕地兴修成水平梯田,辅以坡面截水沟、蓄水池等小型排蓄工程,以制止土壤冲刷,保护耕地土层。同时,积极改良石灰岩土壤,提高其肥力,以增加作物产量。其次是进行封禁治理,恢复天然植被,辅以发展经济林木,以控制水土流失。最后是就地取材,在沟中修筑土石谷坊,抬高侵蚀基面,拦截泥沙。

泥石流多发区大都山高坡陡,一般海拔在1 500～3 000米,相对高差2～300米,地面坡度在30度以上,岩石裸露,土层贫瘠。目前我国泥石流多发区集中在金沙江下游和陇南、川西,暴发频繁,危害严重。典型的泥石流沟道上游为清水区,中游为泥石流形成区和搬运区,下游和沟口为堆积区,因此泥石流多发区的水土保持治理工作必须上中下全面安排。其具体措施是:首先,开展小流域综合治理,制止陡坡开荒和顺坡耕作,保护和种植林草植被,以减少地表径流对土壤的冲刷,减轻崩塌、滑坡等重力侵蚀,降低洪水流量、流速及其挟带泥沙的能力;其次,对产生泥石流的沟岸、沟段采取工程措施,如修建梯田、河坝,进行稳定和拦蓄处理,以减轻危害;最后,在下游堆积扇和出口处,修建排导工程,将其输入河道,以避免危害两岸、城镇人民群众生命与财产安全。

(6)平原区。我国的平原地区面积接近200万平方千米。平原地势平坦,土质肥沃,交通发达,人口、城镇密集,农作物产量较高。在这一地区河流两岸向河倾斜的地方,往往存在着轻度水蚀,局部地区有中度侵蚀,同时由于地势开阔,也存在一定程度的风蚀。河流两侧的土质河岸因水流淘刷常产生崩塌,吞蚀农田,甚至危害附近的村镇和交通。平原灌区填方渠段、渠岸因水流冲刷造成一些薄弱环节,影响渠道安全、输水,部分傍山渠道,常因山坡水土流失造成渠内泥沙阻塞,甚至冲刷渠槽,影响、中止取水灌溉。因此,平原区水土流失的治理在搞好水利建设的同时,宜采取以下措施:首先是河道两岸最高洪水水位以上的河滩地,应按照河流治理规划的治导线进行治河造田,兴修河堤,改造耕地,以增加粮食生产;不能造田的,按照治导线营造护岸林木。其次是结合渠系与道路建设,搞好农田防护林网建设。最后是在填方渠段的岸坡上,种植有经济价值的浅植性草类,保护坡面土壤不被雨水冲刷,并实施相应的综合治理,减少地表径流。

2）风蚀为主的类型地区

这类地区主要包括大沙漠、沙漠周围的风沙区和受风蚀危害严重而沙漠化的草原区。

（1）风沙区。我国有风蚀面积191万平方千米，主要分布在西北地区几个大沙漠及其附近地区，其次是内蒙古草原和东北的低平原地区。此外，在河南、安徽等黄泛区，福建、浙江等东南沿海地区也有分布。风蚀导致耕地逐年减少、土地生产力下降、生态系统功能弱化，生物多样性面临危机，严重制约着当地经济和社会的可持续发展。因此，对风沙区的治理首先要采取措施固沙，可以因地制宜地营造沙生植物，防风固沙，也可以在流动沙丘上设置植物沙障和机械沙障，以固定沙丘。其次是建立农田防护林体系，改良风沙农田、改造沙漠滩地。在农田周围，营造乔、灌、草相结合的防护林网，改善小环境、小气候，积极发展农林牧业，同时采取人工垫土、引洪淤灌、绿肥改造等措施改善土壤结构，采用开渠排水、铺沙压碱等方式改造、利用盐碱滩地，以提高农作物的产量。最后是积极发展治沙产业，如发展绿洲农业，建立粮食生产基地，利用沙区灌木林草发展畜牧业、编织业等。

（2）草原区。我国的草原区主要分布在内蒙古、新疆、青海、四川和西藏，共有可利用草场约30万平方千米，是我国主要的畜牧业生产基地。这里的气候干燥，风蚀严重，植物种类稀少，生态环境十分脆弱，加之过度放牧，致使草原退化、沙化和盐碱化程度加剧，甚至有的地方已经沦为荒漠。因此，防治水土流失是草原区可持续发展的关键，其治理措施为：首先是保护好现有草地植被，大力开展水利建设和防护林网建设，恢复和改良草场、草种，提高草场的载畜力。其次是推行先进的放牧技术，以草定畜，变粗放经营为集约经营，提高牧业生产水平。再次是增加投入水平，轮牧、舍饲结合，防止草场过度超载。最后是发展畜产品深加工，提高畜产品的商品率，形成种、养、加工的体系，产供销一条龙服务，将资源优势转化为商品优势，大力发展区域经济。

3）冻融侵蚀为主的类型区

冻融侵蚀主要分布在我国的青藏高原、新疆天山、黑龙江流域、大小兴安岭等高寒地区。此类地区由于人类活动影响比较少，主要以自然因素侵蚀为主。因此，水土保持工作以预防和监督保护为主。

（六）水土保持的成就与作用、经验和存在问题

1. 水土保持的成就与作用

自新中国成立以来，我国的水土保持工作由重点试办到全面发展，其间，虽然由于国内政治、经济形势等因素的变化而使水土保持工作走过了几起几落的曲折道路，但几十年的水土保持工作仍然取得了很大的成就。截至1990年年底，已经完成水土保持综合治理面积约53万平方千米，其中兴修梯田76万公顷，坝地156.33万公顷，营造水土保持林木约0.3亿公顷，经济林木366.7万公顷，种草保持面积340万公顷，同时还兴建了大批小型水利水保工程。

上述水土保持成就在减轻水土流失，提高农业生产，改善人民群众生活，减少泥沙淤积等方面都取得了显著的效果。许多水土保持工作搞得比较好的地区都有效地控制了水土流失状况，改善了生态环境，改变了当地贫困的面貌，走上生态、生产与社会经济良性循环的道路。实践证明，水土保持是国民经济和社会发展的基础，是我国必须长期坚持的一项基本国策。

1)保护国土,增加耕地

开展水土保持工作几十年来,全国各地兴修沟头防护工程,配合山塘、截水沟等各类小型水利工程,制止了沟壑的发展,保护了土地不被沟壑吞蚀。与此同时,通过沟中筑坝淤地和沟滩造地,把无用的荒沟变成高产的良田156万公顷,仅此一项新增加的耕地价值就达234多亿元(以每公顷造价1.5万元计)。这些沟坝地按照平均每公顷产粮食3 750千克计算,每年能够增产粮食58.5亿千克,可以解决2 340万新增加人口的口粮(按照每人每年250千克计算)。而事实上,在过去的几十年里,这些沟坝地已经累计增产粮食1 170亿千克,按照粮食每千克0.2元(参照过去的标准)计算,已经为国家创造财富234多亿元。在水土流失地区,尤其是在黄土丘陵沟壑地区,沟坝地面积仅占耕地面积的10%～20%,而产量却占总产量的30%～50%。在我国南方各省(区),水土流失造成水冲沙压农田,而通过水土保持则有效地解决了这个问题。

2)改善农业生产条件,提高农田抗旱能力,促进农业稳产高产

几十年来,通过坡地兴修水平梯田、梯地,把原来的"三跑"(跑水、跑土、跑肥)低产田改造成为"三保"(保水、保土、保肥)高产田。根据对比观测,梯田、坝地等平均每公顷年增产粮食可达1 125千克,全国已经建成的0.113亿公顷梯田、坝地等每年共计可以增产粮食127亿千克。水土流失地区,大多是干旱地区,改造为梯田后,由于梯田的"三保"作用,提高了耕地的蓄水保土和抵御自然灾害的能力,加上科学种田,能够促进大面积的粮食稳产高产。甘肃省中部地区以定西为代表的20个干旱贫困县和宁夏自治区南部地区以西海固为代表的8个干旱贫困县,1983年至1990年坚持坡地修梯田,年平均每人新增加0.006 7公顷耕地,累计达到人均约0.133公顷。1991年6月以后大面积伏旱接秋旱,连续60～70天高温少雨,旱情虽不及1982年,但与1987年相近。这28个县1982年的粮食总产量为19亿千克,1987年为29亿千克,而1991年则为43亿千克,仅比历史最高年份1990年减产0.3亿千克。甘肃、宁夏两省(区)的领导和人民群众都一直称赞梯田与科学种田的抗旱增产作用。

3)促进区域经济发展,为扶贫攻坚工作创造条件

数十年来,我国的水土保持工作坚持实行山、水、田、林、路统一规划,综合治理,综合开发,并成为山区、风沙区经济发展的重要途径。在水土保持过程中,各地发挥山区优势,因地制宜地发展大批品质优良、适销对路的经济林果,建成了一批商品林果基地,形成当地的新兴支柱产业和经济增长点。据统计资料显示,水土保持工程已经使约1 000万人口脱贫致富,重点治理区群众脱贫率普遍在50%以上。长江上游水土保持重点防治工程实施8年来,共发展经济林果45.7万公顷,500万余农民脱贫。四川省重点治理区贫困户的比例由15%下降至5%。河北省兴建水土保持工程已经使85%的村脱贫,10%的村达到小康水平。

4)减轻洪涝灾害,减少泥沙淤积,显著改善生态环境

凡是以小流域为单元采取综合治理措施进行集中治理的地区,其施工质量相对较好、治理程度相对较高。因此,发生暴雨时,由于各项水土保持治理措施的蓄水保土作用,洪涝灾害显著减轻,减少了江河泥沙淤积,进而提高了水利工程的效益。据统计资

料分析，新中国成立以来的几十年里所采取的水土保持措施每年可以拦蓄泥沙15亿吨，增加蓄水能力250亿立方米。黄河上中游的水土保持工程，每年可以减少黄河泥沙入海约3亿吨。黄河、长江等大江大河流域的水土保持工程为中下游的防洪、治理和水资源开发利用发挥了重要的作用，也为当地的农业和国民经济的发展提供了可观的水土等自然资源。

江河湖泊流域治理区内农业生产条件显著改善，粮食产量和经济收入稳步增长，大大减轻了人口对水土等自然资源和生态环境的压力。以长江三峡库区的小流域水土保持治理为例，通过治理，每平方千米平均可以增加人口环境容量30人，为三峡库区的移民安置创造了有利的条件。

5）促进社会进步和农村两个文明建设

通过综合治理水土流失问题，水土流失区开始呈现出山清水秀、林茂粮丰、安居乐业的繁荣景象。随着治理区生态环境质量的提高，一批过去封闭、落后、荒凉的穷山村发展成为开放、富裕、优美的社会主义新山村。"住土房、喝苦水、点油灯"的贫困农家如今已经住上砖瓦房，吃上了自来水，通了电，交通道路四通八达，学文化、学技术蔚然成风，一代懂技术、善经营、会管理的新型农民脱颖而出，涌现了不少的文明村、文明户。

2. 水土保持的成功经验

新中国成立以来，水土保持工作由探索、试点、示范推广到全面发展，取得了很大的成就，积累了丰富的经验。尤其是20世纪80年代以来，在总结以往经验与教训的基础上，进行了许多有益的探索与改革，走出了一条具有中国特色的以小流域为单元进行综合治理的路子，推动了水土保持工作的进一步开展。

1）由单一措施、分散治理转向以小流域为单元、全面规划、综合治理的新阶段

这是水土保持工作的一个重大突破。在水土保持工作中，要充分做到合理利用水土等自然资源，因害设防，各项治理措施优化组合，科学配置，彼此协调发展，以发挥整体效益；做到工程措施、生物措施和农业技术措施相结合，生态效益、经济效益和社会效益统筹兼顾。以小流域为单元进行治理，既符合自然规律，又符合经济规律，而且投入相对集中，可以进行规模治理，加快了治理的速度，一般的年治理速度为3%左右，高的可以达到10%~13%。以小流域为单元进行治理的经验已经在全国范围内推广，先后开展治理的小流域达9 000余条，总面积为40万平方千米，其中治理水土流失面积22万平方千米。通过开展小流域治理，发展小流域经济，推进水土保持走上产业化的新路子。

2）国家和地方兴办水土保持治理重点，形成点面结合的水土流失治理新格局

1983年，国务院将水土流失严重而且对国民经济建设有很大影响的无定河、皇甫川、葛洲坝库区、兴国县等8片地区列为全国水土保持重点治理区，1989年又将金沙江下游及毕节地区、嘉陵江中下游、三峡库区、陇南与陕南等4片地区列为全国水土保持重点治理区。国务院先后确定水土保持重点治理区14片，涉及15个省、自治区、直辖市的245个县，总面积达43万平方千米，其中水土流失面积26万平方千米。通过确定水土保持重点治理区，进行全面规划，集中连片治理，有规模、有声势，起到了样板示范作用，同时也增强了人民治理水土流失的信心，带动了省、区、市、县层层办重点，形成点面扩散、面向点靠拢、点面结合的新格局。在国务院确定的14片重点治理区中，年治理水土流失面积约1

万平方千米,年治理速度为4%左右,比面上快3倍以上,而且重点治理区成效显著。如开展比较早的8个片区,治理几年来一共完成治理面积2.35万平方千米,修建水平梯田、坝子等33.33万公顷,营造水土保持林木133.33万公顷,种植经济林果12.2万公顷,植草41.3万公顷,封禁治理11.33万公顷,促进了各行各业的发展。与治理前的1982年相比,1990年这8片区的粮食总产值增长53%,农业总产量增长1.46倍,人均纯收入增长2.6倍,贫困户减少82.3%,贫困人口减少81.5%。

3) 由统一治理、集中经营管理转向户、专、群多种治理方式相结合,形成国家、集体、个人共同治理水土流失的可喜新局面

在20世纪80年代初期,黄土高原兴起以户为单位承包治理水土流失区的新模式,即户包治理方式。这是农村家庭联产承包责任制在水土保持治理方式上的突破与运用,是人民群众的创造。由于户包使责、权、利统一,治、管、用结合,大大激发了人民群众的热情,形成了千家万户治理千沟万壑的新局面。山西省有户包户38.5万户,占山区总农户的11.8%,其承包治理面积125.2万公顷,已经治理81.13万公顷,占承包治理面积的64.8%。据山西省对100户的调查,户均承包治理面积6.2公顷,经过5~8年的治理,已经完成66%的治理面积,人均达到基本农田0.087公顷,水土保持林木0.63公顷,经济林果0.107公顷,1988年人均收入高达823元,比治理前增长1.88倍,人均产粮495千克,84%的农户脱贫。户包形式为水土保持工作带来了生机与活力。此外,租赁、股份合作制、拍卖"四荒"使用权等其他适应农村联产承包责任制、适应社会主义市场经济体制的水土流失治理模式,有力地增强了水土保持工作的生机与活力,加快了水土流失地区的治理速度。

4) 由单纯的防护性治理转向开发性治理,治理与开发利用相结合

从20世纪80年代以后,随着户包治理方式的兴起,农民要求从水土保持工作中尽快得到实惠。因此,在探索水土流失多种治理形式的同时,更注重开发利用,更注重其经济效益。福建省在水土保持工作中明确提出将水土流失地区建成经济作物区,在治理水土流失的同时,发展适合当地生长的经济林果,如杨梅、余柑等,以吸引更多的投资者参与水土流失治理。水土流失治理与开发利用相结合,生态效益、社会效益和经济效益相结合,治理水土流失与治穷致富相结合,是水土保持工作观念的更新,是水土保持工作方向上的突破,深受广大群众欢迎,为水土流失治理工作注入了生机与活力。这些经验已经在全国14个重点治理片区范围内推广,已经取得了初步的成效。

5) 加强水土保持法制建设,依法防治水土流失

1982年国务院颁布了《水土保持工作条例》(已废止),将我国单纯的水土流失治理转向防治并重,将水土保持工作纳入了法制化建设轨道。1991年通过的《水土保持法》,使水土保持工作进入了一个新的阶段。《水土保持法》注重水土保持工作的预防,注重水土保持工作应有的效益,有利于水土保持工作进一步走向制度化、规范化,有利于控制不合理的人为活动所造成的新的水土流失。各地在该法的指导下,积极开展本区域的水土流失治理和预防监督工作。如福建省为加强水土保持预防监督工作,建立起预防监督体系,从而使每年新产生的水土流失面积由过去的4.67万公顷下降到0.73万公顷。这不仅保护了我们宝贵的土地资源,而且节省了大量的资金。

6）重视水土保持基础性研究与推广工作，保证治理质量，提高治理水平

近十年来，水利部所属的各流域管理机构和各省、自治区、直辖市都很重视水土保持的基础性工作，开展了大量的水土流失现状调查，进行了水土流失的勘测与普查工作，基本上查清了我国范围内水土流失的分布现状、水土流失的程度及其面积，并进行了相应的治理规划，如水利部在 1993 年主持制定的《全国水土保持规划报告（送审稿）》（1991—2000 年）和 1997 年主持制定的《全国水土保持规划报告（送审稿）》（1998—2050 年）。与此同时，水利部还适时地制定了水土保持的有关技术标准。这些基础性的工作，为预防、治理水土流失提供了科学的依据，保证了水土流失治理工作的质量。

3. 水土保持工作存在的问题

虽然水土保持工作已经开展了数十年，并取得了不菲的成就，但是仍然存在不少的问题，突出表现在：

（1）水土保持意识和法制观念淡薄，人为原因造成的水土流失严重。水土流失问题是一个严重的社会问题，已经成为我国的头号环境问题，不仅危害山区，也危害平原；不仅危害农业，也危害工矿业和城镇安全。因此，水土流失问题与全社会、公民个人都有关系。虽然《水土保持法》等一系列水土保持法律、法规、规章的颁布实施使水土保持工作走上了法制化轨道，但是由于宣传力度不够，公民和社会对水土保持的重要性、紧迫性认识不足，缺乏危机感、紧迫感。在人们的生产、生活中，乱挖乱砍，乱倒乱弃，人为造成水土流失的现象仍然十分严重。

（2）水土流失治理任务艰巨，投入严重不足。进入 20 世纪 90 年代，虽然国家对水土保持工作的投入有所增加，但是每年对水土流失地区的投入只能完成约 3 万平方千米的治理任务，距离"九五"期间年平均完成 5 万平方千米的目标相去甚远，投入与目标极不相称。加上投入的保证偏低，影响水土保持工作效益的发挥。目前，国家对水土流失的重点治理区每平方千米仅补助 1.5 万元，其他投入主要来自群众。由于水土流失地区大多分布在贫困地区，这些地区本身经济就不发达，条件恶劣，地方和群众的投入能力有限，直接影响着水土保持工程的质量和效益的发挥。

（3）水土保持预防监督工作十分薄弱，不合理的人为活动造成的新的水土流失未能有效地控制。水土保持预防监督管理体系尚未到位，人为活动造成的新的水土流失现象仍然在不断产生、扩大。在部分地区出现边治理边破坏的现象，甚至破坏大于治理，导致水土流失有发展的趋势。

（4）水土保持基层队伍不稳定，工作条件亟待改善。水土保持是一个十分艰苦的行业，其公益性很强，而水土保持职工大多远离城市，工作、生活条件很差，待遇很低，水土保持人才流失特别严重，队伍缺乏活力，这在一定程度上影响了水土保持工作的正常开展。

（5）水土保持科学研究与技术推广工作不相适应，起不到先导作用。目前我国共有100 余个水土保持研究机构，由于经费短缺、设备老化、测试手段落后，大部分单位的科研项目不能正常进行。加之尚未建立起有效的水土保持科技服务体系，虽然我国在水土流失规律、水土保持措施、小流域综合治理等方面取得了不菲的科研成就，但是大部分没有能够及时转化为现实的生产力，起不到应有的先导作用。

二、水土保持管理体制与方针

（一）水土保持管理体制

《水土保持法》第五条规定：国务院水行政主管部门主管全国的水土保持工作。

国务院水行政主管部门在国家确定的重要江河、湖泊设立的流域管理机构（以下简称流域管理机构），在所管辖范围内依法承担水土保持监督管理职责。

县级以上地方人民政府水行政主管部门主管本行政区域的水土保持工作。

县级以上人民政府林业、农业、国土资源等有关部门按照各自职责，做好有关的水土流失预防和治理工作。

这是对水土保持管理体制的规定。

1. 各部门职责

1）水行政主管部门的水土保持职责

水行政主管部门主管水土保持工作是由水土保持工作的特点决定、并经过长期实践形成的。

（1）1949 年，水土保持管理工作由农业部负责。1952 年水土保持工作划归水利部管理。

（2）1957 年，为了加强水土保持工作的统一领导和部门之间的密切配合，国务院发布《中华人民共和国水土保持暂行纲要》，决定在国务院领导下成立全国水土保持委员会，统一管理全国的水土保持工作，办公室设在水利部。同时要求凡有水土保持任务的省，都应该在省人民委员会领导下成立水土保持委员会。

（3）1958 年，水利部与电力工业部合并成立水利电力部，国务院决定除黄河流域水土保持日常工作仍由黄河水利委员会负责外，将原由水利部主管的农田水利（含水土保持）工作划归农业部统一管理。

（4）1961 年精简机构时，国务院水土保持委员会连同其他一些机构一并撤销，同年又得到恢复。1965 年，国务院批准了《农业部、水利电力部关于将农田水利业务和水土保持的日常工作由农业部移交水电部管理的联合报告》和两部有关交接事项的协议，将农田水利业务和水土保持工作移交水电部管理。同年，水电部成立了农田水利局，主管农田水利和水土保持工作。

（5）1979 年，国家撤销水利电力部，分设水利部和电力工业部，水利部在农田水利局设立了水土保持处。1982 年，水利部与电力工业部合并，成立水利电力部，农田水利局改名为农田水利司，归口管理全国水土保持工作。同年出台的《水土保持工作条例》明确水利电力部主管全国水土保持工作，并成立全国水土保持工作协调小组，协调小组办公室设在水利电力部。

（6）1986 年，水利电力部决定农田水利司更名为农村水利水土保持司。

（7）1988 年，国务院撤销全国水土保持工作协调小组，成立全国水资源与水土保持工作领导小组，办公室设在水利部农村水利水土保持司，并将水土保持处分设为治理处和监督处，1992 年该领导小组撤销。

（8）1991 年原《水土保持法》出台，规定"国务院水行政部门主管全国的水土保持工作。县级以上地方人民政府水行政主管部门,主管本辖区的水土保持工作"(第六条),明确水行政主管部门主管水土保持工作。

(9)1993年,水利部在机构改革时单设了水土保持司,下设生态处、监督处和规划处,主要职能是:主管全国水土保持工作,组织全国水土保持重点治理区的工作,协调水土流失综合治理;对有关法律、法规的执行情况依法实施监督。根据2008年《国务院关于机构设置的通知》(国发〔2008〕11号),水利部是水土保持工作的主管部门,负责防治水土流失。拟订水土保持规划并监督实施,组织实施水土流失的综合防治、监测预报并定期公告,负责有关重大建设项目水土保持方案的审批、监督实施及水土保持设施的验收工作,指导国家重点水土保持建设项目的实施。

新中国成立60多年来,水土保持主管部门多次调整,除1958年至1964年6年间部分水土保持工作由农业行政主管部门主管外,水土保持工作一直由水行政主管部门负责。目前,已形成了较为完善的水土保持工作管理体制,在我国水土流失预防和治理实践以及水土保持制度建设上都取得了极为显著的成效。我国现有水土保持机构主要包括水利部水土保持司,七大流域机构水土保持局(处),省、市、县级水行政主管部门水土保持局(处、办),还有协调机构、监测机构,有关科研院所、大专院校和学会等事业单位。全国大部分县级以上地方人民政府的水土保持管理机构都设在水行政主管部门,一些水土流失面积大、治理任务重的地(市)、县(旗)还单设了水土保持管理机构(与水行政主管部门同级),直接归政府管理。这些部门和机构维系着我国水土保持工作的正常运转。

2)流域管理机构的水土保持职责

流域管理机构是国务院水行政主管部门的派出机构。目前,《水法》、《防洪法》等法律、法规已经规定了流域管理机构在水资源管理、防汛抗洪等方面的职责。多年来,各流域管理机构在水土保持技术指导、国家水土保持重点建设工程管理、生产建设项目水土保持监督检查等方面做了大量工作,对推进流域水土流失预防和治理发挥了重要作用。《水土保持法》明确了流域管理机构的水土保持监督管理职责,主要包括:对流域内生产建设项目水土保持方案的实施情况进行跟踪检查,发现问题及时处理;对流域内水土保持情况进行监督检查;对流域内水土保持工作进行指导。

3)相关部门的水土保持职责

水土流失防治是一项综合性工作,需要得到各有关部门的密切配合和支持。林业主管部门主要是组织好植树造林和防沙治沙工作,配合水行政主管部门做好林区水土流失防治;农业主管部门主要是组织做好农耕地的免耕、等高耕作等水土保持措施;国土资源主管部门主要是在滑坡、泥石流等重力侵蚀区建立监测、预报、预警体系,并采取相应的治理措施,组织做好矿产资源开发、土地复垦过程中的水土流失治理和生态环境恢复工作。发展和改革、财政、环境保护等主管部门要积极配合水行政主管部门做好相应的工作。交通、铁路、建设、电力、煤炭、石油等主管部门要组织做好本行业生产建设活动中的水土流失防治工作。

2. 管理体制

《水土保持法》规定了水土保持管理实行以政府为主,水行政主体统一管理与分级实施相结合的管理体制。

1)政府为主

水土流失也是一个社会性的问题,并且带来了一系列严重的社会后果,单纯依靠水行政主体是无法、也不能做好水土保持工作的。鉴于此,《水土保持法》第五条第四款作出了规定:县级以上人民政府林业、农业、国土资源等有关部门按照各自职责,做好有关的水土流失预防和治理工作。第四条规定:县级以上人民政府应当加强对水土保持工作的统一领导,将水土保持工作纳入本级国民经济和社会发展规划,对水土保持规划确定的任务,安排专项资金,并组织实施。同时第六条还规定:各级人民政府及其有关部门应当加强水土保持宣传和教育工作,普及水土保持科学知识,增强公众的水土保持意识。《水土保持法》的上述规定,体现出水土保持工作的重要性及艰巨性,也是政府社会职能的反映与体现,理所当然地以政府为主。

2)统一管理与分级实施相结合

修订前的《水土保持法》第六条确立了水土保持工作实行统一管理与分级实施相结合的管理体制。统一管理是指由各级水行政主管部门统一负责我国的水土保持工作,分级实施则是指国家水行政主管部门负责全国的水土保持工作,地方各级水行政主管部门负责其行政区域范围内的水土保持工作。修订后的《水土保持法》第四条、第五条将此分别加以规定。

(二)水土保持的工作方针及管理制度

《水土保持法》第三条规定:水土保持工作实行预防为主、保护优先、全面规划、综合治理、因地制宜、突出重点、科学管理、注重效益的方针。这是对水土保持工作方针的规定。

(1)水土保持工作方针是指导水土保持工作开展的总则,涵盖水土保持工作的全部内容,具有提纲挈领、全面指导工作实践的作用,在某一具体工作找不到对应条款时,可适用水土保持工作方针来予以解释和解决。在几十年的生产实践中,我国的水土保持工作方针不断完善,对指导全国的水土保持工作起到了十分重要的作用。1957年国务院发布的《中华人民共和国水土保持暂行纲要》规定水土保持工作的首要任务是治理,对预防保护工作也提出了要求。1982年国务院发布的《水土保持工作条例》提出了"防治并重,治管结合,因地制宜,全面规划,综合治理,除害兴利"的水土保持工作方针。1991年颁布实施的原《水土保持法》提出的水土保持工作方针是"预防为主,全面规划,综合防治,因地制宜,加强管理,注重效益"。

(2)对于水土保持工作方针,《水土保持法》修订增加了"保护优先"和"突出重点"的内容,并将"综合防治"修订为"综合治理","加强管理"修订为"科学管理",使水土保持工作方针更加科学和完善。一是进一步强化了"预防"的地位,体现了我国生态建设与保护由事后治理向事前预防的战略性转变。二是原"综合防治"之中的"防",已经在"预防为主"中体现了其含义,故将其修订为"综合治理"。三是强调因地制宜和突出重点要相辅相成。针对我国水土流失防治任务非常艰巨和国家财力相对有限的现实国情,既要全面重视、整体推进,又要突出重点,尤其是对重点地区、事关国计民生的重大问题要有针对性地开展重点防治。四是强调水土保持管理的科学性。水土保持作为社会公益性事业,科学管理是政府依法行政、规范行政,提高行政效率的必然要求,是现代政府职能的具体体现。

（3）修订后的水土保持工作方针体现了四个层次的含义：

①"预防为主，保护优先"为第一个层次，体现的是预防保护在水土保持工作中的重要地位和作用，即在水土保持工作中，首要的是预防产生新的水土流失，要保护好原有植被和地貌，把人为活动产生的新的水土流失控制在最低程度，不能走先破坏后治理的老路。

②"全面规划，综合治理"为第二个层次，体现的是水土保持工作的全局性、长期性、重要性和水土流失治理措施的综合性。对水土流失防治工作必须进行全面规划，统筹预防和治理、统筹治理的需要与投入的可能、统筹各区域的治理需求、统筹治理的各项措施。对已发生水土流失的治理，必须坚持以小流域为单元，工程措施、生物措施和农业技术措施优化配置，山、水、田、林、路、村综合治理，形成综合防护体系。

③"因地制宜，突出重点"为第三个层次，体现的是水土保持措施要因地制宜，防治工程要突出重点。水土流失治理，要根据各地的自然和社会经济条件，分类指导，科学确定当地水土流失防治工作的目标和关键措施。如黄土高原区，措施配置应以坡面梯田和沟道淤地坝为主，加强基本农田建设，对荒山荒坡和退耕的陡坡地开展生态自然修复，或营造以适生灌木为主的水土保持林。长江上游及西南诸河区，在溪河沿岸及山脚建设基本农田，在山腰建设茶叶、柑橘等经果林带，在山顶营造水源涵养林，形成综合防治体系。对于东北黑土区，治理措施应以改变耕作方式、控制沟道侵蚀为重点，有效控制黑土流失或退化的趋势，使黑土层厚度不再变薄。西南岩溶区应紧紧抓住基本农田建设这个关键，有效保护和可持续利用水土资源，提高环境承载力。西北草原区，加强对水资源的管理，合理和有效利用水资源，控制地下水位的下降；对已经退化的草地实施轮封轮牧，有条件的建设人工草场，科学合理地确定单位面积的载畜量。当前，我国水土流失防治任务十分艰巨，国家财力还较为有限，因此水土流失治理一定要突出重点，由点带面，整体推进。当前国家水土流失治理的重点区域应当是黄河中游、长江上游、珠江上游、东北黑土区等水土流失严重的大江大河中上游地区。黄河中游的黄土高原区则要将多沙粗沙区治理作为重中之重，在治理的措施上要抓住坡耕地改造这个关键。

④"科学管理，注重效益"为第四个层次，体现的是对水土保持管理手段和水土保持工作效果的要求。随着现代化、信息化的发展，水土保持管理也要与时俱进，引入现代管理科学的理念和先进技术手段，促进水土保持由传统向现代的转变，提高管理效率。注重效益是水土保持工作的生命力。水土保持效益主要包括生态、经济和社会三大效益。在防治水土流失工作中要统筹兼顾三大效益，妥善处理国家生态建设、区域社会发展与当地群众增加经济收入需求三者的关系，把治理水土流失与改善民生、促进群众脱贫致富紧密结合起来，充分调动群众参与治理的积极性。

《水土保持法》第四条规定：县级以上人民政府应当加强对水土保持工作的统一领导，将水土保持工作纳入本级国民经济和社会发展规划，对水土保持规划确定的任务，安排专项资金，并组织实施。

国家在水土流失重点预防区和重点治理区，实行地方各级人民政府水土保持目标责任制和考核奖惩制度。

该条是对县级以上人民政府水土保持工作责任和重点防治区政府水土保持目标责任制和考核奖惩制度的规定。

(1)水土保持事关国计民生,是政府的一项重要职责。珍贵而近于不可再生的土壤资源是生态系统的基础,是农业文明的基础,是人类赖以生存的基础。水土流失及水土保持状况是衡量区域经济社会可持续发展的重要指标。防治水土流失,保护水土资源对人类可持续发展起着关键性作用。水土保持是可持续发展的重要内容,是全面建设小康社会的基础工程,是促进人与自然和谐的重要途径,是中华民族生存发展的长远大计,是我们必须长期坚持的一项基本国策。水土保持的艰巨性、长期性、广惠性和公益性,决定了水土保持任务的落实不能完全依靠和运用市场经济机制进行,而必须发挥政府的组织引导作用,通过运用经济、技术、政策和法律、行政等各种手段,组织和调动社会各方面力量,完成水土保持规划确定的目标和任务。60多年的实践充分证明,要搞好水土保持工作,必须依靠各级人民政府的高度重视,将其列入政府重要工作职责,加强组织领导,加强宏观调控,各部门协调配合,制定和落实各项方针政策,充分发挥国家、单位和广大群众的积极性,才能真正取得成效。这是《水土保持法》的重要规定,从法律上明确了各级人民政府必须抓好水土保持工作。

(2)纳入国民经济和社会发展规划是落实政府水土保持职责的具体体现。将水土保持规划确定的目标和任务纳入国民经济和社会发展规划,并在财政预算中安排水土保持专项资金是确保水土保持规划实施的重要前提条件。各级政府每五年一次制定的国民经济和社会发展规划,主要阐述本级政府的发展战略,明确本级政府五年内的工作重点,是本阶段当地经济社会发展的蓝图,是当地各项工作的纲领,是政府履行经济调节、市场监管、社会管理和公共服务职责的重要依据。因此,在各级人民政府每五年一次的规划中,应当包括水土保持工作方面的任务和具体指标,将水土保持工作与当地经济社会发展有机结合起来。

(3)建立和完善政府目标责任制是强化政府水土保持职责的重要保障。对水土流失重点防治区地方人民政府实行水土保持目标责任制和考核奖惩制度是强化水土保持政府管理责任,推动水土保持工作顺利开展的重要举措和制度保障。实行地方各级人民政府水土保持目标责任制和考核奖惩制度,包括以下几方面的内容:一是明确各级水土保持目标责任制和考核奖惩制度的范围。上一级人民政府在其确定的重点预防区和重点治理区范围内,对下一级人民政府进行考核和奖惩。如国务院划定并公告国家级重点预防区和重点治理区,并对重点预防区和重点治理区范围涉及的有关省(自治区、直辖市)人民政府实施水土保持目标责任制和考核奖惩制度。相应地,省级人民政府划定并公告省级重点预防区和重点治理区,并对本级重点预防区和重点治理区范围涉及的有关市(地、盟)人民政府实施水土保持目标责任制和考核奖惩制度。二是明确水土保持目标责任制和考核奖惩制度的具体内容。将年度生产建设项目水土保持方案编报和实施率、水土流失治理面积、水土保持投入占财政收入的比例等可量化、可测定的指标作为考核内容,并将这些指标纳入政府目标管理。三是明确水土保持目标责任制和考核奖惩制度的具体考核奖惩措施。把水土保持工作目标任务完成情况作为评价各级政府年度工作的内容之一,通过一定的程序进行考核,将考核结果与具体的奖惩挂钩。

三、水土保持管理的内容

水土保持作为水利产业的一项重要组成部分,对国民经济和社会发展起着基础作用。根据《水土保持法》及水土保持管理实践,水土保持管理的内容大致如下。

(一)水土保持规划

1. 水土保持规划内容及与其他规划的关系

《水土保持法》第十三条规定:水土保持规划的内容应当包括水土流失状况,水土流失类型区划分,水土流失防治目标、任务和措施等。

水土保持规划包括对流域或者区域预防和治理水土流失、保护和合理利用水土资源作出的整体部署,以及根据整体部署对水土保持专项工作或者特定区域预防和治理水土流失作出的专项部署。

水土保持规划应当与土地利用总体规划、水资源规划、城乡规划和环境保护规划等相协调。

编制水土保持规划,应当征求专家和公众的意见。

该条是对水土保持规划内容、与有关规划关系以及编制中征求意见的规定。

(1)该条第一款是关于水土保持规划内容的规定,主要包括水土流失状况,水土流失类型区划分,水土流失防治目标、任务和措施。水土保持规划应当反映以下内容:水土资源的情况和水土流失的现状;造成本区域水土流失的因素,水土流失治理的近期目标、中期目标、远期目标,以及所应当采取的水土保持措施;水土流失重点治理区的治理安排;水土流失治理资金的保障措施;治理水土流失与其他相关行业的协调内容;水土保持科学技术研究与推广、教育措施的安排等。编制规划时,一要系统分析评价区域水土流失的强度、类型、分布、原因、危害及发展趋势,全面反映水土流失状况。二要根据规划范围内各地不同的自然条件、社会经济情况、水土流失及发展趋势,进行水土流失类型区划分和水土保持区划,确定水土流失防治的主攻方向。三要根据区域自然、经济、社会发展需求,因地制宜,合理确定水土流失防治目标。一般以量化指标表示,如新增水土流失治理面积、林草覆盖率、减少土壤侵蚀量、水土流失治理度等。四要分类施策,确定防治任务,提出防治措施,包括政策措施、预防措施、治理措施和管理措施等。

(2)该条第二款是关于水土保持规划分类的规定。水土保持规划分为总体规划和专项规划两大类。对行政区域或者流域预防和治理水土流失、保护和合理利用水土资源作出的整体部署,是总体规划;根据整体部署对水土保持某一专项工作或者某一特定区域预防和治理水土流失作出的专项部署,是专项规划。相对而言,水土保持总体规划种类比较简单,是中央、省级、市级和县级政府为完成水土保持全面工作目标和任务,对水土保持各方面工作所作出的全局性、综合性的总体部署。水土保持专项规划种类则相对较多,如预防保护、监督管理、综合治理、生态修复、监测预报、科研与技术推广、淤地坝建设、黑土地开发整治、崩岗侵蚀治理等专项规划。专项规划应当服从总体规划。

(3)该条第三款规定了水土保持规划应当与土地利用总体规划、水资源规划、城乡规划和环境保护规划等相互协调。土地利用总体规划、水资源规划、城乡规划和环境保护规划等是根据自然及资源状况和经济社会发展的要求,对土地及水资源的保护、开发和利用的方向、规模、方式,以及对城市及村镇布局与建设、环境保护与治理等方面作出的全局性、整体性的统筹部署和安排。这些规划的实施,涉及大量的水土流失预防和治理问题,规划编制时应当适应国家和区域水土保持的要求,安排好水土流失防治措施。同时,开展水土流失预防和治理也要考虑国家对土地和水资源的保护、开发利用,以及城乡建设和环境保护的需要,既要确保水土保持的支撑作用,也要确保水土资源得到有效保护和可持续利用。

(4)该条第四款规定了编制水土保持规划应当征求专家、公众的意见。决策的科学化和民主化是法治政府、服务型政府的重要体现。国际上许多发达国家,对涉及影响生态环境的各种行为,包括政府开展的规划活动和各类开发、生产、建设活动,在规划的编制和项目的可行性研究阶段,都广泛征求社会各方面的意见,提高规划或项目建设的科学性、可行性和可操作性。水土保持规划的编制不仅是政府行为,也是社会行为。征求有关专家意见,目的是提高规划的前瞻性、综合性和科学性;征求公众意见,目的是听取群众的意愿和呼声,维护群众的利益,提高规划的针对性、可操作性和广泛性。在规划过程中,让社会各界广泛参与,对水土保持规划出谋献策,才可以做到民主集智、协调利益、达成共识,使政府决策充分体现人民群众的意愿,使水土保持规划所确定的目标和任务转化为社会各界的自觉行动,也是落实群众的知情权、参与权、监督权的重要途径。如果没有公众参与,不广泛听取意见,所制定的水土保持规划就难以被社会公众所认同,在实施过程中就难以得到全社会广泛支持和配合,水土保持规划的实施就难以达到预期的效果。

2. 水土保持规划的编制、批准、修改程序及效力

《水土保持法》第十四条规定:县级以上人民政府水行政主管部门会同同级人民政府有关部门编制水土保持规划,报本级人民政府或者其授权的部门批准后,由水行政主管部门组织实施。

水土保持规划一经批准,应当严格执行;经批准的规划根据实际情况需要修改的,应当按照规划编制程序报原批准机关批准。

该条是对水土保持规划编制、批准、修改程序及其效力的规定。

(1)该条第一款是关于水土保持规划编制、批准和实施主体的规定。一是规定了水行政主管部门会同同级人民政府有关部门编制水土保持规划。编制水土保持规划由水行政主管部门牵头负责,能够从总体上把握水土保持工作的方向;会同发展改革、财政、林业、农业等部门,有利于多部门配合协调,促进防治任务的落实。二是规定了规划须经本级人民政府或者其授权的部门批准。授权的部门一般是指同级人民政府发展改革等综合部门。三是规定了水行政主管部门是规划组织实施的主体。

按照规定,水行政主体所编制的水土保持规划必须经过同级人民政府的批准,但是对于由流域管理机构主持编制的水土保持规划的批准主体,《水土保持法》没有作出相应的规定,在实践中通常由水利部予以批准。对于县级以上地方人民政府批准的水土保持规划,同时还需报上一级人民政府的水行政主管部门备案。

(2)该条第二款规定了经批准的水土保持规划应当严格执行。其目的是维护规划的权威性,以确保规划的实施,确保防治任务的落实和目标的实现,确保水土资源得以永续保护和合理利用,确保国家和民族生存发展空间得以可持续维护。经批准的水土保持规

划是水土保持工作的总体方案和行动指南,具有法律效力,违反了水土保持规划就是违法。这主要表现在两个方面:一方面,水土保持规划所确定的目标任务,应当纳入政府目标责任和考核奖惩体系,政府及相关部门如不采取有效措施予以实现,则是一种行政不作为;另一方面,水土保持规划所划定的水土流失重点防治区及其确定的对策措施,政府及有关部门、相关利害关系人应当服从和落实。如水土保持规划明确重点预防保护区内禁止或限制的生产建设活动,公民、法人和其他组织都应遵守,政府及有关部门应当在行政审批、监督管理方面予以落实。

(3)该条第二款同时规定了规划修改的程序。对因形势发生变化,确需修改部分规划内容,规定了必须按照规划编报程序报原批准机关批准。这样规定既维护了已批准规划的严肃性、减少修订的随意性,又考虑到由于情况发生变化对规划某些内容确需修订的灵活性。

3. 其他规划中有关水土保持的规定

《水土保持法》第十五条规定:有关基础设施建设、矿产资源开发、城镇建设、公共服务设施建设等方面的规划,在实施过程中可能造成水土流失的,规划的组织编制机关应当在规划中提出水土流失预防和治理的对策和措施,并在规划报请审批前征求本级人民政府水行政主管部门的意见。

该条是对基础设施建设等规划中的水土流失防治对策、措施要求的规定。

基础设施建设、矿产资源开发、城镇建设、公共服务设施建设等规划,是对各自领域发展方向和区域性开发、建设的总体安排和部署。列入这些规划的生产建设项目,实施时不可避免要扰动、破坏地貌植被,引起水土流失和生态环境的破坏。因此,《水土保持法》规定,编制有关基础设施建设、矿产资源开发、城镇建设和公共服务设施建设等规划时,组织编制机关应当从水土保持角度,分析论证这些规划所涉及的项目总体布局、规模以及建设的区域和范围对水土资源和生态环境的影响,并提出相应的水土流失预防和治理的对策及措施;对水土保持功能造成重大影响的,应在规划中单设水土保持篇章。同时,还规定,规划的组织编制机关应当在规划报请批准前征求同级人民政府水行政主管部门意见,并采取有效措施,落实水土保持的有关要求,确保这些规划与批准的水土保持规划相衔接;确保规划确定的发展部署和水土保持安排,符合禁止、限制、避让的规定,符合预防和治理水土流失、保护水土资源和生态环境的要求。

做好这些规划的审查和问题反馈工作是水行政主管部门一项重要的工作职责。各级水行政主管部门应按照规划管理程序,从源头上把好规划的水土保持审查关,实现水土流失和生态环境由事后治理向事前预防保护的转变。

(二)水土流失的预防

《水土保持法》第十六条规定:地方各级人民政府应当按照水土保持规划,采取封育保护、自然修复等措施,组织单位和个人植树种草,扩大林草覆盖面积,涵养水源,预防和减轻水土流失。

该条是对地方各级人民政府加强生态建设、预防和减轻水土流失等职责的规定。

(1)扩大林草覆盖面积,涵养水源,预防和减轻水土流失是地方各级人民政府的一项重要职责。水土保持,重在预防保护。特别是在一些生态脆弱、敏感地区,一旦造成水土流失,恢复的难度非常大,有的甚至无法恢复。地方各级人民政府应当高度重视水土流失预防工作,坚持"预防为主,保护优先"的水土保持工作方针,把预防保护工作摆在首要位置,广泛发动群众,组织协调,按照水土保持规划确定的区域,保护地表植被,采取封育保护、自然修复等措施,扩大林草覆盖面积,有效预防水土流失的发生。

(2)进行封育保护、自然修复和植树种草应当按照批准的水土保持规划。水土流失防治的工程措施、植物措施、保护性耕作措施都应按照经批准的水土保持规划统筹安排、科学配置。地方政府应按经批准的、完整统一的水土保持规划组织实施水土保持植被建设。

(3)封育保护、自然修复是水土保持预防保护主要的措施。封育保护、自然修复是指在地广人稀、降雨条件适宜、水土流失相对较轻的山区、丘陵区,通过采取禁垦、禁牧、禁伐或轮封轮牧等措施,封山育林或育草,转变农牧业生产方式,控制人们对大自然的过度干扰、索取和破坏,依靠生态系统的自我修复能力,恢复植被生长,提高植被覆盖度,减轻水土流失。封育保护、自然修复的核心是减少人为干扰,依靠植被自然恢复维护、恢复和改善生态系统功能,减轻水土流失,改善生态环境。采取封育保护、自然修复,既是尊重自然规律的做法,也是现阶段我国生产力发展水平下的现实选择。实践证明,充分发挥大自然的力量,依靠生态的自我修复能力治理水土流失,能够大面积改善生态环境,快速减轻水土流失强度,不仅在降雨量较多的地区效果明显,而且在干旱半干旱地区也能取得较好的效果,是新时期水土保持生态建设一举多得、费省效宏的好措施。·

(4)植树种草是水土流失综合治理的一项重要措施。在水土流失地区人工植树种草可以加快林草植被的恢复,迅速提高水土保持功能,提高涵养水源和减轻水土流失能力。植树种草是全社会的义务。组织植树种草,一要注重发挥全社会的积极性;二要注重遵循因地制宜、适地适树原则;三要注重乔灌草结合,形成综合防护系统;四要注重生态效益与经济效益相结合,保障水土保持和生态功能的长期发挥。

水土保持的首要任务就是搞好水土流失的预防工作。根据不同的侵蚀形式,水土流失的预防工作主要有以下内容。

1. 对有侵蚀潜在危险的地区,应当加强预防保护,防止产生新的水土流失

我国现有存在侵蚀潜在危险亟待加强预防保护的地区主要分布在坡度15度以上的林地、草地,当然包括大面积集中连片的林区、草原和在农区零星分布的小块林地与荒草坡。水土流失预防工作应当在各级人民政府的领导下,充分发挥各级水行政主体的主导作用,以及政府其他部门如农业、林业等相关部门的协助,依法开展水土流失的预防工作。同时,积极健全各级水土保持监督管理机构,以检查、监督在水土等自然资源的开发过程中的人为活动,是否采取了与其行为相适应的水土流失预防措施。

1)林区水土流失的预防

我国现有林区面积1.25亿公顷,疏林地0.156亿公顷,灌木林地约0.3亿公顷。新中国成立以来,由于大面积的集中采伐、乱砍滥伐、毁林开荒、森林火灾等原因,我国的森林资源遭到了严重的破坏,新增加了数十万平方千米的水土流失面积,尤其是长江上游和松花江、辽河流域最为严重。

为了预防林区产生新的水土流失,《水土保持法》《森林法》等法律规范在总结以往

实践经验的基础上作出规定:首先是及时制止乱砍滥伐、毁林开荒等破坏行为,并由有关部门予以查处。其次是明确林区开发利用目标,以不破坏森林资源和造成新的水土流失为原则,如《水土保持法》第二十二条规定,在林区采伐林木的,采伐方案中应当有水土保持措施,而且明确规定由水行政主管部门与林业主管部门共同监督该水土保持措施内容的实施。此外,对于林区,可以采用轮封、轮采等方式,用封育、抚育、新造相结合的方法积极改造次生林,并对采伐后的林地及时完成更新补种任务。再次是对于水源涵养林、水土保持林、防风固沙林等防护林只能进行抚育和更新性质的采伐。最后是加强防火,防止病虫害等自然原因造成林区新的水土流失。

2)草地水土流失的预防

我国的草地有两类:一类是纯牧区的成片大草原,主要分布在我国的北部、西部年均降水量少于400毫米的边缘省区,共有草原面积2.86亿公顷;另一类是农业区和半农半牧区零星分布的荒山荒坡,约有0.89亿公顷。草地超载放牧、粗放经营等不合理开发利用方式,引起草场退化,不仅影响了畜牧业的发展,而且导致了大面积的水土流失区,尤其是在农区、半牧区,毁草开荒,挖草根、铲草皮等用做燃料、肥料等,所造成的水土流失尤为严重。

为了防止草地产生新的水土流失区域,《水土保持法》、《草原法》等法律规范均对草地的开发利用作出了原则性的规定,并要求积极采取以下措施:首先是在牧区实行以草定畜、"草畜双包"的生产责任制,对已经严重退化的草场进行补种,对中度退化的草场围栏封育,对轻度退化的草场予以合理利用,严禁超载放牧。其次是实行科学放牧,改变畜群结构,加快畜种改良,积极推行以牧区水利为核心的围栏封育的建设,实行轮封轮牧,逐步建立起合理、平衡的草、料、畜结构。再次是建设基本草场,引进优良牧草,采取补种、灌水、封育等措施进行天然草场的改造。最后是在农区、半农半牧区坚决制止毁草开荒、铲草皮等行为,大力进行人工种草,加强经营管理,提高产草量,积极推广舍养,平时注意集草、贮草,以减轻对天然草场的压力。

3)农村小片林地、草坡以及各类土地的水土流失的预防

在山区、丘陵地区,其地面坡度大都在15度以上,无论是林地、草地,还是荒坡、农地,都具有产生土壤侵蚀的潜在危险,一旦地面植被或原有的地貌遭到破坏,就有可能产生新的、大量的水土流失。农民群众在生产、生活中破坏地貌植被的方式是多种多样的,如毁林开荒、顺坡种植、开采矿产、随意倾倒弃石废渣等形式。因此,预防水土流失除认真贯彻执行水土保持法律规范外,还应当针对不同的情况及时向农民群众提供相应的水土保持技术服务和技术指导,如对坡耕地的种植要推行等高种植等保土耕作技术,又如对加工、编织等副业破坏天然植被的,要进行人工栽培编织与加工原料,并实行等高带状轮采等技术。

2. 对资源开发、基本建设等人为活动所导致的水土流失的预防

新中国成立以来,我国的经济建设进入了一个快速恢复、发展的时期。为了满足国民经济和社会发展的需要,矿产资源的开发利用和开展基本建设都是必要的。这种人为活动必然破坏某些地面植被,虽然不能像林区、草原那样不允许破坏,但是必须要求开发、建设部门根据水土保持法律规范以及相应水土保持规划关于"三同时"的规定,即开发、建

设项目中的水土保持措施必须与主体工程同时设计、同时施工、同时投产使用,把开发、建设与水土保持同步实施,使新遭破坏的地面植被尽可能地得到及时恢复。如对在开矿、建厂过程中所产生的各种固体废弃物,应尽量就地消化,综合利用;又如在兴修铁路、公路过程中,在设计选线时就应当考虑少占农田,减少对林地、草地等植被的破坏,必须占用的,施工结束后按照水土保持方案限期恢复。

(三)水土流失的治理

《水土保持法》第二十一条规定:禁止毁林、毁草开垦和采集发菜。禁止在水土流失重点预防区和重点治理区铲草皮、挖树兜或者滥挖虫草、甘草、麻黄等。

该条是对毁林、毁草和采集发菜等严重扰动和破坏地表造成严重水土流失的行为的禁止性规定。

(1)禁止毁林、毁草开垦。毁林、毁草开垦是指将已有的林木(包括天然林、次生林)和草地损毁后,开垦为耕地并种植农作物的行为。由于清除了原有的林草植被,土地裸露,生产中还要扰动土地、翻耕疏松,会带来严重的水土流失,因此法律明令禁止。

(2)禁止采集发菜。发菜是生长在西北干旱地区地表的一种藻类。采集发菜一般是用大耙子将发菜、地表灌草和根系一并搂取,是对干旱草原植被的一种毁灭性的破坏活动。为此,2000年国务院关于禁止采集和销售发菜、制止滥挖甘草和麻黄草有关问题的通知,明确禁止采集和销售发菜,此次修订《水土保持法》将此规定上升为法律规定。

(3)禁止在水土流失重点预防区和重点治理区铲草皮、挖树兜。我国一些地方由于燃料缺乏,当地群众取暖、烧饭都以柴草为主,铲草皮、挖树兜的现象较为普遍,再加上近年来制作盆景、根雕等,挖树兜的情况仍然较多,对植被的破坏十分严重,造成了大量的水土流失。随着我国经济发展和群众生活水平的提高,现在已有条件解决农村能源替代问题。因此,法律规定禁止在水土流失重点预防区和重点治理区从事这些活动。

(4)禁止在水土流失重点预防区和重点治理区滥挖虫草、甘草、麻黄。虫草、甘草、麻黄等药用的植物大多生长在青藏高原、北方草原、干旱半干旱等地区。这些地区生态极为脆弱,采挖药材对地表的扰动强度大,对植被的破坏也大,引发和加剧水土流失,产生的危害极大。因此,《水土保持法》根据国务院关于禁止采集和销售发菜、制止滥挖甘草和麻黄草有关问题的通知规定,明确禁止在水土流失重点预防区和重点治理区滥挖虫草、甘草、麻黄。

(四)水土保持监督工作

水土保持监督工作是《水土保持法》赋予水行政主体的一项重要的水行政职能。《水土保持法》第四十三条规定:县级以上人民政府水行政主管部门负责对水土保持情况进行监督检查。流域管理机构在其管辖范围内可以行使国务院水行政主管部门的监督检查职权。

该条是对水行政主管部门及流域管理机构的监督检查职责的规定。

(1)该条规定明确了县级以上人民政府水行政主管部门是水土保持监督检查的主体,即县级以上人民政府水行政主管部门可以自己的名义,在其管辖范围内独立行使水土保持监督检查职权。

(2)该条中监督检查是指县级以上人民政府水行政主管部门,依据法律、法规、规章及规范性文件或政府授权,对所辖区域内公民、法人和其他组织与水土保持有关的行为活动的合法性、有效性等的监察、督导、检查及处理的各项活动的总称,如实施水土保持行政许可、行政检查、行政处理等。因此,水土保持监督检查属行政管理范畴,是公共行政的有机组成部分,需要运用国家行政权力来保护生态环境和公众利益,依法对违法行为进行行政处罚。同时,水土保持监督检查属于法定职权,各级水行政主管部门及其监督管理机构不能超越法律和国务院所规定的职权违法行事。

(3)该条中的"水土保持情况"主要包括三个方面:一是水土保持监督管理贯彻落实水土保持法律、法规的情况,主要包括水土保持法律、法规的宣传普及,配套法规政策体系的建设,监督执法队伍的建设以及生产建设单位落实水土保持"三同时"制度情况等;二是水土流失预防和治理开展情况,主要包括水土流失重点预防区和重点治理区的划定、水土保持规划的编制、重点治理项目的安排和实施、经费保障等;三是水土保持科技支撑服务开展情况,主要包括水土保持监测网络建设与监测预报、技术标准制定、科学研究与技术创新,以及水土保持方案编制、验收评估和监理监测的技术服务等。

(4)流域管理机构是国务院水行政主管部门的派出机构。流域管理机构在其管辖范围内可以行使国务院水行政主管部门的水土保持监督检查职权。

根据《水土保持法》的规定,水行政主体主要从以下几个方面开展水土保持监督工作:

(1)对具有侵蚀潜在危险的地区,如对坡度15度以上的坡地、零星林地,实行预防保护,防止水土流失的发生与发展。这类地区具备产生土壤侵蚀的条件,尤其是随着人口的不断增长和社会与经济的发展,水土流失的潜在危险会越来越大,需要加强监督防护工作。

(2)对工矿、交通、能源等生产与资源开发利用活动,依法实施监督管理,规范开发利用行为。我国目前正处于经济高速发展时期,对在能源、矿产等自然资源的开发利用,铁路、公路等基础设施的建设以及其他人为活动过程中所产生的废土、弃石、尾沙等废弃物大多没有采取相应的水土保持措施。当出现暴雨、暴风时就会产生严重的水土流失,危害国民经济建设和人民群众生命、财产安全。因此,开发利用或者建设部门应当主动依照《水土保持法》的要求,采取相应的水土保持措施,各水行政主体也应当依法开展监督工作,全面落实开发建设项目水土保持方案报批制度和"三同时"制度,规范开发与建设行为,防止人为活动造成新的水土流失。

(3)对现有水土流失治理成果加强监督、管护,使其巩固和提高。全国现有水土流失治理面积约53万平方千米,有的改变了微地形,有的增加了地面植被,但是不少地方由于管理工作跟不上,有的在暴雨中遭受破坏,有的人工林草遭到人为破坏。所有这些大大降低了水土保持措施的功能与经济价值。因此,各级水行政主体和水行政执法队伍应当加强宣传,采取有力的措施,保护现有的治理成果,确保其持水保土功能的发挥。

(4)对全国水土流失动态进行定期观测。水土流失监测是搞好水土流失预防与治理的基础性工作,是开展水土保持监督的一种有效形式。根据国家、省级、县级重点防护区、重点监督区和重点治理区,相应形成国家、省级、县级三级监测系统。此外,国家还在长江、黄河等重要江河、湖泊设立了水土保持监测中心站,与国家、省级、县级水土保持监测系统形成全国水土保持监测网络,积极开展水土流失的监测工作。国家应当定期发布所监测的情况。其发布内容主要有:水土流失的面积与分布状况、水土流失的流失量、水土流失所造成的灾害和水土流失的进一步发展趋势、水土流失的预防与治理情况及所取得的效益。发布的内容成为各级人民政府和水行政主体决策的重要科学依据。

(五)水土保持科学研究与经验推广

《水土保持法》第七条规定:国家鼓励和支持水土保持科学技术研究,提高水土保持科学技术水平,推广先进的水土保持技术,培养水土保持科学技术人才。该条是对国家鼓励和支持水土保持科研和技术推广的规定。

(1)这次修订《水土保持法》专门增加了"支持"两字,强调国家不仅要鼓励水土保持科学技术研究、提高水土保持科学技术水平、推广先进的水土保持技术、培养水土保持科学技术人才,还要提供相应支持。各级政府以及职能部门的鼓励和支持体现在经费支持,提供科研实验场地、人才培养基地,以及创造良好的科学研究环境等诸多方面。

(2)水土保持科学研究是水土保持事业的重要基础。水土流失的发生发展受到地质、土壤、植被、坡度、降雨等一系列因子的影响,具有较为复杂的特征,但又具有一定的规律性,必须开展相关研究,不断探索和掌握水土流失规律,创新水土流失防治的新技术、新方法,为水土流失防治工作提供理论依据和技术支撑。目前,我国在水土流失基础研究和技术开发方面明显落后于生产实践的需求,急需加强水土流失规律、水土流失监测预报、水土保持治理开发、水土保持效益评估、水土保持生态建设模式等方面的研究。

(3)加强技术推广,提高水土保持科技水平。科学技术是推动水土保持快速发展的第一生产力。随着科学技术的快速发展,与水土流失防治相关的新材料、新工艺、新技术不断涌现,将它们应用到水土保持生产实践,将会大大加快水土流失防治速度,提高水土流失防治水平,产生巨大的生态效益和社会效益。由于水土保持的生态效益、社会效益大大高于经济效益,水土保持在新技术、新品种推广等方面迫切需要得到国家的大力支持。

(4)水土保持科学技术人才是水土保持事业发展的根本保障。科学技术的研究与推广应用都离不开水土保持科学技术人才。针对目前水土保持事业艰苦、人才队伍不稳定和水土保持科学技术发展落后于生产实践需求的现状,国家应鼓励和支持大专院校、科研机构培养不同层次的水土保持科技人才。创造良好环境,培养优秀科学技术人才,建设一支与水土保持工作相适应的、规模与结构合理的水土保持科技人才队伍,为我国水土保持科学技术发展提供充分的人才支撑和智力保证。

"科学技术是第一生产力"。科技成果向现实的生产力转化,日益成为现代经济和社会发展最主要的推动力量。全面实施科教兴水保战略,增加水土流失治理与开发的科技含量,已经成为加快水土流失治理进度、提高治理质量和效益的决定性因素。

第十节 水污染防治

实际上,水资源保护就是对水环境的保护,其保护范围当然包括地表水和地下水。随着社会的发展和科技进步,大气水也将纳入水资源保护管理范畴。而在水资源保护管理实践中,水资源保护工作更多的是防治水污染,保护水质。按照《水污染防治法》的规定,水行政主体在水污染防治监督与管理过程中,仅仅是一个协助角色。但是,随着社会的进一步发展,水资源的统一管理是一种趋势,当然包括水量与水质的统一,地表水与地下水、大气水的统一等。因此,笔者将水污染防治监督与管理纳入水行政管理范畴。

一、水污染概述

(一)水污染含义及其危害

水污染是指水体因某种物质的介入导致其化学、物理、生物或者放射性等方面特性的改变,从而影响水的有效利用,危害人体健康或者破坏生态环境,造成水质恶化的一种现象。造成水污染的因素有两个:一是向水体过量排放污染物,二是不恰当地利用某一水体,致使其总量减少而使其自净能力降低。根据水污染防治法律规范的规定和水污染防治实践,水污染主要分为有机物污染、水体富营养化、有毒物质污染、病原体污染、放射性污染和油污染以及无机物污染、热污染等类别,其中有机物污染、水体富营养化最为普遍和常见。

水污染对人体健康和国民经济与社会发展等方面有着巨大的危害。

1. 水污染对人体健康的危害

水资源遭到污染,尤其是饮用水遭到污染对人体的健康具有极大的危害。饮用水如遭到病原体特别是传染病原体的污染,就会造成肝炎、痢疾、霍乱、伤寒等疾病的流行;如受到放射性物质的污染,则会对人体产生内照射,会导致胎儿畸形、智力低下,甚至引起癌变;如果长期饮用受重金属污染的水,会导致慢性中毒。

2. 水污染对国民经济与社会发展的危害

(1)对水资源开发利用的影响。由于水资源遭到污染,加剧了我国水资源短缺的矛盾,增加了我国水资源的开发利用成本与难度,减少了我国城乡居民可以饮用的水资源,从而使我国水资源供需不足的问题更为突出。目前,此问题在我国的南方地区表现明显,即我国南方地区开始出现"水质性"水资源短缺。

(2)对工业的影响。水资源遭受污染后,达不到工业用水的要求而造成工业开工不足,甚至停产,或者严重腐蚀、磨损机器等加速设备损坏,使所生产的产品不符合质量标准。

(3)对农业的影响。近年来,在我国广大农村,因为引用被污染的水资源灌溉农田而引起的农田污染问题已经屡见不鲜。国家环保局在《1993 年中国环境状况公报》上介绍:1993 年因污水灌溉,污染的农田面积已达 330 万公顷,全国因农田污染每年损失粮食 120 亿千克。此外,水污染还会破坏土壤肥力,影响土壤结构,甚至使土地报废。

另外,在我国南方水乡渔业发达地区,水资源遭受污染尤其是需氧物和石油的污染,会对渔业的生产造成严重的损失。水体中需氧物的增加会使水中的鱼类、贝类等水生生物因缺乏氧气而窒息死亡;而石油污染会影响鱼卵及其幼体的生长、发育,进而导致水产品产量减少。

(二)我国水污染的现状

随着国民经济和社会生活的快速发展,我国的水污染状况不容乐观。1997 年 9~10

月全国人大常委会组织的《水法》执法检查情况表明:在全国七大水系中,近一半的河段受到污染,其中1/10的河段污染极其严重,已经丧失水体使用功能,3/4的城市河段不适宜作饮用水源,50%的城市地下水受到污染。在江河中,辽河、海河、淮河污染最为严重,在湖泊中,巢湖、滇池、南四湖、太湖污染最为严重。在所检查的松花江和淮河流域,水质基本上是Ⅳ、Ⅴ类,有的甚至劣于Ⅴ类。这样的水体鱼类已经无法生存,基本丧失了水体的使用功能。

另外,根据《1997年中国水资源公报(节录)》,我国水资源污染概况如下:

(1)废污水排放量。1997年全国废污水排放总量约为584亿吨(不包括火电直流冷却水和农村工业、生活废水),其中工业废水占68%,生活污水占32%。废污水年排放量大于20亿吨的有11个省(区)。按流域片统计,长江片为183亿吨,珠江片为152亿吨,松辽片为73亿吨,淮河片为52亿吨,海河片为49亿吨,黄河片为36亿吨,东南诸河片为26亿吨,内陆河片为9亿吨,西南诸河片为4亿吨。

(2)河流水质。根据1997年度枯水期水质监测资料和《地面水环境质量标准》(GB 3838—88),对河流水质进行分类评价的结果为:在评价总河长65 405千米中,Ⅰ类、Ⅱ类水河长占32.8%,Ⅲ类水河长占23.6%,Ⅳ类、Ⅴ类水河长占27.7%,超Ⅴ类水河长占15.9%。总体上看,西南诸河片和内陆河片水质良好,污染河长,Ⅳ类、Ⅴ类和超Ⅴ类分别为6.6%和11.2%;长江片、东南诸河片和珠江片水质尚可,污染河长为25%~35%;松辽片、黄河片、淮河片和海河片水质较差,污染河长为65%~80%。污染程度严重的是海河、辽河和淮河3个流域,超Ⅴ类水河长分别占56%、48%和41%;其次是黄河流域和太湖流域,超Ⅴ类水河长分别占21%和26%。淮河流域经过几年的治污,干流水质有所好转,支流污染仍然严重;黄河水污染发展较快,污染河长占评价河长的比例比1996年增加11个百分点。

二、我国水污染防治监督、管理体制与原则

(一)我国的水污染防治监督、管理体制

2008年新修订的《水污染防治法》第八条共三款规定了我国的水污染防治管理体制,即实行统一管理与分级、分部门管理相结合的体制。

(1)统一管理是指由国家各级环境保护部门统一行使水污染防治监督与管理职权,即由国家环境保护主管部门和地方各级人民政府的环境保护主管部门对水污染防治实施统一的监督与管理。

(2)分级管理是指在国家环境保护主管部门的统一领导下,地方各级人民政府的环境保护主管部门在各自的行政区域内依法独立行使水污染防治监督与管理职权,或者水事法律、法规授权的组织在其授权范围内依法独立行使水污染防治监督与管理职权。

(3)分部门管理是指在水污染防治监督与管理过程中,不可避免地要涉及其他行业管理部门,因此需要这些部门的通力协助。《水污染防治法》在第八条第二款、第三款中分别作出了规定,即交通主管部门的海事管理机构对船舶污染水域的防治实施监督管理。县级以上人民政府水行政、国土资源、卫生、建设、农业、渔业等部门以及重要江河、湖泊的流域水资源保护机构,在各自的职责范围内,对有关水污染防治实施监督管理。

(二)我国的水污染防治监督、管理原则

《水污染防治法》规定了水污染防治监督与管理的基本原则,其具体内容主要有:

(1)水污染防治监督与管理应当按照流域或者区域进行统一规划的原则。从全国范围来看,流域水污染和水域、水质的恶化问题已经十分突出,跨行政区域的流域污染问题以及纠纷更是层出不穷而且久拖不决。随着大中城市需水量的不断增长,跨行政区域的引水逐渐成为解决这一问题的有效方式,但是由于水体特有的性质,即流动性,以前单纯按照行政区域实行水污染防治监督与管理的体制已经不能有效解决迅速发展的跨行政区域的流域、区域水污染问题。为了协调好江河、湖泊的跨行政区域的水污染防治问题,必须建立和完善按照流域或区域进行统一规划的法律制度。通过江河、湖泊流域防治规划,明确各级地方人民政府在水污染防治工作中的责任,即保护水环境质量的责任,将江河、湖泊水污染防治问题与流域的水环境保护目标和任务同样纳入地方人民政府的国民经济和社会发展计划。为此,《水污染防治法》第十五条规定,防治水污染应当按流域或者按区域进行统一规划。

(2)水污染防治监督与管理应当与水资源开发利用相结合的原则。尽管导致水污染的主要因素是大量向水体排放污染物,但是,人为的不合理的开发利用和调节、调度水资源,同样会导致水污染的发生,如盲目兴建水库和过度开采地下水,都会使水体总量减少,降低水体的自净能力,加剧水污染的发生与程度。为此,《水污染防治法》第十六条规定,开发、利用和调节、调度水资源时,应当统筹兼顾,维护江河的合理流量和湖泊、水库以及地下水体的合理水位,维护水体的生态功能。

(3)水污染防治与预防并重的原则。考察我国水污染的主要原因是工业企业大量排放废水和有毒、有害污染物,而工业布局不合理和企业技术落后又是造成企业大量排放污染物和废水的主要因素,因此防治水污染必须与工业企业的合理布局和企业的技术改造相结合。为此,《水污染防治法》第四十条规定:国务院有关部门和县级以上地方人民政府应当合理规划工业布局,要求造成水污染的企业进行技术改造,采取综合防治措施,提高水的重复利用率,减少废水和污染物排放量。

此外,为了防止新建、改建、扩建的建设项目和其他人为活动对水资源的污染,《水污染防治法》第十七条规定了环境影响评价制度和"三同时"制度。所谓环境影响评价制度,是指建设项目的建设者必须向有关的水污染防治主管部门提交该建设项目的环境影响评价报告书,载明建设项目可能产生的水污染和对生态环境的影响作出的评价、拟采取的防治措施等内容。所谓"三同时"制度,是指建设项目中的水污染防治设施应当与主体工程同时设计、同时施工、同时投入使用。在投入使用前应当经水污染防治主管部门的检验,验收不合格的,不得投入使用。

(4)全社会共同参与的原则。水污染是一个严重的环境问题,涉及整个社会的利益,需要社会各界和全体社会民众的共同参与。《水污染防治法》第十条"任何单位和个人都有义务保护水环境,并有权对污染损害水环境的行为进行检举"的规定赋予了公民个人和社会各界参与水污染防治的权利,为公民个人和社会各界参与水污染防治提供了相应的法律依据。

三、我国水污染防治管理内容

（一）制定水环境标准

1. 水环境标准的制定主体

水环境标准包括水质标准和水污染物排放标准。关于水环境标准的制定主体，《水污染防治法》第十一条、第十二条、第十三条作出了明确的规定：

国务院环境保护主管部门制定国家水环境质量标准。省、自治区、直辖市人民政府可以对国家水环境质量标准中未规定的项目，制定地方标准，并报国务院环境保护部门备案。

国务院环境保护主管部门根据国家水环境质量标准和国家经济、技术条件，制定国家水污染物排放标准。省、自治区、直辖市人民政府对国家水污染物排放标准中未作规定的项目，可以制定地方水污染物排放标准；对国家水污染排放标准中已作规定的项目，可以制定严于国家水污染物排放标准的地方水污染物排放标准。地方水污染物排放标准须报国务院环境保护主管部门备案。向已有地方水污染物排放标准的水体排放污染物的，应当执行地方水污染物排放标准。

2. 水环境标准的具体内容

我国关于水环境标准立法开始于1973年的《工业"三废"排放试行标准》，其中最重要的立法是2002年颁布的《地表水环境质量标准》，它根据不同的标准将地表水水域分为不同的种类。根据《地表水环境质量标准》规定，地表水水域因环境功能和保护目标的不同而分为五类，分别适用五类标准，即Ⅰ类水域是源头水、国家自然保护区；Ⅱ类水域是指集中式生活饮用水地表水源地一级保护区、珍稀水生生物栖息地、鱼虾类产场、仔稚幼鱼的索饵场等；Ⅲ类水域为集中式生活饮用水地表水源地二级保护区、鱼虾类越冬场、洄游通道、水产养殖区等渔业水域及游泳区；Ⅳ类水域为一般工业用水区和人体非直接接触的娱乐用水区；Ⅴ类水域是指农业用水区及一般景观要求水域。

1）水质标准

为了保护地表水质，我国早在1973年就颁布了《工业"三废"排放试行标准》，规定了工业废水的两类有害物质最高允许排放浓度。1983年城乡建设环境保护部就造纸、制糖、石油炼制、石油开发、电影洗片、船舶、制革、合成脂肪酸、合成洗涤剂等行业颁布了"十项污染物排放标准"，因此上述行业就不再执行《工业"三废"排放试行标准》中关于废水控制部分的标准。

2）水污染物排放标准

在我国已经颁布的工业污水等排放标准中，最重要的是国家环境保护总局颁布的《污水综合排放标准》。该标准将废水分为两类：一类是"能够在环境或动植物体内蓄积，对人体健康产生长远不良影响者"；二类是"长远影响小于一类污水的废水"。其中一类污水是指含汞、烷基汞、镉、铬、六价铬、砷、铅、苯并（a）芘的污水，对于此类污水不论行业、排放方式和纳污水体，一律在车间或车间处理设施排出口取样，必须符合有关的浓度标准。二类污水在排污单位排出口取样，按纳污水体，分别适用三级不同的标准：一级标准适用于《地表水环境质量标准》中所规定的Ⅲ类水域排污者；二级标准适用于向Ⅳ类和

Ⅴ类水域排污者,三级标准适用于向进入二级污水处理厂的管道排污者。

(二)制定水污染防治规划

《水污染防治法》第十五条规定了水污染防治规划的基本内容,如规划编制主体、经过批准的水污染防治规划的法律地位等。其具体内容是:首先明确了水污染防治规划的法律地位,即"经批准的水污染防治规划是防治水污染的基本依据"。其次明确了不同地位的江河、湖泊水污染防治规划的编制主体:对于国家确定的重要江河、湖泊的流域水污染防治规划,由国务院环境保护主管部门会同国务院经济综合宏观调控、水行政等有关部门和有关省、自治区、直辖市人民政府编制,报国务院批准。其他跨省、自治区、直辖市江河、湖泊的流域水污染防治规划,根据国家确定的重要江河、湖泊的流域水污染防治规划和本地实际情况,由有关省、自治区、直辖市人民政府环境保护主管部门会同同级水行政等部门和有关市、县人民政府编制,经有关省、自治区、直辖市人民政府审核,报国务院批准。跨县不跨省的其他江河、湖泊的流域水污染防治规划由省、自治区、直辖市人民政府报国务院备案。最后明确了水污染防治规划内容的实施主体:县级以上地方人民政府应当根据依法批准的江河、湖泊的流域水污染防治规划,组织制定本行政区域的水污染防治规划。

(三)地表水污染的防治

地表水是相对于地下水而言的,是指江、河、湖、海、池塘、水库等陆地表面的水体。《水污染防治法》第四、五、六章具体规定了防治地表水污染的内容。

1. 对特殊水源保护区的保护

《水污染防治法》第六十五条规定:在风景名胜区水体、重要渔业水体和其他具有特殊经济文化价值的水体的保护区内,不得新建排污口。在保护区附近新建排污口,应当保证保护区水体不受污染。

2. 对水污染突发事件的应急处理

水污染突发事件往往会给人民群众的生命财产安全和国家、社会利益造成极大的危害和损失,《水污染防治法》第六十八条规定,企业事业单位发生事故或者其他突发性事件,造成或者可能造成水污染事故的,应当立即启动本单位的应急方案,采取应急措施,并向事故发生地的县级以上地方人民政府或者环境保护主管部门报告。《水污染防治法实施细则》第十九条规定:企业事业单位造成水污染事故时,必须在事故发生后48小时内,向当地环境保护部门作出事故发生的时间、地点、类型和排放污染物的数量、经济损失、人员受害等情况的初步报告。

3. 关于禁止、限制向水体排放污染物的法律规定

禁止向水体排放污染物的法律规定如下:

(1)禁止向水体排放油类、酸液、碱液或者剧毒废液;

(2)禁止在水体清洗装贮过油类或者有毒污染物的车辆和容器;

(3)禁止将含有汞、镉、砷、铬、铅、氰化物、黄磷等的可溶性剧毒废渣向水体排放、倾倒或者直接埋入地下;

(4)禁止向水体排放、倾倒工业废渣、城镇垃圾和其他废弃物;

(5)禁止在江河、湖泊、运河、渠道、水库最高水位线以下的滩地和岸坡堆放、存贮固

体废物和其他污染物;

（6）禁止向水体排放、倾倒放射性固体废物或者含有高放射性和中放射性物质的废水;

（7）船舶的残油、废油必须回收,禁止排入水体,禁止向水体倾倒船舶垃圾。

限制向水体排放污染物的法律规定如下:

（1）向水体排放含热废水,应当采取措施,保证水体的水温符合水环境质量标准。

（2）含病原体的污水应当经过消毒处理,符合国家有关标准后,方可排放。

（3）向农田灌溉渠道排放工业废水和城镇污水,应当保证其下游最近的灌溉取水点的水质符合农田灌溉水质标准。利用工业废水和城镇污水进行灌溉,应当防止污染土壤、地下水和农产品。

（4）使用农药,应当符合国家有关农药安全使用的规定和标准。运输、储存农药和处置过期失效农药,必须加强管理,防止造成水污染。县级以上地方人民政府的农业主管部门和其他有关部门,应当采取措施,指导农业生产者科学、合理地施用化肥和农药,控制化肥和农药的过量使用,防止造成水污染。

（5）船舶排放含油污水、生活污水,应当符合船舶污染物排放标准。从事海洋航运的船舶进入内河和港口的,应当遵守内河的船舶污染物排放标准。船舶装载运输油类或者有毒货物,必须采取防止溢流和渗漏的措施,防止货物落水造成水污染。

(四) 地下水污染的防治

地下水是指地表以下的潜水和承压水。地下水具有分布广,温度变化小,能在水循环中得到不断补充等特点,因而被广泛地开发利用。但是,地下水水质与地表水以及人类的生产、生活活动有密切关系,地面降水以及地上污染物都可以通过水循环渗入地下,而且地下水受到污染后不易发现,也难以治理。因此,必须加以特殊保护。《水污染防治法》对防治地下水污染作出了专门的法律规定:

（1）企业事业单位利用渗井、渗坑、裂隙和溶洞排放、倾倒含有毒污染物的废水、含病原体的污水和其他废弃物是地下水资源遭受污染的主要原因。因此,防治地下水污染必须严格禁止企业事业单位采用此类排污方式。

（2）在无良好隔渗地层,不采取防漏措施输送有害物质,会使有毒有害物质渗入地下,污染地下水。因此,禁止企业事业单位使用无防止渗漏措施的沟渠、坑塘等输送或者储存含有毒污染物的废水、含病原体的污水和其他废弃物。

（3）对开采多层地下水资源的保护。在开采多层地下水的时候,如果各含水层的水质差异较大,应当分层开采;对已经受到污染的潜水和承压水,不得混合开采。开采多层地下水时,对下列含水层应当分层开采:①半咸水、咸水、卤水层;②受到污染的含水层;③含有毒有害元素,超过生活饮用水卫生标准的水层;④有医疗价值和特殊经济价值的地下热水、温泉水和矿泉水。

（4）兴建地下工程设施或者进行地下勘探、采矿等活动时应当采取防护性措施,防止地下水受到污染。地下工程主要是指地铁、地下仓库、开采地矿等。兴建地下工程设施会使含水层上面的自然保护层遭到破坏,造成地表上各种有毒有害物质随雨水流入地下污染水体,因此《水污染防治法》要求兴建地下工程设施或者进行地下勘探应采取防护措施,防止地下水污染。

(5)人工回灌补给地下水时,不得恶化地下水水质。人工回灌补给地下水,是提高地下水水位,防止地面沉降的有效措施,但是由于地表水一般比地下水污染重,因此在进行人工回灌时注意防止将受到污染的水补给地下水,否则,会使地下水水质恶化。《水污染防治法实施细则》第三十七条规定:人工回灌补给地下饮用水的水质,应当符合生活饮用水水源的水质标准,并经县级以上地方人民政府卫生行政主管部门批准。

(五)水污染防治的监督与管理

水污染防治的监督与管理是通过一系列的防治制度,如环境影响评价制度和"三同时"制度、重点污染物排放总量控制制度等,以及突发性事件的应急措施、现场检查等方式而体现出来的。其具体内容如下。

1. 对重要用水及其水源地的保护

对重要用水及其水源地的保护,是通过划定地表保护区和保护地下水源而实现的。保护区有以下两类:

(1)划定生活饮用水地表水源保护区。随着水污染物排放量的迅速增加,以及水污染由城市向广大农村蔓延,对生活饮用水水源构成越来越严重的威胁,因此加强对饮用水水源地的保护已经成为关系国民健康和国民经济与社会发展的一个重大问题。为了保护生活饮用水水体,1989年7月10日国家环境保护局等联合发布了《饮用水水源保护区污染防治管理规定》。根据该规定,对集中式供水的饮用水地表水源和地下水源,应按不同的水质标准和防护要求划定保护区(分为一级保护区、二级保护区和标准保护区);应规定保护区水体水质标准并限期达标;在地表水水源保护区内,禁止从事一切破坏环境生态平衡的活动,禁止倾倒废渣、垃圾和其他废弃物,禁止运输有毒物质、油类、粪便的车船进入,禁止使用剧毒和高残留农药;在地下水水源保护区内,禁止新设排污口,已设的必须拆除;禁止堆放废渣、垃圾、粪便和其他废弃物。修改后的《水污染防治法》第五十六条规定:国家建立饮用水水源保护区制度。饮用水水源保护区分为一级保护区和二级保护区;必要时,可以在饮用水水源保护区外围划定一定的区域作为准保护区。有关地方人民政府应当在饮用水水源保护区的边界设立明确的地理界标和明显的警示标志。第五十七条规定:在饮用水水源保护区内,禁止设置排污口。第五十八条规定:禁止在饮用水水源一级保护区内新建、改建、扩建与供水设施和保护水源无关的建设项目;已建成的与供水设施和保护水源无关的建设项目,由县级以上人民政府责令拆除或者关闭。禁止在饮用水水源一级保护区内从事网箱养殖、旅游、游泳、垂钓或者其他可能污染饮用水水体的活动。第五十九条规定:禁止在饮用水水源二级保护区内新建、改建、扩建排放污染物的建设项目;已建成的排放污染物的建设项目,由县级以上人民政府责令拆除或者关闭。在饮用水水源二级保护区内从事网箱养殖、旅游等活动的,应当按照规定采取措施,防止污染饮用水水体。此外,第六十一条规定:县级以上地方人民政府应当根据保护饮用水水源的实际需要,在准保护区内采取工程措施或者建造湿地、水源涵养林等生态保护措施,防止水污染物直接排入饮用水水体,确保饮用水安全。

(2)划定其他重要用水保护区。《水污染防治法》第六十四条规定:县级以上人民政府可以对风景名胜区水体、重要渔业水体和其他具有特殊经济文化价值的水体划定保护区,并采取措施,保证保护区的水质符合规定用途的水环境质量标准。

2. 贯彻落实环境影响评价制度和"三同时"制度

《水污染防治法》第十七条规定了环境影响评价制度和"三同时"制度,即新建、扩建、改建直接或者间接向水体排放污染物的建设项目和其他水上设施,必须遵守环境影响评价制度和"三同时"制度。

建设项目的环境影响报告书,应当对建设项目可能产生的水污染和对生态环境的影响作出评价,规定防治的措施,按照规定的程序报经有关环境保护主管部门审查批准。

建设项目中的水污染防治设施,必须与主体工程同时设计、同时施工、同时投产使用。水污染防治设施必须经过环境保护主管部门验收,验收不合格的,该建设项目不得投入生产或者使用。

环境影响报告书中,应当有该建设项目所在地单位和居民的意见。

3. 关于排放污染物的管理规定

《水污染防治法》第十八条、第二十条、第二十一条、第二十四条等分别规定了重点污染物排放的总量控制制度、排污许可证制度、排污申报登记制度、排污收费制度和城市污水集中处理制度等。

(1)重点污染物排放的总量控制制度。为了控制污染物的排放量,减轻对水环境的污染压力,《水污染防治法》第十八条规定了重点污染物排放的总量控制制度。该条规定:国家对重点水污染物排放实施总量控制制度。省、自治区、直辖市人民政府应当按照国务院的规定削减和控制本行政区域的重点水污染物排放总量,并将重点水污染物排放总量控制指标分解落实到市、县人民政府。市、县人民政府根据本行政区域重点水污染物排放总量控制指标的要求,将重点水污染物排放总量控制指标分解落实到排污单位。省、自治区、直辖市人民政府可以根据本行政区域水环境质量状况和水污染防治工作的需要,确定本行政区域实施总量削减和控制的重点水污染物。对超过重点水污染物排放总量控制指标的地区,有关地方人民政府环境保护主管部门应当暂停审批新增重点水污染物排放总量的建设项目的环境影响评价文件。

(2)排污许可证制度与排污申报登记制度。《水污染防治法》第二十条规定:国家实行排污许可制度。直接或者间接向水体排放工业废水和医疗污水以及其他按照规定应当取得排污许可证方可排放的废水、污水的企业事业单位,应当取得排污许可证。1988 年 3月国家环境保护局发布的《关于水污染物排放许可证管理暂行办法》对排污申报登记和排污许可证制度作了进一步规定,即:凡向陆地水排放污染物的,均应在规定的时间内办理排污申报登记手续;环境保护行政主管部门可对某些重点污染源实行许可证管理,采用总量控制办法,对达标者颁发《排污许可证》,对未达标的,颁发《临时排污许可证》并限期削减排污量;许可证权限为 5 年以下,临时许可证为 2 年;持临时排污许可证的应定期报告削减排污量的进度情况;违反许可证超标排污的,可以中止或吊销许可证。

当然,排放水污染物的种类、数量和浓度有重大改变的,应当事先报经所在地的县级以上地方人民政府环境保护部门批准。《水污染防治法》第二十一条规定:直接或者间接向水体排放污染物的企业事业单位和个体工商户,应当按照国务院环境保护主管部门的规定,向县级以上地方人民政府环境保护主管部门申报登记拥有的水污染物排放设施、处理设施和在正常作业条件下排放水污染物的种类、数量和浓度,并提供防治水污染方面的有关技术资料。企业事业单位和个体工商户排放水污染物的种类、数量和浓度有重大改变的,应当及时申报登记;其水污染物处理设施应当保持正常使用;拆除或者闲置水污染物处理设施的,应当事先报县级以上地方人民政府环境保护主管部门批准。

(3)排污收费制度。在《水污染防治法》颁布实施前,我国对水污染实行的是仅对超标准排污单位征收排污费,不超标的就不需要缴纳排污费,《水污染防治法》第二十四条的规定改变了这种状况,重新作出排污收费的规定,即:直接向水体排放污染物的企业事业单位和个体工商户,应当按照排放水污染物的种类、数量和排污费征收标准缴纳排污费。排污费应当用于污染的防治,不得挪作他用。该条的规定说明了排污单位只要向水体排放污染物,即使没有超过国家或者地方规定的排污标准,仍然应依法缴纳排污费,主要是针对我国水污染日趋严重的情况而作出的。

(4)城市污水集中处理制度。城市是人口、交通和经济发达的地区,对水资源的需要量大,当然所排放的污水量同样大。我国城市水环境保护的基础设施十分薄弱,城市的污水处理能力很差,据资料显示仅为7%,大量的污水未经处理即排入江河、湖泊,尤其是近年来我国经济飞速发展,城市的数量与规模也急剧扩展,城市所排放的污水总量成倍增长,而城市排水管网和污水处理设施远远跟不上城市的发展,加上已经兴建的污水处理厂由于管网不配套、运行费用没有保障等原因,有的实际上已经形同虚设。按照国际上通行的"污染者负担"原则,建立有关城市污水处理设施和污水处理收费与管理制度,是控制水污染、改善水环境的迫切要求,对此《水污染防治法》第二十条作出了规定:城镇污水集中处理设施的运营单位,也应当取得排污许可证。第四十四条规定:城镇污水应当集中处理。县级以上地方人民政府应当通过财政预算和其他渠道筹集资金,统筹安排建设城镇污水集中处理设施及配套管网,提高本行政区域城镇污水的收集率和处理率。国务院建设主管部门应当会同国务院经济综合宏观调控、环境保护主管部门,根据城乡规划和水污染防治规划,组织编制全国城镇污水处理设施建设规划。县级以上地方人民政府组织建设、经济综合宏观调控、环境保护、水行政等部门编制本行政区域的城镇污水处理设施建设规划。县级以上地方人民政府建设主管部门应当按照城镇污水处理设施建设规划,组织建设城镇污水集中处理设施及配套管网,并加强对城镇污水集中处理设施运营的监督管理。城镇污水集中处理设施的运营单位按照国家规定向排污者提供污水处理的有偿服务,收取污水处理费用,保证污水集中处理设施的正常运行。向城镇污水集中处理设施排放污水、缴纳污水处理费用的,不再缴纳排污费。收取的污水处理费用应当用于城镇污水集中处理设施的建设和运行,不得挪作他用。第四十五条还规定:向城镇污水集中处理设施排放水污染物,应当符合国家或者地方规定的水污染物排放标准。城镇污水集中处理设施的出水水质达到国家或者地方规定的水污染物排放标准的,可以按照国家有关规定免缴排污费。城镇污水集中处理设施的运营单位,应当对城镇污水集中处理设施的出水水质负责。环境保护主管部门应当对城镇污水集中处理设施的出水水质和水量进行监督检查。

4. 对工业企业排放污染物的规定

对工业企业排放污染物的管理是通过治理与预防来实现的,对工业企业的预防则在于认真贯彻、落实环境影响评价制度和"三同时"制度,对工业企业的治理也是通过建立、实施强制淘汰落后设备、禁止新建严重污染的工业企业等制度来实现的。

(1)先进的设备不仅生产效益高,而且对环境污染少;落后的设备则刚好相反,不仅生产效益低下,而且对环境有严重的污染。《水污染防治法》第四十一条规定了强制淘汰落后设备的内容,即:国家对严重污染水环境的落后工艺和设备实行淘汰制度。国务院经济综合宏观调控部门会同国务院有关部门,公布限期禁止采用的严重污染水环境的工艺名录和限期禁止生产、销售、进口、使用的严重污染水环境的设备名录。生产者、销售者、进口者或者使用者应当在规定的期限内停止生产、销售、进口或者使用列入前款规定的设备名录中的设备。工艺的采用者应当在规定的期限内停止采用列入前款规定的工艺名录中的工艺。第四十三条规定:企业应当采用原材料利用效率高、污染物排放量少的清洁工艺,并加强管理,减少水污染物的产生。同时还规定,依法被淘汰的设备,不得再转让与他人使用。

(2)禁止新建严重污染环境的工业企业。为了维护环境的清洁,使其免受污染物的污染,《水污染防治法》第四十二条规定了禁止新建严重污染环境的工业企业的制度,即国家禁止新建不符合国家产业政策的小型造纸、制革、印染、染料、炼焦、炼硫、炼砷、炼汞、炼油、电镀、农药、石棉、水泥、玻璃、钢铁、火电以及其他严重污染水环境的生产项目。

(3)限期治理制度。为了加强对水污染的管理,《水污染防治法》第七十四条规定了限期治理法律制度,即:违反本法规定,排放水污染物超过国家或者地方规定的水污染物排放标准,或者超过重点水污染物排放总量控制指标的,由县级以上人民政府环境保护主管部门按照权限责令限期治理……限期治理期间,由环境保护主管部门责令限制生产、限制排放或者停产整治。限期治理的期限最长不超过一年;逾期未完成治理任务的,报经有批准权的人民政府批准,责令关闭。

5. 突发水污染事件的应急处理

在水资源开发利用过程中,有的时候会发生突然的水污染事故,为此,《水污染防治法》第六章专章规定了"水污染事故处置",第六十六条规定,各级人民政府及其有关部门,可能发生水污染事故的企业事业单位,应当依照《中华人民共和国突发事件应对法》的规定,做好突发水污染事故的应急准备、应急处置和事后恢复等工作。第六十七条规定,可能发生水污染事故的企业事业单位,应当制定有关水污染事故的应急方案,做好应急准备,并定期进行演练。生产、储存危险化学品的企业事业单位,应当采取措施,防止在处理安全生产事故过程中产生的可能严重污染水体的消防废水、废液直接排入水体。第六十八条规定,企业事业单位发生事故或者其他突发性事件,造成或者可能造成水污染事故的,应当立即启动本单位的应急方案,采取应急措施,并向事故发生地的县级以上地方人民政府或者环境保护主管部门报告。环境保护主管部门接到报告后,应当及时向本级人民政府报告,并抄送有关部门。造成渔业污染事故或者渔业船舶造成水污染事故的,应当向事故发生地的渔业主管部门报告,接受调查处理。其他船舶造成水污染事故的,应当向事故发生地的海事管理机构报告,接受调查处理;给渔业造成损害的,海事管理机构应当通知渔业主管部门参与调查处理。

6. 水污染防治现场检查制度

为了加强对水污染的监督管理,《水污染防治法》第二十七条规定了现场检查制度,即环境保护主管部门和其他依照本法规定行使监督管理权的部门,有权对管辖范围内的排污单位进行现场检查,被检查的单位应当如实反映情况,提供必要的资料。检查机关有义务为被检查的单位保守在检查中获取的商业秘密。

第六章　水事监督

水事监督就是对水事法律、法规、规章所规定的内容是否得到具体的落实而进行的检查等活动的总称。在水资源开发利用和保护过程中存在着两种性质不同的监督。一是以水行政主体作为监督主体,对水行政相对方是否遵守水事法律、法规、规章规定,是否正确行使水事法律规范所赋予的水事权利和履行相应的义务等内容所进行的监督,亦即水行政监督,如河道管理、水土保持管理等;二是以水行政主体以外的其他国家机关、组织和公民个人等作为监督主体,对水行政主体是否依法行政,是否按照水事法律规范的规定行使水事管理职权、履行水事管理职责等所进行的监督,亦即水行政法制监督,如人大组织的《水法》执法检查等。这两种不同性质的监督共同构成了我国水事监督的基本内容。

第一节　水行政监督

一、水行政监督的含义与特征

水行政监督是指水行政主体依法对水行政相对方遵守水事法律、法规、规章和执行水事管理决定、命令等水政策情况所进行的检查、了解、监督的一种具体水行政行为。在水行政监督过程中,水行政检查是一种比较重要的监督手段与方式。水行政监督具有以下法律特征:

（1）进行水行政监督的主体只能是水行政主体,即各级人民政府中的水行政主管部门和国家在重要江河、湖泊设立的各流域管理机构,而不是别的行政主体。

（2）水行政监督的对象是作为水行政相对方的公民、法人和其他组织。

（3）水行政监督的内容是对水行政相对方遵守水事法律、法规、规章和执行水事管理决定、命令等水政策的具体情况。

（4）水行政监督从性质上而言是一种依职权而为的、单方的具体水行政行为,是一种独立的法律行为,其目的是防止和及时纠正水行政相对方的水事违法行为,以确保水事法律、法规、规章的遵守和水事管理决定、命令等水政策的内容得以贯彻、落实。

二、水行政监督分类

根据不同的分类标准,可以将水行政监督进行如下分类:

（1）以水行政监督的对象是否特定为标准,可以将水行政监督划分为水行政例行监督和水行政专门监督。水行政例行监督是制度化、规范化的水行政监督,其对象是不特定的水管理相对方,它具有巡查、普查的作用,而水行政专门监督则是针对特定的相对方或者特定的事项所进行的监督。

（2）以实施水行政监督的时间界限作为划分标准,可以将水行政监督划分为事前水行政监督、事中水行政监督和事后水行政监督。这三种不同时间期限的水行政监督有着各自不同的特点与作用。事前水行政监督是对水行政相对方某一水事行为或者活动在完成之前进行监督，目的在于防患于未然，防止水事违法行为的发生；事中水行政监督是对水行政相对方正在实施的某一水事行为或者活动所进行的监督，目的在于及时发现问题，纠正违法行为，保障水事管理内容的实现；而事后水行政监督则是对水行政相对方已经完成的某一水事行为或者活动进行监督，目的在于对已经发生的问题及时进行补救，制止违法行为继续危害社会。

（3）根据水行政监督的不同内容，可以将水行政监督划分为防汛抗洪方面的监督、河道管理方面的监督、水资源开发利用与保护方面的监督、水土保持方面的监督等。

三、水行政监督的主要方法

水行政监督的方法又称做水行政监督的手段或方式。由于水行政监督的内容很多，范围广泛，因此水行政主体在水行政监督中，比较普遍地使用以下监督方式：

（1）检查。检查是一种最常用的监督方法。检查也有很多形式，如综合检查与专题检查，全面检查与抽样检查等。如在实施取水许可制度管理过程中，对取水者是否按照水行政主体核发的取水许可证书所载明的取水条件、取水口、取水方式、取水量、退水地点、退水方式实施以及节水情况等内容，只有通过水行政主体的检查才能掌握其真实情况。其他的水事管理内容中的检查同样如此。

（2）调阅审查。调阅审查是一种常见的书面监督方式，是指水行政主体在水事管理活动中，为了了解水行政相对方的有关情况，或者已经发现水行政相对方存在着某种水事违法行为或活动时，为查明、证实相关的事实情况、问题，而对水行政相对方的有关证件、文件、记录和资料等进行审查，如对取水者开发利用地下水的井深、取水层位、日取水量与年取水量、动态观测记录、地下水有关资料等内容所进行的审查。又如在河道管理中，水行政主体应当对跨河、临河、穿堤等建设项目的施工方式对堤防的安全影响、对防洪度汛工作的影响等情况进行审查。这些情况只有在调阅水行政相对方的相关资料后才能够了解其真实情况，当然这种方式也有一定的局限性，必须辅以其他的监督方式。

（3）登记与审核。登记是指水行政相对方应水行政主体的要求就其某一项具体的水事行为、活动向水行政主体申报、说明，并由水行政主体记录在册的行为，如取水登记、排污登记等。审核是指对已经登记在册的水事行为、活动进行的一种监督方式，如对取水申请人取水资料的审核、对水利工程建设项目资料的审核。

（4）统计。水行政主体以统计数据方式了解水事管理内容的实施情况。通过对统计资料的分析，掌握情况，发现问题，以便于水行政主体采取相应的补救措施，保障水事管理内容与目标的实现。如水利部黄河水利委员会对黄河流域破坏、盗窃堤防与防汛抗洪设施、水文测验设备与设施情况的统计，其目的在于分析这种水事违法行为的发展趋势并确定相应的应对措施。

（5）实地调查。实地调查是指水行政主体到水行政相对方所实施某一具体水事行为、活动的场所进行实地查看，了解相应的现场情况，以确定相应行为人的责任。如水政监察人员对水事违法行为人破坏水利工程设施的情况进行实地查看，目的在于确认其违法行为的性质与程度、行为后果及其社会危害性等。

（6）及时强制。及时强制是指在紧急情况下水行政主体所采取的一种特殊监督形式。如在防汛抗洪过程中，防汛指挥机构对阻水障碍物所采取的强行清障措施；又如在紧急防汛期间，公安、交通部门依照有关防汛指挥机构的指示所实施的交通、水面管制措施。

（7）送达停止违法行为通知书。这种通知书不具有强制执行力，只是一种提示，要求行为人停止和纠正有关的水事违法行为、活动。

四、水行政监督的内容

由于水事管理活动的复杂性，水行政监督的内容十分广泛，结合水事管理实践，主要有以下几方面。

（一）水行政主体在水资源开发利用与保护方面的水行政监督

水行政主体在水资源开发利用与保护方面的水行政监督内容归纳起来主要有：

（1）对取水情况的监督。所有从江河、湖泊或者从地下取水的取水者是否取得水行政主体的许可；取得许可的，是否按照取水许可证书载明的取水条件、取水方式、取水量、退水地点等内容实施取水。

（2）对用水情况的监督。地区之间、各用水部门之间的用水情况，是否遵守有关的分水协议和规定，如流经我国西北、华北地区的黄河流域内的各省（自治区、直辖市）以及其他各取用水部门是否遵守经国务院批准的"南水北调工程生效以前黄河可供水量分配方案"，就成为水利部黄河水利委员会一项重要的监督工作内容。

（3）对城乡节水执行情况的监督。是否采取有关的节水措施，以及所取得的节水成就等。

（4）对排放污染物的监督。凡向江河、湖泊、水库、渠道等水体排放污染物的，是否经过申报和取得批准，所排放的污染物是否超过标准，是否按照规定采取相应的污水处理措施等。

（二）水行政主体在河道管理方面的水行政监督

河道是江河输水、行洪的基本通道。影响河道输水、行洪安全与堤防完整的因素有自然因素和人为因素。为了维护河道堤防安全和输水、行洪安全，必须加强对河道的监督、管理，水行政主体应当采取经常性巡查与重点检查相结合的制度。通过不同的检查方式，及时发现、纠正水事违法行为，采取相应补救措施，并依法对当事人作出其应承担的水事法律责任。如对检查过程中发现的破坏、损毁堤防，侵占护堤地，未经许可擅自在河道管理范围内采砂、取土或者修建永久性建筑物，尤其是各类阻水工程、挑溜工程等行为，水行政主体应当按照《水法》、《防洪法》和《河道管理条例》等水事法律规范的规定予以处理。而对于湖泊的监督管理，重点应放在禁止围垦、禁止未经批准封堵排水通道上。

（三）水行政主体在防汛抗洪方面的水行政监督

在防汛抗洪方面，水行政主体进行监督的最主要表现形式是防汛例行检查。防汛例行检查一般分为汛前检查和汛后检查。

汛前检查的重点内容是：

（1）防汛指挥机构和工作机构是否依法组建；

（2）各级人民政府防汛工作行政首长负责制是否落实；

（3）防汛专业队伍与群众性防汛组织是否依法组成；

（4）防御洪水方案规定的各项措施是否有充足的准备，特别是行洪、分洪、蓄洪、滞洪区的准备情况；

（5）堤防和有关水利工程是否做好度汛准备，水工程控制运用计划能否顺利实施，行洪障碍是否清除；

（6）有关防汛抗洪的资金、通信、物料和设施是否完备。

此外，对于水事纠纷频发地区，相关协议内容的执行情况也应当作为检查重点。

汛后检查应当根据汛期发生的问题确定检查重点。

（四）水行政主体在水土保持方面的水行政监督

在水土保持方面，水行政主体的水行政监督内容主要有：

（1）监督有关农村、工矿企业贯彻执行《水土保持法》和有关水土保持的法规、规章和政策的情况，实行综合治理，防治并重、治管结合；

（2）制止盲目开垦和陡坡开荒、边治理边破坏的情形；

（3）督促、监督破坏地貌与植被的组织和个人采取工程措施和植物措施予以恢复、补救；

（4）监督有关部门、组织水土保持方案与措施的实施情况。

（五）水行政主体在水利工程与设施方面的管理与监督内容

（1）保护水利工程与设施不受破坏，依法制止和打击违法行为、活动；

（2）维护水利工程与设施的所有权人、使用权人的合法权益不受非法侵犯；

（3）依法划定水利工程与设施的管理和保护范围并公告。

五、水行政监督的作用

水行政监督作为水行政主体的一种管理手段，对于促进水行政主体依法行政、依法管理水资源有着重要的作用。水事法律、法规、规章制定后，是否得到了全面的贯彻执行，水行政相对方是否遵守法律、法规、规章，是否执行水行政主体的决定、命令等，只有通过监督来查证与反馈。如果缺少监督这一环节，正常的水事工作秩序就无从谈起，相应地，水资源开发利用与保护的目标就无法实现。在建立、完善社会主义市场经济体制的今日，水不仅作为一种自然资源，而且作为一种特殊的生产要素与生活要素，在国民经济和社会发展中占据着重要的基础地位，发挥着重要的作用。因此，强调水行政主体在水资源开发利用与保护过程中的监督作用更具有现实意义。具体来说，水行政监督有以下作用：

（1）水行政监督可以及时反馈水事法律、法规、规章实施所产生的社会效果，为水事法律、法规、规章的制定、修改、废止提供实践依据。水事法律、法规、规章制定后，能否达到预期的社会效果，执行起来存在着哪些困难与阻力，是否具有可操作性，存在哪些欠缺内容等，只有通过水行政主体的监督检查活动直接地反映出来，才能为今后水事法律、法规、规章的修改与完善提供实践依据。如水行政主体对《水法》实施十年来的情况反映与总结，为《水法》的修改提供充分的实践依据。

（2）水行政监督可以预防和及时纠正相对方的水事违法行为。水行政主体实施水行政监督活动,对相对方而言是一种外在的约束,可以预防其实施违反水事法律规范的行为,督促其执行水行政主体的决定、命令。同时通过监督活动,水行政主体能够及时了解、掌握相对方的履行情况,及时发现问题,纠正相对方的违法行为。

(3)水行政监督是实现水事法律规范所规定的内容的一个重要环节。水行政监督作为一种管理手段,通过对相对方执行、遵守水事法律规范的情况进行监督,从而保障水事法律规范所规定的内容能够得到切实有效的贯彻实施。

第二节　水行政法制监督

一、水行政法制监督的含义与特征

水行政法制监督,是指水行政主体以外的其他国家机关、社会组织和公民个人等作为监督主体,对水行政主体及其工作人员是否依法行政所进行的一种监督形式,具有以下法律特征:

(1)水行政法制监督主体的多样性。不仅有党、国家和各级地方的权力机关、行政机关、司法机关的监督,还有社会团体、企业事业单位、群众组织、社会舆论和公民个人的监督。

(2)水行政法制监督的内容是监督水行政主体及其工作人员是否严格按照水事法律规范的规定依法行使水事管理职权,所有水行政主体及其工作人员都必须接受监督。

(3)水行政法制监督的对象是水行政主体的水行政行为,包括水行政主体的行政立法行为、行政执法行为和准司法行为。

(4)水行政法制监督的形式是多种多样的,有的表现为监察行为,有的表现为督促行为,有的表现为纠正行为,有的表现为撤销行为。

二、水行政法制监督的种类及其内容

根据水行政法制监督的主体的不同,可以将水行政法制监督分为以下类别。

(一)党的监督

中国共产党是我国的执政党,对水行政主体及其工作人员的监督方式是多重的,可以通过各级党组织对各级水行政主体在水事指导方针、重大的水行政行为方面进行监督,也可以通过党的纪律监察机构对水行政主体的任职党员的勤政、廉政情况和工作作风、工作态度等方面进行专门的监督。党的监督主要内容有:

(1)党的路线、方针、政策和决议的贯彻执行情况。水事法律规范通常是在总结中国共产党制定的路线、方针、政策和决议的基础上,体现人民群众的意见、智慧,结合我国水资源的实际情况而制定的法律规范。因此,水行政主体贯彻执行水事法律规范的过程也就是贯彻执行中国共产党的路线、方针、政策和决议的过程。关于这一点,《中国共产党章程》有明确的规定。此外,根据组织法,属于政府职能部门的水利局(厅),以及接受国家法律、法规授权而行使国家特定的水行政管理职能的各流域管理机构及其基层机构也应当自觉执行中国共产党的路线、方针、政策和决议等内容。党在监督过程中,要注意克服过去在"左"的思想影响下出现的党政不分、以党代政等不良现象。因此,党要保证水行政执法的正确,就应当在监督方面下工夫。

(2)重大水行政执法决策的制定和实施情况。对重大水行政执法决策的制定和实施情况的监督是党对水行政主体的水行政管理活动进行监督的一个重要方面。水事管理领域的重大水行政执法决策,主要是指制定水事管理法律规范、采取重大水行政执法措施等内容。在制定和实施重大水行政执法决策时,要体现党的路线、方针、政策,要符合客观实际。水行政主体中党的各级委员会也应当经常审查重大水行政执法决策的制定和实施情况,对那些与党和国家的大政方针、政策存在抵触的,要及时通过一定的渠道或者一定的方式予以纠正或者提出纠正意见。

(3)通过向水行政主体推荐重要干部而实现党的监督。向国家机关推荐领导干部是党的各级委员会的一项重要职责,也是党对行政机关进行监督的重要内容。毛泽东同志早就指出,政治路线确定以后,干部就是决定的因素。江泽民也提出要建立一支高素质的干部队伍。在我国,党管干部历来是一条重要的组织工作原则,向各级水行政主体推荐重要领导干部是党对水行政主体的水事管理活动的最好监督。今后只有更好地发挥党在这方面的监督作用,才能促进水行政主体有效地管理我国的水资源,促进水资源的合理开发利用与保护。

(4)通过党的纪律监察部门对水行政主体中的党员干部进行监督。党员是工人阶级队伍中的先进分子,党员干部是水行政主体中的重要力量,他们被任命到水行政主体的各个岗位,成为水行政主体贯彻执行水事法律规范的一支骨干力量。因此,加强对水行政主体中党员干部贯彻执行党的路线、方针、政策和决议的情况以及其遵纪守法情况的监督检查,是党的各级纪律监察部门的重要职责。通过党的纪律监察部门的监督,促进水行政主体干部队伍的廉政建设,使党的监督落到实处。

除上述监督方式外,党对水行政主体的监督还可以通过完善党的内部法规建设、利用党报与党刊进行批评等方式实现。

(二)权力机关的监督

权力机关即国家和地方的立法机关。在我国,权力机关是全国人大及其常委会和地方各级人大及其常委会。权力机关的监督就是指全国人大及其常委会和地方各级人大及其常委会对水行政主体及其工作人员履行水事管理职权的行为进行检查、督促或者纠正的行为。

1. 权力机关监督的特点

在建立和完善社会主义民主与法制的进程中,权力机关对行政主体的监督是一种重要的监督方式,具有以下特点:

(1)它是人民行使管理国家权力的重要体现。根据《宪法》规定,国家的一切权力属于人民,而人民行使国家权力的机关是全国人大及其常委会和地方各级人大及其常委会。《宪法》的这一规定正确地反映了人民与其代表机关之间的关系,同时也在一定程度上表明了监督制度与现代民主政治的关系。全国人大及其常委会和地方各级人大及其常委会依法对水行政主体及其工作人员贯彻执行水事法律规范、履行水事管理职权等水事管理活动的监督,不但是在履行《宪法》和法律赋予的职权,而且也是人民行使国家权力的一种重要体现。

（2）它是一种具体的监督。《宪法》和法律赋予权力机关的监督权是一种具体的监督。结合水行政管理而言,权力机关既要监督水事法律规范在实际中的贯彻执行情况,又要监督权力机关所作出的决议、决定等的贯彻执行情况;既要监督水行政主体在水行政管理过程中的抽象水行政行为,又要监督水行政主体在水行政管理过程中的具体水行政行为;既要坚持在代表视察、代表评议、执法检查和调查研究中不直接处理问题,又要坚持过问和督促水行政主体切实依法公正地解决问题,并且还要加强跟踪监督,以保证监督的实效。

（3）这种监督能够直接产生相应的法律后果。在水行政法制监督中,只有权力机关的监督和司法机关的监督能够对水行政主体的水行政行为产生相应的法律后果,亦即能够直接对水行政主体的权利义务关系产生影响。这是权力机关的监督区别于党、民主党派、社会团体、新闻舆论和公民个人监督的一个重要方面。目前,我国的社会主义市场经济的法律体系逐步完善,新颁布的水事法律规范不断增加,但是其具体执行情况尚不够规范,这也是目前民主与法制建设进程中亟待解决的问题。强化权力机关对水行政主体的水行政行为监督是加强、改善我国水资源管理的一个有力保障。全国人大及其常委会在这方面已经取得一些有价值的尝试,并使其逐步走上法制化的轨道。

2. 权力机关监督的内容

根据《宪法》和有关法律、法规的规定,权力机关对水行政主体的监督就其内容而言主要包括法律监督和工作监督,具体有以下几个方面:

（1）《宪法》的贯彻执行情况。

（2）《水法》和《水土保持法》、《水污染防治法》、《河道管理条例》等水事基本法律、特别法律和行政法规的贯彻执行情况。

（3）各级水行政主体及其工作人员遵守《宪法》和水事法律规范的情况。

（4）对本级权力机关的决议、决定以及上级国家机关的决议、决定的贯彻执行情况。

（5）对人大代表所提交的有关水资源管理的议案、建议案等的处理情况。

（6）权力机关交办的有关水资源管理的申诉、控告、检举等的查处情况。

（7）水行政主体的执法情况。

（8）法律、法规规定的其他应当予以监督的事项。

3. 权力机关监督的方式

通常国家权力机关对水行政主体及其工作人员的职务行为进行监督有以下方式:

（1）撤销与《宪法》、法律相抵触的水行政法规和同级政府不适当的决定、命令。撤销是权力机关监督方式中最直接、最有效的监督方式。从表面上看,撤销就是对水行政主体的抽象水行政行为的否定,而从实质上看,撤销是在抽象水行政行为发生法律效力后的一种监督方式。在这个过程中,水行政主体的执法活动已经开始,有的甚至已经持续了一段时间。因此,权力机关对这个期间内水行政主体的执法行为的客观评价就是一个监督的过程。同时,与其他的监督方式相比,撤销的方式更能够体现出权力机关的性质、职能和作用,更有助于维护、保障国家法制的统一。

（2）行使罢免权。根据《宪法》和有关法律的规定,凡是由权力机关任命的水行政主体的行政首长,权力机关都有权罢免,如全国人大及其常委会有权罢免水利部部长,县级以上地方人大及其常委会可以罢免其同级政府的水利厅(局)长。权力机关的罢免是对工作人员是否称职的一种事后监督,也是对政府水行政主管部门的水资源管理活动的评价,是权力机关对政府组成人员的一种监督方式。

(3)质询和询问。质询和询问是宪法和有关法律赋予人大代表及人大常委会成员的一项权利。质询又称做质问,是指权利人对行政机关、审判机关、检察机关提出质问并要求予以答复的一种监督权。构成质询案件应当符合以下程序:一是必须在人大或者常委会会议期间提出;二是提出质询案的主体必须是人大代表或者常委会委员,而且符合法定人数;三是质询案必须是书面形式,其中要写明质询的对象和质询的问题等内容;四是质询案的通过必须符合法定程序;五是受质询的机关必须负责答复,对答复不满意的,可以提出要求再行答复。询问,即打听、了解。询问通常是针对议案和报告中一些不清楚的事项要求予以解释和说明。人大代表和人大常委会成员在审议议案和报告的时候,政府和相关部门负责人要派人听取意见,回答询问,并对议案、报告作补充说明,目的是使权力机关、人大代表全面、深入地了解有关情况,使审议工作和表决更加深入、准确、有效地进行。

(4)特定问题的调查。对特定问题的调查是权力机关对行政执法进行监督的一个方式。根据宪法、组织法的规定,权力机关认为有必要的时候,可以组织关于特定问题的调查委员会,并且根据调查委员会的报告作出相应的决议。调查委员会进行调查的时候,所有国家机关、社会团体和公民都有义务向其提供必要的材料。

(5)执法检查。执法检查是权力机关经常而又大量采用的监督方式,是权力机关针对宪法、法律、法规的执行情况进行的检查,包括多项或者专项检查。检查一般是有计划地进行的,检查的内容、时间和要求等要在计划中反映出来。执法检查结束后,检查组应当将检查的情况向权力机关报告。权力机关应当将审议后的执法检查报告和审议意见以书面形式交相关的执法部门。如1997年9月至10月,全国人大常委会执法检查小组到黑龙江、河南、湖南等省对《水法》的实施情况进行的检查。

(6)视察。视察是由人大常委会成员和人大代表在本行政区域对水行政执法的情况进行监督检查的一种监督方式,也是人大常委会成员和人大代表在闭会期间履行职责和执行代表职务的一种方式。视察往往是实地考察,通常要深入基层,直接听取群众的意见,因此视察最容易发现问题,而且视察中听取的批评、意见和建议也最能够反映群众的心声。通过视察这种方式不但可以检查法律、法规和政策的履行情况,还可以了解人民群众的思想、愿望和社会动态等情况。

此外,还有其他的方式,如权力机关可通过办理代表建议、批评案,受理公民申诉、控告、检举,将水行政主体在水事管理活动中的重大典型违法事件及其处理结果公布于众等方式来监督水行政主体的执法行为。

(三)司法监督

司法监督是指行使司法权的国家机关,通常为检察机关、审判机关依照法定的职权与法定的程序对水行政主体及其工作人员是否依法行政所实施的监督,以及通过对水行政案件的审理、对水行政主体的具体水行政行为的合法性审查而进行的监督。司法监督具有以下特点:一是司法监督基于法律的规定;二是司法监督的主要内容是水行政主体的具体水行政行为;三是司法机关在行使司法监督权时应当遵循法定的监督程序;四是司法机关的监督能够产生直接的法律后果。

1. 审判机关的监督

审判机关就是依法行使审判权的国家机关,在我国是指最高人民法院、地方各级人民法院和各专门人民法院。审判机关的监督是指人民法院对水行政主体的具体水行政行为的监督。这种监督是通过人民法院对水行政案件的审理来实现的。《行政诉讼法》和《最高人民法院关于执行〈中华人民共和国行政诉讼法〉若干问题的解释》是各级人民法院审理水行政案件的法律依据,也是审判机关行使监督权的直接法律依据。

审判机关的监督作为一种司法监督,有着不同于其他国家机关、社会团体和组织监督的特点。第一,审判机关的监督是一种具有法律约束力的监督,即该监督方式能够产生直接的法律后果,如某一人民法院依法对某一水行政案件进行审理,根据案件情况,结合《行政诉讼法》的规定,对那些主要证据不足、适用法律法规错误、违反法定程序、超越或者滥用职权的具体水行政行为,可以依法判决撤销或者部分撤销,并可以判决水行政主体重新作出新的具体水行政行为;而对于被告不履行或者拒绝履行其法定职责的,可以判决其在一定期限内履行;对于水行政主体所作出的某一水行政处罚显失公平的,可以判决变更。当然,对于水行政主体认定事实清楚、证据确凿、适用法律法规得当、符合法定程序的具体水行政行为,人民法院也应当依法判决维持。这样,既可以保护公民、法人或者其他社会组织的合法权益,又可以维护水行政主体依法行政。第二,审判机关监督的对象是特定的。行政诉讼的特点决定了审判机关的监督对象是各级国家行政机关和受法律法规授权而行使特定行政管理职能的事业组织。这些机关作为行政诉讼中的被告,依法接受人民法院司法审查的过程就是接受监督的过程。第三,审判机关的监督程序是法定的。审判程序是审判机关在司法审查时必须遵守的方式和步骤,因此审判机关的监督有着严格的时限要求。如人民法院在审理行政案件时,应当从立案之日起三个月内作出一审判决,第二审案件应当自收到上诉状之日起两个月内作出终审判决。此外,根据我国法律规定,人民法院审理案件实行二审终审制原则。第四,审判机关的司法审查是一种依申请而为的行为。根据我国法律的规定,公民、法人或者其他组织认为行政机关的具体行政行为侵犯其合法权益的,可以依法向人民法院提起行政诉讼。此规定意味着人民法院对行政机关的行政监督源于当事人的申请,即公民、法人或者其他组织提起诉讼的行为才是引起审判监督的前提。第五,人民法院的监督主要是对水行政主体的具体水行政行为的合法性、适当性进行司法审查。

根据我国《宪法》、《人民法院组织法》、《行政诉讼法》等法律规范的规定,行政诉讼是人民法院监督行政机关的主要方式,受理公民、法人或者其他组织的申诉是人民法院对行政机关进行司法监督的辅助形式。一般地,根据《行政诉讼法》的规定,人民法院可以对行政机关的具体行政行为进行监督,具体到水资源管理领域,主要是通过审理下述当事人提起的诉讼而行使监督权:

(1)作为具体水行政行为直接对象的公民、法人或其他组织;

(2)不服水行政主体复议决定的复议申请人;

(3)其合法权益受到水事违法案件被处罚人侵害的;

（4）其合法权益因水行政主体的具体水行政行为而受到不利影响的；

（5）其合法权益因水行政主体的不作为行为而受到不利影响的；

（6）能够提起水行政诉讼的公民死亡的，提起水行政诉讼的近亲属；

（7）能够提起水行政诉讼的法人、其他组织终止的，其权利和义务的承受者；

（8）同一具体水行政行为中的多个相对方。

2. 检察机关的监督

该监督又称做检察监督，是指人民检察院以国家法律监督机关的名义对水行政主体的水资源管理行为所进行的监察、督促、检查和纠正等活动的总称。我国《宪法》和《人民检察院组织法》明确规定，中华人民共和国人民检察院是国家的法律监督机关；人民检察院依照法律规定独立行使检察权，不受行政机关、社会团体和个人的干涉。

检察监督是国家法律监督的重要组成部分。在我国，人民代表大会作为国家的权力机关，直接行使一部分监督权。此外，又在国家机关中设立最高人民检察院和地方各级人民检察院、专门人民检察院作为国家的法律监督机关，行使监督权，目的就是通过监督，保证宪法、法律、法规的正确实施。人民检察院作为国家专门的法律监督机关，对行政机关的监督是通过行使检察权来实现的，即人民检察院实施法律监督，不是对所有法律的执行情况都进行监督，也不是直接查处一般的违法违纪案件，而是对严重违反国家法律、需要追究国家机关及其工作人员刑事责任的案件行使检察权。对于在执行检察权的过程中，发现属于一般的违法违纪案件则交由相关的党政机关处理。人民检察院在行使检察权时，同样要严格按照司法程序进行监督。

（四）政协与民主党派的监督

政协的全称是中国人民政治协商会议，是在我国有着广泛代表性的统一战线组织，是我国政治生活中发扬社会主义民主的一种重要形式。根据《中国人民政治协商会议章程》规定，政协的主要职能是对国家的大政方针和人民群众生活中重大的问题进行政治协商、民主监督和参政议政。各民主党派是在中国共产党领导下的参政党，有着自己独特的工作对象和广泛的参政议政领域，他们是以知识分子为主体并各自联系一部分社会主义劳动者、拥护社会主义和祖国统一的爱国者的政治联盟。在我国目前有中国国民党革命委员会、中国民主同盟、中国民主建国会、中国民主促进会、中国农工民主党、中国致公党、九三学社和台湾民主自治同盟八个民主党派等。各民主党派和中华工商业联合会（简称工商联）都是中国人民政治协商会议的组成单位。宪法肯定政协在国家政治生活中的重要地位与作用，政协与民主党派、工商联都是我国法律承认并保护的合法组织。

政协与民主党派的监督就其内涵而言，是各民主党派、工商联和无党派人士对国家宪法、法律、法规的实施，重大方针、政策的贯彻执行以及国家机关及其工作人员的工作通过提出批评和建议进行监督。这种监督具有广泛的代表性和灵活性。通过监督能够广开言路、平等交流，加强和改善民主监督，有助于政府，特别是政府的执法部门听取各方面的意见、建议和要求，便于集思广益，纠正偏差和错误。

（五）人民群众和社会团体的监督

人民群众的监督是指我国公民有权对水行政主体及其工作人员的水事管理活动提出批评与建议、申诉、检举和揭发。社会团体的监督是指工会、共青团、妇联、科协等的监督。

由于这些组织与群众有着广泛的联系，能够直接听到群众的呼声，因此他们的监督有着广泛的代表性。

(六)新闻舆论的监督

新闻舆论主要是通过电视、电台、报刊等新闻舆论工具，揭露、曝光水行政主体及其工作人员的违法行为、活动，从而促使水行政主体及其工作人员改正错误，依法行政。舆论监督的特点决定了其监督内容侧重于对水行政执法中存在的问题予以曝光，而且大多是对具体的执法案件进行分析，有理有据地提出问题和批评意见，但又不是单纯地揭露，而是着眼于促进水行政主体解决问题、纠正错误和改进工作。因此，凡是涉及水行政执法的内容(涉及国家秘密和法律、法规禁止的除外)，舆论机关都可以进行监督。随着社会的发展和新闻舆论事业的进步，舆论监督的作用显得越来越重要。

(七)上级水行政主体对下级水行政主体的监督

这种监督是通过上级水行政主体下发文件、指示和深入基层检查、指导，听取下级水行政主体汇报工作而实现的。自1990年行政复议制度实施以来，上级水行政主体还可以通过受理行政复议案件，对下级水行政主体的具体水行政行为实施具体的监督。

(八)相关机构的监督

负责专门监督的机构有审计和监察部门。审计监督主要是审计部门通过对水行政主体在财务收支活动和经济效益等方面开展审核、稽查等，以确认其是否遵守财经纪律、财务制度所实施的监督活动。监察监督是指监察部门对水行政主体所属的工作人员在行使水事管理职权过程中，是否存在着违法行政，以及因此应承担的相应法律责任所进行的监督检查活动。

三、水行政法制监督的意义与作用

水行政主体对水资源进行管理是整个国家行政管理中的一个重要部分，各级水行政主体及其工作人员均是代表国家行使水事管理职权。由于水资源所具有的特点，其不但是一种自然资源，也是一种重要的生产、生活要素，对国民经济与社会发展有着重要的促进作用，因此水行政主体的水事管理活动内容比较纷繁复杂，其管理内容直接涉及公民的日常生活，涉及法人、其他组织的权利义务。如果水行政主体及其工作人员不依法行政，就会使国家、集体、公民和其他组织的利益遭受损害。

我国是人民民主专政的社会主义国家，人民是国家的主人，任何国家机关的权力都是人民赋予的，任何国家机关及其工作人员的行为都应当置于人民的监督之下。一切不依法行政的行为都会受到党、国家监督部门的及时制止与纠正，所有使国家、集体、公民合法权益遭受损害的行为、活动都会受到法律的追究与处理。

上述监督形式对水行政主体及其工作人员而言都是适用的。只有通过外部的、内部的多层次的监督，形成完整的约束机制，才能确保水行政主体及其工作人员依法行政，确保水事管理行为、活动的合法、正确与高效。

实践证明，监督有力，法律就能够得到普遍的、统一的、正确的实施；反之，则会出现这样或者那样的问题，甚至出现践踏法律、破坏法制统一的违法行为。因此，积极开展水行政法制监督，不但是依法治国的基本要求，而且也是水事管理行为与活动的重要环节。如果水行政主体的水事管理行为与活动缺少了监督环节,那么水行政主体及其工作人员的水事管理行为与活动就会产生漏洞,存在缺陷,就会损害国家、集体、公民和其他组织的合法的水事权利,影响水资源的开发利用与保护,影响国民经济和社会的可持续发展。

第七章　水事法律责任

第一节　水事法律责任概述

一、法律责任简述

责任是一个内涵、外延都十分广泛的概念。在政治学、法学和管理学等学科领域被经常、广泛地运用。一般来说,责任是指在一定条件下行为主体应尽的义务或因违反义务而应承担的相应的否定性后果。法律责任是责任的一种,是法学领域的一个专门术语,是指公民、法人或组织实施了违反法律的行为而应承担的相应的法律后果。法律责任是不同于政治责任、道义责任的一种因违反法律而引起的后果。法律责任与违法行为是一种因果关系,违法是因,法律责任是果。行为人承担法律责任的表现形式是接受法律制裁。因此,法律责任通常与违法行为、法律制裁相联系,违法行为是产生法律责任的前提,法律制裁是承担法律责任的必然后果。任何违法行为都应当受到法律的追究,这是法治的本质要求,也是我国社会主义法制原则的具体体现。

从社会生活的法律关系来看,违法行为大致可以分为四种类型,即违犯宪法、违犯民法、违犯行政法和违犯刑法,或者称为违宪与民事违法、行政违法、刑事违法。通常人们对触犯刑事法律的刑事违法行为比较熟悉,甚至形成违法就是犯罪的一种错误认识。而实际上,犯罪必然违法,而违法不一定犯罪。除犯罪外,违法还存在着违宪、行政违法和民事违法三种形式。

随着社会主义市场经济法律体系的逐步建立与完善,法律在我们社会生活中的地位与作用日益重要,违法、债权债务等术语越来越为国民所了解、所接受。当然对行政违法尤其是行政机关的违法行为、违犯宪法的行为认识还需要一个过程。这种认识将会伴随着我国政治体制改革的不断深入而不断深入人心。

二、水事法律责任及其分类

水事法律责任是指公民、法人、其他组织或水行政主体及其工作人员不履行水事法律规范所规定的义务,或者实施了水事法律规范所禁止的行为,并且具备了违法行为的构成要件而依法应当承担的相应的法律后果、接受法律规范制裁。

根据违法行为所侵犯的水事法律关系的客体、违法行为性质及其社会危害程度,可以将违法行为划分为水事行政违法行为、民事违法行为和刑事违法行为,相对应的是,行为人应当承担的法律责任分别为水事行政法律责任、民事法律责任和刑事法律责任。

第二节　水事行政责任

一、水事行政责任的概念及其特点

水事行政责任是水事行政法律责任的简称，是指水行政主体在行使水事管理职权的过程中，以及公民、法人或其他组织在开发利用与保护水资源的活动中，违反水事法律规范关于水资源管理的实体性或程序性规定而应承担的一种法律后果。水事行政责任具有以下特点：

（1）承担水事行政责任的主体是水事法律关系主体。在水事行政法律关系中有两方主体，一是水行政主体，一是相对方，即公民、法人或其他组织。根据他们各自在水事法律关系中的地位享有不同的水事权利与义务。如水行政主体依法享有水事管理职权，负有实施水事管理义务，即作出水行政行为并保障其最终实现；相对方同样依法享有水事法律规范所赋予的水事权利，也必须履行相应的义务。对二者而言，必须依法实施所享有的权利，切实履行相应的法律义务；否则，就要受到水事法律规范的追究，承担相应的法律责任。因此，承担水事行政责任的主体不单单是相对方，还包括水行政主体。

（2）水事行政责任是基于水事行政法律关系而产生的。根据行政法理论，行政法律关系主体应当履行其各自的职责与义务。水事行政责任是水事行政法律关系主体不履行其法定职责和义务所引起的法律后果，是以水事行政法律关系为基础的。没有水事行政法律关系也就没有水事行政责任。

（3）水事行政责任是一种独立的法律责任。水事行政责任作为一种法律责任，具有强制性，是由有权的国家机关，通常为水行政主体来追究的。水事行政责任以水事法律规范所规定的职权、义务为基础，水事法律规范所确定的责任、义务以及方式与内容是追究水事行政责任的依据。因此，水事行政责任不同于水事民事责任与刑事责任，彼此之间也不能相互替代。

二、水事行政责任的构成要件

根据行政法原理和水事法律规范的规定，水事行政责任的构成要件如下：

（1）必须存在违反水事法律规范义务的行为。水事行政法律关系主体违反水事法律规范所规定的义务是水事行政责任产生的前提。没有违反水事法律规范规定的义务的行为，当然就不存在承担相应的法律责任问题。只有违法动机，未见之行动的则不构成水事行政责任。

（2）水事违法行为所侵犯的客体是水事行政法律关系所保护的社会关系与社会秩序。

（3）水事违法行为具有一定的社会危害性。

（4）水事违法行为主体是具有责任能力的公民、法人或其他组织。

（5）水事违法行为主体主观上存在过错，即故意或过失。

（6）行为主体承担水事行政责任具有明确的水事法律依据。

三、水事行政责任的种类与承担方式

(一)水行政主体承担水事行政责任的种类与方式

由于水行政主体是代表国家行使水事管理职权,因此适用于自然人、法人或其他组织的一般行政责任方式对其不能完全适用。根据水事法律规范以及水事管理实践,水行政主体承担水事行政责任的方式有以下几个方面:

(1)通报批评。这是水行政主体承担的一种惩戒性行政责任,通常由权力机关、上级水行政主体或行政监察机关以书面形式作出,通过报刊、文件等形式予以公布。此种形式对作出违法或不当行为的水行政主体或其他行政机关具有一定的警戒作用。

(2)赔礼道歉。当水行政主体在水事管理过程中,由于管理上的原因而损害相对方的合法权益时,应当向相对方赔礼道歉。此种方式有助于缓和水行政主体与相对方之间的矛盾,体现出水行政主体的工作作风,能够有效地维护行政法治的尊严。当然,一般是由水行政主体的法定代表人或直接责任人出面,可以采取口头形式,也可以采取书面形式。

(3)恢复名誉。当由于水行政主体的原因造成相对方名誉上的损害而产生不良影响时,可以采取这种精神上的补救性责任方式。其履行方式根据相对方名誉受损害的程度与范围而定。

(4)返还财产。当水行政主体剥夺相对方的财产权利且属于违法行政时,其承担责任的方式一般是返还财产。

(5)恢复原状。当存在水行政主体的违法行政或不当行政而使相对方的财产改变其原有状态时,一般由水行政主体承担恢复原状的责任。

(6)停止违法行为。对于水行政主体的违法行政行为,如果相对方提出控诉时其侵害行为依然存在,追究机关有权责令其立即停止违法行为。

(7)履行职务。这主要是针对水行政主体不履行或拖延履行其应当履行的职务而确立的一种责任方式。

(8)撤销违法的具体水行政行为。当水行政主体所作出的某一具体水行政行为存在下列情形时,就应当依法承担撤销违法行为的责任:该具体水行政行为所认定事实的主要证据不足,或所适用的水事法律、法规、规章和其他具有普遍约束力的决定、命令等规范性文件错误,或违反法定程序作出,或超越、滥用职权。当然,被撤销的某一具体水行政行为包括已经完成的和正在进行的。

(9)纠正不当的具体水行政行为。水行政主体对其滥用自由裁量权的不当具体水行政行为要承担法律责任,其具体方式是变更不当的具体水行政行为。

(10)行政赔偿。当水行政主体实施了某一违法或不当行为并实际上造成了相对方财产上损失的,水行政主体就应当承担相应的行政赔偿责任。这是一种财产上的补救性责任方式。我国《行政诉讼法》和《最高人民法院关于执行〈中华人民共和国行政诉讼法〉若干问题的解释》以及《国家赔偿法》都对此作出了规定。

（二）公务员承担水事行政责任的种类与方式

1. 公务员责任及其特点

公务员的行政责任是指公务员对其违法或不当行为应承担的一种法律后果,具有以下特点:

(1)其产生原因主要是公务员违法或不当行使职权;

(2)公务员一般不直接向相对方承担行政责任;

(3)其责任性质主要是惩戒性的。

2. 公务员承担责任的具体情形

水事法律规范和《中华人民共和国公务员法》(简称《公务员法》)规定了公务员承担责任的具体情形,归纳起来主要有:

(1)在水行政执法与水事管理过程中,玩忽职守或犯有其他失职行为尚未构成犯罪的水行政主体的执法人员。

(2)在水工程管理工作中,玩忽职守或者犯有其他违法失职行为尚未构成犯罪的水行政主体的工作人员。

(3)在从事水工程建设过程中,玩忽职守或者犯有其他违法失职行为尚未构成犯罪的水行政主体的工作人员。

(4)在水资源开发利用与保护及其相关的生产、建设和其他服务性活动中,违反水事法律规范未造成严重后果,尚不够刑事处分的法人、其他组织负有直接领导责任的或直接责任的人员。

3. 公务员承担责任的种类与具体方式

(1)通报批评。这是公务员承担的一种惩戒性责任方式,其目的是教育有责任的公务员本人,同时对其他公务员起着警戒作用。

(2)赔偿损失。赔偿损失是兼有惩罚性和补救性的一种责任方式。公务员承担赔偿责任并不是指公务员直接向受害的相对方承担赔偿责任,而是先由水行政主体向相对方承担赔偿责任,然后水行政主体根据《公务员法》、《国家赔偿法》和水事法律规范规定的追偿权向有故意或过失的公务员追偿已经赔付的全部或部分。

(3)行政处分。行政处分是公务员承担其违法或不当行为责任的主要方式,是水行政主体根据《公务员法》并按照相应的水事管理职权对违法或者失职的公务员所给予的一种惩戒性措施。具有以下特点:①行政处分是国家行政法律规范所规定的一种责任形式,与一般的纪律处分有着明显的不同;②行使行政处分职权的主体是公务员所在的水行政主体、上级水行政主体或者监察机关;③行政处分是一种内部责任形式,对象仅仅限于水行政主体内部从事水事管理职务的公务员,不涉及相对方。

行政处分必须严格按照法律规定进行。根据《公务员法》第五十六条的规定,我国的行政处分有以下六种形式,即警告、记过、记大过、降级、撤职和开除。

（三）水行政相对方承担水事行政责任的种类与方式

(1)水行政处罚。水行政处罚是相对方承担水事违法行政责任的一种重要方式。根据《水行政处罚实施办法》,其具体内容包括警告、罚款、吊销许可证、没收非法所得等类别。

（2）治安管理处罚。《水法》、《防洪法》均作出规定,对违反水事法律规范的规定且同时违反《治安管理处罚法》的行为,应当由公安机关依照《治安管理处罚法》规定给予治安处罚,其具体内容包括警告、罚款、拘留和劳动教养等。

（3）承认错误。相对方的水事违法行为被水行政主体确认后,水行政主体可依法责令相对方向利害关系人承认错误,并向有关机关作出不得再犯的意思表示。

（4）履行法定义务。相对方因为怠于履行水事法律规范所规定的法定义务而构成水事行政违法行为的,水行政主体可以责令其履行该项义务。如果相对方在法定时间期限内仍然不履行,水行政主体可以依法采取强制措施。

（5）恢复原状,返还财产。相对方的水事行政违法行为改变水资源的所有权、使用权等权属状态的,或者以此取得一定财产的,水行政主体可以责令其恢复原状并返还财产。

（6）赔偿损失。相对方的水事行政违法行为给国家、集体或他人造成损失的,应当依法承担赔偿责任。

此外,对于外国公民、组织违反我国水事法律规范关于水资源开发利用与保护规定的,也应当承担相应的行政责任。除适用上述责任类别与方式外,还可以附加适用限期离境、驱逐出境、禁止入境等。

水行政主体在对相对方适用上述水事行政责任类别与方式时,既可以单独适用一种,也可以同时适用多种。

四、水事行政责任的追究与免除

（一）水事行政责任的追究

水事行政责任的追究是指水行政主体或其他有权机关如治安管理机关,根据水事法律规范与其他法律规范的规定和水事行政责任的构成要件,按照法定的程序与方式,对水事行政违法者行政责任的认定并追究的一个过程。

水事行政责任的追究首先要对违法者的违法行为与事实予以确认。水事行政违法是构成水事行政责任的前提,也是确认违法者是否承担水事行政责任的直接依据。其次是要有明确的法律依据。无论是追究水行政主体还是相对方的水事行政责任,都必须有明确的法律依据。法律规范没有明确规定的是不能追究的。

（二）水事行政责任的免除

在特殊情况下,虽然行为人的行为符合水事行政违法的构成要件,而且在事实上对一定的社会关系造成了侵害,但是,若该行为的实施是为了保护更大的合法权益,则法律规定排除其违法性,免除对其水事行政责任的追究。根据法律规定和实践,正当防卫、紧急避险等情形属于免除情况。

实际上,在水事管理领域,比较常见的免除情形是紧急避险,尤其是在防止洪涝灾害、风暴潮、泥石流等灾害性水事管理行业中比较常见。所谓紧急避险是指行为人为了维护公共利益,本人或他人的人身、财产等权利免受正在发生的危险,不得已而采取的侵害法律保护的其他合法权益的一种行为。紧急避险在客观上损害了一定的合法权益,但是为了保护更大的合法权益;在主观上,行为人是在权衡权益的轻重后不得已而作出的选择。因此,紧急避险的成立,必须具备法律规定的要件:

（1）为了使合法权益免受正在发生的危险。

（2）情况紧急，没有其他途径可供选择。

（3）所损害的合法权益不得超过被保护的合法权益。

第三节　水事民事责任

一、水事民事责任的概念及其特点

水事民事责任是水事民事法律责任的简称。在水事管理领域，民事法律责任是指公民、法人或其他组织在开发利用与保护水资源的活动中，侵犯了水事法律规范赋予他人的合法水资源开发、利用与保护及其相关权利而依法应当承担的法律责任。水事民事责任与水事行政责任有截然不同的法律特征：

（1）责任性质不同。民事责任主要是补偿性的，所以行为人承担民事责任的方式主要是财产性的经济补偿，而以非财产性的排除措施为辅。

（2）处理原则不同。民事责任因为是补偿性的，所以一般都以损失填补和恢复原状为原则，经济赔偿的数额一般只能等于而不能高于受害人所受到的损失。

（3）财产归属不同。民事责任的经济赔偿是为补偿受害人所受到的损失，因此一般都归属受害人。

（4）强制程度不同。民事责任除法律规定外，允许当事人自由处分其权利，可以自行协商，国家一般不加干涉。

二、水事管理领域民事责任产生的原因及其构成要件

（一）在水事管理领域民事责任产生的原因

根据法律规定，产生水事民事责任的原因无外乎有两种：一是违反按照水资源开发利用与保护法律关系而产生的合同关系，即因为违反水资源开发利用与保护合同规定而应承担的民事责任，简称违约责任。如在使用水工程法律关系中，供水单位与用水户之间的关系即属于合同关系。二是违反水事法律规范关于水资源开发利用与保护以及民事法律的规定，侵害他人合法的水事权利而应当承担的民事责任。此种情形根据侵权主体和规则原则的不同可以分为一般的侵权责任和特殊的侵权责任。所谓一般的侵权责任指水事违法行为人只要主观上存在着过错即可构成，而特殊的侵权责任则由法律加以特别的规定，如《民法通则》第一百二十一条规定：国家机关或者国家机关工作人员在执行职务中，侵犯公民、法人的合法权益造成损害的，国家机关应当承担民事责任。

（二）在水事管理领域民事责任的构成要件

根据侵权法理论，结合水事管理实践，水事民事责任的构成要件通常有以下四项：存在损害事实；行为具有违法性；违法行为与损害事实之间存在直接的因果关系；行为人主观上有过错。

（1）存在损害事实。这是构成民事责任的首要条件。如果没有损害后果，就构不成民事责任。所谓损害是指由一定的行为或者事件对他人的人身或财产造成的不利，包括

财产损害与非财产损害。

（2）行为具有违法性。这是构成民事责任的必要条件之一。违法行为有两种表现形式：一是作为的违法行为，即实施了法律所禁止的行为，侵犯了他人的合法权益；二是不作为的违法行为，即未履行法定义务的行为，从而造成他人的合法权益遭受损害。

（3）违法行为与损害事实之间存在直接的因果关系。这是行为人承担民事责任的必备条件之一。只有违法行为与损害事实之间存在因果关系，行为人才对其行为所造成的损害承担民事责任。

（4）行为人主观上有过错。过错是行为人实施某一行为时的主观意志状态，分为故意和过失两种：故意是指行为人预见到其行为的损害后果，而希望或者放任这种损害结果的发生；过失则是行为人欠缺必要的注意，即没有尽到足够的谨慎和勤勉，对损害后果应该预见到而没有预见到或者是虽然预见到了却没有采取相应的措施加以避免。过错责任是法律规定行为人承担民事责任的一般原则，即只要行为人存在过错，无论是故意还是过失都要承担民事责任。过错责任原则适用于所有的一般侵权行为责任。

三、水事法律规范规定的典型民事责任类型

《水法》、《防洪法》等水事法律规范规定了公民、法人或其他组织在水资源开发利用与保护过程中，侵犯水事法律规范赋予公民、法人或其他组织所享有的合法的水事权利而应承担的赔偿等民事责任的情形。概括起来主要有以下内容。

（一）侵犯了水事法律关系参与者的合法权益

供水单位和用水户之间的关系是依照法律的规定，采用合同或其他形式而确定的供用水法律关系。在这个法律关系中，供水单位和用水者之间的关系除了受水事法律规范的约束，还受民事法律规范的约束。供水单位和用水者各自享有不同的民事权利，履行不同的民事义务。供水单位享有向用水者收取水费的权利，但是必须依约向用水者供水；用水者享有依约取用水的权利，但是必须依约向供水单位按时足额缴纳水费。否则，属于不承担义务的违约行为，就应当承担相应的民事责任。《防洪法》、《水土保持法》等水事法律规范也有类似的规定。

（二）侵犯了水事法律关系所赋予的在水资源开发利用与保护过程中的水事相邻权

相邻权是民事法律关系中的一个专门术语，是指两个或两个以上相互毗邻的不动产所有人或者占有人、使用人，在行使不动产占有、使用、受益和处分权能时，相互之间应当给予便利或者接受限制而产生的权利义务关系。水事法律规范对公民、法人或其他组织在水资源开发利用与保护过程中所享有的相邻权益作了必要的原则规定。根据水事法律规范的规定和实践，可以将水事相邻权概括为以下情形：

（1）相邻权人在利用天然水流时，不得擅自堵塞或排放。由于一方擅自堵截独占而影响他方正常生产、生活的，他方有权请求排除妨碍；造成他方损失的，应承担赔偿责任。

（2）相邻一方必须通过另一方的土地排水的，应当允许。排水一方应当采取必要的保护措施，尽量减少损失；造成损失的，由受益人合理赔偿。相邻一方可以采取其他合理的保护措施而未采取的，造成另一方财产毁损或可能毁损的，另一方有权要求侵害人停止侵害、消除危险、恢复原状，并赔偿损失。

（3）天然流出的地下水、水源地、自然浸积的水及其他水流地的所有人或使用人均有权使用其水。而当该水流流入他人的土地成为流水时，他人对流入的水享有使用权，但是不得妨碍下游沿岸土地所有人或使用人的使用权。

（4）非天然流水，而是由人工引来或工作物排出的水，要允许相邻人按照合理流向引水或排水。

（5）相邻人在排放废水、废渣时，必须严格执行国家的排放标准，不得影响相邻权人的生产、生活以及动植物的生长。相邻权人有权要求违反规定排放固体、液体污染物的相邻人采取保护措施，停止侵害、排除妨碍，并赔偿损失。

（6）相邻人在兴建地下工程或开采矿藏时，因疏于排水导致地下水水位下降、枯竭或地面塌陷，对其他相邻权人的生产、生活造成损失的，相邻权人有权要求采取保护措施，停止侵害，并赔偿损失。

（三）侵犯了水利投资者的合法权益收益权

为了搞好水利建设，国家允许公民、法人或其他组织，甚至外国公民、法人、经济组织从事水利项目的投资。当然法律规范就应当保护投资者合法的投资收益权。《水土保持法》规定，应当按照谁承包治理谁受益的原则；承包治理所种植的林木及果实，归承包者所有；国家保护承包治理合同当事人的合法权益。《水法》、《防洪法》中也有类似的规定。这些规定是我国《民法通则》规定的财产收益权原则在水事活动中的具体运用与体现，是党和国家为调动全社会共同兴办水利的集中体现。

（四）保障水利工程移民的合法权益

水利工程淹没地区的公民、法人或其他组织为兴建水工程作出了牺牲，其合法权益应当受到法律的保护。

（五）行政侵权

行政侵权是水行政主体及其工作人员在行使水事管理职权过程中造成他人损害所应当承担的责任。《民法通则》第一百二十一条对此作出了规定。当然，关于这一点，当事人可以在提起水行政复议或水行政诉讼时提出行政赔偿，也可以按照《民法通则》的规定通过民事途径予以解决。

四、水事民事责任的类型与方式

根据水事法律规范和民事法律规范的规定，水事民事责任有以下类型。

（一）制止性的民事责任

（1）停止侵害。此种方式适用于侵害行为还在继续进行的情况，其目的是制止侵害行为的继续发生和防止损害的进一步扩大。

（2）排除妨碍。此种方式适用于权利人因受到非法妨碍而无法正常行使权利的情况。

（3）消除危险。这是一种预防措施，适用于虽然未造成实质性的损害，但是将来可能甚至必然造成侵害的情况。

（二）补救性的民事责任

（1）返还财产。此种方式适用于侵权行为人因其侵权行为而从受害人处实际取得财产的,如盗窃水文测验设施,侵权行为人应当返还所取得的财产。

(2)恢复原状。这适用于侵权行为人侵害权利人的水利设施、水利工程等财物且有可能、也有必要恢复的情况。

(3)赔偿损失。这是一种适用比较广泛的承担责任方式。凡是侵权行为人使权利人经济上受到损失,用别的责任方式无法弥补的都可以采取这种责任方式。

(三)其他的民事责任

(1)支付违约金。此种方式主要适用于在水事合同法律关系中的责任。当然,水事法律规范和民事法律规范有特殊规定以及当事人双方有特别约定的也可以适用。

(2)消除影响、恢复名誉、赔礼道歉。这几种责任方式在水事相邻关系中比较普遍。当然,在适用时大多按照民事法律规范的规定执行。

第四节　水事刑事责任

一、刑事责任概述

(一)刑事责任的法律特征

刑事法律责任简称刑事责任,是指行为人实施了刑事法律规范所禁止的行为而应承担的一种法律后果。具有以下法律特征:

(1)具有较大的社会危害性,属于严重的违法行为。

(2)行为人是否承担刑事责任,只能由司法机关按照刑事诉讼程序依照法律的规定加以决定。

(3)承担刑事责任的一般要给予刑事处罚。

(二)行为人承担刑事责任必须具备的条件

(1)犯罪主体。通常为自然人,而且是达到法律规定的承担刑事责任的年龄、具备行为能力和责任能力的自然人。法人或组织只有在法律有明文规定的情况下才能成为刑事责任的主体,如新修订的《刑法》第六章妨碍社会管理秩序罪中第六节破坏环境资源保护罪的规定,该罪主体既可以是自然人,也可以是法人或组织。

(2)犯罪主观方面。实施犯罪行为的主体必须是出于主观故意或过失。

(3)犯罪客体。行为人所实施的犯罪行为必须侵犯了刑事法律规范所保护的社会关系。具体在水事管理领域,行为人所侵犯的是受刑事法律规范和水事法律规范所保护的水事法律关系与秩序。

(4)犯罪客观方面。行为人所实施的犯罪行为必须达到严重危害社会的程度。

以上四个要件是行为人所实施的行为是否构成犯罪、是否追究刑事责任的重要依据。

(三)不承担刑事责任的情形

虽然有些行为从表面上看似乎具备了上述构成要件中的一个或几个,但是不够刑事责任年龄或者缺乏社会危害性、违法性,而且法律明文规定不承担刑事责任。这些行为包括:

(1)无责任能力人所实施的行为。通常是指未达到刑事法律所规定的承担刑事责任的年龄的人所实施的犯罪行为,如一位 14 岁的孩子盗窃了价值 5 万元的、用于水文测验的遥测中继设施。在本案中,该行为人就依法不应当承担刑事责任,因为我国刑事法律规范规定:行为人承担刑事责任的年龄是已满 16 周岁。但是这并不意味着该行为人不承担行政的、民事的等其他形式的法律责任。

(2)正当防卫行为。

(3)紧急避险行为。这种行为在水事管理活动中比较常见,如为了缓解、减轻洪涝灾害而设置的蓄滞洪区制度就是紧急避险最重要的体现,但是必须有法律的明确规定并按照法定的条件实施。

(4)履行有益于社会的职务上的行为。

二、水事法律规范所规定的典型刑事责任

在水事管理领域中,刑事责任通常是指公民、法人或其他组织在水资源开发利用与保护过程中实施了违反刑事法律规范和水事法律规范以及其他法律、法规所载明的关于水资源开发利用与保护的规定而依法应当承担刑事责任的一种法律后果。新修订的《刑法》在第六章妨碍社会管理秩序罪中专门规定了"破坏环境资源保护罪"一节。在目前所颁布的水事法律规范中,《水法》、《水污染防治法》、《水土保持法》和《防洪法》等规定了行为人承担刑事责任的情况,归纳起来主要有以下典型类型。

(一)关于水环境保护方面的规定

水不仅仅是一种自然资源,也是一种重要的环境要素,新修订的《刑法》第三百三十八条、第三百三十九条对环境保护作了规定,有助于环境的保护,尤其是水环境的保护。在司法实践中,因为违反此规定而受到刑事制裁、承担刑事责任的典型案例将会逐渐增多。新《刑法》实施以来,首宗因破坏水环境、污染水质而承担刑事责任的是山西省运城市天马文化用纸厂原厂长杨某,肇事者杨某以重大环境污染事故罪被终审判处有期徒刑两年,并处罚金 5 万元,赔偿受害者经济损失 35 万余元(见《法制日报》1999 年 1 月 13 日"首宗环境犯罪案"终审报道)。

(二)关于河道保护方面的规定

这通常是指未经批准或者不按照规定的方案、规划整治河道、航道而造成严重的不良后果的。这主要在《河道管理条例》和《防洪法》中规定得比较明确、具体。

(三)关于防汛调度方面的规定

这主要是指不按照天然流势或者防御洪水方案、蓄滞洪方案与措施等防汛调度方案泄洪、排涝、蓄滞洪而造成严重后果的。这在《防洪法》中规定得比较明确、具体。

(四)关于水工程与设施、防汛物料方面等的保护规定

(1)对水工程与设施的保护规定。通常是指毁坏水工程及堤防、护岸相关设施,毁坏防汛、水文、导(助)航设施,已经或可能造成严重社会后果的。

(2)对防汛物料的管理规定。一是盗窃或抢夺防汛物料、水工程器材的;二是贪污、挪用国家救灾、抢险、防汛、移民安置款物,情节严重的。

(五)关于水利工程保护区的规定

这主要是指在水工程保护范围内或水文测验河段保护区内从事爆破、打井、采石、取

土等对水工程、水文测验工作有严重威胁或已经造成严重后果的。

（六）对国家工作人员履行职务的规定

这通常是指水行政主体工作人员、水工程与设施管理人员以及其他国家工作人员玩忽职守、滥用职权、徇私舞弊，对公共财产、国家和人民利益造成重大损失的。

在这些法律规定中，（一）是刑事法律规范作出一般性原则规定，《水污染防治法》作出专门规定；（二）至（五）是《水法》、《防洪法》、《河道管理条例》等水事法律规范作出特别规定；（六）是刑事法律规范、水事法律规范和《公务员法》共同作出规定。这些不同的法律规范共同形成了一个对我国水资源开发利用与保护的社会关系予以保护的刑事法律体系，有助于维护正常的水事工作秩序，以实现国家对水资源管理的目的。

第八章　现代水法的发展趋势

随着社会的发展和人类文明的进步,水资源在国民经济和社会生活中的地位越来越重要,尤其是自 20 世纪六七十年代以来,水资源供需矛盾从局部地区逐渐发展成为一个世界性的问题,传统的水法规范已经越来越不适应国民经济和社会发展的客观需要。世界上大多数国家、地区为了缓解水资源供需矛盾,充分运用法律的、经济的、政策的等多种手段加强对水资源的管理,并取得了不少的成就与经验,但是也出现了一些新的特点和发展趋势,而水法(在世界上其他国家有的称为"水资源法"或其他类似名称)作为水资源开发利用与保护方面的基本法律规范,应当充分体现和反映水资源开发利用与保护中的一些规律性、指导性和前瞻性内容,以指导、促进和实现水资源管理。

一、重新认识水资源在国民经济和社会发展中的地位

水是人类和地球上一切生物所赖以生存的基本要素。随着社会经济的发展,水资源已经成为重要的制约因素,人类应重新认识水资源在国民经济和社会发展中的地位与作用。因此,各国都根据本国的具体国情开始重新定位水资源在本国国民经济和社会发展中的地位与作用。

但是无论怎样,首先要接受淡水资源不但有限而且严重短缺这样一个现实。资料显示,地球上的理论水资源总量约为 13.86 亿立方千米,而其中大部分是海水,淡水仅占 2.53%。淡水中包括了大面积的冰川和永冻冰盖及冻土底冰,以河川径流形态为特征的淡水大多以洪水形式出现,不仅难以利用,而且容易对人类造成灾害。据估计,地球上可以利用的比较稳定的淡水资源总量仅为 105 万亿立方米,并不是"取之不尽,用之不竭"。近半个世纪以来,随着人口的增加、工农业的发展、城市化的加快,世界上每隔 30 年人均用水量翻番、人均拥有水资源量减半。自 20 世纪 70 年代联合国发出世界水情警报以来,世界上的缺水情况仍然在继续恶化:非洲一半以上地区长期干旱,亚洲、拉丁美洲大片地方受到缺水的威胁。目前世界上有 12 亿人口缺乏安全的饮用水供应,14 亿人口缺乏必要的卫生设备,每年大约有 500 万人因此而死亡。世界上城市和工农业集中地区的缺水问题已经成为一个世界性的普遍现象。

其次是全面认识水资源的作用。水资源的自然作用是滋润土地,使之成为人类和地球上其他生物生息繁衍的地方。在人类发展史上,江河流域通常是人类文明的发祥地,如黄河流域是中华民族的发祥地,尼罗河流域孕育了古代埃及文明,两河流域浇灌了美索不达米亚沃原;水流的运输功能促进了各地的物产交换,带来了经济的繁荣,江河、湖泊还能为人类提供水产品,此外还可利用水力发电、灌溉等。随着现代社会的发展,人类扩大了水资源的用途,集灌溉、航运、养殖、生活饮用、水能开发、水上康乐等自然功能和经济功能于一体,进入了多目标开发利用与保护阶段。因此,世界上公认水资源在一个国家中的重要地位与作用:第一,水资源是一个国家综合国力的重要组成部分;第二,水资源的开发利

用与保护水平标志着一个国家的社会经济发展总体水平;第三,对水资源的调蓄能力决定着一个国家的应变能力;第四,水资源的开发利用潜力,包括开源与节流是一个国家发展的后劲所在;第五,水资源的供需失去平衡,会导致一个国家经济和社会的波动。

正因为如此,各国才高度重视水资源在国民经济和社会发展中的地位与作用。我国第七届全国人大四次会议审议通过的《国民经济和社会发展十年规划和第八个五年计划纲要》明确指出:要把水利作为国民经济的基础产业,放在重要战略地位。此外,在其他场合我国领导人也有类似的讲话和指示,这些有助于全社会认识水利事业的基础地位与作用。世界其他国家,无论是发达国家还是发展中国家也有类似的认识。

二、加强对水资源的权属管理

水资源的权属管理包含水资源的所有权和使用权两个方面的内容:一是对水资源的所有权的管理,二是对水资源的使用权的管理。

(一) 对水资源的所有权的管理

如前所述,由于水资源在一个国家国民经济和社会生活中占有重要的地位,因此大多数国家扩大了水资源的公有色彩,强化政府对水资源的控制和管理,淡化水资源的民法色彩,强调水资源的公有属性。实际上,世界上大多数国家的水法都规定了水资源属于国家所有,如英国、法国先后在20世纪60年代通过水资源公有制的法律,澳大利亚、加拿大等国家也都明确水资源为国家所有,德国水法虽然没有规定水资源的所有制,但是明确了水资源管理服务于公共利益,我国在现行《水法》第三条也明确规定水资源属于国家所有。这些均表明,在水资源的所有制法律界定方面,世界上大多数国家的取向是一致的,即强调水资源的公有和共有属性,以维护社会公共利益。

(二) 对水资源的使用权的管理

长期以来,由于认识因素的影响,人类都是无偿取用水资源的,不但造成水资源的大量浪费,而且使水资源的取用处于一种无序状态。随着水资源供需矛盾的日益加剧,将水资源的取用纳入管理势在必行,于是,取水许可或水资源使用权登记、管理等水资源使用权属管理就应运而生。世界上许多国家都实行取水许可制度,取水许可制度已经成为世界普遍采用的水资源管理基本制度,除法律专门规定可以不经过许可用水的外,用水者都必须根据许可证书规定的方式和范围取水,同时取水者的许可证在法定条件下还可以加以限制和取消。此外,在水资源用途安排上,各国都规定了城乡居民生活用水和农业用水优先的原则。

三、加强对水资源的统一管理

水资源是一个动态、循环的闭合系统,地表水、地下水和空中水彼此可以相互转化,某一种形式的水资源的变化可以影响其他形式的水资源。因此,加强对水资源的管理主要是指:一是对水资源存在形式即地表水、地下水和空中水进行统一管理;二是对水资源在量与质两方面的统一管理;三是对水资源的运行区域进行统一管理,即按照江河、湖泊流域进行统一管理。

（一）对水资源存在形式即地表水、地下水和空中水进行统一管理

地表水是人类容易取用的水资源，但是地下水、空中水在某种条件下可以和地表水进行交换。因此，对水资源加强管理不仅仅是加强对地表水的管理，还包括地下水与空中水。澳大利亚很早就将地表水与地下水统一收归国有，美国在 20 世纪 80 年代就开始关注地下水的保护，为此制定了防止地下水污染的全国性水政策。目前由于技术水平的限制，人类对空中水的管理还处于探索阶段，但是也开始施加一定程度的影响，如人工降雨。我国对水资源的存在形式方面的管理目前处于分割状态，尚未完全由水行政主体统一管理。

（二）对水资源在量与质两方面的统一管理

人类淡水资源总量有限的情况在前面已有介绍，这里仅对水资源遭受污染的情况加以叙述。资料显示，全世界有近一半的污废水未经处理就排入水域，不但严重威胁人类的身体健康，同时也给环境带来危害。水污染程度的加剧，促进水资源管理发展到水量与水质管理并重的阶段。在世界发展史上，一些欧美国家先后都经历了"先污染，后治理"的阶段。美国于 1972 年就制定了《联邦水污染法》，提出目标是 1985 年实现"零排放"，即禁止一切点源污染物排入水体。英国为了改变泰晤士河的污染状况，于 1974 年制定了各河段的水质目标和污染物排放标准。虽然我国也于 1984 年制定了《水污染防治法》，但是水污染主管部门却是环境保护主管部门，只有在国家确定的重要江河、湖泊才有由水利部门与环境保护主管部门共同设立的水污染监测机构，在全国范围尚未真正实行水量与水质的统一管理。

（三）对水资源的运行区域进行统一管理，即按照江河、湖泊流域进行统一管理

世界上按照江河、湖泊进行流域管理最成功的是美国田纳西河流域，其他国家也有流域管理的成功经验。我国的流域管理历史比较悠久，早在秦代即有专司江河治理的中央派出机构或官员，在元明清时期则成立专门的流域管理机构，到了近代，流域管理得到了进一步发展。今天，我国在国家重要的长江、黄河等七大江河、湖泊设立了流域管理机构。

四、在水资源开发利用与保护过程中引入市场经济规律，促进水利产业化发展

在水资源管理过程中，由于施加了人类的生产劳动，水资源不再是单纯的自然资源，而是附加了劳动价值的商品资源。因此，在水资源开发利用与保护过程中要引入市场经济规律，遵循价格与价值一致的原则，调整水资源的使用价格，使其与水资源的价值相符合。尤其是对用于商业性营利目的的水资源的管理，如供水、水力发电、水上康乐等，应当根据市场经济原则大力调整其价格。只有这样，才能在水资源管理领域形成一个良性的循环发展机制，才能逐步促进水资源走上产业化发展进程。

五、大力进行节水技术开发研究和推广利用

由于水资源总量有限，一方面人类利用目前现有技术大力开发水资源的潜力，即开源；另一方面则是侧重于节省水资源的使用量或提高水资源的重复使用频率，即节流。随着社会的发展与进步，除极少数国家的水资源总量富足外，大多数国家的水资源总量不

足,水资源供需矛盾十分突出。为了缓解水资源的供需矛盾,大力进行节水技术的开发研究与推广使用是一条比较实际的路子。世界上许多国家的节水技术水平都很高,尤其是在缺水比较严重的以色列,有一系列成功的节水措施:

(1)政府通过实行用水配额制,对公司企业和农户的用水量进行严格的控制,限制耗水量大的工业企业和农业的发展,从而强制工业企业和农业向节水型发展。

(2)强调水资源的商品属性,无论是居民生活用水,还是工农业生产用水都是有偿使用的,即使是城市废水也是有偿使用的。另外,还通过由国家制定适当的水费价格来引导用水户的用水取向。

(3)政府利用经济杠杆来奖励节水用户,惩罚浪费者。政府除在农业和居民生活用水方面规定基础价外,还根据用户用水量的多少将水价划分为几个不同的档次,用水量越大,价格越高,用水量超过配额的将受到严厉的经济处罚。

(4)政府对节水技术、设备的研究与推广给予了高度重视。目前在以色列,凡是与水有关的,无论是机械设备、各种管道阀门,还是家用电器等都是节水型的。

(5)大力推广节水灌溉技术。以色列的节水农业是在 20 世纪 60 年代初期随着喷灌技术和设备的出现而开始发展的。节水灌溉技术从简单的喷灌逐步发展到现在全部用计算机控制的水肥一体的滴灌和微喷灌系统,既节省了人力,又使农田得到及时的管理,使农作物的产量和品质都有较大幅度的提高,经济效益明显。此外,以色列还加强对水资源保护的科学研究与技术开发,研制出具有世界一流水平的废水处理设备,其废水处理率已经达到 80%。

其他国家如美国、英国在节水技术研究与推广方面也取得不小的成绩。我国存在大面积的干旱半干旱地区,即使在湿润地区,以色列的这些节水技术与政策对我国也具有很好的借鉴和指导作用。为此,《水利产业政策》特别强调了加强对节水技术的开发研究与推广。

六、在水资源管理过程中正确协调处理其与土地资源、林业资源、草原资源等自然资源之间的关系

水资源不是独立的一种自然资源,总是与其他自然资源如土地、林业、草原等结合在一起,共同对人类的生产、生活活动产生影响和作用。因此,在水资源开发利用与保护过程中,要正确处理水资源与其他资源之间的关系,以达到对所有自然资源的合理、充分的利用。破坏性地开发利用某一种自然资源可能对与其相关的资源造成严重的灾害,如 1998 年发生在长江、松花江与嫩江等三江流域的流域性洪涝灾害,其中一个加剧因素就是这些江河的上游地区林木、草原等地面植被被过度采伐,使其覆盖率过于低下而造成水土流失。

七、积极引导全社会共同参与水资源管理

水资源的合理利用与每个公民都是休戚相关的,尤其是在 20 世纪 60 年代以来,世界上大多数国家日益强调水资源开发利用与保护的社会效益和环境效益,在水资源的许多行业管理领域都应当充分听取社会公众的意见。实际上,许多国家的水资源管理法律规范都强调了社会公众参与水资源管理的权利和义务。我国所颁布的水事法律规范中,几乎都有关于公民参与的法律条文内容。

第五篇　水事案件查处与水行政执法文书制作

第一章　水事案件查处一般程序

第一节　受理与立案

一、立案的意义

立案是案件调查处理活动的开始,是行政处罚过程中一个重要程序。水事违法案件立案,是指水行政主管部门对控告、举报、自行发现、其他部门移送、上级交办以及下级报送的材料进行审查,认为有违反水法规的事实,需要追究其法律责任时,依法决定展开调查处理的行政行为。

立案对于及时有效查处违法案件,维护正常的水事秩序具有十分重要的意义。具体表现如下:

(1)立案的目的在于对水事违法行为进行追究,切实保障公民、法人和其他组织的合法利益,并通过调查取证等活动,进一步证实违法事实,查处违法行为,使违法者受到应有的处罚,以维护社会、经济秩序。从这一意义上说,立案不仅是水行政处罚程序的一个组成部分,也是水行政主管部门的重要职责。

(2)立案是确定案件性质的必要前提。一起水事违法案件的立案,必然以行政违法事实的发生为前提,不论案件材料来源于什么地方,必须有明确的违法事实的发生,才能作为立案的根据。任何推测、猜想都不能据以立案。

(3)立案是水事违法案件查处的开端。任何案件的处理都是从立案开始的,只有经过立案这一法定程序,才能进行调查取证、作出处理等活动。没有立案,便没有行政处罚程序的整个过程。就此意义而言,立案是行政处罚的必经阶段。

综上所述,立案是一项十分严肃的行政行为。我们强调立案的重要性,不仅在于它是追究违法行为人行政责任的重要环节,还在于它也是保证相对人合法权益得以实现的重要手段。

二、立案的条件

立案的条件就是确立案件的理由或根据。一般来说,立案必须同时具备三个条件,即事实条件、法律条件和程序条件。

所谓事实条件,是指在已获得的证据材料中,已经初步证明了水事违法行为的存在。当然,在具体的案件中,并不要求全部违法事实都搞清楚,只要具有一定的事实根据,基本上能够证明违法行为的发生即可。

所谓法律条件,是指依据我国现行水法规规定,应当对违法行为追究法律责任。对不需要追究法律责任的水事违法行为,则不能立案或不必要立案。通常不论是公民还是法人或其他组织,承担法律责任必须同时具备以下三个条件,即客观上有违法事实的存在,主观上必须有过错,违法者必须具有责任能力。

所谓程序条件,是指从管辖和职责分工来讲,该违法行为的查处属于水行政主管部门职权范围内。

由此,我们得出水事违法案件的立案条件为:①违反水法规的事实存在;②根据现行水法规规定,应当追究其法律责任的;③属于本部门管辖和职责范围内处理的;④违法者具有行为责任能力;⑤符合法定有效追溯期限(两年内)。

根据行政处罚的基本原则和有关规定,不追究法律责任的情况有以下几点:

(1)虽有违法行为,但有依法不予处罚的情节。如精神病人或不满 14 周岁的人违法,不予行政处罚;违法行为轻微并及时纠正,没有造成危害后果的,不予处罚,等等。

(2)违法相对人撤销或者死亡的。

(3)违法行为的社会危害超过了应受行政处罚的限度,即构成犯罪行为的。

(4)超过追溯期限的。如《行政处罚法》规定,违法行为在两年内未被发现的,不再给予行政处罚。实践中,对于两年以外的水事违法案件,我们应根据其危害后果分别作出限期清除、责令采取补救措施、责令纠正违法行为等处理决定,而不再给予行政处罚。

三、立案程序

立案程序就是立案的具体操作过程。目前,我国尚缺乏对行政违法案件立案程序的规定。但从行政法制建设和行政法制原则出发,为确保依法行政,必须严格确立行政违法案件的立案程序。笔者认为,水行政违法案件的立案应当经过受理、审查、决定三个阶段。

(一)受理

受理实际是接受立案材料的过程。从水行政执法的实践看,水事违法案件立案材料的来源主要有以下几个方面:

(1)单位或公民个人的控告、举报。这是立案最主要,也是最普遍的材料来源。控告是指受害人或其法定代理人为了保护自身的利益而实施的告诉行为;举报则是与事实无直接利害关系的单位或个人为维护公共利益或出于正义而实施的检举行为。控告、举报可以采用书面或者口头提出。接受口头控告、举报的工作人员,应当写成笔录,经宣读无误后,由控告人、举报人签名或者盖章。单位的书面控告、举报,应加盖公章,并由负责人签名或者盖章;公民个人的书面控告、举报,应盖印或签名。在实践中匿名举报占有一定的数量,对此要进行认真、具体的分析。因为,有的是出于害怕打击报复而不敢署名,有的是因怕负责任而不愿署名,也有的则是利用匿名举报进行诬陷,所以在查证属实前,不能以匿名举报材料作为立案的根据。同时,为了保护举报人、控告人的积极性,防止因举报、控告而遭受打击报复,举报人、控告人不愿公开自己姓名的,水行政主管部门及其水政监察机构应为其保密。凡接受控告、举报的工作人员,应当向控告人、举报人讲明诬告应负的法律责任。但要区分诬告与举报不实的界线,只要不是捏造事实,伪造证据,即使控告、举报的事实有出入甚至有错误,也不能视为诬告。

(2)交通、城建、土地等其他主管部门的移送。即没有管辖权的行政机关受理水行政违法案件后,经审查确认不属于自己管辖的,应立即移送具有管辖权的水行政主管部门处理。

(3)上级主管部门的交办。上级主管部门在行政执法活动中,发现有水事违法行为并需要根据水法规规定追究当事人行政责任的,可以交有关下级水行政主管部门处理。对上级主管部门交办的案件材料,下级水行政主管部门应当接受,并经查实后作为立案的依据。

(4)水行政主管部门自行发现和获得的材料。在水行政主管部门检查工作或水政监察队伍巡查活动中发现的违法事实,是立案材料的直接来源。

(5)违法当事人的主动交代。即行为人在实施水事违法行为后,迫于这样或那样的压力,主动到水行政主管部门坦白交代,经审查其违法事实存在的,即可成为立案的直接依据。如行为人在水工程管理范围内进行爆破,致使水工程产生裂缝或不均匀沉降。这时,尽管水行政主管部门不知道,也无人举报、控告,但行为人却认识到,水工程遭到损毁后,易对水工程的安全及正常运行构成威胁,后果十分严重。迫于这样的压力,行为人主动找到水行政主管部门,承认错误,接受处罚。这种来源实践中很少。

(二)审查

审查是决定是否立案的关键,应从以下三个方面入手:

(1)审查判断所有材料是否能够证实确有违反水法规的事实存在。在具体要求上,并非查清所有事实,只要基本上能证实即可。

(2)审查判断业已查实的案件材料应否追究法律责任。即根据水法规规定,审查已查实的违法行为有无法律依据,是否可以对其作出处罚或处理(因为违法行为不一定有追究其法律责任的法律依据)以及违法行为人有无法定免责情节等。

(3)审查本机关是否对该水事违法事实享有管辖权。首先,通过对案件材料的审查,确认案件事实及性质;其次,从纵向的级别管辖、地域管辖和横向的职责权限分析,判断本机关有无管辖权。如确有管辖权,即予以立案;否则,应及时通知举报人、控告人向有管辖权的部门举报或控告,必要时,也可将案件材料移送处理。

(三)决定

决定包括准予或不准予两个方面。作决定时应注意考虑以下情况:

(1)对于经审查认为具备立案条件的,应当履行立案手续,包括:①由承办人填写"水事违法案件立案呈批表",主要写明案件来源、案情及发案地点和时间、现有的证据材料、立案的法律依据和承办人的初步意见;②由水行政主管部门或其授权的水行政机构负责人签署同意立案,并注明确切时间;③立案呈批表批准后,随即由水行政机构指派两人以上水政监察员调查取证;④凡符合向上级主管部门备案条件的案件,即呈报上级备案。

(2)对于经过审查,认为不符合立案条件的,应当作出不予立案的决定。但根据立案材料的来源不同,要有一个明确的答复。一是对控告、举报的,接受材料的水行政主体应将不立案的原因通知控告人、举报人;二是控告人(被害人)对立案决定不服的,可以申请复查(目前尚无明确的法律规定),以充分保障控告人的权利;三是对上级主管部门交办的案件,上级部门对不立案决定持有异议的,可督促重新进行审议。

(3)对于案情简单,经审查适用当场处罚程序时,可以在不报请主管部门或水行政机构负责人审批的情况下,由水政监察员当场制作"水事违法行为当场处罚决定书",记明违法行为的有关事实、理由以及相关证据、处罚依据和内容等,并分别由承办人和被处罚人签名或盖章。

第二节　调查取证

一、调查的概念

调查是水行政主管部门查处水事违法案件的一个重要阶段。它是为了查明水事违法案件的真相,获得证据或查获违法行为人,而依法进行的专门调查工作和采取有关行政强制措施的活动。

对水事违法案件进行调查,其目的是查明案件的有关事实,为作出行政处罚提供事实根据。它与刑事诉讼中的侦查有着很大的区别。侦查是公安机关、国家安全机关和人民检察院依刑事诉讼法所实施的专用手段,往往带有明显的强制性。调查虽也有一定的强制性,但仅仅是一种行政措施,通常不能对人身加以限制。

对于违法案件的调查,主要从以下几方面理解:

(1)调查是行政执法机关的一种职权。根据我国行政法律、法规、规章的规定,对行政违法行为的调查只能由享有国家行政职权的行政机关才能进行,其他机关、团体和个人无权进行。因此,水政监察员在调查取证过程中的角色,完全是代表水行政主管部门行使职权。

(2)调查包括专门调查和采取有关措施。所谓专门调查,是指围绕案件事实而进行的各项调查工作,包括询问当事人、询问证人、勘验检查、鉴定以及提取其他证据等。所谓有关措施是指为确保专门调查工作的顺利进行,所采取的一些相应的行政强制措施,如暂扣作业工具、责令停止违法行为、责令改正(纠正)违法行为、抽样取证、登记保存等措施。

(3)调查是行政处罚的必经程序,它是正确作出行政处罚的基础和前提。为此,对水事违法案件的处理必须遵循"以事实为根据,以法律为准绳"的原则,认真做好调查工作。

(4)调查必须依据法律、法规和规章规定的程序进行。我国行政法律、法规和规章对于询问当事人、询问证人、暂扣财物的程序,以及责令停止违法行为等措施的条件、程序和时限都作了明确而具体的规定。如询问当事人、证人应当制作笔录,并经被询问人审阅无误后,签名或盖章。

(5)调查的目的主要表现在三个方面:一是查明违法事实;二是查找违法行为人;三是获取与案件事实有关的各种证据,如书证、物证、证人证言等。

综上所述,水事违法案件的调查就是水行政主管部门运用法律、法规和规章规定的各种专门方法和有关措施,发现和收集证据,揭露和查明水事违法事实,查获水事违法行为人,并防止其逃避管理和处罚的活动。

二、调查的实施

开展专门调查是调查取证工作的重要环节和步骤,是能否及时、有效、准确地取得违法者的违法证据的关键。

(一)询问当事人

询问当事人是指水政监察员为了证实水事违法事实,依法对水事违法行为人或嫌疑人进行审问的调查活动。它是每个案件必须进行的一种重要的调查行为,其目的是收集和核对证据材料,查明案件真实情况。询问当事人,对水政监察员来讲,是弄清违法行为的具体情节、判明案件的性质、查明事实真相的一种手段;对当事人而言,是为自己进行辩解的一个机会。通过询问当事人,一是可以查清当事人是否有水事违法事实以及应否承担法律责任;二是可以辨别其他证据的真伪;三是可以起到教育当事人承认错误、服从处理的作用。

对当事人询问之前,水政监察员应当作好充分准备,认真审阅案件的有关材料,熟悉案件和适用的政策、法规,确定需要通过询问查明的问题,必要时应制作询问提纲,以保证询问有目的、有计划、有步骤地进行。具体来讲,询问当事人应注意以下几个问题:

(1)询问当事人必须由法定人员进行。这里所谓的法定人员包含两层含义:一是指享有行政处罚权的机关或组织指派的水政监察员;二是指要符合法定人数,一般来说,不得少于2人。

(2)询问当事人必须保障当事人的合法权益,严格遵循法定的程序和方法进行。一般情况下,水政监察员询问当事人应当个别进行,应当到当事人所在单位或住所进行询问,在法律有明确规定的情况下,也可以传唤其到指定地点接受询问。询问时,水政监察员应当表明自己的身份,并告知当事人应如实回答提问,以及作虚假回答应承担的责任。询问当事人还必须遵守法定时间,禁止拖延,否则超过24小时即为非法拘禁。询问的主要内容包括:当事人的履历情况,与案件有关的事实,当事人对自己行为的认识和辩解。

(3)对未成年人、不通晓当地语言文字的人、聋哑人等具有特殊情况的当事人进行询问时,应采取相应措施。如询问未成年人,应通知其法定监护人到场,法定监护人不得妨碍询问的进行;询问不通晓当地语言文字的人,应聘请翻译人员进行翻译;询问聋哑人,应聘请通晓聋哑人手势的人参加,等等。

(4)询问当事人应当作笔录。询问笔录应当将询问人的提问和当事人的供述或辩解记载清楚。询问完毕,应将笔录交被询问人核对或向其宣读。记载如有遗漏或者出现差错,被询问人可以提出补正或者改正。经确认无误后,当事人应当逐页在笔录上签名或者盖章,并在最后一页末行的下一行注明"以上笔录无误"等字样。当事人拒绝在笔录上签名或者盖章的,应当在笔录上注明,有可能的话,请知情者证明。需要当事人写出书面材料的,应当由当事人书写;书写确有困难的,可找人代写,但当事人应在材料上签名或者盖章。

除以上应注意的事项外,询问当事人还应注意讲究策略和方法。比如,进行有的放矢、有针对性的政策教育,选择适当时机提示证据(这不同于诱供),利用供述的前后矛盾加以揭露等,使当事人如实作出供述。

(二)询问证人

询问证人,是指办案人员为收集证据、查明案情,依法向案件知情者进行了解的一项调查活动。是收集证人证言通常采用的方式。询问证人同询问当事人一样,也必须依法进行,并应注意以下几个问题:

(1)询问证人必须由法定办案人员进行。在询问前,办案人员应当熟悉有关案情的材料,明确询问目的和需要查清的问题。同时,了解证人与当事人之间的关系,以免作伪证。

(2)询问证人应当个别进行。为了避免证人之间互相影响和出现其他不利作证的因素,在调查中如果有两个以上证人,询问时就应当分别进行。同时,为了方便群众和有利于询问的进行,办案人员应当尽可能地到证人所在地或工作单位去询问,以尽量减少影响证人的正常生活和工作。在其住所或单位不便进行询问时,也可以通知证人到指定地点进行,但绝对禁止对证人采取拘传或其他强制性方法强制其到场作证。

(3)询问证人时要注意询问方法和询问纪律。首先,办案人员应表明自己的身份,然后询问证人的身份及有关情况,并告知如实提供证言是其应尽的义务以及在提供证言时所享有的权利。其次,询问证人时,不得作提示性、暗示性的发问,严禁采用暴力、胁迫、引诱、欺骗等违法方法。再次,对于有特殊情况的证人,应区分不同情况进行。如询问未成年人,应通知其监护人或法定代理人到场;询问聋哑人,应有懂哑语的人翻译。最后,对于不愿作证的,要消除其顾虑,有针对性地进行思想教育,鼓励、增强其作证的勇气。

(4)询问证人应当作笔录。笔录要如实地、完整地、不失原意地记载证人的陈述,并交证人核对或向其宣读,经核对无误后,由证人和办案人员签名或盖章。必要时,办案人员也可以让证人亲笔书写证言。

(三)勘验、检查

勘验、检查是办案人员对于与水事违法行为有关的场所、物品、人身等进行实地现场勘验、检查,以发现和搜集水事违法活动遗留下来的各种痕迹和物品的一种调查活动。

勘验、检查作为调查活动的重要方法,应由法定人员进行。一是由水政监察员进行;二是在必要时,也可以聘请具有专门知识的人进行。同时,为了保证勘验、检查的客观公正性,可以邀请与案件无关的公民作为见证人参加勘验和检查,也可以通知有关的当事人参加。当事人拒绝参加的,不影响勘验、检查的进行,但对某些重要现场进行勘验、检查要有见证人,包括其单位委托人员或近亲属及邻居等现场见证。勘验、检查应当制作勘验检查笔录,由参加勘验、检查的办案人员、专门人员和见证人签名或盖章。

(四)鉴定

鉴定是指由水行政主管部门指派或聘请的具有专门知识的人对案件中某些专门性问题进行科学鉴别和判断的一种调查取证的措施。鉴定人应具备下列条件:①精通与案件中需要鉴定的问题有联系的某种专门知识;②经水行政主管部门指派或聘请;③与本案无利害关系或其他可能影响公正鉴定的关系。鉴定前,办案人员需就鉴定的内容和鉴定的目的向鉴定人提出明确要求,并提供鉴定所需材料。鉴定人在接受鉴定任务后,应及时按指定事项进行鉴定,并作出具体、明确、完整的鉴定结论。鉴定结论应由鉴定人签名或盖章,鉴定人所在单位加盖公章,并注明鉴定人的真实身份(包括职务和职称)。办案人员对鉴定结论有异议的,可以请鉴定人作出解释,或要求补充鉴定和重新鉴定。

(五)提取其他证据

在专门调查工作中,除上述几项调查活动外,收集物证、书证和视听资料的方法主要有三种:一是抽样取证;二是登记保存;三是复制。

抽样取证是指从成批的物品中选取其中个别的物品进行化验、鉴定或者勘验,以鉴别该批物品是否可以作为违法行为的证据。采取这一方法,简单易行,对当事人的权益影响不大,因而被行政机关普遍采用。但就水事违法案件来讲,该方法用得较少。

登记保存是指行政机关在证据可能灭失或者以后难以取得的情况下,经行政机关负责人批准,对需要保全的物品、书信、文件、图纸等证据当场登记造册,暂时先予封存,责令当事人妥为保管,不得动用、转移、损毁或者隐匿的一种行政措施。办案人员在采取登记保存措施时,应当严格依法实施。第一,必须是在证据可能灭失或者以后难以取得的情况下,才可以采取证据登记保存的措施;第二,必须向当事人出具由行政机关负责人签发的保存证据通知书,且现场要有见证人;第三,对当事人与案件无关的物品,不能采取证据登记保存措施;第四,登记保存要开列清单,一式两份(一份交持有人,一份存卷备查),由办案人员、当事人和见证人在登记保存清单上签名或者盖章;第五,登记保存物品时,在原地保存可能妨害公共秩序、公共安全或者对证据保存不利的,可以异地保存;第六,办案人员必须将登记保存的情况及时报告行政机关,行政机关应在7日内及时作出处理决定,逾期登记保存措施自行解除。

复制是提取书证和视听资料的一种常用调查方法。复制的方法主要包括摘录、转录、复印、拍照等,但不管采用哪一种方法,经复制的书证和视听资料都要求有持有人签名或者盖章,并注明原件保存的地方。

三、证据

(一)证据的概念及特征

所谓证据是指用来证明案件真实情况的一切事实。在行政处罚中,证据就是行政处罚机关依法作出行政处罚决定,实施具体行政行为的事实根据。作为证明案件真实情况的证据,必然具有四个基本特征,即证据的客观实在性、关联性、合法性和目的性。

(1)证据是客观存在的事实,即具有客观实在性。查处水事违法行为是水行政主管部门的重要职责,但这些违法行为总是在一定时间、空间和条件下进行的,必然作用于客观外界并引起外界一定的变化,这就是案件事实。案件事实为某人所感知,或者行为后留下书证、物品等,这就是存在于外界的并能据以查明案件真实情况的证据。作为证据的事实,是不依赖于办案人员的主观意志而客观存在的,任何主观想象、猜测、假设或捏造的情况,都不能作为证据。

(2)证据是与行政违法案件有关联的事实,即证据的关联性。它是指案件事实与行为人违法违章行为以及危害结果存在着必然联系。客观事实是多种多样的,但客观存在的事实并不都是证据,作为证据的客观事实必须同案件事实有客观联系,也就是能够证明案件真实情况的事实。同案件事实没有相关性，即便是客观事实，也不能成为证据。因此，办案人员在调查取证时，对收集到的证据材料必须经过检验、辨认和必要的科学技术鉴定，决不能按照自己的主观想象，随意加以肯定或否定。

（3）证据是依法取得的，即具有合法性的特征。第一，调查取证的人员要合法，必须是具有水行政执法资格的水政监察员；第二，收集证据的手段要合法，不能采取威胁、引诱、欺骗等不合法手段；第三，收集证据的程序要合法，例如《水行政处罚实施办法》第二十七条规定了水政监察人员调查时应当遵守的程序，如果违背这一规定，收集的证据就不能作为认定案件的事实。

（4）证据具有目的性，即证据用来证明案件的真实情况。在水事违法案件的调查取证过程中，水政监察员通过细致、周密的逻辑分析，罗列调查提纲，确定调查范围，目的也就是为证实某一案件的真实情况。

证据的客观实在性、关联性、合法性和目的性，密切联系，不可分割地表现在每一件有效的证据之中。我们只有深刻理解证据的四个特征，才能真正理解证据的概念，才能发挥其在查处水事违法案件中的重要作用。

（二）证据的分类及表现形式

1．证据的分类

证据可按照其自身的特点，从不同的角度，依不同的标准划分为不同的种类。这主要是从理论上对证据的一种划分。这种划分不具有法律的约束力。但通过这种划分可以揭示各类不同证据的特征，便于水政监察员正确地收集、判断和有效地运用证据，从而达到认定证据的目的。

证据主要分为如下几类。

1）原始证据与传来证据

这是根据证据的来源不同划分的。凡是来自原始出处，即直接来源于案件事实的证据，为原始证据；而经过转述、转抄等第二手事实，称为传来证据。原始证据与传来证据就其真实性程度来说，原始证据真实性相对较大，传来证据则有出现失真的可能。但两者的真实可靠程度是相对而言的，只有经过查证，才能认定。

2）直接证据与间接证据

这是根据证据能否单独直接证明案件的主要事实来划分的。凡是能单独直接证明案件主要事实的证据，为直接证据；凡是不能单独直接证明案件主要事实，必须与其他证据结合起来才能证明案件主要事实的证据，为间接证据。

在水事违法案件中，能单独证明案件主要事实的证据往往表现为当事人陈述、证人证言、被害人陈述等；不能单独证明案件主要事实的证据，主要表现为书证、物证等。为了有利于迅速查明真实情况，及时作出处理决定，办案人员应当注意尽量收集直接证据。当然，在收集和运用直接证据的过程中，笔者也发现由于大量直接证据为人的言词证据，如当事人陈述和辩解、证人证言等，易发生伪造、篡改和出现误差。这是引起错案的重要原因之一。所以，采用直接证据也须与其他证据相互印证。

在运用间接证据定案时，必须遵循以下原则：第一，真实性原则。即每一个间接证据，都须查证属实。第二，一致性原则。每一个间接证据之间以及与案件事实之间不能存在矛盾,且是与本案有客观联系的证据。第三,完整性原则。即所有用以定案的间接证据,必须环环相扣,形成一个完整的锁链状证明体系。证据不完整、不充分,缺少某一环节,则不能用于定案。

3)言词证据与实物证据

这是根据证据的表现形式来划分的。凡是通过人的陈述表现出来的,即以言词作为表现形式来证明案件真实情况的证据,称为言词证据,通常也称人证;如证人证言、当事人陈述、被害人陈述、鉴定结论等。凡是以物的外部形态或者以它所记载的内容来证明案件的真实情况的证据,称为实物证据,如书证、物证及勘验检查笔录等。言词证据是由人用言语叙述的客观事实,因此其真实性不仅受客观因素、陈述者主观倾向的影响,还与陈述者的记忆、判断、表述、感受等个人因素密切相关。所以,在应用和审查言词证据时,应注意综合判断。实物证据则具有实实在在的外形,直接反映案件事实的某一特征。因此,我们要判断其与案件事实之间是否有必然联系,以判明其证明力。

4)指控证据与辩护证据

这是根据证据的证明作用,是否肯定当事人有违法行为来划分的。凡是能证明当事人有违法行为的证据,叫指控证据,行政执法机关据此对当事人进行指控。凡是否定当事人具有违法行为,或证明其违法行为轻微的证据,叫辩护证据。指控证据与辩护证据是相互对立、相互排斥的。如果在查处水事违法案件中只注重收集指控证据,而不注意收集辩护证据,不听取当事人的辩解,就有可能出现错误的处理决定。因此,要善于用辩护证据来不断检验自己原来已分析判断的情况是否符合实际,只有当其中一种证据被排除和否定之后,另一类证据才能作为定案的依据。

2. 证据的具体表现形式

根据现行行政法规的规定,证据的具体表现形式包括书证、物证、证人证言、被害人陈述、当事人陈述、勘验检查笔录、鉴定结论、视听资料等。具体表现形式如下:

(1)书证,是指用文字、符号或图形等方式,记载或表述人的思想和行为内容,来证明案件真实情况的物品。水行政处罚的书证主要包括信函、文件、图纸、记录、发票、付款凭证、账簿、记账凭证、报表、协议等。收集书证的方法很多,一是直接调取行为人的信函、文件、报表、协议等有关书证;二是检查行为人的账目、发票以及银行付款往来单据等书证;三是通过调查,从有关单位及个人手中收集书证;四是通过公安部门协助对行为人隐匿书证的地方进行搜查,以收集书证。收集书证可采取抄录、影印、照相、复印等手段。

(2)物证,是指能够证明案件真实情况的一切物品和痕迹。物证是以它的外部特征和物质属性来证明案件客观真实情况的。所谓外部特征是指物品或痕迹的外部形状、存在位置、存在期限等。所谓物质属性是指物品的本质属性,包括物品特有的质量或物理性能、化学性质等。

(3)证人证言,是指证人就自己所知的案情所作的陈述。它有以下特征:一是证人必须是知道案情的人,不能更换代替;二是证人证言的来源具有十分广泛的客观基础,既可以是证人亲耳听到、亲眼看到、亲身实践感受到的事实,也可以是听他人转述而获悉的对案件有意义的客观事实;三是证人证言一般是口头形式提供的,也可以用书面形式提供。证人必须具备一定的资格,根据行政处罚实践以及我国有关法律规定,有三类人不能作为证人:一是精神上、生理上有缺陷或者年幼,不能辨别是非,不能正确表达意思的人;二是共同违法案件中,同案当事人不能互为证人;三是办案人员、鉴定人员、翻译人员、代理人不能同时充当证人。

(4)被害人陈述,是指违法行为的直接受害者,就自己遭受违法行为直接侵害的事实向行政处罚机关所作的叙述。通常情况下,被害人受到直接侵害,对行政违法事实经过比较清楚,而且大多情况下,还能提供一定的书证、物证等,故其陈述具有重要的证明作用。但是,也应注意,由于被害人受其所遭侵害的影响,心理状态比较偏激,其陈述易出现偏差等现象,这就要求办案人员在收集此类证据时,必须慎重对待,求真去异。

(5)当事人陈述,是指违法单位和个人,就案件的有关情况向行政处罚机关所作的陈述。它包括三个方面的内容:一是当事人供述,即当事人承认自己所做的违法行为及具体过程、情节等。二是当事人的辩解。即当事人否认自己有违法行为;或者虽然承认自己违法,但说明其有从轻处罚、减轻处罚的情节以及免予处罚的情形。三是当事人所作的其他陈述,包括检举揭发与本案有关的其他违法行为。由于当事人是行政法律关系的一方相对人,对自己是否参加违法行为最为清楚,因此不论是当事人陈述还是供述和辩解,作为证据都具有较强的证明力。但在实践中也应注意到,当事人陈述具有真实性和虚伪性并存的特点。这是因为当事人与案件的处理结果有最直接的利害关系。有时即使违法事实确实存在,当事人往往也会作虚假的供述和辩解,以逃避行政制裁。只有在证据确凿、无法抵赖的情况下,才被迫交代;有的则避重就轻,像"挤牙膏"似的,办案人员挤一点他就说这一点,否则就不说。因此,对当事人陈述、供述和辩解,应当充分考虑其双重性,在认真研究的基础上,结合其他证据综合判断。

(6)勘验、检查笔录,是指办案人员对行政违法活动有关的场所、物品、人身等通过检查、检验、测量、拍照、绘图等手段所作的客观记载。它应如实反映检查活动的全过程,其内容通常包括勘验、检查的时间、地点、内容,勘验、检查的情况和结果。最后由参加现场勘验、检查的勘检人员、见证人、当事人在笔录上签名或盖章。在勘验、检查中,应注意对住所进行搜查或对人身进行检查时,应报经县级以上主管机关领导批准,由公安机关执行。公安机关作出的勘验、检查笔录,可作为证据附案存查。

(7)鉴定结论,是指行政处罚机关委托专门鉴定机构或聘请有专门技术的鉴定人员,运用专门知识对行政违法案件中某些专门性问题进行分析、鉴别和判断所得出的书面结论。在水事违法案件中,需要通过鉴定解决的专门性问题主要有:水利工程质量鉴定;水利工程遭到损毁后,其危害后果的鉴定;有关账目、报表等的鉴定;证件、文书的鉴定等。鉴定人既要叙述根据鉴定材料所观察到的事实,又要在分析研究这些事实的基础上,作出鉴别和判断的结论。但鉴定结论不应就政策法规问题作出评判。

(8)视听资料,是指通过录像、录音反映出的音响和形象,或以计算机储存的资料来证明案件事实的证据。现阶段,我国许多法律、法规(包括《行政诉讼法》)中,都将视听资料列为一种独立的证据。因此,应当注意对视听资料的收集、使用及研究,使其发挥更大的作用。

(三)证据的收集

收集证据是办案人员为了发现和获取证据所进行的一项活动。它必须遵循一定的原

则,基本要求如下:

(1)收集证据必须依照法律规定的程序进行。主要是依据《行政处罚法》和《水行政处罚实施办法》。这是因为只有依据法定程序,才能收集到客观真实的证据,才能切实保障公民及法人的民主权利和其他合法权利,才能防止虚假证据的出现,为正确定案提供可靠根据。

(2)收集证据必须有目的、有计划地进行。为提高调查取证的工作效率,办案人员应根据每个案件的具体情况,制订收集证据的计划,确定收集证据的方法、步骤和要达到的目的。只有把取证活动纳入计划之中,才能保障及时有效地收集证据。

(3)收集证据必须客观、全面。证据是客观存在的事实,所以收集证据必须尊重客观事实,要按照证据的本来面目如实地加以收集。决不能以主观臆想代替客观事实或者偏听偏信,随意取舍,更不能弄虚作假,断章取义,歪曲事实,制造假证据。因此,只有尊重客观实际,才能全面收集证据;只有全面进行收集,才能得到客观真实的证据。客观与全面相互影响、相互促进,不可偏颇。

(4)收集证据必须主动、及时。证据的收集具有很强的时间性,一个案件是否能及时查获,往往与是否能及时收集证据有关。此外,对于正在实施的违法行为,如违章建房等,早一点调查,可以早一点责令停止,以免造成更大的经济损失,也便于案件的最终处理。因此,一经立案的案件,要抓住战机、主动出击,及时取证,防止证据被损毁、藏匿和灭失。

(5)收集证据必须深入细致。深入细致就是要求不放过每一个与案件有关的证据材料及疑点,力求尽可能多地收集各种证据,以便相互印证,取得真实、可靠的证据。

(6)收集证据必须依靠群众。收集证据必须取得广大群众的帮助、支持,实行专门机关与群众相结合,使案件真相大白。实践中,许多水事违法案件是经群众举报、控告后查处的,因此取得群众的支持是完成取证任务、打击违法活动的重要一环。同时,调查取证实际也是一种宣传教育,使广大群众更多地了解违法行为的违法所在及危害后果,从而自觉地维护正常的水事秩序。

(四)证据的审查判断

审查判断证据,是指办案人员对收集到的证据进行分析研究,鉴别真伪,确定其与行政违法案件事实之间有无联系,有何联系,以确定其证明效力,从而对案件事实作出结论的重要活动。

1. 证据的有效条件及影响证据有效性的因素

证据的有效条件是指证据对查明案件事实具有证明力所应具备的有效要件,主要有四个方面:

(1)依法收集是证据有效的前提条件;

(2)客观、全面是证据有效的基础条件;

(3)证据与事实之间存在因果关系是证据有效的内在条件;

(4)查证核实是证据有效的法定条件。

在实践中,由于受到各种主客观因素的影响,往往会出现收集证据不全面、不准确、不充分以及违反程序规定等情况,从而影响证据的有效性,以致在处理案件时由于事实不清、定性不准、处罚不当,给行政处罚工作带来不良后果。影响证据有效性的因素突出表现在以下四个方面：

（1）取证手续不符合法律法规的要求，从而影响证据的有效性。实际办案中常常出现因法律手续不全等原因而导致证据无效。

（2）收集的证据不全面、不准确、不充分，直接影响证据的有效性。有的办案人员只注重直接证据，忽视间接证据，只注重主要证据，忽视一般证据，使证据不完整，不能相互印证。有的证据不准确，甚至相互矛盾。这些都影响证据的真实有效性。

（3）收集的证据缺乏必要的法律形式，从而不能有效地起到证明作用。收取的调查材料要注明来源或出处，并由被调查人或所在单位签名、盖章；笔录如有差错遗漏，应当允许被调查人更正或补充等。证据如没有来源和出处，就会导致与案件无关联而失去法律效力。办案中，如果存在复印原始凭证或询问当事人未经原单位盖章（或当事人签字）的情况，一旦原件毁灭（或当事人翻供），整个案件就会被推翻。

（4）证据文字表述不清楚、不准确，从而影响证据的证明效力。有的办案人员在收集证据时，用了一些诸如"大概"、"可能"、"也许"、"好像是"、"大部分"、"去年"、"前年"等含糊不清、模棱两可的词语。这些文字显然不能准确地反映案件的事实情况，从而不能起到有效的证明作用。此外，还有人为因素、客观环境变化以及虚假证据等，也会直接影响证据的有效性。

2. 证据审查判断的方法

审查判断证据是对收集到的证据进行"去粗取精、去伪存真、由此及彼、由表及里"的加工整理，逐步抓住证据与证据之间、证据与案件事实之间的内在联系，审查证据是否属实以及与案件事实是否紧密相连。审查判断证据的方法主要有：

（1）具体问题具体分析。各种证据都有其各自的特点，鉴别证据是否真实可靠，就要研究和分析与证据相联系的具体时间、地点和条件。具体要从两个方面进行分析：在主观方面，主要分析所提供的证据是否出于提供人的不良动机，是否因证人生理上或认识上的缺陷而造成证据内容不准确或出现偏差，是否存在因办案人员主观臆断造成的失真等。在客观方面，主要分析是否有特定的环境或情况的变化而使证据不能准确反映客观事实，以及传来证据在传递、转抄、复制中有无误差等。

（2）矛盾分析法。在收集到的各种证据中，证据本身以及证据之间、证据与案件事实之间，可能会出现相互矛盾的地方。利用矛盾分析法，就是要找出这些矛盾，排除虚假的证据材料，使证据保持一致性，从而对案件事实作出正确的结论。

（3）综合分析法。就是联系案件中的所有证据，进行全面分析和对比，从而保证证据确实充分，以对案件事实作出正确的结论。对全部证据进行综合分析，须以单个证据的查证属实为基础，也就是说，应在证据与证据的联系中加以考察。既要判断证据之间是否具有锁链性以及是否存在矛盾，又要判断证据与案件事实之间是否具有关联性。对经综合分析发现不全面、不完整的证据，要进一步深入调查，补充完整；对出现矛盾的地方要认真分析，加以解决，使证据紧密相连，环环相扣，确保证据确实充分，对案件事实作出正确判断。

（4）对质法。对质是指为了确认某一事实是否真实，由行政机关组织了解该事实的两个或两个以上的人，就其真实情况进行互相质询的一种活动。采用这一方法的先决条件必须是参与质询的人对同一事实的陈述存在尖锐矛盾。对质一般是在当事人与证人、被害人之间或证人与证人之间进行的。对质必须在个别询问的基础上进行。开始时,先让参加对质的人就所了解的事实分别进行陈述,然后让每个对质者就其他对质者所作的不符合事实的陈述提出质问,由对方作出回答。这样有利于行政机关对他们陈述的证明力和真实性作出正确的判断。

(5)反证法。是指用否定某一证据的办法来肯定与之恰好相反的证据为真实的一种方法。使用该方法进行审查判断必须注意:用以证明相反判断为虚假的论据,必须是已经查证属实的判断;相反判断必须与待证判断构成矛盾,形成非此即彼的关系;反证法只能用来确认案件中的局部事实。

(6)排除法。就是把待证判断同其他可能提出的诸多判断放在一起,通过证明其他诸多判断的错误来确认或推论待证判断正确性的方法。实践中,遇到对案件中的某一事实同时存在几种相互矛盾的说法,而无法作出准确的判断时,就需要采取该方法。使用该方法必须注意:用以证明其他判断错误的根据必须真实,使用排除法必须穷尽所有可能提出的判断。如某养殖专业户诉沼泽水闸管理所经济赔偿一案中,就是采用排除的方法提供证据材料的。该案原告向法院诉称:由于沼泽水闸管理所人员违章开启大闸,海水倒灌,其河蟹养殖水域水质咸度增高,蟹卵死亡,损失惨重,要求大闸管理所予以经济赔偿。但原告没能提供沼泽水闸管理所人员具体开启闸门的时间以及海水倒灌的详细情况。其论点只是蟹卵的死亡是水质咸度增高所致,而水质的咸度增高就是海水倒灌的结果,别无其他途径。据此,当地水利部门开展了多方调查,聘请水产养殖、土壤监测等方面的专家,查阅地形资料、地方志等,向法院提供了蟹卵死亡并非水质咸度增高所致的有力证据。该养殖区域原本是一个晒盐场,因此土壤盐度高。人民法院在审查该案时也是采用排除法进行的。最后,法院认为原告提出的判断不足以排除被告提供的其他判断的可能,因此判决驳回诉讼请求。

以上各种方法可以互相补充,相辅相成,交错进行,在运用时可以根据具体案件而定。

3. 对各种具体证据的审查判断

(1)书证。书证是由行为人制作的,最容易伪造和变造。其真实性程度如何,需要加以辨别、文字鉴定以及同其他证据联系起来加以判断。

首先,要审查书证的制作及制作背景。如书证是否存在欺骗、威胁、暴力等不正常状态下制作的情况,是否存在理解错误或记载失实的情况。要重视对书证上的笔迹、印章的核对,从而判断书证是否属于伪造、编造和其他失实的情况。

其次,要审查书证的来源。一是审查书证获取之前的状况,是否有涂改、伪造等情况,必要时通过鉴定来加以核实。二是审查书证复制过程是否合法、科学,复制的书证是否完全与原件对应;必要时可通过查阅原件核对。

最后,重点审查书证的内容。对内容的审查,既要注意书证是否有断章取义的情况,又要注意对书证进行实质性的审查。例如,对发票的审查,一要看出具发票的单位或接收发票的单位,是否与案件有联系;二要看发票开出的日期,是否与案件中某一事实发生的日期相对应;三要看发票开具的物品名称、单价、金额,是否与案件事实相一致;四要核查发票各联的内容,看是否有弄虚作假行为等。

（2）物证。对于物证的审查判断，一是通过辨认，即将物证交由行为人、证人、被害人进行辨认，确定其真实性。二是采取鉴定，即对于物证的物质属性，提交法定检验机构进行鉴定。三是印证，即将物证与其他证据联系起来，进行对照分析，看其是否一致。

（3）证人证言。由于证人证言是证人事后对案件事实的回忆和表达所产生的证据，所以在审查判断时应注意以下几个方面的问题：①审查证人的作证资格，即注意证人的年龄、智力发育程度以及生理、精神上是否有缺陷。②审查证言的来源，即审查证人对案件的表述是耳闻目睹的，还是道听途说的。如果是听他人所述，则应找原来知道情况的人加以核实。③审查证人证言是否受主客观因素影响，包括证人与当事人、证人与案件处理结果是否存在利害关系；证人提供证言有无受胁迫、引诱和逼供等情况。④审查证人证言与其他证据是否一致。

（4）被害人陈述。由于被害人是遭受当事人不法侵害的具体承担者，其既对案情十分清楚，又会因怀有义愤而言过其实。因此，对被害人陈述的审查，应特别注意其有无夸大的成分，有无因精神紧张而产生错觉的情况。同时，还应审查被害人与当事人之间的真实关系。

（5）当事人陈述。当事人陈述能否作为定案的根据，关键在于其内容是否反映了案件的客观真实情况，应着重分析当事人陈述是否合乎情理，有无其他动机和目的。同时，还应了解当事人陈述的环境，看有无逼迫或诱供之嫌。

（6）鉴定结论。由于鉴定结论是鉴定人主观判断所得出的反映客观事实的结论，它受到很多条件和外界因素的限制。因此，对其审查判断一要审查鉴定依据的样品是否真实、可靠，取样是否依法、科学；二要审查鉴定人是否具有解决这一问题的专业知识，是否与案件有利害关系，其鉴定的方法是否科学等；三要审查鉴定结论与其他证据之间、与案件事实之间有无矛盾。此外，还要对鉴定结论的书面形式进行审查，看其手续是否齐全，有无鉴定人签名及所在单位有无加盖公章。

（7）勘验、检查笔录。勘验、检查笔录是较为可靠的证据，但它也可能受某些客观条件和主观因素的影响，出现偏差和错误。对勘验、检查笔录的审查判断主要考虑两个方面的因素：一是勘验、检查现场有无因自然条件或人为的原因发生变化或受到破坏的情况。二是勘验、检查人员的业务技能和责任心。此外，还要审查勘验、检查笔录是否符合法定程序和法律手续。

（8）视听资料。对视听资料的审查重点在于其制作过程，注意审查资料形成的时间、地点及周边环境，研究它是否是原始资料及其保管情况，以判断其有无剪辑和伪造。必要时进行科学技术鉴定，并与案件其他证据相互印证，综合判断。

四、调查终结

调查终结是指行政处罚程序中调查取证工作的结束。在水事违法案件处理的一般程序中，调查终结是调查取证程序中最后一个相对独立的阶段。在这个阶段中，办案人员应向水行政主管部门提出"案情调查终结报告"。调查终结报告分两种情况：一是对经调查认为当事人的行为已构成违反水法规的行为，应追究其法律责任的报告；二是对经调查发现当事人的行为不构成违法行为或者情节显著轻微，不应追究法律责任的报告。

（一）当事人应当承担法律责任的报告

对当事人应当承担法律责任的案件，必须同时具备四个条件，方能进入调查终结阶段：

（1）水事违法行为已经查清，包括违法行为的主体、违法动机、目的、手段、后果、地点和时间等。

（2）证据确凿充分。

（3）对违法行为的性质认定准确。

（4）法律手续完备。

对具备上述条件而宣告进入调查终结阶段的案件，其报告书的内容有：案由；当事人的基本情况；当事人的违法事实及具体情节，有无从轻或加重的法定情形；承办人员对本案的处理（处罚）意见及法律依据；承办机构（一般指水政监察队伍）意见；参与调查人员名单和调查起止时间等，并附该案立案呈批表及有关证据材料。同时，根据《水行政处罚实施办法》的规定，对于情节复杂或者对公民处以超过3 000元罚款、对法人或者其他组织处以超过3 万元罚款、吊销许可证的案件，应由水行政主管部门负责人集体讨论决定。实践中我们认为，除以上规定的要集体讨论外，其他比如拆除违章建筑、采取补救措施等行政处理决定（折算金额在1 万元以上的）也应尽可能地集体讨论，集思广益，充分发挥其他相关处室的作用，使案件的处理更合理、更科学。

（二）不应追究法律责任的报告

经过调查，发现有对当事人不应追究法律责任的某种情形时，即宣告调查终结，作出撤销案件的决定。此时，办案人员也应写出报告书，说明不应追究当事人法律责任的事实和理由，报请主管部门负责人审批。

第三节　告知与听证

一、告知

（一）告知的概念及意义

告知是指行政处罚机关在行政处罚决定作出之前，将拟作出行政处罚决定的事实、理由、依据及当事人依法享有的权利和义务告诉当事人，并听取当事人对案件处理的陈述和申辩的过程，它是行政处罚的必经程序。

向当事人进行必要的告知，使其有陈述事实，提出反证等参与意见的机会，有助于澄清案件事实和正确适用法律，作出公正的处理。同时，告知这一事前（处罚之前）行政救济措施，也有利于当事人得到法制教育、服从正确的处罚决定，减少行政诉讼，促进民主与法制进程。

（二）告知的内容

告知的内容包括如下四个方面：

（1）告知作出行政处罚决定的事实、理由和依据。事实就是行政相对人应当受到行政处罚的事实根据，即水事违法事实。这种事实必须是水法规规定应予以行政处罚的事实。理由是指必须对行政相对人作出行政处罚的缘由,包括违反水法规的具体条款和水事违法行为与危害后果具有的因果关系。依据是指作出行政处罚决定的法律依据。水法规没有明文规定的行为不能对相对人科以行政处罚。

(2)告知当事人应当享有的权利。包括要求听证的权利,申请回避的权利,拒绝回答无关问题的权利,陈述、申辩的权利,申请复议的权利,提起诉讼的权利等。其中,后两项权利通常在行政处罚决定书中告知。

(3)告知应当履行的义务。包括告知当事人如实提供证据材料或交代问题的义务,接受传唤的义务,必须执行行政处理(处罚)决定的义务。

(4)告知应注意的事项。包括告知当事人申请回避应注意提供必要的证据、申请复议时应采取何种方式及在何时提出等。

(三)告知的时间

行政机关立案调查后,应及时告知当事人拥有的各项权利,包括申辩权、出示证据权、听证权及必要的律师辩护权等。具体什么时间告知,《行政处罚法》除规定在作出行政处罚决定之前外,没有更为具体的规定。笔者认为,告知应当在合理的时间内进行,以防止告知流于形式。所谓合理时间是指被告知后,当事人或利害关系人能有一定的时间行使某些权利和承担某些义务。从实践来看,告知时间选在调查终结或重大案件集体讨论结束时为宜。因为这时行政机关已将案件定性,且有了较明确的处理意见。

(四)告知的形式

法律对告知的形式并无明确规定,但笔者认为,如果行政机关将要作出对当事人科以义务或者涉及其权益的行政处罚,应当以书面形式通知当事人,必要时也可以通知利害关系人。书面通知包括如下内容:当事人姓名或单位全称,当事人违法的事实及理由,处理(处罚)的内容及依据,当事人提出申辩、陈述的期限,作出告知通知的机关盖章。

(五)告知的效力

告知当事人是为了使其有机会陈述和申辩。因此,《行政处罚法》规定,如果行政机关及其办案人员不按照法律规定,向当事人告知给予行政处罚的事实、理由和依据,或者拒绝听取当事人的陈述和申辩,除当事人放弃陈述和申辩权利外,行政处罚决定将不能成立。当事人进行陈述和申辩,行政机关必须充分听取当事人的意见;对当事人提出的事实、理由和证据,应当进行复核;当事人提出的事实、理由或者证据成立的,行政机关应当采纳。行政机关不得因当事人申辩而加重处罚。

二、听证

听证制度在我国还是一个陌生的概念,我国目前已有的行政法律、法规中尚没有将听证程序作为普遍运用的必经程序。但在具体的法规中,有关听证的内容还是不难找到的,例如,税务、统计等部门规章中都规定了质证与申辩程序。设立这一制度的目的是赋予受行政行为影响的一方为自己辩护的权利,因此说听证制度是当事人的一项重要的民主权利。

(一)听证的概念及特征

从一般意义上理解,听证是指行政机关在作出行政处罚之前为利害关系人提供机会,对特定的问题进行论证、辩驳的过程。它之所以被各国视为基础的、核心的行政程序,是因为它反映了现代民主制度公开、公正、平等的要求。我国《行政处罚法》规定的听证程序具有以下几个特征:

(1)听证是由行政机关中具有相对独立地位,未直接参与案件调查的人员主持,并由有关利害关系人参加的活动。在水行政处罚中,一般由水政机构的负责人或分管水政工作的机关负责人担任主持。

(2)听证公开进行。任何人都可以参加听证会,了解案情。

(3)听证只适用于特定的行政处罚,并非必经程序。

(二)听证程序适用的范围

我国《行政处罚法》第四十二条规定:行政机关作出责令停产停业、吊销许可证和执照、较大数额罚款等行政处罚决定之前,应当告知当事人有要求举行听证的权利;当事人要求听证的,行政机关应当组织听证。这一规定说明以下几个问题:

(1)并非所有的行政处罚案件都可以运用听证程序,只有行政机关责令停产停业、吊销许可证和执照、较大数额罚款等行政处罚决定,才有可能适用听证程序。

(2)"较大数额罚款"应由国务院有关部门或省级人民政府结合实际,加以规定。如《水行政处罚实施办法》规定,水行政处罚机关作出对公民处以超过5 000元、对法人或者其他组织处以超过5万元罚款以及吊销许可证等水行政处罚之前,应当告知当事人有要求举行听证的权利。

(3)适用听证程序的条件除符合以上特定的处罚种类外,还必须有当事人的请求。

(三)听证程序的实施

(1)当事人要求听证的,应当在收到行政机关听证告知书后3日内提出。

(2)行政机关应当在举行听证的7日前,通知当事人举行听证的时间、地点,并在听证的3日前,将听证的内容、时间以及有关事项予以公告。

(3)听证除涉及国家秘密、商业秘密或者个人隐私外,应当公开举行。

(4)听证由行政机关指定非本案调查人员主持,当事人对主持人有异议的,有权申请回避。

(5)当事人可以亲自参加听证,也可以委托一至两人代理。

(6)听证步骤。①听证主证人宣布听证事由和听证纪律。②听证主持人核对案件调查人和当事人身份。③听证主持人宣布听证组成人员,告知当事人在听证中的权利和义务,询问当事人是否申请回避。当事人申请听证主持人回避的,听证主持人应当宣布暂停听证,报请水行政处罚机关负责人决定是否回避;申请其他人员回避的,由听证主持人当场决定;如无须回避,则宣布听证开始,如须回避,则宣布暂停。④由案件调查人提出当事人违法的事实、证据和拟作出的行政处罚(处理)决定的建议及理由。⑤当事人及其委托代理人对指控事实及相关问题进行陈述、申辩和质证。⑥听证主持人就案件事实、证据和法律依据进行询问。⑦案件调查人、当事人作最后陈述。⑧听证主持人宣布听证结束。

(7)听证应当制作笔录。笔录主要内容包括:案由,当事人的姓名或者名称、法定代理人及委托代理人,案件调查人的姓名,听证主持人、听证员、听证记录人姓名,举行听证的时间、地点和方式,案件调查人提出的事实、证据、法律依据和水行政处罚建议,当事人陈述、申辩和质证的内容,其他需要载明的事项。听证笔录应当交当事人和调查人员审核无误后签名或者盖章,其中证人证言部分应当经证人核对后签名或者盖章,最后由听证主持人审核后与听证员、听证记录员一起签名或者盖章。

(四)听证结论

行政机关组织听证,一是保障当事人的合法权益不受侵犯;二是保证行政机关行政处罚决定的正确,不能因为听证影响行政效率,使行政处罚案件久拖不决。因此,听证结束后,听证主持人应及时写出听证报告(或书面意见),连同听证笔录一并上报本机关负责人。听证报告应当包括以下内容:听证案由;听证主持人、听证员和书记员姓名;听证的时间、地点;听证基本情况;听证主持人意见;所附证据材料清单等。

(五)听证注意事项

在整个听证具体操作过程中,行政机关应注意以下事项:

(1)听证主持人应负责掌握听证的进程,维护听证会的秩序,并根据实际情况,作出延期、中止或终结听证的决定。听证会听证的重点应当是拟作出的行政处罚决定是否有确凿的违法事实、证据是否充分、法律依据是否正确。因此,除非有法律明确规定,应由行使调查职能的调查人员负举证责任,听证会上应着重查明调查人员收集的证据是否客观、真实、合法;收集证据的程序是否符合法律规定。同时,应当给当事人充分的陈述意见的机会,通过当事人的质证与陈述来查明案情,核实证据。切不可形成听证主持人与案件调查人员共同审理当事人的局面。

(2)听证笔录是作出行政处罚裁决的依据,所有认定案件主要事实的证据都必须在听证会上出示,并经过质证和辩论,反映在听证笔录中。

(3)听证程序事实上只是一种特殊的调查处理程序,并不包含行政处罚程序的全过程。

(4)水行政处罚机关举行听证,不得向当事人收取费用。

第四节　水行政处罚的作出

对于已调查终结,并经告知或听证程序的案件,应及时进行审查,制作行政处罚决定书,报主管领导批准及送达当事人。

一、审查

(一)审查的概念

水事违法案件的审查,是指案件调查终结后,由调查人员写出调查终结报告,经办案机构(包括水政监察专职队伍或者其他组织)负责人审查后,连同案卷交水行政主管部门承担法制工作的机构(一般是指水政机构)进行的书面审核。它是依据国家制定的一系列有关法律、法规、规章及规范性文件,通过对水事违法案件的审核,提出具体的书面意见和建议的专门性工作,是对调查取证工作的检验和继续,也是对当事人陈述、申辩的再审。

案件的审查处于调查终结和作出处理两者之间,起到了承上启下的作用。一方面,通过审查机构对全案包括案件证据、案件性质、适用法律、处罚程序等方面的审核,判断证据是否确实充分、定性是否准确、处理意见是否恰当、查办案件程序是否合法,从而为正确定性,作出处罚(处理)打下基础。另一方面,通过审查,查找问题和错误,提出纠正意见,包括修改建议和退回补充调查意见等。这也是现代行政处罚程序关于行政处罚调查权与决定权相分离的基本要求和重要方法。

(二)审查的任务

审查工作的根本任务就是通过对案件事实、适用法律和定性处罚的审查、判断,进一步明确当事人的违法行为及应承担的相应责任,为正确定案处理奠定基础。具体任务包括三个方面:一是对全案事实和证据加以审核。鉴别证据,判明真伪,剔除矛盾,使案件事实更加清楚、证据更具证明力。二是对案件性质及处理依据进行审核。正确确定案件性质、准确应用法律依据,全面分析当事人的违法动机、违法手段、违法后果,依法给予恰当的处罚。三是对查办案件的程序进行审核,看有无违反办案程序的情况以及是否因违反程序而影响案件的公正处理。针对上述任务,审查工作必须遵循"实事求是、有错必纠"的原则,在实际工作中,重证据,重调查研究,尊重客观事实,认真分析案情,防止主观臆断。

(三)审查结论

案件经过审查,应由审查机构及工作人员作出审查结论,即对案件事实、案件性质、适用法律及查处程序是否完整、正确、合法提出具体的意见和建议,最后确定对行政违法行为人的处罚结论。一般审查结论包括同意承办机构意见、适当予以修改和退回补充调查三种情况。其中除退回补充调查的案件外,其他案件应根据实际情况分别作出如下决定:

(1)确有应受水行政处罚的违法行为的,根据情节轻重及具体情况,作出水行政处罚(处理)决定;

(2)违法行为轻微,依法可以不予水行政处罚(处理)的,不予水行政处罚(处理);

(3)违法事实不能成立的,不得给予水行政处罚(处理);

(4)违法行为依法应当给予治安管理处罚的,移送公安机关;

(5)违法行为已构成犯罪的,移送司法机关。

二、制作处罚决定书

水行政处罚决定书是水行政主管部门作出行政处罚行为的书面形式。

(一)处罚决定书的主要内容

依照《行政处罚法》的规定,行政处罚决定书应当载明下列事项:

(1)当事人的姓名或者名称、地址。对公民个人的行政处罚,应当写明当事人的姓名、性别、年龄、职业、工作单位或者住所;对单位的行政处罚,应当写明单位的名称、法定代表人姓名和职务、地址。

(2)违反水法规的事实和证据。

(3)行政处罚的种类和依据。是指水行政主管部门给予当事人何种行政处罚,以及作出行政处罚所依据的法律、法规或者规章的具体条款项目。

(4)行政处罚的履行方式和期限。履行方式是指当事人是以什么方式履行行政处罚,如到指定银行缴纳罚款、自行拆除违章建筑等。期限是指法律规定的或者水行政主管部门要求、限定当事人履行行政处罚决定的日期。如当事人不按照履行方式和限定的期限履行行政处罚决定,即属违法,行政机关可以采取执行措施。

(5)不服行政处罚决定,申请行政复议或者提起行政诉讼的途径和期限。

(6)作出行政处罚决定的行政机关的名称和作出决定的日期。行政处罚决定书应按统一预定的格式,编有号码,依法填写。

(二)制作决定书的基本要求

1. 执法主体要合法

根据现行水法规和《行政处罚法》的有关规定,具有水行政处罚权的只能是各级人民政府水行政主管部门,其他机构(包括各级水政监察队伍、水土保持监督管理机构)一律不能以其名义作出水行政处罚决定,否则就是越权行为。

2. 事实表述要清楚

决定书中所表述的事实是指水行政主管部门经过查证属实以后认定的违法事实。它一方面要求执法人员全面、客观地描述案件的事实真相,包括违法时间、地点、动机、目的、过程、情节、后果等方面内容,不能过于简单;另一方面也要求执法人员紧紧围绕违反水法规、属于水行政主管部门职权范围内的事实,用最精练的文字加以阐述,剔除不相干的因素,以免有超越职权之嫌。如在处罚决定书中表述了"当事人违法采砂经营"这一事实,就是不妥的。因为"经营"活动不受水法规调整,即使当事人有违法经营的事实,也不能由水行政主管部门实施行政处罚。

3. 法律依据要正确

每一起案件必须同时引用定性条款和处罚条款,前者用来指明案件的违法所在,而后者用来证明处罚主体、处罚(处理)内容的合法性。两者都不可少。但在实践中往往存在缺乏定性条款或者缺乏处罚条款等情况。另外,在引用处罚条款时,有的办案人员善于引用各种效力(包括法律、法规、规章及规范性文件)的规定,结果由于不同效力条文之间对同一违法事实的处罚(处理)规定不一致,就容易发生矛盾。例如,对于未经批准或者不按照规定在河道管理范围内采砂这一违法行为,依据《水法》规定,可以责令停止违法行为,限期清除障碍或者采取补救措施,并处罚款;依据《河道管理条例》规定,可以责令其纠正违法行为、采取补救措施,并处警告、罚款、没收非法所得。而水行政主管部门同时引用《水法》和《河道管理条例》的规定,作出了没收非法所得这一处罚决定,就会引起矛盾。倘若以《水法》为准,则不能作出没收非法所得的决定;以《河道管理条例》为准,则违反了效力原则。因此,适用法律只需正确,不需要充分。

4. 处罚内容要适当

处罚的内容应根据当事人的违法情节和危害程度,在法定处罚幅度内给予恰当的选择,以防止畸轻畸重,显失公正。具体来讲,在处理上主要应考虑以下情节:

(1)当事人的主观因素,即违法的动机和目的。一般来说,对于故意违法的要从重处理,对于因过失或迫于无奈而违法的要从轻处理。

(2)当事人的违法手段。

(3)当事人违法的对象,即其侵犯的具体客体。如果侵害的标的涉及国家利益和公众人身安全,如危害水工程安全等,就应当从重处理。

（4）违法所造成的损害结果。损害结果是社会危害性程度大小的直接反映。因此，对损害结果严重的要依法从重处理，以切实惩戒违法行为。

此外，还要对违法时的环境和条件、违法行为人的一贯表现、违法后的态度以及是偶犯还是惯犯等情节加以分析，以便在具体处罚中加以考虑，从而作出恰当的处罚。

5. 权利义务要明确

在水行政处罚（处理）决定中有关行政处罚的内容，必须翔实具体，具有可操作性，否则容易在执行阶段造成被动。如责令拆除违章建筑时，如果不明确时限以及位置界线等条件，就难以执行。一旦申请人民法院强制执行，法院就会以执行标的不明，而裁决不予执行。同样，如果决定书中不明确告知当事人诉讼、复议等权利，其决定书也是不合法的。

三、审批

审批是指水行政主管部门内部按照职责、权限的分工，由主管或分管领导对调查终结，并经法制（水政）机构审查的案件处罚决定进行的最后审定。它是内部监督制度的一种体现。为了准确地审批案件，认真履行审批工作职责，在案件审批中，要坚持实行集体审批制和领导分工负责制，坚决防止审批案件走过场，流于形式。

在审批案件中，要坚持以下三个原则：一是实事求是原则，要从客观实际出发，不先入为主。二是公正执法原则，做到不分地区，不分单位，不论什么人，只要有水事违法事实，就要依法处理。三是民主集中原则，少数服从多数，由主管或分管领导决定最终的处理结果。

案件的审批必须有明确的书面意见，实践中有的省（自治区、直辖市）专门制作了"水行政处罚审批表"，有的省（自治区、直辖市）制作了统一格式的审批表，如内蒙古水利厅监制的水行政处罚法律文书中就有"水行政处罚法律文书签发单"，它集所有的法律文书审批于一体，使用起来较为方便。水行政处罚决定书应当由机关法定代表人签发，也可以由法定代表人授权的其他负责人签发。

四、送达

送达是指水行政主管部门依照法定的程序和方式将水行政处罚（处理）决定书和其他有关法律文书送交当事人的行为。它是水行政处罚法律文书得以生效的必经程序，也是行政处罚决定发生法律效力的基本前提。根据《水行政处罚实施办法》规定，水行政处罚决定书制成后，应当通知当事人到水行政主管部门受领或由水政监察员直接送到当事人的住所或工作单位，向当事人宣读，并在宣读后当场交付当事人。宣告时当事人不在场的，水行政主管部门应当在7日内将水行政处罚决定书依照民事诉讼法的有关规定，送达当事人。水行政处罚法律文书的送达方式有如下六种。

（一）直接送达

直接送达是指水行政主管部门以及水政监察队伍指派水政监察员直接将水行政处罚决定书送交被处罚人的送达方式。它是一种最普遍、最重要的送达方式，既能体现水行政执法的庄重性和严肃性，又能给被处罚人直接了解处罚内容，提出异议的机会。直接送达时，应注意下列事项：

(1)送达必须有送达回证。由受送达人在送达回证上注明收到日期,并签名或者盖章。

(2)受送达人是公民的,本人不在时,可以将水行政处罚决定书交与其同住的成年家属签收。

(3)受送达人为法人或其他组织的,应将水行政处罚决定书送交法定代表人或者负责人,或者该法人或其他组织的收发部门签收,并由其在送达回证上注明收到日期,签名或者盖章。

(4)受送达人已向水行政主管部门或水政监察组织指定代收人的,应将水行政处罚决定书送交代收人签收,并由代收人在送达回证上注明收到日期,签名或者盖章。

(二)留置送达

留置送达是指受送达人拒绝签收水行政处罚决定书时,由水政监察员将决定书留在受送达人的住所,即视为已经送达的送达方式。采用留置送达,送达人应当邀请当地居民委员会或村民委员会等有关基层组织或者受送达人所在单位的代表到场,说明情况,在送达回证上注明拒收的事由和日期,由送达人、见证人签名或者盖章,将水行政处罚决定书留在当事人的住处或者收发部门。实践中,也可以采取照相、录像、录音等方式证明留置送达这一事实,但照相、录像时应注意:拍摄务必以受送达人处的环境(如收发室、办公室)为背景,并有明显的标志;拍摄的内容能反映送达人送达文书的现场(包括在场当事人、见证人的身影);拍摄之前应告知当事人拍摄的缘由,尽量取得当事人的配合;拍摄时事先设定好日期和时间。录音时应注意,要将整个送达过程全部录下,包括告知当事人正在录音、宣读送达文书的内容以及送达人与当事人、见证人的对话。

(三)委托送达

委托送达是指水行政主管部门直接送达确有困难的,而委托有关单位向被处罚人送交水行政处罚决定书的送达方式。委托送达主要适用于被处罚人或者其他利害关系人不在实施行政处罚的水行政主管部门或者法定授权组织的管辖地域或居住地,或者受送达人住所地交通不便的情况。接受委托的单位必须具有履行送达职责的能力,且不得将委托事项再委托给第三人(不包括被委托单位的成员)。委托单位委托送达水行政处罚决定书时,应将委托的事项和要求明确地告知受委托单位,以便受委托单位准确、及时地予以送达。受委托单位接受委托后,应立即将水行政处罚决定书直接送达受送达人,以受送达人在送达回证上注明的签收日期为送达日期。

(四)转交送达

如果受送达人是军人或者是被监禁的,或者是被劳动教养的,则应采用转交送达方式,主要通过部队的政治机关、监狱或者劳动教养单位转交。

(五)邮寄送达

邮寄送达是指水行政主管部门通过邮局,将水行政处罚决定书挂号寄给被处罚人及利害关系人的送达方式。

邮寄送达是一种简便易行的送达方式,在直接送达有困难时,一般都采取邮寄送达的方式。但是,采用这种方式应注意以下几点:

(1)水行政处罚决定书应由水行政主管部门指派专人直接交付邮局挂号寄给受送

达人。

（2）受送达人是军人的，应挂号寄给受送达人所在部队团以上单位的政治机关转交。

（3）受送达人是被监禁、劳教的人员的，应挂号寄给受送达人所在监狱或者劳动改造、劳动教养等单位转交。

（4）受送达人应在挂号回执上注明收到的日期，签名或者盖章；挂号回执上注明的收件日期为送达日期。

（六）公告送达

公告送达是指水行政主管部门发布公告，告知被处罚人限期受领水行政处罚决定书的送达方式。公告送达一般适用于受送达人下落不明，或者采取以上送达方式无法送达的情况。公告送达中，受送达人自发出公告之日起经过一定期限而未受领水行政处罚决定书的，即视为送达。对于公告期限，《行政处罚法》没有作出规定，笔者认为应当参照民事诉讼法，将一般行政处罚决定规定为 60 天，涉外行政处罚决定规定为 6 个月为宜。送达公告一般通过报刊、广播等媒介发布。

第五节　执　行

一、执行的概念

行政处罚的执行，是指违法当事人对水行政主管部门依法作出的具体行政行为所设定的义务逾期不履行时，由作出该具体行政行为的水行政主管部门依法强制执行或申请人民法院强制执行，以迫使其履行义务。执行不同于履行，履行是当事人自动完成义务的行为，它具有自愿性；而执行是水行政主管部门或人民法院运用国家强制力强制义务人完成义务的活动，具有明显的强制性。

二、执行的种类

根据《行政处罚法》的规定，按照执行机关的不同，行政处罚的执行可分为行政强制执行和司法强制执行两种。

（一）行政强制执行

行政强制执行是指水行政主管部门依法对行政管理相对人在不履行行政法上的义务时所采取的必要措施，强制其履行义务。它具有以下三个特点：

（1）主体的特定性。即执行的主体必须是水行政主管部门，其他任何机关非经法律、法规授权不得行使，如《防洪法》规定，未经水行政主管部门审查同意或未按照有关水行政主管部门审查批准的位置、界限，兴建工程设施，严重影响防洪的，由水行政主管部门责令限期拆除，逾期不拆除的，强行拆除，所需费用由建设单位承担。被执行人是水行政管理相对人，即负有行政法规定的义务而不履行的公民、法人或其他组织。

（2）执行的强制性。

（3）执行的合法性。

（二）司法强制执行

司法强制执行是指人民法院根据水行政主管部门的申请,对拒不履行已经发生法律效力的行政处罚决定的公民、法人或者其他组织所进行的强制执行。

司法强制执行具有以下几个特点:

(1)执行的主体只能是人民法院。

(2)执行的前提是作出处罚决定的水行政主管部门在法定期限内的申请。

(3)执行的范围以法律、法规明确规定可以申请人民法院强制执行的行政处罚决定的内容为限。

(4)执行的措施以直接强制措施为主。

(5)执行的程序适用于司法程序。

三、执行的程序

（一）行政强制执行的程序

目前,我国行政法律、法规中尚缺乏统一的行政强制执行操作程序的规定,对于行政强制执行的方法、步骤、具体执行单位,以及执行时应注意的事项等存在立法上的空白。根据水行政执法的实践,参照我国民事强制执行的有关规定,笔者认为行政强制执行的程序应主要包括以下几个方面:

(1)对违法当事人在规定期限内,不履行水行政处罚决定的,由水行政主管部门及其水政监察员提出执行意见,这是执行程序的开始。

(2)告知。即告知当事人应当依法履行的义务。这一阶段含有告诫意思,应采用书面形式,通常下达"执行通知书",并直接送达被处罚人。通知书应载明被处罚人应承担的义务、执行期限、执行的法律依据和事实根据等。

(3)确定。即依据行政处罚决定书中所规定的内容确定采取相应的强制办法。

(4)执行。即强制措施的实际实施。在这期间,要严格遵守法律规定,如向被处罚人出示执行文书和有关的法律凭证并说明情况,如果被处罚人不在现场,应邀请有关人员如家属,所在单位、居民委员会代表等人员到场作执行证明人等。

(5)记录。在执行过程中,应认真作好执行记录,载明执行过程的一切情况,并由执行人员、被处罚人及在场见证人签名盖章后,连同案宗材料一并归档备查。

（二）司法强制执行的程序

人民法院采取司法强制执行的程序包括:

(1)受理、审查申请。水行政主管部门对被处罚的当事人拒不履行已经发生法律效力的水行政处罚决定向人民法院提出申请强制执行,具体说明要求强制执行的法律依据和事实根据,并提交据以执行的水行政处罚决定书以及其他有关材料,由人民法院进行审查。对符合执行条件的,予以立案,并确定具体执行人员;对发现水行政处罚决定有错误或违法的,经人民法院院长批准,作出不予立案的决定,并将执行申请及相关材料退回申请机关。

(2)责令当事人限期履行。已经立案的案件,人民法院应当通知被处罚人在一定期限内履行处罚决定,并说明不履行所应承担的法律责任和相应的后果。

（3）实施强制执行。经告诫仍拒不履行或拖延履行的，由人民法院实施强制执行。执行由人民法院负责主持，必要时水行政主管部门予以协助。执行完毕后，人民法院应将执行结果书面通知申请执行的水行政主管部门。

四、特殊事项的处理

（一）延期执行

《行政处罚法》第五十二条规定，当事人确有经济困难，需要延期或者分期缴纳罚款的，经当事人申请和行政机关批准，可以暂缓或者分期履行。即在正常的行政处罚执行程序过程中，可能出现被处罚人有经济困难，确实不能按期履行处罚的情况，如被处罚人因遭受水灾、火灾等灾害造成财产损失，以至于无法按期缴纳罚款。对此，行政机关应予批准延期。对于延期执行的期限问题，根据执行时效的有关规定，延期执行的期限应与行政机关申请人民法院强制执行期限相吻合，即不超过 3 个月；否则，将会因超过执行时效而致使行政法上的义务得不到法律的强制力保护。

（二）执行中止

执行中止是指执行程序开始后，由于出现某种特殊情况，执行机关暂时停止执行程序，待中止的情况消失后，再恢复执行程序的一种执行制度。

根据我国现行《行政处罚法》及有关法律规定，引起执行中止的情况主要包括以下几个方面：

（1）行政机关发现行政处罚决定确有错误或不当，或者有其他影响执行的情况发生，致使执行不能马上进行，且中止执行不会给公众利益造成新的危害时，行政机关应决定中止执行。

（2）除本案当事人外，凡与执行标的有着权利上的利害关系的人，对执行标的提出异议，如果执行标的涉及其财产、利益问题的，应当中止执行。

（3）当事人暂时无履行能力的。

（4）被处罚的公民死亡，需要等待继承权利义务或承担义务的。

（5）被处罚的法人或其他组织终止，尚未确定权利义务承受人的。

（三）执行终结

执行终结是指在执行过程中，发生某种特殊情况，致使执行程序没有必要或不可能继续进行，从而结束执行程序且不再恢复和继续的一种执行制度。执行终结既不同于执行中止，又不同于执行终止。中止执行是暂缓执行，等情况消失后执行程序仍可继续；终止执行标志着执行的完毕。执行终结分以下几种情况：

（1）据以执行的行政处罚决定被依法撤销。

（2）被处罚的公民死亡无遗产可供执行，或被处罚的法人或其他组织破产，无法承担行政法上的义务。

（3）执行机关认为需终结执行的其他情况，如行政处罚决定已无实际履行的可能性。

五、罚款的收缴

罚款是行政处罚中最常用的一种方法，罚款的收缴则成为行政处罚决定得以实现的重要手段,是执行的一种具体方式。因此,在行政处罚法律制度中,对罚款收缴作出了具体明确的规定。

(一)收缴的基本制度

罚款决定与罚款收缴相分离,是罚款收缴的基本制度。《行政处罚法》第四十六条第一款明确规定:作出罚款决定的行政机关应当与收缴罚款的机构分离。这一规定以法律的形式确立了行政处罚执行的一项基本制度,为我国的行政处罚制度走向规范化、科学化揭开了新篇章。

(1)罚款决定与收缴罚款相分离作为行政处罚程序的一项基本制度有利于解决滥收滥罚问题,防止腐败现象的产生。罚款这种行政处罚方式既是行政机关进行管理使用最多的手段,也是最容易失控、出现问题最多的手段。长期以来,我国行政处罚采取罚缴合一的形式已出现了许多弊端,有些行政机关甚至把罚款作为一种创收的手段,以至于滥收滥罚,产生腐败,损害了党和政府的形象。因此,实行罚款决定与收缴罚款相分离,从制度上克服了罚缴合一所产生的各种弊端。

(2)罚款决定与收缴罚款相分离作为一项基本制度,并非适用于所有罚款决定的执行。《行政处罚法》还规定在一定条件下,行政机关可以当场收缴罚款,以此作为罚缴分离制度的必要补充,既方便了当事人,又便于行政处罚决定的执行,从而体现出行政效率。

(二)罚款收缴的具体方式

根据《行政处罚法》的规定,罚款收缴的方式有两种:一种是指定银行收缴,另一种是行政机关当场收缴。

1. 指定银行收缴

它是指当事人向指定银行缴纳罚款的一种罚款收缴方式。其具体步骤包括:

(1)行政机关作出行政处罚决定并将行政处罚决定书依法送达当事人;

(2)当事人收到行政处罚决定书之日起15日内,到指定的银行缴纳罚款;

(3)银行收受罚款,并直接上缴国库。

2. 当场收缴

它是指行政机关在向当事人交付或送达处罚决定书时,当场直接向当事人收缴罚款的一种方式。其适用范围及实施步骤详见本篇第二章简易程序。

第六节　结　案

承办人员在案件执行完毕后,应及时填写"水行政处罚案件结案报告",经主管领导批准结案后,由承办人员将案件有关材料编目装订、立卷归档。案情重大和情况复杂的案件,以及上级交办的案件,结案后,应当报所交办的上级主管部门备案。特别重要的案件,还要写出查处情况的专门报告。

一、水行政处罚案件档案的概念

案件档案是水行政主管部门在办理水事违法案件过程中形成的,经过整理立卷归档保存的文书材料。它是一种专业档案。案件档案的管理有着十分重要的法律意义和作用,它与办案质量有着直接的关系。如果一个案卷的文书残缺不全,装订次序混乱,不仅失去了案卷应有的作用,而且还会影响到案件查处工作的顺利进行。为此,对立卷归档工作要作具体的规定。例如,2011年黄河水利委员会制定印发了《黄河水利委员会水行政执法案卷评查办法》。通过实践,笔者认为,案件档案具有以下方面的法律意义:

(1)案件档案能够具体地反映案件查处的全部过程的真实面貌,它是水行政主管部门在查处案件过程中执行法律、法规和规章的具体反映。一个案件要经得起历史的检验,则应把案卷整理保管好,便于长期备用和复查。同时,它也是积累办案经验、总结教训的重要材料来源。

(2)案件档案是水行政处罚机关依据有关法律、法规和规章规定给予违法当事人行政处罚的基本条件之一。因为案件档案是案件的基本反映,一起水事违法案件的成立,必须有确实、充分的违法行为的证据材料加以证实,而反映和保全水事违法案件的只能是案件档案。

(3)案件档案也是办案人员业务水平、工作作风的直接反映。

二、案件档案材料整理和立卷归档

案件办理完结后,具体办案人员应将查处过程中的所有材料立卷归档。即凡是查处水事违法案件中形成的、记述案件办理情况的文书和证明案件真实情况的书面材料都属案件归档材料范围。它主要包括下列几方面材料:

(1)办案文书。包括立案呈批表、调查终结报告、处罚决定书、复议决定书等。

(2)有关具体案件的请示、批复、签发稿及有关领导修改过的文稿。

(3)证据材料。如笔录材料,包括调查笔录、现场勘(检)查笔录等。

(4)其他材料。包括各种通知书、委托书、收据凭证、公函和送达回证等。

案件档案一般一案两卷,分正卷和副卷。个别复杂而材料又特别多的案件,也可分多卷整理装订。案件卷宗材料应按时间顺序、问题的重要程度或者办案程序的进程依次编排。

归入正卷的必须是与认定处理的水事违法案件直接有关并可以对外公开的材料,共13类,其编排顺序为:卷宗封面,卷宗目录,立案呈批表,认定案件事实的各种证据,其他各种通知书及送达回证,处罚决定及送达回证,行政复议有关材料(包括复议申请书、答辩书、复议决定书等),行政诉讼有关材料(包括应诉通知书、起诉状副本、答辩状、法院开庭通知书、传票、代理词、法院判决书或裁定书等),案件执行笔录及其他相关材料,结案报告,备考表,证物袋,卷宗封底。

归入副卷的主要是内部文书材料及一些与案件有关但与违法事实没有联系的材料,还包括一些重复又需要保存的材料,共10类,其编排顺序一般为:卷宗封面,卷宗目录,受理案件有关材料(包括上级交办、其他部门移送、群众举报等材料、登记表及函件),案件调查终结报告,案件集体讨论笔录,各种法律文书签发单,听证报告书,其他不宜对外公开的材料,与案件有关或与正卷重复需保存的其他材料,卷宗封底。

案件文书材料的立卷归档工作,应由案件经办人员负责。即应从立案之后就开始收集有关本案的各种文书材料,汇集立卷归档。案件档案的立卷归档过程与办案过程应该同步进行,整个办案过程,就是形成和收集案卷材料的过程。案件办结以后,经办人员要认真检查全案的文书材料是否收集齐全,法律手续是否完备。

在整理案卷材料时,对破损或褪色的材料,应进行修补和复制;装订部位若有字迹的,要用纸加衬边;纸面过小的书写材料,要加粘衬纸;纸张大于卷面的材料,要按卷宗大小从里向外和从上朝下折叠整齐;字迹难以辨认的材料,要附上抄件;外文材料应当译成中文附在后面;需要附卷的信封要打开平放,邮票不要撕掉。

一个案件的文书材料经过系统排列后,要逐页编号,但案卷封面、卷内目录和卷宗封底不编页码。页码应统一使用阿拉伯数字,统一编在右上角。卷内文书材料的编目应以一份文书编一个顺序号,按卷内排列顺序逐件填写。案件文书材料一经装订成册,就成为正式档案,不能随意拆散,不得涂改和抽页。对移交司法机关追究刑事责任的案件,要复制一份副卷,按正式案卷保存。

为了提高案件材料立卷归档工作的质量,经办人员在归档前,应经档案管理人员验收,检查案卷装订是否符合要求,卷面、卷内目录填写是否正确无误,字迹是否清楚、工整,卷内文件排列、编号是否正确无误等。经验收,符合要求的案卷,应在规定期限内交由档案室归档。以简易程序处理的水行政处罚案件,案卷可以简化,但现场笔录、处罚决定书、罚没收据等材料必须齐全,以时间顺序装订成册。

第二章　简易程序

第一节　简易程序概述

一、概述

简易程序又称当场处罚程序,是指水行政机关对案情简单、处罚较轻的水事违法案件给予当场处罚的步骤、方法和时限。它与一般程序相对,是在一般程序基础上的简化。简易程序与一般程序相比,具有以下三个特点:

(1)简易程序一般适用于违法事实清楚、情节简单的水事违法案件。这是适用简易程序的前提条件。一般来说,对于违法事实清楚、情节简单的案件,水行政处罚机关无须进一步调查取证,就可以作出即时处罚;对于那些事实不清、案情较为复杂,或案情虽然简单,但违法人拒不承认,一时又无其他证据材料的,不能适用简易程序,尚需进一步调查取证。

(2)简易程序给予的行政处罚都是较轻微的处罚。这是因为简易程序一般针对违法行为轻微的案件,在处罚幅度上一般都是较小的,便于行政机关及执法人员掌握和操作。

(3)简易程序具有快捷、简便的特点。这是简易程序最大的特点。由于简易程序一般都是当场即时作出处罚,不需要经过一般程序中的立案、制作调查报告、听证、审批等环节,可在很短的时间内处罚完毕,因此体现出迅速性和简便性,从而提高行政管理效率。

二、适用范围

关于简易程序的适用范围,《行政处罚法》第三十三条作了明确规定。即对违法事实确凿并有法定依据,对公民处以 50 元以下、对法人或者其他组织处以 1 000 元以下罚款或者警告的行政处罚的,可以当场作出行政处罚决定。这一规定包括两个方面的内容:

(1)从案件范围来看,可以适用简易程序进行处罚的案件,是违法事实确凿,并有法定依据的处罚轻微的简单案件。所谓违法事实确凿,是指违法行为人对违法事实供认不讳,且执法人员发现的或证人提供的证据可靠,水行政处罚机关不需要进行大量的调查取证工作,就能查清事实,得出符合客观实际的结论。要有法定依据,是指违法当事人所实施的违法行为,违背了具体的实体法的规定,即有关的法律、法规对该行为明确规定了处罚的种类和幅度。处罚轻微,是指对违法当事人轻微的违法行为,只能给予较轻的行政处罚。以上条件互相联系、不可分割,是构成适用简易程序处罚的简单案件的必备条件。

(2)从违法当事人来看,适用简易程序的是将给予 50 元以下罚款或者警告的公民,以及将给予 1 000 元以下罚款或者警告的法人或其他组织。这里值得注意的是,根据《行政处罚法》的规定,水行政处罚机关在查处简单的水事违法案件时,只是"可以"适用简易程序,而不是"必须"、"应当"适用。这就是说,即便是属于简单的水事违法案件,如果水行政处罚机关认为有必要,也可以适用一般程序处理,而不适用简易程序。

三、适用原则

简易程序或当场处罚程序作为水行政处罚程序的一部分,由于其处罚程序的简易性,在原则方面有自己的特点。虽然一般行政处罚程序的原则适用于简易程序,但由于简易程序较之一般程序,手续大大简化了,易导致案件处理的显失公正,所以适用简易程序应有其自身的工作规则,以保证当场处罚行为的公正、有效。

(一)遵守法定程序原则

这一原则要求:一是当场处罚的程序是法定的,而不是随意确定和变通的;二是行政机关作出当场处罚时,必须符合法律、法规规定的必经程序和权限。

(二)不影响被处罚人行使合法权利的原则

适用当场处罚程序不得使被处罚人的正当权利受到影响。它是判断是否适用当场处罚程序的直接标准。这一原则要求:一是行政主体应当告知被处罚人违法事实、处罚依据和理由,同时给予被处罚人陈述和申辩的机会和权利。二是被处罚人对处罚决定有提出异议的权利,不能把这种权利视为不友好而当做加重处罚的理由。三是当场行政处罚决定书制作并送达被处罚人时,应告知或者在行政处罚决定书中注明被处罚人有申请复议或者提起诉讼的权利及其实现的途径与期限。

(三)效率原则

简易程序的设立是效率原则的一个具体要求和反映,效率原则是简易程序的一个基点。因此,实施简易程序要求执法人员具有较高的素质,并建立良好的制约机制。

第二节 简易程序的实施过程及要求

应用简易程序处理违法案件,一般都是执法人员发现违法事实后,直接出具罚款单或作出处罚决定书。实践中,笔录的制作、告知并听取当事人申辩、告之诉权等程序则很少进行,由此造成行政争议越来越多。因此,有必要对简易程序的适用加以规范。

根据《行政处罚法》的规定,结合水行政执法实践,笔者认为适用简易程序应注意以下几点:

(1)出示证件,表明身份。执法人员发现水事违法行为,首先应当向当事人出示执法证件,以证明其执法资格的合法性。这是当场处罚的第一个步骤。

(2)现场调查,认定事实。根据当场发现的违法行为的情况,及时收集必要的证据材料,如拍照、询问当事人或其他知情人员,并制作笔录等。

(3)告知权利,听取申辩。执法人员在认定事实,并决定当场处罚后,应当告诉当事人违法行为的事实,违反了什么法律规范,将给予什么处罚及罚款数额,并告知当事人有当场陈述、申辩的权利。然后,认真听取当事人的陈述和申辩。

(4)查证分析,作出决定。针对当事人的陈述和申辩,进一步加以分析。当事人的辩解确有道理的,应予以采纳,然后作出相应的处理。如果通过辩解使案件趋于复杂化,而当场无法确定违法事实,或者证据不确凿等,则应决定按一般程序立案调查,以保证案件处理结果的正确性。

对当事人作出处罚决定,应制作决定书,并当场交付当事人。当场行政处罚决定书是当场处罚的一份重要书面材料,也是当场行政处罚的重要内容。当场处罚决定书由行政机关统一制作,是具有统一的格式和编码的行政处罚决定书。当场处罚决定书上应当写明当事人的基本情况、主要违法事实、行政处罚的依据、行政处罚的形式或者罚款数额、执行的期限、告知复议诉讼权利以及行政机关的名称、执法人员的签名或者盖章。当场处罚决定书制作后,当场交当事人一份,并在存根联上由当事人签收,以表明决定书已送达。同时也可证明决定书中所认定的事实当事人已经承认,据此,决定书本身也是一份有效的证据。

(5)当场执行,上报备案。适用简易程序当场作出行政处罚决定,有下列情形之一的,执法人员可以当场收缴罚款:①依法给予20元以下罚款的;②不当场收缴事后难以执行的;③在边远、水上交通不便地区,水行政处罚机关及其执法人员适用简易程序作出罚款决定后,当事人向指定的银行缴纳罚款确有困难的,经当事人提出,可以当场收缴。

水行政处罚机关及其执法人员当场收缴罚款的,必须向当事人出具省、自治区、直辖市财政部门统一制发的罚款收据;不出具财政部门统一制发的罚款收据的,当事人有权拒绝缴纳罚款。执法人员收缴的罚款,应当自收缴罚款之日起2日内,交至水行政主管机关。在水上当场收缴的罚款,应当自抵岸之日起2日内交至水行政机关。水行政主管部门应当在2日内将罚款缴付指定银行。除上述可当场收缴罚款的情况外,其他适用简易程序作出的罚款仍应按罚款与收缴相分离的原则执行。适用简易程序当场作出处罚决定后,执法人员应及时将有关材料送其所属的水行政主管机关备案。

第三章　水行政执法文书制作

第一节　执法文书概述

一、执法文书的概念及分类

(一)执法文书的概念

法律文书的概念十分广泛,从严格意义上讲,法律文书包括规范性法律文书和非规范性法律文书。

规范性法律文书是指国家机关制定的要求人们普遍遵守的行为准则的文书,它是法律规范的表现形式,具有普遍约束力,是国家权力机关立法活动的结果。而非规范性法律文书是指国家机关或公民、法人或其他组织,就特定的事和人所发布或制作的书面文书,不具有普遍约束力。

非规范性法律文书按其性质可分为:一是由公民、法人或其他组织制作的,用于向特定国家机关提出特定请求的法律文书;二是国家行政机关在其职权范围内制作的,对特定的人和事具有法律约束力,属于公文性质的文书,如行政处罚决定书。

水行政执法文书是指国家水行政主管部门在应用有关水法律、法规、规章和其他规范性文件处理水事违法案件过程中依法制作的具有法律效力或法律意义的文书的总称。这个概念包含以下几层含义:一是执法文书的制作主体是水行政主管部门这一特定的国家机关;二是执法文书的适用范围为具体的行政执法活动执行过程;三是执法文书的制作必须严格遵循国家有关法律、法规规定及水利部或省级政府制定的文书格式和要求,不得违反;四是执法文书必须具有法律效力或法律意义。

法律效力和法律意义是两个不同的概念。具有法律效力,一定具有法律意义;反之,只具有法律意义,却并不一定具有法律效力。如行政处罚决定书,具有法律效力,亦即具有法律意义上的约束力,受国家法律规范强制性作用的指引;而听证申请书、送达回证等,则只具有一定法律意义,即提出或证明某种要求的法律意义。

(二)执法文书的分类

(1)执法文书按其用途分为内部文书和外部文书。

内部文书是指在水行政执法活动过程中执法机关为行政管理活动需要而制作的在行政机关内部运转的书面文件,如立案审批表、案件处理意见书、听证会报告书、结案报告等。

外部文书是指执法机关在具体执法活动中制作的涉及当事人权利、义务关系或调查取证过程中有行政机关以外的人员、组织参与的文书,如询问笔录、行政处罚决定书、勘验检查笔录等。

（2）执法文书按其形式可分为书写式、填写式和笔录式等。

按照《水行政处罚实施办法》的规定，水利执法文书以填写式为主，同时也有书写式执法文书和笔录式执法文书。

书写式执法文书内容有叙有议，主要有普通程序中适用的行政处罚决定书，执法机关制作的行政处罚决定书，根据规定的格式，拟出文稿，由执法机关负责人审核后，经过打印校对而成。而填写式执法文书是事先就印制好的文书，只将空白处根据实际情况填写而成，包括表格式文书，主要形式就是填空，如行政处罚（当场）决定书、立案审批表、抽样取证凭证、鉴定意见书、证据登记保存清单、案件处理意见书、违法行为处理通知书、行政处罚听证会通知书、行政处罚听证会报告书、处罚文书送达回证、行政处罚结案报告、案件移送函、强制执行申请书等。笔录式执法文书事先只印笔录头部，其余均为横格，使用时只记录问答内容，如询问笔录、勘验检查笔录。

（3）执法文书按其性质，可分为行政处罚文书、行政许可证明文书等。本章主要讲解行政处罚文书，对行政许可证明文书等涉及较少。

二、执法文书的特点

执法文书是行政机关在履行法律赋予的职权，查处违法案件时制作或填写的法律性很强的特种书面文件，具有以下特点。

（一）制作程序合法

这是指必须按法律、法规或规章及其他规范性文件规定的文种、时限、步骤、方法等要求来制作。根据《水行政处罚实施办法》第三十一条、第三十六条规定，水行政处罚机关负责人对案件处罚意见书审核后，应当给予行政处罚的，水行政处罚机关应当制作违法行为处理通知书，送达当事人，告知拟给的行政处罚内容及其事实、理由和依据，并告知当事人可以在收到通知书之日起三日内，进行陈述和申辩，符合听证条件的，可以要求水行政处罚机关按照规定组织听证。这个规定，说明制作违法行为处理通知书是为了告诉当事人的权利，否则，程序不合法，当事人可以申请撤销处罚决定。

（二）内容体现法律规定

这就是说执法文书的内容所反映和体现的是国家法律、法规规定，具体地体现实体法律规范所确定的权利义务关系和程序法律规范所规定的行为人享有权利、履行义务的方式、方法、步骤等。例如，行政处罚决定书是根据行政相对人的违法事实、违法情节、社会危害性，并具体地适用相关法律、法规规定，处以行政制裁的具体法律适用过程。因此，执法文书是形式，是外壳，法律规范才是内容，是内核。执法文书离开了法律规定，就成为无源之水，无本之木。

（三）执法文书形式规范化

这是指执法文书的格式、内部结构都要求规范化。执法文书是一种高度程序化的书面文件，其形式结构、内容要素都有严格要求。表现为：

一是结构固定，即每种执法文书的结构都分为首部、正文、尾部等三个部分，对每一部分都有各自的要求。首部一般应写明以下内容：执法机关名称、执法文书种类名称、文书编号、当事人的身份事项等；正文主要包括案件事实、理由和处理结果；尾部一般应由执法机关及其工作人员署名、盖章,注明文书制作的时间等。有的执法文书还有备注,如鉴定意见书、行政处罚结案报告。当然,有的执法文书尽管在形式上没有严格地划分为以上三个部分,但其具体内容仍与上述三部分内容存在内在联系,如水利行政处罚基本文书格式皆以表格形式存在,有的文书就很难区分首部、正文、尾部,因为整个文书就是一张简明的、内容固定的表格,但是每一部分所要填写的具体事项,虽有繁简,仍可归类于上述三个部分。

二是执法文书事项固定。对不同种类的执法文书的具体事项有不同的规定和要求,并且固定不变,甚至有的事项的每一个要素数量不能任意增减,顺序不能随意颠倒。例如,当事人的身份事项一栏,对自然人,一般要求写明姓名、性别、年龄、民族、籍贯、职业、住址;对法人或其他组织,则要求写明单位名称、法定代表人或单位负责人、住址等事项。

三是用语固定,如行政处罚决定书中交代救济权利,均书写为"当事人对本处罚决定不服的,可以在收到本处罚决定书之日起向(处罚机关的上一级机关)申请行政复议或者向人民法院起诉。当事人逾期不申请复议或起诉,也不履行义务的,本机关将申请人民法院强制执行或依法强制执行"。

(四)语言表达力求准确

执法文书是十分庄重严肃的书面文件,在语言文字的运用上,必须严格要求,不能模棱两可,似是而非,任意夸大或缩小事实真相。它要求用词准确、精练、言简意赅、通俗易懂,不能用方言土话,不能用冷僻古奥难懂词语,不得随意简化汉字,不得有错别字;遣词造句要规范,句子结构要完整,不得随意简省;文风鲜明朴实,平易严肃;专业术语准确、完整;标点符号正确等。

(五)具有法律上的确定力

这是指执法文书一经制作完毕并送达当事人,非经法定程序不得变更或撤销。执法文书是国家行政机关具体适用法律的书面表现形式,一旦发生法律效力,就不得以其他文书代替,其执行就以国家强制力为保证。如果要改变或撤销,只能由司法机关依照法定程序进行,其他任何机关、团体或个人都无权予以认定和变更或撤销它。

三、执法文书的作用

执法文书的根本作用在于保证法律的具体实施。执法人员必须按照法律规定的程序、方式、步骤和格式等要求来制作执法文书,准确无误地适用法律,使法律规定切实地得以实现。因此,执法文书的主要作用体现在以下几方面。

(一)执法文书是实施法律的重要手段

国家行政机关或法律、法规授权的组织或依法受委托的事业单位通过在具体的行政执法活动中,依法制作相应的执法文书,把法律规定适用于五花八门的具体案件,这就是具体实施法律。因此,执法文书是具体实施法律的重要手段或不可或缺的工具。例如,农药行政处罚决定书具体地反映国家有关农药管理的法规及规章等的规定,确认行政相对人的违法行为,制裁违法行为,维护农药生产、经营管理秩序。又如,递交强制执行申请书就是执法机关申请人民法院实施国家强制力,保证具有法律效力的行政执法决定得以实现。

（二）执法文书是办案活动的记录和凭证

执法人员在办理各种具体案件中,每一个步骤或环节都要制作相应的执法文书,如实地记录办案活动。可以这么认为,执法文书反映执法活动的每一步,不可缺少。例如,适用一般程序的行政处罚案件从立案、调查取证、听证、决定处罚到决定的执行,每一个环节都有相应的执法文书。它既是对本阶段执法活动的忠实记录,又是进行下一步执法活动的文字依据和前提条件。

（三）执法文书是考察执法人员素质的重要尺度

执法文书可以反映执法人员办案质量的优劣,而办案质量又是执法人员素质的真实反映。办案质量是执法人员素质的综合反映。执法人员的素质包括思想政治、法律知识、专业知识、道德品质、文化修养和工作能力等多方面。这些素质如何,其制作的执法文书就是充分的证明。因此,执法文书的质量问题就绝不仅仅是一个驾驭语言文字的水平问题,而是全面反映执法人员观察问题、分析问题、解决问题的能力,以及思想作风和业务水平高低的问题,执法文书为考察执法人员的素质提供了依据。因此,每个执法人员必须认真对待、重视执法文书的学习与制作。

（四）执法文书是法制宣传教育的生动教材

行政执法机关及其工作人员的具体执法活动,在法制宣传教育方面的作用,比任何法学课本或普法读物都要大,而其制作的执法文书就是这种生动活泼的法制宣传教育的活教材,它具体生动,给人以深刻印象。

（五）执法文书是国家的重要档案

执法文书是反映社会的一面镜子,它真实地反映了当时的各种社会关系、国家政策法律执行情况等。执法文书应作为重要档案保存。同时,执法文书所确立的典型案例,对今后同类案件的处理具有一定的参照价值,在一定程度上带有判例法的作用。

第二节　执法文书的制作要求

一、基本原则

制作执法文书,一般应遵循以下基本原则。

（一）态度要严肃

执法文书是行政执法机关具体运用法律处理违法案件的重要工具,制作执法文书必须持十分严肃认真的态度,不得等闲视之。

（二）以事实为依据

在制作执法文书的过程中,大都要求写明案件事实。在执法文书中叙述案件事实必须忠于事实真相,以客观事实为依据,坚持实事求是的精神。

（三）以法律为准绳

制作执法文书,首先必须符合程序法的有关规定,要按照程序法要求的时限、步骤、方式、方法和规定的内容制作。其次,执法文书中涉及案件实体内容的,必须严格遵守有关实体法的规定,依法制作,并在执法文书中准确地引用法律条文。比如,对水利水文管理规定的行政相对人,其行为性质认定、处罚等方面的内容,都必须以水法、水文条例的有关条文的规定为依据。

(四)要讲求效率

法律对各种执法文书制作,虽无明确规定严格的时限,但是对执法机关立案审查、调查取证、作出处罚决定、处罚决定的执行、文书送达等行政执法行为却有明确的时限规定。而这些时限规定实际上就是执法机关制作某些重要执法文书的时限要求。如《水行政处罚实施办法》规定,符合条件的,应在七日内予以立案,这就是说执法人员在发现违法案件后,应当在七日内制作或填写行政处罚立案审批表。

(五)文书规范化

制作执法文书要规范,从文书的纸张、格式、事项到内容、文字表达、签名等都必须遵循统一严格的规范。

二、制作执法文书的基本要求

一般而言,制作执法文书应注意以下几个基本事项。

(一)符合格式要求

《水行政处罚实施办法》要求的水行政处罚决定书等基本文书格式中,绝大部分是程序化的表格式文书,有较为固定化的格式,制作执法文书时,必须按要求填写。以一般程序中适用的行政处罚决定书为例,执法文书的结构一般可划分为首部、正文、尾部三部分。

首部:注明制作机关、文书名称、编号、当事人的身份事项,案由、案件来源等;

正文:说明案件事实,处罚理由及处罚依据,处罚决定;

尾部:交代有关事项、处罚机关印章、日期,附注说明事项。

(二)中心思想明确

制作执法文书时,必须有明确的目的和中心思想。中心思想是解决执法活动中某一具体问题的根据和意见。首先,中心思想必须统领一份执法文书的全文,成为一份执法文书的灵魂。例如制作兽药违法行为处理意见书,制作的目的在于对违反兽药监督管理规定的行政相对人予以处罚,其中心思想就是对行政相对人构成违法行为的事实、证据,用《兽药管理条例》及其他有关规定加以衡量,提出明确的处理意见,报处罚机关负责人审核,并作出最后决定。这样制作执法文书的目的和具体的处理意见,就成为统领全文的中心思想。其次,中心思想必须正确。要做到正确,就必须保证执法活动按照正确的指导原则进行,若执法活动本身不是依法正确进行的,则执法文书的中心思想就不可能正确。再次,中心思想必须集中。

执法文书都有明确的、单一的制作目的,执法活动处在什么阶段就要求制作什么文书,这是由执法文书是为了解决执法活动中的个体问题而制作的特点决定的。而一份执法文书的中心思想,实际上是解决问题的具体意见,自然必须鲜明突出,观点集中。

(三)严格选择事实材料

在制作执法文书的过程中,若某一案件涉及的事实比较复杂,选材时要严格把握。一是所选材料必须客观事实。二是必须紧紧围绕执法文书的中心思想去选择材料。每一个案件的事实材料很多,在制作执法文书时,不能一一罗列,而是应该有所取舍。取舍的标准就是必须足以说明和论证执法文书的中心思想。三是所选择的材料必须能说明问题的性质,是经过查证属实的、具体的事实材料,对那些尚未查证属实只有口供或笼统抽象的事实材料,在制作执法文书时不能采用。

(四)叙事清楚

多数执法文书都要求写清案件事实。因为案件事实是制作执法文书的基础。在叙述案情时,一要写清事实要素,主要包括行政相对人实施违法行为的时间、地点、目的、动机、情节、手段、危害后果、证据及调查取证过程中的态度或辩解。二要写清关键情节。所谓关键情节主要是指决定案件性质或影响案件决定性的情节、涉及当事人法律责任的情节和影响严重程序的情节,这些情节在执法文书中必须叙述清楚。三要写清主要证据,特别要写清足以证明事实的主要证据。

(五)说理要充分

执法文书中的理由包括认定事实的理由和适用法律的理由两个组成部分。首先,对事实的认定,要以证据来支撑。其次,分析理由要有针对性。无论是认定事实的理由还是适用法律的理由,都必须遵循“以事实为依据,以法律为准绳”的原则。再次,适用法律准确。法律规定是执法文书中阐明理由和作出处理决定的准绳,在说理部分必须注意准确地适用法律规范。引证法律条文时要力求明确具体。若法律条文分款分项,则应有针对性地引用某条某款某项,在不影响文字表述的前提下,应尽可能将法律条文的原文引出或写出原条文属第几条第几款第几项,以达到表意完整、阐述有力的目的。此外,还应注意引证法律条文的次序。一般先引法律规定,再引法规规定,最后引规章规定;先引定性规定,再引处罚性规定。最后,论证要前后一致。执法文书要有较严密的逻辑联系,必须做到首尾一致。

(六)说明性文字要准确

在水行政执法文书中,说明性文字比较多,比如勘验检查笔录、技术鉴定结论中关于鉴定过程和鉴定内容的说明,处罚决定书中对处理决定的说明等。从总体上看,说明性文字应如实、有序、具体、明确。

(七)统一执法文书的技术要求

这包括以下几方面内容:一是纸张规格要整齐划一。水行政执法中的基本文书格式由水利部统一制定,由地方省级水利主管部门统一制发。这样在一个省级行政区域内,水行政执法文书就有了统一的纸张印制规格,做到了整齐划一。这样既显示出执法文书的庄重性,又利于归档管理。二是执法文书的印章要合乎规范,加盖在执法机关名称和发文日期之上,即所谓的“压年盖月”,务求做到“朱在墨上”的法定要求。三是数字书写要统一。执法文书中的数字书写,应参照国家行政公文对数字书写的要求,即综合文编号,除统计表、计划表、序号专用术语和其他必须用阿拉伯数码者外,一般用汉字书写。因为用阿拉伯数字容易同某些汉字相混淆,以致产生歧义。如“2”易与“工”字相混,“3”易与“了”字相混。同时,数字的书写也应前后一致,千万不要前面用阿拉伯数字,而后面用汉字,这也极易造成混乱或令人阅读困难。而且,在执法文书中,量词使用也比较多,应尽量使用普通话中的量词,避免方言土语。如拖拉机的量词,在普通话中为“台”,若在执法文书中使用“部、挂、辆”等,就不规范了,应尽量避免。四是认真校对,防止错漏。认真校对打印出来的执法文书非常重要,特别是要向当事人公布的执法文书则更应格外注意校对,防止任何疏漏出现。

三、执法文书的语言规范

执法文书是行政执法机关依照法律、法规规定对违反行政管理程序的相对人作出的给予某种行政制裁或查明某项事情的书面文件,对其语言文字要求比较高,应做到准确确切,语义单一;既符合法律规定,又符合语言规律;语句既要完整规范,又要转折自然、文义连贯;修辞妥帖,语言庄重,言简意赅;章法多样、逻辑严密。

(一)语言准确

执法文书应语言准确,达意清晰。应注意以下几个问题:一是语义要单一,排除任何易生歧义的语言文字。在执法文书中,绝对排斥"大概"、"也许"、"可能"之类的词语。二是专业术语要确切,力戒生造。三是称谓要恰当。四是执法文书里的数量词要确切,避免含混不清。在执法文书中,切忌出现"若干"、"左右"、"余"等词语,对数字的个、十、百、千、万,甚至小数点后的数都要写清楚写确切;要使用通用的量词,且前后要一致。

(二)句式要规范

执法文书中的语言属于规范化的书面语言,语句要力求完整,凡涉及当事人称谓的词语,尽量少用省略句式,以免混淆。

(三)修辞妥帖,文风朴实,语言庄重,言简意赅

执法文书的语言应该言辞刚健,不尚雕饰,文意切实,事理明确,语言简要,叙事清楚。执法文书中的语言重在如实反映,对当事人的行为事实,只能用直接平实的语言予以陈述,而不需要作修饰。

(四)推理合理,合乎逻辑

推理是在运用概念、判断的基础上,进行更加复杂的思维活动形式。如《水法》第六十七条第二款规定:未经水行政主管部门或者流域管理机构审查同意,擅自在江河、湖泊新建、改建或者扩大排污口的,由县级以上人民政府水行政主管部门或者流域管理机构依据职权,责令停止违法行为,限期恢复原状,处五万元以上十万元以下的罚款。某县水利局发现某企业擅自扩大排污口,对此违法行为该企业供认不讳,水利局要求其停止违法行为,限期恢复原状,而该企业在规定时间内没有停止违法行为,因此水利局就推定其没有恢复原状,按照"处五万元以上十万元以下的罚款"规定,给予八万元的罚款处罚。这就是一个逻辑合理的推理过程。其逻辑结构为:

法律规定(大前提):责令停止违法行为,限期恢复原状,并处五万元以上十万元以下的罚款。

查证属实(小前提):没有停止违法行为,认定没有恢复原状。

处理结果(结论):罚款八万元。

因此,在制作文书中,必须正确地使用概念、判断和推理形式,做到概念准确,前后一致;判断正确,切忌武断;推理合理,合乎逻辑;来龙去脉,符合事理。

第六篇　水污染事故处置及应急监测

第一章　水污染事故处置

第一节　水污染事故的概念及现状

一、相关概念

《中华人民共和国突发事件应对法》(简称《突发事件应对法》)第三条规定:本法所称突发事件,是指突然发生,造成或者可能造成严重社会危害,需要采取应急处置措施予以应对的自然灾害、事故灾难、公共卫生事件和社会安全事件。按照社会危害程度、影响范围等因素,自然灾害、事故灾难、公共卫生事件分为特别重大、重大、较大和一般四级。法律、行政法规或者国务院另有规定的,从其规定。2006 年 1 月 24 日颁布实施的《国家突发环境事件应急预案》规定,突发环境事件是指突然发生,造成或者可能造成重大人员伤亡、重大财产损失和对全国或者某一地区的经济社会稳定、政治安定构成重大威胁和损害,有重大社会影响的涉及公共安全的环境事件。

依据突发环境事件的发生过程、性质和机理,《国家突发环境事件应急预案》将突发环境事件分为三类:第一,突发环境污染事件,包括重点流域、敏感水域水环境污染案件,重点城市光化学烟雾污染事件,危险化学品、废弃化学品污染案件,海上石油勘探开发溢油事件,突发船舶污染事件等。第二,生物物种安全环境事件。第三,辐射环境污染事件。

二、水污染事故的现状

目前,我国已经进入环境污染事故高发期。7 555 个大型重化工项目中,81% 布设在江河水域、人口密集区等环境敏感区域,45% 为重大风险源。而相应的环境污染事故防范机制存在缺失,导致污染事故频发,严重污染环境,危害公众健康和社会稳定。

根据 2005 年全国人大常委会执法检查组对《水污染防治法》实施情况的调查统计,从 2001 年至 2004 年,全国共发生水污染事故3 988起,平均每年近1 000起。另据国家环境保护总局统计,2005 年全国共发生环境污染事故1 406起,其中水污染事故 693 起,占全部环境污染事故总量的 49.3% 。2006 年 1 月至 11 月,国家环境保护总局接报并处置突发环境事件 148 起,其中石化和运输行业发生的突发环境事件占 70% 以上;受理群众反映水污染问题的来信来访1 226件,占总数的49%,较2005年同期增加321件。2007年国家环境保护总局接报处置的突发环境事件达到108起,平均每两个工作日一起。

由此可见,高效得当地处置好突发环境事件,尤其是水污染事件,是水污染防治系统工作的重中之重,关系到水污染防治工作全局,更决定着我国环境保护工作能否取得全面进展。

《水污染防治法》第六十六条规定:各级人民政府及其有关部门,可能发生水污染事故的企业事业单位,应当依照《突发事件应对法》的规定,做好突发水污染事故的应急准备、应急处置和事后恢复等工作。

水污染事故的调查处理,是水污染防治的重要内容,也应当规范有序地进行,尽可能减轻事故,减少损失,查清事故原因,深查事故隐患,确定事故责任,有针对性地采取各种预防措施。

2004年四川化工股份有限公司发生事故,造成沱江重大水污染事故。当年年底《水污染防治法》修订工作正式启动,初步确定围绕排污许可证制度、加大处罚力度等主要内容进行"小改"。此时突发水污染事件应对问题并没有被纳入重点修改内容之列。

2005年11月,吉林石化双苯厂发生爆炸,松花江重大水污染事件震惊全国,突发环境事件应急调查和处置体系经受了重大考验。至此,为强化水污染事故应急体系的建设,加强各部门之间的协同与合作,提高水污染事故防范和处理能力,尽可能地避免或者减少同类事故的再度发生,消除或者减轻突发水污染事故造成的中长期影响,最大程度地保护人民群众生命财产安全,决定《水污染防治法》修订时专门增设"水污染事故处置"一章,并建议在此章中设定以下主要内容:对水污染事故实行分级管理、明确水污染事故应急预案的编制主体和内容、加强对水污染事故应急的组织领导、完善水污染事故报告制度等。

2007年11月1日《突发事件应对法》在全国范围内开始施行,对各种类型突发事件的应对准备、应对处置和事后恢复等内容进行了统一规定。因此,《水污染防治法》修订工作及时作出相应调整,决定凡是《突发事件应对法》已经规定的内容,《水污染防治法》不再重复规定,与该法做好充分衔接即可,《水污染防治法》只保留突发水污染事故应急处置的特性内容或者细化内容。因此,《水污染防治法》第六十六条明确提出,各级人民政府及其有关部门,可能发生水污染事故的企业事业单位,应当依照《突发事件应对法》的规定,做好突发水污染事故应急处置工作。

三、做好突发水污染事故应急工作的主体

各级人民政府及其有关部门,可能发生水污染事故的企业事业单位,这三类主体都应当依照《突发事件应对法》的规定,做好突发水污染事故的应急准备、应急处置和事后恢复等工作。

四、水污染事故应对

根据《突发事件应对法》和《国家突发环境事件应急预案》的规定,水污染事故的应急处置工作,分为应急准备、应急处置和事后恢复三个主要阶段。

应急准备阶段,首先要求各级人民政府和有关部门制定应急预案;对危险源、危险区

域进行调查、登记、风险评估和公布;所有单位应当建立健全安全管理制度;矿山、建筑施工单位和易燃易爆物品、危险化学品、放射性物品等危险物品的生产、经营、储运、使用单位,应当制定具体应急预案;公共交通工具、公共场所和其他人员密集场所的经营单位或者管理单位应当制定具体应急预案;县级以上人民政府应当建立健全突发事件应急管理培训制度;建立或者确定综合性应急救援队伍;建立健全应急物资储备保障制度;建立健全应急通信保障体系等。

应急处置阶段,涉及应急指挥协调、应急监测、信息发布、应急人员和受灾群众的安全防护问题等。

应急终止之后,即进入事后恢复阶段。地方各级人民政府应当做好受灾人员的安置工作,组织有关专家对受灾范围进行科学评估,提出补偿和对遭受污染的生态环境进行恢复的建议。另外,应当建立突发环境事件社会保险机制。对环境应急工作人员办理意外伤害保险。可能引起环境污染的企业事业单位,要依法办理相关责任险或者其他险种。

(一)应急准备阶段的相关规定

《水污染防治法》第六十七条规定:可能发生水污染事故的企业事业单位,应当制定有关水污染事故的应急方案,做好应急准备,并定期进行演练。

生产、储存危险化学品的企业事业单位,应当采取措施,防止在处理安全生产事故过程中产生的可能严重污染水体的消防废水、废液直接排入水体。

该条是对企业事业单位水污染事故应急方案和防止安全生产事故引发环境污染事件的规定,旨在强调企业事业单位应急处置在国家整体应急体系当中的特殊性和重要性。

《突发事件应对法》规定了国家应当建立健全突发事件应急预案体系。其中,国务院制定国家突发事件总体应急预案,组织制定国家突发事件专项应急预案;国务院有关部门根据各自的职责和国务院相关应急预案,制定国家突发事件部门应急预案。地方各级人民政府和县级以上地方各级人民政府有关部门根据有关法律、法规、规章、上级人民政府及其有关部门的应急预案以及本地区的实际情况,制定相应的突发事件应急预案。

但是,应对突发环境事件绝非一级政府或者某一部门力所能及,需要全社会协调一致和共同参与。这其中,企业事业单位的应急处置能力至关重要。在突发事件发生之初,企业事业单位如果能够积极采取措施,有效处置突发事件,将最大限度地降低灾害程度,减少对环境和人民群众生命财产的损害。如果企业事业单位的应急协调组织能力不强、应急措施启动不及时、应急保障不到位,将严重阻碍突发事件应对处置工作的有序开展,延误应急救援时机。因此,《水污染防治法》第六十七条旨在强调企业事业单位应急处置工作,尤其是"方案先行"的重要性,新增了企业事业单位编制应急方案的内容,强调了企业事业单位具有制定水污染事故应急方案的法定义务。

《水污染防治法》第六十七条第一款规定,可能发生水污染事故的企业事业单位应当编制水污染事故应急方案。针对哪些企业事业单位属于应当编制水污染事故应急方案的主体以及如何确定上述编制主体的问题,《突发事件应对法》第二十条作出了概括性规定:县级人民政府应当对本行政区域内容易引发自然灾害、事故灾难和公共卫生事件的危险源、危险区域进行调查、登记、风险评估,定期进行检查、监控,并责令有关单位采取安全防范措施。省级和设区的市级人民政府应当对本行政区域内容易引发特别重大、重大突发事件的危险源、危险区域进行调查、登记、风险评估,组织进行检查、监控,并责令有关单位采取安全防范措施。县级以上地方各级人民政府按照本法规定登记的危险源、危险区域,应当按照国家规定及时向社会公布。如果可能发生水污染事故的企业事业单位不按照规定制定水污染事故的应急方案,县级以上人民政府环境保护主管部门将责令其改正;情节严重的,还将处二万元以上十万元以下的罚款。

(二)应急处置阶段的相关规定

《水污染防治法》第六十八条规定:企业事业单位发生事故或者其他突发性事件,造成或者可能造成水污染事故的,应当立即启动本单位的应急方案,采取应急措施,并向事故发生地的县级以上地方人民政府或者环境保护主管部门报告。环境保护主管部门接到报告后,应当及时向本级人民政府报告,并抄送有关部门。

造成渔业污染事故或者渔业船舶造成水污染事故的,应当向事故发生地的渔业主管部门报告,接受调查处理。其他船舶造成水污染事故的,应当向事故发生地的海事管理机构报告,接受调查处理;给渔业造成损害的,海事管理机构应当通知渔业主管部门参与调查处理。

该条是对水污染事故发生后的应急措施的规定。《水污染防治法》第六十八条是在1996年《水污染防治法》第二十八条基础上修改而成的,主要修改了以下三点内容:

第一,启动应急措施的情形由原法条的“排放污染物超过正常排放量,造成或者可能造成水污染事故的”,修改为只保留“造成或者可能造成水污染事故的”。原因在于,原有规定将超标排污作为造成或者可能造成突发水污染事故的前提条件,无形中大大缩小了诱因的范围。事实上,水污染事故的发生并不都是基于企业事业单位的超标排污行为,化工厂爆炸,装运酸液、碱液、剧毒废液的车辆发生翻车事件等生产、运输环节的突发事件甚至自然灾害等,均是可能导致发生水污染事故的重要原因。因此,在进行修订时,删除了“排放污染物超过正常排放量”的表述,规定不论何种原因造成或者可能造成水污染事故的,企业事业单位都应当立即启动应急方案,采取应急措施,并向事故发生地的县级以上地方人民政府或者环境保护主管部门报告。

第二,强调了“启动本单位的应急方案”的内容。1996年修订《水污染防治法》之时,并未要求企业事业单位编制水污染事故应急方案。新《水污染防治法》第六十七条特别新增了企业事业单位编制水污染事故应急方案的规定,而《水污染防治法》第六十八条是对实际存在水污染事故或者水污染事故风险之时企业事业单位应急程序的规定,启动应急方案无疑是第一个步骤,这也与《水污染防治法》第六十七条形成了衔接和呼应。

第三,对企业事业单位报告的对象进行了修改。原条文规定“企业事业单位应当向当地环境保护部门报告”,而本次修订中,新增“事故发生地的县级以上地方人民政府”为报告的对象,也就是说企业事业单位具有选择权,或者向事故发生地的县级以上地方人民政府报告,或者向事故发生地的县级以上地方环境保护主管部门报告。如果选择向环境保护主管部门报告,那么环境保护主管部门在接到报告后,应当及时向本级人民政府报告,并抄送有关部门。

第二节　水污染事故的初报程序和职能划分

一、水污染事故的初报程序

根据《国家突发环境事件应急预案》的规定,突发环境事件的报告分为初报、续报和处理结果报告三类。《水污染防治法》第六十八条第一款和第二款均针对水污染事故应急报告的初报程序进行了详细规定。在造成或者可能造成水污染事故时,通常情况下是向环境保护主管部门报告,但是根据职能划分,部分水污染事故需由渔业主管部门或者海事管理机构负责调查处理,因此应当向事故发生地的渔业主管部门或者海事管理机构报告。

渔业主管部门负责调查处理两类水污染事故:其一为造成渔业污染事故的;其二为渔业船舶造成水污染事故的。而海事管理机构负责调查其他船舶造成的水污染事故,给渔业造成损害的,海事管理机构应当通知渔业主管部门参与调查处理。

二、接到水污染事故报告的部门负有抄送有关部门的义务

根据《水污染防治法》第六十八条第一款的规定,环境保护主管部门接到报告后,应当及时向本级人民政府报告,并抄送有关部门。因此,按照同样的立法理念和立法目的,在向渔业主管部门或者海事管理机构报告后,这些部门也应当及时报告本级人民政府,并向包括环境保护主管部门在内的相关部门抄送有关情况。

三、造成或者可能造成水污染事故时,均需要启动应急报告程序

《水污染防治法》第六十八第一款明确规定企业事业单位发生事故或者其他突发性事件,造成或者可能造成水污染事故时,均需要向事故发生地的县级以上地方人民政府或者环境保护主管部门报告。但是,在第二款当中,并未明确使用"造成或者可能造成"的表述形式。然而,根据本条的立法目的,仍然应当将可能造成渔业污染事故、渔业船舶可能造成水污染事故以及其他船舶可能造成水污染事故三种情形包括其中。

第三节　发生水污染事故报告的时限

根据《环境保护行政主管部门突发环境事件信息报告办法(试行)》(环发〔2006〕50号)的规定,突发环境事件责任单位和责任人以及负有监管责任的单位发现突发环境事件后,应在1小时内向所在地县级以上人民政府报告,同时向上一级相关专业主管部门报告,并立即组织进行现场调查。紧急情况下,可以越级上报。

负责确认环境事件的单位,在确认发生重大(Ⅱ级)环境事件后,应在1小时内报告省级相关专业主管部门,对特别重大(Ⅰ级)环境事件,应立即报告国务院相关专业主管部门,并通报其他相关部门。

地方各级人民政府应当在接到报告后1小时内向上一级人民政府报告。省级人民政

府在接到报告后 1 小时内,向国务院及国务院有关部门报告。重大(Ⅱ级)、特别重大(Ⅰ级)突发环境事件,国务院有关部门应立即向国务院报告。

水利部《重大水污染事件报告办法》第七条规定,各级水行政主管部门发现或得知重大水污染事件后,应在 1 小时内上报上一级水行政主管部门和当地人民政府,经领导同意后可用电话简要报告;并立即调查有关情况,按照统一表格登记,将有关情况、采取或需要采取的措施及时上报。

省级水行政主管部门在确认发生重大水污染事件后,应在 1 小时内将情况、采取措施及时报水利部,并通报相关流域管理机构。

流域管理机构发现或得知重大水污染事件后,应在 1 小时内上报水利部并通报相关省级人民政府,经领导同意后可用电话简要报告;并立即调查有关情况,按照统一表格登记,将有关情况、采取或需要采取的措施及时上报。

因此,造成或者可能造成水污染事故时,企业事业单位应当在 1 小时内向规定的人民政府或者主管部门报告。

第二章　水污染事故应急监测

第一节　水污染事故应急监测的概况及特点

应急监测对于防范突发性水污染事故,在事前预防、事中检测到事后恢复的各个过程中均起着重要的作用。只有通过应急监测,才能为事故处理决策部门快速、准确地提供引起事故发生的污染物质类别、浓度分布、影响范围及发展态势等现场动态资料信息,为事故处理快速、正确决策赢得宝贵的时间,为有效地控制污染范围、缩短事故持续时间、将事故的损失减到最小提供有力的技术支持。

一、水污染事故中应急监测概况

西方发达国家很早就开展了环境应急监测,并就应急监测程序控制和应急监测技术进行了大量的研究,在水污染事故定性、风险评价、事故发展预测等方面开展了大量工作,建立了信息系统,采取了一些应急措施。我国各级政府水利、环保和卫生、城市管理等部门都设立了监测机构,一些大学、研究机构也有一定的监测力量,国家在江河流域设立的流域管理机构也组建了水质监测站网。长期以来,我国监测机构在水质监测方面以常规监测为主,对突发性水污染事件的应急监测起步较晚,与国外发达国家相比差距较大。20世纪末,随着我国经济社会的快速发展,水污染事故大量出现,特别是松花江水污染事件和太湖藻类污染事件等重大水污染事件的发生,对应急监测的需求开始显现并急剧上升。水利、环保等部门根据形势需要,及时调整了水环境监测机构的职能,将水污染事故应急监测作为这些监测机构的重要职责,并对监测机构的监测工作提出了明确要求。近20年来,我国在突发性水污染事故应急监测方面开展了一些研究,一些部门、机构制订了应急监测工作手册、工作指南或响应预案,同时积极参与应急监测工作实践,取得了明显进步,发挥了积极作用。

二、应急监测特点

突发性水污染事故最大的特点在于突发性和危害性。可能发生水污染事故的主体多样,且分布广泛,点多线长,导致水污染事故发生的原因也多种多样,使得事故的发生难以预料,发生的时间和地点具有不确定性,污染物的类型、数量、危害方式和环境破坏能力也难以确定,可预料性差。同时,由于事发突然,危害强度大,不仅可能造成严重的直接后果,对社会安定也会产生严重影响,因此必须快速、及时、有效地处理。

(1)及时。突发性水污染事故一旦发生,不管采取何种方法与手段,把事故的危害降到最低程度是其唯一目的。及时发现水污染事故,提供水污染事故发展情况的基本数据,对政府及有关部门制订应急处置方案、采取适当措施非常重要。及时,是针对处置事故措施而言的,指要能为政府发布预警公告、进行人群疏散和采取消除或减轻污染危害的必要措施预留足够的时间。针对不同的事件和事件发展的不同阶段,有不同的及时性要求。特别是对供水水源地等特别需要保护的地点,及时性的要求尤其高。

（2）快速。水污染事故特别是突发事故的特点要求事故发生后,进行快速的监测。其中包括三部分:一是指应急监测人员能快速赶赴现场,或者应急监测人员能快速取回水样。二是指根据事故现场的具体情况利用快速监测手段判断污染水团的大小、污染水团行进的速度和污染物的种类与浓度,需要在实验室分析时能快速测出结果;要根据不同事故的具体情况选择采用特定的快速监测方法,给出定性、半定量和定量监测结果,只要能够大致确认污染事故的危害程度和污染范围等即可,并不一定需要非常精确的数据。三是指监测数据要能够快速回传指挥机关,在快速发展的信息化时代,这个要求非常重要。

第二节　水污染事故应急监测的组织实施

应急监测组织是否有效直接决定着应急监测的效果。根据不同地区、不同区域的具体情况成立应急调查小组、应急监测小组,负责应急监测工作的有效进行,应急调查小组、应急监测小组要履行好以下职责。

一、应急调查小组职责

现场应急调查小组由水环境监测中心(分中心)、应急办公室及相关业务部门人员组成,其职责如下:

（1）应急监测程序启动后,以最快的方式赶赴现场进行调查,初步判断污染物的种类、性质、危害程度以及受影响的范围,制订初步应急监测实施方案。

（2）及时向指挥机构领导小组报告现场情况,根据现场情况,提出处理建议。

二、应急监测小组职责

现场应急监测小组由水环境监测中心(分中心)、应急办公室及相关业务部门人员组成,其职责如下:

（1）负责应急监测仪器设备、防护设备、车辆通信照明器材、耗材、试剂的日常维护、保养和保障、准备工作,保证处于应急监测待命工作状态。

（2）负责储备特征污染物和常见污染物的快速监测方法,做到有备无患。

（3）应急监测程序启动后,以最快的方式赶赴现场实施采样、监测工作,迅速监测水质及水位、流量、流速等。

（4）负责鉴定、识别、核实污染物的种类、性质、危害程度及受影响的范围。

（5）迅速分析水样,及时报出监测结果。进行调查,初步判断污染物的种类、性质、危害程度以及受影响的范围,制订初步应急监测实施方案。

（6）对短期内不能消除、降解的污染物进行跟踪监测。

第三节　水污染事故应急监测程序

一、应急监测启动

获知突发性水污染事故后,应急监测指挥机构立即启动应急监测工作程序,下达应急监测指令,通知事故发生地及事故有可能影响区域水环境监测中心,迅速组成应急监测小组,做好应急准备工作。

二、应急监测的时限

应急监测的时限包括应急监测方案提出的时限、应急监测设备进入应急状态的时限和实验室实验分析的时限。一般地,应急监测实施方案的制订应当尽量缩短时间,在启动应急预案后的短时间内完成,经应急监测指挥机构领导小组审查批准后,下达有关应急监测部门执行。

三、应急监测准备

相关的监测成员在得到通知后,以不超过40分钟时间,按应急监测值班领导提供的信息进行应急监测仪器及相关配件、采样器具、试剂药品、通信设备装车工作,并提出初步的应急监测应对措施,装车完成后立即赶往事发地。应急监测部门接到应急监测方案后,应迅速启用各种应急措施,迅速进入应急状态。

四、现场采样与监测

应急监测小组人员到达现场后,应急办公室应根据现场情况在最短的时间内对应急监测方案进行审核,根据应急监测相关技术的要求确认监测对象、监测点位、监测项目、监测频次等,报应急监测指挥机构领导小组批准实施。

现场应急监测小组采样监测人员进入污染事故现场后,按照应急监测方案和技术规范的要求对可能被污染的水体进行全过程水量、水质动态监控,随时掌控污染事故的变化情况。在水污染事故危害社会、影响公众生命财产安全的情况下,必须快速提供应急监测分析结果,并将监测结果报应急办公室。

现场采集的样品,要做唯一性标志,采样人员应在现场填写采样原始记录表。现场采样应尽量在事故责任方、受害方及当地政府均有代表在场的情况下进行。三方代表均应在采样原始记录表上签字。样品分析结束后,剩余的样品应在污染事故处置妥当之前按技术规范要求予以保存。

五、应急监测报告

对重大突发性水污染事故,应编报水环境监测快报,采用文字型(可附图表数据说明)一事一报的方式,分为速报、确报、影响期间内动态报告和处理结果报告。速报应在获知事件发生信息、发现异常情况或重大隐患30分钟以内上报;确报在查清有关基本情况后立即上报;动态报告指在水污染事故影响期间连续编制各期快报;处理结果报告在水污染事故处理完后立即上报。

六、跟踪监测

应急监测跟踪期间,监测频次视污染程度、影响范围而定,通常不应低于每日4至6次,必要时实行连续监测,并根据水流情况实行跟踪监测,编写应急监测快报。

七、应急监测终止

在接到上级主管部门突发性水污染事故应急监测指挥领导小组的应急监测终止的指令后,由应急办公室宣布应急监测终止,并根据事故现场情况安排正常的水环境监测或跟踪监测。

八、开展突发性水污染事故隐患调查

防止突发性水污染事故,关键在于预防与防治相结合,因此开展突发性水污染事故隐患调查,可为有重点地开展各种防范工作并建立运行有效、行动快速的突发性水污染事故监测、处置机制等奠定坚实的基础。脆弱性评价则是在隐患调查等基础上,对水资源可能存在的危险或者受到一个或多个胁迫因素影响后,对不利后果出现的可能性作出的进一步评估。

第七篇　规范性文件制定及备案制度

第一章　规范性文件

第一节　规范性文件概述

一、规范性文件的概念

制定和发布规范性文件,是各级人民政府及其工作部门行使职权时常采用的一种行为方式。作为一种抽象行政行为,它远比具体行政行为给公民、法人和其他组织的人身权、财产权或其他合法权益带来的影响深远。

广义的规范性文件泛指公共行政领域中具有普遍约束力的文件,包括法律、法规、规章以及其他具有普遍约束力的文件。本节所称规范性文件是指狭义的规范性文件,即各级人民政府及其所属部门依照法定权限和程序制定发布的,涉及或影响公民、法人和其他组织的权利、义务,在一定时期内反复适用,具有普遍约束力的规定、办法、规则、实施细则、决定、命令等对社会实施行政管理的文件。《行政处罚法》将这类文件称为其他规范性文件。狭义的规范性文件与法律、法规、规章相比,其规范性、强制力较差,效力较低,因而一般不能作为行政法的渊源。但这部分规范性文件在不与法律、法规、规章相抵触的前提下,在特定的领域仍具有普遍的约束力,可以作为行政活动的依据。以下所称规范性文件均指狭义的规范性文件。

二、规范性文件的形式

规范性文件的常用形式有决定、办法、规定、通告、通知等。决定是行政机关在法定行政管理权范围内自主地对有关行政管理事项作出的决议和规定,适用于对重要事项或者重大事情作出安排,变更或者撤销下级机关不适当的决定事项。办法是行政机关为实施法律、法规和规章作出的具体规定,是法律、法规和规章的实施细则,也是为加强对某些事项的管理作出的具体规定。办法适用于对有关事项制定具体管理措施。规定是行政机关对某些事物作出的关于方式、方法或数量、质量等方面的决定,适用于对有关事项作出明确的、具体的规定。通知是行政机关把有关事项告诉下级机关、行政管理相对人知道的一种方式,适用于要求下级机关、行政管理相对人知道、办理或者执行的事。通告一般用于行政机关告知公民、法人和其他组织必须共同遵守的某些具体事项。

三、规范性文件的结构

规范性文件在结构上一般分为标题、发布通过或批准日期、制定目的、制定依据、适用范围、有关定义、主管部门、具体规范、施行日期。文件标题一般由事由（问题）、文种部分组成。事由应确切而概括地反映文件的主要内容，指明被规范对象。文种应直接在事由后面标出，在特别需要表明和强调文件权威性的情况下，标题也可以标明制定机关。发布通过或批准日期，即文件经权威性机关或者组织审议通过或批准生效的时间，通常标注在标题之下并用圆括号插入。制定目的是指制定文件者的动机及其要实现的结果。它是规范性文件的核心内容与指导性"纲领"，是对文件主题的明确揭示，文件中的一切内容均不得与其相悖或者有所超越。制定目的大都以精确、概括的语言表达，并置于文件正文的起首。制定依据是指制发文件的前提条件和根据，主要有有关法律、法规、规章，上级的其他文件以及客观情况、事实等。适用范围是对文件有效适用对象范围的规定，表明文件对什么人及事物具备有效的约束力。有关定义是指对文件中根据实际需要创设或者使用的有关名词术语含义的规定，其作用是使表达更加严谨有效，防止歧义和争执，澄清事物概念的界限，以利于文件执行。主管部门是对文件的执行或监督负有直接和主要责任的机构和组织，指明主管机关有利于文件的执行、落实。具体规范是指文件的主要内容，即明确允许、提倡什么，限制、禁止和取缔什么，规定公民、法人和其他组织的权利和义务。施行日期是指对文件正式实施时间的规定，一般应当自公布之日起30日后施行；但是，涉及国家安全、外汇汇率、货币政策的确定，以及公布后不立即施行将有碍文件执行的，可以自公布之日起施行。

在规范性文件拟制实践中，上述内容多以条文形式表达，每条还可分款、项、目等层次。除款之外，条、项、目均冠以数字，称第×条或分别以汉字和阿拉伯数字表示。条文较多时，可设章。反映上述内容的条文在排列上应归类准确、层次分明、井然有序。表达制定目的、制定依据、适用范围、有关定义以及具体规范中带有普遍性、共同性、原则性内容的条文大都依次排在文件的首部，一般统称为"总则"部分，分章表示时"总则"即为第一章。表达具体规范内容的条接在"总则"之后，按事物的逻辑关系分类集中编排，分章表述时每一类或几类为一章，统称为"分则"。施行日期等条文排最后，称"附则"。

第二节　规范性文件的制定主体和权限

我国规范性文件的制定主体有各级人民政府、县级以上政府工作部门，但一般不包括临时性行政机构、行政机关的内设机构和派出机构。我国《宪法》第八十九条规定：国务院根据宪法和法律，规定行政措施，制定行政法规，发布决定和命令。《地方各级人民代表大会和地方各级人民政府组织法》规定，县级以上的地方各级人民政府"执行本级人民代表大会及其常务委员会的决议，以及上级国家机关的决定和命令，规定行政措施、发布决定和命令"。这里所说的"规定行政措施，发布决定和命令"，主要指制定规范性文件。在我国五级行政管理体制中，乡（镇）级及乡（镇）级以上的各级人民政府，都有资格制定和发布规范性文件。另据其他规定,县级以上人民政府的工作部门,也有资格制定和发布规范性文件。此外,规范性文件不得创设行政许可、行政处罚、行政强制、行政收费等事项;没有法律、法规、规章的规定,规范性文件不得作出影响公民、法人和其他组织合法权益或者增加公民、法人和其他组织义务的规定;规范性文件为实施法律、法规、规章作出的具体规定,不得超过法律、法规、规章允许的范围。

第三节　规范性文件的制定程序

关于规范性文件的制定程序,目前尚无法律、法规和规章作出具体规定。国务院《规章制定程序条例》规定不具有规章制定权的县级以上人民政府制定、发布具有普遍约束力的决定、命令,参照规章制定程序执行。通常,制定规范性文件一般包括如下程序。

一、起草

制定规范性文件应制订计划。各级政府和各部门法制机构负责制订年度计划,并报本级政府常务会议或者本部门办公会议研究决定。在实施计划时,确需进行补充调整的,各级政府、各部门法制机构应将补充调整方案及时报告本级政府或者本部门负责人同意。各市、州、县(区)人民政府规范性文件的起草,由本级政府提出建议的工作部门负责。重要的、涉及面广的,由本级政府法制机构组织起草;县级以上政府各工作部门规范性文件的起草,由本部门内部业务机构负责,涉及整个部门工作或者多方面工作的,由本部门法制机构牵头组织起草。

规范性文件应确定专人和领导负责。规范性文件草案出台后,起草单位应同时撰写起草说明,起草说明主要包括:制定规范性文件的目的、所依据的法律法规规章和政策、起草过程、重要条款等需要说明的问题。各级政府的规范性文件草案,经起草单位领导集体讨论通过,报本级人民政府并附送起草说明和依据。

二、审查

制定规范性文件应当经制定机关负责法制工作的机构进行合法性审查,部门规范性文件中涉及对执行法律、法规、规章设定的行政许可、行政处罚、行政强制、行政收费等事项作出具体规定的,在公布前应当报本级政府法制机构进行合法性审查。审查的内容包括是否符合法律、法规、规章、政策和实际,以及格式和文字等。对基本符合规定的,及时修改;对不符合规定的,将草案退回起草单位。政府法制机构在审查规范性文件时,应征求有关部门的意见,必要时,应征求下级政府或者有关部门的意见。征求意见可采取书面或者召开座谈会的形式进行。法制机构审查规范性文件,应在规定的期限内提出书面审查意见,并将审查意见和修改的规范性文件草案上报本级政府或本部门领导。

三、批准和发布

政府规范性文件草案应当经政府常务会议审议决定,由本级政府主要负责人签署;县级以上人民政府工作部门规范性文件草案应当经部门办公会议审议决定,由部门主要负责人签署。各级政府常务会议或者县级以上人民政府工作部门审议规范性文件草案时，应通知本级政府法制机构或者本部门法制机构的负责人列席会议作说明。

　　规范性文件一般以制定机关的文件公布，在本行政区域内公开发行的报刊上刊登，并在制定机关网站上公布。未经合法性审查的规范性文件，一律不得公布；未向社会公布的规范性文件，不得作为实施行政管理的依据，对公民、法人和其他组织没有约束力。同时，发布规范性文件，应当标明发布机关和日期。规范性文件发布后，制定规范性文件的机关应当在规定的时间内将文件正本报上一级机关备案。

第二章　规章规范性文件备案审查制度

第一节　规章规范性文件备案审查概述

一、规章规范性文件备案审查的概念

规章规范性文件备案审查，是指规章规范性文件制定机关将所制定的规范性文件报送有关机关备案（报备），有关机关接受备案（收备）并进行审查，经审查未发现问题的予以登记备案，经审查发现问题的责令制定机关纠正或者直接予以纠正。

国务院各部、各委员会、各直属机构，各省、自治区、直辖市人民政府，较大的市人民政府，在其职权范围内，依照《立法法》和《规章制定程序条例》的规定制定规章。各级人民政府及其部门依照法定权限和程序制定发布的，涉及或者影响公民、法人和其他组织权利、义务，在一定时期内反复适用，具有普遍约束力的规定、办法、规则、实施细则、决定、命令等对社会实施行政管理的文件，是规范性文件。规章规范性文件应当依法报送备案，备案机关应当严格审查，并依法纠正存在的问题，以维护社会主义法制的统一和尊严。

规章规范性文件备案审查制度，既是立法制度的重要组成部分，又是行政机关内部层级监督制度和人大监督等外部监督制度的组成部分。本章重点从行政机关内部层级监督的角度，进行介绍和阐述。

二、规章规范性文件备案审查制度的建立与发展

我国于1987年开始实行规章备案。2001年国务院发布《法规规章备案条例》，在对法规规章备案作出规定的同时，规定各省、自治区、直辖市人民政府要依法加强对下级行政机关发布的规章和规范性文件的监督，建立相关的备案审查制度。内蒙古自治区政府办公厅于1990年4月7日下发了《关于做好规范性文件备案工作的通知》。2001年12月24日，内蒙古自治区政府第十七次常务会议通过《内蒙古自治区规范性文件备案审查规定》。2004年8月17日，内蒙古自治区人民政府发布《内蒙古自治区规范性文件制定和备案审查办法》，对规范性文件的制定和备案审查作出了系统、明确、具体的规定。目前，内蒙古自治区的规范性文件制定备案体制已经建立，对规章规范性文件的监督正在逐步加强，以做到有件必备、有备必审、有错必纠。

第二节 规章规范性文件备案

一、规章规范性文件的报备义务机关

规章规范性文件的制定机关,是规章规范性文件的报备义务机关。由两个或者两个以上机关联合制定的规章规范性文件,报备义务机关是制定该规章规范性文件的主办机关。

二、规章规范性文件的备案管辖

(一)规章的备案管辖

国务院部门规章的备案管辖机关是国务院。省、自治区、直辖市人民政府规章的备案管辖机关是国务院和省、自治区、直辖市人大常委会。较大市政府规章的备案管辖机关是国务院、省(自治区)人大常委会、省(自治区)人民政府、本市人大常委会。

(二)规范性文件的备案管辖

各级人民政府规范性文件,备案管辖机关是上一级人民政府。政府部门规范性文件,备案管辖机关是本级人民政府。垂直领导部门规范性文件,备案管辖机关是上一级主管部门,但须同时抄送本级人民政府。同级政府部门与垂直领导部门联合制定的规范性文件,由本级政府部门主办的,备案管辖机关是本级人民政府;由垂直领导部门主办的,备案管辖机关是主办部门的上一级主管部门,但须同时抄送本级人民政府。隶属于政府部门的法律、法规授权管理某一方面行政事务的行政机构或者事业组织(以下简称法律法规授权组织),其规范性文件应当同时报送本级人民政府和主管部门备案。

三、规章规范性文件的报备规范

(一)规章规范性文件的报备时间

规章应当自公布之日起30日内报送备案。规范性文件应当自公布之日起15日内报送备案。

规章规范性文件应当在行政首长签署的当日印发公布。印发日期与签署日期不一致的,以印发日期为公布日期。

(二)规章规范性文件的报备格式

报备规章规范性文件,应当同时报送备案报告、规章规范性文件正式文本、制定说明、依据、审查意见。备案报告应当是报备机关的正式上行文。报备规章规范性文件,应当报送正式文本,不能是复印件、复制件、下载打印件、手抄件。制定说明应当说明制定该规章规范性文件的必要性,所依据的法律、法规、规章、上位规范性文件的名称和规定,所要解决的主要问题,所规定的主要政策措施及其依据,以及制定过程中听取和采纳意见的情况、矛盾协调的情况。报备义务机关应当将上述材料按照备案报告、规章规范性文件正式文本、制定说明的顺序,装订成册,报送一式十份。

第三节　规章规范性文件审查

一、规章规范性文件审查的内容

法制机构收到报备机关报备的规章规范性文件,应当首先进行形式审查,并根据情况,分别作出如下处理:制定主体不合法的,责令制定机关自行撤销或者直接予以撤销;制定程序不合法的,责令制定机关补正程序或者予以撤销;报送的材料不齐的,通知制定机关限期补充缺少的材料;不符合报备格式的,通知制定机关限期补正或者按照规定格式重报。主体、程序合法,且符合报备规范(或者按照要求补正、补报或者重报后符合报备规范)的,予以登记备案。

完成形式审查后,应当进行实质审查。实质审查的内容如下。

(一)合法性

对规章规范性文件合法性的审查,应注意以下问题:

(1)对规章规范性文件权限的一般限制。外交、国防、外汇、关税、国家安全等事项,只能由中央规定,地方不得作出规定。根据世界贸易组织协定不能限制的事项,规章规范性文件均不得作出限制性规定。不得作出地方保护、部门保护、行业垄断、行政垄断的规定,不得设定行政许可收费。

(2)对规章权限的特别限制。不得作出限制人身自由、没收财物、责令停产停业、暂扣或者吊销证照的规定。对非法经营活动中的违法行为设定罚款最高不得超过1 000元,对经营活动中的违法行为设定罚款,没有违法所得的不得超过1万元,有违法所得的不得超过违法所得的3倍,最高不得超过3万元。对上位法设定的行政处罚作出具体规定时,不得超出上位法规定的行为、种类、范围、幅度。部门规章、较大的市的政府规章不得设定行政许可。规章对上位法设定的行政许可作出具体规定时,不得增设行政许可,不得增加违反上位法规定的条件。

(3)对规范性文件权限的特别限制。不得创设行政许可、行政处罚、行政强制、行政事业性收费,不得创设限制甚至剥夺公民、法人和其他组织权利的规定,不得创设增加公民、法人和其他组织义务的规定。为实施法律、法规、规章作出的具体规定,不得超越法律、法规、规章规定的范围。不得作出自我授权或者规避本机关、本部门义务的规定。

(4)法律、法规作出了规定的事项,规章不得作出与法律、法规不一致的规定。法律、法规、规章作出了规定的事项,规范性文件不得作出与法律、法规、规章不一致的规定。上位规范性文件作出了规定的事项,下位规范性文件不得作出与上位规范性文件相抵触的规定。

(二)适当性

对规章规范性文件适当性的审查,主要审查以下三个方面:

(1)目的合法,即制定规章规范性文件及其所规定的行政措施,是为了实现法定的行政目的。

(2)措施必要,即规章规范性文件所制定的行政措施,是实现法定行政目的所必需,且对公众利益不会造成损害或者损害最小的。

（3）措施与目的相称，即规章规范性文件所制定的行政措施，与所达到的法定行政目的之间保持价值上的均衡。

（三）协调性

不同的机关制定的规章规范性文件，对同一事项的规定，应当协调一致。即：较大市的政府规章与自治区政府规章对同一事项的规定应当一致；下级人民政府规范性文件与上级人民政府或者上级人民政府部门规范性文件对同一事项的规定应当一致；同级人民政府不同部门规范性文件相互之间对同一事项的规定应当一致；下级人民政府部门规范性文件与上级人民政府其他部门规范性文件对同一事项的规定应当一致。

（四）规范性

《立法法》、《规章制定程序条例》确定了一系列规章制定技术规范。制定规章，必须遵守法定的技术规范。《国家行政机关公文处理办法》对行政机关公文处理作了系统规定，制定发布规范性文件，如文种应用、行文方向、文件格式、语言文字、时间标注、签发、缮印、用印、分发等，都必须遵守其规定。

二、规章规范性文件审查的方法

（一）完善审查方式

备案机关法制机构应当建立备案审查工作人员初审、备案审查处（科、股）长复核、法制机构负责人审定的三级审查把关制度。应当建立内设各处（科、股、室）协助审查的机制，形成备案审查工作合力。规章规范性文件的内容涉及制定机关以外的其他部门的职责的，应当组织有关部门协助审查。对规章规范性文件中的复杂、疑难问题，应当采取论证会、听证会等方式进行审查，或者聘请专家协助审查。对公众利益有重大影响的规章规范性文件，可以动员公众参与审查。

（二）拓宽发现问题的渠道

备案机关法制机构应当建立健全公众启动规章规范性文件审查程序的机制，鼓励公众提出审查建议或者举报投诉"问题文件"。凡公民、法人或者其他组织提出审查建议或者举报投诉的，法制机构应当积极受理、及时审查、依法处理，并将审查处理结果告知建议（举报投诉）人。要明确各级行政机关都有维护社会主义法制统一和尊严的义务，发现存在问题的规章规范性文件时，应当向法制机构提出审查建议。其他行政机关提出审查建议的，法制机构应当及时审查、依法处理，并向提出建议的机关反馈审查处理结果。要充分利用行政复议的"申请一并审查"机制启动审查程序，行政复议申请人申请一并审查规章规范性文件的，复议机关法制机构应当及时依法进行审查。

三、对规章规范性文件存在问题的处理

（一）对违法、不适当问题的处理

（1）建议纠正。负责审查的法制机构发现规章规范性文件违法或者不适当的，应当向制定机关提出纠正建议。纠正建议应当包括两项内容：一是停止执行原规章或者规范性文件，二是对原规章或者规范性文件进行修改或者予以废止。制定机关应当根据法制

机构的建议自行纠正,并于接到建议之日起 30 日内书面报告处理结果。

(2)直接纠正。制定机关逾期不自行纠正的,由负责审查的法制机构提出处理意见报本级政府批准后予以变更或者撤销,或者经本级人民政府授权后,由法制机构决定变更或者撤销。

(二)对不协调问题的处理

规章规范性文件对同一事项的规定相互不一致的,由负责审查的法制机构进行协调。经协调达成一致意见的,相关部门和地方应当执行;经协调不能达成一致意见的,由法制机构提出处理意见报本级人民政府决定并通知制定机关。

(三)对不规范问题的处理

规章规范性文件不符合制定技术规范的,法制机构可以提出处理意见,由制定机关自行处理。

第四节　备案审查监督管理

一、备案审查监督管理制度

(一)备案检查制度

县级以上人民政府法制机构应当建立备案检查制度,经常监督检查下级政府和本级各部门履行报备义务的情况。要定期、不定期地核查制定机关的发文登记簿,并督促制定机关于每年 1 月报送上年度规章规范性文件目录,核对是否有漏报的规章规范性文件。要鼓励公民、法人和其他组织举报"有件不备"现象,发现不依法履行报备义务的,应及时通知制定机关限期报备;逾期仍不报备的,予以通报批评。

上级政府法制机构应当加强对下级政府和本级垂直领导部门法制机构审查、纠错工作的监督检查。要加强日常检查,对不依法履行审查、纠错职责的,责令限期改正,逾期不改正的依法追究责任。

(二)督办落实制度

法制机构建议制定机关自行纠正错误的,应当对制定机关落实纠正建议的情况进行跟踪指导和督促。发现制定机关逾期不纠正的,应当及时提出处理意见,报本级人民政府批准变更或者撤销原规章规范性文件,或者经本级人民政府授权后直接决定变更或者撤销原规章规范性文件。

(三)统计通报制度

各级人民政府、政府各部门、法律法规授权的组织,应当定期统计并向备案机关报送本机关制定的规章规范性文件数、已经报备的规章规范性文件数、尚未报备的规章规范性文件数。下级备案机关法制机构应当定期统计并向上一级备案机关法制机构报送本机关收备规章规范性文件数、审查的规章规范性文件数、查出问题的规章规范性文件数、纠正有问题的规章规范性文件数。各级备案机关法制机构应当逐级汇总、上报和通报本行政区域的上述数据。

(四) 工作报告制度

上级政府法制机构要督促下级政府和本级垂直领导部门法制机构于每年 3 月底前，向本级政府和上一级政府法制机构报告上一年度备案审查工作情况。

(五) 评议考核制度

县级以上人民政府及其法制机构应当将备案审查工作列入依法行政考核内容，定期评议考核和奖惩。

二、违反备案审查制度的责任追究

(一) 对备案义务机关的责任追究

规章规范性文件制定机关不依法报备，不执行法制机构提出的纠正建议，不书面报告处理结果，不依法报送上一年度规章规范性文件目录的，由政府法制机构责令限期改正；逾期不改正的，给予通报批评；情节严重，造成严重损害管理相对人合法权益的，向有关行政机关提出对直接负责的主管人员和其他直接责任人员给予行政处分的建议，有关行政机关应当依法作出处理。

(二) 对政府法制机构的责任追究

政府法制机构不履行备案审查职责的，由本级人民政府或者上级政府法制机构责令改正；逾期不改正的，给予通报批评；造成严重后果的，应当提请有关行政机关对主管人员和其他直接责任人员给予相应的责任追究。

参 考 文 献

[1]盛愉,周岗.现代国际水法概论[M].北京:法律出版社,1987.

[2]王珉灿.行政法概论[M].北京:法律出版社,1987.

[3]王化云.我的治河实践[M].郑州:河南科学技术出版社,1989.

[4]《水法与水政概论》编写组.水法与水政概论[M].北京:法律出版社,1992.

[5]胡宝林,湛中乐.环境行政法[M].北京:中国人事出版社,1993.

[6]罗豪才.行政法学[M].北京:北京大学出版社,1996.

[7]张春生.中华人民共和国行政处罚法释解[M].北京:中国社会出版社,1996.

[8]薛建民,张松.黄河水文行业管理——法规　政策　实践[M].郑州:黄河水利出版社,1997.

[9]李艳芳.环境损害赔偿[M].北京:中国经济出版社,1997.

[10]贾泽民,邓沽霖,刘桂春.水资源管理概论[M].太原:山西人民出版社,1998.

[11]曹康泰.中华人民共和国防洪法释义[M].北京:中国法制出版社,1998.

[12]任顺平,张松,薛建民.水法学概论[M].郑州:黄河水利出版社,1999.

[13]布小林.综合行政执法教材[M].呼和浩特:内蒙古人民出版社,2002.

[14]朱白丹.行政执法程序及文书制作[M].北京:中国文联出版社,2003.

[15]黄建初.中华人民共和国水法释义[M].北京:.法律出版社,2003.

[16]韩洪建.水法学基础[M].北京:中国水利水电出版社,2004.

[17]吴爱英.干部法律知识读本[M].北京:法律出版社,2006.

[18]吴志忠.行政执法人员资格培训教材[M].呼和浩特:内蒙古人民出版社,2006.

[19]孙振雷.行政法原理[M].郑州:河南人民出版社,2006.

[20]孙佑海.中华人民共和国水污染防治法解读[M].北京:中国法制出版社,2009.

[21]何铁军.水政监察执法与水事违法查处指导手册[M].北京:中国水利水电出版社,2009.

[22]吴志忠.内蒙古自治区行政执法人员实用读本[M].呼和浩特:内蒙古人民出版社,2010.